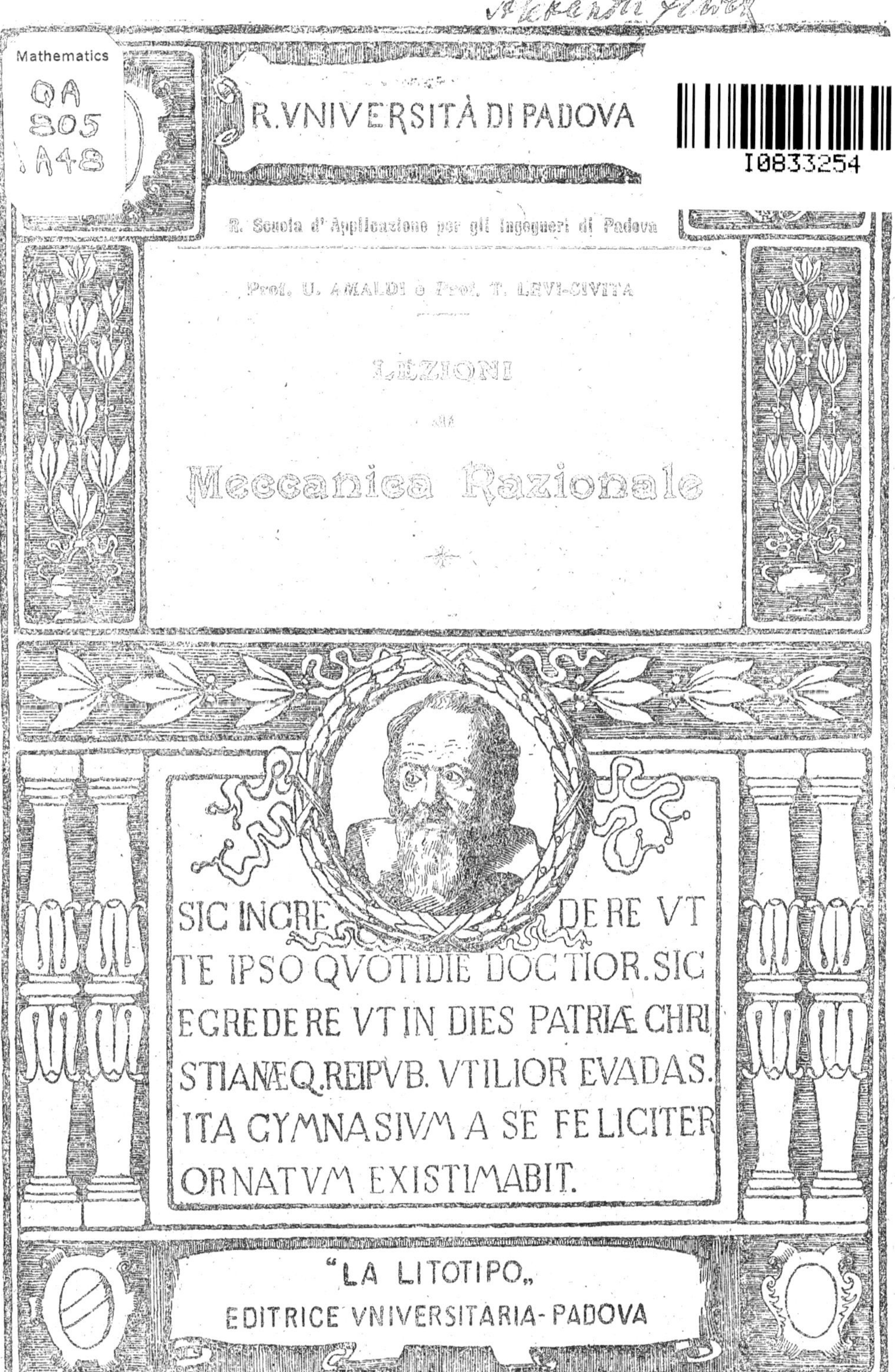
R. VNIVERSITÀ DI PADOVA
R. Scuola d'Applicazione per gli Ingegneri di Padova
Prof. U. AMALDI e Prof. T. LEVI-CIVITA
LEZIONI
di
Meccanica Razionale
SIC INGREDERE VT TE IPSO QVOTIDIE DOCTIOR. SIC EGREDERE VT IN DIES PATRIÆ CHRISTIANÆQ. REIPVB. VTILIOR EVADAS. ITA GYMNASIVM A SE FELICITER ORNATVM EXISTIMABIT.
"LA LITOTIPO,,
EDITRICE VNIVERSITARIA - PADOVA

R. SCUOLA D' APPLICAZIONE PER GLI INGEGNERI DI PADOVA

Prof. U. AMALDI e Prof. T. LEVI - CIVITA

LEZIONI

DI

MECCANICA RAZIONALE

AVVERTENZA:

In queste litografie, ad uso esclusivo degli studenti, si pubblicano con notevoli riduzioni e con qualche adattamento alcuni capitoli di un Corso, che sarà prossimamente edito a stampa.

"LA LITOTIPO"
EDITRICE UNIVERSITARIA
PADOVA 1920

CAPITOLO I°

Teoria dei vettori

L'algoritmo più espressivo e più agile per la impostazione e la discussione matematica dei problemi della Meccanica (come, più in generale, della Fisica) è fornito dalla "Teoria dei vettori". Ne esporremo perciò in questo Capitolo introduttivo i concetti fondamentali e le regole elementari di calcolo

§1. Segmenti orientati e vettori.

<u>1. Segmenti orientati</u>. I punti di un segmento (rettilineo) di estremi distinti A e B si possono pensare ordinati in due <u>versi</u> opposti: da A verso B o da B verso A.

Quando al segmento si attribuisce uno di tali versi, quello, ad es., che da A va a B il <u>segmento</u> si chiama <u>orientato</u> e si indica colla notazione AB. Il punto A dicesi <u>origine</u> o <u>primo estremo</u>, il punto B <u>secondo estremo</u>, ovvere <u>estremo libero</u>, o semplicemente <u>estremo</u>; la retta su cui giace il segmento <u>linea d'azione</u>.

Se allo stesso segmento, invece del verso da A a B, si attribuisce l'altro che da B va ad A, si ha il segmento orientato BA, che ha la stessa linea d'azione di AB, ma l'origine B e l'estremo A.

Se A e B coincidono, il segmento AB si riduce all'unico punto A ≡ B e dicesi segmento nullo. In tale ipotesi la linea di azione e il verso risultano indeterminati ed è questo l'unico caso in cui i due segmenti orientati opposti AB e BA coincidono.

Un segmento orientato non nullo AB è, dunque, un ente geometrico caratterizzato da un'<u>origine</u>, da una <u>lunghezza</u> (rapporto del segmento di estremi A e B ad una unità prefissata) da una <u>direzione</u> e da un <u>verso</u>. E ad evitare equivoci giova rilevare esplicitamente che qui con la parola "direzio-ne" si intende denotare la caratteristica comune ad una data ret-ta e a tutte le sue parallele (o punto improprio della Geome-tria proiettiva) indipendentemente dalla determinazione del verso. In altre parole si riguardano come aventi la stes-sa direzione due segmenti orientati appartenenti alla stes-sa retta o a rette parallele, abbiano o no il medesimo verso.

Pei segmenti nulli risultano indeterminati colla linea d'azione, anche la direzione e il verso.

2. Due segmenti orientati diconsi equipollenti quando han-no lo stessa lunghezza, la stessa direzione e lo stesso verso; on-de, nel caso dei segmenti nulli, si è naturalmente condot-ti a considerarli tutti come equipollenti, inquanto per tutti la lunghezza è nulla e la direzione e il verso risultano ugual-mente indeterminati.

L'equipollenza dei segmenti orientati gode per la stes-sa sua definizione, delle proprietà fondamentali dell'e-guaglianza, cioè: 1°) ogni segmento è equipollente a se stes-so (proprietà riflessiva); 2°) se AB è equipollente a PQ, PQ è equipollente ad AB (proprietà simmetrica); 3°) due segmen-ti equipollenti ad un terzo sono equipollenti fra loro (pro-prietà transitiva).

Resta così giustificato l'uso del simbolo = per indicare (non soltanto l'identità, ma più in generale) l'equipollenza fra due segmenti; così ad es., per indicare che AB e PQ sono segmenti equipollenti si scriverà AB = PQ.

Dalla definizione di equipollenza risulta altresì che due segmenti equipollenti coincidono se hanno l'origine (o l'e-stremo) comune e che assegnati ad arbitrio un segmento AB e un punto P, esiste sempre ed è unico il segmento PQ equi-pollente ad AB ed avente l'origine P.

3. <u>Vettori</u>. I segmenti equipollenti ad un dato segmento orientato AB sono ∞^3, uno per ciascun punto dello spazio preso come origine, ed hanno comune la lunghezza, la direzione e il verso. L'ente astratto di questa classe di ∞^3 segmenti orientati, cioè l'ente geometrico caratterizzato dalla lunghezza, dalla direzione e dal verso di AB (astrazion fatta dalla sua origine) dicesi <u>vettore</u>.

Per rendersi ragione di questo nome (dal latino <u>vehere</u> = <u>trasportare</u>) si faccia corrispondere a ciascun punto dello spazio, considerato come origine di uno degli ∞^3 segmenti orientati equipollenti ad AB, il rispettivo estremo libero. Si ha così fra i punti dello spazio una corrispondenza per uguaglianza, che si può immaginar generata da un ben determinato spostamento traslatorio (senza deformazione) dello spazio su se stesso; e il vettore si può considerare come il simbolo di codesto spostamento traslatorio.

A individuare siffatto vettore possiamo assumere il segmento orientato AB o, indifferentemente, uno qualsiasi dei suoi equipollenti, nello stesso modo in cui a determinare una direzione si può scegliere una qualsivoglia delle rette parallele, aventi comune la data direzione, e a determinare una giacitura si può assumere uno qualsiasi dei piani paralleli, che la contengono.

Così, in particolare, tutti i segmenti nulli rappresentano un unico vettore, che dicesi <u>vettore nullo</u>, ed ha lunghezza nulla, direzione e verso indeterminati. Ogni altro vettore ha una lunghezza non nulla e una direzione e un verso ben determinati.

4. I vettori si denotano a stampa con lettere di tipo grassetto, qui con lettere sottolineate, mentre il vettore nullo si designa senz'altro con lo 0. La lunghezza di un vetto-

re non nullo $\underline{v}$, la quale dicesi anche <u>modulo</u> o <u>tensore</u> del vettore, si denota con mod. $\underline{v}$ o $|\underline{v}|$, o più semplicemente la sola lettera v (non grassetta o non sottolineata).

Un vettore di lunghezza 1 dicesi <u>unitario</u>; e si può dire che ogni vettore unitario individua una direzione orientata e viceversa.

Il vettore unitario che ha la stessa direzione e lo stesso verso di un vettore $\underline{v}$ chiamasi <u>verso</u> di $\underline{v}$ e si denota con vers $\underline{v}$.

Notiamo infine che, per contrapposto ai vettori e alle grandezze vettoriali (cioè rappresentabili con vettori) i numeri (relativi) e le grandezze rappresentabili con numeri siffatti si dicono <u>scalari</u>.

5. Due vettori $\underline{v}_1$, $\underline{v}_2$ diconsi <u>eguali</u>, quando hanno eguali la lunghezza, la direzione e il verso. Perciò l'eguaglianza fra vettori si riduce alla identità logica. Essa si denota scrivendo

$$\underline{v}_1 = \underline{v}_2 ,$$

dove, per definizione, il segno = sta ad indicare che i due simboli $\underline{v}_1$, $\underline{v}_2$ rappresentano un medesimo vettore. Risulta di qui senz'altro che il segno = gode della proprietà riflessiva, simmetrica e transitiva.

§2. Somma di punti e vettori e di vettori.

<u>6. Somma di un punto e di un vettore</u>. – Per individuare uno degli ∞^3 segmenti equipollenti, che rappresentano un dato vettore $\underline{v}$, basta assegnarne l'origine A; l'estremo libero ne risulta univocamente determinato come quel punto B che, sulla parallela per A alla direzione di $\underline{v}$, segue A nel verso di $\underline{v}$ alla distanza v. Se ci riferiamo alla interpretazione del vettore come simbolo di uno spostamento traslatorio dello spazio, il punto B, si può con-

siderare ottenuto "applicando il vettore $\underline{v}$ al punto A"; perciò il segmento orientato AB dicesi anche "vettore $\underline{v}$ applicato in A"; ed anzi nel seguito, in luogo della denominazione di segmento orientato, useremo di preferenza quella equivalente di vettore applicato.

Sempre in accordo colla interpretazione operatoria del vettore, il punto B dicesi somma del punto A e del vettore $\underline{v}$ e si scrive

$$(1) \qquad B = A + \underline{v}\,,$$

dove il segno = sta a denotare che i due simboli B ed $A+\underline{v}$ rappresentano un medesimo punto.

A render valide per le eguaglianze del tipo (1) le consuete regole del calcolo algebrico si conviene di scrivere anche

$$(2) \qquad B - A = \underline{v}\,,$$

con che si intende esprimere che i due simboli $\underline{v}$ e B-A (da leggersi "B meno A") rappresentano un medesimo vettore. Così il vettore appare come una "differenza di punti"; e se CD è un qualsiasi segmento orientato equipollente ad AB (e perciò atto a rappresentare lo stesso vettore $\underline{v}$) si dovrà porre, nel senso or ora chiarito,

$$C - D = B - A = \underline{v}\,.$$

Non occorre giustificare questo nuovo uso del segno =, in quanto, per definizione, esso qui denota semplicemente la identità logica e gode perciò senz'altro delle proprietà caratteristiche della uguaglianza. Piuttosto giova osservare che, in base alla stessa definizione, valgono per le eguaglianze del tipo (1) e (2) le stesse regole formali dell'Algebra. Così, ad es. $A+(B-A)=B$; se $A+\underline{a}=A+\underline{b}$, se cioè i due punti $A+\underline{a}$ ed $A+\underline{b}$ coincidono, si ha $\underline{a}=\underline{b}$, e viceversa; da $A-B=A-C$ o da $B-A=C-A$ segue $B=C$; ecc.

7. Somma di vettori. — Dati n vettori $\underline{v}_1, \underline{v}_2, \dots, \underline{v}_n$ e prefissato un punto O qualsiasi si ponga

$$A_1 = O + \underline{v}_1 \ , \quad A_2 = A_1 + \underline{v}_2 , \ldots , A_n = A_{n-1} + \underline{v}_n \ ;$$

cioè si costruisca, a partire da O, la poligonale (in generale sghembe) $OA_1A_2 \ldots A_n$, i cui successivi lati $OA_1, A_1A_2, \ldots, A_{n-1}A_n$, orientati ciascuno nel verso di percorrenza della poligonale da O ad A_n, rappresentano ordinatamente i vettori dati.

Se la stessa costruzione si eseguisce a partire da un altro punto O' ed è $O'A'_1A'_2 \ldots A'_n$ la poligonale che così si ottiene, si riconosce immediatamente, in base a note proposizioni di Geometria elementare, che il segmento orientato $O'A'_n$ risulta equipollente, qualunque sia O', al segmento OA_n.

Ciò posto, il vettore $A_n - O$ (cioè il vettore rappresentato dal segmento orientato OA_n o da qualsiasi altro segmento $O'A'_n$ equipollente ad OA_n) dicesi <u>somma</u> o (vettore) <u>risultante</u> dei vettori dati $\underline{v}_1, \underline{v}_2, \ldots, \underline{v}_n$ e si scrive

$$A_n - O = \underline{v}_1 + \underline{v}_2 + \ldots + \underline{v}_n \ .$$

L'operazione che dà la somma di più vettori dicesi <u>composizione</u> dei vettori dati, i quali diconsi perciò (vettori) <u>componenti</u> del vettore somma.

Dalla precedente definizione risultano, comunque si scelgano i punti A, B, C, ..., le identità

$$(A - B) + (B - A) = 0 \ , \quad (A - B) + (B - C) + (C - A) = 0 \ , \text{ ecc.}$$

8. Nel caso di due vettori $\underline{v}_1, \underline{v}_2$, posto

$$A_1 = O + v_1 \quad , \quad A_2 = A_1 + v_2 \ ,$$

Si immagini il vettore $\underline{v}_2$ applicato anche in O e sia

$$B = O + \underline{v}_2 \ .$$

Il quadrangolo OA_1A_2B, avendo come lati opposti OB ed A_1A_2 due segmenti orientati equipollenti, è un parallelogrammo; talchè il segmento BA_2 risulta equipollente ad OA_1 e si conclude

$$(3) \qquad \underline{v}_1 + \underline{v}_2 = \underline{v}_2 + \underline{v}_1 .$$

Notiamo per incidenza, che OA_1A_2B, come ogni altro parallelogramma avente i lati ordinatamente equipollenti, dicesi "parallelogramma dei vettori $\underline{v}_1, \underline{v}_2$.

Se passiamo al caso di tre vettori $\underline{v}_1, \underline{v}_2, \underline{v}_3$ e poniamo

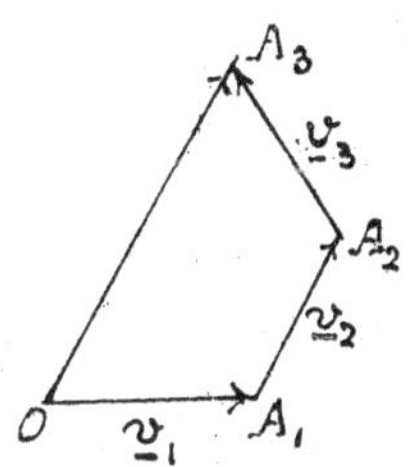

$$O + \underline{v}_1 = A_1 \;,\; A_1 + \underline{v}_2 = A_2 \; A_2 + v_3 = A_3 ,$$

abbiamo senz'altro

$$A_2 - O = \underline{v}_1 + \underline{v}_2 \quad , \quad A_3 - A_1 = \underline{v}_2 + \underline{v}_3 ,$$

e poichè

$$(A_2 - O) + (A_3 - A_2) = A_3 - O , (A_1 - O) + (A_3 - A_1) = A_3 - O ,$$

concludiamo

$$(4) \qquad (\underline{v}_1 + \underline{v}_2) + \underline{v}_3 = \underline{v}_1 + (\underline{v}_2 + \underline{v}_3) .$$

Dalle (3), (4), con lo stesso ragionamento di induzione che in Geometria elementare si applica nel caso della somma di più segmenti di una retta, si deduce che la somma di quanti si vogliono vettori gode delle proprietà associativa e commutativa.

Non è inutile osservare che se i tre vettori $\underline{v}_1, \underline{v}_2, \underline{v}_3$ non sono complanari, (cioè hanno direzioni non appartenenti ad una stessa giacitura) le poligonali sghembe, che, a partire da uno stesso punto O, conducono alla somma di $\underline{v}_1, \underline{v}_2, \underline{v}_3$ nei sei ordini diversi, in cui essi si possono comporre, determinano un parallelepipedo, la cui diagonale uscente da O rappresenta

$$\underline{v}_1 + \underline{v}_2 + \underline{v}_3 .$$

9. Decomposizione di un vettore.

Manifestamente un dato vettore $\underline{v}$ si può considerare come somma di più vettori in infiniti modi diversi. Se $v = B - A$, basta prendere ad arbitrio n punti $A_1, A_2, \dots, A_n$ e si ha

$$B - A = (A_1 - A) + (A_2 - A_1) + \dots + (A_n - A_{n-1}) + (B - A_n).$$

Ma tra gli infiniti modi di decomposizione di un vettore, ve ne son due di uso corrente, che qui convien precisare.

Date anzitutto tre direzioni non complanari (cioè non appartenenti ad una medesima giacitura), si considerino pel punto A, in cui si immagina applicato il rappresentante B-A di $\underline{v}$, le tre rette r_1, r_2, r_3 aventi rispettivamente le direzioni prefissate, e per B si conducano i piani paralleli ai piani $r_2 r_3$, $r_3 r_1$, $r_1 r_2$ fino ad intersecare in B_1, B_2, B_3 le r_1, r_2, r_3 ordinatamente. Codeste tre coppie di piani paralleli determinano un parallelepipedo di diagonale AB e di spigoli AB_1, AB_2, AB_3, talchè si ha senz'altro

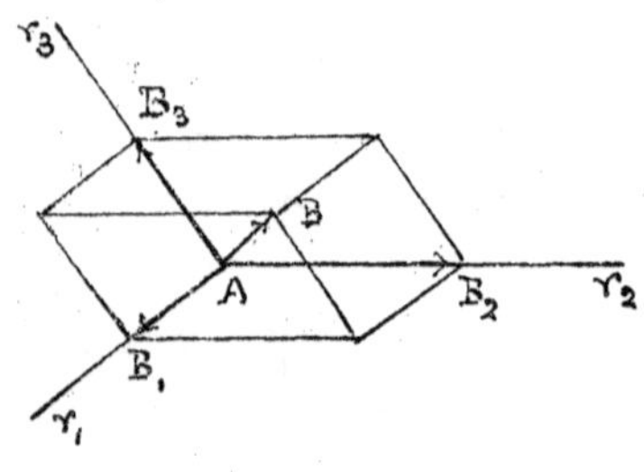

$$B - A = (B_1 - A) + (B_2 - A) + (B_3 - A) .$$

È manifesto che si annullo uno di questi tre componenti, se la direzione di $\underline{v}$ è complanare a due delle date direzioni; se ne annullano due, se la direzione di $\underline{v}$ coincide con una di esse.

In secondo luogo, prefissate una direzione e una giacitura non appartenentisi, si considerino per A la retta r e il piano ϖ aventi rispettivamente codesta direzione e codesta giacitura e si conducano per B il piano parallelo a ϖ fino ad intersecare la r in B', e la parallela ad r fino ad intersecare ϖ in B''. Il quadrangolo AB'BB'' è un parallelogramma di diagonale AB e di lati AB', AB'', cosicchè si ha

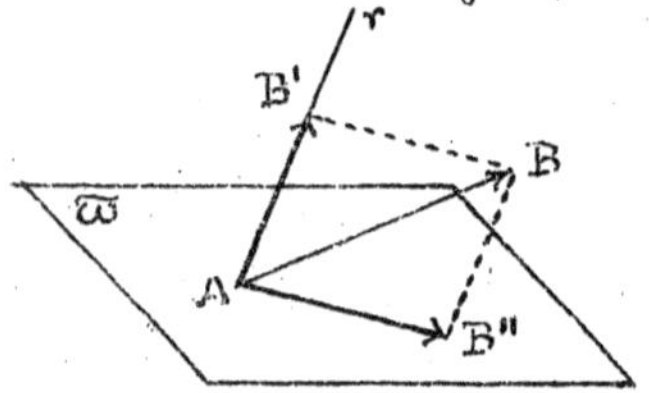

$$B - A = (B' - A) + (B'' - A) .$$

10. Dato un vettore B-A e prefissata una direzione, rappresentata da una certa retta r, chiamiamo A_1, B_1 le proiezioni (ortogonali) di A e B su r. È manifesto che se in luogo di AB assumiamo a rappresentante di $\underline{v}$ un altro segmento equipollente CD e sono C_1 e D_1 le proiezioni di C e D sulla r o su di una qualsiasi sua parallela, il segmento orientato C_1D_1 è equipollente ad A_1B_1.

Ciò posto, il vettore $B_1 - A_1$ dicesi, senz'altra specificazione, <u>il componente</u> di $\underline{v} = B - A$ secondo la direzione di r.

Analogamente si giustifica la seguente definizione. Se dato il vettore $\underline{v} = B - A$ e prefissata una giacitura definita da un certo piano ϖ, sono A', B' le proiezioni di A, B su ϖ, il vettore $B' - A'$ dicesi il componente di $\underline{v} = B - A$ secondo la giacitura di ϖ.

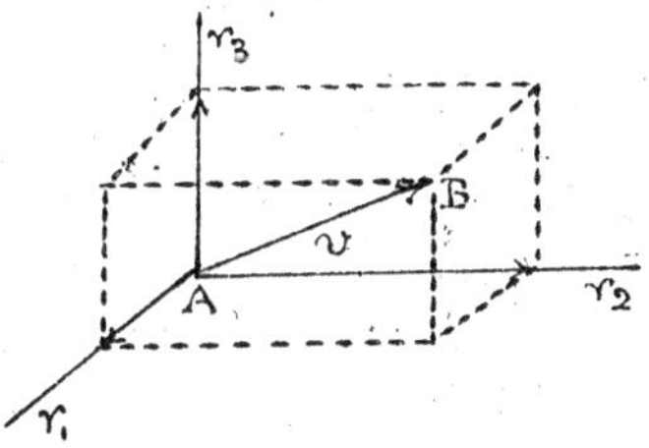

Ciò premesso, se si prefissano tre direzioni a due a due ortogonali, la prima decomposizione del n.° preced. dà senz'altro che un qualsiasi vettore $\underline{v} = B - A$ è il risultante dei suoi tre componenti secondo le prefissate direzioni.

E se è data una direzione, si conclude, in base alla seconda decomposizione del n.° prec., che un qualsiasi vettore $\underline{v}$ è il risultante del suo componente secondo codesta direzione e del suo componente secondo la giacitura ortogonale.

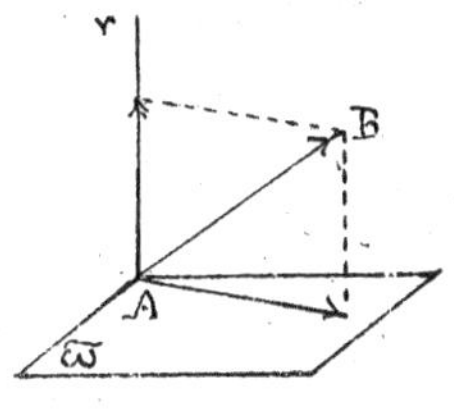

Quest'ultimo si chiama solitamente il componente di $\underline{v}$ <u>normale</u> alla direzione data.

11. — Se a partire da un punto O consideriamo la poligonale $OA_1 A_2 \ldots A_n$, i cui lati, orientati nel verso di percorrenza da O ad A_n, rappresentano certi vettori $\underline{v}_1, \underline{v}_2, \ldots, \underline{v}_n$, e aggiungiamo come ultimo lato il segmento orientato $A_n O$, opposto al rappresentante OA_n del risultante dei dati vettori, otteniamo un poligono chiuso (in generale sghembo). Quando si proietta codesto poligono (ortogonalmente) su di un qualsiasi piano ϖ, si ottiene un poligono chiuso $O'A'_1 A'_2 \ldots A'_n$, i cui primi n lati orientati $O'A'_1$, $A'_1 A'_2, \ldots, A'_{n-1} A'_n$ rappresentano i componenti di $\underline{v}_1, \underline{v}_2, \ldots, \underline{v}_n$ secondo la giacitura di ϖ, mentre l'ultimo lato — preso nel verso $O'A'_n$, rappresenta nello stesso tempo il componente, secondo codesta giacitura del risultante di $\underline{v}_1, \underline{v}_2, \ldots, \underline{v}_n$, e il risultante dei componenti di $\underline{v}_1, \underline{v}_2, \ldots, v_n$, secondo la giacitura stessa. Si ha, dunque, che, <u>secondo una giacitura qualsiasi, il com-</u>

ponente del risultante di più vettori coincide col risultante dei componenti dei vettori considerati.

Analoga osservazione vale manifestamente pei componenti secondo una qualsiasi direzione.

12. Prodotto di un vettore per un numero. Se $\underline{v}$ è un dato vettore ed n un intero positivo qualsiasi, la somma di n vettori uguali a $\underline{v}$ è, per definizione, il vettore che ha la stessa direzione e lo stesso verso di $\underline{v}$ e la lunghezza $n\,v$. Esso dicesi prodotto di $\underline{v}$ per l'intero n e si designa con $n\,\underline{v}$.

Più in generale si chiama prodotto del vettore $\underline{v}$ per un numero reale qualsiasi a e si denota con $a\,\underline{v}$ (o indifferentemente con $\underline{v}\,a$) il vettore che ha la lunghezza $|a|\,v$, la stessa direzione di $\underline{v}$ e lo stesso verso o l'opposto secondo che a è positivo o negativo. Perciò, qualunque sia a, il vettore $a\,\underline{v}$ è parallelo a $\underline{v}$; e, viceversa, ogni vettore $\underline{v}'$ parallelo a $\underline{v}$ è rappresentabile sotto la forma

$$v = a\underline{v},$$

dove il numero a risulta univocamente determinato come quello che ha il valore assoluto $|a|$ eguale al rapporto delle lunghezze di $\underline{v}'$ e $\underline{v}$, e il segno + o −, secondo che i versi di $\underline{v}$ e $\underline{v}'$ sono eguali o no.

In particolare, per $a = -1$ si ha il vettore $(-1)\,\underline{v}$, avente la stessa direzione e la stessa lunghezza di $\underline{v}$ e il verso opposto di $\underline{v}$ e si designa semplicemente con $-\underline{v}$.

Dalla precedente definizione risulta per ogni possibile vettore

$$\underline{v} = v \text{ vers } \underline{v}.$$

13. Pel prodotto di un vettore per un numero sussistono le identità

$$a\underline{v} + b\underline{v} = (a+b)\underline{v}, \quad a(b\underline{v}) = ab\underline{v},$$
$$a\underline{v}_1 + a\underline{v}_2 = a(\underline{v}_1 + \underline{v}_2).$$

La verifica delle due prime è immediata. Per la terza, si osservi che il parallelogramma di $a\underline{v}_1$ e $a\underline{v}_2$ è simile a quello di $\underline{v}_1$ e $\underline{v}_2$ nel rapporto $|a|$ e che inoltre i lati del primo hanno ordinatamente la stessa direzione dei lati del secondo e il medesimo verso o l'opposto secondo che a è positivo o negativo. Perciò $a\underline{v}_1 + a\underline{v}_2$ e $\underline{v}_1 + \underline{v}_2$ hanno la stessa direzione e lo stesso verso o l'opposto secondo che a è positivo o negativo – e il rapporto delle rispettive lunghezze è dato da $|a|$ talchè risulta verificata la suindicata.

Notiamo infine che, per definizione $m\underline{v}$ si annulla sempre e solo quando sia nullo o il numero m o il vettore $\underline{v}$ (od entrambi)

14. Combinando la definizione di prodotto di un numero per un vettore, con quella di somma di quanti si vogliono vettori (n. 7) rimane più generalmente stabilito che una qualsiasi espressione lineare del tipo $\sum_1^n {}_i a_i \underline{v}_i$ rappresenta un ben determinato vettore.

In particolare si ha la differenza di due vettore $\underline{v}_1 - \underline{v}_2$ che sommata con $\underline{v}_2$, riproduce $\underline{v}_1$, e che è rappresentata dalla seconda diagonale BA_1 del parallelogramma OA_1A_2B di $\underline{v}_1$ e $\underline{v}_2$

B A₂ $\underline{v}_1 - \underline{v}_2$ $\underline{v}_2$ O $\underline{v}_1$ A₁

Più generalmente va ritenuto che tutte le regole del calcolo letterale relative ai segni + e –, alla somma algebrica di polinomi, alla moltiplicazione per un numero alla riduzione di termini simili sono senz'altro applicabili alle espressioni vettoriali $\Sigma m_i \underline{v}_i$.

§ 3. Rappresentazione cartesiana dei vettori.

15. Componenti di un vettore. – Fissiamo una terna ortogonale di assi cartesiani $Oxyz$, che secondo una convenzione che osserveremo costantemente nel seguito, supporremo destrorsa (o levogira), cioè tale che, quando l'asse orientato x ...

a sovrapporsi all'asse orientato y descrivendo un angolo retto, l'asse orientato z personificato lo veda ruotare da destra verso sinistra; onde notoriamente risulta che appaiono nello stesso verso agli assi orientati x e y le analoghe rotazioni di y verso z e, rispettivamente, di z verso x. Denotiamo con $\underline{i}$, $\underline{j}$, $\underline{k}$ i vettori unitari che hanno rispettivamente la direzione e il verso degli assi orientati x, y, z e che si diranno i *versori fondamentali* della terna considerata.

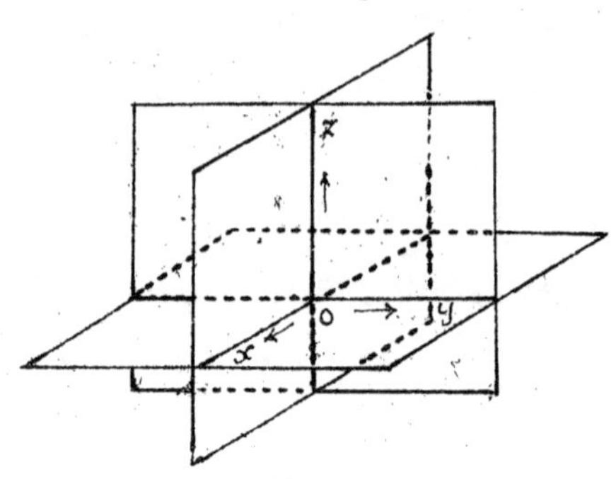

Per quanto si è detto al n. 9, un qualsiasi vettore $\underline{v}$ si può considerar decomposto nella somma dei tre suoi componenti secondo le direzioni degli assi, o, ciò che è lo stesso, di $\underline{i}$, $\underline{j}$, $\underline{k}$. Se immaginando applicato il vettore $\underline{v}$ nell'origine, si ha: $P = O + \underline{v}$, e se P_x, P_y, P_z sono le proiezioni (ortogonali) di P su x, y, z rispettivamente codesti tre componenti son dati da $P_x - O$; $P_y - O$, $P_z - O$, onde risulta

$$\underline{v} = (P_x - O) + (P_y - O) + (P_z - O).$$

Ma, come si sa dalla Geometria analitica i tre segmenti orientati OP_x, OP_y, OP_z son misurati (in lunghezza e verso) dalle coordinate X, Y, Z del punto P, talchè i tre componenti di $\underline{v}$ sono rappresentabili sotto la forma (n. 12)

$$X\underline{i}, \quad Y\underline{j}, \quad Z\underline{k} : \tag{5}$$

e si conclude:

$$\underline{v} = X\underline{i} + Y\underline{j} + Z\underline{k}. \tag{6}$$

I tre numeri X, Y, Z diconsi le *coordinate* (cartesiane ortogonali) del vettore rispetto alla terna prefissata o (con denominazione forse meno felice, ma oramai consacrata dall'uso) le *componenti* di $\underline{v}$ secondo le direzioni *orientate* di x, y, z (o $\underline{i}$, $\underline{j}$, $\underline{k}$). Giova notare che codeste componenti, prese in valore assoluto, danno le lunghezze dei tre componenti (5) di $\underline{v}$ secondo le direzioni degli assi; ed hanno ciascuno il segno + o –, secondo che il rispettivo componente ha verso eguale od opposto al corrispondente versore fondamentale.

Se, anzichè nell'origine, il vettore $\underline{v}$ si immagina applicato in un punto generico P' ed è $P''=P'+\underline{v}$, i segmenti orientati $P'_xP''_x$, $P'_yP''_y$, $P'_zP''_z$ che si ottengono proiettando (ortogonalmente) P'P'' sugli assi risultano equipollenti ad OP_x, OP_y, OP_z rispettivamente; cosicchè le componenti X, Y, Z di $\underline{v}$ si possono definire come le misure (in lunghezza e segno) di $P'_xP''_x$, $P'_yP''_y$, $P'_zP''_z$. Di qui, se si denotano con x', y', z' e x'', y'', z'' le coordinate di P' e P'' rispettivamente, si conclude, in base ad una formola elementarissima di Geometria analitica,

$$X=x''-x' \quad , \quad Y=y''-y' \quad , \quad Z=z''-z' \, ;$$

onde resta giustificata, sotto l'aspetto analitico, la notazione dei vettori come differenze di punti.

16. <u>Lunghezza e coseni direttori di un vettore.</u> Note le componenti X, Y, Z di un vettore $\underline{v}$, è facile individuarne la lunghezza e, con riferimento alla terna prefissata, la direzione orientata.

Invero se immaginiamo ancora applicato $\underline{v}$ in O e poniamo $P=O+\underline{v}$, la lunghezza v (o distanza di P da O) è data, per una nota formola di Geometria Analitica, da

$$v=\sqrt{X^2+Y^2+Z^2},$$

dove, naturalmente, il radicale va preso in senso aritmetico. E la direzione orientata di $\underline{v}$ risulta individuata dai coseni direttori della retta OP, orientata da O verso P cioè dai coseni che essa forma colle direzioni orientate degli assi. Ora come si sa dalla Geometria Analitica, codesti coseni direttori sono dati da

$$(7) \quad l=\frac{X}{\sqrt{X^2+Y^2+Z^2}}=\frac{X}{v}, \quad m=\frac{Y}{\sqrt{X^2+Y^2+Z^2}}=\frac{Y}{v}, \quad n=\frac{Z}{\sqrt{X^2+Y^2+Z^2}}=\frac{Z}{v},$$

soddisfacenti alla nota relazione

$$l^2+m^2+n^2=1.$$

Discende di qui che per un vettore unitario i coseni direttori coincidono colle omonime componenti.

17. Componente di un vettore secondo una direzione orientata qualsiasi. — Dalle (7) discendono le

$$X=vl\ ,\quad Y=vm\ ,\quad Z=vn\ ;$$

cioè ciascuna delle componenti di un vettore $\underline{v}$ secondo le direzioni orientate degli assi è data dal prodotto della lunghezza di $\underline{v}$ pel coseno dell'angolo delle direzioni orientate del vettore e del corrispondente asse.

Analogamente si definisce la componente di un vettore secondo una qualsiasi direzione orientata: cioè si designa con codesto nome il prodotto $v\cos\varphi$ della lunghezza del vettore per l'angolo che la sua direzione orientata forma con quella prestabilita. Se α, β, γ sono i coseni direttori di questa, si ha notoriamente

$$\cos\varphi=\alpha l+\beta m+\gamma n,$$

e quindi tenuto conto delle (7),

$$v\cos\varphi=\alpha X+\beta Y+\gamma Z\ . \tag{8}$$

Dalla espressione v di questa componente risulta che essa in valore assoluto coincide colla lunghezza del componente di v secondo la data direzione (astrazion fatta dal verso); ed ha poi il segno + o − secondo che il verso di questo componente coincide o no con quello prestabilito per la data direzione.

18. Cambiamento degli assi. Supponiamo di eseguire una trasformazione di coordinate, assumendo una nuova terna $\Omega\,\xi\,\eta\,\zeta$ di assi coordinati cartesiani ortogonali, i cui coseni di direzione siano dati dalla tabella.

(9)

	x	y	z
ξ	α_1	α_2	α_3
η	β_1	β_2	β_3
ζ	γ_1	γ_2	γ_3 .

È ben noto come questi nove coseni siano caratterizzati dal sistema di sei equazioni

$$(10)\quad \begin{cases} \alpha_i^2 + \beta_i^2 + \gamma_i^2 = 1 \quad (i = 1, 2, 3) \\ \alpha_i\,\alpha_j + \beta_i\,\beta_j + \gamma_i\,\gamma_j = 0 \quad (i, j = 1, 2, 3\,;\ i \gtrless j), \end{cases}$$

o dal sistema equivalente che se ne deduce scambiando nella precedente tabella le linee colle colonne; e sappiamo che codeste equazioni esprimono il fatto che gli elementi di ciascuna linea o colonna sono i coseni direttori di una retta orientata (asse di una terna rispetto all'altra) e che gli assi di ciascuna terna sono a due a due ortogonali. Ricordiamo ancora che il determinante dei nove coseni, se, come noi supponiamo, anche la nuova terna è destrorsa, ha il valore 1, talchè in esso ciascun elemento è eguale al suo complemento algebrico

$$\alpha_1 = \beta_2\,\gamma_3 - \gamma_2\,\beta_3 \quad , \quad \alpha_2 = \beta_3\,\gamma_1 - \gamma_3\,\beta_1 \text{ , ecc.}$$

Ed osserviamo che nella tabella (9) gli elementi delle tre linee sono le componenti dei versori fondamentali della terna $\Omega\,\xi\,\eta\,\zeta$ rispetto alla terna $Oxyz$ (n. 16); gli elementi delle tre colonne son le componenti dei versori fondamentali della terna $Oxyz$ rispetto alla $\Omega\,\xi\,\eta\,\zeta$.

Dopo questi richiami, che torneranno utili nel seguito, riprendiamo il vettore $\underline{v}$ di componenti X, Y, Z rispetto alla terna $Oxyz$ e indichiamone con $\Xi, \mathrm{H}, \mathrm{Z}$ le componenti secondo le direzioni orientate degli assi ξ, η, ζ. In base alla (8) abbiamo per codeste componenti le equazioni di trasformazione

$$(11)\quad \begin{cases} \Xi = \alpha_1 X + \alpha_2 Y + \alpha_3 Z \\ \mathrm{H} = \beta_1 X + \beta_2 Y + \beta_3 Z \\ \mathrm{Z} = \gamma_1 X + \gamma_2 Y + \gamma_3 Z \end{cases} \qquad \begin{cases} X = \alpha_1 \Xi + \beta_1 \mathrm{H} + \gamma_1 \mathrm{Z} , \\ Y = \alpha_2 \Xi + \beta_2 \mathrm{H} + \gamma_2 \mathrm{Z} \\ Z = \alpha_3 \Xi + \beta_3 \mathrm{H} + \gamma_3 \mathrm{Z} , \end{cases}$$

che si sarebbero potute egualmente ottenere, considerando il $\underline{v}$ come differenza di due punti P″–P′ ed eseguendo la trasformazione di coordinate su codesti due punti P′ e P″.

Com'era prevedibile a priori, le formole (11) di trasformazione delle componenti di un qualsiasi vettore dipendono esclusivamente dal cambiamento di direzione degli assi, non dal cambiamento dell'origine.

Se ricordiamo che le componenti di un vettore unitario non sono altro che i coseni direttori della rispettiva direzioni orientata, possiamo dire che in un cambiamento di coordinate le componenti di un vettore si trasformano come i coseni direttori di una qualsiasi direzione orientata.

19. Coordinate della somma di un punto e di un vettore.

– Preso un punto P qualsiasi, le cui coordinate rispetto alla terna $Oxyz$ siano x, y, z, sappiamo (n. 15) che questi tre numeri forniscono le componenti del vettore P–O secondo le direzioni orientate degli assi, talchè abbiamo

$$P - O = x\underline{i} + y\underline{j} + z\underline{k} \;;$$

e di qui risulta l'equazione geometrica

$$P = O + x\underline{i} + y\underline{j} + z\underline{k} \,, \tag{12}$$

che definisce la posizione di un generico punto P dello spazio rispetto alla terna $Oxyz$, mediante le sue coordinate, l'origine O e i tre versori fondamentali. Questa equazione sarà nel seguito ripetutamente richiamata, come punto di partenza per notevoli deduzioni.

Se poi consideriamo due punti P′ e P″ di coordinate x', y', z'' e x'', y'', z'' rispettivamente, sappiamo che il vettore $\underline{v} = P' - P''$, pel quale si ha

$$P'' = P' + \underline{v} \,,$$

ammette (n. 14) le componenti

$$X = x'' - x' \quad , \quad Y = y'' - y' \quad , \quad Z = z'' - z' \;;$$

onde risultano le equazioni

$$x'' = x' + X \quad , \quad y'' = y' + Y \quad , \quad z'' = z' + Z \,,$$

che danno le coordinate del punto somma di un punto e di un vettore e giustificano, sotto l'aspetto analitico, la dicitura e la notazione di "somma di punto e vettore".

<u>20. Componenti del risultante di più vettori.</u> – Se, dati n vettori $\underline{v}_i$ $(i = 1, 2, \ldots, n)$, di cui siano X_i, Y_i, Z_i le componenti secondo le direzioni orientate degli assi, consideriamo la poligonale costruttrice del risultante $\sum_1^n {}_i \underline{v}_i$, p. es. a partire dall'origine O, abbiamo pel vertice $A_1 = O + \underline{v}_1$ (n. prec.) le coordinate X_1, Y_1, Z_1 pel vertice $A_2 = A_1 + \underline{v}_2$ le coordinate $X_1 + X_2, Y_1 + Y_2, Z_1 + Z_2$, ecc., per l'estremo $A_n = A_{n-1} + \underline{v}_n$ le coordinate $\sum_1^n {}_i X_i, \sum_1^n {}_i Y_i, \sum_1^n {}_i Z_i$, onde si conclude che le componenti X, Y, Z del risultante $A_n - O$ son date da

$$(13) \qquad X = \sum_1^n {}_i X_i \quad , \quad Y = \sum_1^n {}_i Y_i \quad , \quad Z = \sum_1^n {}_i Z_i \,,$$

cioè dalle somme delle componenti omonime dei vettori componenti.

In base alle (13) risulta evidente la già notata validità, per la somma di vettori, della proprietà commutativa ed associativa.

D'altra parte, poichè, prescelta una qualsiasi direzione orientata, si può sempre, con un cambiamento di assi, far in modo che essa venga a coincidere con quella di un asse, per es. dell'asse delle x, si desume dalle (13) <u>che la componente del risultante di più vettori secondo una qualsiasi direzione orientata è data dalla somma</u> (algebrica) <u>delle analoghe componenti dei vettori considerati.</u>

Ai precedenti risultati si ricommette l'ovvia osservazione che le componenti del prodotto $a\,\underline{v}$ di un vettore $\underline{v}$ di componenti X, Y, Z per un numero reale a son date da aX, aY, aZ.

§ 4. Prodotto scalare e prodotto vettoriale di due vettori

21. Prodotto scalare. Per angolo $\widehat{\underline{v}_1\underline{v}_2}$ di due vettori $\underline{v}_1, \underline{v}_2$ si intende, naturalmente, l'angolo delle rispettive direzioni orientate (prese nell'ordine in cui son dati i due vettori).

Ciò posto, dicesi prodotto scalare (od interno) di $\underline{v}_1$ per $\underline{v}_2$ il prodotto $v_1 v_2 \cos \widehat{\underline{v}_1\underline{v}_2}$ delle lunghezze dei due vettori per il coseno del loro angolo: Esso si designa con $\underline{v}_1 \times \underline{v}_2$, da leggersi "$\underline{v}_1$ scalare $\underline{v}_2$".

Dalla definizione stessa discende che $\underline{v}_1 \times \underline{v}_2$ ha segno + o − secondo che l'angolo $\widehat{\underline{v}_1\underline{v}_2}$ dei due vettori è acuto od ottuso. Esso si annulla sempre e solo quando sia nullo almeno uno dei due vettori oppure i due vettori siano ortogonali; talchè l'annullarsi del prodotto $\underline{v}_1 \times \underline{v}_2$ di due vettori entrambi diversi da zero esprime la condizione necessaria e sufficiente per la loro ortogonalità; e se si sa che un vettore $\underline{v}_1$, moltiplicato scalarmente per ogni altro vettore $\underline{v}_2$, dà un prodotto $\underline{v}_1 \times \underline{v}_2$ nullo, si può senz'altro concludere che $\underline{v}_1$ è nullo, poichè in caso contrario basterebbe prendere $\underline{v}_2$ non nullo e non ortogonale a $\underline{v}_1$ per avere $\underline{v}_1 \times \underline{v}_2 \neq 0$. Il prodotto $\underline{v} \times \underline{v}$ di un vettore per se stesso, che si suol indicare più semplicemente con $\underline{v}^2$, coincide (essendo $\widehat{\underline{v}\underline{v}} = 0$) col quadrato v^2 della lunghezza, onde la condizione $\underline{v}^2 = 1$ caratterizza i vettori unitarii.

Così, in particolare, i vettori fondamentali di una terna cartesiana (ortogonale) di assi sono caratterizzati dalle sei relazioni

$$(14) \qquad \underline{i}^2 = \underline{j}^2 = \underline{k}^2 = 1 \,, \quad \underline{i} \times \underline{j} = \underline{j} \times \underline{k} = \underline{k} \times \underline{i} = 0 \,.$$

Notiamo, infine, che dalla espressione $v_1 v_2 \cos \varphi$ del prodotto $\underline{v}_1 \times \underline{v}_2$ risulta che esso si può interpretare come il prodotto (algebrico) della lunghezza di uno dei due vettori per la componente dell'altro secondo la direzione orientata del primo; onde il prodotto $\underline{u} \times \underline{v}$ di un vettore unitario $\underline{u}$ per un qualsiasi vettore $\underline{v}$ esprime in simboli vettoriali la componente di $\underline{v}$ secondo la direzione orientata di u.

Anzi osserviamo che se, nel caso di due vettori qualisivogliano $\underline{v}_1$ e $\underline{v}_2$, la direzione di uno di essi, per es. di $\underline{v}_1$ si considera orientata nel verso opposto di $\underline{v}_1$, le componenti di $\underline{v}_1$ e $\underline{v}_2$ secondo codesta direzione orientata sono date da $-v_1$ e $-v_2 \cos \widehat{v_1 v_2}$; e, poichè si ha identicamente

$$\underline{v}_1 \times \underline{v}_2 = (-v_1)(-v_2 \cos \widehat{v_1 v_2}),$$

concludiamo che <u>il prodotto scalare di due vettori è eguale al prodotto</u> (algebrico) <u>delle loro componenti secondo la direzione di uno qualsiasi di essi comunque orientata.</u>

22. Come immediata conseguenza della definizione si ha qualunque sia il numero reale a, la identità

$$a(\underline{v}_1 \times \underline{v}_2) = (a\underline{v}_1) \times \underline{v}_2 = \underline{v}_1 \times a\underline{v}_2 ;$$

inoltre vale manifestamente pel prodotto scalare la <u>proprietà commutativa</u>

$$\underline{v}_1 \times \underline{v}_2 = \underline{v}_2 \times \underline{v}_1 ,$$

mentre non vi è luogo a considerare la proprietà associativa, in quanto, essendo $\underline{v}_1 \times \underline{v}_2$ uno scalare, il simbolo $(\underline{v}_1 \times \underline{v}_2) \times \underline{v}_2$ è privo di senso.

Sussiste invece la <u>proprietà distributiva</u> rispetto alla somma (geometrica)

$$(15) \qquad \underline{v} \times (\underline{v}_1 + \underline{v}_2) = \underline{v} \times \underline{v}_1 + \underline{v} \times \underline{v}_2 .$$

Infatti vale la identità

$$(16) \qquad \text{vers}\, \underline{v} \times (\underline{v}_1 + \underline{v}_2) = \text{vers}\, \underline{v} \times \underline{v}_1 + \text{vers}\, \underline{v} \times \underline{v}_2 ,$$

in quanto, essendo vers $\underline{v}$ un vettore unitario, essa esprime semplicemente (n. prec.) che la componente di $\underline{v}_1 + \underline{v}_2$ secondo la direzione orientata di $\underline{v}$ è eguale alla somma delle analoghe componenti di $\underline{v}_1$ e $\underline{v}_2$: e basta moltiplicare per v ambo i membri della (16) per ottenere la (15)

Insomma valgono anche pel prodotto scalare le regole consuete del calcolo algebrico.

È infine facile determinare l'espressione del prodotto $\underline{v}_1 \times \underline{v}_2$ per mezzo delle componenti X_1, Y_1, Z_1 e X_2, Y_2, Z_2 di $\underline{v}_1$ e $\underline{v}_2$ secondo le direzioni orientate degli assi di una prefissata terna. Sia eseguendo il prodotto

$$(X_1 \underline{i} + Y_1 \underline{j} + Z_1 \underline{k}) \times (X_2 \underline{i} + Y_2 \underline{j} + Z_2 \underline{k})$$

e tenendo conto delle (14), sia ricordando che, in base alle (7) del n. 15, si ha

$$\cos \widehat{v_1 v_2} = \frac{X_1 X_2 + Y_1 Y_2 + Z_1 Z_2}{v_1 v_2}$$

concludiamo

$$(17) \qquad \underline{v}_1 \times \underline{v}_2 = v_1 v_2 \cos \widehat{v_1 v_2} = X_1 X_2 + Y_1 Y_2 + Z_1 Z_2 .$$

<u>23. Prodotto vettoriale.</u> L'angolo $\widehat{\underline{v}_1 \underline{v}_2}$ di due vettori $\underline{v}_1$, $\underline{v}_2$ non paralleli (ed entrambi diversi dallo zero) determina su ciascun piano avente la giacitura comune di $\underline{v}_1$ e $\underline{v}_2$ un certo verso di rotazione, quello in cui, sul piano considerato, la parallela a $\underline{v}_1$ per un qualsiasi punto O, orientata nel verso di $\underline{v}_1$, ruota per sovrapporsi alla parallela per O a $\underline{v}_2$ orientata nel verso di $\underline{v}_2$ descrivendo un angolo $< \pi$. Di conseguenza l'angolo $\widehat{\underline{v}_1 \underline{v}_2}$ permette di distinguere l'un dall'altro, per ogni direzione non appartenente alla giacitura di $\underline{v}_1$ e $\underline{v}_2$ i due versi opposti: quello rispetto a cui il verso di rotazione determinato da $\widehat{\underline{v}_1 \underline{v}_2}$ appare destrorso e il verso opposto.

Ciò premesso, dicesi <u>prodotto vettoriale</u> (od <u>esterno</u>) di due vettori $\underline{v}_1$, $\underline{v}_2$ e si designa con $\underline{v}_1 \wedge \underline{v}_2$ (da leggersi "$\underline{v}_1$ vettore $\underline{v}_2$") il vettore che ha la lunghezza $v_1 v_2 \operatorname{sen} \widehat{\underline{v}_1 \underline{v}_2}$, la direzione ortogonale alla giacitura di $\underline{v}_1$ e $\underline{v}_2$ e il verso rispetto a cui appare destrorso il verso di rotazione determinato dall'angolo $\widehat{\underline{v}_1 \underline{v}_2}$. In altre parole la terna $\underline{v}_1, \underline{v}_2$, $\underline{v}_1 \wedge \underline{v}_2$ deve risultar destrorsa, nel senso che tale deve essere la terna delle tre rette orientate che passano per un qualsiasi punto dello spazio e hanno rispettivamente la direzione e il verso di $\underline{v}_1$, $\underline{v}_2$, $\underline{v}_1 \wedge \underline{v}_2$.

Se è nullo anche uno solo dei due vettori $\underline{v}_1$, $\underline{v}_2$ o se è

$\widehat{\underline{v}_1\underline{v}_2}=0$, la definizione precedente lascia indeterminati la direzione e il verso di $\underline{v}_1\wedge\underline{v}_2$, ma assegna per la rispettiva lunghezza il valore 0, talchè in tali ipotesi il prodotto vettoriale risulta nullo; nè vi è altro caso in cui possa essere $\underline{v}_1\wedge\underline{v}_2=0$. Perciò per due vettori entrambi diversi dallo zero, l'annullarsi del prodotto $\underline{v}_1\wedge\underline{v}_2$ dà la condizione necessaria e sufficiente per il loro parallelismo. E, come pel prodotto scalare (n. 21), se si sa che è nullo il prodotto $\underline{v}_1\wedge\underline{v}_2$ di un dato vettore $\underline{v}_1$ per _ogni_ altro vettore $\underline{v}_2$ si conclude che è $\underline{v}_1=0$, giacchè in caso contrario basterebbe prendere $\underline{v}_2$ non nullo e non parallelo a $\underline{v}_1$ per avere $\underline{v}_1\wedge\underline{v}_2\neq 0$.

Giova tener presente che $\underline{v}_1\wedge\underline{v}_2$ è sempre ortogonale a ciascuno dei vettori $\underline{v}_1$ e $\underline{v}_2$. Se in particolare $\underline{u}$ è un vettore unitario ortogonale ad un dato vettore $\underline{v}$, il prodotto $\underline{u}\wedge\underline{v}$ (essendo $u=1$, $\widehat{\underline{u}\,\underline{v}}=\frac{\pi}{2}$) ha la stessa lunghezza v di $\underline{v}$, è ortogonale ad $\underline{u}$ e $\underline{v}$ ed ha verso tale che la terna (ortogonale) $\underline{u}$, $\underline{v}$, $\underline{u}\wedge\underline{v}$ risulta destrorsa. Tale è perciò anche la terna $\underline{v}$, $\underline{u}\wedge\underline{v}$, $\underline{u}$, cosicchè il moltiplicare vettorialmente (a sinistra) un qualsiasi vettore $\underline{v}$ per un vettore unitario ortogonale $\underline{u}$ equivale a far ruotare $\underline{v}$ (senza alterarne la lunghezza) intorno alla direzione orientata di $\underline{u}$, nella giacitura ortogonale, di un angolo retto in verso destrorso.

Notiamo infine che per avere il vettore applicato in un generico punto O, che rappresenta il prodotto $\underline{v}_1\wedge\underline{v}_2$ di due vettori non nulli, nè paralleli basta immaginare $\underline{v}_1$ e $\underline{v}_2$ applicati in O. Se è $P_1=O+\underline{v}_1$, $P_2=O+\underline{v}_2$, il vettore $\underline{v}_1\wedge\underline{v}_2$ applicato in O ha per linea d'azione la perpendicolare in O al piano OP_1P_2, il verso rispetto a cui l'angolo (non concavo) $P_1\widehat{O}P_2$ appar destrorso, e la lunghezza OQ misurata dallo stesso numero che dà l'area del parallelogramma OP_1RP_2 di $\underline{v}_1$, $\underline{v}_2$.

24. Il prodotto $\underline{v}_2\wedge\underline{v}_1$ ha, per definizione, la stessa lunghezza

e la stessa direzione di $\underline{v}_1 \wedge \underline{v}_2$, ma ha verso opposto, perchè sulla direzione ortogonale alla giacitura di $\underline{v}_1$ e $\underline{v}_2$ il verso, rispetto a cui $\widehat{\underline{v}_2 \underline{v}_1}$ appare destrorso, è l'opposto di quello rispetto a cui appare destrorso l'angolo $\widehat{\underline{v}_1 \underline{v}_2}$. Abbiamo perciò

$$\underline{v}_2 \wedge \underline{v}_1 = - \underline{v}_1 \wedge \underline{v}_2 \;:$$

o, come si suol dire, il prodotto vettoriale è <u>alternante</u> (anzichè commutativo, quale è il prodotto di due numeri o il prodotto di un vettore per un numero o il prodotto scalare di due vettori). Inoltre come si vedrà al num. 28, il prodotto vettoriale non è associativo.

Valgono invece, come qui ci proponiamo di dimostrare, l'identità, per qualsiasi numero reale a.

$$(18) \qquad a(\underline{v}_1 \wedge \underline{v}_2) = a\underline{v}_1 \wedge \underline{v}_2 = \underline{v}_1 \wedge a\underline{v}_2$$

e la <u>proprietà distributiva</u> rispetto alla somma geometrica

$$(19) \qquad \underline{v} \wedge (\underline{v}_1 + \underline{v}_2) = \underline{v} \wedge \underline{v}_1 + \underline{v} \wedge \underline{v}_2 .$$

Le (18) non richiedono dimostrazione quando sia $\underline{v}_1 = 0$ o $\underline{v}_2 = 0$ o $\widehat{\underline{v}_1 \underline{v}_2} = 0$, giacchè in tali ipotesi tutti e tre i membri sono nulli. Esclusi codesti casi e supposto dapprima $a > 0$, i vettori $a(\underline{v}_1 \wedge \underline{v}_2)$, $a\underline{v}_1 \wedge \underline{v}_2$, $\underline{v}_1 \wedge a\underline{v}_2$ hanno <u>tutti e tre</u>, per definizione, la lunghezza $|a|\, v_1 v_2 \operatorname{sen} \widehat{\underline{v}_1 \underline{v}_2}$ e la direzione e il verso di $\underline{v}_1 \wedge \underline{v}_2$, giacchè $a\underline{v}_1$ ed $a\underline{v}_2$ sono paralleli e di verso eguale a $\underline{v}_1$ e $\underline{v}_2$ rispettivamente, talchè i tre vettori considerati sono eguali.

Se poi è $a < 0$, osserviamo che l'angolo di $a\underline{v}_1$ e $\underline{v}_2$ è eguale a quello di $-\underline{v}_1$ e $\underline{v}_2$ ed ha perciò l'ampiezza $\pi - \widehat{\underline{v}_1 \underline{v}_2}$ e il verso opposto a quello di $\widehat{\underline{v}_1 \underline{v}_2}$. Analogamente l'angolo di $\underline{v}_1$ e $a\underline{v}_2$ è di ampiezza $\pi - \widehat{\underline{v}_1 \underline{v}_2}$ e di verso opposto a $\widehat{\underline{v}_1 \underline{v}_2}$; onde si conclude che i tre vettori $a(\underline{v}_1 \wedge \underline{v}_2)$, $a\underline{v}_1 \wedge \underline{v}_2$, $\underline{v}_1 \wedge a\underline{v}_2$ hanno la lunghezza $|a|\, v_1 v_2 \operatorname{sen} \underline{v}_1 \underline{v}_2$ e la stessa direzione e il verso opposto di $\underline{v}_1 \wedge \underline{v}_2$ e perciò coincidono.

Quanto alla proprietà distributiva (19), essa è pressochè intuitiva quando $\underline{v}$ è ortogonale tanto a $\underline{v}_1$ quanto a $\underline{v}_2$. In tale ipotesi, cominciamo col considerare i tre prodotti

(20) $\quad$ vers $\underline{v}\wedge(\underline{v}_1+\underline{v}_2)$, vers $\underline{v}\wedge\underline{v}_1$, vers $\underline{v}\wedge\underline{v}_2$,

e immaginiamo applicati in un medesimo punto O il vers $\underline{v}$ e $\underline{v}_1$, $\underline{v}_2$; $\underline{v}_1+\underline{v}_2$ sarà rappresentato dalla diagonale uscente da O del parallelogramma di $\underline{v}_1$ e $\underline{v}_2$ e perciò risulterà anch'esso ortogonale a vers $\underline{v}$. Poichè questo è unitario e ortogonale a $\underline{v}_1+\underline{v}_2$, $\underline{v}_1$, $\underline{v}_2$, i tre prodotti (20) si otterranno facendo ruotare rispettivamente $\underline{v}_1+\underline{v}_2$, $\underline{v}_1$, $\underline{v}_2$ nel piano ortogonale alla direzione orientata di vers $\underline{v}$ intorno ad O, di un angolo retto in verso destrorso (n. prec.). Si ottiene così un parallelogramma eguale al primitivo, di cui la diagonale e i lati (orientati a partire da O) rappresentano i vettori (20), onde risulta

$$\text{vers}\,\underline{v}\wedge(\underline{v}_1+\underline{v}_2)=\text{vers}\,\underline{v}\wedge\underline{v}_1+\text{vers}\,\underline{v}\wedge\underline{v}_2$$

e basta moltiplicare per v ambo i membri per ottenere la identità (19).

Per estenderla al caso generale dimostriamo anzitutto che il prodotto vettoriale $\underline{v}\wedge\underline{v}_1$ di un qualsiasi vettore $\underline{v}$ (non nullo) per un vettore $\underline{v}_1$ (pur esso non nullo e non parallelo nè ortogonale a $\underline{v}$) è eguale al prodotto vettoriale $\underline{v}\wedge\underline{v}_1'$ di $\underline{v}$ per il componente di $\underline{v}_1$ secondo la giacitura ortogonale alla direzione di $\underline{v}$. Invero, immaginando applicati i tre vettori $\underline{v}$, $\underline{v}_1$, $\underline{v}_1'$ in un medesimo punto O, abbiamo che i due prodotti $\underline{v}\wedge\underline{v}_1$ e $\underline{v}\wedge\underline{v}_1'$ hanno la stessa lunghezza, perchè il parallelogramma di $\underline{v}$ e $\underline{v}_1$ è equivalente al rettangolo di $\underline{v}$ e $\underline{v}_1'$; hanno la stessa direzione, perchè i vettori $\underline{v}$, $\underline{v}_1$ e $\underline{v}_1'$ sono complanari; ed hanno il medesimo verso perchè nel piano dei tre vettori applicati gli estremi di $\underline{v}_1$ e $\underline{v}_1'$ cadono dalla stessa parte della linea di azione di $\underline{v}$, cosicchè gli angoli $\widehat{\underline{v}_1\underline{v}}$ e $\widehat{\underline{v}\underline{v}_1'}$ hanno lo stesso verso. Perciò risulta veramente $\underline{v}\wedge\underline{v}_1=\underline{v}\wedge\underline{v}_1'$.

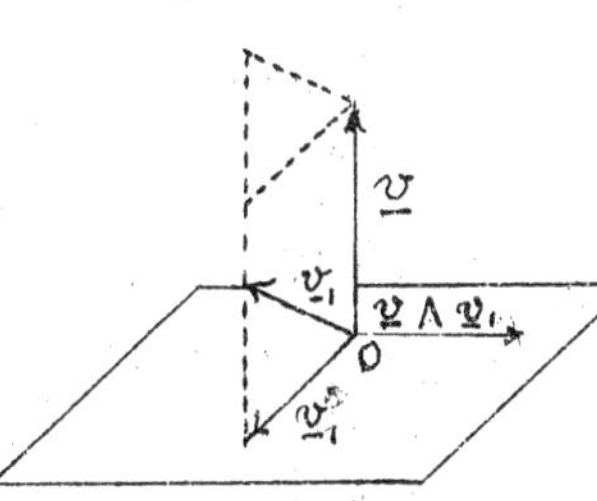

Ciò premesso, per dimostrare la (19) indichiamo con $\underline{v}_1'$, $\underline{v}_2'$ i componenti di $\underline{v}_1$, $\underline{v}_2$ secondo la giacitura ortogonale a $\underline{v}$, talchè sia $v_1'+v_2'$ il componente, secondo la stessa giacitura, di

$\underline{v}_1 + \underline{v}_2$ (n. 11). Per l'osservazione or ora fatta avremo

$$(26) \qquad \underline{v}\wedge(\underline{v}_1+\underline{v}_2) = \underline{v}\wedge(\underline{v}'_1+\underline{v}'_2)\,,\quad \underline{v}\wedge\underline{v}_1 = \underline{v}\wedge\underline{v}'_1\,,\quad \underline{v}\wedge\underline{v}_2 = \underline{v}\wedge\underline{v}'_2\,.$$

Ma poichè $\underline{v}$ è ortogonale a $\underline{v}'_1$, $\underline{v}'_2$, si ha per la prima parte della dimostrazione

$$\underline{v}\wedge(\underline{v}'_1 + \underline{v}'_2) = \underline{v}\wedge\underline{v}'_1 + \underline{v}\wedge\underline{v}'_2$$

e basta tener conto della (21) per concludere la validità della

$$(19) \qquad \underline{v}\wedge(\underline{v}_1 + \underline{v}_2) = \underline{v}\wedge\underline{v}_1 + \underline{v}\wedge\underline{v}_2$$

25. Cambiamo segno a entrambi i membri della (19), invertendo in ciascun prodotto vettoriale l'ordine dei fattori. Si ricava:

$$(\underline{v}_1 + \underline{v}_2)\wedge\underline{v} = \underline{v}_1\wedge\underline{v} + \underline{v}_2\wedge\underline{v}\,,$$

che mostra valida la proprietà distributiva anche per il primo fattore di un prodotto vettoriale. Come in algebra, la proprietà si estende poi ovviamente da due a un numero qualunque di addendi. Da ciò e dalla regola di moltiplicazione per un numero (n. 13) scende altresì che lo sviluppo di un prodotto a fattori polinomiali, quale

$$\sum_1^n{}_r\, a_r \underline{v}_r \wedge \sum_1^p{}_s\, b_s \underline{w}_s$$

(dove n, p designano interi, a_r, b_s numeri reali, $\underline{v}_r$, $\underline{w}_s$ vettori qualsivogliano) si fa come d'ordinario, colla solita restrizione che, in un termine generico dello sviluppo $a_r\underline{v}_r\wedge b_s\underline{w}_s$ non si possono invertire i fattori vettoriali, pur rimanendo lecito di spostare a piacere i coefficienti a_r e b_s e in particolare di attribuire al termine testè scritto la forma $a_r b_s \underline{v}_r\wedge\underline{w}_s$.

26. Applicando tali regole di calcolo, è facile esprimere le componenti L, M, N di un prodotto vettoriale $\underline{v}_1\wedge\underline{v}_2$ (rispetto ad una terna coordinata generica $Oxyz$) per mezzo delle componenti X_1, Y_1, Z_1 ed X_2, Y_2, Z_2 dei vettori fattori.

A tale scopo giova ricorrere ai versori fondamentali $\underline{i}$, $\underline{j}$, $\underline{k}$ ed osservare che dalla definizione di prodotto vettoriale, tenuta presente la circostanza che la terna si suppone sempre destrorsa, si ha senz'altro:

$$(22)\qquad \begin{cases} \underline{i}\wedge\underline{i} = \underline{j}\wedge\underline{j} = \underline{k}\wedge\underline{k} \doteq 0\,; \\ \underline{j}\wedge\underline{k} = -\underline{k}\wedge\underline{j} = \underline{i}, \\ \underline{k}\wedge\underline{i} = -\underline{i}\wedge\underline{k} = \underline{j}, \\ \underline{i}\wedge\underline{j} = -\underline{j}\wedge\underline{i} = \underline{k}. \end{cases}$$

Ciò posto, esprimendo $\underline{v}_1, \underline{v}_2$ sotto la forma

$$X_1\underline{i} + Y_1\underline{j} + Z_1\underline{k} \qquad X_2\underline{j} + Y_2\underline{j} + Z_2 k\ ,$$

e sviluppando, si trova:

$$\underline{v}_1\wedge\underline{v}_2 = (X_1\underline{i} + Y_1\underline{j} + Z_1\underline{k})\wedge(X_2\underline{i} + Y_2\underline{j} + Z_2\underline{k}) =$$
$$= X_1Y_2\underline{k} - X_1Z_2\underline{j} - Y_1X_2\underline{k} + Y_1Z_2\underline{i} + Z_1X_2\underline{j} - Z_1Y_2\underline{i} =$$
$$= (Y_1Z_2 - Y_2Z_1)\underline{i} + (Z_1X_2 - Z_2X_1)\underline{j} + (X_1Y_2 - X_2Y_1)\underline{k},$$

ossia sotto forma di determinante,

$$(23)\qquad \underline{v}_1\wedge\underline{v}_2 = \begin{vmatrix} \underline{i} & \underline{j} & \underline{k} \\ X_1 & Y_1 & Z_1 \\ X_2 & Y_2 & Z_2 \end{vmatrix}$$

Se ne desume che le componenti cercate sono date dalle formule

$$(24)\qquad L = Y_1Z_2 - Y_2Z_1,\ M = Z_1X_2 - Z_2X_1,\ N = X_1Y_2 - X_2Y_1\ ;$$

cioè coincidono coi minori della matrice

$$\begin{Vmatrix} X_1 & Y_1 & Z_1 \\ X_2 & Y_2 & Z_2 \end{Vmatrix},$$

presi si intende, col debito segno.

27. Prodotti misti. Dati tre vettori generici $\underline{v}_1, \underline{v}_2, \underline{v}_3$ si formino i tre prodotti vettoriali,

$$\underline{v}_2\wedge\underline{v}_3 \quad , \quad \underline{v}_3\wedge\underline{v}_1 \quad ; \quad \underline{v}_1\wedge\underline{v}_2$$

e poi i tre prodotti scalari che si ottengono moltiplicandoli ciascuno per il terzo vettore della terna.

I prodotti misti che così si ottengono sono fra loro eguali, cioè sussistono le identità.

$$(25)\qquad \underline{v}_1\times(\underline{v}_2\wedge\underline{v}_3) = \underline{v}_2\times(\underline{v}_3\wedge\underline{v}_1) = \underline{v}_3\times(\underline{v}_1\wedge\underline{v}_2).$$

Per stabilirle nel modo più elementare, si riferiscano i tre [v]ettori dati ad una terna ortogonale e, indicate con X_i,

Y_i, Z_i le componenti di $\underline{v}_i$ secondo le direzioni orientate degli assi, si osservi che, in base alle (24) del n. prec. e alla (17) del n. 22, i tre prodotti misti son dati, rispettivamente dai determinanti, manifestamente eguali,

$$\begin{vmatrix} X_1 & Y_1 & Z_1 \\ X_2 & Y_2 & Z_2 \\ X_3 & Y_3 & Z_3 \end{vmatrix}, \quad \begin{vmatrix} X_2 & Y_2 & Z_2 \\ X_3 & Y_3 & Z_3 \\ X_1 & Y_1 & Z_1 \end{vmatrix}, \quad \begin{vmatrix} X_3 & Y_3 & Z_3 \\ X_1 & Y_1 & Z_1 \\ X_2 & Y_2 & Z_2 \end{vmatrix}$$

Notiamo che il valore assoluto di $\underline{v}_1 \times (\underline{v}_2 \wedge \underline{v}_3)$ dà il volume del parallelepipedo dei vettori $\underline{v}_1, \underline{v}_2, \underline{v}_3$.

Per dimostrarlo, escludiamo provvisoriamente i casi degeneri in cui sui tre vettori non si possa costruire un effettivo parallelepipedo; e indichiamo con $\underline{v}$ il prodotto $\underline{v}_2 \wedge \underline{v}_3$, notando che la lunghezza v dà l'area del parallelogramma dei vettori $\underline{v}_2, \underline{v}_3$, mentre la direzione di $\underline{v}$ è quella della perpendicolare al piano del parallelogramma.

Il prodotto scalare $\underline{v}_1 \times \underline{v}$ può così interpretarsi (n. 20) come prodotto di v per la componente di $\underline{v}_1$ secondo codesta perpendicolare orientata al piano. La lunghezza di tale componente non è altro che l'altezza h del parallelepipedo sulla base di area v; onde il valore assoluto di $\underline{v}_1 \times \underline{v}$ ossia di $\underline{v}_1 \times (\underline{v}_2 \wedge \underline{v}_3)$ si identifica con vh (area della base per l'altezza) cioè col volume del parallelepipedo di $\underline{v}_1, \underline{v}_2, \underline{v}_3$. E il segno di $\underline{v}_1 \times \underline{v}$ è + o −, secondo che l'angolo di $\underline{v}_1$ colla direzione della perpendicolare alla giacitura di $\underline{v}_2$ e $\underline{v}_3$ orientata nel verso cui appar destrorso il verso di $\widehat{\underline{v}_2 \underline{v}_3}$, è acuto od ottuso, cioè secondo che la terna $\underline{v}_1, \underline{v}_2, \underline{v}_3$ è destrorsa o sinistrorsa.

I casi degeneri, provvisoriamente lasciati fuori, si ottengono per continuità, immaginando che i tre vettori $\underline{v}_1, \underline{v}_2, \underline{v}_3$ tendono a divenire paralleli ad un medesimo piano oppure qualcuno di essi ad annullarsi; il volume del relativo parallelepipedo ha sempre per limite zero, e si ha in conformità (passando al limite del caso generale).

$$\underline{v}_1 \times (\underline{v}_2 \wedge \underline{v}_3) = 0 \,;$$

donde il corollario: L'annullarsi del prodotto $\underline{v}_1 \times (\underline{v}_2 \wedge \underline{v}_3)$ formato con tre vettori non nulli, è condizione necessaria e sufficiente perchè essi siano complanari (cioè, paralleli ad uno stesso piano).

28. Altra formula notevole relativa a tre vettori generici $\underline{v}_1, \underline{v}_2, \underline{v}_3$, è la seguente:

(26) $$\underline{v}_1 \wedge (\underline{v}_2 \wedge \underline{v}_3) = (\underline{v}_1 \times \underline{v}_3)\, \underline{v}_2 - (\underline{v}_1 \times \underline{v}_2)\, \underline{v}_3$$

La dimostrazione formale si ricava con tutta facilità dalle (24) del n. 25, in quanto, a norma di queste, la componente secondo la direzione orientata dell'asse delle x di $\underline{v}_1 \wedge (\underline{v}_2 \wedge \underline{v}_3)$ è data da

$$Y_1(X_2Y_3 - Y_2X_3) - Z_1(Z_2X_3 - X_2Z_3) = (Y_1Y_3 + Z_1Z_3)X_2 - (Y_1Y_2 + Z_1Z_2)X_3$$

e basta aggiungere e togliere $X_1X_2X_3$ e tener conto della (17) del n. 22 per dare a codesta espressione la forma

$$(\underline{v}_1 \times \underline{v}_3)X_2 - (\underline{v}_1 \times \underline{v}_2)X_3 .$$

in cui si riconosce la componente del secondo membro della (26), secondo la direzione orientata dell'asse delle x.

Dalla (26) risulta senz'altro che i due prodotti $\underline{v}_1 \wedge (\underline{v}_2 \wedge \underline{v}_3)$ $(\underline{v}_1 \wedge \underline{v}_2) \wedge \underline{v}_3$ non coincidono; in altre parole non vale pel prodotto vettoriale la proprietà associativa (cfr. n. 24).

§ 5. Momento di un vettore applicato rispetto ad un punto e rispetto ad un asse.

29. Premettiamo una considerazione qualitativa circa il verso di due rette orientate r, r', non appartenenti ad un medesimo piano.

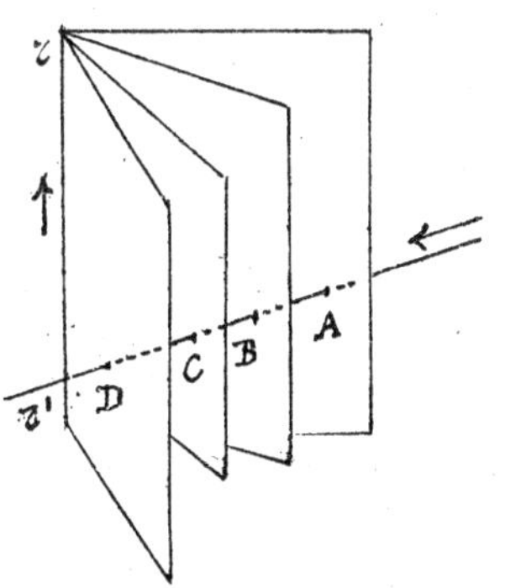

Proiettando da una di esse per es. da r, i punti A, B, C, ... di r', si genera un fascio di piani $\alpha, \beta, \gamma, \ldots$, e il verso di r' subordina un verso nel fascio. Rispetto ad r (cioè rispetto ad un osservatore orientato, dai piedi alla testa, come r) il verso anzidetto (o se si vuole il corrispondente senso di rotazione) apparirà secondo i casi destrorso o sinistrorso. Ma sarà del pari destrorso o sinistrorso, come tosto si riconosce, il verso di rotazione determinato da r attorno ad r', quando si scambia l'ufficio delle due rette r ed r'. Di qui la definizione:

Due rette orientate sghembe r, r' si dicono destrorse o sinistrorse secondochè è destrorso o sinistrorso il verso di rotazione determinato (nel modo ora detto) da ciascuna di esse attorno all'altra.

La qualifica destrorsi o sinistrorsi si trasporta senz'altro a due vettori applicati AB, PQ, non complanari, ed anche ad una coppia mista (retta orientata r vettore applicato PQ che non la incontra, nè le è parallelo) coll'intesa evidente, che ci si riporta al criterio precedente, sostituendo a ciascun vettore applicato la sua linea d'azione orientata nel verso del vettore.

30. Dato un vettore applicato $\underline{v} = B - A$ e un punto P, il prodotto vettoriale

$$\underline{M}_P = (A - P) \wedge (B - A) = (A - P) \wedge \underline{v}$$

chiamasi momento del vettore applicato $\underline{v} = B - A$ rispetto al punto o polo P.

Importa fissare il contenuto geometrico di questa definizione: se ci riferiamo al caso generale in cui AB non è nullo, nè allineato con P, il momento $\underline{M}_P$, applicato in P, è normale al piano PAB e destrorso rispetto ad AB ed ha lunghezza eguale all'area del parallelogramma costruito su PA ed AB, ossia al prodotto della lunghezza v del vettore applicato per la distanza di P dalla sua linea d'azione.

Nei casi esclusi, in cui AB è nullo, oppure ha la linea d'azione passante per P, è senz'altro manifesto (n. 22) che il momento $\underline{M}$ è nullo.

Se poi riferiamo $\underline{v}$, P ed A ad una terna cartesiana e sono X, Y, Z le componenti del vettore v; x, y, z le coordinate di

A e a, b, c quelle di P, le componenti di A-P sono $x-a$, $y-b$, $z-c$, cosicchè dalle (24) del n. 25 ricaviamo per le componenti di $\mathfrak{M}_P$ le espressioni

(27) $\mathfrak{M}_{P/x} = (y-b)Z - (z-c)Y$, $\mathfrak{M}_{P/y} = (z-c)X - (x-a)Z$,
$\mathfrak{M}_{P/z} = (x-a)Y - (y-b)X$.

31. Passiamo a definire il momento assiale, cioè relativo ad una generica retta orientata r. A tale scopo importa stabilire la seguente proprietà. <u>La componente secondo r del momento di un vettore applicato, rispetto ad un punto qualunque P della stessa r, è indipendente dalla posizione di P su di essa.</u>

Per dimostrarlo basta assumere r come asse delle z e osservare che l'ultima delle (27) la quale se P appartiene a r, si riduce alla $\mathfrak{M}_{P/a} = xY - yX$, risulta indipendente da c, ossia appunto dalla posizione di P sulla retta r.

Dopo ciò è giustificata la definizione seguente: per momento $\mathfrak{M}_r$ di un vettore $\underline{v}$ applicato in A rispetto ad una retta orientata r intendesi la componente secondo r del momento di $\underline{v}$ rispetto a un punto P qualsiasi di codesta retta.

Per contrapposto al <u>momento assiale</u> così definito il momento rispetto ad un centro o polo (n. prec.) dicesi <u>polare</u>.

32. Se $\underline{u}$ è il vettore unitario che ha la direzione e il verso di r, il momento assiale $\mathfrak{M}_r$ si può rappresentare vettorialmente (n. 20) sotto forma di prodotto misto

$$\mathfrak{M}_r = \underline{u} \times [(A-P) \wedge (B-A)] = \underline{u} \times [(A-P) \wedge \underline{v}] \;;$$

onde si desume (n. 27) che $\mathfrak{M}_r$ è positivo o negativo secondo che la terna $\underline{u}$, A-P e $\underline{v}$ è destrorsa o sinistrorsa, cioè secondo che $\underline{v}$ è destrorso o sinistrorso rispetto all'asse orientato r (n. 23); e il valore assoluto di $\mathfrak{M}_r$ è eguale al volume del parallelepipedo di $\underline{u}$, A-P e $\underline{v}$, talchè si annulla (oltrecchè nel caso ovvio $\underline{v} = 0$) soltanto quando i vettori $\underline{u}$, A-P e $\underline{v}$ = B-A sono complanari, cioè quando la linea di azione del vettore $\underline{v}$ applicato in A è complanare all'asse r (linea d'azione di $\underline{u}$ applicato in P). Esclusi questi casi di annullamento, si ottiene una espressione esplicita semplice per $\mathfrak{M}_r$, prendendo come punto P il piede su r della minima distanza δ di r dalla linea d'azione AB di v applicato in A: in tale ipotesi la lunghezza del momento polare $\mathfrak{M}_P$ di $\underline{v}$ rispetto a P è data da $v\delta$; ed è manifesto che, se si indica con θ l'angolo minimo delle rette non orientate r e AB, l'analogo angolo minimo di r e della linea d'azione, non orientata, di $\underline{\mathfrak{M}}_P$ è il complemento di θ, cosicchè si conclude che il valore assoluto di $\mathfrak{M}_r$ è dato da $v\delta$ sen θ; e per quanto si è detto pocanzi, si avrà precisamente

$$\mathfrak{M}_r = \pm v\delta \operatorname{sen} \theta,$$

secondo che il vettore applicato $\underline{v}$ è destrorso o sinistrorso rispetto alla retta orientata r.

§ 6. Momento risultante di un sistema di vettori applicati

33. Dato un sistema di vettori $\underline{v}_1, \underline{v}_2, \ldots, \underline{v}_n$, applicati in altrettanti punti (distinti o coincidenti) $A_1, A_2, \ldots A_n$, indichiamo ordinatamente con $\underline{\mathfrak{M}}_1, \underline{\mathfrak{M}}_2 \ldots \underline{\mathfrak{M}}_n$ i loro momenti rispetto ad un generico polo P.

Per momento risultante del sistema rispetto al punto P s'intenderà il vettore $\underline{\mathfrak{M}}$ risultante dei momenti dei singoli vettori del sistema:

$$\underline{\mathfrak{M}} = \underline{\mathfrak{M}}_1 + \underline{\mathfrak{M}}_2 + \cdots + \underline{\mathfrak{M}}_n = \sum_1^n{}_i\, \underline{\mathfrak{M}}_i\,. \tag{28}$$

Il punto P rispetto a cui vengono presi i momenti chiamasi <u>polo</u> o <u>centro di riduzione</u> del sistema di vettori.

Si noti che, <u>se i vettori del sistema hanno tutti la stessa origine A, il momento risultante coincide col momento del risultante applicato in A</u> (Teorema del

Varignon)[1].

Infatti, indicando con $\underline{R}$ codesto risultante si ha, per la definizione di momento e per la proprietà distributiva del prodotto vettoriale, qualunque sia il centro di riduzione P,

$$\underline{\mathfrak{M}} = \sum_1^n{}_i \underline{\mathfrak{M}}_i = \sum_1^n{}_i (A-P) \wedge \underline{v}_i = (A-P) \wedge \sum \underline{v}_i = (A-P) \wedge \underline{R}.$$

34. Consideriamo nuovamente un generico sistema di vettori applicati $\underline{v}_1, \underline{v}_2, \ldots, \underline{v}_n$ e sia r una retta orientata qualsiasi.

Ricordando (n. 20) che il risultante di più vettori ha per componente (rispetto ad un asse qualsiasi) la somma delle componenti, dal n. 31 risulta subito che la componente secondo r del momento risultante del sistema rispetto ad un punto qualunque P della r stessa è eguale alla somma dei momenti rispetto a r dei singoli vettori del sistema.

Dopo ciò, è giustificata la definizione seguente: per momento risultante di un sistema di vettori (applicati) rispetto ad una retta orientata r intendesi la somma dei momenti rispetto ad r dei singoli vettori del sistema, ossia la componente secondo r del momento risultante del sistema rispetto ad un punto qualsiasi della r stessa.

Se i vettori del sistema hanno tutti la stessa origine A, si ha anche pei momenti assiali, come in quello dei polari (n. prec.) che il momento risultante rispetto ad una retta orientata coincide coll'analogo momento del risultante applicato in A.

In particolare se immaginiamo un vettore applicato $\underline{v}$; decomposto nei suoi componenti $\underline{w}$ e $\underline{v}$ normale e parallelo ad r, e aventi la stessa origine di $\underline{v}$, il

(1) Pierre Varignon, nato a Caen nel 1654, morto a Parigi nel 1722. Il teorema citato nel testo è contenuto nell'opera postuma: « Nouvelle mécanique ou statique... » [Parigi 1725].

momento (rispetto ad r) di $\underline{v}$ coincide col momento risultante del sistema formato dai vettori applicati $\underline{w}$ e $\underline{v}$.

Poichè il momento di $\underline{v}$ è nullo (n. 31) si conclude che il momento rispetto all'asse r del vettore applicato $\underline{v}$ coincide coll'analogo momento del suo componente normale $\underline{w}$.

35.- **Modo di variare del momento al variare del centro di riduzione.**- Siano $\mathfrak{M}_P$ ed $\mathfrak{M}_{P'}$ i momenti di un vettore (applicato) $\underline{v} = B - A$ rispetto a due poli distinti P e P'. Avremo per definizione

$$\mathfrak{M}_P = (A - P) \wedge v \quad , \quad \mathfrak{M}_{P'} = (A - P') \wedge \underline{v} ,$$

ma siccome si ha identicamente

$$A - P' = (A - P) + (P - P')$$

avremo di conseguenza

$$\mathfrak{M}_{P'} = (A - P) \wedge \underline{v} + (P - P') \wedge \underline{v}$$

cioè

$$\mathfrak{M}_{P'} = \mathfrak{M}_P + (P - P') \wedge \underline{v} .$$

Sia dato allora un sistema di vettori applicati $v_i = B_i - A_i$ $(i = 1, 2, \dots, n)$ e si ponga $\sum_1^n {}_i v_i = \underline{R}$.

Se rispetto ai due centri di riduzione P e P', sono rispettivamente $\underline{\mathfrak{M}}_i$ ed $\underline{\mathfrak{M}}'_i$ i momenti di un vettore generico $\underline{v}_i$; $\underline{\mathfrak{M}}$ ed $\underline{\mathfrak{M}}'$ i momenti risultanti del sistema, si avranno le relazioni

$$\underline{\mathfrak{M}}'_i = \underline{\mathfrak{M}}_i + (P - P') \wedge \underline{v}_i \quad (i = 1, 2, \dots, n),$$

le quali, sommate, danno come nel caso del vettore unico la formula

$$(29) \qquad \mathfrak{M}' = \mathfrak{M} + (P - P') \wedge \underline{R} .$$

Tale formula può manifestamente interpretarsi nel modo seguente: <u>il momento risultante del sistema rispetto a P' è la somma dell'analogo momento rispetto a P e del momento, rispetto a P', del risultante R del sistema, applicato in P.</u>

Prendiamo, in particolare, P' coincidente coll'origine O degli assi coordinati e sia $\underline{\mathfrak{M}}_0$ il corrispondente momento risultante.

Si indichino con $\mathfrak{M}_x$, $\mathfrak{M}_y$, $\mathfrak{M}_z$ le componenti di $\underline{\mathfrak{M}}$. con L, M, N le componenti di $\underline{\mathfrak{M}}_0$; con a, b, c le coordinate del punto generico P e con X, Y, Z le componenti del risultante R.

Dalla (29) e dalle (24) del n. 26 si ottengono allora facilmente le formule seguenti:

$$(30) \qquad \begin{cases} \mathfrak{M}_x = L - bZ + cY, \\ \mathfrak{M}_y = M - cX + aZ, \\ \mathfrak{M}_z = N - aY + bX. \end{cases}$$

Dalla (29) risulta inoltre:

1° che per $\underline{R} = 0$, $\underline{\mathfrak{M}}' = \underline{\mathfrak{M}}$;

2° che se $\underline{\mathfrak{M}}'$ deve coincidere con $\underline{\mathfrak{M}}$ per qualsiasi polo P', bisogna che sia $(P - P') \wedge \underline{R} = 0$ per qualsiasi P', il che implica (n. 22) $R = 0$.

Ne viene che pei sistemi a risultante nullo, e per questi soltanto, il momento risultante è indipendente dal centro di riduzione.

Se il risultante $\underline{R}$ non è nullo, si ha $\underline{\mathfrak{M}}' = \underline{\mathfrak{M}}$ (ossia $(P - P') \wedge \underline{R} = 0$), allora e allora soltanto che la retta PP' è parallela ad $\underline{R}$.

36. Trinomio invariante.

Dalla (29) e dalla proprietà distributiva del prodotto scalare si ha:

$$\underline{\mathfrak{M}}' \times \underline{R} = \underline{\mathfrak{M}} \times \underline{R} + [(P - P') \wedge \underline{R}] \times \underline{R}.$$

Ma, per definizione di prodotto vettoriale, il vettore $(P - P') \wedge \underline{R}$ è perpendicolare ad $\underline{R}$, onde risulta $[(P - P') \wedge \underline{R}] \times \underline{R} = 0$, e per conseguenza,

$$\underline{\mathfrak{M}}' \times \underline{R} = \underline{\mathfrak{M}} \times \underline{R}.$$

Di qui apparisce che il prodotto scalare $\mathfrak{M} \times R = \mathfrak{M}_x X + \mathfrak{M}_y Y + \mathfrak{M}_z Z$ del momento risultante per il risultante è indipendente dal centro di riduzione.

Perciò il trinomio $\mathfrak{M}_x X + \mathfrak{M}_y Y + \mathfrak{M}_z Z$ vien chiamato trinomio invariante. Esso verrà indicato brevemente colla lettera T.

37. Se il risultante di un sistema non è nullo, se cioè ha una direzione ben determinata, la componente del momento risultante secondo la direzione orientata del risultante è indipendente dal centro di riduzione.

Infatti, qualunque sia il centro di riduzione P, si ha dalla (17) del n. 22 l'equazione

$$\mathfrak{M} \cos \widehat{\underline{R}\,\mathfrak{M}} = \frac{T}{R}, \tag{31}$$

la quale dimostra l'asserto.

Notiamo poi che, sia dalla (31), sia dalle proprietà generali del prodotto scalare (n. 21), risulta che secondo che T è >0 o <0, l'angolo del risultante $\underline{R}$ e del momento $\mathfrak{M}$ è, comunque si prenda il centro di riduzione, sempre acuto o sempre ottuso. Se poi è $T=0$ è come si è detto si suppone $\underline{R} \neq 0$, il momento risultante riesce in ogni punto perpendicolare ad $\underline{R}$ o in particolare nullo.

38. Asse centrale. Momento minimo.

Dato un sistema di vettori a risultante non nullo, cerchiamo il luogo dei punti P (a, b, c) rispetto ai quali il momento risultante è parallelo al risultante $\underline{R}$, o, in particolare, nullo. La questione si potrebbe trattare per via geometrica in base alla (29). Ma è forse più semplice servirsi della rappresentazione analitica, particolarizzando in modo opportuno la scelta degli assi, cioè prendendo Oz parallelo ad $\underline{R}$ e diretto nello stesso verso, con che le due componenti X ed Y di $\underline{R}$ si annullano, mentre Z si identifica colla lunghezza R della risultante (per ipotesi maggiore di zero).

Le (30) diventano in conformità

$$\mathfrak{M}_x = L - bR, \quad \mathfrak{M}_y = M + aR, \quad \mathfrak{M}_z = N,$$

onde pei punti del luogo cercato si deve avere

$$\mathfrak{M}_x = \mathfrak{M}_y = 0, \text{ ossia } L - bR = 0, \; M + aR = 0;$$

il che porge per a e b i valori costanti

$$a = -\frac{M}{R}\ , \qquad b = \frac{L}{R}\ .$$

Il luogo cercato è perciò una retta parallela al risultante $\underline{R}$, la quale si chiama <u>asse centrale</u> del sistema.

39. Ricordando (n. 37) che la componente del momento risultante secondo la direzione orientata del risultante è indipendente dal centro di riduzione, si vede senz'altro che la lunghezza del momento risultante assume il suo valore minimo, quando il momento riesce parallelo al risultante, ossia quando il centro di riduzione è sull'asse centrale.

Tale lunghezza minima, detta <u>momento minimo</u>, coincide col valore assoluto (costante) della componente del momento secondo la direzione del risultante; e perciò, in base alla (31) è è data da

$$\frac{|T^{\circ}|}{R}\ .$$

Scende di qui che, se il trinomio invariante T è nullo, è nullo il momento risultante, rispetto ai punti dell'asse centrale.

40. Nel caso finora escluso di un sistema di vettori con risultante nullo sappiamo dal num. 35 che il momento risultante è indipendente dal centro di riduzione.

Converremo di chiamare in tal caso asse centrale del sistema qualsiasi retta parallela al detto momento. Potremo così parlare di asse centrale per qualsiasi sistema di vettori.

<u>§7. Sistemi equivalenti e riduzione dei sistemi.</u>

41. Due sistemi di vettori applicati Σ e Σ' diconsi <u>equivalenti</u> quando hanno eguale risultante ed eguale momento risultante rispetto a un dato punto P; e quindi, per la (29), rispetto ad un punto qualsiasi.

Così, ad es., più vettori concorrenti in un punto costituiscono, pel Teorema del Varignon (n. 33) un sistema equivalente al loro risultante applicato in quel punto.

Così pure sono equivalenti due vettori applicati equipollenti, situati sulla medesima retta.

Dalla definizione di equivalenza scende senz'altro che due sistemi di vettori applicati equivalenti ad un terzo sono equivalenti fra loro. Inoltre, se più sistemi $\Sigma_1, \Sigma_2, \ldots, \Sigma_n$ sono rispettivamente equivalenti ai sistemi $\Sigma'_1, \Sigma'_2, \ldots, \Sigma'_n$, il sistema Σ formato dai sistemi Σ_i $(i = 1, 2, \ldots, n)$ è equivalente al sistema Σ' formato dai sistemi Σ'_i.

Dati due sistemi di vettori applicati, per verificare se essi siano equivalenti si può, per es. ridurli all'origine delle coordinate. In formole, le condizioni che devono essere soddisfatte per l'equivalenza sono allora:

$$(32) \qquad \begin{aligned} X &= X', \quad Y = Y', \quad Z = Z'; \\ \mathfrak{M}_x &= \mathfrak{M}'_x, \quad \mathfrak{M}_y = \mathfrak{M}'_y, \quad \mathfrak{M}_z = \mathfrak{M}'_z \end{aligned}$$

il significato delle lettere essendo manifesto.

42. Si vede subito (riportandosi alla definizione di equivalenza) che un sistema Σ equivale ad un vettore applicato unico, sempre e solo quando v'è qualche centro di riduzione rispetto al quale il momento risultante è nullo, cioè (supposto $\underline{R} \neq 0$) sempre e solo quando si annulla il momento minimo, o, ciò che è lo stesso il trinomio invariante T. Quando tale condizione è verificata, il sistema dato equivale al vettore $\underline{R}$ applicato in un punto qualunque dell'asse centrale.

Se poi $\underline{R} = 0$, il momento risultante $\underline{\mathfrak{M}}$ è (n 35) indipendente dal centro di riduzione, e quindi, se $\mathfrak{M} > 0$, il sistema non è mai equivalente ad un unico vettore; se $\mathfrak{M} = 0$, il sistema equivale ad un vettore nullo, e si dice <u>equivalente a zero</u> o <u>equilibrato</u> o <u>in equilibrio</u>.

Relativamente ai sistemi equilibrati giova tener presente che è nullo anche il loro momento rispetto ad una retta qualsiasi (n. 34).

Conviene inoltre osservare che due sistemi sono equivalenti, se uno d'essi si ottiene dall'altro aggiungendo dei vettori che formano un sistema equilibrato; ciò infatti non altera nè il risultante, nè il momento risultante.

Un esempio semplicissimo di sistemi equilibrati si ha nei sistemi formati da due vettori applicati opposti e aventi la medesima linea d'azione, ossia, come suol dirsi, direttamente opposti.

43. Operazioni elementari. Dato un sistema di vettori applicati chiameremo operazioni elementari le due seguenti:

1° la composizione o decomposizione di vettori applicati in un medesimo punto (ossia la sostituzione di quanti si vogliono vettori del sistema, applicati in un medesimo punto P, col loro risultante applicato nello stesso P; o viceversa, la sostituzione di un generico vettore applicato in P con più altri, applicati nel medesimo punto, e aventi quel vettore per risultante;

2° l'aggiunta o soppressione di due vettori direttamente opposti (n. prec.).

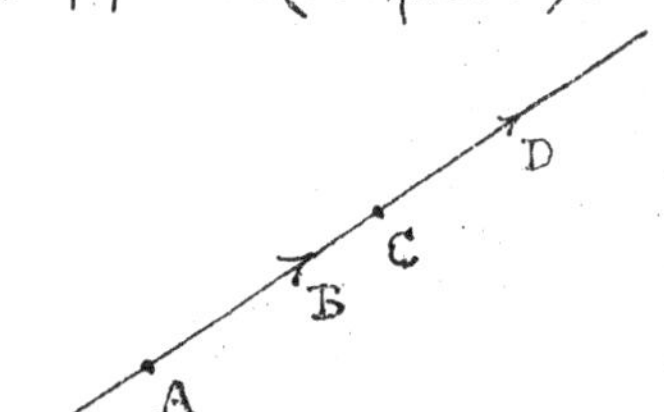

Potremo considerare come operazione elementare anche il trasporto di un vettore lungo la sua linea d'azione, ossia la sostituzione di un vettore qualsiasi B-A con uno D-C equipollente e situato sulla medesima retta.

Tale operazione consiste infatti nell'eseguire successivamente le due operazioni elementari seguenti: aggiungere al sistema che si considera i due vettori (direttamente opposti) D-C e C-D e sopprimere dal sistema così ottenuto i vettori B-A e C-D.

Poichè dal n. prec. sappiamo che il sistema di due vettori direttamente opposti equivale a zero, e che il sistema di più vettori concorrenti in un punto equivale al loro risultante applicato in quel punto, si conchiude che, eseguendo successivamente sopra un sistema quante e quali si vogliono operazioni elementari, si ottiene sempre un sistema equivalente al dato.

Vedremo al n. 47 che, reciprocamente, se due sistemi sono equivalenti, si può sempre da uno d'essi ottenere l'altro con sole operazioni elementari. È perciò che due sistemi equivalenti diconsi anche riducibili l'uno all'altro. Si tratta, bene inteso, di riducibilità con sole operazioni elementari.

Ne consegue che come definizione dell'equivalenza fra due sistemi si potrebbe anche assumere tale loro reciproca riducibilità, come appunto faceva il Poinsot[(1)]

44. Riduzione di un sistema a tre vettori applicati.

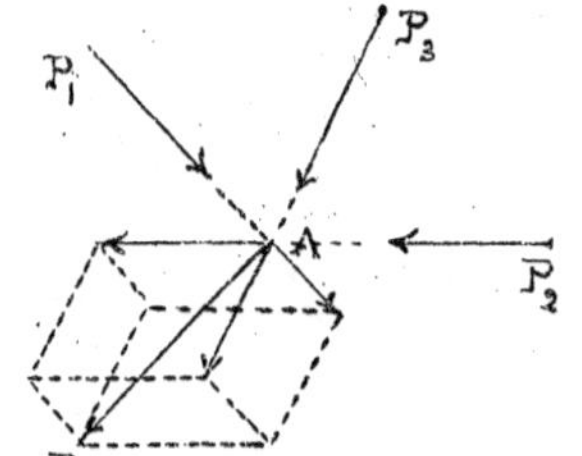

Siano P_1, P_2, P_3 tre punti dello spazio non situati in linea retta e sia B-A un vettore applicato qualsiasi coll'origine A non situata sul piano $P_1 P_2 P_3$.

Dal n. 9 sappiamo che il vettore B-A si può decomporre in tre vettori applicati in A e aventi per linee d'azione le rette P_1A, P_2A, P_3A.

Trasportando codesti tre vettori lungo le rispettive linee d'azione fino ad avere le origini ordinatamente in P_1, P_2, P_3 si riduce il vettore B-A (con sole operazioni elementari) a tre altri aventi le origini nei tre punti assegnati.

(1) Louis Poinsot, nato a Parigi nel 1777, morto, pure a Parigi, nel 1859. Conferì perspicuità ed eleganza alla trattazione di parecchie questioni, servendosi di metodi geometrici diretti. Sono classici i suoi "Elements de statique" [Paris : Maillet-Bachelier], la cui decima edizione è del 1861.

È facilmente si vede che tale riducibilità del vettore B-A è sempre possibile anche se l'origine A è situata nel piano $P_1 P_2 P_3$, senza che vi appartenga la linea d'azione di B-A, oppure se questa giace nel piano suddetto.

Infatti, nella prima eventualità, basta spostare il vettore lungo la sua linea d'azione: l'origine A esce allora dal piano $P_1 P_2 P_3$, e si rientra nel caso precedente. Se poi B-A appartiene al piano $P_1 P_2 P_3$ due almeno delle tre rette AP_1, AP_2, AP_3 sono certamente distinte, per es. AP_1, AP_2 il vettore B-A si può decomporre (n. 9) in due (di cui uno eventualmente nullo), appartenenti a queste due rette, e quindi trasportabili in P_1, P_2; la riduzione è così effettuata, risultando di lunghezza nulla (uno o eventualmente anche due) dei tre vettori applicati in P_1, P_2, P_3.

Più in generale ogni sistema di vettori applicati è riducibile a tre vettori coll'origine in tre punti quali si vogliono non allineati.

Basta evidentemente, eseguire l'accennata riduzione per tutti i vettori del sistema; e comporre per i vettori che concorrono in ciascuno dei punti assegnati P_1, P_2, P_3.

45. Riduzione di un sistema a due vettori applicati.

Dimostriamo ancora che ogni sistema di vettori può sempre ridursi (con sole operazioni elementari) a due vettori, uno dei quali coll'origine in un punto P comunque prefissato.

Si prendano a tale scopo due punti P_1 e P_2 non allineati con P. Pel n. prec. il sistema dato è riducibile a tre vettori (eventualmente nulli) $\underline{v}$, $\underline{v}_1$, $\underline{v}_2$, rispettivamente applicati in P, P_1 e P_2. Indichiamo con ϖ_1 il piano passante per P_1 che contiene il vettore $\underline{v}_1$ (un piano qualsiasi passante per PP_1, se $\underline{v}_1 = 0$) ed analogamente sia ϖ_2 il piano che contiene P e $\underline{v}_2$ (un piano qualsiasi per PP_2 se $\underline{v}_2 = 0$).

Consideriamo dapprima il caso generale in cui tali due piani sono distinti e la loro retta d'intersezione r non contiene nè P_1, nè P_2.

Assunto allora su tale retta r un punto qualsiasi A distinto da P_1 si sa dai nn. 9 e 43 che il vettore $\underline{v}_1$ del piano ϖ_1, è equivalente a due vettori coll'origine in P_1, e situati sulle rette PP_1 ed AP_1; questi si possono poi trasportare lungo le loro linee d'azione (n. 43) in modo da avere le origini in P ed A rispettivamente. Eseguendo la stessa riduzione sul vettore $\underline{v}_2$ possiamo concludere che il detto sistema è riducibile a tre vettori coll'origine in P e a due coll'origine in A. Basta ora eseguire la composizione di tali vettori in A ed in P, per ottenere la cercata riduzione a due soli vettori, uno dei quali coll'origine in P.

La stessa conclusione vale anche nei casi esclusi, in cui i piani ϖ_1 e ϖ_2 coincidono, ovvero la loro intersezione r passa per uno dei punti P_1 e P_2 ad es. per P_1. Così si riconosce prendendo A coincidente con P_1, e procedendo nel resto come sopra.

46. Sia Σ un sistema equilibrato (n. 42) qualsiasi, ossia con risultante e momento risultante nulli.

Eseguendo su di esso la riduzione testè indicata, i due vettori, cui da ultimo si perviene risultano di necessità direttamente opposti (in particolare nulli entrambi, se lo è uno di essi), perchè, anzitutto, per l'annullarsi del risultante, tali vettori devono essere opposti e d'altra parte devono essere situati sulla medesima retta, in quanto, se così non fosse, non si annullerebbe il momento risultante, come si vede prendendo, ad es., per centro di riduzione un punto P, situato sulla linea di azione di uno di essi.

Ma ogni sistema composto di due vettori direttamente opposti si riduce, mediante la seconda operazione del n. 43, ad un vettore nullo; cosicchè si conclude che ogni sistema equilibrato è riducibile ad un sistema assolutamente nullo, cioè non comprendente alcun vettore, o, ciò che è lo stesso, costituito soltanto da vettori nulli.

47. Riducibilità di due sistemi equivalenti. Siamo ora in grado di dimostrare (cfr. n. 43) che ogni sistema Σ_1 è riducibile a qualsiasi altro sistema equivalente Σ_2.

Consideriamo a tale scopo il sistema Σ'_2 costituito dai vettori applicati, direttamente opposti ai singoli vettori di Σ_2.

Aggiungendo al sistema Σ_1 tutti i vettori B-A del sistema Σ_2 e i corrispondenti A-B del sistema Σ'_2, vediamo intanto che il sistema Σ_1 è riducibile al sistema composto dai tre Σ_1, Σ_2, Σ'_2.

D'altra parte, qualunque sia il centro di riduzione, il sistema Σ'_2 ha il risultante e il momento risultante manifestamente opposti al risultante e al momento di Σ_2, e quindi anche di Σ_1. Il sistema formato dai sistemi Σ_1, Σ'_2 è dunque equilibrato, ossia, per quanto abbiamo veduto al n. prec., è riducibile ad un sistema assolutamente nullo. Ne scende che il sistema formato da Σ_1, Σ_2, Σ'_2 è riducibile all'unico sistema Σ_2.

Si passa dunque successivamente (con sole operazioni elementari) da Σ_1 al sistema Σ_1, Σ_2, Σ'_2 e da questo a Σ_2.

48. Coppie. Dicesi coppia, ogni sistema formato da due vettori applicati opposti (cioè paralleli e di verso opposto).

Q ← P, b, M → N

La distanza b delle rispettive linee d'azione dicesi braccio della coppia. Talora giova far intervenire anche la nozione di verso di una coppia, con che si intende il verso di rotazione, concordemente determinato dai due vettori, nel loro piano, attorno ad un qualsiasi punto O, interno alla striscia limitata dalle linee d'azione dei due vettori.

Siccome lo risultante di una generica coppia C è nulla, così (n. 35), comunque vari il centro di riduzione, i momenti risultanti di una stessa coppia, sono tutti vettori equipollenti.

Siano N-M e Q-P i due vettori di C. Prendendo per centro di riduzione una delle due origini, ad es. il punto M, si vede tosto che il momento $\mathfrak{M}$ della coppia C coincide col momento dell'altro vettore Q-P. Esso ha dunque lunghezza eguale al prodotto del braccio b della coppia per la lunghezza comune dei due vettori; è perpendicolare al piano della coppia; ed è <u>destrorso</u> (n. 29) <u>rispetto a</u> Q-P. Quest'ultima circostanza si riferisce al vettore $\mathfrak{M}$ applicato in M. Per ragione di continuità, si può evidentemente sostituire ad M ogni altro punto che sia situato dalla stessa banda di M rispetto alla retta PQ: in particolare quindi un punto qualsiasi O, interno alla striscia compresa fra le parallele MN, PQ. Si può così caratterizzare il verso del momento $\mathfrak{M}$, in modo simmetrico rispetto ai due vettori, ricorrendo al verso della coppia da essi costituita e si ha l'enunciato:

<u>Per un osservatore coi piedi in O</u> (punto qualsiasi interno alla striscia compresa fra le due linee d'azione) <u>e il capo dalla banda del momento</u> $\mathfrak{M}$, <u>il verso della coppia apparisce destrorso.</u>

49. Dal fatto che il risultante di una coppia è sempre nullo, scende che due coppie sono equivalenti allora e solo allora che, per un centro di riduzione (e quindi per tutti), coincidono i loro momenti.

Ricordando (n. 42) che fra i sistemi a risultante nullo equivalgono a un vettore unico (nullo) soltanto quelli il cui momento è nullo, si ha poi facilmente che una coppia è equivalente ad un vettore nullo, se è nullo il suo momento (ossia se sono nulli i due vettori componenti, oppure se tali vettori giacciono sulla stessa retta); e che una coppia a momento non nullo non è mai equivalente ad un unico vettore.

50. Mostriamo che un vettore $\underline{\mathcal{M}}$ si può sempre, e in infiniti modi riguardare come il momento di una qualche coppia C; è inutile specificare il polo, perchè (n. 48) il momento di una coppia non dipende dalla posizione del polo.

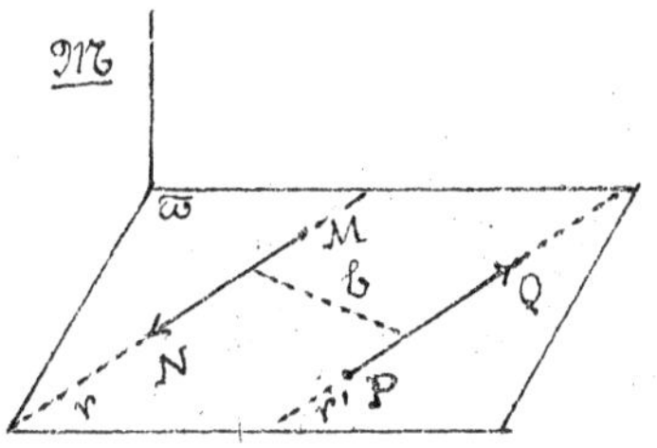

Per trovare una di queste coppie C, basta, per es. fissare un piano ϖ perpendicolare al vettore $\underline{\mathcal{M}}$ e tracciarvi ad arbitrio due rette parallele r, r'. Detta b la loro distanza, si costruisca una coppia C, applicando su r, r' due vettori opposti N−M, Q−P, di lunghezza comune $\frac{\mathcal{M}}{b}$ e di senso tale che il verso di C apparisca destrorso rispetto al vettore $\underline{\mathcal{M}}$ applicato in un punto interno alla striscia r, r'.

51. Riducibilità di ogni sistema ad un vettore e ad una coppia.

— Dall'osservazione ora fatta scende che un sistema qualsiasi di vettori è sempre equivalente ad un altro costituito da un unico vettore e da un'unica coppia.

Infatti, preso per centro di riduzione un punto P qualsivoglia, dicasi, al solito, $\underline{R}$ il risultante ed $\underline{\mathcal{M}}$ il momento risultante del sistema dato e sia C una qualsiasi delle coppie che hanno per momento il vettore $\underline{\mathcal{M}}$.

Il sistema formato dal vettore $\underline{R}$ applicato in P e dalla coppia C è appunto equivalente al sistema dato. Infatti esso pure ha per risultante $\underline{R}$ e per momento risultante quello della coppia C, ossia $\underline{\mathcal{M}}$ (non portandovi alcon contributo il vettore $\underline{R}$, che ha l'origine nel centro di riduzione P).

52. Nel n. 42 abbiamo veduto sotto quali condizioni un sistema di vettori è equivalente ad un unico vettore; ora possiamo aggiungere che un sistema di vettori è equivalente ad un'unica coppia (eventualmente nulla) allora e solo allora che il suo risultante è nullo.

Associando tale risultato ai precedenti, possiamo concludere quanto segue:

Un sistema di vettori a trinomio invariante non nullo (nel qual caso, per essere $T = \underline{\mathfrak{M}} \times \underline{R}$, nè $\underline{R}$, nè $\underline{\mathfrak{M}}$ possono annullarsi) è sempre equivalente ad un vettore e ad una coppia.

Un sistema a trinomio invariante nullo equivale sempre ad un sistema più semplice, costituito da un unico vettore, ovvero da un'unica coppia, o addirittura è nullo. Si ha il primo caso (n. 42), quando il risultante R non è zero; il secondo (n. prec.) quando il risultante si annulla, senza che sia contemporaneamente $\underline{\mathfrak{M}} = 0$; si ha infine il terzo caso (sistema equivalente a zero) quando si annullano insieme $\underline{R}$ ed $\underline{\mathfrak{M}}$.

53. Come immediata applicazione possiamo dimostrare che sono sempre equivalenti ad un unico vettore, o ad un'unica coppia (o, in particolare, a zero):

1° i sistemi piani (costituiti cioè da vettori applicati, appartenenti ad un medesimo piano):

2° i sistemi paralleli (costituiti cioè da vettori applicati paralleli).

Basterà far vedere che il trinomio invariante si annulla.

Per i sistemi piani lo si constata prendendo come centro di riduzione un punto del piano e osservando che i momenti dei singoli vettori del sistema riescono tutti perpendicolari a tale piano. Lo stesso avviene pel momento risultante $\underline{\mathfrak{M}}$ (ove in particolare non si annulli); poichè il risultante $\underline{R}$ è invece parallelo a detto piano (o in particolare zero) il prodotto scalare $\underline{\mathfrak{M}} \times \underline{R}$ è (n. 21) nullo.

Per i sistemi paralleli, scelto un centro di riduzione a piacimento, il momento $\underline{\mathfrak{M}}$ riesce manifestamente normale alla commune direzione dei vettori del sistema (o in particolare si annulla): il risultante $\underline{R}$ ha invece la stessa direzione dei vettori (o si annulla), cosicchè, come or ora, $\underline{\mathfrak{M}} \times \underline{R} = 0$.

Dal n. prec. scende ancora che un sistema di quante e quali si vogliono coppie equivale ad un'unica coppia, o in particolare a zero, in quanto si annulla il risultato del sistema.

54. Sistemi in equilibrio formati da 2 o 3 vettori.

Consideriamo ora i sistemi equilibrati (n. 42) costituiti da due o da tre vettori (non nulli, beninteso).

Per sistemi in equilibrio formati da due soli vettori, già si è visto (n. 46) che essi devono essere direttamente opposti.

Per i sistemi equilibrati formati da tre vettori si può dimostrare che tali vettori sono necessariamente situati in un medesimo piano; e che le loro linee d'azione s'incontrano in un unico punto oppure sono parallele fra loro.

Siano $\underline{v}_1, \underline{v}_2, \underline{v}_3$ i tre dati vettori e siano r_1, r_2, r_3 le loro linee d'azione. Se esse coincidono, la proprietà enunciata vale senz'altro; in caso diverso, potremo sempre trasportare ciascun vettore sulla sua linea d'azione in modo che i tre punti di applicazione A_1, A_2, A_3 non siano in linea retta. I momenti dei vettori applicati $\underline{v}_1, \underline{v}_2$ rispetto alla retta $A_1 A_2$ (orientata in uno qualsiasi dei suoi due versi) sono nulli (n. 32) ma anche il momento risultante del sistema del annullarsi (n. 42).

Il vettore $\underline{v}_3$ avrà quindi esso pure momento nullo rispetto ad $A_1 A_2$ ossia sarà situato sul piano $A_1 A_2 A_3$. Analogamente si vede che in tale piano devono giacere $\underline{v}_1$ e $\underline{v}_2$; sicché la prima parte del nostro asserto è intanto provata.

In quanto alla seconda parte, si supponga dapprima che le rette r_1 ed r_2 si incontrino in un punto O. Trasportando i due vettori $\underline{v}_1$ e $\underline{v}_2$ lungo le linee d'azione fino ad avere la loro origine in O e poi componendoli, si vede che essi equivalgono ad un unico vettore applicato in O. Tale vettore, al pari del sistema $(\underline{v}_1, \underline{v}_2)$ da cui proviene, deve costituire assieme a $\underline{v}_3$ un sistema equilibrato, e ciò esige che la sua linea d'azione coincida (n. 46) con quella di $\underline{v}_3$, cioè che la retta r_3 passi per il punto O d'intersezione delle rette r_1, r_2.

Se invece r_1 ed r_2 sono parallele, è parallela ad esse anche r_3. Infatti, ove, ad es., r_1 ed r_3 avessero un punto comune, in tale punto per quanto si è visto or ora, dovrebbe concorrere anche r_2 contrariamente all'ipotesi fatta.

§8. Sistemi di vettori paralleli.

55. Abbiamo visto al n. 53 che ogni sistema di vettori applicati paralleli è equivalente ad un unico vettore o ad una coppia.

Per precisare questo risultato, consideriamo anzitutto un sistema di due vettori $\underline{v}_1$, $\underline{v}_2$ paralleli e di egual verso, applicati in A_1, A_2 rispettivamente.

Il sistema $(\underline{v}_1, \underline{v}_2)$, inquanto è a risultante diverso da zero, equivale necessariamente (n. 52) all'unico vettore $\underline{v}_1 + \underline{v}_2$, applicato in un punto (qualsiasi) di una parallela alle linee di azione r_1, r_2 di $\underline{v}_1, \underline{v}_2$. Se queste due linee di azione coincidono, manifestamente coincide con essa anche la linea di azione del vettore applicato $\underline{v}_1 + \underline{v}_2$ equivalente al sistema.

Escluso codesto caso, la linea di azione di $\underline{v}_1 + \underline{v}_2$ interse= cherà in un certo punto C la trasversale $A_1 A_2$ alle due rette parallele r_1, r_2. Per determinare questo punto, si osservi che in quanto il vettore applicato $\underline{v}_1 + \underline{v}_2$, equivalente al sistema $(\underline{v}_1, \underline{v}_2)$, ha rispetto a C momento nullo, deve riuscir nullo rispetto a C anche il momento risultante del sistema, o, in altre parole, debbono riuscire di egual lunghezza e di verso opposto i momenti rispetto a C di $\underline{v}_1$ e $\underline{v}_2$.

Quest'ultima condizione, relativa al verso dei due momenti, entrambi perpendicolari al piano di $\underline{v}_1$ e $\underline{v}_2$, im= plica che rispetto alla perpendicolare in C a codesto piano, orientata in un verso qualsiasi, i due vettori $\underline{v}_1, \underline{v}_2$ deb= bono apparire di verso opposto: cioè il punto C deve esser compreso tra le due parallele r_1 ed r_2 o, più precisamente, in= terno al segmento $A_1 A_2$.

D'altra parte, se indichiamo con δ_1, δ_2 le distanze (ancora incognite) di C dalle r_1, r_2 rispettivamente, la condizione di eguaglianza delle lun= ghezze dei momenti di $\underline{v}_1, \underline{v}_2$ rispetto a C esige che sia

$$\delta_1 v_1 = \delta_2 v_2 \quad \text{ossia} \quad \delta_1 : \delta_2 = v_2 : v_1 .$$

Poichè, per una evidente similitudi= ne di triangoli si ha

$$\delta_1 : \delta_2 = A_1 C : C A_2$$

si conclude

$$A_1 C : C A_2 = v_2 : v_1 ;$$

cioè: <u>Il sistema di due vettori applicati paralleli e di e= gual verso è equivalente al loro risultante applicato nel pun to che divide internamente il segmento dei punti di appli=</u>

cazione dei due vettori considerati in parti inversamente proporzionali alle rispettive lunghezze.

Risulta di qui che il punto C non dipende dalla direzione dei due vettori, ma soltanto dalla posizione dei loro punti d'applicazione e dalle loro lunghezze, anzi, più in generale, dal rapporto delle loro lunghezze. In altre parole, il punto C resta lo stesso, comunque si facciano ruotare i due vettori $\underline{v}_1$, $\underline{v}_2$ attorno ai loro punti di applicazione (conservandoli paralleli tra loro) e comunque si alterino le loro lunghezze in uno stesso rapporto.

56. Consideriamo in secondo luogo un sistema $(\underline{v}_1, \underline{v}_2)$ formato da due vettori applicati, aventi la stessa direzione e versi opposti, e siano A_1 ed A_2 le loro origini.

Escluso il caso già studiato della coppia (in particolare di due vettori direttamente opposti) le lunghezze dei due vettori sono disuguali; sia ad es., $v_1 > v_2$.

Se le linee d'azione r_1, r_2 coincidono, il sistema equivale manifestamente ad un vettore unico, che ha la stessa linea d'azione, il senso del vettore più lungo $\underline{v}_1$ e per lunghezza, la differenza $v_1 - v_2$ fra le due lunghezze.

Se le r_1, r_2 sono distinte, la linea di azione del vettore applicato $\underline{v}_1 + \underline{v}_2$ (di lunghezza $v_1 - v_2$) equivalente al sistema $(\underline{v}_1, \underline{v}_2)$ interseca la retta $A_1 A_2$ in un punto C, che come si riconosce con un ragionamento perfettamente analogo a quello del n. preced., deve essere esterno al segmento $A_1 A_2$ e avere da r_1 ed r_2 distanze δ_1 e δ_2 tali che risulti ancora

$$\delta_1 v_1 = \delta_2 v_2 \quad \text{ossia} \quad \delta_1 : \delta_2 = v_2 : v_1 .$$

Si avrà quindi

$$A_1C : A_2C = v_2 : v_1 ;$$

e poichè per ipotesi è $v_2 < v_1$, sarà parimenti $A_1C < A_2C$; cioè il punto C cadrà sul prolungamento di $A_1 A_2$ dalla parte del punto d'applicazione del vettore $\underline{v}_1$ di lunghezza maggiore. Si conclude così che: <u>Il sistema di due vettori paralleli, di verso opposto e di lunghezze disuguali, equivale al suo risultante applicato nel punto che divide esternamente il segmento dei punti di applicazione dei due vettori in parti inversamente proporzionali alle rispettive lunghezze.</u>

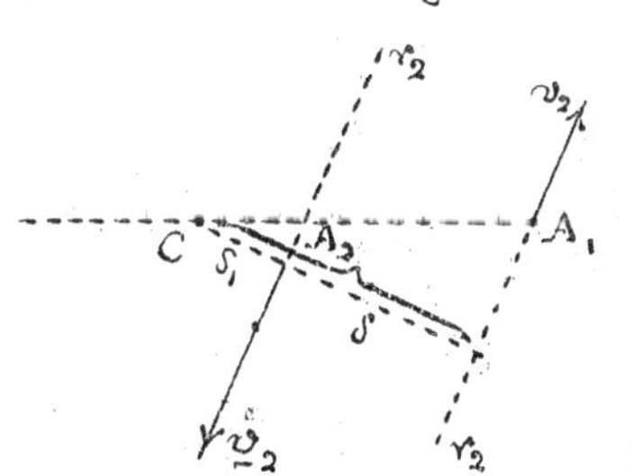

Anche qui la posizione di C sulla retta $A_1 A_2$ dipende soltanto dalla posizione delle origini A_1, A_2 e dal rapporto $\frac{v_2}{v_1}$; riman cioè sempre la stessa qualunque sia la direzione (commune) dei due vettori e comunque si allunghino o si accorcino nello stesso rapporto le loro lunghezze.

Ed anche qui il punto C dicesi <u>centro</u> dei due vettori $\underline{v}_1, \underline{v}_2$.

57. Se indichiamo con δ la larghezza della striscia $v_1 v_2$, talchè sia (per l'ammessa ipotesi $v_1 > v_2$) $\delta_2 = \delta + \delta_1$, deduciamo dalla $\delta_1 v_1 = (\delta + \delta_1) v_2$

$$\delta_1 = \frac{\delta v_2}{v_1 - v_2}.$$

Ciò posto, se teniamo fisse la distanza δ delle due linee di azione e la lunghezza di v_2, immaginiamo che la lunghezza di $\underline{v}_1$ decresca e tenda a v_2, vediamo che δ_1 tende all'infinito, cioè il centro dei due vettori che tendono a costruire una coppia, si allontana indefinitamente.

È perciò che le coppie (considerate come casi limiti dei sistemi di due vettori paralleli, diretti in senso opposto e le cui lunghezze tendono a coincidere) vengono talvolta assimilate a vettori infinitamente piccoli e infinitamente lontani.

58. Sia dato in terzo luogo un sistema Σ formato da più vettori $\underline{v}_1, \underline{v}_2, \ldots \underline{v}_n$, paralleli e diretti nello stesso senso.

e indichiamo al solito con v_i e con A_i la lunghezza e l'origine del vettore generico $\underline{v}_i$ $(i = 1, 2, ..., n)$.

Dal n. 55 si ha tosto che ai vettori $\underline{v}_1$, $\underline{v}_2$ può essere sostituito un unico vettore $\underline{R}_2$ avente la stessa direzione dei vettori dati; che ai vettori $\underline{R}_2$ e $\underline{v}_3$ può essere sostituito un unico vettore $\underline{R}_3$ avente anch'esso questa medesima direzione; e così via, finchè si arriva ad un vettore applicato $\underline{R}$ (per uniformità di notazione si dovrebbe dire $\underline{R}_n$) equivalente al sistema dato Σ ed avente esso pure la stessa direzione, e lo stesso verso dei vettori del sistema. Dallo stesso n. 55 risulta che tale vettore $\underline{R}$ ha per lunghezza la somma $R = \sum_1^n{}_i v_i$ delle lunghezze dei vettori dati.

Dal num. 55 si vede poi che la linea d'azione di $\underline{R}$ passa per il punto C ottenuto nel modo seguente: prendendo sul segmento $A_1 A_2$ il punto $P^{(1)}$ tale che il rapporto fra i segmenti $A_1 P^{(1)}$, $P^{(1)} A_2$ sia $\frac{v_2}{v_1}$; prendendo sul segmento $P^{(1)} A_3$, il punto $P^{(2)}$ tale che il rapporto $\frac{P^{(1)} P^{(2)}}{P^{(2)} P_3}$ sia $\frac{v_3}{v_1 + v_2}$, ..., prendendo sul segmento $P^{(n-2)} A_n$ il punto C, tale che si abbia

$$\frac{P^{(n-2)}C}{CA_n} = \frac{v_n}{v_1 + v_2 + \dots + v_n} = \frac{\ }{R}.$$

Da questa costruzione geometrica risulta che la posizione di un tale punto C, detto <u>centro dei vettori paralleli dati</u>, non muta se si cambia la direzione comune dei vettori stessi, ma si conservano le loro origini e le loro lunghezze (oppure, più in generale, i rapporti fra le loro lunghezze). È poi ben noto dalla Geometria analitica che, indicando con x_i, y_i, z_i le coordinate del punto A_i, le coordinate x_0, y_0, z_0 del punto C sono date dalle formule:

$$(33) \qquad x_0 = \frac{\sum_1^n{}_i v_i x_i}{R}, \quad y_0 = \frac{\sum_1^n{}_i v_i y_i}{R}, \quad z_0 = \frac{\sum_1^n{}_i v_i z_i}{R}$$

Queste formule mettono in evidenza che si arriva al medesimo punto C qualunque sia l'ordine nel quale sono stati presi i vettori.

Giova inoltre notare che le (33) possono compendiarsi in un'unica formula vettoriale, facendo intervenire, invece delle coordinate di A_i e di C, i vettori $A_i - O$ $[i=1,2,\ldots,n]$ e $C-O$, dove O designa l'origine del sistema di riferimento (che del resto è un punto a priori qualsiasi dello spazio). La formula è

$$(33') \qquad C - O = \frac{\sum_1 v_i (A_i - O)}{R} ,$$

come risulta tosto dal fatto che, prendendo le componenti secondo gli assi coordinati, si trovano le (33).

59. Che il sistema Σ sia equivalente al vettore $\underline{R}$ applicato nel punto C, avente la stessa direzione dei vettori dati, e per lunghezza la somma $R = \sum_1^n v_i$, si può dimostrare anche con procedimento puramente analitico, nel modo seguente:

Indichiamo con $\underline{k}$ un vettore unitario parallelo ai vettori del sistema e diretto nello stesso senso, si avrà allora (n. 12) $\underline{v}_i = v_i \underline{k}$ e

$$\sum_1^n \underline{v}_i = \sum_1^n v_i \underline{k} = \underline{k} \sum_1^n v_i = R\,\underline{k}.$$

Formiamo poi il momento risultante $\mathfrak{M}$ rispetto ad O. Ciascun vettore $v_i \underline{k}$ vi contribuisce (n. 30) per $(A_i - O) \wedge \underline{v}_i = v_i (A_i - O) \wedge \underline{k}$, onde sommando e badando alla (33'), si ha

$$\mathfrak{M} = R\,(C-O) \wedge \underline{k} = (C-O) \wedge R\,\underline{k} ,$$

donde apparisce che il momento $\mathfrak{M}$ di Σ (rispetto ad O) si identifica coll'analogo momento dell'unico vettore $\underline{R}$ applicato in C. Questo è dunque equivalente a Σ.

60. Consideriamo infine un sistema Σ formato da più vettori paralleli, non tutti diretti nello stesso verso, e siano Σ_1 e Σ_2 i due sistemi formati dai vettori di Σ aventi rispettivamente l'uno o l'altro verso.

In base ai nn. prec. si potrà ridurre ciascuno di questi sistemi ad un unico vettore cosicchè si sarà ricondotti al caso di due vettori paralleli e diretti in senso opposto (n. 56)

Più precisamente se v_i $(i=1,2,\dots,p)$ son le lunghezze dei vari vettori di Σ_1, w_j $(j=1,2,\dots,q)$ quelle dei vettori di Σ_2, e poniamo

$$R=\sum_1^n{}_i\, v_i \quad , \quad S=\sum_1^q{}_j\, w_j$$

avremo che, se $R=S$, il sistema Σ equivale ad un'unica coppia (o, in particolare, a zero).

Nel caso generale, in cui $R\neq S$ il sistema equivale ad un unico vettore parallelo ai dati, coll'origine in un punto C (detto anche in tale caso <u>centro</u> dei vettori paralleli; che dipende dalle lunghezze dei vettori di Σ e dalla posizione delle loro origini, ma non dalla comune direzione.

§ 9. Derivazione di un vettore variabile.

61. Supponiamo che ad ogni valore di un parametro t, compreso in un intervallo da t_0 a t_1 corrisponda un vettore $\underline{v}$ univocamente determinato.

Per ovvia estensione del concetto di funzione (dalle grandezze scalari ai vettori) si dirà in tal caso che il vettore $\underline{v}$ è <u>funzione del parametro</u> (o <u>variabile indipendente</u>) t nell'intervallo da t_0 a t_1 e si scriverà $\underline{v}=\underline{v}(t)$. Una tal funzione vettoriale $\underline{v}(t)$ dicesi <u>finita</u> da t_0 a t_1, se è finito in codesto intervallo il rispettivo modulo $v(t)$, e si dice <u>continua</u> per un generico valore t del parametro, se per ogni numero positivo ε, per quanto piccolo, esiste sempre un intorno di t tale, che per ogni t' di esso risultino simultaneamente minori di ε la lunghezza $|\underline{v}(t')-\underline{v}(t)|$ e l'angolo $\widehat{\underline{v}(t)\ \underline{v}(t')}$.

Fissato fra t_0 e t_1 un intervallo qualsiasi da t a $t+\Delta t$, si ponga

$$\Delta\underline{v}=\underline{v}(t+\Delta t)-\underline{v}(t)$$

e si consideri il vettore $\dfrac{\Delta\underline{v}}{\Delta t}$, che dicesi rapporto incrementale di $\underline{v}(t)$ rispetto all'intervallo da t a $t+\Delta t$.

Se quando, tenuto fisso t, si fa tendere Δt allo zero, questo rapporto incrementale tende ad un vettore determinato (nel senso che la direzione e la lunghezza rispettiva tendono ciascuna ad un determinato limite) codesto vettore dicesi vettore derivato di $\underline{v}$, pel valore t del parametro e si denota con $\frac{d\underline{v}}{dt}$ o, più semplicemente, con $\dot{\underline{v}}(t)$.

È manifesto che, se il vettore $\underline{v}$ (pur variando) si conserva costantemente parallelo ad una retta, oppure ad un piano, lo stesso segue per $\Delta\underline{v}$, e quindi anche per il rapporto incrementale e per il vettore derivato $\dot{\underline{v}}$.

Notiamo infine che, siccome il derivato $\dot{\underline{v}}(t)$ è alla sua volta una funzione vettoriale di t, si può definire il derivato di $\dot{\underline{v}}$, il quale dicesi derivato secondo di $\underline{v}$ e si designa con $\frac{d^2\underline{v}}{dt^2}$ o $\ddot{\underline{v}}$; e così dicasi per i derivati di ordine superiore al secondo.

62. Dal fatto che quando Δt converge a zero $\frac{\Delta\underline{v}}{\Delta t}$ ha per limite $\dot{\underline{v}}$, segue che la differenza

$$\frac{\Delta\underline{v}}{\Delta t} - \dot{\underline{v}} = \underline{\varepsilon}$$

è un vettore infinitesimo insieme con lo scalare Δt, nel senso che la sua lunghezza è infinitesima con Δt e la sua direzione, pur variando in generale, si mantiene determinata. Perciò, generalizzando una nota locuzione del Calcolo, possiamo dire che

$$\Delta\underline{v} - \dot{\underline{v}}\Delta t = \underline{\varepsilon}\Delta t$$

è un infinitesimo d'ordine superiore al primo rispetto a Δt.

Se sostituiamo materialmente dt a Δt e chiamiamo, come in Calcolo, differenziale della funzione (vettoriale) $\underline{v}$ il prodotto $\dot{\underline{v}}\,dt$, designandolo con $d\underline{v}$, abbiamo l'enunciato, in tutto conforme a quello che vale per le funzioni scalari. L'incremento $\Delta\underline{v}$, subito da $\underline{v}$ nell'intervallo elementare dt, differisce dal differenziale $d\underline{v}$ per infinitesimi d'ordine superiore al primo.

63. Se riferiamo il vettore $\underline{v}(t)$ ad una terna cartesiana $Oxyz$ le sue componenti X, Y, Z sono manifestamente funzioni di t; e se la funzione vettoriale $\underline{v}(t)$ è uniforme finita e continua, tali risultano manifestamente anche le funzioni scalari $X(t)$, $Y(t)$, $Z(t)$; e reciprocamente.

Il rapporto incrementale di $\underline{v}$ ha per componenti

$$\frac{X(t+\Delta t)-X(t)}{\Delta t}, \quad \frac{Y(t+\Delta)-Y(t)}{\Delta t}, \quad \frac{Z(t+\Delta t)-Z(t)}{\Delta t},$$

cioè i rapporti incrementali delle componenti; onde risulta che l'esistenza del derivato $\dot{\underline{v}}(t)$ implica l'esistenza delle derivate delle componenti e viceversa.

Così la questione della esistenza delle derivate equatoriali è senz'altro esaurita coll'intesa che d'or innanzi le componenti X, Y, Z si supporranno derivabili quante volte occorra.

L'osservazione precedente mostra inoltre che le componenti del derivato $\dot{\underline{v}}$ di un vettore $\underline{v}$ sono date dalle derivate $\dot{X}, \dot{Y}, \dot{Z}$ delle componenti di $\underline{v}$: e così le componenti di $\ddot{\underline{v}}$ da $\ddot{X}, \ddot{Y}, \ddot{Z}$, ecc.

64. Ne consegue che per la derivazione vettoriale valgono le regole della derivazione ordinaria. Ad es., la derivata di un vettore costante è nullo; due vettori con egual derivata differiscono per un vettore costante; la derivata di un vettore somma è somma delle derivate dei vettori addendi; se $\underline{v}$ è funzione di t pel tramite di un altro parametro $s = s(t)$, si ha (regola di derivazione delle funzioni composte)

$$\frac{d\underline{v}}{dt} = \frac{d\underline{v}}{ds}\,\frac{ds}{dt}, \text{ ecc.}$$

Giova ancora rilevare che, se m designa uno scalare e $\underline{v}_1, \underline{v}_2$ due vettori, l'uno e gli altri comunque variabili con t, ai prodotti dei tre tipi:

$$m\,\underline{v}_1 \quad , \quad \underline{v}_1 \times \underline{v}_2 \quad , \quad \underline{v}_1 \wedge \underline{v}_2$$

è applicabile la stessa regola di derivazione, che vige per i prodotti ordinari; cioè le formule

$$\frac{d}{dt}(m\,\underline{v}_1) = \frac{dm}{dt}\,\underline{v}_1 + m\frac{d\underline{v}_1}{dt}$$

$$\frac{d}{dt}(\underline{v}_1 \times \underline{v}_2) = \frac{d\underline{v}_1}{dt} \times \underline{v}_2 + \underline{v}_1 \times \frac{d\underline{v}_2}{dt}$$

$$\frac{d}{dt}(\underline{v}_1 \wedge \underline{v}_2) = \frac{d\underline{v}_1}{dt} \wedge \underline{v}_2 + \underline{v}_1 \wedge \frac{d\underline{v}_2}{dt}.$$

La verifica è, in ogni caso, immediata; basta riferirsi alle componenti per riconoscere (nn. 20, 22, 26) che le componenti omologhe sono effettivamente le stesse, nel primo e nel secondo membro.

Un interessante corollario della formula di derivazione dei prodotti scalari si ha supponendovi $\underline{v}_1 = \underline{v}_2 = \underline{v}$ e $\underline{v}$ di lunghezza costante. È allora costante anche il prodotto scalare $\underline{v} \times \underline{v}$ (quadrato della lunghezza) e risulta $\frac{d\underline{v}}{dt} \times \underline{v} = 0$ ossia (n. 21):

<u>Il derivato di un vettore</u> (variabile comunque in direzione, ma) <u>di lunghezza costante è perpendicolare al vettore stesso o nulla.</u>

65. Dalle considerazioni precedenti risulta come si possono estendere alle funzioni vettoriali i risultati formali del Calcolo differenziale. Così, per es. si può stabilire come in Calcolo, uno sviluppo che corrisponde a quello del Taylor, arrestato ad un termine generico (salvo qualche minore specificazione nell'espressione del resto).

Si ha in primo luogo il così detto <u>teorema della media</u>, certamente valido per ogni funzione vettoriale finita e continua assieme alla sua derivata prima in un intervallo (t, t_1).

E la formula corrispondente (che si può anche stabilire, applicando lo sviluppo del Taylor alle componenti) è

$$(34) \qquad \underline{v}(t_1) = \underline{v}(t) + (t_1 - t)\{\dot{\underline{v}}(t) + \underline{\varepsilon}\},$$

dove di $\underline{\varepsilon}$ si può in generale soltanto affermare che è funzione (vettoriale) finita e continua di t_1, convergente a zero assieme alla differenza $t_1 - t$. Data l'indeterminazione di $\underline{\varepsilon}$, la (34) è espressiva solo quando si fa convergere t_1 a t. D'altra parte $\underline{v}(t_1) - \underline{v}(t)$ non è altro che l'incremento $\Delta\underline{v}$, onde risulta che la (34) nulla aggiunge di interessante all'osservazione del n. 62.

Se si suppone ulteriormente che esista e sia finito e continuo nello stesso intervallo, anche il derivato secondo $\ddot{\underline{v}}$, si può protrarre lo sviluppo fino al secondo termine, scrivendo

$$(35) \qquad \underline{v}(t_1) = v(t) + (t_1 - t)\dot{\underline{v}}(t) + \frac{1}{2}(t_1 - t)^2\{\ddot{\underline{v}}(t) + \underline{\varepsilon}\},$$

con $\underline{\varepsilon}$ infinitesimo per t_1 convergente a t, ecc. Naturalmente questo $\underline{\varepsilon}$ è in generale diverso da quello che compare nella (34).

66. Supponiamo che ad ogni punto P di una linea l corrisponda un certo vettore, unico e determinato v (P). Abbiamo così un vettore funzione dei punti di una linea, ma tale nozione non differisce sostanzialmente da quella di vettore funzione di un parametro, dato precedentemente.

Immaginiamo infatti di coordinare in modo biunivoco e continuo ai vari punti di l i valori di un parametro qualsiasi, ad es. la lunghezza s dell'arco di l (valutato a partire da un punto fisso qualsiasi in un determinato verso). Il vettore $\underline{v}$ è funzione uniforme e continua di s, se lo è di P; e reciprocamente.

Accanto ai vettori funzioni dei punti di una linea, si devono spesso considerare quelli funzioni dei punti di una superficie o di una regione dello spazio.

Così ad es., si ha un vettore funzione dei punti di una superficie se ad ogni suo punto P facciamo corrispondere un vettore di determinata lunghezza, applicato in P e situato sulla normale alla superficie.

Dalla Fisica si hanno poi i più ovvii esempi di vettori funzioni dei punti di una regione dello spazio. Basta pensare alla nozione di campo di forza, che richiamiamo ora come nota dalla Fisica, pur riservandoci di occuparcene sistematicamente in seguito. Un altro caso è offerto dalle considerazioni di una massa liquida in moto facendo corrispondere ad ogni punto della regione in cui avviene il moto il vettore che ha la direzione e l'intensità della corrente in quel punto. E del resto, dato un vettore applicato, si ha un vettore funzione dei punti dello spazio, associando ad ogni punto P il momento rispetto a P del dato vettore.

Come i vettori funzioni dei punti di una linea costituiscono una immagine geometrica delle funzioni (vettoriali) di un parametro, così, secondo l'uso corrente in Calcolo, i vettori funzioni dei punti di una superficie o di una regione di spazio corrispondono alle funzioni di due o tre parametri. Con ovvia estensione, si passa ai vettori funzioni di quanti si vogliono parametri; ed è chiaro come debba, in ogni caso, intendersi la nozione di continuità.

§10. Derivazione di un punto variabile

67. Supponiamo (in modo analogo a quanto si è fatto pei vettori) che, ad ogni valore di t (compreso in un certo intervallo) corrisponda un punto P. Diremo, naturalmente, che P è funzione di t; e scriveremo P(t).

Supponiamo inoltre che si tratti di una funzione continua tale cioè che, a valori t' sufficientemente vicini ad un generico t corrispondano punti P(t') prossimi quanto si vuole al punto $P(t)$.

Ciò premesso, poniamo

$$\Delta P = P(t+\Delta t) - P(t),$$

designando con t e $t+\Delta t$ due valori generici dell'intervallo considerato; e formiamo il rapporto incrementale

$$(36) \qquad \frac{\Delta P}{\Delta t}.$$

Se, per Δt convergente comunque allo zero, il vettore (36) tende verso un vettore limite determinato, quest'ultimo vettore dicesi il derivato del punto variabile P (relativo al valore t), e si denota col simbolo $\frac{dP}{dt}$, oppure $\dot{P}$.

68. Se P è fisso (indipendente da t) il suo derivato è evidentemente nullo.

In generale mentre t varia con continuità, $P(t)$ descrive una linea continua l: se si nota che $\Delta P = P(t+\Delta t) - P(t)$ è il vettore rappresentato dalla corda di l che dal punto $P(t)$ va al punto $P(t+\Delta t)$, si vede che al vettore limite $\dot{P}(t)$ compete la stessa direzione della tangente alla linea l in $P(t)$.

Più precisamente, se sulla linea l e sulle relative tangenti si immagina assunto per verso positivo quello delle t crescenti, si può dire che il vettore $\dot{P}$ ha la stessa direzione e lo stesso verso della tangente alla linea l nel punto P considerato. Inoltre, introducendo come al n. 53, il differenziale del punto variabile $P(t)$,

$$dP = \dot{P}dt,$$

si può ritenere che l'incremento della funzione (punto), ossia il vettore $P(t+dt) - P(t)$ differisce da dP per infinitesimi d'ordine superiore al primo.

Il dP stesso si suole perciò chiamare spostamento elementare del punto relativo all'intervallo infinitesimo dt.

69. Circa l'esistenza e la rappresentazione delle componenti

del vettore derivato $\dot{P}$ valgono considerazioni identiche a quelle svolte al n. 63 per il derivato di un vettore $\underline{v}$: basta sostituire alle componenti X, Y, Z del vettore le coordinate x, y, z del punto.

Infatti, se si designano con $\Delta x, \Delta y, \Delta z$ gli incrementi $x(t+\Delta t) - x(t)$, $y(t+\Delta t) - y(t)$, $z(t+\Delta t) - z(t)$, ossia le componenti del vettore ΔP, quelle del rapporto incrementale $\frac{\Delta P}{\Delta t}$ sono date da

$$\frac{\Delta x}{\Delta t}, \quad \frac{\Delta y}{\Delta t}, \quad \frac{\Delta z}{\Delta t}.$$

Ammessa la derivabilità delle coordinate di P, codesti rapporti hanno rispettivamente per limiti $\dot{x}, \dot{y}, \dot{z}$; e son queste appunto le componenti di $\dot{P}$.

Ne consegue in particolare la validità della regola di derivazione delle funzioni composte, cioè:

Se P dipende da t pel tramite di un altro parametro s, funzione a sua volta di t, si ha

$$\dot{P} = \frac{dP}{ds}\dot{s}.$$

Notiamo infine che, in quanto il derivato $\dot{P}$ del punto variabile $P(t)$ è un vettore, pur esso funzione del parametro t, si può considerare il derivato di $\dot{P}$. Questo nuovo vettore dicesi derivato secondo del punto $P(t)$ e si denota con $\frac{d^2P}{dt^2}$ o con $\ddot{P}$. Le sue componenti sono (n. 63) $\ddot{x}$, $\ddot{y}, \ddot{z}$. E analogamente si definiscono i derivati, di P d'ordine superiore al secondo.

70. Suppongasi che un punto P sia somma (n. 6) di un punto e di un vettore, entrambi variabili:

$$P(t) = A(t) + \underline{v}(t).$$

Sia dalla diretta definizione di derivato (vettoriale e puntuale) che dalla considerazione delle componenti, si ricava immediatamente

$$\dot{P} = \dot{A} + \dot{\underline{v}},$$

o, ciò che è lo stesso,

$$\dot{v} = \dot{P} - \dot{A},$$

onde risulta che, anche per la somma di un punto con un vettore e per la differenza di due punti, valgono le regole della derivazione ordinaria.

Se, in particolare, un vettore variabile $\underline{v}(t)$ si immagina applicato in un punto <u>fisso</u> O ed è P il suo estremo, necessariamente variabile talchè sia

$$\underline{v}(t) = P(t) - O,$$

se ne deduce per derivazione

$$\underline{\dot{v}}(t) = \dot{P}(t);$$

<u>cioè il derivato di un vettore variabile, applicato in un punto fisso, coincide col derivato del suo estremo libero.</u>

Così dicasi dei derivati di ordine superiore al primo, talchè se nello sviluppo del Taylor di un vettore (n. 65), p. es. nello sviluppo (35) fino ai termini del second'ordine, poniamo $\underline{v}(t) = P(t) - O$ (con O fisso) otteniamo il corrispondente sviluppo del Taylor per il punto variabile $P(t)$:

$$(35'). \qquad P(t_1) = P(t) + (t_1 - t)\,\dot{P}(t) + \frac{1}{2}(t_1 - t)^2 \left\{ \ddot{P}(t) + \underline{\varepsilon} \right\}.$$

dove $\underline{\varepsilon}$ converge a zero con $t_1 - t$.

71. Un cenno speciale merita il caso in cui t si identifichi coll'arco s della curva descritta dal punto variabile P.

Più precisamente, si supponga, come al n. 66 assegnata una generica linea (o arco di linea) l, e si contino su questa le lunghezze d'arco s a partire da un'origine arbitraria P_0, positivamente in un senso, negativamente nel senso opposto. Ad ogni valore di s (di un certo intervallo, dipendente dall'ampiezza del tratto di linea l che si prende in considerazione) viene così a corrispondere un punto determinato P della curva.

Vogliamo fissare l'attenzione sul derivato

$$\underline{t} = \frac{dP}{ds}$$

di questo punto funzione dell'arco s.

Sappiamo già (n. 68) che si tratta di un vettore diretto secondo la tangente alla linea (luogo del punto variabile) nel verso concorde a quello in cui cresce il parametro, cioè nel caso nostro, l'ascissa curvilinea s.

Qui si presenta l'ulteriore circostanza che la lunghezza del vettore $\underline{t}$ è l'unità. Per riconoscerlo, basta richiamarsi alla definizione di $\underline{t}$, pensando che esso è il limite del rapporto incrementale $\frac{\Delta P}{\Delta s}$. Ora la lunghezza del vettore $\frac{\Delta P}{\Delta s}$ si presenta come rapporto fra la corda (lunghezza di ΔP) e l'arco corrispondente e come si sa dal calcolo, questo rapporto ha per limite 1. Questo valore limite è la lunghezza di $\underline{t}$.

§11. Integrazione dei vettori.

72. Sia $\underline{v}$ un vettore variabile, funzione continua di un parametro t in un generico intervallo (t_0, t) e siano X, Y, Z le relative componenti.

Manifestamente saranno ben definiti i tre integrali

$$\int_{t_0}^{t_1} X\,dt \quad , \quad \int_{t_0}^{t_1} Y\,dt \quad , \quad \int_{t_0}^{t_1} Z\,dt .$$

Il vettore $\underline{J}$ che ha per componenti tali integrali chiamasi integrale definito di $\underline{v}$, relativo all'intervallo (t_0, t_1) e si rappresenta col simbolo

$$\underline{J} = \int_{t_0}^{t_1} \underline{v}\,dt .$$

Sarebbe assai facile riconoscere che l'integrale $\underline{J}$ così definito può effettivamente considerarsi come il limite di una somma (vettoriale), ottenuta dividendo l'intervallo (t_0, t_1) in tratti Δt e moltiplicando ciascuno di essi per una (qualsiasi) delle determinazioni spettanti a $\underline{v}$ nell'interno del tratto.

---

(1) Cfr. per es. D'Arcais _ Analisi infinitesimale _ (terza ediz.) Vol. I° pag. 601.

73. Se invece di un intervallo costante (t_0, t_1), se ne considera uno (t_0, t) col secondo estremo t variabile, il corrispondente integrale $\int_{t_0}^{t} \underline{v}\, dt$ è un vettore, funzione di t; ed ha, manifestamente, per derivata il vettore $\underline{v}$. Cioè posto

$$\underline{J}(t) = \int_{t_0}^{t} \underline{v}\, dt ,$$

risulta

$$\frac{d\underline{J}}{dt} = v.$$

Immaginando applicato tale vettore $\underline{J}(t)$ ad un punto fisso O, prefissato ma del resto qualsiasi, il secondo estremo è un punto $P(t)$, esso pure funzione di t ed avente per derivato il vettore $\underline{v}$ (n. 70).

74. Estendendo la definizione data al n. 72, si definisce in modo analogo l'integrale di un vettore $\underline{v}$ funzione dei punti di un campo C qualsiasi (linea, superficie o solido): cioè il vettore di componenti

$$\int_C X\, dC \quad , \quad \int_C Y\, dC \quad , \quad \int_C Z\, dC \ ;$$

che si indica con

$$\int_C \underline{v}\, dC .$$

Va notato che anche qui vale la formula

$$\int_C \underline{v}.\, dC = \lim \Sigma\, \underline{v}\, \Delta C ,$$

già osservata al n. 72 per i campi ad una dimensione.

§ 12. Proprietà differenziali delle curve.

75. Indicatrice sferica delle tangenti. Dato come al n. 70 un generico arco di curva l, fissiamo ad arbitrio un punto O dello spazio e facciamo corrispondere ad ogni punto P di l il punto.

$$M = O + \underline{t} .$$

che si ottiene spiccando da O un raggio parallelo alla tangente in P (nel senso del vettore $\underline{t}$, cioè nel senso delle s crescenti) e prendendo su questo raggio il punto M che dista 1 da O. Tutti questi punti M appartengono per costruzione ad una sfera di raggio 1 col centro in O: complessivamente essi costituiscono una linea (o arco di linea) λ della sfera, detta indicatrice sferica delle tangenti della linea l che si considera.

Se l contiene qualche tratto rettilineo, lungo ciascuno di essi $\underline{t}$ ha sempre la stessa direzione, e quindi tutti i punti M, corrispondenti ai punti P di un tal tratto, coincidono; cioè l'indicatrice di un segmento rettilineo degenera in un sol punto. Quando l è un'effettiva curva, $\underline{t}$ varia con continuità, ed M descrive un'effettiva curva sferica λ. Se l è piana, tale è anche λ, e il suo piano risulta parallelo a quello di l; giacchè tutte le tangenti a l appartengono, nel caso supposto, al piano della curva; e i vettori $\underline{t}$ spiccati da O si trovano tutti in un medesimo piano parallelo al primo.

Fisseremo la nostra attenzione sopra un tratto di l che sia una curva effettiva, su cui cioè il vettore $\underline{t}$ non sia costante: e lo supporremo funzione dell'arco s; finita, continua e derivabile quante volte occorre.

76. <u>Angolo di contingenza</u> relativo ad un arco PP_1 d'una generica curva l si chiama l'angolo formato dalle tangenti in P, P_1 (supposte orientate in versi concordi ad un medesimo verso della curva); cioè l'angolo formato dai corrispondenti vettori $\underline{t}, \underline{t}_1$. Quest'angolo è messo bene in evidenza dalla indicatrice sferica. Se infatti sono M, M_1 le immagini di P, P_1 (estremi dei vettori $\underline{t}, \underline{t}_1$ spiccati da O), l'arco χ di cerchio massimo che, sulla sfera rappresentativa, congiunge i punti M ed M_1 misura manifestamente (in radianti) il detto angolo di contingenza. Esso caratterizza globalmente la deviazione dall'andamento rettilineo che la curva l presenta nel tratto PP_1. La deviazione unitaria vale a dire riportata

all'unità di lunghezza dell'arco $PP_1 = |\Delta s|$, ossia il rapporto

(37) $$\frac{\chi}{|\Delta s|},$$

si chiama <u>curvatura media</u> dell'arco.

La sua inversa $\frac{|\Delta s|}{\chi}$ si chiama invece <u>raggio medio di curvatura</u>. Esso è manifestamente il raggio che spetterebbe ad un arco di circonferenza di lunghezza $|\Delta s|$, il quale avesse χ per angolo di contingenza, e quindi anche per angolo al centro. La circonferenza si presenta così come curva tipo, atta a rendere espressiva la definizione di raggio di curvatura.

Il limite della curvatura media (37) per P_1 convergente a P, cioè per $\Delta s \div 0$, dicesi <u>curvatura</u> o <u>flessione</u> della curva l in P, ed è facile riconoscere che (attesa la supposta derivabilità di t), questo limite esiste sempre ed ha una espressione assai semplice. Basta osservare che essendo per costruzione

$$M = O + \underline{t} \qquad M_1 = O + \underline{t}_1$$

la differenza

$$\Delta \underline{t} = \underline{t}_1 - \underline{t}$$

è rappresentata dal vettore $M_1 - M$, talchè la corda MM_1 si identifica colla lunghezza $|\Delta \underline{t}|$ del vettore $\Delta \underline{t}$.

D'altra parte il limite del rapporto fra l'arco di circolo massimo χ e la relativa corda MM_1 è l'unità; onde scrivendo $\frac{\chi}{|\Delta s|}$ sotto la forma

$$\frac{|\Delta t|}{|\Delta s|}\,\frac{\chi}{|\Delta t|},$$

si vede immediatamente che il limite cercato coincide colla lunghezza del vettore $\frac{dt}{ds}$. Avremo dunque denotando con c la curvatura della l in P,

(38) $$c = \left|\frac{dt}{ds}\right|,$$

equazione equivalente (poichè c come limite di quantità tutte positive è per sua definizione ≥ 0) a

(38') $$c^2 = \frac{dt}{ds} \times \frac{dt}{ds}$$

Abbiamo già supposto (n. 75) che si tratti non di una retta, ma di una effettiva curva, ossia che $\underline{t}$ non sia costante.

È quindi da escludere che, per la l che si considera, sia dovunque $\frac{dt}{ds} = 0$. Possiamo pertanto riferirci a un punto P, e quindi (attesa la continuità del vettore $\frac{dt}{ds}$) ad un tratto circostante, in cui il vettore $\frac{dt}{ds}$ non si annulla. Con tale intesa, si ha sicuramente $c > 0$, ed è quindi certo finito il raggio di curvatura in P:

(39) $$\rho = \frac{1}{c}$$

Inoltre è ben determinata la direzione di $\frac{dt}{ds}$, necessariamente (n. 64) perpendicolare a $\underline{t}$ cioè normale alla curva l in P: la retta per P che ha codesta direzione ed è orientata nel lo stesso verso di $\frac{dt}{ds}$ si chiama <u>normale principale</u> in P.
Se si tratta di una curva piana, la normale principale è essa pure contenuta nel piano della curva. Infatti $\underline{t}$ si mantiene in tal caso sempre parallelo al piano della curva, e allora (n. 50) lo stesso segue per $\frac{dt}{ds}$.

In generale designeremo con $\underline{n}$ il versore di $\frac{dt}{ds}$, cioè il vettore unitario che ha la direzione e il verso della normale principale. Dacchè la lunghezza di $\frac{dt}{ds}$ è c, avremo

(40) $$\frac{dt}{ds} = c\underline{n},$$

ovvero (mettendo, come si suole, in evidenza il raggio di curvatura)

(41') $$\frac{dt}{ds} = \frac{1}{\rho}\,\underline{n}.$$

Giova rilevare che, se si inverte sopra la curva l il senso positivo degli archi, con che ds diviene $-ds$, cambia naturalmente di senso il vettore $\underline{t} = \frac{dP}{ds}$, ma $\underline{n}$ rimane inalterato: infatti, esso si comporta come $\frac{dt}{ds}$ e questo non cambia, dacchè mutano segno sia $\underline{t}$ che ds.

<u>77. Piano osculatore</u> dicesi il piano σ condotto per la tangente parallelamente ad $\underline{n}$ cioè il piano per P avente la giacitura comune a $\underline{t}$ ed $\underline{n}$.

Per una curva piana, esso coincide (n. prec.) col piano della curva; ma per una curva sghemba varia in generale da punto a punto

Nell'intorno del punto P cui si riferisce, gode di una

proprietà di intimo ravvicinamento alla curva, donde appunto deriva l'appellativo di osculatore. La proprietà si enuncia come segue:

Fra tutti i piani ϖ passanti per P, il piano osculatore è quello che meno si scosti dalla curva l nelle vicinanze di P.

Per dimostrarlo, consideriamo un generico punto P_1 prossimo a P, e cominciamo col valutarne la distanza da un qualsiasi piano ϖ passante per P. A tale scopo indichiamo con Q_1 la proiezione di P_1 su ϖ e notiamo che il segmento $P_1 Q_1$, si può considerare come la proiezione della corda PP_1 sulla normale al piano ϖ, cosicchè detto $\underline{v}$ il vettore unitario secondo tale normale (in un verso scelto a piacere) si avrà

$$P_1 Q_1 = |(P_1 - P) \times \underline{v}| .$$

Ciò posto, in quanto P_1 è prossimo a P, la differenza $\Delta s = s_1 - s$ delle ascisse angolari s_1, s di P_1, P, si può considerare come infinitesimo, e dalla (35') del n. 70 ponendovi

$$t = s,\ t_1 = s_1,\ s_1 - s = \Delta s,\ \dot{P} = \frac{dP}{ds} = \underline{t};\ \ddot{P} = \frac{d\underline{t}}{ds} = \frac{1}{\rho}\underline{n},$$

otteniamo

$$P_1 - P = \Delta s\, \underline{t} + \frac{1}{2\rho} \Delta s^2 (\underline{n} + \underline{\varepsilon}), \tag{41}$$

e quindi (a meno del segno) per la distanza $P_1 Q_1$

$$\Delta s\ (\underline{t} \times \underline{v}) + \frac{1}{2\rho} \Delta s^2 (\underline{n} \times \underline{v}) \frac{1}{2} \Delta s^2 (\underline{\varepsilon} \times \underline{v}).$$

Essa consta come si vede di tre termini: il primo è infinitesimo di prim'ordine (rispetto a Δs), a meno che non si annulli il prodotto scalare $\underline{t} \times \underline{v}$; il secondo termine è infinitesimo di secondo ordine, a meno che non si annulli $\underline{n} \times \underline{v}$; infine il terzo termine è, in ogni caso, infinitesimo d'ordine superiore al secondo, perchè vi compare, oltre a Δs^2, anche il vettore $\underline{\varepsilon}$, il quale (n. 70) converge a zero con Δs. Affinchè la distanza $P_1 Q_1$ riesca per tutti i punti P_1 di l prossimi a P, quanto più piccola è possibili, bisognerà evidentemente cercare di annullare gli addendi per così dire preponderanti, del primo e del secondo ordine. Perciò è necessario e basta che si annullino i due prodotti scalari $\underline{t} \times \underline{v}$, ed $\underline{n} \times \underline{v}$, ossia che la direzione di $\underline{v}$ (normale al piano ϖ) sia perpendicolare ad un tempo a $\underline{t}$ e a $\underline{n}$; cioè infine, che il piano ϖ coincida col piano osculatore σ.

78. Si vede facilmente che il piano osculatore gode di altre proprietà ciascuna delle quali potrebbe servire a definirlo. Così per es., se si considera il piano che contiene, oltre alla tangente in P, la direzione della tangente in un altro punto P_1 prossimo a P, e poi si fa avvicinare indefinitamente P_1 a P, il piano considerato tende a σ. Basta pensare che, detto $\underline{t}_1$ il vettore tangente unitario in P_1, il piano generico da noi considerato è parallelo ai vettori $\underline{t}$ e $\underline{t}_1$, quindi anche a $\underline{t}$ e a $\Delta\underline{t} = \underline{t}_1 - \underline{t}$, o ancora a $\underline{t}$ e a $\frac{\Delta \underline{t}}{\Delta s}$. Al limite, esso sarà parallelo a $\underline{t}$ e $\frac{d\underline{t}}{ds}$ e quindi coinciderà necessariamente col piano osculatore in P.

In modo analogo si vedrebbe che tale piano è altresì il limite dei piani proiettanti dalla tangente in P i vari punti P_1 della curva; e anche dei piani determinati da tre punti qualisivogliono P_1, P_2, P_3, quando questi convergono tutti a P.

79. La perpendicolare al piano osculatore, orientata in guisa da costituire colle direzioni positive di $\underline{t}$ e di $\underline{n}$ un triedro (trirettangolo) destrorso, dicesi binormale della curva considerata nel punto P: il relativo vettore unitario si designa con $\underline{b}$. Il triedro $\underline{t}$, $\underline{n}$, $\underline{b}$, cioè il triedro trirettangolo (destrorso) costituito dai tre vettori $\underline{t}$, $\underline{n}$, $\underline{b}$ spiccati da P dicesi triedro principale della curva nel punto P. Dalla stessa definizione di prodotto vettoriale segue (n. 23)

$$\underline{b} = \underline{t} \wedge \underline{n}, \quad \underline{t} = \underline{n} \wedge \underline{b}, \quad \underline{n} = \underline{b} \wedge \underline{t}.$$

Delle tre facce del triedro principale, una è il piano osculatore $(\underline{t}, \underline{n})$; un'altra è la $(\underline{n}, \underline{b})$ costituita manifestamente dal piano normale alla curva in P; la terza ($\underline{b}$, $\underline{t}$), cioè il piano determinato dalla tangente e dalla binormale, dicesi, per una ragione che non ci indugeremo a giustificare, piano rettificante.

Qui ci limitiamo a notare che nell'intorno di P la curva è tutta situata da quella banda del piano rettificante ($\underline{b}$, $\underline{t}$) verso cui è diretta la normale principale: in altre parole essa volge la concavità dalla banda verso cui è diretto $\underline{n}$.

Per provarlo, basta evidentemente constatare che, per P_1 abbastanza vicino a P, il vettore $P_1 - P$ forma un angolo acuto con $\underline{n}$, ossia che è positivo il prodotto scalare $(P_1 - P) \times \underline{n}$. Ora dalle (41) si ha

$$(P_1 - P) \times \underline{n} = \frac{1}{2\rho} \Delta s^2 \{1 + \underline{\varepsilon} \times \underline{n}\}.$$

Poichè $\underline{\varepsilon}$ è infinitesimo assieme a Δs, per Δs abbastanza piccolo, l'unità prepondererà certamente sul prodotto $\underline{\varepsilon} \times \underline{n}$ onde il secondo membro risulta positivo, qualunque sia il segno di Δs.

Capitolo II°

Cinematica del punto

§1. Considerazioni preliminari

1. La Meccanica razionale è la scienza dei fenomeni di moto.

Ogni fenomeno di moto si svolge nello spazio e nel tempo; onde la Meccanica presuppone, quale sua necessaria premessa, la Geometria; e alle idee primitive di questa aggiunge, come suo primo concetto fondamentale, la nozione di tempo.

Così, in un suo primo stadio di indagine, la Meccanica analizza e discute in qual modo, durante il moto, variino in rapporto al tempo i caratteri geometrici delle figure o sistemi di punti, concepiti come rigidi oppure come deformabili, secondo le diverse possibili ipotesi suggerite dalla osservazione dei fatti naturali. La parte della Meccanica che si occupa di questo ordine di questioni dicesi Cinematica.

Ma in questo studio, che può dirsi puramente descrittivo, si prescinde dalla natura materiale dei corpi mobili e da tutte quelle manifestazioni fisiche, che nella realtà precedono o accompagnano il moto, e a cui la nostra intuizione sperimentale attribuisce l'ufficio di cause determinatrici o modificatrici di esso (per es. sforzi muscolari, pesi, attriti, ecc.). Del moto in relazione alle circostanze testè accennate si occupa la Meccanica propriamente detta o Dinamica, in cui rientra, come teoria più particolare, la Statica, la quale indaga le condizioni, in cui dati sistemi materiali si mantengono in quiete.

Si può avvertire fin d'ora che, come la Cinematica è caratterizzata, in confronto della Geometria, dalla aggiunta, della nozione di tempo ai concetti fondamentali geometrici, così la Dinamica si fonda e si sviluppa, oltre che sui concetti cinematici, sulle idee primitive di <u>forza</u> e di <u>massa</u>.

La prima parte del nostro Corso (Cap. II-VI) sarà dedicata alla Cinematica, e, tenuto conto della complessità del problema generale e in accordo al naturale processo di analisi matematica di ogni ordine di questioni concrete, si comincerà dallo studio del caso più semplice possibile cioè dallo studio del moto di un unico punto.

Notiamo che la considerazione di questo caso astratto particolare non solo costituisce, dal punto di vista teorico, il primo passo per lo studio generale della Cinematica, ma trova per se stesso applicazione in molti problemi concreti, potendosi spesso ritener sufficientemente individuata la posizione di un corpo mediante quella di un solo suo punto. Così, ad es., in molte questioni astronomiche i corpi celesti si possono assimilare a punti mobili; in Balistica basta molto spesso conoscere la traiettoria di un sol punto del proietto; la posizione di una nave in alto mare si fissa per mezzo delle coordinate possibili di un suo punto qualsiasi, e via dicendo. In ciascuno di questi casi le distanze fra i vari punti del corpo mobile considerato sono sperimentalmente inapprezzabili rispetto alle dimensioni del campo in cui si svolge il fenomeno di moto.

2. Qui subito conviene fissare chiaramente una osservazione generale, altrettanto ovvia quanto importante.

La nozione di moto, al pari di quella di quiete, è di natura sua, relativa: cioè, più precisamente, l'asserire che un dato corpo C è in moto o in quiete non ha senso se non in quanto il corpo C si intende confrontato o riferito ad un altro determinato corpo C' e si constati che la posizione di C rispetto a C' va variando nel tempo o, rispettivamente, si conserva inalterata.

Perciò in ogni considerazione cinematica (o, più in generale, meccanica) è necessario stabilire quale sia l'ente di riferimento; e se spesso si parla di moto o di quiete senz'altra specificazione, ciò è legittimo unicamente in quei casi in cui si può ritenere inutile l'indicare l'ente di riferimento tanto esso è manifesto. Così, per es., se si parla di un grave cadente o del moto di una carrozza o di una nave si intende tacitamente di riferirsi al la terra; se si tratta delle bielle di una locomotiva, il loro moto si sottintende riferito al telaio di essa e così via.

Nella rappresentazione analitica di fenomeni di moto si assume di solito, come ente di riferimento, una terna di assi cartesiani.

3. Già dicemmo che in cinematica il tempo si assume come concetto primitivo. Qui, rinunciando ad ogni indagine critica su tale concetto, ci limiteremo ad osservare che per la misura del tempo la natura stessa ha, per così dire, imposto certe unità: il giorno, il mese, l'anno. La determinazione sperimentale di tali unità, per mezzo di periodi lunari e solari, contenenti un numero esatto di giorni, mesi ed anni, ha costituito per secoli il problema fondamentale e pressochè unico dell'astronomia antica. Oggigiorno gli orologi, data la perfezione raggiunta nella loro costru-

zione, forniscono uno strumento praticamente esatto per la misura del tempo rispetto all'unità universalmente accettata, cioè al <u>secondo</u> di tempo solare medio.

Fissato comunque un certo istante quale <u>origine dei tempi</u> $t=0$, ogni altro istante risulta biunivocamente determinato dalla rispettiva <u>ascissa temporale</u> t, cioè dal numero di secondi compresi fra l'origine dei tempi e l'istante considerato: e questo t si assumerà con segno + o — secondo che l'istante in parola segue o precede, nella successione temporale, l'origine dei tempi prefissata.

§2. Generalità sul moto di un punto.

4. Consideriamo un punto P in moto rispetto ad una certa terna di assi cartesiani ortogonali $Oxyz$, che, secondo la convenzione già fissata al cap. prec. supporremo sempre <u>destrorsa</u>. Ad ogni istante t dell'intervallo di tempo da t_0 a t_1, in cui è definito il moto, il punto P occupa, rispetto alla terna $Oxyz$, una determinata posizione, talchè in codesto intervallo, P risulta definito come un punto variabile in funzione del tempo

$$(1) \qquad P = P(t).$$

Quest'unica equazione geometrica, ove con x, y, z si designino le coordinate della posizione occupata da P nell'istante t, equivale a tre equazioni scalari

$$(2) \qquad x = x(t) \quad , \quad y = y(t) \quad , \quad z = z(t) \, ,$$

dove al secondo membro compaiono certe tre funzioni del tempo, definite nell'intervallo da t_0 a t. In accordo con quei caratteri di determinatezza e di continuità che generalmente attribuiamo ai fenomeni di moto, noi supporremo che codeste tre funzioni siano univalenti, finite continue e deribabili (fino al second'ordine alme no) in tutto l'intervallo da t_0 a t_1.[1]

La (1) o, indifferentemente, le sue componenti (2) diconsi equazioni (finite) del moto del punto P.

5. Il luogo delle posizioni occupate da P durante il moto è un arco di curva che dicesi traiettoria del punto mobile (nel dato intervallo di tempo) e che ammette le (2) come equazioni parametriche. Eliminando t fra le (2) si ottiene la rappresentazione della traiettoria mediante due equazioni in x, y, z.

Se la traiettoria è un arco di curva piana o un segmento di retta il moto del punto dicesi rispettivamente piano o rettilineo.

Mentre un punto P si muove nello spazio secondo le equazioni (2), le sue proiezioni ortogonali P_x, P_y, P_z sui tre assi si muovono ciascuna sul rispettivo asse e le (2) danno appunto, rispettivamente, le equazioni di codesti tre moti rettilinei. Viceversa dati ad arbitrio sugli assi x, y, z, in un medesimo intervallo di tempo, i moti rettilinei di tre punti P_x, P_y, P_z resta definito nello spazio un moto pel punto P che istante per istante ammette P_x, P_y, P_z come proiezioni sugli assi.

Il moto di P dicesi composto dei moti rettilinei di P_x, P_y, P_z (moti componenti); e poichè i tre assi sono in sostanza tre rette, a due a due ortogonali, prese ad arbitrio per un punto qualsiasi dello spazio, si vede di qui come il moto di un punto nello spazio si possa decomporre in tre moti rettilinei secondo tre rette a due

---

(1) Soltanto in dinamica, nella teoria degli impulsi (Cap. VIII) si è condotti ad una rappresentazione schematica di fenomeni di moto, che fa intervenire casi di discontinuità per le derivate prime.

a due ortogonali qualisivogliono.

Analogamente, mentre P si muove nello spazio, la sua proiezione ortogonale P_1 sul piano $z = 0$ risulta animata di un moto piano le cui equazioni sono le due prime (2), cioè

$$x = x(t) \qquad\qquad y = y(t) ;$$

e il moto di P è univocamente determinato dal moto di P_1 sul piano $z = 0$ e dal simultaneo moto di P_z sull'asse z, giacchè, istante per istante la posizione di P risulta individuata come quella che ha sul piano $z = 0$ e sull'asse z le proiezioni P_1 e P_z. Il moto di P dicesi ancora <u>composto</u> dei due moti indicati di P_1 e P_z; e poichè il piano $z = 0$ e l'asse delle z sono, in sostanza un piano e una retta, fra loro ortogonali, arbitrari, si vede come il moto di un punto nello spazio si possa <u>decomporre</u> in un moto rettilineo e in un moto piano secondo una retta e un piano fra loro ortogonali quali si vogliano.

6. Considerati nella durata del moto di un punto P nello spazio due istanti generici t e $t + \Delta t$, le posizioni $P(t+\Delta t)$ e $P(t)$, in essi occupate da P, definiscono il vettore

$$P(t+\Delta t) - P(t)$$

di componenti

$$x(t+\Delta t) - x(t),\ y(t+\Delta t) - y(t),\ z(t+\Delta t) - z(t),$$

che dicesi <u>spostamento</u> di P, relativo all'intervallo di tempo Δt a partire dall'istante t. In particolare, per Δt infinitesimo si avrà lo <u>spostamento elementare</u>

$$P(t+dt) - P(t),$$

relativo all'istante <u>t</u>, il quale a meno di infinitesimi di ordine superiore, è dato dal differenziale dP del punto (I, n. 62) ed è un vettore infinitesimo di componenti

$$dx = \dot{x}(t)\,dt \quad , \quad dy = \dot{y}(t)\,dt \quad , \quad dz = \dot{z}(t)\,dt \; ,$$

dove $\dot{x}, \dot{y}, \dot{z}$ designano le derivate di x, y, z rispetto al tempo.[1] Questo vettore dP è diretto secondo la tangente alla traiettoria nel senso del moto, ed ha il valore assoluto

$$(3) \qquad \sqrt{dx^2+dy^2+dz^2} = \sqrt{\dot{x}^2+\dot{y}^2+\dot{z}^2}\,dt,$$

dove il radicale va preso aritmeticamente.

Se sulla traiettoria si fissa un sistema di ascisse curvilinee s, prendendo per es. come origine la posizione iniziale $P(t_0)$ del punto mobile e come verso positivo quello che va da $P(t_0)$ a $P(t_1)$, il radicale aritmetico (3) fornisce il valore assoluto $|ds|$ del cammino elementare ds, descritto da P sulla sua traiettoria nel tempuscolo dt, a partire da un istante generico; e si avrà precisamente

$$(4) \qquad ds = \pm\sqrt{dx^2+dy^2+dz^2} = \pm\sqrt{\dot{x}^2+\dot{y}^2+\dot{z}^2}\,dt$$

dove si dovrà scegliere il segno + o – secondo che, nel tempuscolo dt considerato, il punto P si muove nel verso delle s crescenti o nel verso opposto.

Sommando i valori assoluti dei successivi cammini elementari (3), percorsi da P dall'istante t_0 ad un generico istante t, cioè calcolando l'integrale

$$\int_{t_0}^{t}\sqrt{dx^2+dy^2+dz^2} = \int_{t_0}^{t}\sqrt{\dot{x}^2+\dot{y}^2+\dot{z}^2}\,dt\,,$$

si ottiene il cammino totale compiuto dal punto, sulla sua traiettoria, nel prefissato intervallo di tempo restando computato positivamente nel risultato ogni singolo cammino elementare, qualunque sia il senso in cui esso è avvenuto.

Se invece a ciascun cammino elementare (4) si attribuisce il débito segno, l'integrale

$$\int_{t_0}^{t} ds = \int_{t_0}^{t}\pm\sqrt{dx^2+dy^2+dz^2} = \int_{t_0}^{t}\pm\sqrt{\dot{x}^2+\dot{y}^2+\dot{z}^2}\,dt$$

---

(1) Nel séguito con punti sovrapposti al simbolo di uno scalare o di un vettore o di un punto variabile denoteremo esclusivamente le derivate rispetto al tempo.

fornisce, per ogni generico istante t della durata del moto, l'ascissa curvilinea raggiunta in quell'istante sulla traiettoria dal punto P. Quest'ultimo integrale è una ben determinata funzione $s(t)$, che, sotto le ipotesi fissate per le (2), risulta pur essa univalente, finita continua e derivabile, almeno fino al second'ordine. L'equazione

$$s = s(t), \tag{5}$$

che definisce la legge temporale, secondo cui si muove il dato punto sulla sua traiettoria, dicesi <u>equazione oraria</u> del moto; e la curva, da cui essa è rappresentata su di un piano cartesiano in cui si assumano come ascisse i <u>tempi t</u>, come ordinate gli <u>spazi</u> s, chiamasi <u>diagramma orario</u>.

7. È manifesto da quanto precede che il moto di un punto P è perfettamente determinato tanto dalle equazioni del moto (2), quanto da una qualsivoglia rappresentazione geometrica della traiettoria (mediante due equazioni in x, y, z o tre equazioni parametriche, di parametro qualsiasi) e dalla equazione oraria (5).

Più in generale, il moto di P si può definire assegnandone la posizione come funzione di <u>n</u> parametri quali si vogliano $q_1, q_2, \ldots, q_n$

$$P = P(q_1, q_2, \ldots, q_n), \tag{6}$$

ove $q_1, q_2, \ldots, q_n$ siano, alla loro volta, funzioni date del tempo

$$q_i = q_i(t) \quad (i = 1, 2, \ldots, n). \tag{7}$$

Basta, invero, sostituir le (7) nella (6) per avere l'equazione del moto di P sotto la forma (1). Anche le (7) diconsi, in tal caso, <u>equazioni del moto</u>.

§ 3. Velocità

<u>8. Velocità in un moto uniforme</u>. Per precisare e

valutare matematicamente la nozione intuitiva che tutti abbiamo della varia rapidità secondo cui si svolge nel tempo un fenomeno di moto, mettiamoci dapprima nelle condizioni di maggiore semplicità. Perciò supponiamo anzitutto prefissata come traiettoria di un punto P una certa curva C; cosicchè a determinare il moto di P basterà assegnarne, in più l'equazione oraria

$$s = s(t).$$

E qui dapprincipio, riferendoci al tipo dei moti più semplici che sogliono cadere sotto la nostra attenzione, (moto apparente del sole, treno in corsa, moto delle lancette dell'orologio, ecc.); supponiamo che lo spazio s, percorso da P a partire da una sua posizione $P(t_0)$, presa come origine degli spazi, varii proporzionalmente al tempo $t-t_0$, impiegato da P a percorrerlo; cioè sia

$$\frac{s}{t-t_0} = \text{cost}$$

Se indichiamo con v questa costante l'equazione oraria assume la forma

$$s = v(t-t_0); \tag{8}$$

cioè lo spazio s è una funzione lineare del tempo.

Viceversa ogni equazione oraria che sia lineare nel tempo t si può mettere manifestamente sotto la forma (8). Ogni moto del tipo così caratterizzato, cioè avente l'equazione oraria lineare nel tempo, si dice uniforme.

Riferendoci alla (8), fissiamo due istanti quali si vogliano t e $t+\Delta t$: lo spazio Δs percorso da P nell'intervallo di tempo Δt così definito sarà dato per la (8) da

$$\Delta s = v(t+\Delta t-t_0) - v(t-t_0) \equiv v\,\Delta t$$

onde risulta

$$\frac{\Delta s}{\Delta t} = v; \tag{9}$$

cioè in qualsiasi intervallo di tempo Δt, preso a partire da un istante quale si voglia, lo spazio percorso da P sta all'intervallo stesso nel rapporto fisso v.

In particolare, per $\Delta t = 1$, vediamo che v è la misura del cammino percorso da P nella <u>unità di tempo</u>. Questo numero v dicesi <u>velocità del moto uniforme considerato</u>.

La velocità è dunque una grandezza fisica (o più precisamente cinematica) di nuovo genere, definita come rapporto di una <u>lunghezza</u> ad un <u>tempo</u>; se l'unità scelta per le lunghezze è il metro, quella dei tempi il secondo, possiamo assumere come unità di velocità il "<u>metro per secondo</u>", cioè la velocità di un punto che, movendosi di moto uniforme, fa ad ogni secondo, sulla sua traiettoria, 1 m. di cammino.

Non sarà inutile osservare che la definizione di velocità or ora data pel moto uniforme si accorda perfettamente col significato di misura della varia rapidità del moto che anche nel linguaggio comune ha una tal parola: se invero due punti P_1, P_2 si muovono uniformemente con le velocità rispettive v_1, v_2 essi, <u>in un medesimo intervallo di tempo</u> Δt, percorrano per la (9) gli spazi

$$\Delta s_1 = v_1 \Delta t \quad , \quad \Delta s_2 = v_2 \Delta t \; ;$$

e si avrà

$$\Delta s_1 > \Delta s_2 \quad o \quad \Delta s_1 = \Delta s_2 \quad o \quad \Delta s_1 < \Delta s_2 ,$$

secondo che è

$$v_1 > v_2 \quad o \quad v_1 = v \quad o \quad v_1 < v_2 .$$

9. Sin qui non abbiamo fatto alcuna ipotesi sul segno di v. Ora dalla

$$\Delta s = v \Delta t$$

supposto $\Delta t > o$, (cioè considerato l'intervallo Δt nel suo ordine naturale di successione dei tempi) risulta che Δs ha lo stesso segno di v. Ciò significa che secondo che è $v > o < 0$, il punto si muove nel senso scelto come positivo per le ascisse curvilineo s sulla traiettoria o nel senso contrario. Corrispondentemente il moto dice si progressivo o retrogrado.

Così la velocità v, presa col suo segno, dà non soltanto la misura della rapidità del moto, ma anche il senso di questo.

Giova tuttavia avvertire che, per lo più, parlando di velocità di un moto uniforme si intende riferirsi alla velocità presa in valore assoluto.

10. Il diagramma orario di un moto uniforme di equazione

$$s = v(t - t_0)$$

è la retta che interseca l'asse dei tempi per $t = t_0$ (ascissa all'origine) ed ha per coefficiente angolare la velocità v.

s
$\operatorname{arctg} v$
O
t_0
t

I diagrammi (rettilinei) dei moti uniformi, tracciati su carta millimetrata, forniscono un comodo mezzo per risolvere graficamente i problemi di incrocio, di raggiungimento, ecc. relativi a più punti mobili uniformemente su di una stessa traiettoria (veicoli su di una stessa strada, treni sullo stesso binario o su binari paralleli; ecc.). Essi trovano, in particolare, un'utile applicazione negli orari grafici delle Ferrovie.

11. Velocità scalare in un moto qualsiasi. Passiamo al caso in cui su di una traiettoria prefissata C sia definito un moto di equazione oraria qualsiasi

$$s = s(t).$$

Fissato l'intervallo di tempo Δt fra gli istanti t e $t + \Delta t$, e considerato lo spazio Δs percorso da P in codesto intervallo, cioè

$$\Delta s = s(t + \Delta t) - s(t),$$

il rapporto

$$\frac{\Delta s}{\Delta t} = \frac{s(t + \Delta t) - s(t)}{\Delta t} \qquad (10)$$

(rapporto incrementale della funzione $s(t)$ rispetto all'incremento Δt della variabile a partire dal valore t_0) dicesi velocità media del punto nell'intervallo di tempo da t a $t+\Delta t$.

Ora notiamo che la (10) si può interpretare come la velocità (costante) di un punto fittizio P', che descriva di moto uniforme la medesima traiettoria C di P, in modo da occupare la stessa posizione di P sia nell'istante t che nell'istante $t+\Delta t$. Durante questo intervallo di tempo Δt, il moto di P può presentare rispetto al moto uniforme del punto fittizio P' le circostanze più svariate (precedere da principio P' o ritardare rispetto ad esso, lasciarsene raggiungere ad un dato istante, ecc.); ma se in luogo del prefissato intervallo di tempo Δt, ne fissiamo, a partire dal medesimo istante t, un altro più breve, e ripetiamo per questo il confronto tra il moto di P e il moto uniforme di un punto fittizio coincidente con P negli istanti estremi dell'intervallo, è intuitivo che il divario tra i due moti apparirà meno sensibile di poco anzi. Immaginando allora di ridurre ulteriormente l'intervallo Δt e di farlo addirittura tendere allo zero si è condotti nel modo più naturale alla seguente definizione:

In un generico istante t si dirà velocità (scalare) di un punto mobile secondo la equazione oraria $s=s(t)$ il

$$\lim_{\Delta t\to 0}\frac{s(t+\Delta t)-s(t)}{\Delta t}$$

cioè il valore nell'istante t della derivata $\dot{s}(t)$ di $s(t)$ rispetto a t (la quale sotto le poste ipotesi certamente esiste).

Se si applica la precedente definizione ad un moto uniforme, cioè ad un moto di equazione oraria (8), si ritrova quella costante v, che già chiamammo, in tal caso, velocità.

Qui, viceversa, osserviamo che, se un moto è a

velocità costante v dalla equazione

$$\frac{ds}{dt}=v\,,$$

si deduce, integrando

$$s=vt+\text{cost.},$$

cosicchè si tratta di un moto uniforme. Concludiamo perciò che i moti uniformi sono caratterizzati dalla costanza della velocità (scalare)

12. Per la nota interpretazione geometrica della derivata, la velocità in un istante t risulta rappresentata, sul diagramma orario del moto, dal coefficiente angolare della tangente al diagramma nel punto di ascissa t. Secondo che nell'istante t la velocità $\dot{s}(t)$ è positiva o negativa, la $s(t)$ è, nell'intorno di t, crescente o decrescente, cioè il moto è progressivo o retrogrado.

Se in un istante $t=t_1$ la velocità si annulla, si ha nel moto del punto una posizione di arresto e sul diagramma orario un punto a tangente parallela all'asse dei tempi; più precisamente se la velocità si annulla per $t=t_1$, passando da valori positivi a negativi o viceversa, si ha per $t=t_1$ un'inversione nel senso del moto, da progressivo a retrogrado, o viceversa, e sul diagramma orario, rispettivamente, un massimo o un minimo. Se invece per $t=t_0$ la velocità si annulla senza cambiar segno si ha una posizione di arresto senza inversione, e sul diagramma orario un punto d'inflessione a tangente parallela all'asse dei tempi.

Aggiungiamo infine che un moto si dice accelerato o ritardato in un dato istante t (o in un intervallo di tempo da t a $t+\Delta t$) secondo che nell'intorno di quell'istante (o in quell'intervallo) la velocità, presa in valore assoluto, è crescente o decrescente, in altre parole, secondo che è crescente o decrescente $\dot{s}(t)^2$.

Considerando la derivata di $\dot{s}(t)^2$

$$2\dot{s}\ddot{s}$$

si conclude che, se $\dot{s}(t)$, $\ddot{s}(t)$ sono entrambe diverse dal lo zero, il moto è accelerato o ritardato secondo che esse hanno segno uguale o contrario. Il caso $\dot{s}\ddot{s}=0$, che qui resta dubbio, va discusso considerando le derivate di s di ordine > 2; ma per il seguito ciò non è necessario.

13. Velocità vettoriale.

Dianzi, supposta prefissata la traiettoria, abbiamo valutato la velocità tenendo conto dei cammini percorsi dal punto P sulla traiettoria e prescindendo dagli spostamenti di P nello spazio: tanto che la espressione $\dot{s}(t)$ adottata per la velocità non si altererebbe se tenuta fissa l'equazione oraria (legge del moto sulla traiettoria) si immaginasse di deformare comunque (con flessione e senza distensioni) la traiettoria nello spazio.

Ma importa assegnare per la velocità una valutazione più comprensiva, in relazione con lo spazio che è la sede naturale dei moti.

Riprendendo l'equazione del moto di un punto P

$$P = P(t)$$

e le relative componenti cartesiane

$$x = x(t) \quad , \quad y = y(t) \quad , \quad z = z(t)$$

rispetto ad una terna $Oxyz$, consideriamo lo spostamento ΔP, che il punto subisce in un generico intervallo Δt di tempo da un istante t, all'istante $t+\Delta t$,

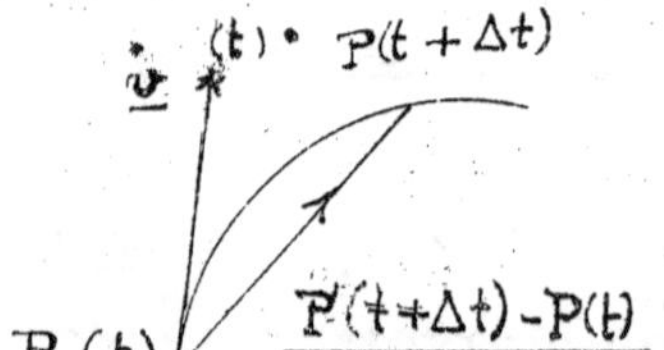

$$\Delta P = P(t+\Delta t) - P(t)$$

e dividiamo questo vettore per lo scalare Δt.

Il vettore $\dfrac{\Delta P}{\Delta t} = \dfrac{P(t+\Delta t) - P(t)}{\Delta t}$

applicato in P(t), e avente per linea d'azione la corda P(t) P (t+Δ t) della traiettoria e per componenti gli scalari

$$\frac{x(t+\Delta t)-x(t)}{\Delta t}, \quad \frac{y(t+\Delta t)-y(t)}{\Delta t}, \quad \frac{z(t+\Delta t)-z(t)}{\Delta t},$$

dicesi <u>velocità vettoriale media di P</u>, relativa all'intervallo di tempo considerato. Se, tenuto fisso t, facciamo tendere Δt allo zero, codesta velocità media tende al vettore

$$\lim_{\Delta t\to 0}\frac{P(t+\Delta t)-P(t)}{\Delta t}=\frac{dP}{dt}=\dot{P}(t)$$

applicato in P(t) e avente e componenti

$$\dot{x}(t), \quad \dot{y}(t), \quad \dot{z}(t)$$

Questo vettore $\dot{P}(t)$, quando il punto P si riguardi come funzione di funzione del tempo mediante l'ascissa curvilinea s, si può scrivere

$$\dot{P}(t)=\frac{dP}{ds}\dot{s}(t)=\dot{s}(t)\,\underline{t}(t),$$

dove come al n. 71 del Cap. I si designa con $\underline{t}$ il vettore unitario tangente alla traiettoria nella posizione P(t), diretto nel senso delle s crescenti. Questa espressione del vettore $\dot{P}(t)$ mette in evidenza che esso in ogni istante ha per lunghezza il valore assoluto $|\dot{s}(t)|$ della velocità del punto quale fu definita al n. 11; è diretto secondo la tangente alla traiettoria nella posizione P(t); ed infine ha il senso di $\underline{t}$ (cioè il senso delle s crescenti) o il contrario secondo che $\dot{s}(t)$ è positiva o negativa, il che è quanto dire (n. 12) che $\dot{P}(t)$ ha lo stesso senso del moto.

Di qui risulta giustificato il definire come <u>velocità vettoriale</u> del punto P nell'istante t codesto vettore $\dot{P}(t)$ cioè il <u>derivato di P(t) rispetto al tempo, calcolato nell'istante considerato.</u>

Porremo

$$\underline{v}(t)=\dot{P}(t)$$

e d'or innanzi, parlando di velocità di un punto, intenderemo, salvo contrario avviso codesta velocità vettoriale $\underline{v}(t)$;

mentre si dirà velocità scalare la $\dot{s}(t)$. Ove poi si debba considerare, come talvolta accade, il valore assoluto $v = |\dot{s}(t)|$ della velocità vettoriale, potremo designarlo col nome di velocità intensiva.

Fra velocità e spostamento elementare sussiste, ad ogni istante, per definizione la relazione

$$dP = \underline{v}\,dt\,;$$

e se si sceglie un punto fisso qualsivoglia, per es. l'origine O delle coordinate, si ha

$$\frac{d(P-O)}{dt} = \frac{dP}{dt} = \underline{v}(t)$$

15. Carattere intrinseco della velocità. Per definire il moto del punto P abbiam dovuto prefissare, come ente di riferimento, una certa terna di assi Ox, y, z. Se in luogo di questa si sceglie un'altra terna $\Omega\xi\eta\zeta$, fissa rispetto alla prima, le equazioni (cartesiane) (2) del moto di P cambiano (e precisamente subiscono la corrispondente trasformazione di coordinate) ma la velocità vettoriale non varia, nello stesso modo come non variano nè la forma geometrica della traiettoria, nè la legge temporale del moto.

Ciò si può ritener evidente, dato il carattere intrinseco, rispetto al moto, della definizione di velocità vettoriale; ma si può chiarire nei seguenti termini precisi.

Indicando con $\underline{i}, \underline{j}, \underline{k}$ i vettori fondamentali della terna $Oxyz$, e con $x(t)$, $y(t)$, $z(t)$ le coordinate di P nell'istante t rispetto a codesta terna avremo ad ogni istante (Cap. I, n. 19)

$$(11)\qquad P = O + x\underline{i} + y\underline{j} + z\underline{k}\,;$$

e questa equazione geometrica definirà il moto di P rispetto ad ogni possibile terna, purchè, beninteso, si riferiscano in ogni singolo caso alla terna stessa an:

che il punto O e i vettori $\underline{i}$, $\underline{j}$, $\underline{k}$.

Supposto di riferir la (11) alla terna $\Omega\xi\eta\zeta$, otterremo l'espressione della velocità vettoriale derivando ambo i membri di codesta equazione rispetto a t. Poichè rispetto alla terna $\Omega\xi\eta\zeta$, che per ipotesi è fissa rispetto alla $Oxyz$, il punto O e i vettori $\underline{i}$, $\underline{j}$, $\underline{k}$ sono costanti, si ottiene

$$\dot{P} = \dot{x}\underline{i} + \dot{y}\underline{j} + \dot{z}\underline{k},$$

onde risulta appunto che, anche col nuovo riferimento la velocità vettoriale è quel vettore che rispetto alla terna $Oxyz$ ha le componenti $\dot{x}$, $\dot{y}$, $\dot{z}$.

In linguaggio cartesiano ciò si può esprimere dicendo che tanto vale calcolar prima le componenti della velocità vettoriale rispetto ad $Oxyz$ e poi eseguire la trasformazione di coordinate che fa passare ad $\Omega\xi\eta\zeta$, quanto eseguir prima questa trasformazione e poi calcolare le componenti della velocità vettoriale rispetto ad $\Omega\xi\eta\zeta$. Si può dir concisamente che le componenti della velocità sono <u>cogredienti</u> alle coordinate del punto.

Importa tener presente che tutto ciò vale sotto la essenziale condizione che la terna $\Omega\xi\eta\zeta$ sia <u>fissa</u> rispetto alla $Oxyz$: ben altrimenti vanno le cose se la nuova terna è <u>in moto</u> rispetto alla primitiva, come vedremo in séguito (Cap. IV).

16. Per un moto piano la velocità, in quanto è ad ogni istante tangente alla traiettoria, giace costantemente nel piano del moto: e così per un moto rettilineo la velocità è diretta ad ogni istante secondo la retta, in cui si muove il punto.

Se riferendoci ancora ad un punto P mobile nello spazio, consideriamo il moto

$$x = x(t) \quad , \quad y = y(t)$$

della proiezione ortogonale P_1 di P sul piano $z = 0$ (n. 5), la velocità di P_1 è il vettore che giace in codesto piano e ha le componenti $\dot{x}, \dot{y}$, vale a dire è la proiezione sul piano $z = 0$ della velocità di P. Similmente la velocità della proiezione ortogonale P_z di P sull'asse z è la proiezione su quest'asse della velocità di P. E poichè ogni punto (fisso) si può assumere come piano $z = 0$, ogni retta (fissa) come asse z, concludiamo che <u>Se un punto si muove nello spazio, la velocità della sua proiezione</u> ortogonale ———— <u>su di un piano o su di una retta (fissi) quali si vogliano, è data dalla proiezione ortogonale, in quel piano o, rispettivamente, su quella retta, della velocità del punto considerato.</u>

In base al n. 5 possiamo ancora dire che: <u>Se il moto di un punto nello spazio si considera decomposto nei tre moti rettilinei secondo tre date rette a due a due ortogonali o nel moto rettilineo e nel moto piano secondo una retta e un piano ortogonali dati, la velocità del punto è data ad ogni istante dalla risultante delle velocità che in quest'istante competono ai moti componenti.</u>

<u>17. Moti di velocità vettoriale costante.</u> Abbiamo visto al n. 8 che i moti uniformi (su traiettoria qualsiasi) sono caratterizzati dalla costanza della velocità scalare. Consideriamo qui i moti (di gran lunga più particolari) <u>che hanno costante la velocità vettoriale.</u>

Se $\underline{v}$ è la velocità costante prefissata, possiamo scegliere la terna $Oxyz$ di riferimento in modo che l'asse x abbia la direzione e il senso della $\underline{v}$, onde le componenti di questa saranno $v, 0, 0$. Esprimendo che un punto mobile P di coordinate x, y, z ha, ad ogni istante, la velocità $\underline{v}$ otteniamo le equazioni (differenziali)

$$\dot{x} = v \quad , \quad \dot{y} = 0 \quad , \quad \dot{z} = 0 ,$$

che integrate, danno le equazioni del moto sotto forma

$$x = vt + \text{cost} \quad , \quad y = \text{cost} \quad , \quad z = \text{cost} . \tag{12}$$

dove compaiono tre costanti arbitrarie di integrazione.

Si hanno dunque, corrispondentemente alle possibili scelte di codeste tre costanti arbitrarie, ∞^3 moti aventi la data velocità (costante) $\underline{v}$; e ciascuno di essi, come risulta dalle (12), ha per traiettoria una retta (parallela all'asse x) ed è uniforme: talchè concludiamo che ogni moto a velocità vettoriale costante è rettilineo ed uniforme.

Per individuare uno di codesti moti, ossia per determinare le tre costanti di integrazione, basta prefissare la posizione che il mobile deve occupare in un dato istante t_0 (condizione iniziale): se x_0, y_0, z_0 sono le coordinate di questa posizione iniziale di P, le equazioni del moto assumono la forma

$$x = v\,(t - t_0) + x_0\ , \quad y = y_0\ , \quad z = z_0\ ,$$

come si rileva dalle (12), imponendo che per $t = t_0$ debba essere $x = x_0$, $y = y_0$, $z = z_0$.

18. Moti di data velocità. Le osservazioni del n. prec. suggeriscono, più in generale, il problema di determinare i moti di un punto, di cui sia data la velocità $\underline{v}$, comunque variabile.

Se v_x, v_y, v_z sono le componenti del vettore $\underline{v}$, le coordinate x, y, z del punto mobile P debbono variare in funzione del tempo in modo da soddisfare alle equazioni differenziali

$$(13) \qquad \dot{x} = v_x\ , \quad \dot{y} = v_y\ , \quad \dot{z} = v_z\ .$$

Per chiarire la natura analitica del problema di integrazione cui si è così condotti, bisogna precisare i dati, cioè in sostanza la velocità prefissata $\underline{v}$. Se questa è data in funzione del tempo, cioè se si sa per dato quale debba essere istante per istante la velocità del punto, le v_x, v_y, v_z sono tre date funzioni di t, che qui supporremo integrabili; talchè le (13) si integreranno con tre quadrature, e, indicando con t_0 un istante dell'intervallo di tempo in cui è definita la $\underline{v}$, si otterrà

$$x=\int_{t_0}^{t} v_x(t)\,dt+\text{cost}\,,\quad y=\int_{t_0}^{t} v_y(t)\,dt+\text{cost}\,;\quad z=\int_{t_0}^{t} v_z(t)\,dt+\text{cost}.$$

Anche qui dunque, per la presenza delle tre costanti arbitrarie di integrazione, si hanno ∞^3 moti, e si può individuarne uno prefissando la posizione che il punto deve assumere in un dato istante: per es. se per $t=t_0$ il punto deve essere in $P_0\,(x_0\,y_0\,,z_0)$ le equazioni del moto sono

$$x=\int_{t_0}^{t} v_x(t)\,dt+x_0\,,\; y=\int_{t_0}^{t} v_y(t)\,dt+y_0\,,\quad z=\int_{t_0}^{t} v_z(t)\,dt+z_0.$$

Queste equazioni si possono raccogliere nell'unica equazione vettoriale

$$(14)\qquad P(t)=P_0+\int_{t_0}^{t}\underline{v}(t)\,dt\,,$$

che si sarebbe potuto ottener direttamente per integrazione della equazione differenziale vettoriale

$$\dot{P}=\underline{v}\,(t),$$

che riassume le (13).

La (14) mette in evidenza le relazioni che intercedono fra gli ∞^3 moti di velocità $\underline{v}$. Confrontiamone due, per es. il moto generico (14) e il moto del punto che nell'istante $t=t_0$ si trova nell'origine O delle coordinate e che qui per intenderci designeremo con $\overline{P}$, talchè avremo

$$\overline{P}\,(t)=O+\int_{t_0}^{t}\underline{v}(t)\,dt.$$

Sottraendo membro a membro questa equazione dalle (14), otteniamo

$$P(t)-\overline{P}(t)=P_0-O\,,$$

talchè si conclude che ad ogni istante la posizione di $\underline{P}$ è data dall'estremo del vettore equipollente al vettore costante P_0-O ed applicato nella posizione assunta <u>in quello stesso istante</u> da $\overline{P}$. Risulta di qui che nei moti di P e $\overline{P}$, equindi anche in due quali si vogliano moti (14), le traiettorie sono fra loro sovrapponibili con una traslazione e quindi eguali, e di più son percorse con la medesima legge temporale.

19. Più in generale può darsi che la velocità $\underline{v}$ sia nota in funzione non soltanto dal tempo, ma anche della posizione istantanea del punto

$$\underline{v} = \underline{v}(P|t).$$

In tal caso le componenti di $\underline{v}$ sono funzioni note dei quattro argomenti x, y, z e t e si è condotti a cercare le terne di funzioni x, y, z di t, che soddisfano al sistema di equazioni differenziali del 1° ordine

$$(15)\quad \dot{x} = v_x(x, y, z|t),\ \dot{y} = v_y(x, y, z|t),\ \dot{z} = v_z(x, y, z|t),$$

o, come si suol dire, ad <u>integrare</u> un tal sistema. Ora è noto dal Calcolo che, in generale, codesta integrazione non si può ottenere per quadrature (e tanto meno in termini finiti di funzioni elementari), bensì soltanto per sviluppi in serie. Ad ogni modo, sotto condizioni assai late per le funzioni di quattro argomenti v_x, v_y, v_z, si dimostra che il sistema (15) ammette infinite soluzioni, il cui insieme (<u>integrale generale</u>) dipende da tre costanti arbitrarie, che, beninteso, non hanno se non eccezionalmente carattere di costanti additive.

Esistono dunque anche in questo caso generale ∞^3 moti diversi, aventi la data velocità $\underline{v}$; ed anche qui disponendo delle tre costanti arbitrarie, si può individuare sciascuno di codesti moti, prefissando, come condizione iniziale, il passaggio del punto in un dato istante per una data posizione. Ben si comprende che in questo caso varieranno in generale, dall'uno all'altro degli ∞^3 moti, tanto la forma della traiettoria quanto la legge temporale.

§4. Moti piani in coordinate polari. Velocità areolare.

20. Velocità radiale e trasversa. Velocità angolare. Considerato nel piano, rispetto a una data coppia Oxy di assi cartesiani, il moto di un punto P, di equazioni

$$(16) \qquad x = x(t), \quad y = y(t),$$

riferiamo questo stesso moto al sistema di coordinate polari che ha come polo l'origine O, come semiasse polare il semiasse positivo delle x e come verso positivo delle anomalie (da misurarsi in radianti) quello dall'asse orientato x verso l'asse orientato y, traverso il primo angolo degli assi.

Durante il moto, il raggio vettore $\rho = OP$ e l'anomalia $\theta = x\widehat{O}P$ di P saranno funzioni ben determinate del tempo e le

$$(17) \qquad \rho = \rho(t), \quad \theta = \theta(t)$$

si potran dire le <u>equazioni del moto</u> in coordinate polari.

Ma qui torna opportuna una osservazione. Si sa dalla Geometria Analitica che per assicurare la biunivocità tra i punti del piano e le coppie di valori ρ, θ delle coordinate polari, bisogna imporre alla variabilità di queste le limitazioni $\rho > 0$, $0 \leq \theta < 2\pi$. Ma allora, se il punto P nel suo moto piano, girando intorno al polo O in senso positivo, attraversa il semiasse x positivo, si è costretti a far saltare bruscamente l'anomalia θ da valori che tendono a 2π al valore 0; talchè si introduce nella funzione $\theta(t)$ della seconda equazione del moto (17) una discontinuità, che non risponde ad alcun carattere di discontinuità del moto, ma dipende soltanto dalla limitazione $\theta < 2\pi$, convenzionalmente imposta alla coordinata θ. In tali casi, per togliere siffatta discontinuità, per così dire, artificiale, si abbandona la indicata limitazione per l'anomalia e si lascia che θ, seguendo l'andamento continuo del moto, varii con continuità, traverso il valore 2π, anche al di là di esso.

Analogamente se il punto P, movendosi con continuità e senza variazioni brusche di velocità, passa pel polo, le suindicate limitazioni per la variabilità di ρ e θ implicano che, mentre ρ raggiunge in O decrescendo il suo minimo zero per poi nuovamente crescere, l'anomalia θ al passaggio di P per O, salta bruscamente da un certo valore θ_0 (limite della anomalia di P quando esso si avvicina di moto continuo ad O) al valore $\theta_0 \pm \pi$. Anche questa discontinuità artificiale di $\theta(t)$ si toglie, lasciando cadere la limitazione $\rho > 0$ ed ammettendo che il raggio vettore possa con continuità passare, traverso lo zero, da valori positivi a valori negativi (e viceversa).

Ciò premesso, ricordiamo che fra le funzioni (16) e (17) sussistono le note relazioni

$$x = \rho \cos\theta \quad , \quad y = \rho \,\mathrm{sen}\,\theta ,$$

onde risultano per le componenti secondo gli assi della velocità $\underline{v}$ le espressioni

(18) $$\dot{x} = \dot{\rho}\cos\theta - \rho\dot{\theta}\,\mathrm{sen}\,\theta \quad , \quad \dot{y} = \dot{\rho}\,\mathrm{sen}\,\theta + \rho\dot{\theta}\cos\dot{\theta}$$

e quindi, per il quadrato della velocità scalare la formola

(19) $$v^2 = \dot{\rho}^2 + \rho^2\dot{\theta}^2 .$$

Questa espressione di v^2 mette in luce una decomposizione della velocità vettoriale in due componenti, fra loro ortogonali, che qui convien definire direttamente.

Considerato insieme con la retta OP, orientata da O verso P, la sua normale n in P, orientata rispetto alla OP come l'asse y rispetto ad x, indichiamo con v_ρ e v_θ le componenti di $\underline{v}$ secondo le due rette OP ed $\underline{n}$ rispettivamente. Poichè i coseni direttori di OP ed $\underline{n}$ sono

$$\cos\theta \quad , \quad \mathrm{sen}\,\theta$$

e, rispettivamente

$$\cos\left(\theta+\frac{\pi}{2}\right)=-\operatorname{sen}\theta \quad , \quad \operatorname{sen}\left(\theta+\frac{\pi}{2}\right)=\cos\theta$$

ossia per le (18)

$$v_\rho=\dot\rho \quad , \quad v_\theta=\rho\,\dot\theta ,$$

onde componendo, si riottiene la (19)

La v_ρ dicesi velocità radiale; e, inquanto, potendosi scrivere

$$v_\rho=\frac{d\rho}{dt}$$

fornisce il rapporto fra le variazioni elementari della distanza del punto dal polo O a quella corrispondente del tempo, chiamasi, anche, velocità di allontanamento (dal polo).

La v_θ, che si dice velocità trasversa (al raggio vettore) è data dal prodotto della distanza ρ di P polo per

$$\dot\theta=\frac{d\theta}{dt},$$

che chiamasi velocità angolare intorno ad O, inquanto dà il rapporto della variazione elementare dell'anomalia del punto a quella corrispondente del tempo.

21. Velocità areolare.

Mentre P si muove, il raggio vettore OP genera un'area. Supponiamo di misurarla, a partire da una posizione iniziale OP_0, positivamente nel senso in cui crescono le anomalie, negativamente nel verso opposto e sia A il valore che le spetta in un generico istante t, nel quale il punto occupa la posizione P. Sia P' la posizione infinitamente vicina, occupata dal punto nell'istante t + dt.

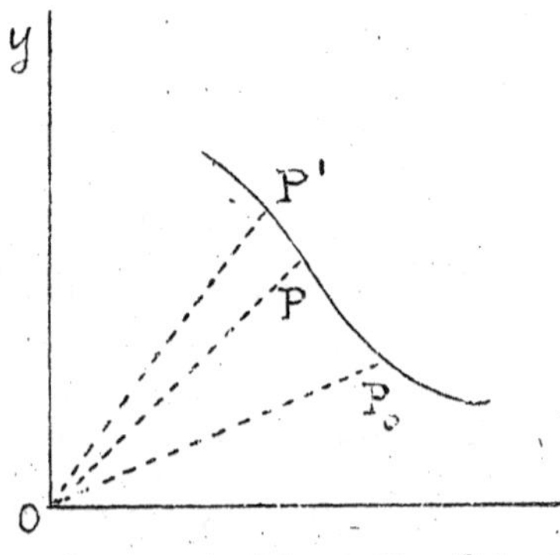

Nel tempuscolo infinitesimo dall'istante t all'istante t + dt, il punto passa dalla posizione P alla posizione P' e il raggio vettore descrive un'areola elementare OPP' che (a meno d'infinitesimi d'ordine superiore) è eguale all'a=

rea del settore circolare di raggio ρ il cui angolo al centro ha per misura $|d\theta|$.

Abbiamo dunque

$$|dA| = \frac{1}{2}\rho^2 |d\theta| ,$$

ed anzi, poichè, per la convenzione stabilita, dA e $d\theta$ hanno lo stesso segno, si conclude senz'altro

$$dA = \frac{1}{2}\rho^2 d\theta$$

e quindi

$$\dot{A} = \frac{1}{2}\rho^2 \dot{\theta}$$

Questa derivata rispetto al tempo dell'area descritta dal raggio vettore dicesi, per un'ovvia ragione, <u>velocità areolare</u> del punto <u>rispetto al centro</u> O.

Poichè dalle (18) del n. prec. risulta

$$x\dot{y} - y\dot{x} = \rho^2\dot{\theta} ,$$

si ottiene per la velocità areolare in coordinate cartesiane (rispetto all'origine) l'espressione

(20) $$\dot{A} = \frac{1}{2}(x\dot{y} - y\dot{x}) .$$

22. Il concetto di velocità areolare si estende anche al caso di un punto che si muova comunque nello spazio.

A tale scopo riprendiamo dapprima il caso di un moto piano e riferiamoci alla espressione (20) della velocità areolare rispetto all'origine O. Se in O immaginiamo condotto, perpendicolarmente al piano xy, l'asse z orientato in modo che la terna $Oxyz$ risulti destrorsa il segmento orientato che su questo asse, a partire da O, ha per misura (in valore e segno) la velocità areolare (20) rappresenta un certo vettore $\underline{V}$, che come risulta dalla (20) stessa, è la metà del prodotto vettoriale dei due vettori di componenti

$$x, y, z \quad e \quad \dot{x}, \dot{y}, \dot{z} ;$$

cioè di $P-O$, e $\underline{v}$. Abbiamo dunque

(21) $$\underline{V} = \frac{1}{2}(P-O) \wedge \underline{v} ;$$

onde si riconosce che $\underline{V}$ è <u>la metà del momento della</u> velocità vettoriale del punto mobile rispetto al centro (fisso) O.

A codesto vettore $\underline{V}$, che col suo modulo dà la velocità areolare quale si è definita, in senso scalare, al n. prec. e definisce istante per istante, come destrorso rispetto ad esso, il senso del moto, si dà il nome di velocità areolare vettoriale del dato punto mobile, rispetto al centro O.

Questa nuova definizione offre, rispetto a quella del n. prec. il vantaggio di attribuire alla velocità areolare un significato intrinseco e, perciò, indipendente dalla scelta della terna di riferimento, purchè, beninteso, anche quando si cambii l'origine delle coordinate, si tenga fisso il centro O rispetto a cui si definisce la velocità areolare.

E appunto per codesto suo carattere intrinseco, la nuova definizione si applica senz'altro anche ad un punto mobile comunque nello spazio, nel qual caso la velocità areolare rispetto ad un dato centro O

$$\frac{1}{2}(P-O)\wedge \underline{v} \tag{22}$$

è un vettore, funzione del tempo, che ad ogni istante t è perpendicolare al piano, generalmente variabile, che passa pel centro O e per la velocità istantanea $\underline{v}(t)$ (cioè per la tangente alla traiettoria nella posizione occupata da P in quell'istante); ha quel verso rispetto a cui il moto in quell'istante appare destrorso; ed ammette per modulo il rapporto al tempuscolo dt dell'areola descritta sul piano or ora indicato dal raggio vettore OP.

Se il moto si riferisce ad una terna avente per origine il punto O, la velocità areolare ha per componenti secondo gli assi (I, n. 26)

$$\frac{1}{2}(y\dot{z}-z\dot{y}),\ \frac{1}{2}(z\dot{x}-x\dot{z}),\ \frac{1}{2}(x\dot{y}-y\dot{x}),$$

nelle quali si riconoscono le velocità areolari, in senso scalare, delle proiezioni ortogonali del punto P rispettivamente sui piani yz, zx, xy.

Notiamo, infine, che, come risulta dalla (22), la

velocità areolare non può annullarsi se non in quegli istanti in cui si verifichi una delle seguenti circostanze (I, n. 34): o il punto passa pel centro O; o si annulla la velocità $\underline{v}$, o questa risulta diretta radialmente, cioè secondo la retta OP.

§ 5. Accelerazione

23. Moto uniformemente vario. Al concetto fondamentale di accelerazione si perviene valutando per così dire la rapidità con cui da istante ad istante varia la velocità di un punto.

Analogamente a quanto si è fatto nel caso della velocità prendiamo le mosse da un caso particolarmente semplice, considerando il moto rettilineo di un punto, la cui velocità (scalare) sia funzione lineare del tempo

$$\dot{x} = at + b, \tag{23}$$

dove a e b denotano due costanti (e, beninteso, si suppone $a \gtrless 0$, giacchè in caso contrario avremmo un moto uniforme). La costante b fornisce la velocità del punto nell'istante $t = 0$; e quanto alla a, si riconosce in base alla (23), con una immediata deduzione analoga a quella del n. 8, che durante tutto il moto la variazione $\Delta\dot{x}$ subita dalla velocità $\dot{x}$ in un qualsiasi intervallo di tempo Δt sta all'intervallo stesso nel rapporto fisso a

$$\frac{\Delta \dot{x}}{\Delta t} = a.$$

Questa costante a, che in particolare fornisce la variazione della velocità in ogni unità di tempo, chiamasi accelerazione del moto considerato, il quale, con ovvia allusione al modo in cui varia nel tempo la velocità, si dice uniformemente vario.

Non è inutile aggiungere che il concetto di accelerazione fu, per la prima volta fissato dal Galilei, appunto come variazione della velocità nella unità di tempo, per il moto di caduta dei gravi che, come vedremo (§ 6), è uniformemente vario.

Tornando al nostro moto (23) notiamo che l'accelerazione a è, in questo caso, la derivata seconda $\ddot{x}$ dell'ascissa x rispetto al tempo; talchè in base al criterio del n. 12, avremo che in un generico istante t il moto è accelerato o ritardato secondo che è

$$a(at+b) > 0 \text{ oppure } < 0 .$$

Potendosi scrivere queste disuguaglianze sotto la forma

$$a^2\left(t+\frac{b}{a}\right) > 0, \text{ rispettivamente } < 0,$$

si conclude che il moto è ritardato per $t < -\frac{b}{a}$, cioè prima dell'istante $t = -\frac{b}{a}$ (in cui, annullandosi la velocità, si ha un arresto) e da quell'istante in poi è sempre accelerato. Si può così dire che nel moto uniformemente vario si hanno due fasi, separate dall'istante di arresto: la prima ritardata, la seconda accelerata.

Per precisare ulteriormente l'andamento del moto occorre ancora vedere se e quando esso sia progressivo o retrogrado. Dipendendo ciò (n. 12) dal segno della velocità

$$\dot{x} = a\left(t+\frac{b}{a}\right),$$

distinguiamo i due casi $a > 0$ e $a < 0$.

Nel primo la $\dot{x}$ sarà positiva o negativa secondo che è $t+\frac{b}{a} > 0 < 0$; cioè il moto sarà retrogrado prima dell'istante $t = -\frac{b}{a}$, vale a dire nella fase ritardata progressivo dopo, cioè nella fase accelerata; mentre nel caso $a < 0$ si verificheranno le circostanze rispettivamente contrarie.

Integrando la (23) otteniamo l'equazione oraria del moto

$$x = \frac{1}{2}at^2 + bt + c, \tag{24}$$

dove la costante c di integrazione è l'ascissa del punto

mobile nell'istante $t=0$.

Di qui risulta che la posizione di arresto del punto (corrispondente all'istante $t=-\frac{b}{a}$) è data da

$$\frac{2ac-b^2}{2a},$$

e d'altra parte si riconosce che, per t tendente all'infinito sia positivamente che negativamente, x tende all'infinito positivo o negativo secondo che $a>0$ oppure <0.

Infine, se si considerano due istanti di cui il primo sia anteriore all'istante di arresto e l'altro lo segua allo stesso intervallo di tempo, per es.

$$t=-\frac{b}{a}-\Delta t \quad \text{e} \quad t=-\frac{b}{a}+\Delta t,$$

si verifica, sostituendo nelle (23) (24), che la velocità $\dot{x}$ assume in essi, rispettivamente i due valori

$$-a\Delta t \quad \text{e} \quad a\Delta t,$$

mentre l'ascissa x riprende, nell'uno e nell'altro istante, lo stesso valore

$$\frac{1}{2}a\Delta t^2+\frac{2ac-b^2}{2a}:$$

il che vuol dire che in codesti due istanti il punto ripassa per la stessa posizione, con la medesima velocità intensiva, diretta per altro, nei due istanti considerati, in senso contrario.

Riassumendo, abbiamo che <u>nel moto uniformemente vario (24) il punto proviene da distanza infinita dalla parte delle ascisse positive o negative secondo il segno dell'accelerazione a, e procede di moto uniformemente ritardato fino al punto di ascissa</u>

$$\frac{2ac-b^2}{2a} \tag{25}$$

<u>che raggiunge nell'istante</u> $t=-\frac{b}{a}$; <u>dopo il quale, il punto ritorna, di moto uniformemente accelerato, all'infinito dalla stessa parte, donde è provenuto, e in ogni posizione riprende, in senso contrario, la stessa velocità intensiva che in essa aveva assunto al suo primo passaggio</u>.

Dalla (24) risulta che il diagramma orario di un moto uniformemente vario è una parabola, avente l'asse di simmetria parallelo all'asse dei tempi e volgente la concavità verso i tempi positivi o negativi secondo che $a>0$ o <0; e questo diagramma mette bene in evidenza le varie circostanze dianzi assodate in via analitica.

Notiamo da ultimo che anche su di una traiettoria qualsiasi dicesi uniformemente vario ogni moto di equazione oraria

$$s = \frac{1}{2}at^2 + bt + c\,,$$

vale a dire ogni moto, in cui la velocità scalare è funzione lineare del tempo. Ma, se la traiettoria non è rettilinea, l'accelerazione non può dirsi senz'altro costante, come vedremo al n. 27.

24. Accelerazione. Passiamo oramai al caso di un punto $P(t)$ mobile comunque nello spazio e valutiamone l'accelerazione in senso vettoriale.

Considerato l'incremento (vettoriale) $\Delta \underline{v} = \underline{v}(t+\Delta t) - \underline{v}(t)$, che la velocità $\underline{v}(t)$ subisce da un istante generico t ad un qualsiasi istante successivo $t+\Delta t$, immaginiamolo applicato nella posizione $P(t)$ assunta dal punto nell'istante $\underline{t}$ e dividiamolo per lo scalare Δt. Il vettore così ottenuto

$$\frac{\Delta \underline{v}}{\Delta t} = \frac{\underline{v}(t+\Delta t) - \underline{v}(t)}{\Delta t}\,,$$

che dà il rapporto incrementale della velocità ed ha le componenti

$$\frac{\dot{x}(t+\Delta t) - \dot{x}(t)}{\Delta t}\,,\quad \frac{\dot{y}(t+\Delta t) - \dot{y}(t)}{\Delta t}\,,\quad \frac{\dot{z}(t+\Delta t) - \dot{z}(t)}{\Delta t}\,,$$

dicesi accelerazione media del punto P nell'intervallo di tempo da t a $t+\Delta t$.

Chiamasi poi accelerazione del punto nell'istante $\underline{t}$ il limite cui tende codesta accelerazione media, quando tenuto fisso t, si faccia tendere Δt allo zero, cioè il

$$\lim_{\Delta t_0} \frac{\underline{v}(t+\Delta t)-\underline{v}(t)}{\Delta t},$$

che è precisamente il derivata $\frac{d\underline{v}}{dt}=\dot{\underline{v}}$ della velocità $\underline{v}$ rispetto al tempo, od anche, in quanto è $\underline{v}=\frac{dP}{dt}$, il derivato secondo $\frac{d^2P}{dt^2}=\ddot{P}$ del punto rispetto a t.

Designando dunque l'accelerazione, che è una determinata funzione vettoriale del tempo, con $\underline{a}$ (t), abbiamo per definizione

$$\underline{a}(t), = \frac{d\underline{v}}{dt} = \frac{d^2P}{dt^2};$$

onde risulta che le rispettive componenti son date da

$$(26) \qquad a_x=\ddot{x}(t), \quad a_y=\ddot{y}(t), \quad a_z=\ddot{z}(t).$$

L'accelerazione appar così come una nuova grandezza cinematica, che, ove si prescinda dal suo carattere vettoriale, è definita come rapporto di una velocità ad un tempo. Perciò, ove siansi adottate come unità di misura degli spazi e dei tempi il metro e il secondo, si può assumere come unità di accelerazione l'"accelerazione di 1 m/sec²", cioè quella di un moto uniformemente accelerato, in cui ad ogni secondo la velocità aumenta di 1 m/sec.

25. Dalla natura intrinseca, rispetto al moto, della definizione di accelerazione risulta senz'altro che le formole (26) restano valide comunque si cambino gli assi di riferimento, purchè sian fissi gli uni rispetto agli altri: e questo asserto si può anche giustificare con un'analisi più precisa, del tutto analoga a quella svolta nel caso della velocità (n 15).

Si ha poi, come al n. 16, che: <u>Per un moto piano o rettilineo l'accelerazione giace costantemente sul piano o rispettivamente sulla retta del moto.</u>

<u>Se un punto si muove nello spazio, l'accelerazione della proiezione del punto su di un piano o su di una retta coincide colla proiezione su quel piano o, rispettiva:</u>

mente su quella retta, dell'accelerazione del punto considerato.

26. Vedremo in Dinamica la fondamentale importanza del problema di determinare il moto di un punto, di cui sia data l'accelerazione. Il caso più generale, cui si è condotti nella rappresentazione teorica dei fenomeni di moto, è quello in cui l'accelerazione è nota in funzione del tempo, della posizione istantanea del punto e della velocità.

$$\underline{a} = \underline{a}(P, \dot{P} | t) ;$$

il che vuol dire che, con riferimento ad una data terna di assi, si conoscono le componenti a_x, a_y, a_z di $\underline{a}$ in funzione dei sette argomenti $x, y, z, \dot{x}, \dot{y}, \dot{z}, t$.

Si è così condotti ad integrare il sistema di equazioni differenziali del 2° ordine

$$\ddot{x} = a_x \quad , \quad \ddot{y} = a_y \ , \ \ddot{z} = a_z \ ,$$

il quale, sotto condizioni assai larghe per le funzioni di sette argomenti a_x, a_y, a_z, ammette infinite soluzioni, dipendenti nel loro insieme da sei costanti arbitrarie. Abbiamo dunque ∞^6 moti diversi aventi la data accelerazione. Per individuarne uno, o, in altri termini, per determinare le sei costanti arbitrarie dell'integrale generale, occorre aggiungere delle opportune condizioni iniziali: basta, per es. prefissare che in un dato istante t_0 il punto debba passare per una data posizione P_0 (di coordinate x_0, y_0, z_0) con una data velocità $\underline{v}_0$ di componenti $\dot{x}_0, \dot{y}_0, \dot{z}_0$).

27. Accelerazione tangenziale e normale. L'accelerazione $\underline{a}(t)$ è un vettore, che ad ogni istante si considera, per definizione applicato nella posizione $P(t)$, occupata in quell'istante dal punto mobile. Per vedere come codesto vettore $\underline{a}$ possa esser posto istante per istante, rispetto alla traiettoria, riprendiamo (n. 14) la

$$\underline{v} = \dot{s}\,\underline{t},$$

e deriviamo rispetto al tempo, considerando il vettore unitario tangenziale come funzione di funzione del tempo, mediante la $s(t)$. Tenendo conto (I, n. 76) della

$$\frac{d\underline{t}}{ds} = \frac{1}{\rho}\,\underline{n},$$

dove ρ designa il raggio di curvatura della traiettoria ed $\underline{n}$ il vettore unitario diretto lungo la normale principale verso il centro di curvatura, otteniamo

$$\underline{a} = \ddot{s}\,\underline{t} + \frac{\dot{s}^2}{\rho}\,\underline{n} = \ddot{s}\,\underline{t} + \frac{v^2}{\rho}\,\underline{n}.$$

Risulta di qui che ad ogni istante è nulla la componente della accelerazione secondo la binormale alla traiettoria o, in altre parole, <u>l'accelerazione appartiene ad ogni istante al piano osculatore della traiettoria nella posizione occupata in quell'istante dal punto mobile.</u>

I due componenti $\ddot{s}\,\underline{t}$, $\frac{v^2}{\rho}\,\underline{n}$ e spesso anche i due scalari $\ddot{s}$, $\frac{v^2}{\rho}$ diconsi <u>accelerazione tangenziale</u> e, rispettivamente, <u>accelerazione normale</u> o <u>centripeta</u>.

La prima è diretta (lungo la tangente) nel senso delle s crescenti o in senso contrario, secondo che è $\ddot{s} > 0 < 0$: la seconda, in quanto lo scalare $\frac{v^2}{\rho}$ è essenzialmente positivo, è sempre diretta verso il centro di curvatura.

L'accelerazione tangenziale è costantemente nulla sempre e solo quando sia identicamente $\ddot{s} = 0$ ossia $\dot{s} = \text{cost.}$; cosicchè (n. 8) i moti <u>uniformi</u> (su traiettoria qualsiasi) sono caratterizzati <u>dall'annullarsi identico della accelerazione tangenziale</u> o, in altre parole, dall'avere una <u>accelerazione puramente normale</u>.

Risulta poi dal n. prec. che i <u>moti uniformemente varii</u> (su traiettoria qualsiasi) <u>sono caratterizzati dalla costanza dell'accelerazione tangenziale</u>; il che non esclude la esistenza simultanea di un'accelerazione normale comunque variabile: anzi, se la traiettoria non è rettilinea, quest'ultima non può essere costantemente nulla.

Invero l'accelerazione normale $\frac{v^2}{\rho}$ (poichè non può essere $v=0$ in ogni istante ma solo negli eventuali istanti di arresto) si annulla identicamente sempre e solo quando sia, in ogni punto della traiettoria, $\frac{1}{\rho}=0$; onde si conclude che l'annullarsi identico della accelerazione normale caratterizza i moti rettilinei.

Combinando le precedenti osservazioni si ha che i moti rettilinei uniformi sono caratterizzati dall'annullarsi identico della accelerazione (totale).

§6. Moti ad accelerazione costante. Moti dei gravi.

22. Leggi del moto dei gravi. Stabiliti nei §§ prec. i principii generali della Cinematica del punto, li applicheremo, nel seguito di questo Cap., allo studio di varii tipi particolari di moti, che si presentano spontaneamente in diversi ordini di questioni concrete; e qui cominceremo dallo studiare i moti ad accelerazione costante.

L'esempio tipico di tali moti è fornito dai moti di caduta dei corpi pesanti o gravi, abbandonati a se stessi con una certa velocità iniziale, che in particolare può esser nulla.

Le leggi di un moto di un grave sono state formulate, in base a geniali induzioni fondate sulla osservazione sperimentale, dal Galilei e si possono raccogliere in linguaggio moderno nei due enunciati seguenti:

1° Un grave abbandonato a se stesso senza velocità iniziale (cioè a partire dalla posizione di quiete) cade lungo la verticale, muovendosi con una accelerazione costante e diretta verticalmente in basso, che è la stessa per tutti i corpi.

2° Un grave, lanciato in qualsiasi direzione e con qualsiasi velocità iniziale, si muove sempre con quella stessa accelerazione costante e diretta verticalmente in basso, che si manifesta nei gravi cadenti dalla posizione di quiete.

Della prima legge si dà, nei corsi di Fisica, una suggestiva verifica per mezzo della macchina dell'Atwood, la quale fornisce anche una prima valutazione dell'accelerazione di caduta dei gravi, che si suol chiamare accelerazione della gravità e si indica (in senso scalare) con g.

Veramente, come già notò il Galilei queste leggi possono valere soltanto se il moto avviene nel vuoto; nell'aria bisognerebbe tener conto della resistenza che l'aria stessa oppone al moto dei corpi: cosicchè le due leggi suindicate, applicate al moto dei gravi nell'aria, conducono soltanto ad una rappresentazione approssimata del moto effettivo.

Nè va taciuto che, anche nel vuoto, ove il campo d'osservazione non sia convenientemente ristretto, si rilevano da luogo a luogo sensibili deviazioni nella direzione della accelerazione della gravità; e la stessa intensità, come è stato messo in evidenza da determinazioni sperimentali più accurate, subisce lievi variazioni al variare della stazione di esperimento: precisamente cresce al crescere della latitudine, diminuisce al crescere dell'altitudine sul livello del mare

Per es. si ha (in m/sec^2, previa riduzione al livello del mare):

a Roma	(latitudine Nord 41°.53'.5)	$g = 9.8038$,
Padova	" " 45°.24')	$g = 9.8065$,
Vienna	" " 48°.12',7)	$g = 9.8092$, (1)
Parigi	" " 48°.50',2)	$g = 9.8096$,
Londra (Greenwich)	" " 51°.28',6)	$g = 9.8120$,
Berlino (Potsdam)	" " 52°.22',9)	$g = 9.8130$.

Ad ogni modo, entro un campo d'osservazione non troppo lar-

(1) Il valore locale (all'Osservatorio di Vienna che si trova a 183 metri di altitudine sul livello del mare) sarebbe $g = 9,8086$.

go, si può, in una prima approssimazione, ritenere che nel moto dei gravi l'accelerazione, che vettorialmente designeremo con $\underline{g}$, sia costante in grandezza e direzione.

Per avere una rappresentazione schematica del moto di un grave qualsiasi, basterà studiare il moto di un punto P, avente l'accelerazione costante $\underline{g}$; ed è manifesto che tutto ciò, che noi diremo in questo caso, varrà, senza modificazioni di sorta, pel moto di un punto ad accelerazione costante qualsiasi.

29. Moti dei gravi. Scelta, pel riferimento, una terna il cui asse delle y sia verticale ed orientato verso il basso, di modochè il piano xy risulti orizzontale, avremo come componenti della $\underline{g}$

$$0 \, , \quad g \, , \quad 0 \, ;$$

e le coordinate del punto P dovranno soddisfare durante tutto il moto alle equazioni

$$\ddot{x} = 0 \quad , \quad \ddot{y} = g \quad , \quad \ddot{z} = 0 \, ,$$

che, integrati, danno per le componenti della velocità $\underline{v}$ le espressioni

$$(27) \qquad \dot{x} = \dot{x}_0 \quad , \quad \dot{y} = gt + \dot{y} \quad , \quad \dot{z} = \dot{z}_0 \, ,$$

dove $\dot{x}_0, \dot{y}_0, \dot{z}_0$ designano le componenti (arbitrarie) della velocità $\underline{v}_0$ nell'istante $t = 0$ (velocità iniziale).

Un'ulteriore integrazione dà le equazione del moto

$$(28) \qquad x = \dot{x}_0 t + x_0 , \quad y = \frac{1}{2} g t^2 + \dot{y}_0 t + y_0 , \quad z = \dot{z}_0 t + z_0 \, .$$

dove x_0, y_0, z_0 son le coordinate (arbitrarie) della posizione P_0 del punto nell'istante $t = 0$ (posizione iniziale).

Senza restrizione essenziale, possiamo immaginare di aver posto l'origine O delle coordinate nella posizione iniziale P_0, il che porta a porre nelle (28) $x_0 = y_0 = z_0 = 0$; e se in tal modo la velocità iniziale $\underline{v}_0$ non si trova già a giacere nel piano xy cioè non è già $\dot{y}_0 = 0$, possiamo, con una rotazione della terna d'assi intorno alla y, portare il piano xy a passare per la $\underline{v}_0$, e, precisamente, in modo che la componente della $\underline{v}_0$ secondo l'asse x, se non è nulla, risulti positiva. A rotazione compiuta, avremo, nelle (27) (28), $\dot{z}_0 = 0$, $\dot{x}_0 \geq 0$; talchè in ultima analisi le (27) (28) rispetto alla nuova terna dianzi individuata assumeranno la forma

$$(27') \qquad \dot{x} = \dot{x}_0 \ , \quad \dot{y} = gt + \dot{y}_0 \ , \quad \dot{z} = 0$$

$$(28') \qquad x = \dot{x}_0 t \ , \quad y = \frac{1}{2} gt^2 + \dot{y}_0 t \ , \quad z = 0 \ ,$$

con $\dot{x}_0 \geq 0$.

Dalla terza delle (28') risulta intanto che <u>in ogni caso il moto è piano, e avviene precisamente nel piano verticale della velocità iniziale</u>.

Naturalmente, possiamo d'ora innanzi trascurare l'ultima equazione di ciascuna delle due terne (27')(28').

30. Esaminiamo dapprima il caso $\dot{x}_0 = 0$, cioè il <u>caso in cui la velocità iniziale $\underline{v}_0$ è verticale</u>. In tale ipotesi la prima delle (28') si riduce ad $x = 0$, onde il moto è <u>rettilineo</u>, lungo la verticale y; e non restano da considerare se non le due equazioni

$$(29) \qquad \dot{y} = gt + \dot{y}_0 \ , \quad y = \frac{1}{2} gt^2 + \dot{y}_0 t \ ,$$

la seconda delle quali (equazione oraria) ci dice che si tratta di un <u>moto uniformemente vario</u> (n. 23).

Poichè (per l'adottata orientazione dell'asse y) l'accelerazione g è positiva, il nostro moto, considerato in tutta la successione naturale dei tempi da $t = -\infty$ a $t = +\infty$, è (n. 23) <u>retrogrado</u>, cioè diretto all'insù, nella <u>fase ritardata</u>, cioè prima <u>dell'istante di arresto</u>

$$(30) \qquad t = -\frac{\dot{y}_0}{g} \ ;$$

è <u>progressivo</u>, cioè diretto all'ingiù, nella fase <u>accelerata</u>. Ma noi qui intendiamo considerare il moto soltanto a partire dall'istante $t = 0$; onde siamo così condotti a distinguere due casi, secondo il segno di $\dot{y}_0$.

Se $\dot{y}_0 \geq 0$, cioè se la velocità iniziale è diretta (verticalmente) all'ingiù oppure nulla, l'istante d'arresto, in quanto il corrispondente valore (30) di t è ≤ 0, è anteriore o al più identico all'istante $t=0$; cosicchè in quest'istante si è in fase accelerata retrograda, e si conclude che il punto a partire dalla posizione iniziale O si muove indefinitamente all'ingiù, lungo la verticale, di moto uniformemente accelerato. Si ha così un'immagine, ben rispondente all'intuizione fisica, del moto di un grave lanciato verticalmente in basso, o abbandonato a se stesso dalla posizione di quiete.

Se invece è $\dot{y}_0 < 0$, cioè se la velocità iniziale è diretta (verticalmente) all'insù, il valore dato per t dalla (30) risulta >0, cosicchè nell'istante $t=0$ si è ancora nella fase ritardata retrograda: il punto, a partire dall'istante $t=0$, sale di moto uniformemente ritardato lungo la verticale fino all'istante (30), in cui raggiunge l'altezza massima

$$\frac{\dot{y}_0^2}{2g} \tag{31}$$

(valore assoluto di y nell'istante (30)); poi ricade all'ingiù, lungo la verticale, movendosi indefinitamente di moto uniformemente accelerato; cosicchè nell'intervallo di tempo da $t=-\frac{\dot{y}_0}{g}$ a $t=-\frac{2\dot{y}_0}{g}$ rifà il cammino compiuto nell'ascesa e istante per istante riprende in senso contrario la stessa velocità intensiva che, salendo, aveva assunto nella medesima posizione. Si ha così un'immagine del moto di un grave lanciato verticalmente all'insù.

31. Resta da esaminare il caso generale in cui è $\dot{x}_0 > 0$, e quindi la velocità non è diretta verticalmente. Riscritte le equazioni (27') (28'), tralasciando quelle superflue,

$$(27') \qquad \dot{x} = \dot{x}_0 \quad , \quad \dot{y} = gt + \dot{y}_0 \quad ;$$
$$(28') \qquad x = \dot{x}_0 t \quad , \quad y = \frac{1}{2} g t^2 + \dot{y}_0 t \quad ,$$

si rileva da queste ultime, che il nostro moto si può considerar composto (n. 5) di un moto uniforme di velocità $\dot{x}_0$ sull'asse x e di un moto uniformemente vario sull'asse y, che è precisamente il moto considerato al n. prec.

L'equazione della traiettoria, che si ottiene eliminando il tempo fra le (28'), è data dalla

$$(32) \qquad y = \frac{g}{2\dot{x}_0^2} x^2 + \frac{\dot{y}_0}{\dot{x}_0} x \ ,$$

onde si tratta di una parabola ad asse di simmetria verticale, passante per l'origine e volgente la concavità verso il basso (si ricordi l'orientazione adottata per l'asse y).

Quadrando e sommando le (27') e introducendo la velocità intensiva iniziale v_0, si ottiene per la velocità intensiva in un istante qualsiasi l'espressione

$$v^2 = v_0^2 + 2g\left(\frac{1}{2} g t^2 + \dot{y}_0 t\right) ,$$

onde risulta

$$(33) \qquad v^2 - v_0^2 = 2gy \ ;$$

cioè <u>son fra loro proporzionali l'incremento del quadrato di velocità intensiva e la profondità del punto rispetto all'orizzonte</u> (l'uno e l'altra presi algebricamente).

Notiamo poi che la velocità $\underline{v}$, in quanto la sua componente orizzontale per la prima delle (27') è costantemente uguale ad $\dot{x}_0 > 0$, non può mai annullarsi. Si annulla invece la componente verticale $\dot{y}$ (e quindi la velocità intensiva raggiunge il suo valore minimo $\dot{x}_0$) nell'istante

$$(30) \qquad t = -\frac{\dot{y}_0}{g} ,$$

nel quale, risultando orizzontale la velocità (e quindi la tangente alla traiettoria) il punto deve trovarsi precisamente nel vertice V della parabola, il che si poteva ben prevedere in quanto si riconosce in (30) l'istante di arresto nel moto uniformemente vario della proiezione del punto sull'asse y. Sostituendo il valore (30) nelle (28') si trova che il vertice V avrà le coordinate

$$(34) \qquad -\frac{\dot{x}_0 \dot{y}_0}{g}, \quad -\frac{\dot{y}_0^2}{2g},$$

da cui la seconda non può mai esser positiva, il che vuol dire che il vertice non cade mai al di sotto dell'asse x.

Poichè, come al n. prec., intendiamo considerare il moto soltanto a partire dall'istante $t = 0$, dobbiamo anche qui distinguere due casi secondo il segno di $\dot{y}_0$.

Se $\dot{y}_0 \geq 0$, cioè se la velocità iniziale è diretta in basso (obliquamente) oppure orizzontalmente, l'istante (30) del passaggio pel vertice V è anteriore o, (se $\dot{y}_0 = 0$), identico a $t = 0$; cosicchè da questo istante in poi il punto descrive un arco

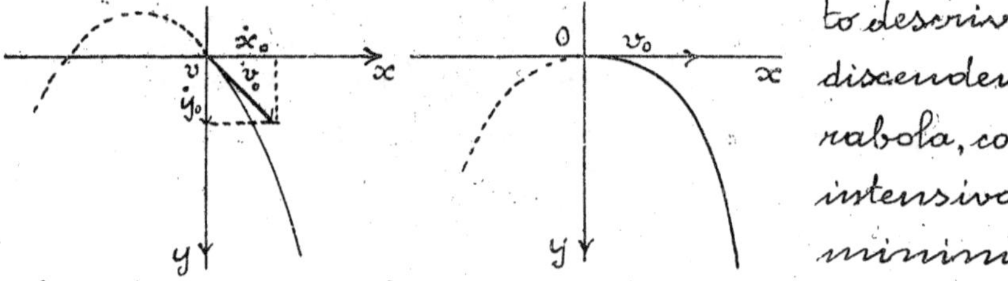

discendente di parabola, con velocità intensiva che dal minimo iniziale v_0 cresce indefinitamente secondo la legge espressa dalla (34).

32. Più interessante è il caso $\dot{y}_0 < 0$, in cui la velocità iniziale è diretta (obliquamente) verso l'alto.

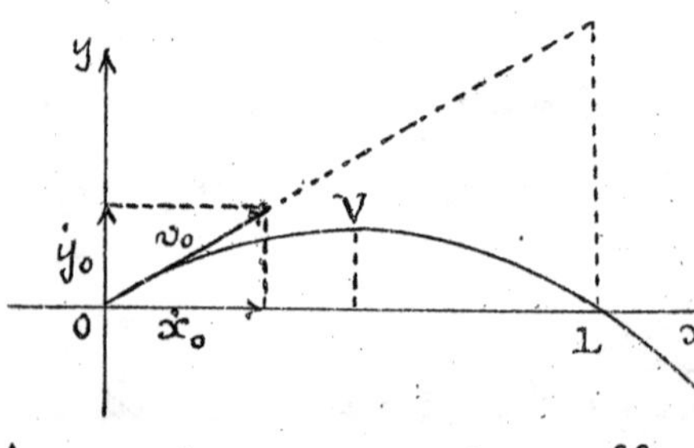

In tal caso il punto, a partire dall'istante $t = 0$, si muove su di un arco ascendente di parabola, fino all'istante $t = -\frac{\dot{y}_0}{g}$, in cui tocca il vertice V e perciò raggiunge l'altezza (massima), sull'orizzontale x,

$$(35) \qquad \frac{\dot{y}_0^2}{2g},$$

uguale al valore assoluto dell'ordinata (34) di V (e coincidente, come è ben naturale, colla (31) del n. 30). La velocità in codesto primo intervallo di tempo decresce di intensità, secondo la (33) (in cui qui è $y < 0$), fino a toccare nel vertice il suo minimo $\dot{x}_0$ (velocità orizzontale costante). Dall'istante $t = -\frac{\dot{y}_0}{g}$ in poi il punto descrive l'arco discendente di parabola, con velocità intensiva crescente oltre ogni limite secondo la (33). Esso attraversa l'orizzontale nel punto L, simmetrico di O rispetto all'asse della parabola e perciò avente l'ascissa

(36) $$-\frac{2\dot{x}_0\dot{y}_0}{g},$$

doppia dell'ascissa (34) del vertice; e poichè il moto della proiezione del punto sull'asse x è uniforme, il punto, per descrivere l'arco di parabola OL, impiega un tempo

(37) $$-\frac{2\dot{y}_0}{g},$$

doppio di quello richiesto perchè esso tocchi il vertice V.

Scendendo lungo l'arco VL, il punto assume ad ogni istante una velocità, che per la (33) ha intensità eguale a quella della velocità assunta, salendo, nella posizione di ugual quota sull'arco OV, cioè nella posizione simmetrica rispetto all'asse della parabola. In due posizioni siffatte le linee d'azione della velocità sono simmetriche rispetto all'asse della parabola e il senso è verso l'alto su OV, verso il basso su VL.

33. Le considerazioni del n. prec. possono servire a dar un'idea, in primissima approssimazione, dell'andamento del moto di un proietto, lanciato da una bocca da fuoco. In tal caso si suol mettere in evidenza il cosidetto <u>angolo di proiezione</u>, cioè l'angolo α che l'asse della bocca di fuoco, e quindi la velocità iniziale, forma coll'orizzontale x. Si avrà allora

$$\dot{x}_0 = v_0 \cos\alpha \qquad \dot{y}_0 = -v_0 \sin\alpha .$$

onde l'equazione (32) della traiettoria assumerà la

forma

(32') $$y = \frac{g}{2\dot{x}_0^2} x^2 - \operatorname{tg}\alpha\, x.$$

La gittata G, cioè la lunghezza (36) della corda OL sarà data da

(36') $$G = \frac{2v_0^2 \sin\alpha\cos\alpha}{g} = \frac{v_0^2}{g}\sin 2\alpha\ ;$$

l'altezza del tiro, cioè la massima quota (35) raggiunta dal proietto, sarà data da

(35') $$A = \frac{v_0^2 \sin^2\alpha}{2g} = \frac{g}{8\dot{x}_0^2} G^2$$

e la durata del tiro (37) da

(37') $$T = \frac{2v_0}{g}\sin\alpha.$$

Si rileva dalla (36') che il massimo della gittata si ha per un angolo di proiezione di 45°, nel qual caso risulta
$$G = \frac{v_0^2}{g}$$
e la durata del tiro è data per la (37') da
$$\sqrt{2}\,\frac{v_0}{g}.$$

Aggiungiamo infine che dicesi abbassamento del proietto per una data ascissa x il dislivello fra i due punti rispettivamente giacenti sulla traiettoria e sulla sua tangente in O e aventi l'ascissa considerata. Poichè l'equazione di codesta tangente è data da
$$y = -\operatorname{tg}\alpha \cdot x$$
si trova, in base alla (32'), che l'abbassamento corrispondente all'ascissa x è dato, in valore assoluto, da
$$\frac{g}{2\dot{x}_0^2} x^2,$$
onde sostituendovi la gittata G e tenendo conto della (35'), si conclude che l'altezza del tiro è eguale al quarto dell'abbassamento corrispondente alla gittata.

Ma conviene avvertire che questi risultati numerici non hanno alcun valore pratico in Balistica, in cui si considerano grandi gittate e quindi si esce da quel campo ristretto, in cui la nostra rappresentazione schematica del fenomeno può ritenersi attendibile.

§ 7. Moti oscillatorii.

34. Moto circolare uniforme.

Se un punto P si muove su di una circonferenza di raggio r, cioè sulla circonferenza che, riferita ad assi coordinati nel centro, ammette l'equazione

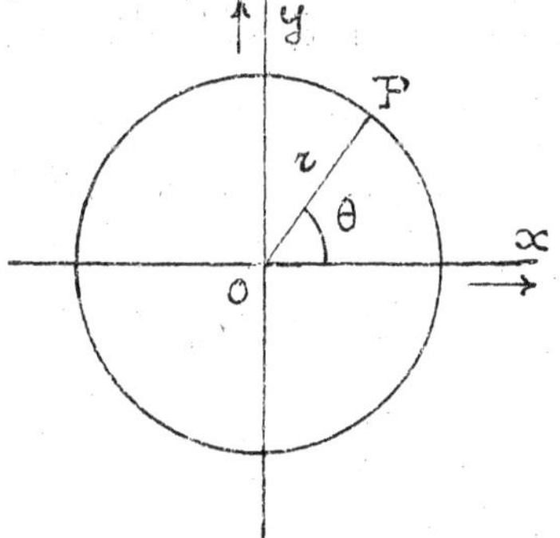

$$x^2 + y^2 = r^2;$$

il moto di P risulta definito se è assegnata in funzione del tempo l'anomalia $\theta(t)$ del vettore P-O rispetto all'asse orientato x: precisamente le equazioni del moto di P saranno (n. 20).

$$x = r \cos \theta(t) \quad , \quad y = r \operatorname{sen} \theta(t);$$

onde la velocità avrà le componenti:

$$\dot{x} = - r \dot{\theta} \operatorname{sen} \theta \quad , \quad \dot{y} = r \dot{\theta} \cos \theta$$

e quindi la intensità

$$v = \sqrt{\dot{x}^2 + \dot{y}^2} = r \dot{\theta};$$

cioè la velocità di P è data in ogni istante dal prodotto del raggio della traiettoria per la velocità angolare $\dot{\theta}$: e ciò si poteva prevedere in base al n. 9, inquanto qui, essendo nulla la velocità radiale di P per la costanza della lunghezza del vettore P-O, la velocità di P si riduce alla velocità trasversa.

Perchè il moto circolare sia uniforme (cioè di velocità scalare costante) occorre e basta che sia costante la velocità angolare $\dot{\theta}$; ossia, indicando con ω il valore costante di $\dot{\theta}$, dovremo avere

$$\theta(t) = \omega t + \theta_0$$

dove θ_0 indica il valore dell'anomalia di P nell'istante $t = 0$. Risulta di qui che le equazioni del moto circolare uniforme (di raggio r e velocità angolare ω) sono date da

$$(38)\qquad x = r\cos(\omega t + \theta_0)\ ,\ y = r\,\mathrm{sen}(\omega t + \theta_0)$$

Secondo che ω è positivo o negativo, P ruota nel senso positivo (o delle anomalie crescenti) o nel senso opposto.

Le componenti della velocità son date da

$$(39)\quad \dot{x} = -r\omega\,\mathrm{sen}(\omega t + \theta_0) = -\omega y\ ,\ \dot{y} = r\omega\cos(\omega t + \theta_0) = \omega x\ ;$$

quelle dell'accelerazione da

$$(40)\qquad \ddot{x} = -\omega\dot{y} = -\omega^2 x\ ,\quad \ddot{y} = \omega\dot{x} = -\omega^2 y\ ;$$

onde risulta

$$\underline{a} = -\omega^2(P - O) = \omega^2(O - P)\ ;$$

cioè l'accelerazione è di intensità costante ($\omega^2 r$) ed è sempre diretta dal punto P al centro del cerchio; il che si accorda coi risultati del n. 27, inquanto, trattandosi di un moto uniforme, l'accelerazione deve risultare tutta centripeta.

A intervalli di tempo $\frac{2\pi}{\omega}$, il punto P riprende la medesima posizione, con la stessa velocità e la stessa accelerazione, come risulta dalle (38), (39), (40); ciò si esprime dicendo che il moto circolare uniforme è <u>periodico</u>, di <u>periodo</u> $\frac{2\pi}{\omega}$.

35. Moto armonico.

Riferendoci ancora al moto circolare di P, consideriamo il moto rettilineo della proiezione di P su di un diametro qualsiasi del cerchio, per es. della proiezione P_x sull'asse delle x. Mentre P proseguendo il suo moto descrive quante volte si vogliano la circonferenza, il punto P_x oscilla altrettante volte da A a B e viceversa. Il moto rettilineo di P_x dicesi <u>moto armonico</u> ed ha un'importanza tutta speciale, in quanto fornisce la rappresentazione cinematica tipica di molti fenomeni fisici vibratorii (elastici, acustici, luminosi) quando si possa prescindere dalle così dette resistenze passive (attrito, viscosità,

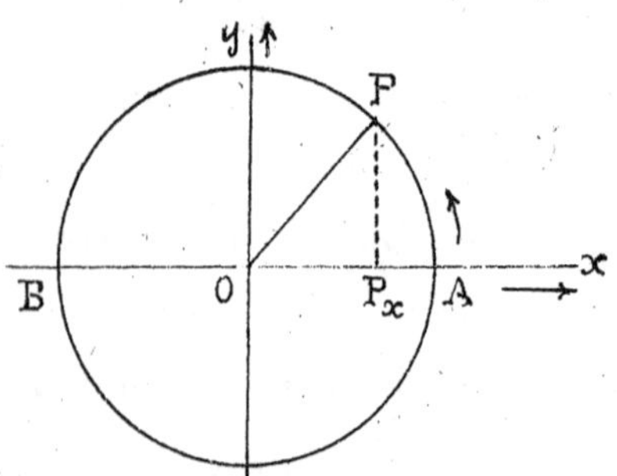

resistenze di mezzo, ecc.). Anzi vi sono (specialmente in Ottica ed Elettricità, nella teoria dei campi magnetici rotanti) fenomeni in cui tanto il moto armonico di P_x quanto il moto rotatorio uniforme del vettore P-O hanno un significato fisico. Notiamo inoltre che ogni fenomeno periodico di moto si può rappresentare mediante la sovrapposizione di un numero più o meno grande, ed anche infinito, di moti armonici.

L'equazione del moto armonico è data (n. 5) dalla prima delle (38) del n. prec.

$$(38_1) \qquad x = r\cos(\omega t + \theta_0)$$

mentre per la velocità e l'accelerazione si ha, in base alla prima delle (31) e (40)

$$(39_1) \qquad \dot{x} = -r\,\omega\,\mathrm{sen}(\omega t + \theta_0) = -\omega y\ ;$$

$$(40_1) \qquad \ddot{x} = -\omega^2 x.$$

La stessa periodicità del moto circolare uniforme si presenta anche nel moto armonico: cioè a intervalli di tempo $T = \frac{2\pi}{\omega}$ anche P_x ripassa per una medesima posizione con la medesima velocità e con la medesima accelerazione.

Il tempo T dicesi <u>periodo</u> del moto armonico e il suo reciproco $\frac{1}{T}$ (numero, intero o no, dei periodi contenuti nell'unità di tempo) <u>frequenza</u> del moto, mentre ω (velocità angolare del moto circolare) si designa col nome di <u>costante di frequenza</u> o <u>pulsazione</u>. Il punto O è il <u>centro</u> del moto ed r (metà dell'oscillazione semplice) dicesi <u>ampiezza</u>.

Infine chiamasi <u>fase del moto nell'istante t</u> il binomio $\omega t + \theta_0$ (anomalia della corrispondente posizione di P) riserbando solitamente il nome semplice di <u>fase</u> alla fase iniziale θ_0. Così se si hanno due moti armonici di ugual periodo, come (38_1) e

$$x = r'\cos(\omega t + \theta_0'),$$

si dice che essi presentano una differenza di fase $\theta_0 - \theta_0'$, e che il tempo $\frac{\theta_0 - \theta'_0}{\omega}$ è l'anticipo o il ritardo (secondo il segno) del primo rispetto al secondo.

Per es. riferendoci ancora al moto circolare dell'estremo libero P del nostro vettore ruotante, abbiamo che la proiezione P_y di P sull'asse y si muove secondo l'equazione oraria (seconda delle (38))

$$y = r \operatorname{sen}(\omega t + \theta_0)$$

che può scriversi

$$y = r \cos(\omega t + \theta_0 - \frac{\pi}{2});$$

onde si può dire che P_y, muovendosi di moto armonico di periodo e di ampiezza uguali a quelli di P_x, presenta rispetto a P_x una differenza di fase $-\frac{\pi}{2}$ ossia un ritardo di $\frac{\pi}{2\omega}$, cioè di un quarto di periodo.

Se poi si considerano i moti simultanei di P_x e P_y sui due assi, si conclude che due moti armonici su due rette ortogonali intorno al loro punto comune i quali abbiano uguale ampiezza e ugual periodo, ma siano l'uno rispetto all'altro in ritardo di un quarto di periodo, si compongono in un moto circolare uniforme.

Dalla espressione (39_2) della velocità di P_x, in quanto questa risulta proporzionale per ogni posizione di P_x all'ordinata del corrispondente punto P, si conclude che in A la velocità è nulla, cresce allo spostarsi di P_x verso il centro O (moto accelerato), raggiunge in questo punto il suo massimo valore assoluto ωr, indi diminuisce di intensità (moto ritardato) fino ad annullarsi in B; e nella oscillazione da B verso A la velocità riprende in ogni singola posizione di P_x lo stesso valore di prima, salva l'inversione del senso.

Siccome la (39_1) si può scrivere

$$\dot{x} = r\omega \cos(\omega t + \theta_0 + \frac{\pi}{2})$$

concludiamo che la velocità ha rispetto alla x una differenza di fase di un quadrante ossia un anticipo di

$\frac{\pi}{2\omega}$ cioè di un quarto di periodo.

L'accelerazione (40_7) è sempre diretta al centro e proporzionale alla distanza di P_x da esso, cosicchè è massima in valore assoluto ed uguale ad $\omega^2 r$ in A e in B e si annulla nel centro. Essa ha rispetto ad x un anticipo di mezzo periodo.

Notiamo infine che il diagramma orario del moto armonico come pure i diagrammi della velocità e dell'accelerazione sono altrettante curve sinusoidali.

36. In base alla (40_1) del n. prec., in qualsiasi moto armonico di periodo $\frac{2\pi}{\omega}$ o, ciò che è lo stesso, di costanza di frequenza ω, l'accelerazione $\ddot{x}$ e l'ascissa x del punto sono legate in ogni istante dall'equazione.

$$(40') \qquad \ddot{x} + \omega^2 x = 0$$

qualunque sia l'ampiezza r e la fase iniziale θ_0 del moto armonico considerato. In altre parole la funzione di t

$$(38_1) \qquad x = r\cos(\omega t + \theta_0)$$

soddisfa, comunque si scelgano le costanti r e θ_0, alla (40'), la quale è un'equazione differenziale lineare, a coefficienti costanti, omogenea del 2° ordine.

Ma dal calcolo sappiamo che un'equazione differenziale del 2° ordine ammette precisamente ∞^2 soluzioni o integrali particolari, ossia che l'integrale generale di una tale equazione dipende da due costanti arbitrarie. Concludiamo quindi che la (38_1) fornisce l'integrale generale della (40') ed r e θ_0 sono le rispettive costanti arbitrarie; cioè la equazione differenziale (40') definisce tutti e soli i moti armonici di dato periodo $\frac{2\pi}{\omega}$ (e di ampiezza e fase arbitraria).

37. Moti vibratorii smorzati. Abbiamo già notato che i moti armonici forniscono il tipo più semplice dei

moti vibratorii permanenti, cioè tali che il punto ripren-de a intervalli di tempo uguali (periodi) le medesime caratteristiche geometriche e cinematiche. Indichiamo qui analogamente il tipo più semplice dei moti vibratorii smorzati, cioè tali che le ampiezze delle successive oscillazioni tendano ad estinguersi.

Come elementi primordiali di fenomeni più complessi tali moti hanno importanza non minore degli armonici: essi s'incontrano infatti nell'analisi dei moti naturali aventi carattere vibratorio, quando si tenga debito conto delle influenze passive.

Si perviene alla definizione di codesti moti considerando ancora un vettore P-O, ruotante con velocità angolare costante intorno al punto di applicazione O, ma tale che l'estremo libero P descriva, anzichè una circonferenza, una spirale logaritmica di punto asintotico O. Studiamo anzitutto il moto dell'estremo libero P del vettore ruotante P-O or ora definito.

Rispetto al sistema di coordinate polari di polo O l'equazione di una spirale logaritmica tendente (asintoticamente) al centro O nel senso delle anomalie crescenti è data da

$$\rho = a e^{-b\theta}$$

dove a e b sono due numeri positivi quali si vogliono ed e rappresenta la nota base dei logaritmi neperiani = 2.71828 ....

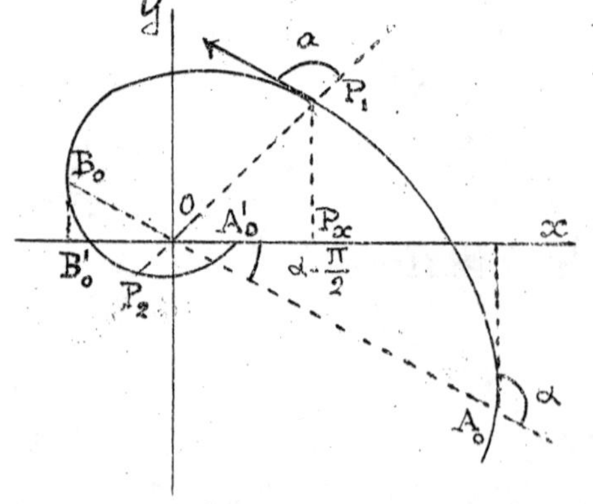

Se il vettore P-O ruota nel senso delle anomalie crescenti ed $\omega > 0$ ne misura la velocità angolare, mentre θ_0 è l'anomalia per $t = 0$, avremo, al solito, in un istante t qualsiasi,

$$\theta = \omega t + \theta_0 ;$$

onde le equazioni del moto di P, ove si ponga

$$b\omega = h \quad , \quad a e^{-b\theta_0} = r$$

saranno date da

(41) $\quad x = r e^{-ht} \cos(\omega t + \theta_0)\,, \quad y = r e^{-ht} \operatorname{sen}(\omega t + \theta_0).$

Di qui derivando rispetto a t si deduce

$$\begin{cases} \dot{x} = r e^{-ht}[-h \cos(\omega t + \theta_0) - \omega \operatorname{sen}(\omega t + \theta_0)] \\ \dot{y} = r e^{-ht}[-h \operatorname{sen}(\omega t + \theta_0) + \omega \cos(\omega t + \theta_0)] \end{cases}$$

ossia

(42) $\quad \dot{x} = -hx - \omega y \;, \quad \dot{y} = -hy + \omega x \;;$

e quindi

$$(43)\quad \begin{cases} \ddot{x} = -h\dot{y} - \omega\dot{y} = (h^2 - \omega^2)x + 2h\omega y, \\ \ddot{y} = -h\dot{y} + \omega\dot{y} = (h^2 + \omega^2)y - 2h\omega x, \end{cases}$$

onde il quadrato della velocità e dell'accelerazione (scalari) saranno dati rispettivamente da

(44) $\quad v^2 = (h^2 + \omega^2)(x^2 + y^2) = (h^2 + \omega^2)\,\rho^2$

(45) $\quad a^2 = (h^2 + \omega^2)^2 (x^2 + y^2) = (h^2 + \omega^2)^2\,\rho^2$

Si vede così che la velocità e l'accelerazione di P, al tendere di t all'infinito, tendono allo zero come il raggio vettore $\rho = OP$.

38. Considerata la posizione P_1 assunta da P in un qualsiasi istante t_1 e le corrispondenti coordinate

$$x_1 = r e^{-ht_1} \cos(\omega t_1 + \theta_0) \qquad , \qquad y_1 = r e^{-ht_1} \operatorname{sen}(\omega t_1 + \theta),$$

è chiaro che nell'istante $t_1 + \frac{\pi}{\omega}$, essendosi la anomalia $\theta = \omega t + \pi$ aumentata di π, P giunge nel punto P_2 in cui la spirale incontra (per la prima volta dopo P_1) la retta $P_1 O$ e ha ivi le coordinate

$$x_2 = r e^{-ht_1 - h\frac{\pi}{\omega}} \cos(\omega t_1 + \theta_0 + \pi) = -e^{-\frac{h\pi}{\omega}} x_1$$
$$y_2 = r e^{-ht_1 - h\frac{\pi}{\omega}} \operatorname{sen}(\omega t_1 + \theta_0 + \pi) = -e^{-h\frac{\pi}{\omega}} y_1$$

cioè ad intervalli di tempo $\frac{\pi}{\omega}$ le coordinate di P cambiano segno e si riducono proporzionalmente nel rapporto $1 : e^{-\frac{h\pi}{\omega}} = e^{\frac{h\pi}{\omega}}$:

Ricordando le espressioni (42) (43) delle componenti della velocità e dell'accelerazione per mezzo delle coordinate di P, si assoda che se $\dot{x}_1, \dot{y}_1$; $\ddot{x}_1, \ddot{y}_1$ e $\dot{x}_2, \dot{y}_2$; $\ddot{x}_2, \ddot{y}_2$ sono le componenti della velocità e dell'accelerazione di P_1 e P_2 rispettivamente sussistono le relazioni

$$\dot{x}_2 = -e^{-\frac{h\pi}{\omega}} \dot{x}_1 \quad , \quad \dot{y}_2 = -e^{-\frac{h\pi}{\omega}} \dot{y}_1$$

$$\ddot{x}_2 = -e^{-\frac{h\pi}{\omega}} \ddot{x}_1 \quad , \quad \ddot{y}_2 = -e^{-\frac{h\pi}{\omega}} \ddot{y}_1$$

cioè anche le componenti della velocità e della accelerazione a intervalli di tempo $\frac{\pi}{\omega}$ cambiano segno e si riducono proporzionalmente nel medesimo rapporto $e^{\frac{h\pi}{\omega}}$.

Perciò le velocità di P in P_1 e P_2 (avendo componenti proporzionali e di segno contrario) sono parallele e di verso discorde; e sarà per la stessa ragione, parallela ad esse (nell'uno o nell'altro verso) la velocità di P, tutte le volte che questo punto riattraverserà, sulle spire successive, la retta OP_1; e altrettanto potrà dirsi delle accelerazioni.

Notiamo anzi che, essendo

$$\frac{x}{\rho}, \frac{y}{\rho} \text{ e } \frac{\dot{x}}{\rho\sqrt{h^2+\omega^2}}, \frac{\dot{y}}{\rho\sqrt{h^2+\omega^2}}$$

rispettivamente i coseni direttori della OP e della velocità di P (tangente in P alla traiettoria) l'angolo di codeste due rette è dato da

$$\cos\alpha = \frac{x\dot{x} + y\dot{y}}{\rho^2\sqrt{h^2+\omega^2}}$$

ossia per le (42) da

$$\cos\alpha = -\frac{h}{\sqrt{h^2+\omega^2}} , \tag{46}$$

o più semplicemente da[1]

$$tg.\,\alpha = -\frac{\omega}{h}$$

Poichè questo angolo α risulta costante (cioè indipendente dal tempo) ritroviamo la nota proprietà della spirale logaritmica di incontrare sotto angolo costante le rette uscenti dal suo

(1) Si avverta che nella ipotesi da noi fissata che la spirale tenda al centro avvolgendosi nel senso delle anomalie crescenti, l'angolo α risulta ottuso.

punto asintotico O. Condotta allora per O la retta, del secondo e terzo quadrante degli assi, che forma coll'asse x l'angolo $\alpha - \frac{\pi}{2}$ avremo, che, in una qualsiasi sua intersezione A_0 colla spirale, la tangente (e quindi la velocità di P nella posizione A_0) risulta ortogonale all'asse x (vedasi fig. prec.); ed evidentemente non vi sono sulla spirale altri punti aventi la stessa proprietà. Per fissare le idee, supponiamo che A_0 appartenga al quarto quadrante, e indichiamo con $A_1, A_2 \ldots$ le successive intersezioni della spirale col segmento OA_0, da A_0 verso O (1); con $B_0, B_1, B_2 \ldots$ le corrispondenti intersezioni delle stesse spire con la semiretta opposta alla OA_0.

Discende dalle osservazioni fatte in principio di questo numero che i segmenti

(47) $$OA_0,\ OB_0,\ OA_1,\ OB_1,\ \ldots$$

costituiscono una progressione geometrica di ragione $e^{-\frac{h\pi}{\omega}}$ (<1) e perciò tendono allo zero.

39. Ciò posto consideriamo, simultaneamente al moto dianzi studiato di P sulla spirale logaritmica, il moto rettilineo della sua proiezione P_x sull'asse delle x. Evidentemente P_x oscilla e se consideriamo il moto di P a partire dalla posizione A_0, gli estremi delle successive oscillazioni di P_x, o posizioni di arresto, sono le proiezioni $A'_0, B'_0, A'_1, B'_1, \ldots$ dei punti $A_0, B_0, A_1, B_1, \ldots$, della spirale, in cui la tangente (e quindi la velocità di P) risulta ortogonale all'asse x. I segmenti sull'asse x $$OA'_0,\ OB'_0,\ OA'_1,\ OB'_1,\ \ldots$$

---

(1) Il prolungamento del segmento A_0 intersecherà la spirale in infiniti altri punti che potremmo indicare con $A_{-1}, A_{-2}, \ldots$, cui corrispondono, come intersezioni delle stesse spire con OB_0, altrettanti punti $B_{-1}, B_{-2}, \ldots$ Ma noi per fissare le idee, consideriamo il moto di P a partire dall'istante in cui si trova in A_0.

(ampiezze delle successive semioscillazioni) inquanto coincidono colle ascisse delle succesive intersezioni A_0, B_0, A_1, B_1, ecc. della spirale con una stessa retta per l'origine, costituiscono, pel n. prec., una progressione geometrica di ragione $e^{-\frac{h\pi}{\omega}}$ e perciò tendono allo zero; onde risulta giustificato il nome di moto vibratorio smorzato che si dà al moto di P_x.

L'equazione del moto vibratorio smorzato sarà la prima delle (41) cioè la

$$(41_1) \qquad x = re^{-ht}\cos(\omega t + \theta_0).$$

Siccome il vettore P-O ruota uniformemente, è senz'altro chiaro che fra due passaggi consecutivi di P_x pel polo O del moto intercede l'intervallo di tempo costante $\frac{\pi}{\omega}$ (quale occorre per aumentare di π l'anomalia $\omega t + \theta_0$ di P) e che $\frac{\pi}{\omega}$ è altresì la durata costante di ogni oscillazione semplice fra due posizioni di arresto consecutive, A_0 e B_0, o B_0 e A_1 (1).

Perciò sarà pur costante ed uguale a $T = \frac{2\pi}{\omega}$ la durata di ogni oscillazione completa (da A'_0 ad A'_1 da B'_0 a B'_1 da A'_1 ad A'_2 ecc).
Questa durata costante T delle oscillazioni complete dicesi periodo del moto vibratorio smorzato, per quanto sia evidente che il moto non ha affatto carattere periodico (salvo che nella durata delle oscillazioni).

Per precisare quali alterazioni cinematiche avvengano nel moto di P_x a intervalli di tempo $T = \frac{2\pi}{\omega}$ torniamo per un momento al punto P e ricordiamo che ad intervalli di tempo $\frac{\pi}{\omega}$, cioè di un semiperiodo $\frac{T}{2}$, le coordinate di P e le componenti della sua velocità e della sua accelerazione cambiano segno e, quanto al valore assoluto, si riducono proporzionalmente nel rapporto $1 : e^{-\frac{h\pi}{\omega}}$. Se

---

(1) Si avverta per altro che in una oscillazione semplice, per es. $A_i\,B_i$, l'istante del passaggio pel polo O del moto non è alla metà della durata $\frac{\pi}{\omega}$ della oscillazione. Ciò risulta evidente ove si consideri il moto uniforme di rotazione del vettore P-O.

teniamo conto del fatto che P_x è la proiezione di P sull'asse x e ha per velocità e per accelerazione le proiezioni su x della velocità e dell'accelerazione di P e consideriamo l'effetto di due semiperiodi consecutivi, cioè di un intero periodo $T' = \frac{2\pi}{\omega}$, concludiamo che a intervalli di tempo $T = \frac{2\pi}{\omega}$ la distanza di P_2 dal polo e la velocità e l'accelerazione rispettive si riducono proporzionalmente (senza mutamento di segno) nel rapporto $1 : e^{-\frac{2h\pi}{\omega}}$.

Si ha dunque che ogni intervallo di tempo T determina, per così dire, sui caratteri del moto una contrazione (smorzamento) nel rapporto $1 : e^{-\frac{2h\pi}{\omega}}$. Perciò tanto l'ascissa quanto la velocità e l'accelerazione di P_x calcolate in una successione di istanti, susseguentisi a intervalli di un periodo o di un semiperiodo, danno luogo ciascuna ad una progressione geometrica (decrescente) di ragione $e^{-\frac{2h\pi}{\omega}}$ o $e^{-\frac{h\pi}{\omega}}$ rispettivamente; onde i rispettivi logaritmi naturali costituiscono una progressione aritmetica di differenza $-\frac{2h\pi}{\omega}$ o $-\frac{h\pi}{\omega}$ rispettivamente. Il numero $\frac{h\pi}{\omega}$ dicesi decremento logaritmico (relativo al semiperiodo). Quanto più piccolo è $\frac{h\pi}{\omega}$ tanto meno sensibile è lo smorzamento, poichè è tanto più prossimo ad 1 il rapporto di riduzione $1 : e^{-\frac{2h\pi}{\omega}}$. Se $\frac{h\pi}{\omega} = 0$ cioè se $h = 0$, risulta senz'altro dall'equazione (44) del moto vibratorio smorzato che esso si riduce ad un moto armonico.

Notiamo infine che il decremento logaritmico si può scrivere:

$$\frac{h\pi}{\omega} = \frac{hT}{2}$$

onde risulta anche

$$e^{-\frac{2h\pi}{\omega}} = e^{-hT}.$$

40. Riprendiamo qui da ultimo le (42) del n. 37

$$(42) \qquad \dot{x} = -hx - \omega y, \quad \dot{y} = -hy + \omega x \; ;$$

eliminatane la y

$$\omega \dot{y} = h\dot{x} + (h^2 + \omega^2)x$$

sostituiamo questa espressione di $\omega \dot{y}$ nella derivata della prima delle (42).

$$\ddot{x} = -h\dot{x} - \omega\dot{y}.$$

Otteniamo così la equazione lineare a coefficienti costanti

$$(48) \qquad \ddot{x} + 2h\dot{x} + (h^2+\omega^2)x = 0$$

che lega l'ascissa, la velocità e l'accelerazione del punto P_x animato dal solito nostro moto vibratorio smorzato

$$(41_1) \qquad x = re^{-ht}\cos(\omega t + \theta_0).$$

Questa funzione di t soddisfa alla equazione differenziale (48) comunque si fissino le costanti r e θ_0; e poiché la (48) è del 2° ordine, si conclude che la (41_1) ne fornisce l'integrale generale, ove si considerino le r e θ_0 come costanti arbitrarie. In altre parole l'equazione lineare, a coefficienti costanti, omogenea del 2° ordine

$$\ddot{x} + 2h\dot{x} + (h^2+\omega^2)x = 0$$

dove h ed ω sono due dati numeri positivi definisce tutti i soliti moti vibratori smorzati di periodo $\frac{2\pi}{\omega}$ e di costante di smorzamento h.

Com'è ben naturale, per $h=0$ la ω si riduce all'equazione differenziale $(40_1')$ dei moti armonici (n. 36).

§8. Moti centrali. Moti kepleriani

41. Il moto di un punto P dicesi centrale, se in esso la linea d'azione dell'accelerazione (quando ha un senso, cioè quando l'accelerazione è diversa da zero) passa sempre per un punto O, detto centro del moto.

In forma equivalente: l'accelerazione $\underline{a}$ ed il raggio vettore $\underline{\rho} = P - O$ (ove non siano eventualmente nulli) hanno la stessa linea d'azione; sicché si annulla il momento $(P-O)\wedge\underline{a}$ dell'accelerazione rispetto al centro O.

Viceversa, si vede subito che, se $(P-O)\wedge\underline{a} = 0$ il moto è centrale. Sappiamo infatti dalla teoria dei vettori (n. 23) che, quando s'annulla il momento di un vettore $\underline{a}$ applicato in P, rispetto al polo O, lo stesso vettore $\underline{a}$ è nullo, oppure la sua linea d'azione va a passare per O; come appunto si richiede perchè un moto sia centrale. Dunque la

(49) $$(P-O) \wedge \underline{a} = 0$$

è la condizione vettoriale caratteristica dei moti centrali.

42. Dalla (49) segue agevolmente che la velocità areolare di ogni moto centrale rispetto al centro O è un vettore costante.

Infatti, ricordiamo che la velocità areolare rispetto ad O è data, a meno del fattore $\frac{1}{2}$, da $(P-O) \wedge \underline{v}$. Ora, qualunque essa sia, si ottiene, derivandola rispetto al tempo,

$$\frac{d}{dt}\left\{(P-O) \wedge \underline{v}\right\} = \dot{P} \wedge \underline{v} + (P-O) \wedge \underline{a},$$

ossia in quanto è $\dot{P} \wedge \underline{v} = \underline{v} \wedge \underline{v} = 0$,

(50) $$\frac{d}{dt}\left\{(P-O) \wedge \underline{v}\right\} = (P-O) \wedge \underline{a}.$$

Questa identità vale per qualsiasi moto: nel caso dei moti centrali, ne risulta, in base alla (49)

$$\frac{d}{dt}\left\{(P-O) \wedge v\right\} = 0$$

onde si conclude appunto

(51) $$(P-O) \wedge \underline{v} = \underline{c},$$

dove $\underline{c}$ denota un vettore costante in grandezza e direzione (doppio della velocità angolare del moto centrale).

Si può aggiungere che l'equazione (51) è al pari della (49), caratteristica pei moti centrali.

Infatti essa è una conseguenza della (49), come s'è visto or ora; reciprocamente, ammessa la (51), basta derivare e tener conto della (50), per ritrovare immediatamente la (49).

Consideriamo in particolare la lunghezza del momento $(P-O) \wedge \underline{v}$ della velocità rispetto al centro. Tale lunghezza si può esprimere come prodotto di v (grandezza della velocità) per la distanza di O dalla linea d'azione di $\underline{v}$. Con ciò la costanza di $(P-O) \wedge \underline{v}$ dà luogo al seguente corollario:

In ogni moto centrale è costante il prodotto del valore as

<u>soluto della velocità per la lunghezza della perpendicolare abbassata dal centro del moto sulla tangente alla traiettoria.</u>

43. È interessante notare che <u>ogni moto centrale è necessariamente un moto piano.</u>

Ciò si vede ovviamente osservando che, per essere le accelerazioni situate sui piani osculatori [n. 27], tali piani devono passare tutti per il centro, e che quindi il piano (in generale univocamente determinato) passante per il centro e per la velocità, relativa ad un istante generico t, contiene anche la velocità relativa all'istante successivo $t+dt$. A partire da questo istante si ragiona nello stesso modo; e si è così tratti a concludere che il piano considerato contiene la velocità relativa ad un istante qualsiasi, e quindi tutta intera la traiettoria del mobile.

Per essere completi, conviene considerare anche l'eventualità che il centro O e la velocità del mobile all'istante generico t non individuino un piano. Ciò accade quando codesta velocità va costantemente a passare per O (o in particolare si annulla). Il moto è in tale ipotesi rettilineo (oppure degenera nella quiete): comunque, rientra ancora come caso particolare fra i moti piani. Si constata che il mobile (quando non sta fermo) si muove sopra una retta, riflettendo che la velocità, quando non è nulla, è radiale. Lo stesso quindi segue per ogni spostamento (infinitesimo) di P durante un tempuscolo dt. È chiaro pertanto che P non abbandona mai il raggio vettore spiccato da O, sul quale si trova inizialmente.

44. Del resto la dimostrazione analitica del fatto che ogni moto centrale è piano è presso chè immediata.

Ripresa la

$$(P-O) \wedge \underline{v} = \underline{c} \qquad (51)$$

e supposto dapprima $\underline{c} \neq 0$, moltiplichiamo scalarmente ambo i membri per P-O: poiché P-O è ortogonale a $(P-O) \wedge \underline{v}$ si conclude

$$(52) \qquad \underline{c} \times (P-O) = 0.$$

Di qui risulta che P-O è costantemente perpendicolare a $\underline{c}$, e quindi il punto mobile P giace sempre nel piano normale a $\underline{c}$ condotto per O. Ecco provato l'asserto, e precisato il piano del moto. Vale la pena di rilevare che ove si indichino con c_1, c_2, c_3 le componenti di $\underline{c}$ e si rammenti che, assunto O per origine delle coordinate, le componenti di P-O non sono altro che le coordinate x, y, z del mobile si ha in base alla (52)

$$c_1 x + c_2 y + c_3 z = 0.$$

È questa l'equazione cartesiana del piano su cui P si trova costantemente

Resta da esaminare il caso particolare in cui $\underline{c}$ si annulla. Possiamo intanto escludere che ciò provenga dall'identico annullarsi di P-O, caso banale, in cui il mobile sta fermo in O. Riferiamoci dunque a un intervallo di tempo nel quale P-O si mantiene diverso da zero. Annullandosi il prodotto vettoriale $(P-O) \wedge \underline{v}$, la $\underline{v}$ sarà parallela a P-O o nulla: in ogni caso essa sarà rappresentabile sotto la forma $m(P-O)$, dove m denota un conveniente scalare (che sarà in generale funzione di t) Ora $\underline{v} = \frac{d(P-O)}{dt}$, e si verifica immediatamente (per es. proiettando sugli assi) che l'integrale generale dell'equazione

$$\frac{d(P-O)}{dt} = m(P-O)$$

ha la forma

$$P-O = (P_0-O)\, e^{\int_0^t m\,dt}$$

dove P_0-O rappresenta un vettore costante a priori arbitrario [determinazione di (P-O)] non nullo, per quanto s'è detto. Come si vede P-O si conserva parallelo a P_0-O, qualunque sia t. Si tratta quindi di moti rettilinei, compresi in particolare tra i piani.

45. Poichè i moti centrali sono piani, conviene caratterizzarli formalmente restando nel piano del moto, assunto come piano coordinato Oxy. Con ciò si annullano z, $\dot{z}$, $\ddot{z}$ e il vettore $(P-O)\wedge \underline{a}$ ha due componenti nulle, mentre la terza vale $x\ddot{y}-y\ddot{x}$. Se ne deduce, in base alla (49), che l'equazione differenziale

(49') $$x\ddot{y}-y\ddot{x}=0$$

è caratteristica pei moti centrali. Avendosi identicamente

$$x\ddot{y}-y\ddot{x}=\frac{d}{dt}(x\dot{y}-y\dot{x}),$$

si può sostituirla coll'equivalente

(51') $$x\dot{y}-y\dot{x}=\text{cost},$$

che esprime [n. 21] la costanza della velocità areolare, e scende direttamente (proiettando sull'asse della z) dalla (51).

46. Accelerazione radiale e trasversa nel moto piano

Per discutere più agevolmente una importante categoria di moti centrali, procuriamoci anzitutto, per un moto piano qualsiasi, riferito a coordinate polari (n. 20), le espressioni delle accelerazioni radiale e trasversa, vale a dire delle componenti a_ρ e a_θ di $\underline{a}$, secondo la direzione orientata OP e la direzione ortogonale, orientata rispetto ad OP come l'asse y è orientato rispetto all'asse x.

Poichè i coseni direttori di codeste due direzioni orientate sono rispettivamente

$$\cos\theta=\frac{x}{\rho},\ \operatorname{sen}\theta=\frac{y}{\rho} \quad \text{e} \quad -\operatorname{sen}\theta=-\frac{y}{\rho},\ \cos\theta=\frac{x}{\rho}$$

avremo anzitutto

$$a_\rho=\frac{x\ddot{x}+y\ddot{y}}{\rho},\quad a_\theta=\frac{x\ddot{y}-y\ddot{x}}{\rho}.$$

Per esprimere a_ρ in funzione di ρ, θ e delle loro derivate, partiamo dalla

$$x^2+y^2=\rho^2,$$

che, derivata due volte rispetto al tempo, dà

$$x\ddot{x} + y\ddot{y} + \dot{x}^2 + \dot{y}^2 = \rho\ddot{\rho} + \dot{\rho}^2,$$

ossia, tenuto conto della identità $\dot{x}^2 + \dot{y}^2 = \dot{\rho}^2 + \rho^2\dot{\theta}^2$ (form. (19) del n. 20)

$$x\ddot{x} + y\ddot{y} = \rho\ddot{\rho} - \rho^2\dot{\theta}^2;$$

e di qui risulta per l'accelerazione radiale l'espressione

$$a_\rho = \ddot{\rho} - \rho\dot{\theta}^2 \tag{52}$$

Quanto alla a_θ, ricordiamo (n. 21) che

$$x\dot{y} - y\dot{x} = \rho^2\dot{\theta};$$

talchè, osservando che

$$x\ddot{y} - y\ddot{x} = \frac{d}{dt}(x\dot{y} - y\dot{x}),$$

si conclude

$$a_\theta = \frac{1}{\rho}\frac{d}{dt}(\rho^2\dot{\theta}),$$

ossia

$$a_\theta = 2\dot{\rho}\dot{\theta} + \rho\ddot{\theta}. \tag{53}$$

47. Formula del Binet.

Ciò posto applichiamo le formole (52) (53) al caso dei moti centrali. Per la definizione stessa essi sono caratterizzati dall'annullarsi della accelerazione trasversa a_θ (rispetto ad un determinato punto O, centro del moto); talchè la rispettiva equazione differenziale caratteristica, in coordinate polari, è data dalla

$$2\dot{\rho}\dot{\theta} + \rho\ddot{\theta} = 0,$$

la quale, com'è naturale, dice soltanto che è costante la $\rho^2\dot{\theta}$ (doppio della velocità areolare).

Tenendo conto della

$$\rho^2\dot{\theta} = c \tag{54}$$

si può dare alla accelerazione radiale a_ρ (che in questo caso dei moti centrali dà in valore assoluto, l'intera accelerazione scalare del punto) una espressione puramente geometrica, cioè una espressione che è indipendente dalle derivate di ρ e θ rispetto a t e fa intervenire soltanto l'equazione polare $\rho = \rho(\theta)$ della traiettoria. In virtù di tale equazione, il raggio vettore ρ si può considerar funzione di t pel tramite di θ, talchè si ottiene

$$\dot{\rho} = \frac{d\rho}{d\theta}\,\dot{\theta},$$

ossia, eliminando $\dot\theta$ mediante la (54),

$$\dot{\rho} = \frac{c}{\rho^2}\frac{d\rho}{d\theta} = -c\,\frac{d\frac{1}{\rho}}{d\theta}.$$

Se, riguardando ancora il secondo membro come una funzione di t composta mediante lo θ, deriviamo ulteriormente rispetto a t e poniamo in base alla (54) $\dot\theta = \frac{c}{\rho^2}$, otteniamo

$$\ddot{\rho} = -\frac{c^2}{\rho^2}\frac{d^2\frac{1}{\rho}}{d\theta^2};$$

e, sostituendo quest'espressione di $\ddot\rho$ nella (52) ed eliminando ancora una volta $\dot\theta$ mediante la (54) perveniamo all'annunciata espressione dell'accelerazione radiale

$$a_\rho = -\frac{c^2}{\rho^2}\left\{\frac{1}{\rho} + \frac{d^2\frac{1}{\rho}}{d\theta^2}\right\}, \tag{55}$$

che è nota sotto il nome di formula del Binet[1], per quanto fosse nota già prima al Newton.

48. Moto kepleriano. Un moto centrale particolarmente interessante è quello dei pianeti attorno al sole. Tale moto dicesi kepleriano, essendo stato Keplero[2] il primo che ne enunciò le leggi.

Le leggi di Keplero, sono come è noto, le seguenti:

1° Le orbite dei pianeti sono ellissi e il Sole ne occupa uno dei fuochi.

2° Le aree descritte dal raggio vettore che va dal Sole a un

---

(1) Jacques Binet, n. a Rennes nel 1786, m. a Parigi nel 1856, insegnò Astronomia al « Collège de France ».

(2) Johann Kepler nato in un villaggio del Würtemberg nel 1571 m. a Ratisbona nel 1630.

pianeta sono proporzionali ai tempi impiegati a percorrerle.
3° I quadrati dei tempi impiegati dai vari pianeti a percorrere le loro orbite (durate delle rivoluzioni) sono proporzionali ai cubi dei semiassi maggiori.

In virtù della legge 2°, il moto di ciascun pianeta è centrale (n. 42) ed ha il Sole per centro.

Determiniamo il valore che compete alla componente a_ρ dell'accelerazione secondo il raggio vettore

È noto dalla Geometria analitica che, se si prende il polo in uno dei due fuochi di una ellisse e l'asse polare diretto secondo l'asse maggiore verso il vertice più vicino, e si denota con a il semiasse maggiore, con b il semiasse minore, con e l'eccentricità $\frac{\sqrt{a^2-b^2}}{a}$, con p il paramento $\frac{b^2}{a}$, si ha

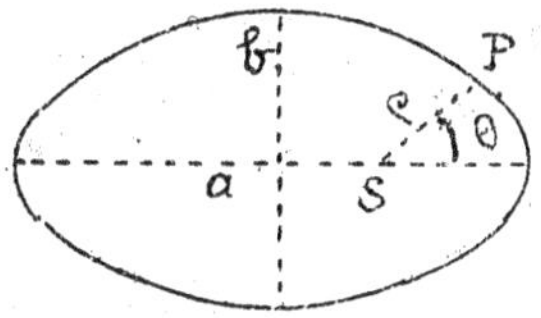

$$\rho = \frac{p}{1+e.\cos\theta}$$

Di qui si ricava successivamente

$$\frac{1}{\rho} = \frac{1}{p} + \frac{e}{p}\cos\theta \quad , \quad \frac{d^2\frac{1}{\rho}}{d\theta^2} = -\frac{e}{p}\cos\theta \quad , \quad \frac{1}{\rho} + \frac{d^2\frac{1}{\rho}}{d\theta} = \frac{1}{p}.$$

La (55) diventa in tal caso

$$a_\rho = -\frac{c^2}{p}\,\frac{1}{\rho^2} \quad ;$$

onde intanto vediamo che l'accelerazione è sempre diretta verso il Sole ed è inversamente proporzionale al quadrato della distanza del pianeta da esso.

Inoltre è facile dedurre dalla 3ª legge di Kepler che il fattore di proporzionalità

$$\frac{c^2}{p} = \frac{ac^2}{b^2}$$

è lo stesso per tutti i pianeti.

Indicando infatti con T la durata della intera rivoluzione, e ricordando che c è il doppio della velocità areolare, è manifesto che l'area πab dell'orbita ellittica ci è data anche da $\frac{cT}{2}$.

Abbiamo quindi

$$c = \frac{2\pi a b}{T};$$

onde, quadrando e dividendo per $p = \frac{b^2}{a}$; risulta

$$\frac{c^2}{p} = \frac{4\pi^2 a^3}{T} = 4\pi^2 \frac{a^3}{T^2};$$

ma per la 3ª legge il rapporto $\frac{a^3}{T^2}$ è sempre il medesimo, qualunque sia il pianeta che si considera; lo stesso può dunque dirsi il rapporto $\frac{c^2}{p}$.

§ 8. Moti elicoidali uniformi

49. Come ultimo esempio di moto consideriamo il moto composto (n. 5) di un moto circolare uniforme su di un dato piano ϖ e di un moto rettilineo uniforme lungo una retta perpendicolare a ϖ. Manifestamente si può supporre, senza restrizione di generalità, che la traiettoria del moto rettilineo sia la perpendicolare a ϖ nel centro O della traiettoria del moto circolare. Supponiamo di contare i tempi dall'istante, in cui il punto che descrive codesta perpendicolare di moto uniforme si trova in O; e assumiamo come origine delle coordinate il punto O, come asse z la traiettoria del moto componente rettilineo, orientata nel verso rispetto a cui il moto componente circolare appar destrorso, e, infine, come asse x positivo la semiretta che da O va alla posizione occupata su ϖ dal punto P_1, che si muove di moto circolare uniforme, nell'istante $t = 0$, cioè nell'istante in cui il punto P_z, che descrive l'asse delle z di moto uniforme, passa per O. L'asse orientato y risulta univocamente determinato dalla solita condizione che la terna $Oxyz$ sia destrorsa.

Ciò posto siano r ed ω il raggio della traiettoria di P_1 e la rispettiva velocità angolare (costante); sia V il valore assoluto della velocità (pur essa costante) del moto rettilineo di P_z.

Le equazioni del moto circolare uniforme del punto P_1, inquanto, si sono scelte l'origine dei tempi e la terna di riferimento in modo che nell'istante $t=0$ P_1 assume nel piano xy la posizione di coordinate $r, 0$, saranno date, pel n. 34, da

$$x = r\cos\omega t \qquad y = r\,\mathrm{sen}\,\omega t\,;$$

mentre il moto uniforme di P_z sull'asse z, inquanto P_z per $t=0$ deve trovarsi in O, ammetterà l'equazione

$$z = \pm Vt,$$

dove andrà preso il segno $+$ o $-$ secondochè, rispetto al senso positivo fissato sull'asse z, il dato moto rettilineo uniforme di P_z risulta progressivo o retrogrado.

Componendo i due moti di P_1 e P_z avremo pel <u>moto composto</u> le equazioni

$$(56) \qquad x = r\cos\omega t \;,\; y = r\,\mathrm{sen}\,\omega t \;,\; z = \pm Vt.$$

Quadrando e sommando le prime due equazioni (56) si trova:

$$(57) \qquad x^2 + y^2 = r^2\,;$$

onde si conferma la circostanza ben evidente a priori che il punto P, animato del moto (56) si muove sulla superficie cilindrica di rotazione, di asse z e raggio r.

La velocità $\underline{v}$ di P ha le componenti

$$\dot{x} = -r\omega\,\mathrm{sen}\,\omega t \;,\; \dot{y} = r\omega\cos\omega t \;,\; \dot{z} = \pm V,$$ e quindi

l'intensità $v = \sqrt{\dot{x}^2 + \dot{y}^2 + \dot{z}^2} = \sqrt{r^2\omega^2 + V^2}$,

la quale risulta <u>costante</u>, talchè il <u>moto composto</u> (56) <u>è uniforme</u> al pari dei componenti

Inoltre dei tre coseni direttori di $\underline{v}$, il terzo

$$\frac{\dot{z}}{v} = \pm\frac{V}{\sqrt{r^2\omega^2 + V^2}}$$

è pur essa costante; ciò vuol dire che la velocità, e quindi la tangente alla traiettoria, si mantiene durante il moto, inclinata di un angolo costante rispetto all'asse z, ossia rispetto alle singole generatrici del cilindro di rotazione (57), che il punto P man mano interseca nel suo cammino. Di qui si conclude che la traiettoria è un'elica del cilindro di rotazione (57); onde potremo caratterizzare il moto (56), chiamandolo un moto elicoidale uniforme (di asse z, di raggio r e di angolo di inclinazione arc cos $\pm \frac{V}{\sqrt{r^2\omega^2+V^2}}$).

L'accelerazione, che trattandosi di moto uniforme prevediamo riuscirà tutta centripeta (n. 27), ha le componenti

$$\ddot{x} = -r\omega \cos \omega t = -\omega^2 x \; ; \; \ddot{y} = -r\omega^2 \operatorname{sen} \omega t = -\omega^2 y \; ; \; \ddot{z} = 0 \; ;$$

essa ammette l'intensità costante $\omega^2 r$ ed è diretta lungo la perpendicolare dal punto P all'asse z; cosicchè coincide (n. 34) con l'accelerazione che al punto spetterebbe nel moto circolare uniforme di velocità angolare ω, su piano perpendicolare all'asse e con centro sull'asse stesso.

Notiamo infine che in un intervallo di tempo $\frac{2\pi}{\omega}$ (periodo del moto circolare componente) il punto P_1 percorre l'intera sua circonferenza e quindi il punto P descrive una intera spira dell'elica (cioè un arco di elica, compreso fra due sue intersezioni consecutive con una stessa generatrice del cilindro): corrispondentemente la terza coordinata $z = \pm Vt$ di P varia di

$$\pm \frac{2V\pi}{\omega},$$

onde $\frac{2V\pi}{\omega}$ sarà il passo dell'elica (cioè la distanza fra due intersezioni consecutive dell'elica con una medesima generatrice): esso dipende soltanto dal rapporto $\frac{V}{\omega}$ delle velocità dei due moti componenti ed è, più precisamente, proporzionale direttamente alla velocità del moto rettilineo, inversamente a quella del moto circolare.

Un moto elicoidale uniforme si dice destrorso o sinistrorso secondo che è tale il moto componente circolare rispetto all'asse del moto, orientato nel senso del moto componente rettilineo. Siccome nelle (56) l'asse z positivo si intende orientato in modo che, rispetto ad esso, il moto circolare appaia destrorso, avremo che le (56) rappresentano un moto elicoidale destrorso o sinistrorso, secondo che nella terza di esse vale il segno + o –.

CAPITOLO III:

Cinematica dei sistemi rigidi

§ 1. Generalità

1. Dopo aver studiato nel Capitolo prec. i moti di un solo punto, passiamo alla Cinematica delle *figure* o sistemi di punti (in numero finito o infinito, eventualmente distribuiti, in quest'ultimo caso, con continuità su linee o superficie o in regioni spaziali); e anzitutto occupiamoci dei moti di un qualsivoglia *sistema rigido*, cioè di una figura che, durante il moto conservi inalterate le mutue distanze dei suoi punti, presi a due a due in tutti i modi possibili. Così si concepiscono le figure in Geometria elementare, quando, nello stabilire i postulati della eguaglianza, si immagina di muoverle nello spazio, l'una rispetto all'altra, per verificarne la eventuale sovrapponibilità.

Anche qui, come nel caso del punto, riferiremo i moti di un dato sistema rigido S ad una terna di assi $\Omega\xi\eta\zeta$, che, pur tenendo presente la natura relativa della nozione di moto, chiameremo, per comodità di designazione, *terna fissa*.

La posizione occupata in un qualsiasi istante t dal sistema S è univocamente determinata, quando si conoscano le posizioni occupate in quell'istante da tre punti A, B, C di S, *non allineati*; giacchè, se A_t, B_t, C_t son coteste posizioni, un quarto punto D qualsiasi del sistema deve, per la rigidità, occupare in quell'istante la posizione D_t ben determinata dalla condizione che, la figura $A_t\ B_t\ C_t\ D_t$ tetraedro o quadrangolo piano) sia direttamente uguale (o sovrapponibile) ad ABCD.

Perciò il moto di un sistema rigido risulta definito quando si conoscano i moti simultanei di tre suoi punti non allineati.

Ma è manifesto che, per l'ammessa rigidità di S, non si possono prefissare ad arbitrio i moti di codesti tre punti e nemmeno le loro traiettorie.

Piuttosto importa notare che quanto dianzi si è detto del punto D del sistema S, si può ripetere per ogni altro punto, che, anche fuori di S, si riguardi rigidamente connesso col dato sistema; cosicchè dal moto di S (e più precisamente del triangolo ABC) resta definito un moto dell'intero spazio dei punti rigidamente connessi ad S. Si è così condotti a pensar sovrapposto allo spazio solidale colla terna $\Omega\xi\eta\zeta$ (spazio fisso) uno spazio, solidale con S e mobile rispetto al primo. Perciò si parla spesso di moto rigido nel senso di moto di un intero spazio rigido, senza specificare il particolare sistema (e basterebbe un triangolo) considerato per definirlo.

2. Proprietà caratteristica delle velocità simultanee di due punti in un moto rigido.

In un moto rigido due punti quali si vogliano conservano inalterata la loro distanza r talchè, durante tutto il moto, sussiste l'identità

$$(1) \qquad (P_2 - P_1) \times (P_2 - P_1) = r^2,$$

dove lo scalare r è indipendente dal tempo. Di qui, per derivazione rispetto a t, si deduce

$$(2) \qquad (P_2 - P_1) \times \left(\frac{dP_2}{dt} - \frac{dP_1}{dt}\right) = 0,$$

ossia

$$(3)\qquad (P_2 - P_1) \times \frac{dP_2}{dt} = (P_2 - P_1) \times \frac{dP_1}{dt} ,$$

e queste equazioni, ove si immagini divisa pel tensore r di $P_2 - P_1$ esprime l'uguaglianza delle componenti delle velocità $\frac{dP_1}{dt}$ e $\frac{dP_2}{dt}$ secondo la retta $P_1 P_2$.

Poichè inversamente, dalla (3) si risale alla (2) e quindi, per integrazione, alla (1) con r costante, concludiamo che i moti rigidi sono caratterizzati dalla circostanza che ad ogni istante le velocità di due punti qualisi vogliano hanno la stessa componente secondo la congiungente dei due punti.

In altre parole, la differenza (geometrica) delle velocità di due punti è, ad ogni istante, ortogonale alla congiungente dei due punti; cosicchè, in particolare, se, ad un dato istante, un punto P_1 ha velocità nulla, ogni altro punto P_2 ha, in quello stesso istante, velocità normale alla $P_1 P_2$ (o nulla).

3. Composizione di più moti. Moti rigidi composti. — Il criterio del n. prec. permette di stabilire pei moti rigidi un'importante proprietà, cui si perviene estendendo ai sistemi di punti il concetto di composizione di più moti, di cui già si è fatto cenno nel caso di un sol punto mobile (n. 5 Cap. prec.). A tale estensione si giunge, generalizzando la proprietà rilevata al n. 16 del Cap. prec.

Per uno stesso sistema di punti siano definiti, come possibili in uno stesso intervallo di tempo, più moti $\mathfrak{M}_1, \mathfrak{M}_2 \ldots$; dicesi moto composto o risultante dei dati il moto in cui ogni punto del sistema S, in ogni istante del considerato intervallo di tempo, ha come velocità la risultante delle velocità che a quel medesimo punto in quel medesimo istante competono nei moti $\mathfrak{M}_1, \mathfrak{M}_2, \ldots$ (moti componenti)

Ciò posto, il teorema suaccennato è il seguente: Il moto composto di più moti rigidi è pur esso rigido.

Presi, invero, due punti P' e P'' del sistema mobile e indicate con $\underline{v}'_1, \underline{v}''_1; \underline{v}'_2, \underline{v}''_2, \ldots$ la velocità che ad essi competono, in un medesimo istante generico, nei moti $\mathfrak{M}_1, \mathfrak{M}_2, \ldots$ rispettivamente, abbiamo per definizione che nel moto composto competono a codesti due punti, in quel medesimo istante, le velocità

$$(4) \qquad \underline{v}'_1 + \underline{v}'_2 + \ldots \quad \text{e} \quad \underline{v}''_1 + \underline{v}''_2 + \ldots$$

Poichè per la rigidità dei moti $\mathfrak{M}_1, \mathfrak{M}_2, \ldots$ coincidono le componenti secondo la P' P'' di $\underline{v}'_1$ e $\underline{v}''_1$, di $\underline{v}'_2$ e $\underline{v}''_2, \ldots$ (n. prec.) coincideranno anche le componenti secondo la stessa retta P' P'' delle velocità (4); e, ciò valendo per ogni coppia di punti del sistema in ogni istante dell'intervallo di tempo considerato, si conclude che il moto composto di $\mathfrak{M}_1, \mathfrak{M}_2, \ldots$ è pur esso rigido.

§ 2. Rappresentazione analitica di un moto rigido.

4. Consideriamo per un dato sistema rigido un qualsiasi moto rispetto ad una terna $\Omega\xi\eta\zeta$. Per individuare i singoli punti di S (e più in generale, ogni punto solidale con esso) prefissiamo una certa terna $Oxyz$, rigidamente connessa con S, che per la solita ragione di comodità, chiameremo terna mobile. La condizione di rigidità del sistema S si traduce nella costanza (o indipendenza dal tempo) delle coordinate di ogni singolo punto di S (e di ogni punto solidale col sistema) rispetto alla terna $Oxyz$.

Ciò posto, il moto rigido di S risulta definito quando si conosce il moto della terna $Oxyz$ rispetto allo $\Omega\xi\eta\zeta$; per il che basta conoscere: a) il moto $O(t)$ della origine; b) l'o rientazione, istante per istante, degli assi mobili rispetto alla terna fissa, cioè i tre versori fondamentali $\underline{i}, \underline{j}, \underline{k}$ della terna mobile, quali funzioni del tempo.

Supposti noti questi elementi, il moto di un generico punto P, appartenente ad S o solidale con esso, sarà rappresentato, ove x, y, z siano le coordinate del punto rispetto alla terna mobile, dall'equazione geometrica

$$(5) \qquad P(t) = O(t) + x\,\underline{i}(t) + y\,\underline{j}(t) + z\,\underline{k}(t) ,$$

che si ottiene esprimendo che il vettore P – O ha rispetto agli assi mobili le componenti costanti x, y e z (Cap. I, n. 19)

Designando con ξ, η, ζ le coordinate di P rispetto alla terna fissa e usando per le coordinate di O e per le componenti dei versori $\underline{i}, \underline{j}, \underline{k}$ rispetto allo stesso riferimento le notazioni del n. 18 del Cap. I, deduciamo dalla (5) le

$$(6) \qquad \begin{cases} \xi = \alpha + \alpha_1 x + \alpha_2 y + \alpha_3 z \\ \eta = \beta + \beta_1 x + \beta_2 y + \beta_3 z \\ \zeta = \gamma + \gamma_1 x + \gamma_2 y + \gamma_3 z , \end{cases}$$

dove le $\alpha, \beta, \gamma, \alpha_i, \beta_i, \gamma_i$ sono funzioni date del tempo, di cui le prime tre non sono soggette ad alcuna condizione, mentre le altre nove debbono soddisfare alle note condizioni (formole (10) del n. 18 del Cap. I°) esprimenti che i vettori $\underline{i}, \underline{j}, \underline{k}$ sono unitari e a due a due ortogonali. Son queste le equazioni generali di un moto rigido. Come già per le equazioni del moto di un punto, ammetteremo che le funzioni $\alpha, \beta, \gamma, \alpha_i, \beta_i, \gamma_i$ siano tutte univalenti, finite e derivabili (almeno fino al second'ordine) in tutto l'intervallo di tempo in cui è definito il moto.

§ 3. Moti traslatori

5. Prima di studiare il moto rigido più generale, consideriamo alcuni tipi di moti rigidi particolarmente semplici. E in primo luogo supponiamo che in un certo moto rigido si verifichi la circostanza, evidentemente

realizzabile, che, un triangolo determinato ABC si muova in modo che ciascuno dei tre segmenti orientati AB, BC, CA si mantenga equipollente a se stesso. Allora preso un qualsiasi punto P_1 solidale con ABC e considerata nelle sue successive posizioni la quaderna di punti (sghemba o piana) $ABCP_1$ si assoda che, per la rigidità, resta equipollente a se stesso anche ciascuno dei segmenti AP_1, BP_1, CP_1; onde, infine, preso un ulteriore punto P_2, solidale con ABC(e P_1) si conclude, in base alla considerazione delle successive posizioni assunte da ABP_1P_2, che anche il segmento orientato P_1P_2 conserva immutati durante tutto il moto, la sua direzione e il suo verso. In altre parole, nel moto considerato ogni vettore $P_2 - P_1$, determinato da due punti in moto quali si vogliono, si mantiene costante, non solo in lunghezza come in ogni altro moto rigido, ma anche in direzione e verso. Ogni moto rigido siffatto dicesi traslatorio.

Riferendoci alla equazione geometrica (5) di un moto rigido qualsiasi, si ha perciò che se esso è traslatorio, debbono essere, in particolare, costanti i tre vettori fondamentali $\underline{i}$, $\underline{j}$, $\underline{k}$. Inversamente, se durante un moto rigido $\underline{i}$, $\underline{j}$, $\underline{k}$ sono costanti, tale risulta in virtù della (5), per ogni punto del sistema mobile, il vettore $P-O$, e quindi anche, per due quali si vogliano punti in moto, il vettore $P_2 - P_1 = (P_2 - O) - (P_1 - O)$, onde si tratta di un moto traslatorio. Perciò <u>la (5) rappresenta un moto traslatorio sempre e solo quando i tre versori fondamentali degli assi mobili sono costanti</u>.

Per aver la forma delle equazioni cartesiane di un moto traslatorio, immaginiamo di aver scelto inizialmente gli assi della terna mobile paralleli e di verso concorde a quelli della terna fissa: allora i versori $\underline{i}$, $\underline{j}$, $\underline{k}$, che, trattandosi di un moto traslatorio, sono costanti, avranno durante tutto il moto, rispetto agli assi fissi, le componenti

$$1, 0, 0 \; ; \; 0, 1, 0 \; ; \; 0, 0, 1.$$

talché le (6) assumeranno la forma

$$(6') \qquad \xi = x + \alpha(t), \quad \eta = y + \beta(t), \quad \zeta = z + \gamma(t),$$

dove, in sostanza, le α, β, γ designano le coordinate di un punto O qualsiasi del sistema mobile (o di un punto ad esso solidale).

6. L'identità

$$(7) \qquad P_2 - P_1 = \text{cost.},$$

valida per due punti quali si vogliano durante un moto traslatorio, esprime che il moto di P_2 si può definire come quello dell'estremo di un vettore costante, il cui punto di applicazione coincide istante per istante con la posizione occupata da P_1. Risulta dunque dalla (7) (come dalle equivalenti (6')) che in un moto traslatorio le traiettorie dei singoli punti sono uguali, ugualmente poste (cioè sovrapponibili con una traslazione) e percorse con la medesima legge.

Quest'ultima asserzione si può precisare osservando che, avendosi per derivazione della (7) rispetto a t

$$(8) \qquad \frac{dP_2}{dt} = \frac{dP_1}{dt},$$

tutti i punti del sistema hanno, in ciascun istante, velocità equipollenti.

Inversamente, se in un sistema in moto, ad ogni istante, le velocità dei singoli punti sono equipollenti, il moto è traslatorio, giacchè, valendo la (8) per ogni coppia di punti P_1, P_2, si conclude, integrando rispetto al tempo, che vale per essi anche la (17).

Così ogni moto traslatorio è caratterizzato da un certo vettore, funzione esclusivamente del tempo, che istante per istante dà la velocità comune, in quell'istante, a tutti i punti del sistema mobile. Questo vettore dicesi velocità del moto traslatorio e a suo rappresentante si può assumere la velocità di un punto qualsiasi del sistema, per es. la velocità $\frac{dO}{dt}$ (di componenti $\dot{\alpha}, \dot{\beta}, \dot{\gamma}$) dell'origine O della terna mobile.

Analogamente derivando la (8) rispetto a t, si conclude che le accelerazioni di tutti i punti del sistema sono, ad ogni singolo istante, equipollenti fra loro e quindi all'accelerazione $\frac{d^2O}{dt^2}$ (di componenti $\ddot{\alpha}, \ddot{\beta}, \ddot{\gamma}$) di O. Il vettore così definito (in funzione esclusivamente del tempo) dicesi <u>accelerazione</u> del moto traslatorio.

Se la velocità del moto traslatorio è costante e, quindi, l'accelerazione è nulla, tutti i punti del sistema si muovono (Cap. II n. 17) di moto rettilineo uniforme (su traiettorie parallele, con la stessa velocità) e il moto rigido si dice <u>traslatorio uniforme.</u>

7. Se più moti $\mathfrak{M}_1$, $\mathfrak{M}_2$, ... sono traslatori, è tale anche il moto risultante, in quanto, essendo, ad ogni istante, equipollenti, le velocità di tutti i punti nei singoli moti $\mathfrak{M}_1$, $\mathfrak{M}_2$, ..., sono pure equipollenti le velocità simultanee dei varii punti del sistema nel moto risultante.

Viceversa, ogni moto traslatorio di data velocità $\underline{\tau}(t)$ si può (in infiniti modi) decomporre in più moti traslatori, decomponendone in un modo qualsiasi il vettore velocità $\underline{\tau}(t)$ in più vettori (pur essi funzioni del tempo) e assumendo questi vettori come velocità di altrettanti moti traslatori.

Tra codeste infinite decomposizioni possibili notiamo le due seguenti (analoghe a quelle considerate nel caso di un sol punto al n. 5 del Cap. II°):

1°. in un moto traslatorio (a traiettoria rettilinea) in una direzione data e in un moto traslatorio (a traiettorie piane) secondo la giacitura ortogonale; i quali si ottengono prendendo come velocità i componenti di τ

secondo la direzione e la giacitura ortogonale assegnate;
2°. in tre moti traslatori (a traiettorie rettilinee) secondo tre direzioni a due a due ortogonali (per es. quelle degli assi fissi) i quali si ottengono prendendo come velocità i componenti di $\underline{T}$ secondo quelle tre direzioni.

§ 4. Moti rotatorii.

8. Dicesi rotatorio ogni moto rigido, in cui rimangano fissi tutti i punti di una retta, che dicesi asse di rotazione. Per realizzare un tal moto, basta manifestamente, per la condizione di rigidità, fissare due punti dell'asse.

Preso nel sistema mobile S, fuori di codesto asse che chiameremo z, un punto P, la perpendicolare PQ abbassata sull'asse si manterrà, per la ipotesi della rigidità, di lunghezza costante ed ortogonale all'asse; cioè ogni punto di S fuori dell'asse, si muoverà sulla circonferenza del piano ortogonale a z, che ha il centro Q sull'asse stesso. La posizione del sistema S ruotante intorno a z, risulta individuata, istante per istante, dalla posizione di un suo punto P (sulla rispettiva traiettoria circolare) o, ciò che sostanzialmente è lo stesso, dalla posizione di un semipiano p, uscente dall'asse e solidale con S: posizione che si potrà individuare assegnando ad ogni istante l'anomalia $\theta = \widehat{\Pi p}$ di p rispetto ad un determinato semipiano Π uscente da z e solidale con la terna fissa di riferimento. Per dare un segno a codeste anomalie (da misurarsi in radianti), orienteremo ad arbitrio l'asse di rotazione z e assumeremo come verso positivo delle θ quello destrorso rispetto all'asse orientato.

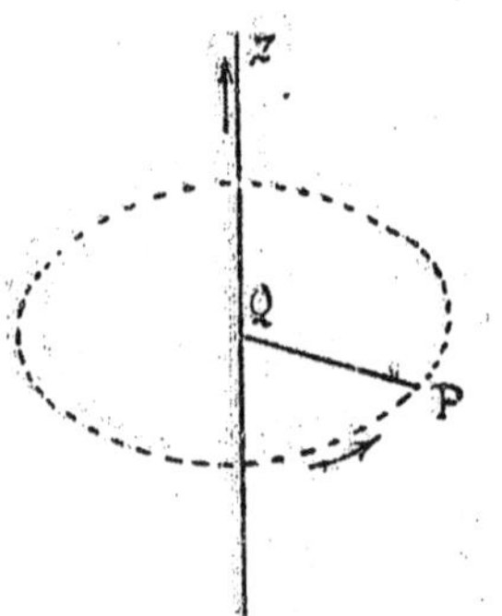

Durante il moto, l'anomalia θ del semipiano

mobile p è una determinata funzione $\theta(t)$ del tempo, che, al solito supporremo univalente, continua e derivabile (al meno fino al second'ordine); e qui, come già nel caso del moto piano in coordinate polari, per non esser costretti a introdurre nella $\theta(t)$ discontinuità accessorie, ammetteremo che l'anomalia θ possa variare, con continuità, anche al di là di quell'intervallo da 0 a 2π, che effettivamente basta a individuare tutte le possibili posizioni di p intorno all'asse.

Ciò posto, è evidente che se, in un certo intervallo di tempo Δt, l'anomalia θ di p varia di $\Delta\theta$, tutti i punti di S, nello stesso tempo Δt, descrivono, sulle rispettive traiettorie circolari, archi il cui angolo al centro è $\Delta\theta$; cosicchè considerando il

$$\lim_{\Delta t \to 0} \frac{\Delta\theta}{\Delta t} = \frac{d\theta}{dt} = \dot{\theta} .$$

si conclude che ad ogni istante tutti i punti di un sistema animato di moto rotatorio hanno la medesima velocità angolare.

In base alle poste convenzioni questa velocità angolare $\dot{\theta}$ (funzione esclusivamente del tempo) indica, istante per istante, col suo segno positivo o negativo, se il moto rotatorio sia destrorso o sinistrorso (rispetto all'asse orientato); e serve a definire il moto rotatorio (a meno di opportune condizioni iniziali) quando si assegni in più l'asse di rotazione.

Ora la $\dot{\theta}$ e la direzione dell'asse si sogliono rappresentare insieme, considerando il vettore $\underline{\omega}$, avente ad ogni istante la lunghezza $|\dot{\theta}(t)|$, la direzione dell'asse di rotazione e quel verso, rispetto a cui il moto appare destrorso. Codesto vettore $\underline{\omega}$ di lunghezza generalmente variabile (in funzione del solo tempo) ma di direzio=

ne costante, si dice velocità angolare (vettoriale) del moto rotatorio. Esso ha evidentemente la θ come componente lungo l'asse orientato z.

9. Il vettore $\underline{\omega}$ permette di esprimere agevolmente la velocità (vettoriale) $\underline{v}$ di ogni punto P del sistema rotante. Poiché P si muove di moto circolare, nel piano Π ortogonale all'asse, intorno al punto Q (proiezione ortogonale di P su Z) con velocità angolare $\dot{\theta}$, la sua

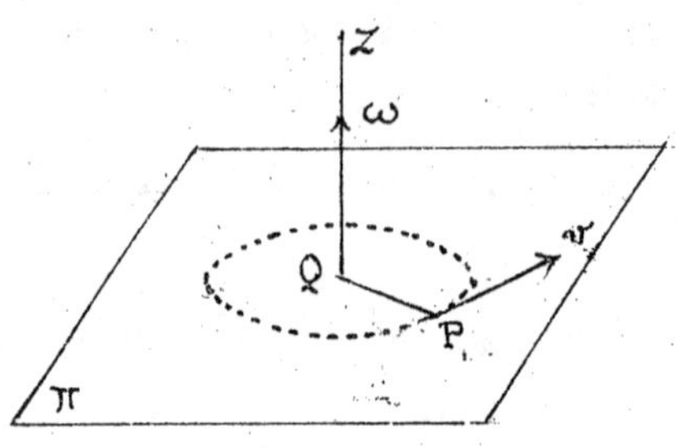

velocità ha l'intensità (Cap. II, n. 34) $\dot{\theta}\overline{PQ}$ ed è diretta, nel piano Π, tangenzialmente alla circonferenza di centro Q e raggio $\overline{QP}$, cioè ortogonalmente a QP e quindi anche al vettore $\underline{\omega}$. Di più $\underline{v}$ appare, per le convenzioni del n. prec., destrorso rispetto ad $\underline{\omega}$; onde risulta senz'altro per la velocità di un punto P la espressione.

$$(9) \qquad \underline{v} = \underline{\omega} \wedge (P-Q)$$

In questa formula appare, oltre il punto P di cui si vuole la velocità, la sua proiezione Q sull'asse Z, la quale varia, in generale, con P. Ma questo punto Q si può eliminare, introducendo un punto fisso Ω (qualsiasi), cioè giacente sull'asse di rotazione. Avremo in ogni caso

$$P - Q = (P - \Omega) + (\Omega - Q);$$

onde, sostituendo nella (9) e notando che i vettori $\underline{\omega}$ e $\Omega - Q$, come paralleli hanno prodotto vettoriale nullo, si conclude che la velocità di ogni punto P di un sistema rotante con velocità angolare vettoriale $\underline{\omega}(t)$ è data da

$$(10) \qquad \underline{v}(t) = \underline{\omega}(t) \wedge (P-\Omega)$$

dove Ω designa un punto fisso ed $\underline{\omega}$ un vettore di di rezione fissa.

10. L'espressione (10) della velocità è caratteristica pei moti rotatori (subordinatamente alle circostanze testè ricordate per Ω e $\underline{\omega}$). Se invero i punti di un sistema si muovono in modo che la velocità di ciascuno sia esprimibile sotto la forma (10), avremo per due punti P_1, P_2 quali si vogliono

$$\underline{v}_1 = \underline{\omega} \wedge (P_1 - \Omega) \quad , \quad \underline{v}_2 = \underline{\omega} \wedge (P_2 - \Omega)$$

e quindi, sottraendo membro a membro,

$$(11) \qquad \underline{v}_2 - \underline{v}_1 = \underline{\omega} \wedge (P_2 - P_1) .$$

Ora il prodotto $\underline{\omega} \wedge (P_2 - P_1)$ è per definizione ortogonale a $P_2 - P_1$ talchè moltiplicando per quest'ultimo vettore ambo i membri della (3) troviamo:

$$(\underline{v}_2 - \underline{v}_1) \times (P_2 - P_1) = 0$$

ossia

$$\underline{v}_2 \times (P_2 - P_1) = \underline{v}_1 \times (P_2 - P_1)$$

e questa relazione sussistendo per ogni coppia di punti del sistema, ci dice intanto che il moto è rigido (n.2).

Che poi si tratti di moto rotatorio risulta senz'altro del fatto che in base alla (10) tutti i punti P tali che $P - \Omega$ sia parallelo ad $\underline{\omega}$ (cioè i punti della parallela ad $\underline{\omega}$ per Ω) hanno velocità nulla, ossia sono fissi.

11. Dalla espressione caratteristica (10) della velocità di un punto generico si trae, derivando rispetto a t, l'espressione della accelerazione

$$\underline{a} = \dot{\underline{\omega}} \wedge (P - \Omega) + \underline{\omega} \wedge \frac{dP}{dt}$$

ossia, tenuto conto della (9)

$$\underline{a} = \dot{\underline{\omega}} \wedge (P - \Omega) + \underline{\omega} \wedge \{ \underline{\omega} \wedge (P - Q) \} .$$

Ma in base alla identità vettoriale (Cap. I, n. 28)

$$\underline{v}_1 \wedge (\underline{v}_2 \wedge \underline{v}_3) = (\underline{v}_1 \times \underline{v}_3)\, \underline{v}_2 - (\underline{v}_1 \times \underline{v}_2)\, \underline{v}_3 ,$$

applicata per $\underline{v}_1 = \underline{v}_2 = \underline{\omega}$ e $\underline{v}_3 = P - Q$, si ha, in quanto

$\underline{\omega} \times \underline{\omega} = \omega^2$ ed $\underline{\omega}$ e $P-Q$ sono ortogonali,

$$\underline{\omega} \wedge \{ \underline{\omega} \wedge (P-Q) \} = -\omega^2 (P-Q),$$

onde si conclude

$$(12) \qquad \underline{a} = \dot{\underline{\omega}} \wedge (P-\Omega) - \omega^2 (P-Q).$$

In quanto il vettore $\dot{\underline{\omega}}$, come derivato di un vettore $\underline{\omega}$ parallelo all'asse, è pur esso tale, il primo addendo del secondo membro della (12) risulta ortogonale al piano P_z, ossia tangenziale alla traiettoria (circolare) di P, mentre il secondo addendo è diretto secondo il raggio di codesto circolo; onde la (12) fornisce appunto la decomposizione dell'accelerazione nelle due componenti tangenziale e normale (Cap. II, n. 27).

12. Se la velocità angolare $\underline{\omega}$ è costante (non solo in direzione ma anche in lunghezza) ciascun punto P del sistema rotante si muove di moto circolare uniforme (con velocità che varia da punto a punto proporzionalmente alla distanza dall'asse); e il moto rigido si dice <u>rotatorio uniforme</u>. La rispettiva accelerazione, come risulta dalla (12) si riduce in accordo col n. 27 del Cap. II° al suo componente normale:

$$\underline{a} = -\omega^2 (P-Q).$$

13. Per dedurre dalle (6) del n. 4 le equazioni di un moto rotatorio nella loro forma più semplice, conviene scegliere gli assi z e ζ della terna mobile e di quella fissa coincidenti entrambi con l'asse di rotazione, e fissata la loro origine in comune, in un punto $O \equiv \Omega$ qualsiasi dell'asse, assumere come semiassi positivi x e ξ le due semirette, ortogonali a $z \equiv \zeta$, che giacciono rispettivamente nei due semipiani p e π (mobile il primo, fisso il secondo) che adottammo al n. 8 per determinare l'anomalia istantanea $\theta(t)$.

Sarà allora manifestamente

$$(13) \qquad \widehat{\xi x} = \theta(t) \ , \quad \widehat{\xi y} = \theta(t) + \frac{\pi}{2} \ ;$$

e mentre il versore fondamentale $\underline{k}$, diretto secondo l'asse positivo $z \equiv \zeta$) è costante e di componenti

$$\alpha_3 = 0 \quad , \quad \beta_3 = 0 \quad , \quad \gamma_3 = 1,$$

i versori $\underline{i}$ e $\underline{j}$ avranno per le (13) le componenti

$$\alpha_1 = \cos\theta \quad , \quad \beta_1 = \sin\theta \quad , \quad \gamma_1 = 0$$

$$\alpha_2 = -\sin\theta \quad , \quad \beta_2 = \cos\theta \quad , \quad \gamma_2 = 0 \ ;$$

onde infine, tenendo conto che $\alpha = \beta = \gamma = 0$, si ottengono, come casi particolari delle (6), le equazioni di un qualsiasi moto rotatorio, intorno all'asse $\zeta = z$ sotto la forma

$$(6'') \qquad \begin{cases} \xi = x\cos\theta - y\sin\theta \\ \eta = x\sin\theta + y\cos\theta \\ \zeta = z \end{cases}$$

Di qui derivando successivamente due volte rispetto a t, e tenendo conto delle equazioni stesse, si ottengono per la velocità e per l'accelerazione le componenti

$$(14) \qquad \begin{cases} \dot\xi = -\dot\theta\eta & \dot\eta = \dot\theta\xi & \dot\zeta = 0 \\ \ddot\xi = -\dot\theta^2\xi - \ddot\theta\eta \ , & \ddot\eta = -\dot\theta^2\eta + \ddot\theta\xi & \ddot\zeta = 0 \ , \end{cases}$$

che manifestamente coincidono colle componenti delle equazioni vettoriali (10), (12).

Se, in particolare, il moto è uniforme, avremo $\dot\theta = \pm\omega$, dove ω è costante e va preso il segno superiore o inferiore secondo che il moto è, rispetto alla orientazione prefissata sull'asse, destrorso o sinistrorso. Corrispondentemente le (14) si riducono a

$$\dot\xi = \mp\omega\eta \quad , \quad \dot\eta = \pm\omega\xi \quad , \quad \dot\zeta = 0,$$

$$\ddot\xi = -\omega^2\xi \quad , \quad \ddot\eta = -\omega^2\eta \quad , \quad \ddot\zeta = 0 ;$$

e non è inutile notare che di qui risultano per le componenti della velocità e della accelerazione secondo gli assi mobili le espressioni

$$v_x = \mp\omega y \quad , \ v_y = \pm\omega x \quad , \ v_z = 0$$

$$a_x = -\omega^2 x \quad , \ a_y = -\omega^2 y \quad , \ a_z = 0 .$$

14. Componendo due moti rotatori, quali si vogliano, otterremo sempre un moto rigido (n. 3). Esaminiamo qui il caso, in cui gli assi dei due moti, che si vogliono comporre, passino entrambi per un medesimo punto Ω, il quale sarà perciò fisso in ciascuno dei due moti. Sceltolo come punto di riferimento ed indicate con $\underline{\omega}_1$ e $\underline{\omega}_2$ le due velocità angolari vettoriali, avremo per le velocità di un punto qualsiasi P nei due moti le espressioni

$$\underline{v}_1 = \underline{\omega}_1 \wedge (P-\Omega), \quad \underline{v}_2 = \underline{\omega}_2 \wedge (P-\Omega)$$

e per la velocità $\underline{v}$ nel moto risultante

$$\underline{v} = (\underline{\omega}_1 + \underline{\omega}_2) \wedge (P-\Omega).$$

Questa espressione della velocità nel moto risultante è formalmente analoga a quella della velocità di un qualsiasi moto rotatorio (n. 9) ma non soddisfa, in generale, ad entrambe le condizioni essenziali indicate in codesto n. 9; poiché, mentre Ω è anche qui un punto fisso, il vettore $\underline{\omega}_1 + \underline{\omega}_2$ che qui occupa il posto della velocità angolare, è somma di due vettori aventi direzione costante ma in generale, lunghezza variabile, talché risulta, salvo circostanze speciali, di direzione variabile nel tempo. Perciò il moto risultante dei due moti rotatori considerati non è più un moto rotatorio, salvo nel caso in cui il vettore $\underline{\omega}_1 + \underline{\omega}_2$ risulti anch'esso, come $\underline{\omega}_1$ e $\underline{\omega}_2$, di direzione costante.

Notiamo che ciò accadrà certamente sia quando $\underline{\omega}_1$ e $\underline{\omega}_2$ siano costanti (e cioè i due moti componenti siano uniformi) sia quando $\underline{\omega}_1$ e $\underline{\omega}_2$ abbiano la stessa direzione (cioè gli assi di rotazione dei due moti siano coincidenti). Poiché tutto ciò si può ripetere anche quando si compongono più di due moti rotatori ad assi concorrenti in un punto (fisso) Ω, concludiamo che:

Più moti rotatori uniformi intorno ad assi concorrenti in un punto si compongono in un moto rotatorio (uniforme) coll'asse passante per quel punto.

Più moti rotatori (anche non uniformi) intorno allo stesso asse si compongono in un moto rotatorio (in generale non uniforme) intorno allo stesso asse.

Nell'uno e nell'altro caso la velocità angolare del moto risultante è la somma (geometrica) delle velocità angolari dei moti componenti.

15. Viceversa, un qualsiasi moto rotatorio, di velocità angolare $\underline{\omega}$, si può decomporre (in infiniti modi) in più moti rotatori. Basta decomporre $\underline{\omega}$ in un qualsiasi modo, nella somma di più vettori, ciascuno di direzione costante, e assumere questi vettori componenti come velocità angolari di altrettanti moti rotatori aventi gli assi concorrenti in un punto Ω qualsiasi dell'asse del moto dato. In particolare, preso sull'asse del moto dato un punto Ω e considerati i componenti di $\underline{\omega}$ secondo una direzione qualsiasi e la giacitura ortogonale, oppure secondo tre direzioni qualsiansi a due a due ortogonali, otterremo la decomposizione del dato moto rotatorio in due moti rotatori intorno a due assi concorrenti in Ω ed ortogonali (di cui uno completamente arbitrario) oppure in tre moti rotatori intorno a tre assi per Ω e a due a due ortogonali (tutti e tre arbitrari salvo la condizione di mutua ortogonalità).

§ 5. Moti rototraslatorii

16. Dicesi rototraslatorio ogni moto rigido composto

di un moto traslatorio e di un moto rotatorio intorno ad un asse fisso. Se $\underline{\tau}$ (t) è la velocità del moto traslatorio, $\underline{\omega}$ (t) la velocità angolare del moto rotatorio ed Ω un punto del suo asse di rotazione, la velocità di un punto qualsiasi P nel moto rototraslatorio sarà data (nn. 6, 9) da

$$(15) \qquad \underline{v} = \underline{\tau} + \underline{\omega} \wedge (P - \Omega)$$

dove (importa ricordarlo) Ω è un punto fisso, i vettori $\underline{\tau}$ ed $\underline{\omega}$ dipendono esclusivamente dal tempo ed $\underline{\omega}$ ha <u>direzione fissa</u>.

Dalla (15) si può, in infiniti modi, dedurre per la velocità del punto generico P, nel dato moto rototraslatorio, un'altra espressione che, come vedremo si presenta con ufficio assai significativo nella teoria dei moti rigidi generali.

Scelto un qualsiasi punto O solidale col sistema rigido e indicatane con $\underline{v}_0$ la velocità che per la (15) sarà data da

$$(16) \qquad \underline{v}_0 = \underline{\tau} + \underline{\omega} \wedge (O - \Omega),$$

sottragghiamo questa identità membro a membro dalla (15). Otteniamo così la formola cercata

$$(17) \qquad \underline{v} = \underline{v}_0 + \underline{\omega} \wedge (P - O),$$

che presenta una evidente analogia formale colla (15), ma ne differisce essenzialmente per la circostanza che il punto O non è fisso qual'era Ω, bensì solidale col sistema. Ne consegue che la decomposizione messa in luce pel dato moto rototraslatorio dalla (17) è sostanzialmente diversa da quella di definizione, espressa dalla (15).

Invero, mentre anche qui il vettore $\underline{v}_0$, che per la (16) risulta puramente temporale e indipendente da P, si può assumere come velocità di un moto traslatorio dell'intero sistema rigido, il prodotto vettoriale $\underline{\omega} \wedge (P-O)$ si può interpretare come velocità in un moto rotatorio soltanto con riferimento ad una terna, rispetto a cui siano fissi il punto O e la direzione di $\underline{\omega}$. Tale manifestamente, per la invariabilità di direzione di $\underline{\omega}$ rispetto ad $\Omega\xi\eta\zeta$, è la terna che ha l'origine in O e gli assi paralleli a ξ, η, ζ, e che, perciò, si muove con O di moto traslatorio di velocità $\underline{v}_0$. Così in base alla (17) il dato moto rototraslatorio risulta decomposto in un moto traslatorio di velocità $\underline{v}_0$ e in un moto rotatorio di velocità angolare $\underline{\omega}$ intorno ad un asse trasportato (parallelamente a se stesso) da codesto moto traslatorio di velocità $\underline{v}_0$.

Una tale decomposizione di un moto rototraslatorio si dirà __impropria__, in contrapposto con quella primitiva espressa dalla (15) e che si chiamerà __propria__; ed è manifesto che, al variare del punto O solidale col sistema, si ottengono per uno stesso moto rototraslatorio infinite decomposizioni improprie diverse.

17. Inversamente, suppongasi dato un moto che ammetta una decomposizione rototraslatoria impropria, rappresentata dalla (17) dove $\underline{v}_0$ ed $\underline{\omega}$ designano due quali si vogliano vettori temporali, di cui il secondo ha direzione fissa. Se ne deduce immediatamente che il moto è (in infiniti modi) rototraslatorio (in senso proprio).

Se invero, scelto un __qualsiasi__ punto fisso Ω, si considera il vettore

$$\underline{\tau} = \underline{v}_0 + \underline{\omega} \wedge (\Omega - O)$$

che risulta puramente temporale, e si sottrae membro a membro questa identità dalla (17), si riottiene la

(15) che mette in luce pel nostro moto una decomposizione rototraslatoria propria.

18. Moti rototraslatorii uniformi od elicoidali.

Tra i moti rototraslatori hanno particolare importanza quelli in cui sono uniformi ambedue i moti componenti (propri) e che, riserbandoci di giustificar fra poco una tal designazione, chiameremo senz'altro moti rototraslatori uniformi.

Questi moti, per definizione, sono caratterizzati dalla costanza dei due vettori $\underline{\tau}$ ed $\underline{\omega}$ rispetto alla terna $\Omega\xi\eta\zeta$; e avvertiamo sin d'ora che in tal caso, come si vedrà al prossimo Capitolo, risultano parimenti costanti rispetto ad assi solidali col sistema mobile i vettori $\underline{v}_0$ ed $\underline{\omega}$ di ogni decomposizione impropria; e viceversa.

Qui per chiarire l'andamento del moto dimostriamo il seguente teorema fondamentale: Per ogni moto rototraslatorio uniforme esiste una decomposizione propria, in cui la velocità angolare del componente rotatorio risulta parallela alla velocità del componente traslatorio.

Escludiamo, naturalmente, che sia $\underline{\tau} = 0$ (moto rotatorio), od $\underline{\omega} = 0$ (moto traslatorio) o infine che sia $\underline{\omega}$ parallelo a $\underline{\tau}$, nel qual caso l'asserto è già verificato; e decomponiamo $\underline{\tau}$ nel componente $\underline{V}$ secondo la direzione (fissa) di $\underline{\omega}$ e nel componente $\underline{V}'$ secondo la giacitura ortogonale, talchè risulti

$$(18) \qquad \underline{\tau} = \underline{V} + \underline{V}' ,$$

con $\underline{V}$ e $\underline{V}'$ costanti al pari di $\underline{\tau}$, e $\underline{V}'$ certamente non nullo. Poichè $\underline{V}'$ è ortogonale ad $\underline{\omega}$ esiste un ben determinato vettore $\underline{d}$ tale che sia

applicata per $\underline{v}_1 = \underline{v}_2 = \underline{\omega}$ e $\underline{v}_3 = \underline{V}'$, si trae, in quanto è $\underline{\omega} \times \underline{V}' = 0$,

$$\underline{\omega} \wedge (\underline{\omega} \wedge \underline{V}') = -\omega^2 \underline{V}'$$

ossia

$$\underline{V}' = -\underline{\omega} \wedge \left(\frac{1}{\omega^2} \underline{\omega} \wedge \underline{V}' \right)$$

onde risulta

$$\underline{d} = \frac{1}{\omega^2} \underline{\omega} \wedge \underline{V}' .$$

Ciò premesso, tenendo conto delle (18), (19), la (15) si potrà scrivere

$$\underline{v} = \underline{V} + \underline{\omega} \wedge (P - \Omega) - \underline{\omega} \wedge \underline{d} ,$$

ossia, indicando con Ω_1 il punto $\Omega + \underline{d}$, che, per la fissità di Ω e la <u>costanza</u> di $\underline{d}$, risulta pur esso <u>fisso</u>,

$$\underline{v} = \underline{V} + \underline{\omega} \wedge (P - \Omega_1) ; \qquad (20)$$

e si qui si conclude appunto che il dato moto rototraslatorio si può anche ottenere componendo il moto traslatorio uniforme di velocità $\underline{V}$ col moto rotatorio uniforme di velocità angolare $\underline{\omega}$ parallela a $\underline{V}$, intorno all'asse che, in codesta direzione comune ad $\underline{\omega}$ e $\underline{V}$, passa per il punto fisso Ω_1.

Notiamo che nella nuova decomposizione (20) la velocità angolare del componente rotatorio è la stessa $\underline{\omega}$ che si aveva nella decomposizione primitiva.

Inoltre se $\underline{T}$ è ortogonale ad $\underline{\omega}$ risulta, nella (18) e quindi nella (20), $\underline{V} = 0$, talchè: <u>Componendo con un moto rotatorio uniforme un moto traslatorio uniforme di direzione ortogonale all'asse di quello, si ottiene un moto rotatorio uniforme avente la stessa velocità angolare, intorno ad un asse parallelo al primitivo.</u>

19. La decomposizione (20) che al n. prec. si è dimostra

la (20) fornisce la velocità $\underline{v}$ di ogni singolo punto P come somma di due vettori $\underline{V}$, ed $\underline{\omega} \wedge (P-\Omega_1)$ il primo parallelo ad $\underline{\omega}$ e il secondo ortogonale ad esso: cosicchè, se pel punto Ω_1 si considerano la retta z parallela ad $\underline{\omega}$ (asse del componente rotatorio) e il piano ϖ ortogonale ad essa, codesti due addendi $\underline{V}$ ed $\underline{\omega} \wedge (P-\Omega_1)$ rappresentano la velocità delle proiezioni ortogonali P_z e P_1 di P su z e ϖ rispettivamente. Poichè $\underline{V}$ è costante, il moto (rettilineo) di P_z è uniforme; e quanto a P_1, la cui velocità $\underline{\omega} \wedge (P-\Omega_1)$, avendosi

$$P-\Omega_1 = (P-P_1)+(P_1-\Omega_1)$$

con $P-P_1$ parallelo ad $\underline{\omega}$, si può scrivere sotto la forma

$$\underline{\omega} \wedge (P_1-\Omega_1),$$

si muove di moto rotatorio uniforme intorno ad Ω_1 (nn. 9, 12): onde risulta che il moto (risultante) del punto generico P del sistema è elicoidale uniforme.

Questo moto elicoidale è destrorso o sinistrorso, secondo che i due vettori paralleli $\underline{V}$, $\underline{\omega}$ hanno o no verso concorde: e il passo della traiettoria elicoidale, dato per il n. 49 del Cap. II°, da $\frac{2\pi V}{\omega}$ è lo stesso per tutti i punti del sistema rigido. Invece la velocità intensiva $\sqrt{V^2+\omega^2\,\overline{P_zP}^2}$ (costante per ciascun punto P) varia colla distanza del punto P dalla z.

In particolare, i punti che ad un istante qualsiasi, per es. per $t=0$, giacciono su z definiscono una retta solidale col sistema, che scorre rigidamente sulla z con velocità costante $\underline{V}$.

In base a queste osservazioni appar giustificato chiamare elicoidale ogni moto rototraslatorio uniforme; e il designare col nome di asse del moto elicoidale la retta z, cioè la retta per Ω_1, che ha la direzione comune ad $\underline{\omega}$ e a $\underline{V}$.

20. Per scrivere le equazioni del nostro moto elicoidale, scegliamo come terna mobile $Oxyz$, una qualsiasi terna solidale col sistema, il cui asse z sia la retta scorrente su ζ, orientata nel verso di $\underline{\omega}$; e come terna fissa $\Omega\xi\eta\zeta$ assumiamo precisamente la posizione assunta da $Oxyz$ nell'istante $t = 0$.

La componente di $\underline{\omega}$ secondo $\Omega\zeta$ è data allora, in valore e segno, da ω, mentre quella di $\underline{V}$ sarà uguale a $\pm V$ secondo che $\underline{V}$ ed $\underline{\omega}$ hanno o no verso concorde, cioè (n. prec.) secondo che il moto elicoidale è destrorso o sinistrorso.

Considerate di un punto generico P le proiezioni P_ζ e P_1 su ζ e su $\xi\eta$ rispettivamente, avremo che P_ζ descrive la ζ di moto uniforme di velocità $\pm V$; e poichè per $t = 0$ si ha $\zeta = z$ (come pure $\xi = x$, $\eta = y$), l'equazione del moto di P_ζ sarà

$$\zeta = \pm Vt + z\,. \tag{21}$$

La proiezione P_1, invece, ruota su $\xi\eta$ di moto circolare uniforme intorno ad Ω con velocità angolare $\dot{\theta} = \omega$, talchè l'anomalia θ dell'asse mobile Ox rispetto a $O\xi$, che deve annullarsi con t, sarà data da $\theta = \omega t$. Perciò le equazioni del moto di P_1 si otterranno ponendo $\theta = \omega t$ nelle prime due equazioni (6'') del n. 13; dopo di che, associando le equazioni così ottenute alla (21), perveniamo alle equazioni del moto elicoidale

$$\begin{cases} \xi = x \cos \omega t - y \sin \omega t \\ \eta = x \sin \omega t + y \cos \omega t \\ \zeta = \pm Vt + z \end{cases}$$

che per $V = 0$ si riducono, com'è naturale, alle (6'').

---

§ 6. Moti rigidi generali

21. Formole di Poisson. — Dopo esserci soffermati a studiare i tipi particolari più notevoli di moti rigidi, ritorniamo al problema generale posto al § 2. Per determinare la velocità di un generico punto P in un moto rigido qualsiasi, bisognerà riprendere, in tutta la sua generalità, l'equazione geometrica (n. 4)

$$P = x\,\underline{i} + y\,\underline{j} + z\,\underline{k}$$

e derivarla rispetto al tempo; onde si è condotti a considerare le derivate rispetto a t dei versori fondamentali mobili $\underline{i}, \underline{j}, \underline{k}$. Esse sono fra loro legate da certe tre equazioni vettoriali, che qui ci proponiamo di stabilire.

Considerando, per fissar le idee, la $\frac{d\underline{i}}{dt}$, notiamo che in quanto le sue componenti rispetto agli assi mobili sono esprimibili sotto la forma (Cap. I, n. 21)

$$\frac{d\underline{i}}{dt} \times \underline{i} \quad , \quad \frac{d\underline{i}}{dt} \times \underline{j} \qquad \frac{d\underline{i}}{dt} \times \underline{k}$$

possiamo porre

$$(22) \qquad \frac{d\underline{i}}{dt} = \left(\frac{d\underline{i}}{dt} \times \underline{i}\right)\underline{i} + \left(\frac{d\underline{i}}{dt} \times \underline{j}\right)\underline{j} + \left(\frac{d\underline{i}}{dt} \times \underline{k}\right)\underline{k}\,.$$

Ma dalle sei identità esprimenti che i vettori $\underline{i}, \underline{j}, \underline{k}$ sono unitarii e a due a due ortogonali

$$\underline{i} \times \underline{i} = 1 \quad , \quad \underline{j} \times \underline{j} = 1 \quad , \quad \underline{k} \times \underline{k} = 1$$

$$\underline{j} \times \underline{k} = 0 \quad , \quad \underline{k} \times \underline{i} = 0 \quad , \quad \underline{i} \times \underline{j} = 0$$

si deducono, per derivazione rispetto a t, la identità

$$\frac{d\underline{i}}{dt} \times \underline{i} = 0 \quad , \quad \frac{d\underline{j}}{dt} \times \underline{j} = 0 \quad , \quad \frac{d\underline{k}}{dt} \times \underline{k} = 0$$

$$\frac{d\underline{j}}{dt} \times \underline{k} + \frac{d\underline{k}}{dt} \times \underline{j} = 0\,, \quad \frac{d\underline{k}}{dt} \times \underline{i} + \frac{d\underline{i}}{dt} \times \underline{k} = 0\,, \quad \frac{d\underline{i}}{dt} \times \underline{j} + \frac{d\underline{j}}{dt} \times \underline{i} = 0\,;$$

onde, tenendo conto della prima e della quinta di queste, la (22) si potrà scrivere

$$\frac{d\underline{i}}{dt} = \left(\frac{d\underline{i}}{dt} \times \underline{j}\right)\underline{j} - \left(\frac{d\underline{k}}{dt} \times \underline{i}\right)\underline{k}\,.$$

Ma dal fatto che la terna di versori $\underline{i}$, $\underline{j}$, $\underline{k}$ è ortogonale e destrorsa risulta

$$\underline{j} = \underline{k} \wedge \underline{i} \quad , \quad \underline{k} = \underline{i} \wedge \underline{j} = -\underline{j} \wedge \underline{i} ,$$

cosicchè alla equazione precedente si potrà darla forma

$$\frac{d\underline{i}}{dt} = \left\{ \left(\frac{d\underline{k}}{dt} \times \underline{i} \right) \underline{j} + \left(\frac{d\underline{i}}{dt} \times \underline{j} \right) \underline{k} \right\} \wedge \underline{i}$$

o ancora, aggiungendo al secondo membro il termine

$$\left\{ \left(\frac{d\underline{j}}{dt} \times \underline{k} \right) \underline{i} \right\} \wedge \underline{i}$$

che come prodotto esterno di due vettori paralleli è identicamente nullo,

$$\frac{d\underline{i}}{dt} = \left\{ \left(\frac{d\underline{j}}{dt} \times \underline{k} \right) \underline{i} + \left(\frac{d\underline{k}}{dt} \times \underline{i} \right) \underline{j} \times \left(\frac{d\underline{i}}{dt} \times \underline{j} \right) \underline{k} \right\} \wedge \underline{i} .$$

È questa la prima delle preannunziate relazioni tra le derivate dei versori fondamentali mobili; e dove si ponga

$$(23) \qquad \underline{\omega} = \left(\frac{d\underline{j}}{dt} \times \underline{k} \right) \underline{i} + \left(\frac{d\underline{k}}{dt} \times \underline{i} \right) \underline{j} + \left(\frac{d\underline{i}}{dt} \times \underline{j} \right) \underline{k} ,$$

si può scrivere

$$\frac{d\underline{i}}{dt} = \underline{\omega} \wedge \underline{i} .$$

Per le $\frac{d\underline{j}}{dt}$, $\frac{d\underline{k}}{dt}$ varranno relazioni analoghe, che si otterranno permutando circolarmente nella precedente i versori $\underline{i}$, $\underline{j}$, $\underline{k}$; e poichè una tal permutazione lascia inalterato il vettore $\underline{\omega}$ definito dalla (23), si ottengono complessivamente le tre equazioni cercate:

$$(24) \qquad \frac{d\underline{i}}{dt} = \underline{\omega} \wedge \underline{i} \, , \quad \frac{d\underline{j}}{dt} = \underline{\omega} \wedge \underline{j} \quad , \quad \frac{d\underline{k}}{dt} = \underline{\omega} \wedge \underline{k} ,$$

che si designano sotto il nome di formole del Poisson [1], in quanto a lui si debbono le equazioni scalari che si ottengo

---

(1) Siméon Denis Poisson, n. a Pithiviers (Loiret) nel 1781, m. a Parigi nel 1840, insegnò meccanica razionale alla Sorbona e fu tra i più strenui promotori di questa disciplina. Le formole ricordate nel testo si trovano nel suo classico "Traité de mécanique", Paris 1811.

gono proiettando le (24) sugli assi.

Le componenti sugli assi mobili del vettore $\underline{\omega}$, di cui si vedrà fra poco l'importante significato cinematico, si sogliono designare con p, q, r; cioè si suol porre, tenuto conto della (23),

$$(25)\qquad \begin{cases} p = \dfrac{d\underline{j}}{dt} \times \underline{k} = -\dfrac{d\underline{k}}{dt} \times \underline{j}, \\ q = \dfrac{d\underline{k}}{dt} \times \underline{i} = -\dfrac{d\underline{i}}{dt} \times \underline{k} \\ r = \dfrac{d\underline{i}}{dt} \times \underline{j} = -\dfrac{d\underline{j}}{dt} \times \underline{i}. \end{cases}$$

Notiamo da ultimo che qui si è dato al parametro t da cui dipendono $\underline{i}, \underline{j}, \underline{k}$ il significato di tempo; ma di tale interpretazione non si è fatto, nelle precedenti deduzioni, alcun uso; talchè le (24) valgono per ogni terna di versori a due a due ortogonali e <u>dipendenti da un parametro qualsiasi</u>.

22. <u>Velocità in un moto rigido generale.</u> Derivando rispetto a t l'equazione geometrica

$$P = O + x\underline{i} + y\underline{j} + z\underline{k}$$

e, tenendo conto delle formule del <u>Poisson</u>, otteniamo

$$\dot{P} = \dot{O} + \underline{\omega} \wedge (x\underline{i} + y\underline{j} + z\underline{k}),$$

ossia, indicando con $\underline{v}(t)$ e $\underline{v}_0(t)$ le velocità $\dot{P}$, $\dot{O}$ di P ed O rispettivamente, e introducendo il vettore $P-O$ di componenti x, y, z secondo gli assi mobili,

$$(26)\qquad \underline{v} = \underline{v}_0 + \underline{\omega} \wedge (P-O).$$

È questa dunque l'espressione della velocità di un punto generico di un sistema rigido in moto e giova tener presente che in esso O designa un punto qualsiasi del sistema (o solidale con esso) e i vettori $\underline{v}_0$, $\underline{\omega}$ rappresentano rispettivamente la velocità di O e il vettore definito dalla (23) del n. prec., talchè l'uno e l'altro risultano funzioni esclusivamente del tempo (o, in particolare, costanti).

Inversamente, un'argomentazione perfettamente analoga a quella del n. 10, assicura che se, prefissati ad arbitrio due vettori $\underline{v}_0$, $\underline{\omega}$ in funzione del tempo, un sistema di punti si muove in modo che la velocità di ciascuno sia esprimibile sotto la forma (25), le mutue distanze di codesti punti si conservano, durante il moto, inalterate: cosicchè si tratta di un moto rigido. Si ha cioè che l'espressione (26) è caratteristica per le velocità dei punti di un sistema rigido.

Così, rispetto alla solita terna fissa, un moto rigido risulta determinato (a meno di opportune condizioni iniziali) quando, prescelto nel sistema mobile un punto qualsiasi O, si prefissino ad arbitrio, i vettori, puramente temporali, $\underline{v}_0$ ed $\underline{\omega}$. Perciò questi due vettori diconsi vettori caratteristici del moto rigido rispetto al polo o centro di riduzione O; e chiamansi caratteristiche del moto, rispetto ad O, le componenti secondo gli assi mobili dei due vettori caratteristici $\underline{v}_0$ ed $\underline{\omega}$.

Già designammo al n. prec. con p, q, r le componenti di $\underline{\omega}$; se indichiamo con u, v, w quelle di $\underline{v}_0$, la (26) proiettata sugli assi mobili dà luogo alle equazioni scalari dette di Eulero[1]:

---

(1) Leonardo Eulero, n. a Basilea nel 1707, m. a Pietrogrado nel 1783, diresse successivamente le Accademie delle Scienze di Berlino e di Pietrogrado. Fu uno dei maggiori e più fecondi matematici di tutti i tempi, sia nel campo dell'analisi pura che delle sue applicazioni alla meccanica, alla fisica e alle più svariate questioni tecniche.

$$(27)\qquad \begin{cases} v_x = u + qz - ry \\ v_y = v + rx - pz \\ v_z = w + py - qx \end{cases}$$

Alla lor volta, le u, v, w in quanto sono le componenti secondo gli assi mobili del vettore $\underline{v}_0$, che secondo gli assi fissi ha le componenti $\dot\alpha$, $\dot\beta$, $\dot\gamma$, son date da

$$(28)\qquad \begin{cases} u = \underline{v}_0 \times \underline{i} = \dot\alpha\alpha_1 + \dot\beta\beta_1 + \dot\gamma\gamma_1 \\ v = \underline{v}_0 \times \underline{j} = \dot\alpha\alpha_2 + \dot\beta\beta_2 + \dot\gamma\gamma_2 \\ v = \underline{v}_0 \times \underline{k} = \dot\alpha\alpha_3 + \dot\beta\beta_3 + \dot\gamma\gamma_3 . \end{cases}$$

<u>23. Distribuzione istantanea delle velocità e moto elicoidale tangente.</u> Dei due vettori caratteristici $\underline{v}_0$ ed $\underline{\omega}$ di un moto rigido rispetto ad un dato polo O (solidale col sistema mobile) il primo ha già per definizione un significato cinematico preciso, come velocità del punto O. L'interpretazione cinematica del secondo risulterà dalla seguente osservazione. Se indichiamo con $\overline{\underline{v}}_0$, $\overline{\underline{\omega}}$ le determinazioni assunte da $\underline{v}_0$ ed $\underline{\omega}$ in un dato istante $\bar t$, la (26) dà per la velocità $\underline{v}$ di un generico punto P l'espressione

$$\underline{v} = \overline{\underline{v}}_0 + \overline{\underline{\omega}} \wedge (P - O),$$

onde ricordando la (17) del n. 16, si conclude che la distribuzione delle velocità nei varii punti di S nell'istante t è quella stessa che si avrebbe se il sistema fosse animato dal moto rototraslatorio uniforme o, ciò che è lo stesso, elicoidale, decomponibile in senso improprio nel moto traslatorio di velocità $\overline{\underline{v}}_0$ e nel moto rotatorio di velocità angolare $\overline{\underline{\omega}}$, intorno all'asse per O nella direzione di $\overline{\underline{\omega}}$, trasportato parallelamente a se stesso con velocità traslatoria $\overline{\underline{v}}_0$.

Come variano generalmente nel tempo i vettori $\underline{v}_0$ ed $\underline{\omega}$, varia altresì codesto moto elicoidale, che ad ogni singolo istante dà luogo alla stessa distribuzione di velocità del moto rigido. Perciò esso dicesi moto elicoidale tangente al moto rigido nell'istante considerato. Chiamando, col Maggi, atto di moto la distribuzione istantanea di velocità, l'osservazione precedente si può enunciare in forma concisa dicendo che ogni atto di moto rigido è elicoidale.

Risulta da quanto s'è detto che il vettore $\underline{\omega}$ è interpretabile istante per istante come la velocità angolare del corrispondente moto elicoidale tangente: perciò $\underline{\omega}$ si chiama senz'altro velocità angolare del moto rigido.

La retta passante per O nella direzione di $\underline{\omega}$ (cioè l'asse del componente rotatorio nella decomposizione impropria relativa ad O del moto elicoidale tangente) dicesi asse istantaneo di rotazione rispetto ad O; mentre l'asse del moto elicoidale tangente (pur esso parallelo istante per istante ad $\underline{\omega}$) si dice asse di moto (rigido) nell'istante considerato.(1)

Naturalmente l'asse di moto varia in generale nel tempo, tanto rispetto agli assi mobili quanto a quelli fissi; e ad ogni istante è, per la sua stessa definizione, il luogo dei punti la cui velocità è in quell'istante parallela alla determinazione istantanea della velocità angolare; talchè, in base alle (27), le sue equazioni, rispetto agli assi mobili, sono date da

$$\frac{u+qz-ry}{p}=\frac{v+rx-pz}{q}=\frac{w+py-qx}{r}\,.$$

L'asse di moto risulta indeterminato in tutti e soli que-

---

(1) L'esistenza dell'asse di moto fu segnalata per la prima volta nel 1763 da Giulio Mozzi, n. a Firenze nel 1730, m. ivi nel 1813, letterato e, in tarda età, Ministro di Maria Luisa. Pubblicò un solo lavoro scientifico, in cui è costante l'importante proprietà cinematica suindicata.

gli istanti in cui l'atto di moto rigido è puramente traslatorio.

24. Il moto istantaneo del sistema S, cioè l'insieme degli spostamenti elementari $dP = \underline{v}\,dt$ che i singoli suoi punti P subiscono dall'istante generico t all'istante t + dt, è rappresentato, in base alla (26), ove si tenga conto che è $\underline{v}_0\,dt = dO$ e si designi con Ψ il vettore infinitesimo $\underline{\omega}\,dt$, dall'equazione vettoriale

$$dP = dO + \Psi \wedge (P-O),$$

la quale mette in luce come codesto spostamento risulti dalla composizione di uno spostamento dO, manifestamente traslatorio come quello che è lo stesso per tutti i punti del sistema, e dello spostamento $\underline{\Psi} \wedge (P-O)$, di cui è rilevabile direttamente il carattere rotatorio, in quanto esso è nullo per tutti i punti della retta passante per O nella direzione di $\underline{\Psi} = \underline{\omega}\,dt$, vale a dire dell'asse istantaneo di rotazione relativo al punto O.

Lo scalare $\psi = \omega\,dt$ fornisce istante per istante l'ampiezza della rotazione elementare componente.

25. Modo di variare dei vettori caratteristici. I vettori caratteristici $\underline{v}_0, \underline{\omega}$ sono stati definiti rispetto ad un dato polo o centro di riduzione O, talchè per un medesimo moto rigido si hanno, corrispondentemente alle ∞^3 possibili scelte del polo, altrettante determinazioni di codesti due vettori.

Il loro significato cinematico permette di riconoscere immediatamente come essi variino al variare del polo. Il vettore $\underline{\omega}$, in quanto fornisce istante per istante la velocità angolare del moto elicoidale tangente, ha carattere intrinseco al moto rigido dato, talchè, se indichiamo con $\underline{v}'_0, \underline{\omega}'$ i vettori caratteristici rispetto ad un qualsiasi punto O', diverso da O, ma, beninteso, pur esso solidale con S, avremo intanto

$$\underline{\omega}' = \underline{\omega}.$$

Quanto a $\underline{v}'_0$, è dato dalla velocità di O', cioè, per la (26), da

$$\underline{v}'_0 = \underline{v}_0 + \underline{\omega} \wedge (O'-O) = \underline{v}_0 + (O-O') \wedge \underline{\omega}.$$

Di qui, ricordando il § 6 del Cap. I, si conclude che <u>i vettori caratteristici $\underline{\omega}$ e $\underline{v}_0$ di un moto rigido, al variare del polo, si comportano rispettivamente come il risultante e il momento risultante di un sistema di vettori applicati, al variare del centro di riduzione</u>.

Perciò i risultati ottenuti nel Cap. I° sulla riduzione dei sistemi di vettori applicati forniscono immediatamente altrettante proposizioni relative agli atti di moto rigido.

Così, l'asse centrale del sistema di vettori, come luogo dei punti, in cui il momento risultante è parallelo al risultante, dà in questo caso l'asse del moto elicoidale tangente, cioè <u>l'asse del moto rigido</u>, che vien così ritrovato per una nuova via.

La velocità traslatoria lungo l'asse di moto è data dal momento minimo del sistema di vettori applicati (n. 39 del Cap. I°).

$$\frac{\underline{v}_0 \times \underline{\omega}}{\omega} = \frac{up + vq + wr}{\sqrt{p^2 + q^2 + r^2}}.$$

Infine l'annullarsi in un dato istante del trinomio invariante

$$\underline{v}_0 \times \underline{\omega} = up + vq + wr = 0$$

fornisce la condizione necessaria e sufficiente, affinchè in quell'istante si annulli o la velocità angolare o la velocità di traslazione lungo l'asse di moto: cioè la condizione suindicata caratterizza gli istanti, in cui l'atto di moto rigido è puramente traslatorio o puramente rotatorio.

26. <u>Moti rigidi con un punto fisso o paralleli ad una giacitura fissa</u>. E' agevole dimostrare che per entrambi

questi tipi di moti si annulla identicamente, cioè per tutta la durata del moto, il trinomio invariante $\underline{v}_0 \times \underline{\omega}$. Infatti nel caso di un moto rigido con un punto fisso, basta prendere questo punto come centro di riduzione perchè sia identicamente $\underline{v}_0 = 0$ e quindi $\underline{v}_0 \times \underline{\omega} = 0$.

Poichè si può supporre che la velocità angolare $\underline{\omega}$ non sia identicamente nulla (il che, insieme con la condizione $\underline{v}_0 = 0$, implicherebbe uno stato di quiete) si ha per l'osservazione finale del n. prec. che, ad ogni istante della durata del moto, l'atto di moto è puramente rotatorio intorno ad un asse per O, che naturalmente, varierà in generale da istante ad istante.

Si consideri in secondo luogo un moto rigido parallelo ad una giacitura fissa, quale si può realizzare costringendo un piano p solidale col sistema rigido a muoversi su di un piano π fisso. Se i piani π e p si assumono come piani di riferimento $\xi\eta$ e xy rispettivamente, il versore mobile $\underline{k}$ si mantiene costantemente ortogonale al piano $\xi\eta$, cosicchè, per le (25) del n. 22, risulta

$$p = q = 0,$$

cioè la velocità angolare $\underline{\omega}$ è pur essa costantemente ortogonale a $\xi\eta$. Poichè d'altra parte la velocità $\underline{v}_0$ del polo, al pari di quella di ogni altro punto del sistema mobile, si conserva parallela a codesto stesso piano $\xi\eta$, si conclude che il trinomio invariante $\underline{v}_0 \times \underline{\omega}$ è identicamente nullo e perciò ogni atto del nostro moto è o puramente traslatorio (parallelamente al piano $\xi\eta$) o puramente rotatorio (intorno ad un asse ortogonale a codesto piano).

Su questo tipo di moti torneremo più diffusamente nel Cap. V.

27. *Composizione degli atti di moto rigido.* - In un moto composto, per la sua stessa definizione (n. 3), l'atto di moto si ottiene ad ogni istante, componendo i corrispondenti atti dei moti componenti. Per lo studio diretto della composizione degli atti di moto, cui si è così condotti, importa premettere la seguente ovvia osservazione.

Se $\underline{v}'_0$, $\underline{\omega}'$ e $\underline{v}''_0$, $\underline{\omega}''$ sono i vettori caratteristici dei due moti componenti rispetto ad un medesimo polo O, tal, chè siano

$$\underline{v}'_0 + \underline{\omega}' \wedge (P - O) \quad , \quad \underline{v}''_0 + \underline{\omega}'' \wedge (P - O)$$

le corrispondenti velocità di un generico punto P, la velocità di questo stesso punto nel moto composto è data da

$$\underline{v}'_0 + \underline{v}''_0 + (\underline{\omega}' + \underline{\omega}'') \wedge (P - O) ;$$

cioè i *vettori caratteristici, rispetto ad un dato polo, di un moto composto si ottengono sommando vettorialmente gli omonimi vettori caratteristici dei moti componenti, rispetto a quel medesimo polo*.

28. Ciò posto, per dare un interessante esempio di composizione di atti di moto, si considerino due atti di moto rigido intorno ad un medesimo punto fisso O e perciò entrambi rotatorii, intorno ad assi concorrenti in O. Rispetto al polo O si annullerà per tutti e due il primo vettore caratteristico, talchè, se $\underline{\omega}'$, $\underline{\omega}''$ sono le rispettive velocità angolari, l'atto di moto composto avrà rispetto ad O i vettori caratteristici $\underline{v}_0 = 0$, $\underline{\omega} = \underline{\omega}' + \underline{\omega}''$; cioè *l'atto di moto composto di due atti di moto rotatorii intorno ad assi concorrenti in un punto è pur esso rotatorio intorno ad un asse passante per quel punto, ed ha per velocità angolare la somma geometrica delle velocità angolari dei moti componenti*.

Questo risultato va posto a raffronto con quelli del n. 14 sulla composizione di moti rotatorii finiti, intorno ad assi concorrenti. Mentre in tal caso il moto composto risulta rotatorio soltanto in circostanze speciali (cioè quando il risultante delle velocità angolari ha durante il moto direzione fissa), abbiamo or ora assodato che, se ci limitiamo a considerare un tempuscolo infinitesimo, il moto composto di due rotazioni (infinitesime) intorno ad assi concorrenti in un punto è pur esso rotatorio, intorno ad un asse passante per quello stesso punto.

29. Analogo risultato sussiste nel caso in cui si compongono due atti di moto rotatorii intorno ad assi paralleli.

Siano $\underline{\omega}'$, $\underline{\omega}''$ le velocità angolari dei due atti di moto ed O', O'' due punti dei rispettivi assi di rotazione a', a''. Supposto in primo luogo che $\underline{\omega}'$, $\underline{\omega}''$ non siano ——— opposti, prendiamo come polo dei vettori caratteristici di entrambi gli atti di moto dato il centro O dei due vettori paralleli $\underline{\omega}'$, $\underline{\omega}''$ applicati in O', O'' rispettivamente (Cap. I, 38). In O codesti vettori caratteristici diventano (n. 25),

$$(O-O')\wedge\underline{\omega}',\ \underline{\omega}' \quad \text{e} \quad (O-O'')\wedge\underline{\omega}'',\ \underline{\omega}'',$$

talchè, componendo, otterremo l'atto di moto, i cui vettori caratteristici in O son dati da

$$(O-O')\wedge\underline{\omega}' + (O-O'')\wedge\underline{\omega}'',\ \underline{\omega}'+\underline{\omega}''.$$

Ma, poichè O è il centro dei vettori $\underline{\omega}'$, $\underline{\omega}''$ applicati in O' O'', il primo di codesti vettori caratteristici è nullo (nn. 55, 56 del Cap. I°); cosicchè componendo due atti di moto rotatorii di velocità $\underline{\omega}'$, $\underline{\omega}''$ intorno ad assi paralleli a', a'' si ottiene un atto di moto rotatorio di velocità $\underline{\omega}'+\underline{\omega}''$, il cui asse è parallelo ad a', a'' e, per la proprietà del centro di due vettori applicati paralleli (§ 8 del Cap. I), giace nel piano della striscia $a'a''$, dividendola in parti inversamente proporzionali ad ω', ω'', internamente od esternamente, secondo, secondo che $\underline{\omega}'$, $\underline{\omega}''$ sono di verso concorde o discorde.

Se poi i vettori $\underline{\omega}'$, $\underline{\omega}''$ sono ——— opposti, cosicchè applicati in O', O'' rispettivamente costituiscono una coppia, si prenda come centro di riduzione dei vettori caratteristici il punto O': otteniamo così per gli atti di moto componenti i vettori caratteristici

$$0\ ,\ \underline{\omega}' \text{ e } (O''-O')\wedge\underline{\omega}',\ \underline{\omega}''$$

e quindi per l'atto di moto composto

$$(O''-O')\wedge\underline{\omega}''\quad,\quad\underline{\omega}'+\underline{\omega}'',$$

onde, per l'annullarsi di $\underline{\omega}'+\underline{\omega}''$, si conclude che codesto atto di moto composto è puramente traslatorio, in direzione ortogonale al piano degli assi a', a'' dei moti componenti ed ha per velocità il momento della coppia delle velocità angolari $\underline{\omega}'$, $\underline{\omega}''$ localizzate ciascuna lungo l'asse rispettivo.

30. Distribuzione delle accelerazioni in un sistema rigido in moto.

L'espressione vettoriale di tale distribuzione si otterrà derivando rispetto a t, con riferimento agli assi fissi, l'equazione (26) del n. 22. Si perviene così alla

$$(29)\qquad \underline{a}=\dot{\underline{v}}_0+\dot{\underline{\omega}}\wedge(P-O)+\underline{\omega}\wedge(\underline{v}-\underline{v}_0),$$

dove $\dot{\underline{v}}_0$ è l'accelerazione di O, che designeremo con $\underline{a}_0$, mentre per la (26) stessa si ha

$$\underline{v}-\underline{v}_0=\dot{\underline{\omega}}\wedge(P-O),$$

ossia indicando con Q la proiezione ortogonale di P sull'asse istantaneo di rotazione relativo ad O

$$\underline{v}-\underline{v}_0=\underline{\omega}\wedge(P-Q).$$

Poichè, come al n. 11, sussiste la identità

$$\underline{\omega}\wedge(\underline{\omega}\wedge(P-Q)=-\omega^2(P-Q),$$

si ottiene, sostituendo nella (29), l'equazione vettoriale

$$\underline{a}=\underline{a}_0+\dot{\underline{\omega}}\wedge(P-O)-\omega^2(P-Q),$$

che contiene come caso particolare la (12) del n. 11.

I primi due addendi del secondo membro costituiscono il contributo della variabilità dei vettori caratteristici, mentre il terzo dipende istante per istante, esclusivamente dal moto elicoidale tangente, e perciò coincide con l'accelerazione, che si avrebbe nel caso di una rotazione uniforme intorno all'asse istantaneo di rotazione, avente per velocità angolare la determinazione di $\underline{\omega}$ nell'istante considerato.

Capitolo IV.

Moti relativi e applicazione ai moti rigidi

§1. Generalità

1. Nei due capitoli prec. abbiamo studiato il moto di un punto o di un sistema rigido rispetto ad una determinata terna di riferimento $\Omega\xi\eta\zeta$. Se il moto si riferisce ad una terna diversa, mutano altresì gli aspetti del moto; ed è a priori manifesto come importi determinare in qual modo i caratteri cinematici dipendano dalla scelta del riferimento.

Il caso in cui la nuova terna sia immobile rispetto alla terna primitiva è già stato considerato al n. 15 del Cap. II° e si è visto che, con un tale cambiamento, puramente geometrico, di coordinate, la velocità e l'accelerazione di ogni singolo punto restano intrinsecamente invariate, in quanto le rispettive componenti variano cogredientemente alle coordinate del punto mobile.

Ben diverse circostanze si presentano nel caso, cinematicamente più importante, in cui la nuova terna sia in moto rispetto alla primitiva, e che qui appunto ci proponiamo di studiare. Riferendoci qui dapprima ad un unico punto P in moto rispetto ad una terna $\Omega\xi\eta\zeta$, e considerando una seconda terna $Oxyz$ mobile rispetto alla prima, avremo che P si muoverà anche rispetto alla seconda terna; e qui dobbiamo indagare le relazioni che istante per istante intercedono fra i caratteri cinematici dei due moti simultanei di P rispetto alle due terne. Si può dire, in altre parole, che si tratta di studiare le relazioni intercedenti fra gli aspetti che il moto di un punto presenta a due diversi osservatori, l'uno in moto rispetto all'altro.

Per pura comodità di locuzione, designamo come <u>fissa</u> la terna $\Omega\xi\eta\zeta$ e come <u>mobile</u> la terna $Oxyz$: e, nel medesimo senso convenzionale, chiamiamo <u>assoluto</u> il moto di P rispetto alla terna fissa, <u>relativo</u> quello rispetto alla terna mobile. Infine diciamo <u>moto di trascinamento</u> il moto rigido della terna mobile $Oxyz$ (e di tutti i punti solidali con essa) rispetto alla terna fissa.

Designate con ξ, η, ζ e x, y, z le coordinate di P rispetto alle due terne ordinatamente, varieranno, durante il moto, in funzione del tempo tanto le une quanto le altre. Se sono date le equazioni del moto relativo di P

$$(1) \qquad x = x(t) \quad , \quad y = y(t) \quad , \quad z = z(t)$$

e di più supponiamo assegnato il moto di trascinamento mediante le funzioni vettoriali $O(t)$, $\underline{i}(t)$, $\underline{j}(t)$, $\underline{k}(t)$, dove $\underline{i}, \underline{j}, \underline{k}$ designano al solito i versori fondamentali della terna mobile $Oxyz$, il moto assoluto di P è rappresentato dall'equazione geometrica

$$(2) \qquad P = O + x\underline{i} + y\underline{j} + z\underline{k} ,$$

dove le x, y, z denotano precisamente le funzioni (1). Notiamo che quest'equazione si ridurrebbe alla (5) del n. 4, Cap. prec., se il punto P fosse immobile rispetto alla terna $Oxyz$, cioè se il moto relativo si riducesse alla quiete.

Proiettando la (2) sugli assi fissi, si ottengono le equazioni del moto assoluto, le quali si presentano sotto la stessa forma delle (6) del Capitolo prec., salvo l'essenziale circostanza or ora accennata che qui le x, y, z vanno interpretate come funzioni del tempo, date dalle (2).

Si ha così la determinazione esplicita del moto assoluto, quando siano dati il moto relativo e quello di trascinamento. Viceversa, basta invertire nella (2), o nelle sue componenti scalari, l'ufficio delle due terne per trarne la determinazione del moto relativo, quando sia dato, oltre il moto di trascinamento, quello assoluto.

§ 2. Velocità assoluta, relativa e di trascinamento

2. In accordo colle locuzioni fissate al n. prec., distingueremo la velocità e l'accelerazione di P rispetto alla terna fissa da quelle rispetto alla terna mobile, chiamando <u>assolute</u> le prime, <u>relative</u> le seconde e designandole rispettivamente con $\underline{v}_a$, $\underline{a}_a$ e $\underline{v}_r$, $\underline{a}_r$.

I vettori $\underline{v}_a$ ed $\underline{a}_a$ son dati, per definizione, da $\frac{dP}{dt}$ e $\frac{d^2P}{dt^2}$, ove, beninteso, la variabilità di P si riferisce alla terna fissa $\Omega\xi\eta\zeta$; mentre la velocità e l'accelerazione relative $\underline{v}_r$ ed $\underline{a}_r$ dipendono dalla variabilità di P rispetto alla terna mobile e hanno per componenti rispetto ad essa le derivate prime e seconde

$$\dot{x}, \dot{y}, \dot{z} \quad \text{e} \quad \ddot{x}, \ddot{y}, \ddot{z}$$

delle funzioni (1).

Ciò premesso, derivando la (2) rispetto a t si deduce per la velocità assoluta l'espressione

$$(3) \qquad \frac{dP}{dt} = \frac{dO}{dt} + x\frac{d\underline{i}}{dt} + y\frac{d\underline{j}}{dt} + z\frac{d\underline{k}}{dt} + \dot{x}\underline{i} + \dot{y}\underline{j} + \dot{z}\underline{k},$$

dove, al secondo membro, il trinomio $\dot{x}\underline{i} + \dot{y}\underline{j} + \dot{z}\underline{k}$ è appunto la velocità relativa v_r, mentre il quadrinomio

$$(4) \qquad \frac{dO}{dt} + x\frac{d\underline{i}}{dt} + y\frac{d\underline{j}}{dt} + z\frac{d\underline{k}}{dt}$$

fornisce istante per istante la velocità, da cui nel moto di trascinamento, risulta animato, rispetto alla terna fissa quel punto solidale colla $Oxyz$, in cui viene a trovarsi in quell'istante il punto P. Ciò si vede nel modo più evidente applicando alla (3) l'ipotesi che nell'istante t, improvvisamente, il punto P si arresti nel suo moto (relativo) rispetto ad $Oxyz$ e si lasci semplicemente trascinare da questa terna; giacchè allora, annullandosi la $\underline{v}_r$, il secondo membro della (3) si riduce alla sola (4). Designando la (4) col nome di <u>velocità di trascinamento</u> (della posizione istantanea di P nell'istante considerato) e indicandola con $\underline{v}_\tau$, possiamo scrivere la (3) sotto la forma

$$(5) \qquad \underline{v}_a = \underline{v}_r + \underline{v}_\tau$$

e concludiamo che <u>ad ogni istante la velocità assoluta di un punto è la risultante della sua velocità relativa e della simultanea sua velocità di trascinamento</u>.

Questo risultato risponde ad una veduta direttamente intuitiva, perchè, se, ad es., un viaggiatore passeggia nel corridoio di un treno, appar naturale di valutare la velocità del viaggiatore rispetto alla circostante campagna, come la risultante della sua velocità rispetto al treno, e della simultanea velocità del treno.

Per questo suo carattere intuitivo il precedente teorema fu un tempo assunto come postulato, talchè ancora oggi conserva il nome di <u>principio dei moti relativi o del parallelogramma delle velocità</u>. Ma come si è visto, si tratta di una conseguenza logica delle premesse generali, che non involge alcun nuovo postulato.

§ 3. Teorema del Coriolis

3. Una ulteriore derivazione della (3) rispetto al tempo fornisce per l'accelerazione assoluta l'espressione

$$(6) \qquad \frac{d^2P}{dt^2} = \frac{d^2P}{dt^2} + x\frac{d^2\underline{i}}{dt^2} + y\frac{d^2\underline{j}}{dt^2} + z\frac{d^2\underline{k}}{dt^2} + \ddot{x}\,\underline{i} + \ddot{y}\,\underline{j} + \ddot{z}\,\underline{k} +$$

$$+2\left(\dot{x}\frac{d\underline{i}}{dt}+\dot{y}\frac{d\underline{j}}{dt}+\dot{z}\frac{d\underline{k}}{dt}\right),$$

dove, al secondo membro, il trinomio

$$\ddot{x}\,\underline{i}+\ddot{y}\,\underline{j}+\ddot{z}\,\underline{k}$$

rappresenta l'accelerazione relativa $\underline{a}_r$, mentre il quadrinomio

$$\frac{d^2O}{dt^2}\;x\frac{d^2\underline{i}}{dt^2}+y\frac{d^2\underline{j}}{dt^2}+z\frac{d^2\underline{k}}{dt^2}$$

è nello stesso senso dato a tale locuzione nel caso della velocità, l'accelerazione di trascinamento, che designeremo con $\underline{a}_\tau$. Resta infine il doppio del vettore

$$\dot{x}\frac{d\underline{i}}{dt}+\dot{y}\frac{d\underline{j}}{dt}+\dot{z}\frac{d\underline{k}}{dt}, \tag{7}$$

che dipende tanto dal moto relativo quanto da quello di trascinamento e prende il nome di accelerazione complementare o centrifuga composta. Denotandola con $\underline{a}_c$, la (6) si può scrivere

$$\underline{a}_a=\underline{a}_r+\underline{a}_\tau+2\,\underline{a}_c, \tag{8}$$

e si conclude (teorema del Coriolis): L'accelerazione assoluta è ad ogni istante la risultante della accelerazione relativa, dell'accelerazione di trascinamento e del doppio dell'accelerazione complementare[1].

L'accelerazione complementare non ha un significato cinematico immediato, ma assume una forma espressiva e adatta alle applicazioni se si introduce la velocità angolare $\underline{\omega}$ del moto (rigido) di trascinamento. In base alle formole del Poisson (Capi.

---

(1) Gustavo Gaspard Coriolis, n. a Parigi nel 1792, m. ivi nel 1843. Il suo espressivo enunciato si trova inserito in una memoria del Journal de l'École Polytechnique (1836). Egli fu Direttore di questa Scuola (per la parte scientifica).

tolo prec. n. 21) l'espressione (7) di $\underline{a}_c$ si può scrivere

$$\underline{\omega} \wedge (\dot{x}\,\underline{i} + \dot{y}\,\underline{j} + \dot{z}\,\underline{k}),$$

talchè si conclude

$$\underline{a}_c = \underline{\omega} \wedge \underline{v}_r.$$

Poichè ad ogni istante $\underline{\omega}$ dà la direzione dell'asse di moto della terna $Oxyz$, risulta di qui che l'accelerazione è sempre ortogonale all'asse del moto di trascinamento e alla velocità relativa e si annulla: 1) quando la velocità relativa risulta parallela all'asse del moto di trascinamento; 2) quando $\underline{v}_r = 0$ (istanti di arresto nel moto relativo); 3) quando $\underline{\omega} = 0$ (atti di moto di trascinamento puramente traslatorii).

<u>4. Moti di trascinamento particolari</u>. — a) Se il moto di trascinamento è traslatorio, tutti i punti solidali colla terna mobile $Oxyz$ hanno ad ogni istante la stessa velocità e la stessa accelerazione (Cap. prec. n. 6), talchè la velocità e la accelerazione di trascinamento si riducono a due vettori puramente temporali, che si possono identificare colla velocità $\underline{v}_0(t)$ e coll'accelerazione $\underline{a}_0(t)$ dell'origine O. Poichè si mantiene costantemente nulla la velocità angolare $\underline{\omega}$ della terna mobile, è pur nulla identicamente l'accelerazione complementare (n. prec.); e si conclude, in base alle (5), (8),

$$(9) \qquad \underline{v}_a = \underline{v}_r + \underline{v}_0 \quad , \quad \underline{a}_a = \underline{a}_r + \underline{a}_0 ,$$

dove i vettori a secondo membro dipendono tutti esclusivamente dal tempo.

b) Supponiamo, in secondo luogo, che il moto di trascinamento sia <u>rotatorio uniforme</u> di velocità costante $\underline{\omega}$. Se come origine O della terna mobile si prende un punto (fisso) dell'asse e si designa al solito con Q la proiezione ortogonale di P sull'asse, la velocità e l'accelerazione di trascinamento son date (Cap. prec., nn. 9, 12) da

$$\underline{v}_r = \underline{\omega} \wedge (P-O) \quad , \quad \underline{a}_r = -\omega^2 (P-Q),$$

cosicchè pel moto assoluto si avrà, in base alle (5); (8),

$$\underline{v}_a = \underline{v}_r + \underline{\omega} \wedge (P-O) \quad , \quad \underline{a}_a = \underline{a}_r - \omega^2 (P-Q) + 2\,\underline{\omega} \wedge v_r .$$

Di qui, se si assume come asse z della terna mobile l'asse di rotazione, orientato nel verso di $\underline{\omega}$, si deducono per le componenti di $\underline{v}_a$ ed $\underline{a}_a$ secondo gli assi mobili le espressioni

$$\begin{cases} v_{a|x} = \dot{x} - \omega y, \\ v_{a|y} = \dot{y} + \omega x, \\ v_{a|z} = \dot{z}. \end{cases} \qquad \begin{cases} a_{a|x} = \ddot{x} - \omega^2 x - 2\omega \dot{y}, \\ a_{a|y} = \ddot{y} - \omega^2 y + 2\omega \dot{x}, \\ a_{a|z} = \ddot{z}. \end{cases}$$

c) Se infine il moto di trascinamento è elicoidale uniforme e l'origine O della terna mobile si assume sul relativo asse di moto, abbiamo

$$\underline{v}_r = \underline{v}_o + \underline{\omega} \wedge (P-O) \quad , \quad \underline{a}_r = -\omega^2 (P-Q),$$

dove la velocità (costante) $\underline{v}_o$ di O ha la stessa direzione della velocità angolare. Di qui per la velocità assoluta risulta l'espressione

$$(10) \qquad \underline{v}_a = \underline{v}_r + \underline{v}_o + \underline{\omega} \wedge (P-O),$$

mentre per l'accelerazione assoluta vale ancora l'espressione (9); pocanzi ottenuta nel caso del moto di trascinamento rotatorio uniforme. Ciò appare ben naturale se si osserva che la velocità (10) differisce soltanto per l'addendo costante $\underline{v}_o$ dalla (9) corrispondente al caso b).

§ 4. Moto d'un sistema rigido rispetto a due riferimenti mobili fra loro.

5. Le nozioni di moto assoluto, relativo e di trascinamento, introdotte e studiate nei §§ precedenti per il caso di un sol punto mobile, si estendono ovviamente a sistemi quali si vogliano di punti in moto, per es. ai sistemi rigidi. In ogni caso varranno ad ogni istante e per ogni punto del sistema il teorema dei moti relativi (n. 2) e quello del Coriolis

(n. 3), e nell'insieme delle equazioni (5), (8) valide per tutti i punti del sistema si ha quanto basta per determinare la distribuzione delle velocità e delle accelerazioni.

Limitiamoci qui ad alcune osservazioni sul caso, in cui si riferisca a due terne $\Omega\xi\eta\zeta$, $Oxyz$, mobili l'una rispetto all'altra, il moto di un dato sistema rigido S.

Pel teorema dei moti relativi la velocità assoluta $\underline{v}_a$ di ogni singolo punto P di S si ottiene, istante per istante, componendo due velocità $\underline{v}_r$ e $\underline{v}_\tau$, appunto come nella composizione di due dati moti (Cap. III, n. 3). Tuttavia i due casi non vanno confusi, giacchè nel moto composto la velocità di P era la risultante delle velocità che ad esso stesso competevano in certi due moti definiti in un medesimo intervallo di tempo. Qui invece, mentre la velocità relativa $\underline{v}_r$ corrisponde ad un effettivo moto del punto P, la velocità $\underline{v}_\tau$ di trascinamento riflette un moto non del punto stesso, bensì di quel punto solidale colla terna $Oxyz$, pel quale P si trova istantaneamente a passare.

La differenza fra i due casi riesce evidente se si considera un qualsiasi moto rototraslatorio, in quanto esso può riguardarsi tanto come un moto composto quanto come un moto generato per trascinamento.

Invero, mentre l'espressione delle velocità (15) del n. 16 del Cap. III°, cioè la

$$\underline{v} = \underline{\tau} + \underline{\omega} \wedge (P - \Omega)$$

traduce semplicemente la decomponibilità del moto in un moto traslatorio e in uno rotatorio, l'altra espressione che dicemmo ottenuta per <u>decomposizione impropria</u> del moto, cioè la

$$\underline{v} = \underline{v}_0 + \underline{\omega} \wedge (P - O)$$

può essere interpretata come la rappresentazione delle velocità assolute di un sistema rigido che, rispetto ad una terna $Oxyz$, animata di moto traslatorio di velocità $\underline{v}_0$, si muova di moto rotatorio di velocità angolare $\underline{\omega}$ intorno all'asse, solidale con $Oxyz$, passante per O nella direzione di $\underline{\omega}$.

6. L'osservazione precedente vale in quanto si consideri il moto assoluto in un intervallo finito di tempo; ma se ci limitiamo a considerare un solo istante t, abbiamo dalla (5) che <u>ogni atto di moto assoluto si ottiene componendo i due atti simultanei di moto relativo e di moto di trascinamento</u>; cosicchè trovano qui applicazione le varie osservazioni svolte ai nn. 27.29 del Cap. prec. sulla composizione degli atti di moto.

Così, ad es., se il moto (rigido) relativo e quello di trascinamento sono entrambi paralleli ad una giacitura fissa, il che val quanto dire che le rispettive velocità angolari $\underline{\omega}_r$, $\underline{\omega}_\tau$ sono parallele e di direzione invariabile, si conclude componendo istante per istante i corrispondenti atti di moto, che (Cap. prec. n. 29) anche il moto assoluto è parallelo alla assegnata giacitura fissa. La sua velocità angolare è data da $\underline{\omega}_r + \underline{\omega}_\tau$ ed (esclusi gli eventuali atti di moto traslatorii) l'asse di moto assoluto giace istante per istante nel piano dei due assi di moto relativo e di trascinamento e ne divide la striscia in parti inversamente proporzionali ad ω_r ed ω_τ, internamente o esternamente secondo che $\underline{\omega}_r$ ed $\underline{\omega}_\tau$ hanno verso concorde o discorde.

§ 5. Applicazioni

7. I risultati stabiliti nei §§ prec. trovano larghe ed eleganti applicazioni nella discussione dei problemi di Cinematica, in quanto gran parte di questi si posso-

no ricondurre a problemi di moto relativo, nel senso dato a questa parola nel presente Capitolo. Daremo in questo § e nel seguente alcuni esempi di tal genere di considerazioni.

8. Moto reciproco. Dati due sistemi rigidi Σ ed S, in moto l'uno rispetto all'altro, distinguiamo il moto $\mathcal{M}$ di S rispetto a Σ dal moto reciproco $\mathcal{M}^*$ di Σ rispetto ad S; e consideriamo le velocità $\underline{v}$, $\underline{v}^*$ che, in uno stesso istante generico, competono ad un medesimo punto P nei due moti $\mathcal{M}$ ed $\mathcal{M}^*$, cioè secondo che lo si riguardi rigidamente connesso con S o con Σ e se ne riferisca il moto rispettivamente a Σ o ad S.

Per determinare la relazione intercedente fra $\underline{v}$ e $\underline{v}^*$, si consideri il moto $\mathcal{M}$ di S rispetto a Σ come moto di trascinamento e il moto reciproco $\mathcal{M}^*$ di Σ rispetto ad S come moto relativo. Manifestamente il moto assoluto così generato per Σ rispetto a se stesso si riduce alla quiete, talchè, annullandosi ad ogni istante e per ogni punto la velocità assoluta si conclude per la (5) del n. 2

$$\underline{v}^* = -\underline{v}. \tag{11}$$

9. Di qui si deduce agevolmente che per due moti reciproci, rispetto ad un medesimo polo e in un medesimo istante, i vettori caratteristici omologhi sono direttamente opposti.

Invero, designati con $\underline{v}_0$, $\underline{\omega}$ e $\underline{v}_0^*$, $\underline{\omega}^*$ codesti vettori caratteristici presi rispetto al polo O, abbiamo senz'altro per la (11)

$$\underline{v}_0^* = -\underline{v}_0, \tag{12}$$

inquanto $\underline{v}_0$, $\underline{v}_0^*$ denotano le velocità nei due moti reciproci del medesimo punto O. Quanto alle velocità angolari, si ricordi che per la formola fondamentale (26) del n. 22 del Cap. prec. le velocità $\underline{v}$, $\underline{v}^*$ di un medesimo punto P sono date da

$$\underline{v} = \underline{v}_0 + \underline{\omega} \wedge (P-O) \quad , \quad \underline{v}^* = \underline{v}_0^* + \underline{\omega}^* \wedge (P-O),$$

onde sostituendo nella (11), si ricava

$$\underline{v}_0 + \underline{v}_0^* + (\underline{\omega} + \underline{\omega}^*) \wedge (P-O) = 0,$$

o ancora, tenendo conto della (12),

$$(\underline{\omega} + \underline{\omega}^*) \wedge (P-O) = 0$$

e questa identità, dovendo sussistere per qualsiasi punti P, implica precisamente

$$\underline{\omega}^* = -\underline{\omega}.$$

10. Derivata vettoriale rispetto ad assi in moto. Se un vettore $\underline{v}(t)$, funzione del tempo (o di qualsiasi altro parametro) è riferito ad una certa terna $\Omega\xi\eta\zeta$, resta definita la derivata vettoriale di $\underline{v}$, come quel vettore che ha per componenti rispetto a codesta terna le derivate delle componenti v_ξ, v_η, v_ζ di $\underline{v}$; e sappiamo che codesta derivata non varia, se il vettore v si riferisce, anziché alla $\Omega\xi\eta\zeta$, ad un'altra terna $Oxyz$, solidale con la primitiva. Essa varia invece, generalmente, se le due terne cui si riferisce il vettore sono in moto l'una rispetto all'altra; e qui intendiamo appunto di determinare, in base alla teoria del moto relativo, come codesta derivata dipenda dalla terna di riferimento.

Denotando con $\frac{d_a \underline{v}}{dt}$ la derivata (assoluta) di $\underline{v}$ rispetto alla terna $\Omega\xi\eta\zeta$, che anche qui, per comodità di locuzione, chiameremo fissa e con $\frac{d\underline{v}}{dt}$ o $\dot{\underline{v}}$ la derivata (relativa) di $\underline{v}$ rispetto alla terna mobile $Oxyz$, introduciamo come ausiliare una terza terna $Ox_1y_1z_1$ avente l'origine comune colla terna mobile e gli assi paralleli e di senso concorde agli assi fissi. Qualunque sia il moto di O, le componenti di $\underline{v}$ rispetto ad $\Omega\xi\eta\zeta$ e ad $Ox_1y_1z_1$ sono ordinatamente identiche, talché non differiranno le derivate di $\underline{v}$, calcolate rispetto a codeste due terne.

In altre parole, per calcolare la $\frac{d\underline{v}}{dt}$ potremo riferirci, anzichè alla $\Omega\xi\eta\zeta$, alla terna ausiliare $Ox_1y_1z_1$.

Ciò posto, se il vettore $\underline{v}$ si immagina applicato in O, il rispettivo estremo libero P si rimoverà, generalmente, rispetto ad entrambe le terne $Ox_1y_1z_1$ ed $Oxyz$; e, precisamente il moto di P rispetto ad $Ox_1y_1z_1$ si potrà riguardare come un moto assoluto, generato dal moto di trascinamento della terna $Oxyz$ rispetto ad $Ox_1y_1z_1$, che qui si assumerà come fissa, e dal moto relativo di P rispetto ad $Oxyz$. Poichè le coordinate di P rispetto ad $Ox_1y_1z_1$ e $Oxyz$ sono ordinatamente v_ξ, v_η, v_ζ e v_x, v_y, v_z, i due vettori $\frac{d_a\underline{v}}{dt}$, $\frac{d\underline{v}}{dt}$ non sono altro che le velocità assoluta e relativa di P; mentre se $\underline{\omega}$ designa la velocità angolare della terna $Oxyz$ rispetto alla $Ox_1y_1z_1$ o, ciò che è lo stesso, alla $\Omega\xi\eta\zeta$, la velocità di trascinamento è data, in quanto le origini delle due terne costantemente coincidono, da

$$\underline{v}_\tau = \underline{\omega} \wedge (P-O) = \underline{\omega} \wedge \underline{v};$$

onde applicando il teorema dei moti relativi (n. 2), si ottiene fra le due derivate di $\underline{v}$ la relazione

$$\frac{d_a\underline{v}}{dt} = \frac{d\underline{v}}{dt} + \underline{\omega} \wedge \underline{v}. \tag{13}$$

Si rileva di qui che le due derivate coincidono sempre e solo quando si annulla $\underline{\omega} \wedge \underline{v}$, cioè quando $\underline{v}$ è parallelo all'asse di moto della terna mobile o quando (annullandosi $\underline{\omega}$) il moto della terna mobile è puramente traslatorio.

11. Dalla (13) del n. prec. discendono immediatamente alcune notevoli conseguenze cinematiche.

Anzitutto applicando la (13) alla velocità angolare $\underline{\omega}$, si ottiene

$$\frac{d_a\underline{\omega}}{dt} = \frac{d\underline{\omega}}{dt}; \tag{14}$$

cioè, nel moto di un sistema rigido la velocità angolare ha la stessa derivata (accelerazione angolare) rispetto alla terna fissa e a quella solidale col sistema.

Così tenendo conto dell'identità

$$\underline{\omega} = \omega \text{ vers } \underline{\omega}$$

e osservando che la derivata di uno scalare è manifestamente indipendente dalla terna di riferimento: deduciamo dalla (14)

$$\frac{d_a \text{vers } \underline{\omega}}{dt} = \frac{d \text{ vers } \underline{\omega}}{dt} ;$$

onde risulta che queste due derivate si annullano insieme; cioè se durante il moto di un sistema rigido l'asse di moto ha direzione fissa entro il sistema, ha per direzione fissa nello spazio e viceversa.

12. Infine la (13) del n. 10 permette di dimostrare il teorema già enunciato ed applicato al n. 18 del Cap. prec.: Ogni moto elicoidale uniforme ha, per ogni qualsiasi centro di riduzione, vettori caratteristici costanti rispetto agli assi mobili.

Designate al solito con $\underline{\tau}$ ed $\underline{\omega}$ le velocità componenti di un moto rototraslatorio, e con $\underline{v}_0$, $\underline{\omega}$ i corrispondenti vettori caratteristici (rispetto ad un qualsiasi polo O), rileviamo anzitutto dalla (14) del n. prec. che se $\underline{\omega}$ è costante rispetto alla terna fissa, tale risulta altresì rispetto alla terna mobile e viceversa.

Quanto poi a $\underline{\tau}$ e $\underline{v}_0$, ricordando che essi sono legati dalla relazione (n. 16 del Cap. prec.)

$$\underline{v}_0 = \underline{\tau} + \underline{\omega} \wedge (O - \Omega),$$

e derivando rispetto a t, con riferimento alla terna fissa, si ricava, nella ipotesi della costanza di $\underline{\omega}$,

$$\frac{d_a \underline{v}_0}{dt} = \frac{d_a \underline{\tau}}{dt} + \underline{\omega} \wedge \frac{d_a O}{dt} = \frac{d_a \underline{\tau}}{dt} + \underline{\omega} \wedge \underline{v}_0 .$$

Ma la (13), applicata a $\underline{v}_0$, fornisce

$$\frac{d_a \underline{v}_0}{dt} = \frac{d\underline{v}_0}{dt} + \underline{\omega} \wedge \underline{v}_0 ,$$

onde confrontando colla equazione precedente, si conclude

$$\frac{d\underline{v}_0}{dt} = \frac{d_a \underline{\tau}}{dt} ;$$

si ha cioè che se $\underline{\omega}$ è costante (e vedemmo che è indifferente supporre questa costanza rispetto alla terna fissa o a quella mobile) la derivata di $\underline{v}_0$ rispetto agli assi mobili e quella di $\underline{\tau}$ rispetto agli assi fissi coincidono, talchè l'annullarsi dell'una implica l'annullarsi dell'altra.

§6. Generazione di un moto rigido per mezzo di rigate rotolanti.

13. Riprendiamo a considerare un moto rigido, per indagare il suo andamento geometrico, cioè la successione delle posizioni assunte dal sistema mobile, astrazion fatta dalla legge temporale del moto; avremo così occasione ancora una volta di applicare come metodo ausiliare la teoria del moto relativo.

Definito per un sistema rigido S, in un dato intervallo di tempo, un certo moto rispetto ad una terna di riferimento $\Omega\xi\eta\zeta$, può darsi che la velocità angolare $\underline{\omega}$ di S si annulli in qualche istante od anche in qualche intero tratto di tempo; in ogni caso la durata del moto si potrà suddividere in un certo numero di intervalli parziali, in ciascuno dei quali la $\underline{\omega}$ sia o costantemente nulla o sempre diversa da zero (salvo, eventualmente, agli estremi del tratto).

In un intervallo parziale della prima specie il moto rigido è traslatorio e tutti i punti del sistema S descrivono, con la medesima legge temporale, traiettorie congruenti e parallele; cosicchè l'andamento geometrico del moto è senz'altro messo in chiaro.

Considerando in secondo luogo un intervallo di tempo in cui la velocità angolare sia sempre diversa da zero, sappiamo che in ogni istante di esso esiste pel sistema mobile S un <u>asse di moto</u> determinato m, cioè l'asse del moto elicoidale tangente in quell'istante al moto rigido dato; e se $\underline{v}_0$, $\underline{\omega}$ sono i vettori caratteristici del moto (rispetto ad un qualsiasi polo O), l'atto di moto rigido corrispondente a quell'istante risulta composto di un atto di moto rotatorio di velocità $\underline{\omega}$ intorno all'asse m e di un atto di moto traslatorio di velocità

$$\frac{1}{\omega}(\underline{v}_0 \times \underline{\omega})$$

lungo l'asse stesso, talchè lo spostamento elementare risulta alla sua volta composto di una rotazione infinitesima $\underline{\omega}\,dt$ intorno ad m e di una traslazione infinitesima lungo quest'asse. Può darsi che, anche al variare del tempo, l'asse di moto resti fisso entro il sistema S o, ciò che è lo stesso, rispetto ad una terna Oxyz, solidale con esso; e in tal caso sappiamo che l'asse si mantiene fisso altresì rispetto alla terna Ωξηζ o, come si suol dire rispetto allo spazio (n. 11); cosicchè si tratta di un moto rototraslatorio.

Esclusa questa eventualità del tutto particolare, l'asse di moto cambierà posizione da istante ad istante, sia rispetto alla terna Ωξηζ che alla Oxyz, e come luoghi delle posizioni da esso mano mano assunte rispetto all'una e all'altra di codeste due terne (o, ciò che è lo stesso, nello spazio e nel sistema mobile) restano definite certe due striscie di superficie rigate Λ ed Σ, che designeremo coi nomi di <u>rigata fissa</u> e di <u>rigata mobile</u>, in quanto esse sono rispettivamente solidali colle due terne, che abbiamo così denominate.

Ad ogni istante le due rigate Λ ed $\mathfrak{L}$ hanno comune quella generatrice, che in quell'istante costituisce l'asse di moto; e noi qui ci proponiamo di dimostrare che, lungo codesta generatrice comune, le due superficie rigate in quell'istante si <u>raccordano</u>, cioè hanno in ciascun punto di essa il medesimo piano tangente.

A tale scopo, immaginiamo tracciata sulla rigata mobile $\mathfrak{L}$ una curva $\underline{l}$ unisecante le successive generatrici, e consideriamo il moto su $\mathfrak{L}$ (o ciò che è lo stesso rispetto al sistema S) di quel punto P che durante il moto di S si trova, ad ogni istante, all'intersezione di l col corrispondente asse di moto cioè con la generatrice comune in quell'istante alle due rigate $\mathfrak{L}$ e Λ.

Il punto P per l'effetto simultaneo di codesto loro moto (relativo) rispetto ad S e del dato moto rigido di S rispetto ad $\Omega\xi\eta\zeta$ (moto di trascinamento) risulta animato rispetto a questa terna, di un certo moto (assoluto) in cui descrive come traiettoria una determinata curva λ, la quale, in quanto P si trova ad ogni istante sul corrispondente asse di moto, giace sulla rigata fissa Λ (e ne interseca in un sol punto ciascuna generatrice). Perciò le velocità $\underline{v}_a$ e $\underline{v}_r$, assoluta e relativa, di P saranno ad ogni istante tangenti rispettivamente alle curve λ ed l e, quindi, alle rigate Λ ed $\mathfrak{L}$.

Per valutare la velocità di trascinamento $\underline{v}_\tau$, o velocità spettante nel moto rigido a quel punto di S, con cui P si trova istantaneamente a coincidere, si ricordi che, ad ogni istante, P appartiene all'asse di moto, talchè la $\underline{v}_\tau$ è la componente traslatoria lungo l'asse di moto della velocità del moto elicoidale tangente ed è perciò diretta ad ogni istante secondo la generatrice comune alle due rigate. Basta allora richiamare la relazione (n. 2).

$$\underline{v}_a = \underline{v}_r + \underline{v}_\tau$$

per dedurne che il piano delle due velocità $\underline{v}_\tau$, $\underline{v}_r$ tangente in P alla $\mathcal{L}$ (inquanto contiene la generatrice per P e la tangente alla l), coincide col piano di $\underline{v}_\tau$ e $\underline{v}_a$, tangente (per analoghe ragioni) alla Λ; e poichè lo stesso ragionamento si può ripetere per ogni punto della generatrice comune alle due rigate, resta veramente dimostrato che esse si raccordano lungo codesta generatrice.

Si conclude così che il moto rigido del sistema S avviene come se la rigata $\mathcal{L}$, solidale con S, rotolasse sulla rigata fissa Λ, toccandola ad ogni istante lungo l'asse di moto.

Ma importa notare che in generale codesto rotolamento è accompagnato, istante per istante, da uno strisciamento elementare lungo la generatrice di contatto, inquanto, come si è ricordato dapprincipio, ad ogni istante lo spostamento elementare del sistema S e' composto di una rotazione infinitesima intorno all'asse istantaneo di moto e di una traslazione infinitesima lungo l'asse stesso.

Codesto strisciamento elementare manca solo e sempre quando l'atto di moto rigido è puramente rotatorio, cioè quando si annulla, (n. 25 del Cap. prec.) il trinomio invariante dei due vettori caratteristici (rispetto ad un polo qualsiasi)

$$\underline{v}_o \times \underline{\omega} = 0, \tag{15}$$

senza che si riduca a zero la velocità angolare $\underline{\omega}$.

14. Abbiamo visto (n. 26 del Cap. prec.) che la condizione (15) è costantemente verificata pei moti rigidi intorno ad un punto fisso e per quelli paralleli ad una data giacitura,

Riservandoci di occuparci direttamente e diffusamente di questi ultimi nel prossimo Capitolo, indichiamo un'ovvia conseguenza delle considerazioni precedenti, relativa ai moti rigidi intorno ad un punto fisso. Se O è un punto fisso, basta assumerlo come centro di riduzione, perchè si annulli il primo vettore caratteristico $\underline{v}_0$; talchè si ha senz'altro che ad ogni istante il moto presenta un atto puramente rotatorio intorno ad un asse per O. Perciò le due rigate Σ e Λ si riducono in questo caso a due coni (coni del Poinsot) col vertice in O, tangenti ad ogni istante lungo una generatrice variabile su entrambi (asse di moto); e poichè qui viene a mancar costantemente lo strisciamento elementare lungo codesto asse, si conclude che: ogni moto di un sistema rigido intorno ad un punto fisso O, avviene come se un certo cono, solidale col sistema dato e avente il vertice in O, rotolasse senza strisciare su di un cono fisso di egual vertice.

CAPITOLO V°

Moti rigidi piani

§ 1 Generalità. Teorema di Eulero e centro istantaneo di rotazione.

1. Riprendiamo a considerare i moti di un sistema rigido S paralleli ad una data giacitura (solidale col riferimento che convenzionalmente chiamiamo fisso) (n. 26 Cap. III°). Osservammo già che un tal moto si realizza, imponendo ad un piano p solidale col sistema mobile S, di muoversi su di un piano π fisso. Considerato in S un punto P fuori di p e la sua proiezione ortogonale P_1 su π, avremo che durante il moto, il vettore $P-P_1$, per la condizione di rigidità, si manterrà, oltrechè costante di lunghezza, ortogonale a π (e al piano sovrapposto p), cosicchè si muoverà in un piano parallelo a π, descrivendo una traiettoria congruente e parallela a quella di P_1, con la stessa legge oraria. Insomma nel moto considerato ogni piano parallelo a p (e solidale con S) si muove su se stesso e su codesti ∞^1 piani paralleli il moto presenta, istante per istante i medesimi caratteri cinematici, cosicchè potremo limitarci a studiare i moti rigidi di un solo piano su se stesso *o moti rigidi piani*.

Dato l'interesse che tali moti presentano anche per le applicazioni, nel presente Capitolo non ci limiteremo a dedurre le proprietà dai teoremi generali sui moti rigidi (Cap. III - IV) ma aggiungeremo altresì alcune considerazioni elementari che permettono di stabilire la teoria in modo diretto ed autonomo.

2. La circostanza assodata al n. 26 del Cap. IV che un moto rigido parallelo ad una giacitura fissa presenta ad ogni istante un atto di moto rotatorio (intorno ad un asse perpendicolare alla giacitura prefissata) o traslatorio (in una direzione parallela a codesta giacitura) implica che ogni atto di moto rigido piano è puramente rotatorio (intorno ad un punto del piano) o traslatorio (sul piano stesso).

Ridimostriamo questo importante risultato per via diretta ed elementare; e a tale scopo fissiamo l'attenzione sulle posizioni assunte dal piano mobile p sul piano di riferimento π in due diversi istanti qualisivogliano t e $t+\Delta t$. Dall'una all'altra di codeste due posizioni il piano p sarà passato con un certo moto continuo; ma, ove si prescinda dalle circostanze cinematiche relative agli istanti compresi fra t e $t+\Delta t$, si può sempre far passare il piano p dalla prima alla seconda delle posizioni prefissate con una rotazione o, in casi particolari, con una traslazione (rettilinea); cioè sussiste il teorema di Eulero: <u>Ogni spostamento rigido di un piano su se stesso è attuabile con una certa rotazione o, in particolare, con una certa traslazione</u> (rettilinea).

Ciò va inteso in senso puramente geometrico; perchè rimane indeterminata la legge temporale di codesta rotazione o traslazione.

Per dimostrare il teorema enunciato occorre anzitutto individuare geometricamente, l'una rispetto all'altra, le due posizioni considerate di p su π. Se A e B sono le posizioni occupate su π inizialmente da certi due punti di p, basta conoscerne su π le posizioni finali A' e B' (che per la rigidità debbono esser tali che $A'B'=AB$) perchè risulti individuata la posizione finale dell'intero piano. Invero se C è la posizione inizialmente occupata su π da un qualsiasi punto di p, esso alla fine dovrà assumere la posizione C' tale che la terna A' B' C' (triangolare o allineata) risulti direttamente uguale ad A B C (cfr. per lo spazio il n. 1 del Cap. III°).

Discende di qui che ogni moto che porti la coppia di punti A, B in A', B' fa passare l'intero piano p dalla prima alla seconda delle posizioni prefissate.

Ora, se per caso A' coincide con A, basta a tale scopo la rotazione di centro $A \equiv A'$ e di ampiezza $B\widehat{A}B'$.

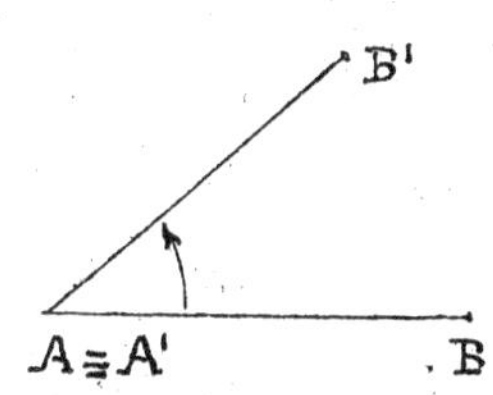

Escluso questo caso, cioè supposto A' distinto da A, scegliamo come secondo punto su p quello, la cui posizione iniziale B è precisamente A'. La sua posizione finale B', per la condizione $A'B' = AB$, giacerà sulla circonferenza di centro $A' \equiv B$ e di raggio BA; e necessariamente dovrà presentarsi l'una o l'altra delle seguenti tre circostanze, che partitamente discuteremo.

a) B' non giace sulla retta AA'. Detto O il punto di intersezione degli assi di AA', BB' (cioè delle perpendicolari nei rispettivi punti medii H, H') la coppia A, B si porta in A', B' mediante la rotazione di centro O e ampiezza $H\widehat{O}H'$.

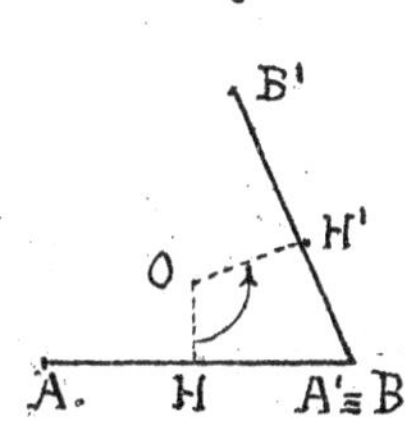

b) B' è allineato con A e B e coincide precisamente con A. In tal caso, basta al nostro scopo far ruotare il piano di 180° intorno al punto medio di AA' (e di BB').

c) Se infine, B' è sul prolungamento di AA' (simmetrico di A rispetto ad $A' \equiv B$) la coppia A, B si porta in A', B' colla traslazione rappresentata dal segmento orientato AA'.

A≡B' A'≡B

A A'≡B B'

Stabilito così il teorema di Eulero osserviamo che dalla dimostrazione stessa discende che, quando lo spostamento è attuabile con una rotazione, pel centro di questa passa l'asse del segmento che congiunge le posizioni iniziale e finale di ogni punto del piano mobile.

Notiamo, infine, che il caso c) della traslazione si può riguardare come limite di quello della rotazione, immaginando che il centro di questa siasi allontanato all'infinito (in direzione ortogonale a quello della traslazione).

3. Ciò premesso, riferiamoci ad un dato moto rigido di p su se stesso e in un intervallo di tempo da t a $t+\Delta t$, appartenente alla durata del moto, consideriamo simultaneamente il moto effettivo e il moto fittizio, rotatorio o traslatorio (supposto ad es. uniforme) che produce su p lo stesso spostamento finale del primo. Se, tenuto fisso t, facciamo tendere Δt allo zero, il moto fittizio varierà da istante ad istante; ma al limite tenderà ad un certo moto infinitesimo, rotatorio o traslatorio, che in quanto produce su ogni punto A di p lo stesso spostamento (infinitesimo) dA del moto effettivo, non è altro che il moto elementare effettivo nel tempuscolo da t a $t+dt$. Resta così dimostrato che <u>ogni atto di moto rigido piano è rotatorio o, in particolare, traslatorio.</u>

4. In ogni istante, in cui l'atto di moto è rotatorio, il centro I della rotazione elementare (limite del centro O della rotazione finita fittizia) dicesi <u>centro</u> (istantaneo) <u>di rotazione</u> o <u>polo</u> del moto rigido nell'istante considerato; ed è l'analogo nel piano dell'asse di moto rigido nello spazio. Se poi l'atto di moto è traslatorio, il centro si può immaginare all'infinito (in direzione ortogonale alla traslazione infinitesima).

Poichè fuori del limite il centro del moto rotatorio fittizio è comune agli assi degli spostamenti finiti A'-A dei singoli punti A di p, si ha, passando al limite il teorema dello Chasles: Iu un moto rigido piano, ad ogni istante le normali pei singoli punti del piano mobile alle rispettive traiettorie passano pel centro istantaneo di rotazione oppure, se l'atto di moto è traslatorio, sono parallele.

E, in base al n. 34 del Cap. II, nel primo caso le velocità dei singoli punti A del piano mobile sono, ad ogni istante ortogonali alle loro congiungenti AJ col centro istantaneo di rotazione e, scalarmente, proporzionali alle rispettive distanze da J.

Così in particolare, negli istanti di atto di moto rotatorio il centro istantaneo di rotazione è caratterizzato sul piano mobile come l'unico punto che abbia velocità nulla; mentre come ben sappiamo, se l'atto di moto è traslatorio, tutti i punti del piano mobile hanno, ad ogni istante, velocità equipollenti.

§2. Traiettorie polari

5. Rulletta e base. Se durante il moto rigido di p su Π vi sono degli intervalli di tempo, in cui l'atto di moto è ad ogni istante traslatorio (cioè il centro istantaneo di rotazione è costantemente a distanza infinita), il moto in ciascuno di codesti tratti di tempo si mantiene traslatorio.

In ognuno degli intervalli di tempo residui, il centro istantaneo di rotazione potrà allontanarsi all'infinito solo in istanti isolati, talchè l'intera durata del moto potrà immaginarsi suddivisa in un certo numero di tratti di tempo, in ognuno dei quali il moto o è costantemente traslatorio oppure presenta ad ogni istante (salvo agli istanti estremi) un atto di moto rotatorio.

Riferendoci ad un intervallo di tempo di quest'ultima specie, avremo che ad ogni istante il piano mobile ammette su π un certo determinato centro di rotazione o polo, che al trascorrere del tempo, varierà di posizione tanto su π, quanto su p, descrivendo su codesti due piani rispettivamente certe due curve λ ed l, che chiamansi <u>traiettorie polari</u> (analoghe alle rigate rotolanti di cui parlammo al n. 13 del Cap. prec.). Più precisamente la curva λ descritta sul piano fisso dicesi base, mentre la l solidale col piano mobile si chiama <u>rulletta</u>.

6. L'importanza della considerazione delle due traiettorie polari risulta dal fatto che: <u>Durante il moto, la rulletta rotola, senza strisciare, sulla base.</u>

Questo teorema, analogo nel piano di quello stabilito al n. 13 del Cap. prec. per lo spazio, si dimostra con la stessa considerazione di un moto relativo fittizio, di cui ci valemmo in codesto caso e che qui brevemente ripeteremo, per rendere autonoma la presente trattazione.

La rulletta e la base hanno comune ad ogni istante il rispettivo polo. Consideriamo il moto sul piano mobile p del punto M che istante per istante occupa la posizione del polo e che, perciò, ha come traiettoria su p la rulletta l. Questa rulletta, in quanto è solidale con p, vien trascinata da questo piano nel suo dato moto rigido sul piano fisso π; onde il moto di M rispetto a π si può riguardare come un moto assoluto, definito dal moto dato di p, quale moto di trascinamento, e dal moto di M lungo la rulletta, quale moto relativo; e in codesto moto assoluto la traiettoria di M su π è appunto la base λ. Indicando allora con $\underline{v}_a$, $\underline{v}_r$ la velocità assoluta e relativa di M (cioè le sue velocità rispetto a Π e a p), le quali risultano tangenti rispettivamente a λ e ad l, avremo senz'altro, pel teorema dei moti relativi (n. 2 del Cap. prec.).

(1) $$\underline{v}_a \doteq \underline{v}_r ,$$

inquanto la velocità di trascinamento, cioè la velocità rispetto a Π della posizione occupata istantaneamente da M su p (o polo istantaneo) è costantemente nulla (n. 4). E la (1) ci assicura appunto che le due traiettorie polari hanno ad ogni istante n 'l punto comune la medesima tangente; e di più, inquanto dalla identità delle due velocità discende quella degli spostamenti elementari, rotolano l'una sull'altra senza strisciare.

Resta dunque stabilito che ogni moto rigido piano, quando non sia traslatorio, è attuabile mediante il rotolamento di una curva solidale col piano mobile (rulletta) su di una curva fissa (base).

Notiamo, infine, che il moto reciproco (n 8) del Cap.) ha le medesime traiettorie polari, salvo lo scambio fra rulletta e base

§ 3. Esempi di moti rigidi piani

7. Come applicazione delle considerazioni precedenti, diamo qualche esempio elementare di determinazione delle traiettorie polari di dati moti rigidi piani. A problemi di questo genere si è condotti, nelle applicazioni tecniche, tutte le volte che si vuol realizzare con un dispositivo meccanico un dato moto rigido piano, in quanto, come si è visto, esso è in ogni caso attuabile (salvo le difficoltà di ordine pratico di cui pur daremo un cenno in seguito) mediante il rotolamento (senza strisciamento) delle due traiettorie polari l'una sull'altra. Per la Meccanica applicata hanno particolare interesse i cosidetti <u>moti epicicloidali</u>, cioè i moti, le cui traiettorie polari sono entrambi circolari.

Qui intanto importa notare, che in ciascuno degli esempi seguenti supporremo assegnata la successione delle posizioni della figura mobile, non la legge temporale secondo cui esse vengono successivamente occupate, cosicché in sostanza si tratterà di questioni di geometria del moto, in cui si faranno talvolta intervenire il tempo e i concetti cinematici per sola comodità di argomentazione e di linguaggio.

8. <u>Asta scorrevole fra guide rettilinee</u>. Consideriamo un'asta rigida, schematizzata in un segmento rettilineo, i cui estremi A, B scorrono sui lati di un angolo fisso $X\widehat{O}Y = \alpha < \pi$.

Le traiettorie di A e B son per ipotesi le semirette OX e OY, talchè, considerata l'asta in una generica posizione AB, il corrispondente polo J sarà l'intersezione delle perpendicoli alle OX, OY in A e B rispettivamente. Di qui risulta che il quadrangolo OAJB, avendo due angoli opposti retti, è iscrittibile, cosicchè il segmento AB è, in ogni sua posizione, vista dal corrispondente polo sotto l'angolo costante $\beta = \pi - \alpha$. Perciò la rulletta (luogo dei poli sul piano solidale con AB) è un arco circolare di estremi A e B, <u>capace dell'angolo β</u>.

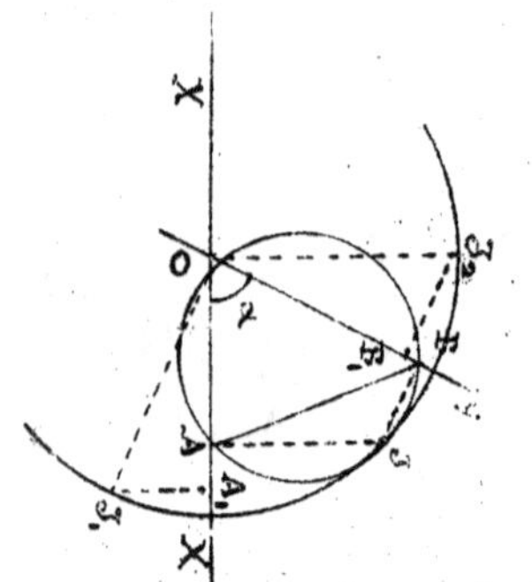

Per la iscrittibilità del quadrangolo OAJB, la circonferenza c di codesto arco passa, qualunque sia la posizione di AB, pel punto fisso O; e per la perpendicolarità delle corde OA, AJ, (come pure delle OB, BJ) i punti O ed J riescono, per ogni posizione di AB, diametralmente opposti sulla c, onde si conclude che J si mantiene rispetto ad O, a distanza costantemente uguale al diametro di c, cioè <u>la base è un arco della circonferenza γ di centro O e raggio uguale al diametro di c</u>.

Sotto le ipotesi poste, le posizioni estreme dell'asta AB si avranno quando essa si dispone lungo la semiretta OX coll'estremo B in O ed A in A_1, e quando si dispone lungo la OY con l'estremo A in O e B in B_1.

Il polo J_1 o J_2 corrispondente a codesta prima

o seconda posizione di AB si ottiene sulla γ come estremo del raggio OJ_1 od OJ_2 perpendicolare alla OY od OX dalla stessa parte della OX o OY rispettivamente; cosicchè la base del nostro moto rigido è precisamente l'arco di circonferenza $\widehat{J_1 J_2}$ il cui angolo al centro è $\pi - \alpha$ cioè β. Inoltre osservando che il triangolo OA_1B risulta rettangolo in A_1 e che l'angolo $A\hat{O}J_1$ è, in valore assoluto, uguale a $\frac{\pi}{2} - \alpha$, si conclude che il raggio OJ_1 di γ (e quindi il diametro di c) è dato da

$$\frac{AB}{\operatorname{sen}\alpha}. \tag{2}$$

Condotta allora la semiretta OX' opposta ad OX, si immagini che l'asta AB, proseguendo il suo moto al di là della posizione OJ_2 dianzi considerata, scorra con l'estremo A lungo OX' e con l'estremo B ancora lungo la OY.

Si potranno ripetere le considerazioni precedenti, cosicchè, anche in questa seconda fase del moto, base e rulletta saranno due archi di circonferenza; ed anzi, poichè $Y\hat{O}X' = \pi - \alpha$, il raggio della nuova base (o diametro della nuova rulletta)

$$\frac{AB}{\operatorname{sen}(\pi-\alpha)}$$

non differirà da quello trovato dianzi, cioè le due nuove traiettorie polari sono ancora archi delle circonferenze or ora designate con γ e c. È poi chiaro che in questa seconda fase del moto, la base è l'arco di γ (minore di una semicirconferenza) compreso fra J_2 e il punto J_3 diametralmente opposto ad J_1.

Così considerando il prolungamento OY' di OY e immaginando proseguito il moto di AB negli angoli $X'\hat{O}Y'$ e $Y'\hat{O}X$, si conclude che l'intero moto (evidentemente periodico quanto alle circostanze geometriche) si attua col rotolamento della circonferenza c di raggio (2) entro una circonferenza di raggio doppio. Si tratta dunque di un <u>moto epicicloidale</u>.

9. Viceversa, ogni moto rigido piano, definito dal rotolamento di una circonferenza c entro una circonferenza γ di raggio doppio si può (in infiniti modi) realizzare facendo scorrere su due rette passanti pel centro della circonferenza fissa, gli estremi di una corda della circonferenza mobile.

Il teorema prec. resterà stabilito se dimostreremo che <u>ogni punto della circonferenza mobile c descrive, durante il moto considerato un diametro della circonferenza fissa γ</u> (teorema del <u>Cardano</u>[1]).

A tale scopo, fissato un qualsiasi punto su c, se ne consideri il moto a partire dall'istante in cui esso è sulla γ, ad es. in J_0, punto di contatto istantaneo delle due circonferenze. Basterà far vedere che, in un'altra posizione di c, in cui il punto di contatto con la γ sia ad es. J, il punto fissato su c viene a trovarsi nell'intersezione J di c col raggio OJ_0 di γ, od anche, poichè il moto avviene per ipotesi senza strisciamento, che l'arco $\widehat{JJ}$ di c ha lunghezza eguale all'arco $\widehat{J_0J}$ di γ. Ora si osservi che l'angolo $J_0\hat{O}J$, come angolo al centro della γ insiste sull'arco J_0J e come angolo alla circonferenza c insiste sull'arco JJ, cosicchè l'angolo al centro di quest'ultimo arco è doppio dell'angolo al centro corrispondente ad $\widehat{J_0J}$.

Poichè per ipotesi il raggio di $\widehat{JJ}$ è metà del raggio di J_0J, si conclude appunto che i due archi hanno lunghezze uguali.

Risulta dalla precedente dimostrazione che come guide rettilinee si possono scegliere due rette

(1) <u>Girolamo Cardano</u> n. a Pavia nel 1501, m. a Roma nel 1576 insegnò Matematiche a Milano, quindi Medicina a Pavia e a Roma.

arbitrarie per O, in particolare due rette ortogonali, nel qual caso la corda della rulletta, i cui estremi scorrono su di essa, è un diametro.

10. Il teorema del Cardano si può dimostrare in modo più rapido, ricorrendo ad una considerazione infinitesimale. La traiettoria di un qualsiasi punto A di c deve esser tale che ad ogni istante la sua normale in A passi per il centro istantaneo J (n. 4); cosicchè la tangente dovrà necessariamente passare pel punto diametralmente opposto sulla c, vale a dire per il punto fisso O, e una linea, di cui tutte le tangenti concorrono in un medesimo punto O, non può essere che una retta per il punto O.[1]

11. Elissografo. Uno strumento atto al tracciamento continuo di ellissi si costruisce, utilizzando la circostanza che nel moto rigido studiato ai nn. prec. la traiettoria di ogni punto, che non appartenga alla rulletta, è un'ellisse. Basta dimostrarlo nel caso (effettivamente applicato negli ellissografi) in cui le due guide sono ortogonali e quindi il segmento, i cui estremi scorrono su di esse, è un diametro della rulletta.

Scelte le guide come assi coordinati e preso sul

---

(1) Questa conclusione intuitiva si può confermare analiticamente osservando che, ove si prenda come origine delle coordinate il punto O, le componenti della velocità del punto A (diretta secondo la tangente OA) debbono soddisfare alla relazione

$$x\dot{y} - \dot{x}y = 0$$

ossia, in coordinate polari (n. 21; Cap. II°)

$$\rho^2\dot{\theta} = 0 \,;$$

onde risulta $\theta = \text{cost}$, e quest'equazione caratterizza appunto una retta per O.

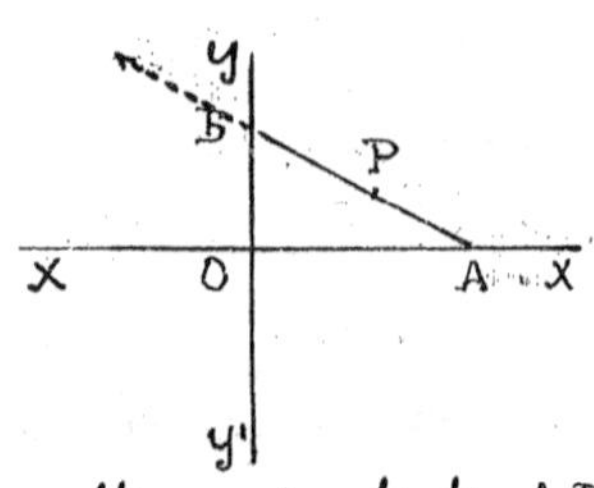

segmento AB o su uno dei suoi prolungamenti un punto qualsiasi P, poniamo AP = b, BP = a (immaginando, ad es., orientata la AB da A verso B). Se indichiamo con θ l'angolo delle due rette orientate AB ed OX, abbiamo

$$x = a \cos \theta \quad , \quad y = b \sin \theta,$$

onde, eliminando θ, risulta

$$\frac{x^2}{a^2} + \frac{y^2}{b^2} = 1.$$

Perciò una punta scrivente, fissabile in un punto a piacere dell'asticella AB o dei suoi prolungamenti, descrive sul piano al muoversi di AB, un'ellisse.

12. Il moto reciproco di quello studiato ai nn. precedenti si realizzerà mediante un angolo rigido (in particolare una squadra) che si muove sul piano in modo che i suoi lati passino costantemente per due punti fissi A e B. Qui la rulletta sarà una circonferenza rotolante (esternamente) intorno ad una circonferenza di raggio metà.

13. Antiparallelogramma articolato. — Si consideri un antiparallelogramma, cioè un quadrangolo piano intrecciato ABCD a lati opposti uguali (AB = CD, BC = DA) e lo si immagini a lati rigidi od articolato, cioè dotato di cerniere nei vertici.

Se tenute fisse due cerniere, ad es. A e B, e si fanno ruotare le aste mobili (nel loro piano), l'antiparallelogramma si deforma, conservando peraltro inalterata la lunghezza di ciascun lato. Si consideri in particolare CD come

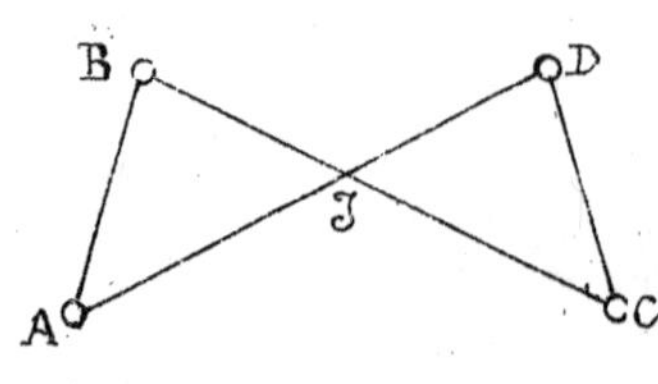

figura mobile. Dei due punti C e D rimangono assegnate le traiettorie quali circonferenze di centri A e B rispettivamente, cosicchè (n. 4) il centro istantaneo J è l'intersezione di AD con BC.

D'altra parte i due triangoli JAB, JDC sono eguali, tali essendo (oltre agli angoli in J opposti al vertice) gli angoli in B e in D e i lati $\overline{AB}$, $\overline{CD}$ per la definizione stessa dell'antiparallelogramma. Ne segue $\overline{JA} = \overline{JC}$, $\overline{JB} = \overline{JD}$, donde

$$\overline{JA} + \overline{JB} = \overline{JC} + \overline{JD},$$

queste due somme avendo valore costante (cioè indipendente dalla posizione di CD), perchè sempre eguale alla lunghezza comune delle due aste AD, BC. Possiamo quindi concludere: Le traiettorie polari λ ed l sono ellissi eguali, aventi rispettivamente per fuochi i vertici fissi A, B e i vertici mobili C, D.

15. Sono date una circonferenza c e una retta f fisse, tangenti in T. Un profilo rettilineo r si muove in modo da restare sempre tangente a c, mentre un suo punto P scorre su f.

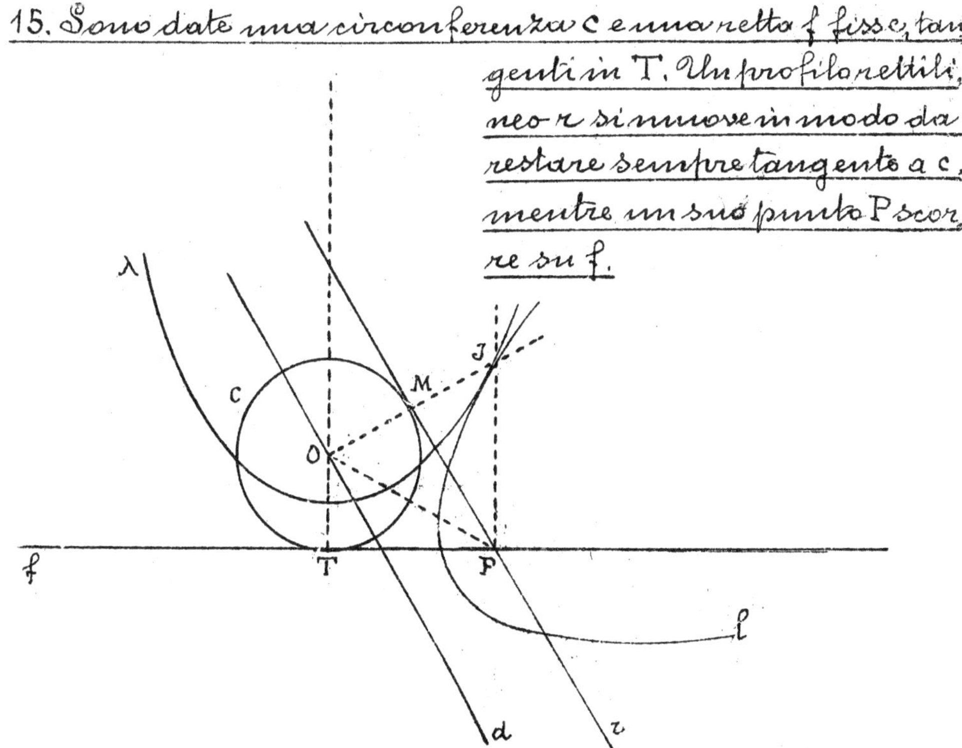

 calligr. Baldo P. V.

Detto M il punto di contatto fra c ed r, si può intanto individuare I come punto di incontro della perpendicolare ad f in P (n.) col raggio OM (n.). Guidato poi OP, che bi, seca l'angolo $T\hat{P}M$ appare immediatamente che il tri, angolo OIP ha i due angoli in O e in P eguali. Infatti l'angolo in P è il complemento di $O\hat{P}T$ e l'angolo in O (in quanto appartiene anche al triangolo rettangolo OMP) è il complemento dell'angolo eguale $O\hat{P}M$. Ne consegue che I dista egualmente da O e da P, o, se si vuole, dal pun, to fisso O e dalla retta f (pur fissa).

Questa proprietà di I (indipendente dalla specia, le posizione del profilo mobile) ne caratterizza il luogo, cioè la base λ, come una parabola che ha O per fuoco e f per direttrice.

Colla stessa facilità si constata che la rulletta l è una parabola eguale avente P per fuoco e per direttrice una retta d parallela ad r (distante da essa quanto il raggio di c). All'uopo si immagina guidata per O la pa, rallela ad r, la quale risulta solidale colla figura mobi, le, perchè dista da r del segmento costante $\overline{OM}$. L'equi, distanza di I da P e da O, ossia da P e da d, si traduce precisamente nell'affermato comportamento di l.

CAPITOLO VI.°

Generalità sulla cinematica dei sistemi

§1. Sistemi olonomi

1. Accanto alle figure rigide, che dal punto di vista cinematico costituiscono il più semplice tipo di sistemi di punti, la esperienza quotidiana offre esempi innumerevoli di sistemi deformabili, che in condizioni di moto subiscono espansioni, flessioni, torsioni, ecc. Si verifica talvolta che il moto di taluni punti del sistema determina quello di tutti i rimanenti, come accade ad es., per le figure rigide, il cui moto risulta individuato da quello di tre loro punti non allineati; e più spesso avviene, quanto meno, che il moto di alcuni dei punti del sistema limiti la libertà di movimento degli altri.

Si è così condotti a studiare in generale, la mobilità di quei sistemi, pei quali sussistono, durante ogni loro possibile moto, certe determinate relazioni fra i caratteri cinematici dei varii loro punti (posizione, velocità, accelerazione ...); e sono particolarmente notevoli quelli pei quali codeste relazioni vincolano esclusivamente le posizioni simultanee dei diversi punti.

Così, per riferirci ai casi più semplici possibili, un punto P può essere vincolato a muoversi su di una data curva o su di una data superficie, talchè il punto, nelle infinite posizioni di cui è suscettibile, andrà considerato come funzione, rispettivamente, di uno o due parametri

(1) $$P = P(q) \quad \text{o} \quad P = P(q_1, q_2),$$

dove q può essere, ad es. la lunghezza d'arco della curva data, a partire da un determinato suo punto, e q_1, q_2 designano un qualsiasi sistema di coordinate curvilinee sulla data superficie.

Se poi codesta curva o superficie, luogo delle infinite posizioni possibili pel punto, varia da istante a istante, avremo per P, in luogo delle (1), un'equazione rispettivamente della forma

$$P = P(q \mid t) \quad \text{o} \quad P = P(q_1, q_2 \mid t).$$

Più in generale noi qui considereremo un sistema di un numero qualsiasi m di punti P_i $(i = 1, 2, \ldots, m)$, i quali, anzichè liberamente mobili gli uni rispetto agli altri, siano vincolati ad assumere istante per istante soltanto le posizioni rappresentabili mediante certe determinate funzioni di un dato numero n di parametri arbitrari $q_1, q_2, \ldots, q_n$ ed eventualmente, del tempo

(2) $$P_i = P_i(q_1, q_2, \ldots, q_n \mid t). \quad (i = 1, 2, \ldots, m).$$

Se x_i, y_i, z_i sono le coordinate del punto P_i rispetto ad una terna scelta come riferimento del sistema, le equazioni geometriche (2) si traducono nelle $3m$ equazioni scalari equivalenti

(2') $$\begin{cases} x_i = x_i(q_1, q_2, \ldots, q_n \mid t) \\ y_i = y_i(q_1, q_2, \ldots, q_n \mid t) \quad (i = 1, 2, \ldots, m) \\ z_i = z_i(q_1, q_2, \ldots, q_n \mid t), \end{cases}$$

dove a secondo membro compaiono certe $3m$ funzioni degli argomenti $q_1, q_2, \ldots, q_n$ ed eventualmente, t, che noi supporremo univalenti, finite, continue e derivabili (fino al 2° ordine almeno) entro un determinato campo di valori per codesti argomenti.

Un tal sistema vincolato dicesi olonomo[1]; e se il tempo t non compare nelle (2) o (2'), il sistema olonomo si dice a vincoli indipendenti dal tempo. I parametri arbitrarii q_1, $q_2, \ldots, q_n$ si chiamano coordinate generali o lagrangiane del sistema.

2. Ad un dato istante, cioè per un dato valore di t, le (2) o (2'), al variare di $q_1, q_2, \ldots, q_n$ entro il rispettivo campo di valori, forniscono tutte e sole le configurazioni del sistema nell'istante considerato, cioè i gruppi di m punti dello spazio (fisso) in cui possono localizzarsi in quell'istante i punti P_i del dato sistema; ed è manifesto che se i vincoli dipendono dal tempo le configurazioni del sistema in un dato istante t_1 non coincidono in generale con quel- elativo ad un istante diverso t_2.

Corrispondentemente alle ∞^n possibili scelte dei i degli n parametri $q_1, q_2, \ldots, q_n$ nel rispettivo cam- configurazioni del sistema olonomo (2) in un dato stante saranno ∞^n al più: esse saranno esattamen- ∞^n sempre e solo quando al variare delle coordinate q_j varia altresì la corrispondente configurazione; e perchè ciò accada occorre e basta che le equazioni (2') siano risolubili rispetto alle q_j; ossia, come si sa dal calcolo, che la matrice jacobiana

$$(3) \qquad \left\| \frac{\partial x_1}{\partial q_j} \; \frac{\partial y_1}{\partial q_j} \; \frac{\partial z_1}{\partial q_j} \ldots \frac{\partial x_m}{\partial q_j} \; \frac{\partial y_m}{\partial q_j} \; \frac{\partial z_m}{\partial q_j} \right\| \quad (j = 1, 2, \ldots n)$$

sia, per valori generici delle q_j, di caratteristica n.

Quando si verifica questa circostanza si dice

---

(1) Questa denominazione, derivata da ὅλος (intero) νόμος (legge) allude alla circostanza che, come vedremo meglio al n. 4, il vincolo si traduce in relazione in termini finiti fra le coordinate dei punti. Essa fu introdotta dal grande Fisico e Matematico H. Hertz, scopritore delle onde elettriche, n. ad Hamburg nel 1857, m. a Bonn nel 1894.

indifferentemente che n è il grado di libertà del sistema o che questo ha n gradi di libertà; cosicchè si può dire che il grado di libertà di un sistema olonomo è il numero di parametri essenziali da cui dipendono le sue configurazioni in un generico istante.

Solitamente parlando di coordinate lagrangiane di un sistema olonomo si intende riferirsi a coordinate tutte essenziali, cioè in numero uguale ai gradi di libertà del sistema; e qui possiamo notare che nella scelta delle coordinate lagrangiane vi è una grande arbitrarietà; giacchè in luogo di certe n coordinate q_j si possono introdurre altri n parametri q'_k legati ai primitivi da n equazioni quali si vogliono

$$q'_k = q'_k\,(q_1, q_2, \dots, q_n) \qquad (k = 1, 2, \dots, n)$$

sotto la sola condizioni che il determinante funzionale

$$\left\| \frac{\partial q'_k}{\partial q_j} \right\| \quad (k, j = 1, 2, \dots, n)$$

non sia identicamente nullo nel campo di variabilità q_j.

3. Durante un suo moto qualsiasi, il sistema olonomo passerà man mano per configurazioni relative ai successivi istanti, onde il moto risulterà definito quando le coordinate lagrangiane del sistema siano assegnate in funzioni del tempo. Le equazioni

$$q_j = q_j\,(t) \qquad (j = 1, 2, \dots, n)$$

cui si dà così luogo, si diranno le equazioni orarie del moto.

Si può qui rilevare il caso speciale dei sistemi olonomi ad un solo grado di libertà e a vincoli indipendenti dal tempo, pei quali le configurazioni dipendono da un unico parametro lagrangiano (e non da t):

$$P_i = P_i\,(q) \qquad (i = 1, 2, \dots, m)$$

Per tali sistemi, che diconsi <u>a vincoli completi</u>, sono determinate a priori le traiettorie dei singoli punti del sistema, e a definire il moto basta un'unica equazione oraria:

$$q = q\,(t),$$

la quale determina la legge temporale, secondo cui codeste traiettorie sono percorse dai rispettivi punti.

4. Aggiungiamo un'ultima osservazione. Se fra le $3m$ equazioni scalari (2') eliminiamo, le n coordinate lagrangiane, otteniamo, nell'ipotesi che la (3) sia di rango n, esattamente $3m-n$ equazioni indipendenti fra le x_i, y_i, z_i $(i = 1, 2, \ldots, n)$ ed eventualmente, il tempo

$$(4) \qquad f_k(x_1, y_1, z_1, \ldots, z_m \mid t) = 0 \qquad (k = 1, 2, 3, \ldots, 3m-n),$$

le quali esprimono analiticamente le relazioni che istante per istante intercedono fra le posizioni simultanee dei singoli punti del sistema. Esse diconsi equazioni dei vincoli o legami o, più semplicemente, <u>vincoli</u> o <u>legami</u>. Il loro numero è dato dalla differenza $3m-n$ fra il numero delle coordinate cartesiane dei punti del sistema e quello delle coordinate lagrangiane.

Viceversa se ad un sistema di m punti P_i si impone la condizione di soddisfare colle coordinate x_i, y_i, z_i dei rispettivi punti ad un certo numero l di equazioni della forma (4), il sistema è olonomo. Invero, risolvendo le (4) rispetto ad l delle $3m$ coordinate x_i, y_i, z_i e assumendo come parametri lagrangiani le rimanenti $3m-l$, si ottiene precisamente un sistema di equazioni della forma (2'). Rileviamo che il grado di libertà $3m-l$ è eguale alla differenza fra il numero $3m$ delle coordinate cartesiane dei punti del sistema e il numero l dei vincoli.

5. Esempi di sistemi olonomi. Il grado di libertà di un sistemi olonomo è, per definizione, il numero delle rispettive coordinate lagrangiane (indipendenti).

In pratica, quando si fissa l'attenzione su di un sistema di data struttura materiale, si riconosce direttamente se esso sia olonomo, esaminando se le due configurazioni in un generico istante sono individuabili mediante un certo numero di parametri indipendenti; e in caso affermativo codesto numero fornisce senz'altro il grado di libertà del sistema.

Applichiamo il suaccennato criterio ad alcuni tipi particolarmente semplici di sistemi.

Una figura rigida mobile su di un piano è un sistema olonomo con 3 gradi di libertà, in quanto occorrono e bastano 2 parametri per individuare la posizione di un suo punto M (coordinate) e un ulteriore parametro per fissare la sua orientazione intorno ad M.

Il sistema di due asse rigide collegate a cerniera ha nel piano 4 gradi di libertà, perchè la posizione della cerniera dipende da 2 parametri ed altri 2 ne occorrono e bastano per individuare le orientazioni delle due aste. Perciò sarà 4 anche il grado di libertà nel piano di un quadrilatero articolato.

6. Una sbarra nello spazio ha 5 gradi di libertà. Per fissare infatti la configurazione di un tale sistema basta conoscere la posizione di un suo punto P e la direzione della sbarra. D'altra parte è ben noto che occorrono 3 parametri per fissare la posizione di P e che ne occorrono 2 per fissare la direzione della sbarra.

E di qui risulta che i gradi di libertà della sbarra si riducono a 2 se il punto P è fisso.

Per un sistema rigido generale i gradi di libertà

nello spazio sono tanti quanti quelli di una terna di assi (solidale colla figura) cioè 6, in quanto occorrono 3 parametri per fissare l'origine ed altri tre per determinare l'orientazione degli assi (per es. gli angoli di Eulero).

Se il sistema ha un punto fisso, i parametri e quindi i gradi di libertà, si riducono evidentemente a 3, come del resto abbiamo già osservato al n. 6.

Dal n° prec. risulta che un solido ha 3 gradi di libertà anche nel caso in cui debba muoversi sempre parallelamente ad un piano.

Un solido con un gancio scorrevole lungo un anello ha 4 gradi di libertà: 1 per fissare la posizione del gancio e 3 per fissare la posizione del solido attorno ad esso.

Un solido con un asse scorrevole su se stesso ha due soli gradi di libertà: 1 per fissare la posizione dell'asse, 1 per fissare l'orientazione del solido attorno all'asse stesso.

Infine un solido C che debba sempre toccare (in un sol punto) un altro solido C_1 ha 5 gradi di libertà. Occorrono infatti 2 parametri per fissare il punto di contatto sulla superficie del corpo C e 2 ne occorrono per fissarlo sulla superficie di C_1; d'altra parte escluso il caso eccezionale in cui il punto di contatto sia singolare per l'una o per l'altra superficie, basta un ulteriore parametro per fissare la posizione relativa delle due superficie attorno alla normale comune.

Terminiamo determinando il grado di libertà di una bicicletta posta sul piano stradale.

Per fissare la posizione del telaio sono necessari 4 parametri: 2 per fissare la posizione di un punto della traccia sul piano stradale, 1 per fissare la direzione di questa traccia, 1 per fissare l'inclinazione del telaio.

Altri due parametri occorrono per fissare la posizione dello sterzo e della ruota anteriore. La posizione della ruota posteriore, della catena e del volante dipende dal solo parametro.

Tenendo conto anche dei 2 volantini dei pedali abbiamo altri due parametri. Il grado di libertà è dunque complessivamente 9.

Abbiamo implicitamente supposto che la bicicletta non sia a ruota libera. Vi sarebbe altrimenti un parametro di più e il grado di libertà sarebbe 10.

7. Tutti i sistemi olonomi considerati nei prec. nn. 5, 6 sono rigidi o costituiti di parti rigide variamente collegate fra di loro.

Altri tipi di sistemi, che pur cadono sotto la nostra esperienza quotidiana, non sono olonomi, come ad es. un filo completamente flessibile, cioè suscettibile di disporsi secondo una curva arbitraria. Invero non si possono localizzare gli infiniti suoi punti con un numero finito di parametri.

D'altra parte anche sistemi rigidi o costituiti da parti rigide possono benissimo non essere olonomi, in quanto siano sottoposti a vincoli che involgono non solo le posizioni simultanee dei loro punti, ma anche le rispettive velocità.

§2. Spostamenti possibili e spostamenti virtuali.

8. Spostamenti possibili. Dato un punto libero P in una posizione determinata P_0 e prefissato un qualsiasi vettore $\underline{v}$ coll'origine in P_0 si possono definire per P infiniti moti, in ciascuno dei quali il punto passa in un dato istante t_0 per P_0 con la data velocità $\underline{v}$ talchè dall'istante t_0 all'istante t_0+dt subisce lo spostamento elemen-

tare, arbitrario, $\underline{v}dt$.

Basta per es. considerare il moto (rettilineo uniforme)

$$P = P_0 + (t - t_0)\underline{v}$$

ad ogni altro che si ottenga aggiungendo a secondo membro un addendo $\underline{c}(t-t_0)^2$ dove $\underline{c}$ designa un vettore qualsiasi (anche funzione del tempo).

Ma questa libertà di spostamenti vien manifestamente a mancare pei punti e pei sistemi vincolati: un sistema olonomo

$$(2) \qquad P_i = P_i(q_1, q_2, \ldots, q_n | t) \qquad (i = 1, 2, \ldots, n)$$

in un qualsiasi suo moto, non può passare, durante il tempuscolo da t a $t + dt$, se non da una configurazione relativa all'istante t ad una configurazione, infinitamente vicina, relativa all'istante $t + dt$ e gli spostamenti elementari dP_i dei singoli punti saranno dati da

$$P_i + dP_i = P_i(q_1 + dq_1, q_2 + dq_2, \ldots, q_n + dq_n \, t + dt),$$

ossia, sviluppando i secondi membri e trascurando gli infinitesimi di ordine superiore, da

$$(5) \qquad dP_i = \frac{\partial P_i}{\partial q_1} dq_1 + \frac{\partial P_i}{\partial q_2} dq_2 + \cdots + \frac{\partial P_i}{\partial q_n} dq_n + \frac{\partial P_i}{\partial t} dt, \; (i = 1, 2, \ldots m)$$

Ogni spostamento (5), vale a dire ogni spostamento elementare che porta il sistema olonomo da una configurazione C relativa ad un istante t ad una configurazione infinitamente vicina C', relativa all'istante consecutivo $t + dt$, dicesi <u>spostamento possibile</u> del sistema nell'istante t.

Un sistema olonomo ad n gradi di libertà ammette, a partire da una sua data configurazione, tanti spostamenti possibili quanti sono i modi in cui si possono scegliere nelle (5) gli n differenziali indipendenti $dq_1, \ldots, dq_n$.

<u>9. Vincoli anolonomi</u> Se al sistema olonomo ad n gra-

di di libertà (2) imponiamo un ulteriore vincolo posizionale, questo si traduce in una certa relazione in termini finiti, fra le coordinate lagrangiane ed eventualmente, il tempo

(6) $$f(q_1, q_2, \ldots, q_n | t) = 0 ;$$

e altrettanto può dirsi se il dato sistema è costituito di n punti liberi, nel qual caso basta assumere come coordinate lagrangiane del sistema le coordinate cartesiane degli n punti.

In ogni caso, derivando la (6) rispetto a t, si ottiene

$$\sum_1^n {}_h \frac{\partial f}{\partial q_h} \dot{q}_h + \frac{\partial f}{\partial t} = 0$$

ossia, moltiplicando per dt,

$$\sum_1^n {}_h \frac{\partial f}{\partial q_h} dq_h + \frac{\partial f}{\partial t} dt = 0 :$$

ed ove si tenga conto delle (5) del n. prec. si vede che la (6) implica una certa relazione fra gli spostamenti possibili pel sistema nel tempuscolo da t a $t + dt$, talchè si presenta come un vincolo di mobilità del sistema.

Questa osservazione apre l'adito ad un' ovvia generalizzazione, cioè ad imporre ad un sistema olonomo degli ulteriori vincoli di mobilità espressi da equazioni del tipo

(7) $$\sum_1^n {}_h A_h \, dq_h + B \, dt = 0$$

ossia, dividendo per dt,

(7') $$\sum_1^n {}_h A_h \dot{q}_h + B = 0 ,$$

dove le A_h, B siano funzioni delle coordinate lagrangiane q_h ed, eventualmente, del tempo, prefissate ad arbitrio, cioè tali che la (7) non sia deducibile per derivazione da una relazione in termini finiti fra le q ed eventualmente, la t.

Come ulteriore generalizzazione, si potrebbero anche considerare vincoli di mobilità più complessi, per es. non lineari nelle $\dot{q}_h$ o addirittura involgenti derivate delle q di ordine superiore al primo, ma sinora non si conoscono sistemi concretamente realizzabili, soggetti a vincoli di tal natura.

Si hanno invece esempi notevoli di sistemi soggetti ad uno o più vincoli di mobilità traducibili in equazioni del tipo (7): per mettere in evidenza che un tal vincolo non è olonomo, vale a dire non è deducibile per derivazione da un'equazione in termini finiti fra le q e t, esso dicesi anolonomo.

10. Spostamenti virtuali. Nella meccanica dei sistemi è, come vedremo, di somma importanza il confrontare ogni configurazione C del sistema relativo ad un dato istante t colle altre configurazioni C_1 infinitamente vicini a C e relative al medesimo istante. Ogni spostamento che fa passare appunto il sistema da una qualsiasi configurazione ad un'altra infinitamente vicina e possibile nel medesimo istante dicesi spostamento conciliabile coi legami nell'istante considerato o, più spesso, spostamento virtuale.

Se i vincoli sono indipendenti dal tempo, come accade pei sistemi rigidi, le configurazioni del sistema sono, nel loro complesso, le stesse in tutti i successivi istanti, talchè ogni spostamento virtuale è possibile e viceversa.

Se invece i legami dipendono dal tempo variano in generale da istante ad istante le configurazioni del sistema, cosicchè uno spostamento virtuale, in quanto fa passare il sistema dall'una all'altra di due configurazioni infinitamente vicine, relative ad uno stesso istante, non può corrispondere ad un moto effettivo, cioè non è uno spostamento possibile.

Ad es. si consideri, in un piano un punto vincolato a restare su di una circonferenza di centro O fisso e di raggio crescente col tempo; se C, C' rappresentano le configurazioni di codesta circonferenza negli istanti consecutivi t e t + dt, e il punto si immagina posto nell'istante t in una posizione P su C, uno spostamento possibile dovrà farlo passare da P ad una posizione P' infinitamente vicina su C', mentre uno spostamento virtuale lo porterà in una posizione, pur essa infinitamente vicina a P, ma situata sulla stessa circonferenza C.

11. Per distinguere gli spostamenti virtuali dai possibili si designano con la lettera δ anzichè colla d, talchè, dato un sistema olonomo, lo spostamento subìto da un suo punto P_i in uno spostamento virtuale dell'intero sistema si indica con δP_i e le sue componenti secondo gli assi si denotano con $\delta x_i, \delta y_i, \delta z_i$.

Ragionando come nel caso degli spostamenti possibili, salva la ipotesi che qui il tempo non varia, si trova per gli spostamenti virtuali l'espressione generale

$$(8) \qquad \delta P_i = \sum_{1}^{n}{}_h \frac{\partial P_i}{\partial q_h} \delta q_h \qquad (i = 1, 2, \ldots, m),$$

che risulta lineare *omogenea* nelle variazioni elementari δq_h delle coordinate lagrangiane (anche se i vincoli dipendono dal tempo).

Di qui, immaginando attribuite a codeste variazioni elementari delle determinazioni quali si vogliano e poi cambiando a ciascuna di esse il segno, si conclude che: *Un sistema olonomo, ad ogni istante e a partire da una sua configurazione qualsiasi, ammette, insieme con ogni suo spostamento virtuale δP_i, anche lo spostamento opposto $-\delta P_i$*; o, come si suol dire, *pei sistemi olonomi tutti gli spostamenti virtuali sono reversibili.*

Questa osservazione ha una ragion d'essere, in quanto, come vedremo, per sistemi non olonomi possono esistere spostamenti virtuali non reversibili.

Ancora dalla forma lineare omogenea delle (8) discende che, se si considerano a partire da una stessa configurazione del sistema due spostamenti virtuali

$$\delta_1 P_i = \sum_1^n {}_h \frac{\partial P_i}{\partial q_h} \delta_1 q_h \ , \quad \delta_2 P_i = \sum_1^n {}_h \frac{\partial P_i}{\partial q_h} \delta_2 q_h \ , (i=1,2,\dots,m)$$

si ha, sommando membro a membro

$$\delta_1 P_i + \delta_2 P_i = \sum_1^n {}_h \frac{\partial P_i}{\partial q_h} (\delta_1 q_n + \delta_2 q_h)$$

$$(i = 1, 2, \dots, m) \ ;$$

cioè: <u>Componendo a partire da una stessa configurazione del sistema, due o più spostamenti virtuali, si ottiene ancora uno spostamento virtuale.</u>

12. Spostamenti virtuali di un sistema rigido. I vincoli di rigidità sono olonomi e indipendenti dal tempo, talchè per un qualsiasi sistema rigido gli spostamenti virtuali non differiscono dagli spostamenti possibili o effettivi. Ora sappiamo (n. 24; Cap. III) che questi ultimi rientrano nel tipo

$$(9) \qquad dP = dO + \underline{\omega}\, dt \wedge (P - O),$$

dove dO rappresenta lo spostamento del centro di riduzione e $\underline{\omega}\, dt$ la rotazione elementare (intorno all'asse istantaneo passante per O).

Se il sistema rigido è libero, cioè sottoposto ai soli vincoli di rigidità, i due vettori infinitesimi dO e $\underline{\omega}\, dt$ sono entrambi suscettibili di ogni possibile determinazione (infinitesima); onde la (9) fornisce anche la rappresentazione compendiosa di tutti gli spostamenti virtuali di un sistema rigido, in funzione dei due vettori arbitrari dO e $\underline{\omega}\, dt$.

Se si nota che ogni vettore dipende da tre parametri (ad es. le sue componenti), si arriva alla conclusione che, a caratterizzare gli spostamenti di un sistema rigido (sottoposto ai soli legami di rigidità), intervengono sei elementi arbitrari (infinitesimi, tali essendo i vettori da cui provengono). Questa circostanza poteva essere a priori preveduta (n. prec.), trattandosi, nel caso presente, di un sistema con sei gradi di libertà (n. 6).

In conformità alla notazione convenuta per gli spostamenti virtuali (n. 11), giova indicare con δP lo spostamento virtuale di un punto generico P del sistema e con δO lo spostamento virtuale del centro di riduzione O. Con ciò δO sta a rappresentare la prima caratteristica dello spostamento, che finora era designata con dO.

Se poi, per evitare anche l'apparenza di un moto istantaneo, si pone la seconda caratteristica arbitraria $\underline{\omega}\,dt = \underline{\omega}'$, si ha dalla (9) la rappresentazione di ogni possibile spostamento virtuale sotto la forma

$$(9') \qquad \delta P = \delta O + \underline{\omega}' \wedge (P - O)$$

13. Se il sistema rigido considerato, invece che essere libero, ha un punto fisso, conviene naturalmente prendere tale punto come centro di riduzione O; sicchè allora la caratteristica δO è sempre nulla.

La (9) che dà il complesso di tutti gli spostamenti virtuali si riduce quindi a

$$\delta P_i = \underline{\omega}' \wedge (P - O).$$

Di qui si vede che a caratterizzare gli spostamenti di un sistema rigido con un punto fisso intervengono tre elementi arbitrari soltanto (le componenti di $\underline{\omega}'$); come era del resto prevedibile, in quanto il sistema ha soltanto 3 gradi di libertà.

§ 3. Sistemi a legami unilaterali

14. Fra i sistemi non olonomi, giova prendere in considerazione una speciale classe di sistemi, di cui l'esempio più semplice si ha supponendo data una superficie σ e immaginando un punto libero di muoversi da una data banda di σ, ma vincolato a non attraversarla.

Se $\varphi(x, y, z) = 0$ è l'equazione di σ, le due regioni in cui essa divide lo spazio sono rispettivamente caratterizzata dalle due disuguaglianze $\varphi < 0$ e $\varphi > 0$; cosicchè, cambiando segno, ove occorra, alla funzione φ, il vincolo supposto pel nostro punto si potrà esprimere, imponendo alle sue coordinate x, y, z la condizione

$$\varphi(x, y, z) \leq 0 .$$

Un tal vincolo dicesi unilaterale; e la stessa denominazione si usa nel caso, in cui il campo in cui può muoversi il punto sia limitato da più superficie, come ad es.

$$x \geq 0 \quad , \quad y \geq 0 \quad , \quad z \geq 0 ,$$

per un punto vincolato a non uscire dal triedro delle coordinate positive (o nulle).

Più in generale un sistema ad n gradi di libertà

$$(2) \qquad P_i = P_i(q_1, q_2, \dots, q_n \mid t) \quad (i = 1, 2, \dots, m)$$

si dice soggetto a vincoli unilaterali, se le rispettive coordinate lagrangiane debbono soddisfare ad un certo numero di disuguaglianze (dipendenti o no dal tempo)

$$(10) \qquad \varphi_j(q_1, q_2, \dots, q_n \mid t) \leq 0 \quad (j = 1, 2, \dots, \lambda).$$

15. Così, ad es., è a vincolo unilaterale un sistema di due punti $P_1(x_1, y_1, z_1)$ e $P_2(x_2, y_2, z_2)$ collegati da un filo flessibile ed inestendibile di lunghezza l, giacchè le coordinate dei due punti debbono soddisfare alla di-

sugnaglianza

$$(x_1 - x_2)^2 + (y_1 - y_2)^2 + (z_1 - z_2)^2 \leq l^2.$$

In secondo luogo si consideri una sferetta di raggio r vincolata a non uscire da una certa falda di cono di rotazione di angolo al vertice 2α (pallina entro un imbuto). Preso il vertice come origine e l'asse della falda di cono come asse delle z, i punti giacenti su codesta falda o interni ad essa sono caratterizzati dalle disuguaglianze

$$\operatorname{ctg}\alpha\sqrt{x^2+y^2} - z \leq 0 \quad , \quad -z \leq 0\,;$$

talchè nel nostro caso dovranno soddisfare ad esse le coordinate di tutti i punti della sfera.

Ma si può evitare di dover considerare codeste relazioni per tutti i punti della sferetta. Si assumano invero come coordinate (lagrangiane) di questa le coordinate x_0, y_0, z_0 del suo centro e altri tre parametri, che qui non occorre specificare, per individuar l'orientazione della sfera intorno a C; e si osservi che condizione necessaria e sufficiente perchè la sferetta non esca dalla falda di cono suindicata si è che il centro C non sia esterno alla falda di cono eguale, parallela ed interna ad essa alla distanza R. Si ottiene così pel vincolo unilaterale considerato l'espressione

$$\operatorname{cotg}\alpha\sqrt{x_0^2+y_0^2} \leq z_0 - \frac{R}{\operatorname{sen}\alpha}\,, \quad \frac{R}{\operatorname{sen}\alpha} - z_0 \leq 0\,.$$

16. <u>Configurazioni di confine e spostamenti virtuali irreversibili.</u> Fra le configurazioni, di cui è suscettibile un sistema (2) soggetto a vincoli unilaterali (10), diconsi ordinarie quelle, in cui le relazioni (10) sono soddisfatte tutte come vere disuguaglianze, mentre diconsi configurazioni <u>di confine</u> quelle in cui almeno una delle (10) è soddisfatta per eguaglianza.

Così nei due esempi indicati al n. prec. sono configurazioni di confine quelle, in cui, rispettivamente, i due punti si trovano alla distanza l o la sferetta è a contatto colla data falda di cono.

Ciò premesso, supposta estesa ai sistemi a vincoli unilaterali la definizione di spostamento virtuale (n. 10), avremo che per un sistema (2), sottoposto ai vincoli (10), ogni spostamento virtuale, a partire dalla configurazione di coordinate lagrangiane $q_1, q_2, \dots, q_n$, sarà data da

$$\delta P_i = \sum_1^n {}_h \frac{\partial P_i}{\partial q_h} \delta q_h \qquad (i = 1, 2, \dots, m)$$

dove le variazioni δq_h delle coordinate lagrangiane dovranno soddisfare alle relazioni

$$\varphi_j(q_1 + \delta q_1, q_2 + \delta q_2, \dots, q_n + \delta q_n \mid t) \leq 0 \quad (j = 1, 2, \dots, m)$$

ossia, a meno di infinitesimi di ordine superiore al primo,

$$(11) \qquad \varphi_j(q_1, q_2, \dots, q_n)\, \delta\varphi_j \leq 0 .$$

Ora, se la configurazione di partenza (di coordinate lagrangiane $q_1, q_2, \dots, q_n$) è ordinaria, tutte le $\varphi_j(q_1, q_2, \dots, q_n)$ sono negative, onde risulteranno tali, per ragioni di continuità, anche tutte le $\varphi_j + \delta\varphi_j$, comunque si scelgano le variazioni infinitesime δq_j. Perciò le (11) sono necessariamente soddisfatte e si conclude che, a partire da una configurazione ordinaria, i vincoli unilaterali non impongono alcuna limitazione agli spostamenti virtuali del sistema.

Se invece si parte da una configurazione di confine cioè da una configurazione in cui si annulla almeno una delle φ_j, ad es. la φ_p, la corrispondente relazione (11) richiede

$$\delta\varphi_p \leq 0$$

e questa rappresenta un'effettiva limitazione per gli spostamenti virtuali del sistema.

Si ha dunque che i vincoli unilaterali implicano delle condizioni per gli spostamenti virtuali soltanto a partire dalle configurazioni di confine.

Questa osservazione appare del tutto intuitiva se ci riferiamo ai varii esempi considerati precedentemente. Un punto, vincolato a non attraversare una superficie σ, è suscettibile, quando non sia su σ, di tutti i possibili spostamenti virtuali, come se fosse libero; mentre se giace su σ, ammette come virtuali soltanto gli spostamenti (tangenti a σ) che lo mantengono sulla superficie e quelli che ne lo distaccano dalla parte consentita dal vincolo. Similmente due punti collegati da un filo flessibile, ma inestendibile, di lunghezza l, ammettono, quando il filo non è teso, ogni possibile spostamento, come se fossero liberi; mentre, se il filo è teso, sono compatibili col vincolo soltanto gli spostamenti, che non tendono ad allontanare i due punti. Così, infine, la sferetta vincolata a non uscire da una falda di cono subisce dal vincolo unilaterale, nei suoi spostamenti virtuali qualche limitazione solo quando sia a contatto colla superficie del cono; e in tal caso le sono concessi soltanto gli spostamenti che la portano verso l'interno del cono o la mantengono a contatto colla superficie di esso, non quelli che tenderebbero a farnela uscire.

17. Aggiungiamo un'ultima osservazione. Vedemmo che pei sistemi olonomi tutti gli spostamenti virtuali sono reversibili: ora, poichè i vincoli unilaterali, a partire da configurazioni ordinarie, non impongono agli spostamenti virtuali limitazione alcuna, è senz'altro manifesto che, purchè si parta da una configurazione ordinaria, anche per un sistema

a vincoli unilaterali tutti gli spostamenti virtuali sono reversibili.

Non così se si muove da una configurazione di confine. Invero, riferendoci ancora al sistema (2) soggetto ai vincoli (10), si supponga di partire da una configurazione in cui sia nulla (almeno) la φ_p. Allora gli spostamenti virtuali del sistema dovranno soddisfare alla

(12) $$\delta\varphi_p \leq 0\ ;$$

e poichè l'opposto di uno spostamento si ottiene cambiando segno a tutte le variazioni delle coordinate lagrangiane e quindi anche alla $\delta\varphi_p$, uno spostamento virtuale, a partire dalla considerata configurazione di confine, sarà reversibile sempre e solo quando renderà soddisfatta insieme colla (12) anche la

$$-\delta\varphi_p \leq 0\ ;$$

il che implica l'annullarsi della $\delta\varphi_p$, onde si conclude che, a partire da una configurazione di confine, gli spostamenti virtuali sono in generale irreversibili. Sono reversibili tutti e solo quelli, che con ogni relazione (10) soddisfatta per uguaglianza, soddisfano altresì la corrispondente $\delta\varphi_j = 0$.

Anche di ciò è facile rendersi conto sugli esempi considerati.

Per un punto vincolato a non attraversare una superficie σ e situato su di essa, sono irreversibili gli spostamenti che tendono a staccarlo da σ (dalla parte consentita dal vincolo) reversibili gli ∞^1 spostamenti tangenziali. Pei due punti collegati da un filo flessibile e inestendibile e supposti localizzati a filo teso: sono irreversibili gli spostamenti che avvicinano i due punti, reversibili quelli che ne mantengono inalterata la distanza. Infine per la sferetta costretta a restare entro una falda di cono e supposta a contatto con essa, sono irreversibili gli spostamenti che la staccano dalla superficie del cono, reversibili quelli che la conservano a contatto con esso.

CAPITOLO VII°

Concetti fondamentali e postulati della meccanica.

1. Dallo studio puramente descrittivo dei fenomeni di moto, che costituisce il compito della Cinematica, passiamo ormai a quella indagine causale di codesti fenomeni che sin dapprincipio indicammo quale oggetto della Meccanica propriamente detta o Dinamica. Già dicemmo come questa sia caratterizzata, in confronto della Cinematica, dalla introduzione delle idee primitive di *forza* e di *massa*. Noi qui fisseremo, in base ad osservazioni di origine sperimentale, quei principî o postulati, che determinano questi due concetti in relazione colle entità cinematiche già ben definite.

Stabiliti codesti principii, ne svolgeremo le più importanti conseguenze qualitative e quantitative e le più semplici applicazioni a questioni concrete.

Giova avvertire che le osservazioni empiriche, da cui ci faremo guidare alla formulazione dei succennati principî, non hanno e non possono avere, singolarmente prese, se non un valore di orientamento e di stimolo alla nostra induzione intuitiva.

La piena giustificazione del sistema di postulati, che saremo così condotti a stabilire, risulterà soltanto a posteriori dall'accordo, che entro certi limiti di approssimazione, assoderemo fra la realtà fisica e le conseguenze teoriche, che verremo, mano mano traendo da quei postulati per via deduttiva.

§ 1. Idea di forza. Punto materiale.

2. Carattere vettoriale delle forze. Ciascuno di noi possiede l'idea di forza, ed è nell'uso volgare di parlare di "forza muscolare", di "forza di una molla" di "forza del vento o della corrente di un fiume", ecc. Se riflettiamo sul processo di associazione e di astrazione, per cui ricolleghiamo l'idea di forza a circostanze fisicamente così diverse, riconosciamo che in ciascuno dei casi suaccennati, noi parliamo di "forza" in quanto pensiamo che sarebbe possibile di provocare quegli stessi effetti che vediamo volta a volta determinarsi, impiegando in luogo della molla, del vento, della corrente d'acqua ecc. un opportuno sforzo muscolare. Insomma, dal punto di vista soggettivo, il tipo o modello delle forze è la forza muscolare.

Perciò, per giungere ad una più precisa determinazione del concetto astratto di forza, occorre anzitutto analizzare i dati delle sensazioni che si associano ai nostri sforzi muscolari. Se un corpo C appoggia sul pavimento, noi possiamo afferrarlo in qualche suo punto, che offra presa alla nostra mano; e sollevarlo e tenerlo alzato dal suolo (e in quiete rispetto ai corpi circostanti, o, come possiamo dire addirittura, rispetto alla terra) oppure trascinarlo per un certo tratto sul pavimento. Nell'uno o nell'altro caso noi dovremo compiere uno sforzo muscolare, il quale peraltro produce, nei due casi, due effetti diversi; diremo che la nostra forza muscolare esplica nel primo caso, un effetto statico (in quanto è spesa a mantenere C in quiete o in equilibrio rispetto alla terra), nel secondo caso un effetto dinamico (in quanto la forza fa passare C dallo stato di quiete a quello di moto). Ad ogni modo; in entrambe le circostanze, le sensazioni inerenti al nostro sforzo muscolare determinano 1° Il punto del corpo C (o la regione praticamente assimilabile ad un punto), cui applichiamo lo sforzo; 2° la direzione (verticale nel primo caso, sensibilmente orizzontale nel secondo) e il senso in cui esercitiamo lo sforzo, 3° una certa intensità di sforzo. Occorrerà, naturalmente, precisare codesta intensità; ma intanto già da questa prima grossolana valutazione dello sforzo muscolare, siamo condotti a riconoscere in esso quei diversi elementi, che, associati, definiscono un vettore (applicato ad un punto).

Perciò noi attribuiamo alle forze in generale, come agli sforzi muscolari (che, soggettivamente parlando, ne costituiscono il tipo) il carattere di vettori applicati.

E questo carattere riconosciamo, in particolare, a quella speciale categoria di forze, contro le quali, come pocanzi accennavamo, siamo più spesso condotti a cimentare i nostri sforzi muscolari, vogliamo dire ai pesi dei corpi, i quali si manifestano ai nostri sensi, sia nei loro effetti statici, sotto forma di pressioni o tensioni sulla nostra mano, quando teniamo sollevato dal suolo un qualsiasi corpo C, sia nei loro effetti dinamici, quando, abbandonato il corpo a se stesso, lo vediamo cadere, lungo la verticale, sul pavimento.

Ora per giungere alla formulazione di quei principii generali che caratterizzano il concetto astratto di forza, e ne permetteranno, in particolare, la esatta valutazione, converrà riferirsi appunto ai pesi, assumendoli come modelli fisici obbiettivi delle forze, in luogo degli sforzi muscolari che solo in senso soggettivo possono, in una prima riflessione sul concetto di forza fornircene il tipo.

3. Punto materiale. Prima di proceder oltre, è qui necessaria una breve digressione: occorre cioè fermare un momento la nostra attenzione sulla complessità delle circostanze, che inevitabilmente accompagnano ogni esperienza diretta a riconoscere i caratteri generali del concetto di forza.

I corpi su cui possiamo sperimentare sono in generale vincolati nella loro mobilità da contatti, da appoggi, da connessioni con altri corpi: così un carro trainato appoggia sul piano stradale, una locomotiva è costretta a muoversi sul suo binario, l'estremità di un pendolo è collegata da un'asta rigida o da un filo alla sua sospensione ecc. Ora, in un primo studio degli effetti delle forze, converrà considerarle applicate a corpi non soggetti a vincoli (Cap. VI), o, come noi diremo, a corpi liberi, quale sarebbe un corpo cadente nel vuoto.

Ma ciò non basta ancora a ridurre le nostre possibili esperienze, a quella semplicità schematica, che pu permettere di desumerne i caratteri inerenti al concetto di forza. Tutti i corpi, sono dotati di una certa estensione e noi abbiamo visto nello studio della Cinematica, anche solo nel caso particolare del moto di un sistema rigido, quanto, durante il moto, ne sia in generale diverso, da punto a punto, il comportamento cinematico, (traiettoria, velocità, accelerazione). Ora, se noi ci proponiamo di trarre qualche induzione generale sul carattere delle forze, dall'analisi dei loro effetti dinamici (n. prec.), è evidente come la suaccennata molteplicità di manifestazioni cinematiche simultanee debba necessariamente mascherare e quasi sottrarre alla nostra intuizione sintetica la possibile rappresentazione schematica del fenomeno. Ora a deliminare siffatta molteplicità di circostanze complicatrici, converrà riferirsi a corpi di dimensioni abbastanza piccole (rispetto a quelle del campo in cui si svolge il moto) perchè la loro posizione si possa ritener individuata, senza errore sensibile, da un punto geometrico. Ogni corpo così considerato si dirà un punto materiale.

Questa designazione non solo non ripugna alla nostra intuizione dei fenomeni reali, ma, come già si è notato in Cinematica (Cap. II°, n. 1), risponde ad una veduta che ci è consueta; così ad es. la posizione in mare di una nave, si suole assegnare dandone la latitudine e la longitudine, le quali in realtà individuano sulla superficie terrestre un punto geometrico che noi identifichiamo colla nave solo in ragione della piccolezza di questa rispetto alle dimensioni della Terra; e così (per citare un esempio ancora meglio rispondente alla suindicata definizione) noi tutti ci rappresentiamo gli astri come punti della sfera celeste, pur sapendo quanto grandi siano le loro dimensioni rispetto ai corpi che ci attorniano sulla Terra.

Il punto materiale, per ciò che riguarda i caratteri puramente cinematici (posizione, traiettoria, velocità, accelerazione, ecc.) andrà, per la sua stessa definizione, considerato come un punto geometrico; ma, di fronte all'azione delle forze, non cesserà di comportarsi come un corpo naturale. La semplicità schematica degli aspetti cinematici dei moti di un punto materiale ci permetterà di coglierne le leggi dinamiche fondamentali; e la Dinamica del punto fornirà la base di tutta la Meccanica, in quanto, come vedremo in seguito, le leggi del moto di ogni altro corpo, di cui non sia lecito trascurare le dimensioni (rispetto a quelle della regione spaziale in cui ha luogo il moto) si possono stabilire, riguardando codesto corpo come un aggregato di punti materiali.

§2. Misura statica delle forze.

4. Per giungere ad una prima valutazione dei caratteri (vettoriali) delle forze, consideriamole dal punto di vista dei loro effetti statici.

Per precisare i varii elementi (intensità, direzione e senso) che contrassegnano la nozione di forza, occorre anzitutto definire l'idea di *forze uguali*; e a tale scopo assumeremo il seguente principio, che risponde ad una intuitiva veduta di simmetria: *Se un punto materiale, sollecitato da due sole forze, si mantiene in quiete, le due forze sono direttamente opposte, cioè hanno intensità e direzioni eguali e sensi contrarii.* Due tali forze si diranno *equilibrate* o *in equilibrio* fra loro.

Questo principio permette di ridurre la valutazione di una qualsiasi forza $\underline{F}$ a quella di un *peso*. Per dato sperimentale sappiamo che ogni forza-peso è diretta verticalmente dall'alto in basso. Ora dopo avere applicato la data forza $\underline{F}$ ad un punto materiale libero P, immaginiamo di collegare a questo punto un filo sensibilmente flessibile e inestendibile e di cercar, per tentativi, se sia possibile di equilibrare la forza $\underline{F}$ con un opportuno peso applicato all'estremità del filo. Se un certo peso p, applicato al filo (che si disporrà secondo la verticale) mantiene in quiete il punto P sollecitato dalla $\underline{F}$, avremo che questa forza è equilibrata dalla tensione del filo; e se, come appare intuitivamente lecito, ammettiamo che codesta tensione si eserciti nella direzione del filo e che questo, per così dire, trasmetta integralmente l'intensità del peso p, concluderemo, in base al principio dianzi stabilito, che la forza $\underline{F}$ è direttamente opposta a p, cioè ha la

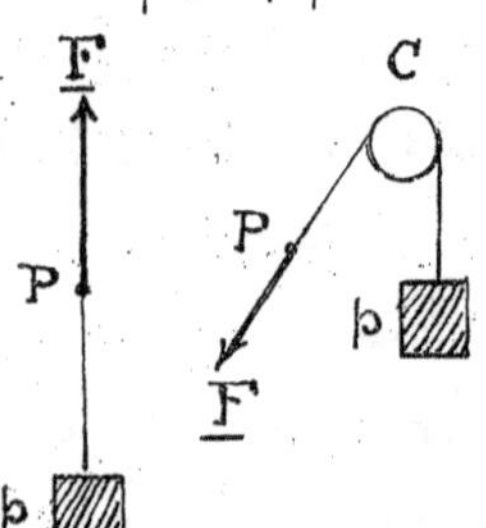

medesima intensità ed è diretta verticalmente dal basso verso l'alto. Se poi non è possibile equilibrare la forza **F** con un peso applicato al filo, finchè questo si lascia abbandonato a se stesso, è intuitivo che si riesce in ogni caso allo scopo voluto, avvolgendo il filo su di una piccola puleggia C, opportunamente localizzata per tentativi (in un certo piano verticale); e, ammettendo anche in questo caso che la tensione agisca nella direzione PC e che il filo trasmetta per intero l'intensità del peso[(1)], si conclude che la forza **F** ha intensità uguale a quella del peso equilibrante e direzione e verso uguali a CP.

5. Ridotta così la valutazione (statica) della intensità delle forze a quella dei pesi, basterà stabilire una graduazione per questi ultimi. Il criterio più semplice e più naturale si ha considerando una sostanza omogenea, per es. l'acqua in determinate condizioni di temperatura e pressione, e convenendo di assumere come misure dei pesi delle varie possibili quantità di sostanza campione, numeri proporzionali ai rispettivi volumi. Il fattore di proporzionalità dipende evidentemente dall'unità di misura dei pesi, cioè da quel volume di sostanza campione, cui si conviene di attribuire il peso 1. In pratica come unità si adotta il chilogramma (1 Kg), cioè il peso (nel vuoto) di un decimetro cubo di acqua distillata, al suo massimo di intensità cioè a circa 4°C. di temperatura e a 760 mm.

---

(1) Questa ipotesi apparisce plausibile in via approssimata; ma è pur chiaro che il peso proprio del filo e l'appoggio sulla carrucola debbano esercitare una qualche influenza. Nella statica dei fili flessibili ed inestendibili si può tener conto di questi elementi e riconoscere i limiti, entro cui è giustificato il prescinderne.

dipressione); e secondo i casi si usano, come unità ausiliaria, i summultipli o multipli decimali del chilogrammo: il grammo = 10^{-3} Kg., il quintale = 10^{2} Kg., la tonnellata 10^{3} Kg.

Quanto alla realizzazione concreta di una scala di pesi campione è ben noto che si usano comunemente serie di cilindretti metallici, che son di più comodo maneggio; e a giustificazione di ciò si può notare che lo stesso dispositivo descritto al n. prec. (filo flessibile e inestendibile avvolto su di una puleggia) permette di verificare che la proporzionalità fra peso e volume ammessa convenzionalmente per la sostanza campione (acqua) sussiste conseguentemente come proprietà generale di tutte le sostanze omogenee.

§3. Effetti dinamici delle forze Proporzionalità tra forza ed accelerazione.

6. Effetti dinamici del peso. Nel moto dei gravi si riconosciamo l'influenza di due distinti elementi: il peso del grave e le condizioni iniziali del suo movimento. Galileo stabilì dapprima la legge della caduta libera, provando che è costante (a parità di tempo) la variazione di velocità lungo la verticale e quindi l'accelerazione. Per studiare poi il caso generale dei gravi comunque lanciati, fu guidato da un concetto di indipendenza di effetti. Egli intuì che - come nella caduta libera si determina una variazione di velocità sempre costante, e quindi indipendente dai diversi valori mano mano acquisiti dalla velocità stessa - così analogamente debba avvenire nel caso generale dei gravi lanciati; e l'esperienza confermò questa sua intuizione.

Al fatto della costanza di variazione di velocità si collega quello che è costante il peso del grave, quali siano le condizioni del moto: si è quindi tratti a riguardare la costante variazione di velocità (accelerazione), come dovuta all'incessante azione della forza peso;" la quale si esplica nello stesso modo qualunque sia la velocità del mobile.

In altri termini, appare acquisito questo risultato. _ Nel moto di un grave, il peso determina, durante un generico intervallo di tempo Δt, una variazione di velocità Δv (nel senso della verticale) proporzionale a Δt ed indipendente dalla velocità, da cui è animato il grave all'inizio dell'intervallo.

7. Ciò posto vien spontaneo il pensiero che anche le altre forze si comportino come il peso; almeno quelle che col peso sono più direttamente confrontabili, hanno cioè comune la caratteristica fondamentale di conservarsi inalterate durante il moto del corpo. Più precisamente immaginiamo, per fissare le idee, che il corpo sia un semplice punto materiale P, e che su esso agisca, durante l'intervallo di tempo Δt, una ed una sola forza rappresentata da un vettore $\underline{F}$ costante in grandezza e direzione.

L'accennata analogia porta ad ammettere che la velocità di P subisca, durante l'intervallo di tempo Δt, una variazione (vettoriale) $\Delta \underline{v}$ diretta come $\underline{F}$, proporzionale a Δt, ed indipendente dallo stato di moto di P (velocità) all'inizio dell'intervallo in questione.

8. Resta da farsi un'idea del fattore vettoriale di proporzionalità, che chiameremo $\underline{h}$. Nel caso del peso esso è una quantità costante, la nota $\underline{g}$ (cfr. Cap. II°, n. 28), qualunque sia il corpo, e quindi qualunque sia il punto materiale.

Sarà ancora lo stesso per una forza generica $\underline{F}$? Le più elementari esperienze conducono ad escluderlo, suggerendo però altre semplici ipotesi circa la natura di $\underline{h}$.

A tale scopo basta analizzare un pò l'inizio del moto di un corpo, che si trovi in quiete, e a cui venga impressa colla mano o con altro sforzo muscolare, una certa velocità. Si suppone bene inteso che il corpo sia abbastanza piccolo perchè si possa parlare di velocità, senza bisogno di distinguere da punto a punto. Lo sforzo muscolare che determina la velocità non è evidentemente una forza costante in grandezza e direzione, ma si può supporre approssimativamente tale, se supponiamo brevissimo l'intervallo di tempo Δt, durante il quale esso si esercita.

La velocità $\underline{h}\Delta t$ impressa al corpo non è altro che un caso particolare della variazione $\Delta \underline{v}$ finora considerata: essa ci si presenta, per uno stesso corpo tanto più rilevante, quanto più energico è l'atto muscolare, cioè maggiore la forza; e, a parità di sforzo, tanto meno rilevante, quanto maggiore è il peso dell'oggetto.

Il modo più semplice per rispecchiare questo stato di cose è di supporre $\underline{h}$ direttamente proporzionale all'intensità della forza, inversamente proporzionale al peso p del corpo, il fattore di proporzionalità, k, essendo poi sempre lo stesso (per ogni corpo assimilabile ad un punto materiale).

Una ulteriore induzione porta ad ammettere che sia, in ogni caso (cioè per qualsiasi forza $\underline{F}$ costante in grandezza e direzione)

$$\underline{h} = k\frac{\underline{F}}{p}.$$

9. Riassumendo, la variazione di velocità $\Delta \underline{v}$, che si verifica durante un generico intervallo di tempo Δt è a ritenersi diretta come $\underline{F}$ ed eguale in valore assoluto ad $\underline{h}\Delta t = \frac{k\Delta t}{p}\underline{F}$, con k indipendente così dal punto materiale, come dalla forza, che gli è applicata.

Immaginando in particolare che $\underline{F}$ sia il peso, il valore assoluto del primo membro non è altro che $g\Delta t$, quello del secondo $\frac{k\Delta t}{p} p$; perciò risulta $k = g$ e si può scrivere, isolando $\underline{F}$:

$$(1) \qquad \underline{F} = \frac{p}{g} \frac{\Delta \underline{v}}{\Delta t},$$

dove non resta più alcuna indeterminata.

10. È adesso assai facile passare dal caso delle forze costanti a quello di forze variabili con legge qualsiasi. Basta osservare che, se Δt è un generico intervallo di tempo elementare, la $\underline{F}$, a meno di infinitesimi, vi si può considerare costante e si può quindi - sempre a meno di infinitesimi - ritenere valida la (1). D'altra parte, se $\underline{a}$ designa l'accelerazione del mobile all'inizio dell'intervallo elementare, che si considera, si ha, per la stessa definizione di accelerazione $\underline{a} = \lim_{\Delta t \to 0} \frac{\Delta \underline{v}}{\Delta t}$.

Conciò, passando al limite per $\Delta t \to 0$, la (1) porge ovviamente

$$(2) \qquad \underline{F} = \frac{p}{g} \underline{a},$$

la quale risulta valida per ogni istante t, e mostra che <u>la forza è a ritenersi proporzionale all'accelerazione</u>, il fattore di proporzionalità $\frac{p}{g}$ non dipendendo dalla forza, nè dallo stato di moto del punto materiale.

11. <u>Legge del moto incipiente</u>. L'equazione vettoriale (2) riassume in sè le varie ipotesi che dianzi, sulla base di osservazioni sperimentali, siamo stati indotti ad ammettere sugli effetti dinamici delle forze; e l'importanza di codesta equazione appare evidente ove si rifletta che per una parte essa permette di assegnare quale accelerazione imprima una forza comunque definita (per es. staticamente) ad un punto materiale di

 callig. Baldo P.V.

dato peso; e, viceversa, definisce la forza atta ad imprimere ad un punto materiale di dato peso una data accelerazione. Da quest'ultimo punto di vista, si può dire che la (2) fornisce la <u>definizione dinamica</u> della forza.

Nei casi concreti si possono trarre dalla (2) svariati criteri per desumere tanto la direzione e il senso quanto la intensità di una forza dai caratteri cinematici del moto che ha luogo sotto l'azione di essa: indichiamo qui, come esempio, un ovvio criterio per riconoscere la direzione e il senso di una qualsiasi forza $\underline{F}$ in un dato istante t_0.

Supponiamo che in codesto istante la $\underline{F}$ sia applicata ad un punto materiale libero P in quiete. Il punto, sotto l'azione di $\underline{F}$, incomincerà a muoversi, e in ogni istante t, posteriore a t_0, la direzione e il senso del moto saranno quegli stessi del vettore velocità $\underline{v}$. Nell'istante iniziale t_0, in cui la velocità è nulla, viene a mancare questa norma; ma, ammessa la continuità, la direzione e il senso iniziale del moto si possono desumere come limite della direzione e del senso di $\underline{v}$ negli istanti immediatamente consecutivi a t_0. Ora si ha che

$$\lim_{t \to t_0} \frac{1}{t - t_0} \underline{v} = \underline{a}_0 ,$$

dove $\underline{a}_0$ designa l'accelerazione di P nell'istante t_0; onde si conclude che la direzione e il senso del moto nell'istante t_0 coincidono con quelli di $\underline{a}_0$, ossia per la (2), della $\underline{F}$. Questa conclusione (<u>legge del moto incipiente</u>) fornisce il preannunziato criterio per identificare la direzione e il senso della $\underline{F}$ nell'istante t_0. Basta farla agire sopra un punto materiale in riposo: la direzione e il senso della forza son quegli stessi del moto iniziale o, come si può dire, del primo elemento di cammino descritto dal punto.

§ 4. Sovrapposizione degli effetti di forze simultanee.

12. Sinora abbiamo considerato il moto di un punto materiale libero su cui agisca un'unica forza $\underline{F}$, come accade nel caso tipico dei gravi (nel vuoto); ma per lo più accade che sia sensibile ad un tempo l'influenza di più forze: per es. nel caso di un areostato intervengono manifestamente il peso, la forza ascensionale e la spinta del vento.

Supponiamo, per fissar le idee, che su di un punto materiale libero P di peso p agiscano simultaneamente due forze $\underline{F}_1$, $\underline{F}_2$ (e queste due soltanto). Sappiamo, in base alla (2), che, se su P agisse la sola $\underline{F}_1$ o la sola $\underline{F}_2$, il punto assumerebbe rispettivamente la accelerazione

$$\underline{a}_1 = \frac{g}{p}\underline{F}_1 \quad o \quad \underline{a}_2 = \frac{g}{p}\underline{F}_2 \; ;$$

ma i principi sin qui stabiliti nulla ci dicono sugli effetti dinamici dell'azione simultanea delle due forze considerate. Occorre quindi fissare qualche nuovo principio induttivo; e precisamente si ammette il postulato generale che <u>la simultaneità di più forze non modifica le loro azioni individuali</u>, o, in altre parole, che ciascuna di esse seguita a provocare sul moto del punto considerato la stessa accelerazione che produrrebbe agendo da sola.

Questo postulato si presenta come naturale estensione di quello, che, nella sua essenza, si può dire galileiano e che afferma l'indipendenza della variazione di velocità, cioè dell'effetto di un'unica forza, dalla velocità preesistente. Quando le forze sono più d'una, si ha indipendenza in un senso più generale, non solo dalla velocità mano mano acquisita, ma anche dalle azioni concomitanti.

Traducendo in formole, si ha che l'azione simultanea di $\underline{F}_1$ ed $\underline{F}_2$ dà luogo alla accelerazione

$$\underline{a} = \underline{a}_1 + \underline{a}_2 = \frac{g}{p}(\underline{F}_1 + \underline{F}_2)$$

cioè a quella stessa accelerazione che sarebbe dovuta all'unica forza $\underline{F}_1 + \underline{F}_2$, risultante delle due forze fisicamente distinte $\underline{F}_1$ ed $\underline{F}_2$.

In generale, qualunque sia il numero delle forze agenti sopra un punto materiale P, esse sono sempre sostituibili nei riguardi del moto del punto, con un'unica forza, rappresentata dalla loro risultante geometrica, che dicesi forza totale applicata al punto.

In tale sostituibilità consiste il principio del parallelogramma (o, in generale, della composizione) delle forze applicate ad uno stesso punto materiale. Esso non è che una diversa forma, matematicamente più comoda, per quanto fisicamente meno espressiva, dell'ammesso postulato di indipendenza.

Concludendo, anche quando sul punto agiscono simultaneamente quante si vogliono forze, vale l'equazione fondamentale (2), colla avvertenza essenziale che la $\underline{F}$ deve rappresentarvi la forza totale applicata al punto.

§5. Legge d'inerzia - Massa.

13. Come immediata conseguenza dell'equazione

$$\underline{F} = \frac{p}{g}\,\underline{a}, \qquad (2)$$

risulta che ogni qualvolta si annulla la forza totale $\underline{F}$ agente sul punto, si annulla del pari l'accelerazione; talchè, se in un certo intervallo di tempo, su di un punto non agisce forza alcuna o, ciò che è lo stesso, l'insieme delle forze agenti è a risultante costantemente nulla; il punto, finchè durano siffatte condizioni, non risente alcuna variazione di velocità. Ciò vuol dire che il punto, se inizialmente era in quiete, vi permane in tutto l'intervallo di tempo considerato; se invece era animato di una certa velocità iniziale, la conserva inalterata in tutto codesto tratto di tempo, cioè si muove di moto rettilineo uniforme (Cap. III n. 17) e codeste condizioni di quiete o di moto rettilineo uniforme persistono immutate fino a quando intervenga sul punto l'azione di qualche nuova forza. Questo principio, che, come conseguenza della (2), è implicito nell'insieme di ipotesi da noi precedentemente ammesse sugli effetti dinamici delle forze, prende il nome di <u>legge di inerzia</u>, in quanto può enunciarsi in forma espressiva dicendo che la <u>materia è per se stessa inerte</u>.

Essa comprende due affermazioni, l'una relativa al caso di un punto in quiete, l'altra al caso di un punto già animato da una certa velocità.

La conclusione relativa alla quiete è affatto banale. Le più comuni constatazioni mettono in evidenza che, per modificare uno stato di quiete, per vincere – come si dice – l'inerzia, richiedesi sempre l'azione di una qualche forza.

La seconda parte della legge d'inerzia ha tutt'altro carattere: essa non proviene dall'osservazione diretta, e sembra anzi contraddetta dall'esperienza volgare che tutti i movimenti, non mantenuti con appositi dispositivi (forze) tendono ad estinguersi. È soltanto per astrazione che si giunge a rendersi conto della plausibilità che, in assenza di forze, si conservino le velocità preconcette. Basta analizzare uno qualunque dei fenomeni, in cui la conservazione manca per riconoscervi senza difficoltà l'influenza di qualche forza. Non solo, ma si può verificare direttamente che ogni qualvolta si riesce ad attenuare la forza, la tendenza a modificare la velocità è sempre meno sensibile. Viceversa, abbiamo esempi grandiosi della incapacità della materia a modificare la propria velocità: basta pensare all'azione energica che è d'uopo esercitare per fermare un treno, e alle conseguenze disastrose di un brusco arresto.

Così, con un po' di riflessione, procedendo dal concreto all'astratto per approssimazioni successive, si finisce col trovare naturale un asserto, che a prima vista sembra paradossale.

Storicamente è interessante notare che solo dopo un'elaborazione secolare, fu nettamente riconosciuta e formulata la seconda parte della legge d'inerzia (forse da Leonardo da Vinci, e fors'anco più tardi dagli immediati successori di Galileo). La prima parte direttamente accessibile all'osservazione grossolana, era invece nota anche agli antichi e figura tra i principi aristotelici.

14. A precisare ulteriormente il significato e la portata della equazione fondamentale,

$$F = \frac{p}{g}\,\underline{a} \qquad (2)$$

è necessario fermare la nostra attenzione sul coefficiente $\frac{p}{g}$. Ove si badi al valore assoluto dei due membri, si deduce dalla (2)

$$\frac{F}{a} = \frac{P}{g}\,, \qquad (3)$$

cioè, qualunque sia la forza $\underline{F}$ sollecitante un dato punto, il rapporto della intensità di $\underline{F}$ alla conseguente accelerazione scalare è uguale a $\frac{p}{g}$, talchè questo rapporto fornisce un carattere inerente al punto considerato.

Ma qui è necessaria una riflessione di essenziale importanza. A formulare i varii principii sugli effetti dinamici delle forze, che sono riassunti nella (2), siamo stati condotti da una serie di osservazioni sperimentali di carattere locale, in quanto si è sempre, tacitamente ammesso di sperimentare in un dato luogo; cosicchè sorge spontanea la domanda se questo carattere puramente locale si riflette anche sulla stessa equazione (2), tanto più che, come si è già rilevato in Cinematica, l'accelerazione g varia alcun poco da luogo a luogo. Ma, se pur senza entrare in particolari, si accetta la veduta, oramai entrata nel comune patrimonio delle conoscenze volgari, che la forza-peso sia dovuta alla attrazione della terra, si riconosce la possibilità a priori della circostanza (verificabile anche in via sperimentale diretta) che anche il peso p subisca da luogo a luogo piccole variazioni paragonabili a quelle di g; e se, d'altro conto, si tien conto che in un dato luogo, per la (3), il rapporto della intensità della forza sollecitante alla conseguente accelerazione scalare non dipende dalla forza considerata, si è naturalmente condotti ad ammettere, con una nuova estensione della veduta di indipendenza già ripetutamente invocata, che il rapporto $\frac{p}{g}$ sia, per un dato punto materiale, un carattere assolutamente intrinseco, dipendente dalla natura materiale del punto, ma scevra da qualsiasi influenza locale.[1]

---

(1) Non è male avvertire che questo postulato della indipendenza della massa da qualsiasi influenza locale, pur potendosi ritener verificato pei corpi naturali con approssimazione grandissima più che sufficiente non solo per la tecnica, ma anche per le applicazioni fisiche e astrono:

Codesto rapporto $\frac{p}{g}$ dicesi <u>massa</u> del punto materiale e si indica con m, cosicchè l'equazione fondamentale (2) assume la sua forma classica.

$$\underline{F} = m\,\underline{a}\,, \tag{4}$$

che può considerarsi come la sintesi completa di tutti i postulati finora introdotti. In essa il vettore $\underline{F}$, in generale variabile, compendia tutte le azioni esercitate sul moto del punto dalle circostanze esterne, mentre la massa m, che vi compare come un semplice coefficiente positivo, invariabile rispetto al moto, riflette ciò che, in forma vaga ma espressiva possiamo dire la quantità e qualità di materia costituente il punto o, per essere meno imprecisi, il comportamento di codesta materia di fronte alle sollecitazioni dinamiche.

Invero se confrontiamo le masse di due corpuscoli materiali, costituiti della medesima sostanza omogenea, (ad es. acqua distillata a 4° C. e a 760 mm. di pressione, o ferro omogeneo o acciaio ecc.) esse, in quanto in un dato luogo, vanno valutate in base all'equazione

$$m = \frac{p}{g}, \tag{5}$$

risultano proporzionali ai rispettivi pesi (locali), ossia, trattandosi di sostanza omogenea, ai rispettivi volumi (n. 5). D'altro canto, se ci riferiamo a due corpuscoli di qualsiasi costituzione materiale e di masse m_1 ed m_2 e immaginiamo di sollecitarli separatamente con una stessa forza $\underline{F}$, avremo per le rispettive accelerazioni $\underline{a}_1$, $\underline{a}_2$

---

miche) non è accettato come rigorosamente vero nella cosidetta <u>Meccanica relativistica</u>, in cui si è condotti ad ammettere che la quantità di materia possa essere (tenuissimamente) alterata per effetto del moto e delle varie sollecitazioni dinamiche.

$$\underline{F} = m_1 \underline{a}_1 \quad \text{od} \quad \underline{F} = m_2 \underline{a}_2 \ ,$$

onde scalarmente risulta

$$a_1 : a_2 = m_2 : m_1 \ ;$$

cioè, a parità di sollecitazione, le accelerazioni scalari risentite dai varii punti materiali sono inversamente proporzionali alle rispettive masse; talchè la massa indica il diverso grado di refrattarietà dei punti materiali a risentire gli effetti dinamici delle forze o, in altre parole, la loro diversa <u>inerzia dinamica</u>; onde appare giustificato il nome, che talvolta si dà alla massa, di <u>coefficiente di inerzia</u>

Notiamo infine che in base alla (5) dovrà dirsi di massa 1 ogni corpuscolo, il cui peso in un dato luogo abbia lo stesso valore della locale accelerazione g della gravità. Ove si assuma per g il valore di $9{,}80 \frac{m}{sec.}$ 23 si ha dalla (5) la formola approssimata

$$m = 1.02\ p \ ,$$

che si usa nella pratica per calcolare la massa di un corpo di dato peso.

§6. Punto materiale vincolato e reazione Equilibrio.

<u>15. Postulato delle reazioni vincolari</u>. Sin qui abbiamo circoscritto le nostre considerazioni ad un punto materiale libero. Passando al caso di un punto P vincolato e comunque sollecitato da forze, supponiamo di saper riconoscere le varie forze che agirebbero su P se fosse libero e indichiamone con $\underline{F}$ la risultante, che chiameremo <u>forza attiva</u> o <u>direttamente applicata al punto</u>. È intuitivo che sotto la sollecitazione di $\underline{F}$, il punto vincolato non assumerà quello stesso moto, che gli sarebbe impresso dalla stessa forza $\underline{F}$ se esso fosse libero: in altre pa-

role, il moto del punto vincolato è dovuto non soltanto alla sollecitazione della forza attiva, ma anche all'azione dei vincoli. Poiché nel caso di un punto libero siamo stati indotti a riconnettere ogni variazione nelle modalità del moto alla presenza di qualche forza, appar naturale l'ammettere, in base ad una considerazione di analogia, il seguente <u>postulato delle reazioni vincolari: Per un punto materiale comunque vincolato e sollecitato da forze, l'azione dei vincoli è sostituibile con quella di una forza</u> (fittizia) <u>aggiuntiva</u>, che dicesi <u>reazione</u> o <u>forza vincolare</u>.

In altre parole, si ammette che in ogni caso esista, insieme alla forza attiva $\underline{F}$ una certa altra forza $\underline{R}$ tale, che il considerato punto P si comporti come se fosse libero e sollecitato simultaneamente dalle due forze $\underline{F}$ ed $\underline{R}$; onde per il punto vincolato l'equazione fondamentale della Dinamica assume la forma

$$\underline{F} + \underline{R} = m\underline{a}. \tag{6}$$

In molti casi dalle modalità fisiche di attuazione dei vincoli si può desumere, in modo semplice, la legge secondo cui si esplica la reazione $\underline{R}$ o, quanto meno, qualche dato sul suo comportamento; e allora la (6) costituisce un vero postulato, che richiede un opportuno controllo sperimentale, almeno a posteriori, come per gli altri principii meccanici. In altri casi invece, non si riesce a riconoscere direttamente il modo in cui agiscono i vincoli; ed allora la (6) fornisce una semplice definizione della forza vincolare $\underline{R}$, per mezzo di $\underline{F}$ e di $\underline{a}$.

<u>16. Equilibrio di un punto materiale</u>. Si dice che un punto materiale <u>è in equilibrio</u> o che le forze che lo sollecitano <u>si fanno equilibrio</u>, quando l'azione complessiva di codeste forze è atta a <u>mantenere in quiete</u>

il punto, cioè, non determina sul punto, a partire dalla quiete, alcuna variazione di velocità.

Un punto in quiete è certamente in equilibrio; ma non reciprocamente, giacchè le forze agenti su di un punto possono benissimo farsi equilibrio, cioè aver l'attitudine potenziale a mantenerlo in quiete qualora esso già vi fosse, senza che il punto si trovi effettivamente in quiete: se esso possedeva già prima una certa velocità, la conserva inalterata sotto la sollecitazione delle forze equilibrate.

Dalle equazioni (4) e (6) dei nn. 14, 15 risulta che per l'equilibrio di un punto, vale a dire perchè esso abbia un'accelerazione costantemente nulla, occorre e basta che si annulli la forza attiva, se si tratta di un punto libero, la risultante della forza attiva e della reazione _ se si tratta di un punto vincolato. In quest'ultimo caso, si può anche dire che la condizione necessaria e sufficiente per l'equilibrio si è che la forza attiva sia direttamente opposta alla reazione

Notiamo, infine, che la condizione di equilibrio del punto così stabilita si presenta come una generalizzazione del postulato che al n. 4 abbiamo introdotto a render possibile la misura statica delle forze.

<u>17. Dinamometri.</u> In pratica, per misurare una forza staticamente (cioè mediante esperienze sull'equilibrio dei corpi) si ricorre, anzichè al dispositivo schematico del n. 4, ad uno strumento detto <u>dinamometro</u>. Esso si riduce schematicamente ad una molla elicoidale A P, la quale viene orientata nella direzione della forza <u>F</u>, che si tratta di valutare. Si fissa l'estremità A, e alla P si applica la forza. La molla allora si tende e si stabilisce l'equilibrio in una posizione diversa dalla naturale. Il cammino percorso dal punto P nel senso dell'asse, è messo in evidenza dal

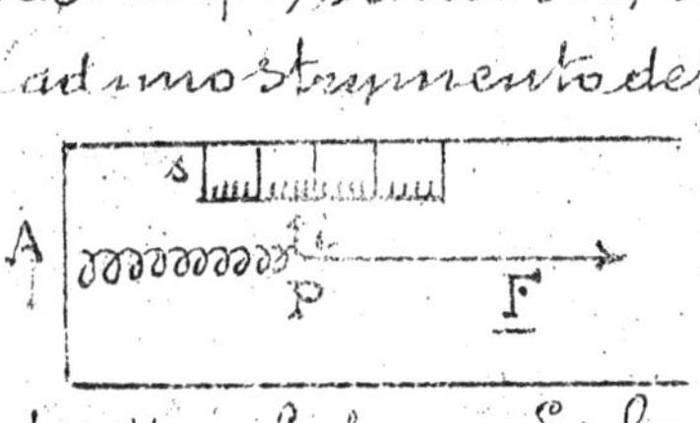

lo spostamento dell'indice i, connesso a P, rispetto ad una scala graduata s, connessa ad A. Per graduare la scala, si adoperano dei pesi. L'indicazione che si legge, quando su P agisce una data forza $\underline{F}$, porge senz'altro la richiesta misura della forza. Questa conclusione poggia sull'ipotesi che la tensione della molla eserciti sul punto P una forza $\underline{\Phi}$, diretta secondo l'asse dello strumento, verso A; e che l'intensità di questa forza (almeno ad equilibrio stabilito) dipenda soltanto dalla posizione di P, o, ciò che è lo stesso, dell'indice i. Allora infatti si può da un lato assimilare l'equilibrio di P a quello di un punto libero sotto l'azione delle due forze $\underline{F}$ e $\underline{\Phi}$; dall'altro, ogniqualvolta l'indice i si trova nella stessa posizione si ha la stessa $\underline{\Phi}$. Si può perciò asserire che anche la $\underline{F}$ è la stessa; eguale in particolare al peso, che ha originariamente servito a segnare la posizione dell'indice.

§ 7. Specificazione del sistema di riferimento Influenza correttiva della Meccanica celeste. Assi fissi e moto assoluto

18. Siamo giunti a questo punto in base ad induzioni più o meno immediate, ma sempre desunte da semplici e comunissimi fenomeni, i quali cadono sotto il diretto dominio dei sensi.

Nell'osservazione di questi fenomeni e nelle successive induzioni, si è sempre trattato di forze e di moti; ma non è stato detto esplicitamente (perchè dato il modo di considerare la questione, poteva ritenersi superfluo) che si contemplavano sempre moti (e quindi velocità, quiete, variazioni di velocità, accelerazioni) rispetto ad osservatori in quiete in una data località, o, ciò che è lo stesso, rispetto ad assi, comunque fissati sulla superficie terrestre.

Ora il Newton fu tratto ad idealizzare maggiormente i principi della Meccanica, ritenendoli applicabili non solo ai fenomeni terrestri, bensì anche al moto dei corpi celesti. Ma in questa estensione bisogna por mente ad una circostanza essenziale cioè, alla scelta del sistema di riferimento. Dopo che per opera di Copernico, di Kepler e di Galileo, fu dimostrata insostenibile la concezione geocentrica dell'universo, e fu riconosciuto che il moto dei vari pianeti assumeva caratteri più semplici ed omogenei quando era riferita al Sole anzichè alla Terra, si presentava spontaneo il pensiero che le leggi della Dinamica, se pur restavano applicabili, dovèssero essere riferite a qualche corpo meno particolare della nostra Terra. E il Newton ammise, senz'altro, che la relazione fondamentale (4) dovesse ritenersi valida per le variazioni di moto dei corpi celesti (di quelli del sistema solare in particolare) quando tali moti siano riferiti alle così dette stelle fisse; cioè a quelle - e se ne ha moltissime - che (almeno nel campo dei nostri mezzi di osservazione) si presentano come punti luminosi, tra cui non si riscontra da secoli alcun sensibile cambiamento di posizione relativa.

Ma qui si presenta una difficoltà. Al concetto di forza, per la sua stessa origine antropomorfica desunta da sensazioni muscolari, noi attribuiamo un valore assoluto, cioè indipendente dallo stato di moto o di quiete dell'osservatore. L'opposto accade per il vettore $\underline{a}$: esso partecipa del carattere relativo del corrispondente moto, e perciò varia in generale da uno ad un altro sistema di riferimento (quando, beninteso, si tratti di sistemi che non siano in quiete l'uno rispetto all'altro).

Così, per un punto materiale generico, l'$\underline{a}$ relativo alle stelle fisse, non è l'$\underline{a}$, quale apparisce ad un osservatore terrestre, poichè la Terra, com'è noto dalle più elementari nozioni di Cosmografia, è animata da un duplice moto, di rotazione attorno al proprio asse, e di traslazione attorno al Sole, che a sua volta si muove, rispetto alle stelle fisse, verso la costellazione di Ercole.

Qualora la differenza fra codeste due accelerazioni fosse di un ordine di grandezza non trascurabile, verrebbe manifestamente a mancare ogni base alla induzione newtoniana, per cui si estendono alla Dinamica dell'Universo i principi sperimentalmente stabiliti per la Meccanica terrestre.

Ma si può invece constatare, in base alla teoria del moto relativo (Cap. IV) che la differenza delle due accelerazioni di un medesimo punto rispetto ad un riferimento terrestre e ad un riferimento stellare non è grande ed anzi è in generale trascurabile per i fenomeni che possono interessare la Tecnica.

Noi qui ci limitiamo ad affermare la possibilità di tale constatazione e a notare che essa fornisce una elementare giustificazione a priori della induzione, per cui si assume a postulato universale la validità della equazione dinamica (4) rispetto alle stelle fisse; mentre, per contrapposto, il riferimento terrestre, che pur ha servito per scoprirla, si riguarderà come atto a renderla soddisfatta soltanto in via approssimativa (largamente sufficiente per i bisogni della pratica). Un tal modo di vedere che, come dicemmo ha avuto origine dal desiderio di estendere la Meccanica al campo astronomico, ha ivi trovato le più luminose e meravigliose conferme.

In Dinamica è consuetudine costante di chiamar <u>fisso</u>, senz'altra specificazione, ogni sistema di riferimento che conservi posizione invariata rispetto al le stelle fisse o che, almeno, possa ritenersi sensibilmente tale; e si chiama moto assoluto il moto riferito ad un sistema di assi fissi.

Con tale convenzione, il postulato fondamentale della Meccanica si enuncia in modo conciso ed esatto dicendo che vale la (4) pel moto assoluto.

E giova ripetere che per i moti di corpi terrestri, quali sono in particolare quelli che si considerano nelle applicazioni tecniche, è ancora lecito ritener valida la (4) rispetto ad un riferimento terrestre, se non come espressione rigorosa della realtà, almeno con una approssimazione che, nella maggior parte dei casi, supera quella fisicamente raggiungibile nelle misure.

§8. Rappresentazione matematica delle forze naturali. Forze posizionali e forze conservative

19. Riassunti i principii della Meccanica del punto materiale nella equazione fondamentale

$$\underline{F} = m\,\underline{a}, \tag{4}$$

possiamo proporci due tipi di problemi l'uno inverso dell'altro: 1° Conosciuto in qualche modo il moto di un punto materiale di data massa, cercare la forza atta ad imprimergli, come forza totale applicata, il moto considerato.

2° Data la forza totale applicata, determinare il moto del punto.

Il primo problema è immediatamente risolubile, almeno in un certo senso, con sole derivazioni; giacchè se

$$P = P(t)$$

o, rispetto a tre assi (stellari o fissi),

$$x = x(t) \quad , \quad y = y(t) \quad , \quad z = z(t)$$

sono le equazioni del moto, risulta senz'altro dalla (4) che la forza totale applicata al punto è data, in funzione del tempo da

$$m\ddot{P},$$

ossia è rappresentata dal vettore di componenti

$$m\ddot{x}\ ,\quad m\ddot{y}\ ,\quad m\ddot{z}.$$

Più difficile è in generale il secondo problema, che costituisce appunto il problema fondamentale della Dinamica del punto; e qui, per poterlo porre in equazione, occorre anzitutto precisare in qual senso e in qual modo debba intendersi data una forza.

20. Prendendo anche qui le mosse dalla considerazione della forza-peso o, come anche diremo, della forza di gravità, sappiamo che essa ha un carattere locale: se consideriamo la regione di spazio circostante alla Terra, ad es. l'atmosfera, e immaginiamo di potervi liberamente trasportare in una posizione qualsiasi un corpo assimilabile (rispet. alla Terra) ad un punto materiale, ad es. di massa 1, abbiamo che ad ogni punto della regione considerato resta associata, come peso che agirebbe sul nostro corpo qualora fosse ivi collocato, una ben determinata forza.

Generalizzando, possiamo immaginare che in una certa regione C dello spazio sussistano condizioni fisiche tali che un punto materiale libero P, per es. di massa 1, collocato in ogni singola posizione di C, risenta una forza $\underline{F}$ ben determinata, la quale dipenda esclusivamente dalla posizione del punto. Potremo scrivere

$$(7) \qquad \underline{F} = \underline{F}(P),$$

ossia, indicando con X, Y, Z le componenti di $\underline{F}$ rispetto a certi tre assi e con x, y, z le coordinate della posizione di P,

$$X = X(x, y, z) \;,\; Y = Y(x, y, z) \;,\; Z = Z(x, y, z).$$

Ogni forza siffatta si dirà *posizionale*; e naturalmente si riguarderà data, quando sia assegnato il vettore funzione di P, che rappresenta la forza stessa riferita alla unità di massa.

Il concetto di forza posizionale è suscettibile di una immediata generalizzazione, cui si perviene immaginando che le condizioni fisiche che in una certa regione spaziale C determinano una forza $\underline{F}$ su di un punto materiale ivi collocato in una posizione qualsiasi, variino nel tempo; in tal caso la forza $\underline{F}$, riferita all'unità di massa, sarà funzione non solo del punto P di applicazione, ma anche di t, cioe

$$\underline{F} = \underline{F}(P \mid t) \tag{8}$$

ossia

$$X = X(x, y, z \mid t) \;,\; Y = Y(x, y, z \mid t) \;,\; Z = Z(x, y, z \mid t).$$

E generalizzando ancora, si può avere che la forza $\underline{F}$, nella regione C, dipenda non soltanto dal punto di applicazione e dal tempo, ma anche dalla velocità istantanea con cui il punto materiale di massa 1 viene a passare in quell'istante per quella data posizione: cioè può aversi

$$\underline{F} = \underline{F}(P, \dot{P} \mid t) \tag{9}$$

ossia

$$X = X(x, y, z; \dot{x}, \dot{y}, \dot{z} \mid t), Y = Y(x, y, z; \dot{x}, \dot{y}, \dot{z} \mid t), Z = Z(x, y, z; \dot{x}, \dot{y}, \dot{z} \mid t). \tag{10}$$

A priori sono concepibili leggi di forza di natura ancor più generale, per es. dipendenti dalla accelerazione, ed anche dalle successive derivate (vettoriali) di questa (come accade effettivamente nei cosidetti *fenomeni di ereditarietà*); ma nella Meccanica razionale si suol limitar, si alla considerazione di forze del tipo (9), poichè tali si possono ritenere, nella grande maggioranza dei casi, le forze che si presentano in natura.

Perciò d'orinnanzi noi diremo conosciuta la legge di una forza in una data regione spaziale C, quando il vettore $\underline{F}$, che rappresenta la forza come agente su di un punto naturale di massa unitaria, sia o possa considerarsi come determinabile in corrispondenza ad ogni stato di moto del punto, cioè in funzione della posizione P occupata dal punto, della velocità da cui il punto è animato ed eventualmente dell'istante, cui si riferiscono codesta posizione e codesta velocità.

In ogni caso noi supporremo che le componenti (10) della forza siano, rispetto ai loro sette argomenti, funzioni uniformi, finite, continue e derivabili (entro il campo C per le x, y, z ed entro un certo determinato campo di variabilità per $\dot{x}, \dot{y}, \dot{z}$ e t).

È manifesto che le forze posizionali (7) e le forze di tipo (8) rientrano come casi particolare in quelle così caratterizzate.

21. Forze motrici e resistenti. Resistenze passive.

Convien qui fissare per le forze una distinzione qualitativa. Se un punto P si muove ed $\underline{F}$ è la forza somma delle forze che lo sollecitano, si dirà che $\underline{F}$ è forza motrice o forza resistente rispetto al moto considerato, in un dato istante, secondochè, in quell'istante, la direzione del moto e quella della forza formano un angolo acuto od ottuso.

Si vede subito che una forza posizionale può essere, secondo i casi, motrice o resistente. Infatti, fissata una posizione generica, la forza è ivi sempre la stessa, qualunque sia la velocità, con cui il mobile gira, sita; basta pertanto che cambi (per es. che si inverta) la direzione di questa velocità perchè la forza, da motrice, divenga resistente o viceversa. Così in particolare, la gravità ha carattere di forza motrice quando un corpo discende, di forza resistente, quando il corpo sale.

Vi sono invece alcune forze naturali che non si presentano mai come motrici. Tal forze assumono il nome di <u>resistenze passive</u>: forme tipiche sono le varie resistenze di mezzo (per es. aria ed acqua) o d'attrito, dovute al contatto del mobile con altri corpi. Esse agiscono sempre in una direzione che contrasta il moto, anzi in direzione opposta ad esso quando si considerano soltanto punti materiali.

<u>22. Campi di forza e linee del campo</u>.

Prima di proceder oltre, conviene aggiungere alcune considerazioni sulle forze posizionali.

La regione spaziale C in cui è definita una forza posizionale dicesi <u>campo di forza</u> e chiamasi <u>forza del campo</u> in un suo generico punto la forza $\underline{F}$ che vi agirebbe sull'unità di massa.

Un campo di forza si dice <u>uniforme</u> se la rispettiva forza è costante (di direzione e di intensità) da punto a punto, come per es. accade sensibilmente per la forza di gravità, quando si considera una regione terrestre abbastanza ristretta perchè siano trascurabili le variazioni della direzione verticale.

In ogni caso per avere un'immagine geometrica del modo in cui varia la direzione della forza del campo, convien considerare le cosidette <u>linee di forza</u> o <u>linee del campo</u>.

Si parta da un punto generico P_0 e sulla linea d'a

zione della forza in P_0, si prenda nel senso stesso della forza un punto P_1 vicino a P_0. Sulla linea di azione della forza in P_1, che in generale sarà distinta da $P_0 P_1$, si scelga un punto P_2, vicino a P_1, sempre nel senso della forza; e così si seguita (finchè il procedimento non faccia uscire dal campo o non riporti in P_0)

Avremo così una poligonale $P_0 P_1 P_2 \ldots$, tale che ogni suo lato, preso nel verso di successione dei vertici, dà la direzione e il verso della forza nel suo primo estremo. Se i punti $P_0, P_1, P_2, \ldots$ si fanno avvicinare infinitamente, al limite si otterrà una linea (generalmente curva) λ, tale che in ogni suo punto $P(x, y, z)$ è tangente alla forza $\underline{F}(XYZ)$ in quel punto. Il verso di percorrenza che rimane fissato sopra codesta linea, determina il senso, secondo cui agisce la forza.

Ogni linea λ così generata si chiama appunto <u>linea di forza</u>; e dallo stesso procedimento dianzi indicato risulta che per ogni punto del campo passa una linea siffatta ed una sola.

Per definire analiticamente le linee di forza, basta osservare che esse sono caratterizzate dalla condizione che lo spostamento elementare dP lungo una qualsiasi di esse a partire da un suo punto P qualsivoglia, deve avere la stessa direzione e lo stesso senso della forza $\underline{F}$ in P, talchè le linee di forza risultano definite come le ∞^2 curve integrali del sistema

$$\frac{dx}{X} = \frac{dy}{Y} = \frac{dz}{Z},$$

equivalente, come si vede risolvendo rispetto a $\frac{dy}{dx}$ e $\frac{dz}{dx}$ ad un sistema di due equazioni del 1° ordine in due funzioni incognite di una sola variabile.

Per un campo uniforme e più in generale per un campo, la cui forza sia di direzione costante da luogo a luogo, le linee di forza sotto rette parallele; mentre, invece, se la forza del campo è costantemente diretta ad un centro fisso O, le linee di forza sono rette della stella di centro O.

23. Forze conservative. Fra i campi di forza sono particolarmente notevoli, per ragioni che chiariremo meglio nel prossimo Cap., quelli per cui il prodotto scalare $\underline{F} \times dP$ della forza $\underline{F}$ del campo per un qualsiasi spostamento elementare dP del punto di applicazione P è il differenziale esatto di una funzione U di P, ossia delle sue coordinate $x, y; z$:

$$\underline{F} \times dP = dU. \tag{11}$$

Siffatti campi di forza diconsi conservativi; e la funzione U, che noi supporremo uniforme, finita, continua e derivabile, almeno fino al second'ordine, in tutto il campo dicesi potenziale del campo o funzione delle forze.[1]

Notiamo subito che se vi è una funzione U soddisfacente alla (11), si soddisfano anche tutte le funzioni $U + c$, dove c designa una costante additiva arbitraria. Nei casi concreti si suol profittare di codesta costante per fare in modo che il potenziale assuma in una data posizione un prefissato valore, ad es. lo zero.

La proprietà caratteristica (11) dei campi di forza conservativi è del tutto indipendente dal riferimento (che qui si intende fisso nel senso precisato per la Dinamica al n. 18), talchè si mantiene inalterata qualunque sia la terna fissa di assi cui vien riferito il campo di forza. Infine, scrivendo la (11) in forma esplicita

$$X\,dx + Y\,dy + Z\,dz = \frac{\partial U}{\partial x}dx + \frac{\partial U}{\partial y}dy + \frac{\partial U}{\partial z}dz \tag{11'}$$

e notando che questa identità deve sussistere per qualsia

---

(1) Alcuni autori designano la funzione U esclusivamente con quest'ultimo nome e chiamano potenziale la $-U$.

scelta dello spostamento elementare $dx : dy : dz$, si conclude[1]

$$(12) \qquad X = \frac{\partial U}{\partial x}, \quad Y = \frac{\partial U}{\partial y}, \quad Z = \frac{\partial U}{\partial z}.$$

Poichè, reciprocamente, dalle (12) si risale senz'altro al, la (11') ossia alla (11), i campi conservativi si possono anche caratterizzare come quelli, la cui forza ha per componenti rispetto ad una terna fissa di assi (e quindi rispetto a tutte le altre) le tre derivate parziali di una funzione delle posizioni del punto di applicazione, cioè del potenziale.

Eliminando fra le (12) per derivazione la U, si trovano le tre equazioni

$$\frac{\partial Y}{\partial z} = \frac{\partial Z}{\partial y}, \quad \frac{\partial Z}{\partial x} = \frac{\partial X}{\partial z}, \quad \frac{\partial X}{\partial y} = \frac{\partial Y}{\partial x},$$

da cui si rileva, come del resto si sa sotto altra forma dal Calcolo, che l'esistenza di un potenziale (cioè il fatto che $X dx + Y dy + Z dz$ costituisce un differenziale esatto) implica condizioni restrittive per le tre funzioni X, Y, Z di x, y, z: in altri termini una forza posizionale $\underline{F}$ non è in generale conservativa.

A titolo d'es. si può assumere:

$$X = -y, \quad Y = x, \quad Z = 0;$$

la quale non è certamente conservativa dacchè:

$$\frac{\partial X}{\partial y} - \frac{\partial Y}{\partial x} = -2$$

e non zero, come accade ogniqualvolta esiste un potenziale.

24. In un campo di forza conservativo di potenziale U diconsi superficie equipotenziali le ∞^1 superficie

$$U = \text{cost}.$$

---

(1) Basta applicare la (11'') supponendo lo spostamento elementare parallelo successivamente ai tre assi, cioè supponendo successivamente $dy = dz = 0$, $dz = dx = 0$, $dx = dy = 0$.

cioè le superficie di cui ciascuna è il luogo dei punti aventi un dato potenziale. Per ogni punto x_0, y_0, z_0 del campo passa una superficie equipotenziale ed una sola, cioè quella di equazione

$$\mathcal{U}(x, y, z) = \mathcal{U}(x_0, y_0, z_0).$$

Se al punto di applicazione della forza si fa subire uno spostamento elementare dP sulla superficie equipotenziale passante per la sua posizione iniziale, si ha per la (11), in quanto il potenziale $\mathcal{U}$ si mantiene costante sulla superficie equipotenziale

$$\underline{F} \times dP = 0,$$

onde risulta che la $\underline{F}$ è ortogonale al dP. Poichè ciò vale qualunque sia lo spostamento elementare dP sulla superficie equipotenziale, si conclude che in ogni punto del campo la forza è normale alla superficie equipotenziale passante per esso. In altre parole <u>in un campo conservativo le linee di forza sono le traiettorie ortogonali delle superficie equipotenziali</u>.

25. <u>Esempi di campi conservativi</u>: a) <u>È conservativo ogni campo uniforme</u>.

Se invero è $\underline{F}$ la forza (costante di intensità, di direzione e di senso) basta scegliere l'asse di riferimento nella direzione e nel verso di $\underline{F}$ per avere

$$\underline{F} \times dP = F dz;$$

e questo è un differenziale esatto. Integrando, si ha che il potenziale, a meno della solita costante additiva arbitraria, è dato da Fz, onde le superficie equipotenziali sono i piani $z =$ cost., ortogonali alla direzione fissa della forza.

b) Sia in secondo luogo un campo in cui la forza sia di direzione fissa e di intensità dipendente esclusivamente dalla distanza del punto di applicazione da un certo piano fisso, ortogonale alla direzione della forza. Scelt sto piano come piano di riferimento $z=0$, le componenti della forza secondo gli assi x ed y risulteranno nulle, mentre la terza sarà una certa determinata funzione $\varphi(z)$ della sola coordinata z, onde avremo

$$\underline{F} \times dP = \varphi(z)\,dz.$$

Integrando, si ottiene come potenziale, a meno della costante additiva arbitraria, la funzione della sola z

$$\int_0^z \varphi(z)\,dz;$$

ed anche qui le superficie equipotenziali sono i piani ortogonali alla direzione fissa della forza.

c) Si consideri infine un campo in cui la forza $\underline{F}$ sia, in ogni punto P, diretta ad un certo centro fisso O ed abbia una intensità dipendente esclusivamente dalla distanza $r = OP$ del punto di applicazione dal centro O (<u>forza centrale</u>). La $\underline{F}$, nei singoli punti del campo, può essere diretta dal centro O verso il punto di applicazione (<u>forza repulsiva</u>) o nel senso contrario (<u>forza attrattiva</u>): noi rappresenteremo con $\varphi(r)$ la componente della $\underline{F}$ secondo la retta orientata OP, cosicchè la φ risulterà, in se stessa, positiva o negativa secondo che la forza è repulsiva o attrattiva. In ogni caso il prodotto scalare $\underline{F} \times dP$ si può esprimere come prodotto delle componenti di $\underline{F}$ e di dP secondo la stessa direzione orientata OP, talchè abbiamo

$$\underline{F} \times dP = \varphi(r)\,dr;$$

onde, integrando questo differenziale esatto, si ottiene pel potenziale, a meno della costante additiva arbitraria, la funzione della sola r

$$\mathcal{U}(r) = \int_0^r \varphi(r)\,dr.$$

Le superficie equipotenziali

$$\mathcal{U}(r) = \text{cost.}$$

o, ciò che è lo stesso

$$r = \text{cost.},$$

sono le sfere concentriche in O; mentre, come già si notò al n. 22, le linee di forza sono le rette della stella di centro O.

§ 9. Equazioni differenziali del moto di un punto.

26. Chiarito il senso in cui deve intendersi data una forza, torniamo al problema 2° del n. 19. Se per considerare il caso generale, supponiamo che la forza totale $\underline{F}$, agente su di un punto materiale P di massa m, dipenda dalla posizione del punto, dalla sua velocità e dal tempo, il moto di P deve soddisfare, per la relazione fondamentale della Dinamica all'equazione differenziale vettoriale

$$(13) \qquad m\ddot{P} = \underline{F}(P, \dot{P}|t) ,$$

ossia, rispetto a tre assi fissi, alle tre equazioni differenziali del 2° ordine

$$(13') \qquad \begin{cases} m\ddot{x} = X(x, y, z; \dot{x}, \dot{y}, \dot{z}|t) , \\ m\ddot{y} = Y(x, y, z; \dot{x}, \dot{y}, \dot{z}|t) , \\ m\ddot{z} = Z(x, y, z; \dot{x}, \dot{y}, \dot{z}|t) ; \end{cases}$$

onde si rileva che il problema analitico di determinare il moto di un punto materiale sollecitato da una data forza totale non differisce dal problema già considerato in Cinematica di determinare per un punto il moto di data accelerazione (Cap. II, n. 26). L'integrale generale della (13') dipende da sei costanti arbitrarie, cosicchè nelle date condizioni sono possibili pel punto ∞^6 moti diversi, ciascuno dei quali si individuerà prefissando opportunamente certe sei condizioni ulteriori, che consistono per lo più nell'imporre che il punto, in un dato istante t_0, occupi una assegnata posizione $P_0(x_0, y_0, z_0)$ ed abbia una assegnata velocità $\underline{v}_0(\dot{x}_0, \dot{y}_0, \dot{z}_0)$.

In taluni casi intervengono semplificazioni immediatamente suggerite dai dati del problema. Se per es. la data forza $\underline{F}$ è costantemente parallela ad una giacitura fissa, basta scegliere il piano di riferimento $z=0$ parallelo a codesta giacitura, perchè la componente Z della $\underline{F}$ risulti identicamente nulla; e allora la terza delle (12'), riducendosi ad

$$m\ddot{z}=0,$$

dà per integrazione immediata

$$(14) \qquad \dot{z}=\dot{z}_0 \quad , \quad z=\dot{z}_0 t+z_0 ,$$

dove $\dot{z}_0$, z_0 designano due prime costanti arbitrarie, cioè la terza componente della velocità e la terza coordinata del punto nell'istante $t=0$; onde risulta intanto, per la seconda delle (14), che il moto è piano.

Ed eseguendo nelle due prime equazioni differenziali del moto (13) le sostituzioni (14), si riduce il problema alla integrazione delle due equazioni differenziali nelle sole funzioni incognite $x(t)$, $y(t)$

$$\begin{cases} m\ddot{x}=X(x,y,\dot{z}_0 t+z_0;\dot{x},\dot{y},\dot{z}_0 \mid t), \\ m\ddot{y}=Y(x,y,\dot{z}_0 t+z_0;\dot{x},\dot{y},\dot{z}_0 \mid t), \end{cases}$$

nel cui integrale generale compaiono le ulteriori quattro costanti arbitrarie.

Analogamente, se la forza $\underline{F}$ ha direzione fissa, basta scegliere l'asse di riferimento x parallelo alla $\underline{F}$ per ridurne identicamente nulle le componenti Y e Z, talchè la seconda e la terza delle equazioni (13') assumono la forma

$$m\ddot{y}=0 \quad , \quad m\ddot{z}=0 .$$

Di qui, integrando, si deduce

$$\dot{y}=\dot{y}_0 , \quad \dot{z}=\dot{z}_0 ; \quad y=\dot{y}_0 t+y_0 , \quad z=\dot{z}_0 t+z_0 ,$$

dove $y_0, z_0, \dot{y}_0, \dot{z}_0$ designano quattro costanti arbitrarie, onde si rileva che si tratta in ogni caso di moti rettilinei. Sostituendo poi nella prima delle (13') le espressioni così ottenute per y, z (ed $\dot{y}, \dot{z}$) si riduce il problema alla integrazione dell'unica equazione

$$m\ddot{x}=X(x,\dot{y}_0 t+y_0,\dot{z}_0 t+z_0;\dot{x},\dot{y}_0,\dot{z}_0 \mid t),$$

il cui integrale generale conterrà due nuove costanti arbitrarie.

CAPITOLO VIII°

Concetti meccanici derivati
Unità meccaniche e omogeneità.
Similitudine e modelli.

1. Dai concetti di forza e di massa e dalle caratteristiche cinematiche del moto si deducono altri concetti meccanici, che diconsi perciò "derivati" e che riflettono ciascuno un qualche aspetto o una qualche manifestazione fisica del fenomeno dinamico. Ci proponiamo qui di definirli, e di studiarne le vicendevoli relazioni.

§ 1. Lavoro

2. Lavoro delle forze costanti. Nel comune linguaggio si dice, in generale, che un uomo "lavora" quando esplica uno sforzo muscolare a produrre un qualche spostamento di oggetti materiali; onde anche volgarmente si riconnette l'idea di "lavoro" a quella di "forza" e di "spostamento".

In Meccanica data una forza $\underline{F}$, che qui supporremo dapprima costante, e fissato uno spostamento $P_2 - P_1$ del suo punto d'applicazione, dicesi lavoro della forza, rispetto al dato spostamento del punto di applicazione, il prodotto scalare dei due vettori che rappresentano la forza e lo spostamento; cioè, indicando con $\mathcal{L}$ il lavoro, si pone:

$$\mathcal{L} = \underline{F} \times (P_2 - P_1) \qquad (1)$$

Per una nota proprietà del prodotto scalare si può anche dire che il lavoro è dato dal prodotto delle compronenti della forza e dello spostamento secondo la direzione dell'uno o dell'altra (comunque orientata).

Il lavoro $\mathcal{L}$ dicesi <u>motore</u> o <u>resistente</u> secondo che risulta positivo o negativo, cioè secondo che l'angolo della forza e dello spostamento è acuto od ottuso.

Se poi lo spostamento è ortogonale alla forza, il lavoro è nullo; e, viceversa, se una forza (non nulla) per un dato spostamento dà un lavoro nullo, codesto spostamento è ortogonale alla forza.

Notiamo, infine, che se, rispetto ad una certa terna di assi, sono X, Y, Z le componenti di $\underline{F}$, $\Delta x, \Delta y, \Delta z$ quelle dello spostamento, il lavoro è dato da

$$\mathcal{L} = X\Delta x + Y\Delta y + Z\Delta z ;$$

in particolare, per uno spostamento infinitesimo dP, si ha il <u>lavoro infinitesimo</u> o <u>elementare</u>

$$d\mathcal{L} = \underline{F} \times dP = X dx + Y dy + Z dz .$$

Sempre nel caso di forze costanti, dalle identità evidenti

$$(-\underline{F}) \times (P_2 - P_1) = -[\underline{F} \times (P_2 - P_1)]$$

$$\underline{F} \times (P_1 - P_2) = -[\underline{F} \times (P_2 - P_1)]$$

$$[\underline{F}_1 + \underline{F}_2] \times (P_2 - P_1) = \underline{F}_1 \times (P_2 - P_1) + \underline{F}_2 \times (P_2 - P_1)$$

$$\underline{F} \times (P_2 - P_1) + \underline{F} \times (P_3 - P_2) + \dots + \underline{F} \times (P_n - P_{n-1}) = \underline{F} \times (P_n - P_1)$$

risulta che: a) <u>Quando si inverte la forza o lo spostamento, il lavoro cambia segno</u> (e conserva inalterato il valore assoluto).

b) <u>Il lavoro della risultante di più forze applicate ad un medesimo punto, per un dato spostamento di questo, è eguale alla somma (algebrica) dei lavori, rispetto al medesimo spostamento, delle singole forze componenti.</u>

c) <u>La somma algebrica dei lavori di una forza rispetto a più spostamenti consecutivi è eguale al lavoro della forza rispetto al risultante degli spostamenti considerati.</u>

3. <u>Lavoro delle forze variabili.</u> Sia $\underline{F}$ una forza

variabile qualsiasi, cioè, per considerare il caso più generale, dipendente dal tempo, dalla posizione del suo punto di applicazione P, e dalla rispettiva velocità $\dot{P}$; e sia definito per codesto punto P un moto qualsiasi:

(2) $P = P(t)$ ossia $x = x(t)$, $y = y(t)$, $z = z(t)$,

che per ora supporremo affatto indipendente dal moto che la forza $\underline{F}$ indurrebbe su P, se esso fosse un punto materiale libero, soggetto all'azione esclusiva della forza $\underline{F}$

Durante codesto moto del punto di applicazione, la forza $\underline{F}$, ove si tenga conto delle equazioni (2) e delle loro derivate, risulta definita come funzione esclusivamente del tempo; cosicchè in un tempuscolo dt, compreso fra due istanti generici consecutivi t e t+dt, la $\underline{F}$ si può riguardare, a meno di infinitesimi dell'ordine di dt almeno, come costante ed eguale ad una qualsiasi delle sue determinazioni in codesto tempuscolo, per es. a quella che le compete nell'istante t. Perciò si assume come <u>lavoro elementare</u> della forza variabile $\underline{F}$ corrispondente allo spostamento infinitesimo da P(t) a P(t+dt) lo scalare infinitesimo

$$d\mathcal{L} = \underline{F} \times dP,$$

che, ove si designi con $\underline{v}$ la velocità del moto (2) e si tenga conto della espressione $dP = \underline{v}\,dt$ dello spostamento elementare, si può esprimere nella forma

(3) $$d\mathcal{L} = \underline{F} \times dt = (X\dot{x} + Y\dot{y} + Z\dot{z})\,dt,$$

dove, per quanto si è detto, le X, Y, Z si intendono espresse, mediante le (2) e le loro derivate, come funzioni della sola variabile t.

Ciò posto, dicesi lavoro della $\underline{F}$ corrispondente al moto (2) del punto di applicazione fra due istanti generici t_1 e t_2 o dalla posizione $P(t_1)$ alla posizione $P(t_2)$, la somma di tutti i lavori elementari (3) relativi ai successivi spostamenti elementari subiti da P, nel moto (2), fra le due posizioni estreme considerate. Cioè si pone

$$(4) \qquad \mathcal{L} = \int_{t_1}^{t_2} \underline{F} \times \underline{v}\, dt = \int_{t_1}^{t_2} (X\dot{x} + Y\dot{y} + Z\dot{z})\, dt ,$$

dove, a secondo membro, compare un integrale definito ordinario.

In base ad una elementare proprietà degli integrali definiti si generalizza alle forze variabili il teorema c) stabilito al n. 2 per il lavoro delle forze costanti, cioè: Il lavoro totale di una forza lungo due cammini consecutivi del punto di applicazione è eguale alla somma dei lavori della forza lungo i due cammini parziali.

4. La precedente definizione di lavoro come integrale di lavori elementari acquista un senso più concreto, se risalendo alla origine del concetto di integrale, si pensa $\mathcal{L}$ come limite di una conveniente somma.

Indicando con C l'arco di traiettoria descritto dal punto di applicazione P della forza $\underline{F}$ dall'istante t_1 all'istante t_2, si immagini iscritta in esso una poligonale di lato generico ΔP, e associato ad ogni latercolo ΔP una delle determinazioni di $\underline{F}$ sul corrispondente archetto di traiettoria, per es. quella relativa al primo estremo (nelle condizioni di moto di P quando passa per codesta posizione), si consideri la somma

$$(5) \qquad \Sigma\, \underline{F} \times \Delta P$$

dei lavori di codeste forze, considerate come costanti per i corrispondenti spostamenti ΔP. Indicata con $\underline{v}$ la velocità di P nel primo estremo del ΔP, abbiamo

$$\lim_{\Delta t \to 0} \frac{\Delta P}{\Delta t} = \underline{v}$$

e quindi

$$\frac{\Delta P}{\Delta t} = \underline{v} + \underline{\varepsilon}$$

ossia

$$\Delta P = \underline{v}\Delta t + \underline{\varepsilon}\Delta t$$

dove $\underline{\varepsilon}$ è infinitesimo insieme con Δt; talchè la somma (5) si può scrivere

$$(5') \qquad \Sigma\, \underline{F} \times \underline{v}\Delta t + \Sigma\, \underline{F} \times \underline{\varepsilon}\,\Delta t\,.$$

Se si fanno tendere allo zero i singoli lati della poligonale, la seconda parte della precedente somma tende allo zero, come risulta da note norme di Calcolo; e la prima parte tende all'integrale

$$\int_{t_0}^{t_1} \underline{F} \times \underline{v}\, dt\,,$$

cioè al lavoro $\mathcal{L}$; onde si conclude

$$\mathcal{L} = \lim \Sigma\, \underline{F} \times \Delta P\,.$$

Resta così giustificata pel lavoro sotto l'aspetto concettuale, la notazione sintetica

$$\mathcal{L} = \int_c \underline{F} \times dP = \int_c (X\,dx + Y\,dy + Z\,dz)\,,$$

che formalmente si può dedurre dalla (4) sostituendovi dP a $\underline{v}\,dt$, ossia dx, dy, dz a $\dot{x}\,dt, \dot{y}\,dt, \dot{z}\,dt$ rispettivamente.

<u>5. Lavoro delle forze posizionali.</u> In questo caso, per il calcolo del lavoro non è necessario come nel caso generale considerato dianzi, la conoscenza delle equazioni del moto del punto di applicazione P, ma basta conoscerne la traiettoria. Invero se

$$(6) \qquad P = P(s) \quad \text{ossia} \quad x = x(s),\; y = y(s),\; z = z(s)$$

son le equazioni parametriche di codesta traiettoria, dove supporremo senz'altro che s designi la lunghezza d'arco (misurata da una qualsiasi origine determinata), la data forza posizionale $\underline{F}(P)$, mentre P descrive codesta curva, risulta definita come funzione della sola variabile s; e d'altro canto lo spostamento elementare

$$dP = \frac{dP}{ds}\, ds$$

non è altro che il prodotto del ds per il versore $\frac{dP}{ds} = \underline{t}$ tangenziale alla traiettoria, che è pur esso funzione della sola s. Il lavoro elementare si potrà in questo caso esprimere sotto la forma

$$d\mathcal{L} = \underline{F} \times \underline{t}\, ds = \left(X \frac{dx}{ds} + Y \frac{dy}{ds} + Z\, ds\right) dt,$$

ossia, indicando con F_t la componente della forza secondo la tangente alla traiettoria di P nel verso degli s crescenti,

$$d\mathcal{L} = F_t\, ds\,;$$

e poichè F_t dipende esclusivamente da s, il lavoro compiuto dalla forza $\underline{F}$ lungo la curva (6) fra due punti generici $P(s_1)$ e $P(s_2)$ sarà data, qualunque sia la legge temporale secondo cui il punto d'applicazione descrive codesta curva, dall'integrale definito ordinario

$$\mathcal{L} = \int_{s_1}^{s_2} F_t\, ds = \int_{s_1}^{s_2} \left(X \frac{dx}{ds} + Y \frac{dy}{ds} + Z \frac{dz}{ds}\right) ds.$$

Risulta di qui (cfr. n. 2, a)) che <u>se si inverte il senso del cammino del punto d'applicazione, il lavoro di una forza posizionale cambia segno</u> (e conserva inalterato il suo valore assoluto).

È manifesto come questa proprietà non valga per forze di natura qualsiasi (dipendenti anche dalla velocità del punto di applicazione) giacchè in tal caso l'inversione del senso dell'integrazione nella espressione del lavoro implicherebbe il cambiamento di t in $-t$.

<u>6. Lavoro delle forze conservative</u>. Per questa particolare classe di forze posizionali si verifica la circostanza notevolissima che per il calcolo del lavoro non si richiede nemmeno più la conoscenza della traiettoria del punto di applicazione della forza, ma basta ne siano assegnati gli estremi P_1 e P_2. Infatti, per la identità caratteristica delle forze conservative

$$\underline{F} \times dP = dU$$

dove la $U(x, y, z)$ rappresenta il potenziale (Cap. VII, n. 23), il lavoro elementare è in questo caso, dato da

$$d\mathcal{L} = dU \; ;$$

talchè, integrando, si ottiene pel lavoro $\mathcal{L}_{P_1P_2}$ lungo un qualsiasi cammino del punto di applicazione da P_1 a P_2, il valore

$$(7) \qquad \mathcal{L}_{P_1P_2} = U(x_2, y_2, z_2) - U(x_1, y_1, z_1) \; ,$$

ove con x_1, y_1, z_1 e x_2, y_2, z_2 si designino le coordinate di P_1 e P_2 rispettivamente. Si ha dunque che: <u>Qualunque sia il cammino descritto dal punto di applicazione di una forza conservativa entro il suo campo, il lavoro da essa compiuto è uguale alla differenza di potenziale fra la posizione di partenza e quella di arrivo del punto di applicazione</u>.

Se profittando della costante additiva arbitraria facciamo in modo che il potenziale si annulli in un certo punto P_0 del campo e ne designamo con $P(x, y, z)$ un punto generico, abbiamo per la (7)

$$\mathcal{L}_{P_0P} = U(x, y, z) \; ,$$

cosicchè il potenziale in P può essere definito come il lavoro compiuto dalla forza, quando il suo punto di applicazione si trasporta dalla posizione P_0 alla posizione P_1 lungo un cammino qualsiasi entro il campo di forza. Vien così resa fisicamente intuitiva la indipendenza del concetto di potenziale dal sistema di riferimento che abbiamo già rilevato in base alla identità caratteristica delle forze conservative (Cap. VII, n. 23).

7. La proprietà stabilita al n. preced. è caratteristica per le forze conservative, giacchè se per una forza $\underline{F}$ il lavoro compiuto per un qualsiasi cammino del punto di applicazione, fra due punti generici P_1 e P_2 di una

certa regione spaziale $\mathcal{C}$, dipende esclusivamente dalle posizioni estreme P_1, P_2 (e non dalla traiettoria) la $\underline{F}$ è conservativa. Infatti se in $\mathcal{C}$ si fissa un punto P_0, il lavoro di $\underline{F}$ da P_0 ad un generico punto $P(x, y, z)$ di $\mathcal{C}$ è, per le ammesse ipotesi, una determinata funzione di x, y, z.

$$\mathcal{L}_{P_0 P} = \mathcal{U}(x, y, z) \; ; \qquad (8)$$

ed è facile dimostrare che la $\underline{F}$ deriva appunto dal potenziale $\mathcal{U}$. A tale scopo si osservi che, fissato un qualsiasi spostamento elementare dP che faccia passare da P a $P' = P + dP$, il corrispondente lavoro elementare

$$\mathcal{L}_{PP'} = \underline{F} \times dP ,$$

per l'ammessa indipendenza del lavoro dal cammino, si può valutare, immaginando che il punto di applicazione passi prima da P a P_0, poi da P_0 a P';

$$\underline{F} \times dP = \mathcal{L}_{PP_0} + \mathcal{L}_{P_0 P'} ,$$

od anche

$$\underline{F} \times dP = \mathcal{L}_{P_0 P'} - \mathcal{L}_{P_0 P} ,$$

cioè, per la (8),

$$dP = \mathcal{U}(x + dx, y + dy, z + dz) - \mathcal{U}(x, y, z) .$$

Di qui risulta, a meno di infinitesimi di ordine superiore,

$$\underline{F} \times dP = d\mathcal{U} ;$$

talchè si conclude veramente che la $\underline{F}$ è conservativa ed ammette il potenziale $\mathcal{U}$.

8. Notiamo infine che dalla (7) del n. 6 discende in particolare che se il punto di applicazione di una forza conservativa ritorna alla sua posizione di partenza, dopo aver descritto entro il campo un cammino chiuso, il lavoro totale della forza è nullo.

In questo risultato risiede la giustificazione della qualifica di "conservative" attribuita alle forze, che ammettono un potenziale. Nei rispettivi campi, quando si fa descrivere al punto di applicazione un ciclo chiuso, non si guadagna, nè si perde lavoro. Considerando il lavoro di una forza come una forma di energia fisica, ceduta o eventualmente sottratta al suo punto di applicazione, constatiamo che questa energia è complessivamente nulla in capo ad un generico ciclo; vi è dunque, nel senso accennato, conservazione di energia.

§2. Lavoro ed energia cinetica

9. Tornando ad una forza variabile qualsiasi $\underline{F}$, immaginiamola applicata, come forza totale, ad un punto materiale libero P di massa m e consideriamo il lavoro compiuto da $\underline{F}$ durante un tempuscolo dt. In base alla equazione fondamentale della Dinamica

$$\underline{F} = m\underline{a} \,,$$

il lavoro elementare della $\underline{F}$ per lo spostamento $dP = \underline{v}dt$ che P subisce nel considerato tempuscolo dt si può scrivere

$$d\mathcal{L} = m\,\underline{a} \times \underline{v}\,dt.$$

Ma l'accelerazione $\underline{a}$ del punto non è che la derivata della velocità $\underline{v}$, cosicchè avremo

$$m\underline{a} \times \underline{v} = m\,\underline{v} \times \frac{d\underline{v}}{dt} = \frac{d}{dt}\left[\frac{1}{2} m\,\underline{v} \times \underline{v}\right] \;;$$

onde si conclude che, se si pone

$$(9) \qquad \mathcal{T} = \frac{1}{2}\, m\,\underline{v} \times \underline{v} = \frac{1}{2}\, m\, v^2$$

il lavoro elementare della forza F per uno spostamento elementare da essa indotto sul punto materiale libero cui è applicata è dato da

$$(10) \qquad d\mathcal{L} = d\mathcal{T}$$

Qui è necessario fermarsi un momento su questo importante risultato e prima ancora sulla grandezza scalare $\frac{1}{2}mv^2$, che abbiamo indicato con $\mathcal{T}$.

Codesto semiprodotto della massa di un punto materiale per il quadrato della velocità (scalare) istantanea dicesi *forza viva* o *energia cinetica* (ossia di moto) del punto nell'istante considerato. E per dar anzitutto ragione, in via intuitiva, di codesto secondo nome, notiamo come a nessuno di noi possa essere sfuggito che i corpi materiali, quando sono animati da una certa velocità, acquistano un'attitudine a produr lavoro, che non hanno affatto in condizione di quiete; per es., un sasso che può senza danno esser sostenuto da una lastra di vetro, la infrange se vi è lanciato contro; il martello, cui la mano abbia impresso una certa velocità, conficca in una tavola, per es. orizzontale, un chiodo, mentre non produrrebbe quasi nessun effetto se fosse semplicemente appoggiato sulla testa del chiodo; i proietti producono i loro terribili effetti solo in quanto sono animati da elevate velocità, ecc.

Se teniamo conto che anche le più comuni esperienze mostrano che codesta specie di energia che i corpi materiali acquistano in dipendenza del loro stato di moto si manifesta con effetti tanto più sensibili quanto è maggiore, a parità di massa, il valore assoluto della velocità, e a parità di velocità la massa, apparirà consentaneo alla nostra intuizione fisica il chiamare *energia cinetica* (1) il semiprodotto (9).

---

(1) L'altro nome di "forza viva" appare in sè poco opportuno, in quanto l'energia cinetica dipende bensì da una forza, ma non è essa stessa una forza. Ma il nome ha una ragione storica, in quanto il Leibnitz contrapponeva la "forza morta" o come noi diremmo statica (come la pressione di un grave in quiete su di un piano d'appoggio) e la "forza viva" o forza con moto. E la scuola del Leibnitz valutava appunto la forza agente su di un punto mobile mediante la energia cinetica indotta sul punto, il che è esatto, *se*, trattandosi di forze costanti, *si fanno agire le varie forze per un dato cam-*

Ciò posto, l'equazione (10) esprime il seguente teorema (della forza viva): Durante il moto indotto dalla forza F su di un punto materiale libero, ad ogni istante, il lavoro elementare della forza è uguale (in valore e segno) all'incremento di energia cinetica del punto.

Più espressamente si può dire che tutte le volte che la forza spende lavoro, di altrettanto si accresce l'energia cinetica del punto; tutte le volte che F assorbe lavoro, di altrettanto diminuisce codesta energia.

Si consideri allora il lavoro $\mathcal{L}$ compiuto da F nell'intervallo di tempo da un istante fisso t_0 ad un istante variabile t, e si integri la (10) da t_0 a t: Otterremo:

$$(11) \qquad \mathcal{L} = T - T_0$$

dove T_0 indica la energia cinetica del punto nell'istante t_0: Cioè la variazione che, in un qualsiasi intervallo di tempo subisce l'energia cinetica di un punto libero sollecitato è uguale al lavoro compiuto in quell'intervallo di tempo dalla forza sollecitante

10. Se (come già nel precedente §) ci rappresentiamo il la...

---

mino del punto mobile. Invero considerata una forza costante F, che applicata ad un punto materiale libero di massa m, inizialmente in quiete, gli imprime un moto rettilineo uniformemente accelerato (Cap. II, n.) avremo fra forza F, accelerazione a, velocità v e spazio percorso s le relazioni scalari:

$$F = ma, \quad s = \frac{1}{2}at^2, \quad v = at$$

e quindi

$$Fs = \frac{1}{2}ma^2t^2 = \frac{1}{2}mv^2$$

talchè confrontando due forze costanti F_1, F_2 per lo stesso cammino s del punto mobile, avremo

$$F_1 s = \frac{1}{2}mv_1^2, \quad F_2 s = \frac{1}{2}mv_2^2$$

e quindi

$$F_1 : F_2 = \frac{1}{2}mv_1^2 : \frac{1}{2}mv_2^2.$$

voro $\mathfrak{L}$, compiuto dalla forza totale che sollecita un punto materiale, come energia somministratagli dalle circostanze esterne, che ne determinano il moto. – $\mathfrak{L}$ misurerà l'energia ceduta dal punto all'esterno. Siccome la (11) si può scrivere

$$(11') \qquad \mathfrak{T} - \mathfrak{L} = \text{costante} ,$$

potremo dire che al moto di un punto sollecitato da una data forza (totale) le leggi della Meccanica conferiscono un carattere conservativo, in quanto v'è compenso tra l'energia $\mathfrak{T}$, che il mobile possiede ad ogni istante sotto forma cinetica, e quella, – $\mathfrak{L}$, che, da un istante generico t_0 in avanti, esso è andato cedendo all'esterno sotto forma di lavoro: la loro somma (energia totale) rimane costante.

11. Questa conclusione diviene particolarmente espressiva nel caso delle forze conservative. L'energia – $\mathfrak{L}$ non è altro che il potenziale $\mathfrak{U}$ cambiato di segno (a meno di una inessenziale costante additiva). Si ha allora dalla (11'), designandosi con $\mathfrak{E}$ una costante,

$$(11'') \qquad \mathfrak{T} - \mathfrak{U} = \mathfrak{E} ,$$

relazione importantissima tra i due elementi $\mathfrak{T}$ ed $\mathfrak{U}$ (cioè in sostanza tra la velocità e la posizione del mobile) soddisfatta durante tutto il movimento.

La quantità – $\mathfrak{U}$, per il suo significato e per la circostanza che dipende soltanto dalla posizione del mobile, si chiama energia di posizione, od anche energia potenziale.

La (11''), che si suol chiamare equazione o integrale delle forze vive, esprime perciò il principio di conservazione dell'energia sotto un aspetto più ristretto, che assimila il punto materiale ad un sistema isolato.

Ogni stato di moto del punto (caratterizzato dalla velocità e dalla posizione) si può risguardare dotato di due forme intrinseche di energia: cinetica e potenziale.

Il moto si presenta così come un fenomeno di trasformazione di energia cinetica in potenziale e viceversa; la quantità totale di energia rimane però costantemente la stessa, senza che dall'esterno ne venga mai ceduta o sottratta.

§ 3 Potenza

12. È manifesto come, sopratutto in vista delle applicazioni tecniche, occorra valutare il lavoro non soltanto in se stesso, ma anche in rapporto al tempo richiesto per produrlo: perciò si introduce il concetto di _potenza_.

Se una forza $\underline{F}$ di natura qualsiasi è applicata ad un punto che comunque si sposti, dicesi _potenza media_ della forza in un generico intervallo di tempo da t a $t+\Delta t$ il rapporto del lavoro compiuto in quell'intervallo di tempo alla durata, cioè

$$\frac{\int_t^{t+\Delta t} \underline{F} \times dP}{\Delta t}.$$

Dicesi poi potenza nell'istante t il limite per $\Delta t \to 0$ di codesta potenza media cioè il rapporto del lavoro elementare al tempuscolo corrispondente

$$\underline{F} \times \frac{dP}{dt} = \underline{F} \times v = X\dot{x} + Y\dot{y} + Z\dot{z}.$$

Risulta di qui che in ogni caso (anche quando la forza è posizionale e il lavoro non dipende dalla legge oraria del moto del punto di applicazione) il calcolo della potenza richiede la conoscenza della velocità di codesto punto.

§ 4. Impulso di una forza e quantità di moto. Percosse.

13. _Impulso_. Supposto ancora una volta che il punto di applicazione di una forza variabile F sia animato da un moto qualsiasi, si dice impulso della F fra due i-

stanti t_0 e t l'integrale

$$\mathfrak{I} = \int_{t_0}^{t} F\, dt$$

cioè il vettore che ha per componenti

$$\mathfrak{I}_x = \int_{t_0}^{t} X\, dt \quad , \quad \mathfrak{I}_y = \int_{t_0}^{t} Y dt \, , \; \mathfrak{I}_z = \int_{t_0}^{t} Z\, dt .$$

Circa il calcolo effettivo dell'integrale vettoriale $\mathfrak{I}$, o, ciò che è lo stesso, delle sue tre componenti $\mathfrak{I}_x$, $\mathfrak{I}_y$, $\mathfrak{I}_z$, si possono ripetere considerazioni analoghe a quelle del n. 3: cioè, quando sia assegnato il moto del punto di applicazione della forza, gli integrali suindicati si riducono a integrali definiti ordinarii, relativi alla variabile di integrazione t. Ma è manifesto che, a differenza di quanto accade pel lavoro, l'impulso $\mathfrak{I}$, anche quando la forza F è posizionale o in particolare conservativa, dipende non solo dalla natura geometrica della traiettoria del punto di applicazione, ma anche dalla legge temporale con cui esso la descrive.

In ogni caso, se si tien fisso t_0 e si lascia variare t, l'impulso $\mathfrak{I}$ è una funzione (vettoriale) di t, che si annulla per $t = t_0$ e che ha per vettore derivato la forza

$$\frac{d\mathfrak{I}}{dt} = \underline{F} \, ;$$

cioè la derivata dell'impulso rispetto al tempo è uguale alla forza.

14. Quantità di moto e impulso di una forza nel moto impresso.

Applicata la $\underline{F}$ applicata come forza totale, ad un punto materiale libero di massa m, consideriamo l'impulso di F da t_0 a t_1 rispetto al moto impresso al punto dalla forza stessa. Avremo, per la equazione fondamentale della Dinamica,

$$\mathfrak{I} = \int_{t_0}^{t_1} \underline{F}\, dt = \int_{t_0}^{t_1} m \underline{a}\, dt = m \int_{t_0}^{t_1} \frac{d\underline{v}}{dt}\, dt$$

ossia

$$\mathfrak{I} = \Delta(m\underline{v}) \tag{12}$$

ove si indichi con $\Delta(m\underline{v})$ l'incremento che la grandezza vettoriale $m\underline{v}$ subisce dall'istante t_0 all'istante t_1.

Codesto vettore $m\,\underline{v}$ dicesi quantità di moto del punto di massa m, animato della velocità $\underline{v}$; onde la (12) può esprimersi dicendo che:

Se una forza agisce come forza totale su di un punto materiale libero, l'impulso della forza in un dato intervallo di tempo è uguale alla variazione di quantità di moto del punto nel medesimo intervallo di tempo[1].

15. Percosse. Finora nello studio del moto di un punto materiale, abbiamo sempre ammesso che il fenomeno negli intervalli di tempo considerati, si svolgesse con continuità (si ricordino le ipotesi poste una volta per tutte al n. 4 del Cap. II). Ma può anche accadere che

---

(1) La scuola del Des Cartes sosteneva, in contrasto coi Leibniziani, che le forze vanno valutate mediante le quantità di moto, anziché mediante le forze vive. La veduta cartesiana è esatta se si conviene di considerare forze (costanti) agenti per un medesimo intervallo di tempo (anziché per un medesimo cammino, come si richiede per legittimare la valutazione Leibniziana). Invero se si riprendono le notazioni della nota a piè della pagina 268, si ha, per una forza costante F,

$$F\,t = m a t = m v;$$

onde per due forze F_1, F_2, agenti per un medesimo tempo t, risulta effettivamente

$$F_1 : F_2 = m v_1 : m v_2$$

un punto materiale, ad un dato istante, cambii bruscamente di velocità, senza che muti sensibilmente, in quell'istante, la sua posizione. Ciò si verifica quando il punto è sollecitato da certe speciali forze, di cui ancora non abbiamo fatto cenno, e che prendono il nome di percosse. Alla considerazione di forze siffatte si è indotti, quando si osservi, per es., un colpo di martello su di un'incudine, un colpo di stecca su di una palla da biliardo, l'urto di una palla di gomma lanciata contro un muro, ecc.

Si osservi anzitutto che se la forza F, durante tutto il tempo in cui la consideriamo si mantiene d'intensità finita, cioè minore di un numero assegnabile, il rispettivo impulso da t_0 a t_1

$$\underline{I} = \int_{t_0}^{t_1} \underline{F}\, dt$$

tende, per $t \to t_0$, allo zero; il che si può anche esprimere, dicendo che l'impulso istantaneo $F dt$, cui si riduce in tal caso l'$\int_{t_0}^{t_1} F dt$, è evanescente (come prodotto di un vettore F di intensità finita per lo scalare infinitesimo dt.

Ma si può invece immaginare che una forza F agendo per un brevissimo intervallo di tempo τ compreso fra gli istanti t_0 e t_1, assuma in esso intensità grandissime, per modo che l'impulso della forza in quel pur brevissimo intervallo di tempo abbia un valore assoluto finito e determinato.

Per schematizzare matematicamente su di un esempio tipico le accennate circostanze fisiche, consideriamo una forza (costante) che in un dato intervallo di tempo, dall'istante t_0 all'istante t_1, sia espressa da

$$F = \frac{J_0}{\tau} , \tag{13}$$

dove J_0 designa un vettore costante e τ è la durata $t_1 - t_0$ dell'intervallo di tempo considerato. L'accelerazione, da cui sarà animato un punto materiale libero di mas=

sa m, sollecitato da codesta forza, sarà data da

$$\frac{dv}{dt} = \frac{J_0}{m\tau},$$

onde, integrando dall'istante t_0 ad un generico istante t del considerato intervallo di tempo, e designando con v_0 la velocità nell'istante t_0, risulta

$$v = v_0 + \frac{t-t_0}{m\tau} J_0 .$$

Questa velocità v poichè la frazione $\frac{t-t_0}{\tau}$ è propria si mantiene minore, in valore assoluto, di

$$(14) \qquad v_1 = v_0 + \frac{1}{m} J_0 ;$$

e nell'istante t_1 assume precisamente codesta determinazione v_1 indipendente da τ.

D'altra parte calcolando l'impulso J della forza (13), dall'istante t_0 all'istante t_1, si trova, in base alla $t_1 - t_0 = \tau$,

$$J = J_0 .$$

Perciò se si fa tendere τ allo zero, la forza (13) tende, in valore assoluto, all'infinito, ma il suo impulso, anche ridotto al primo tempuscolo dt consecutivo all'istante t_0, conserva il valore finito $\underline{J_0}$. Così la velocità acquisita dal punto in capo a codesto tempuscolo è data ancora dalla (14), mentre lo spostamento subito dal punto è infinitesimo, come risulta facendo tendere t_1 a t nella sua espressione fuori del limite

$$\Delta P = \int_{t_0}^{t_1} v\, dt$$

e ricordando che v si mantiene finita.

Concludendo, al limite per τ tendente allo zero abbiamo la rappresentazione matematica di una forza che agendo per un tempuscolo infinitesimo con intensità infinitamente grande, determina sul punto materiale sollecitato una brusca variazione finita di velocità, tale, sulla misura di codeste varie specie di grandezza, che qui riguarderemo tutte sotto l'aspetto scalare, cioè fissando la nostra attenzione, anche per quelle che hanno carattere vettoriale, sul rispettivo valore assoluto.

A priori, per ciascuna delle classi di grandezze dianzi enumerate, è lecito scegliere in modo del tutto arbitrario l'unità di misura, cioè la grandezza cui per convenzione si fa corrispondere la misura 1; dopo di che resta determinato il numero che compete come misura ad ogni altra grandezza della classe considerata.

Ma codesta scelta arbitraria e indipendente delle varie unità di misura, pur essendo logicamente lecita, non è opportuna, in quanto, il non tener conto delle relazioni che intercedono fra le diverse classi di grandezze porta ad introdurre nelle formole certi fattori di proporzionalità che complicherebbero enormemente i calcoli[1].

È appunto per evitare questo inconveniente che in Geometria, fissata l'unità delle lunghezze (il metro), si assumono come unità delle aree e dei volumi rispettivamente il quadrato di lato 1 e il cubo di spigolo 1.

Sotto questo rispetto dicesi primitiva l'unità delle lunghezze, in quanto è scelta in modo del tutto arbitrario e convenzionale; mentre diconsi derivate le unità delle aree e dei volumi in quanto vengono definite per mezzo della unità delle lunghezze, in base a determinate relazioni sussistenti fra superficie e solidi da una parte

---

(1) Per convincersene nel caso più banale possibile si supponga di prendere come unità di misura delle aree il quadrato di lato k (anzichè di lato 1): allora l'area del rettangolo di dimensioni a e b è dato da $\frac{1}{k^2}ab$ anzichè da ab.

e segmenti dall'altra (proporzionalità dei rettangoli e dei parallelipipedi di data base alle rispettive altezze). Per la stessa ragione diconsi, più in generale grandezze primitive tutte le lunghezze, grandezze derivate le superficie e i solidi.

Analoga distinzione si può stabilire, come tosto vedremo, nell'ambito delle grandezze cinematiche e di quelle dinamiche; ma non è superfluo il rilevare, fin dal caso delle grandezze geometriche, che una tale distinzione è, in ultima analisi, di natura convenzionale, in quanto dipende dalla particolare scelta dell'unità per le superficie e pei volumi.

17. Unità cinematiche. Per la misura del tempo, come già si ebbe occasione di notare (Cap. II, n. 3) si desume l'unità da osservazioni cosmografiche (anno, giorno, ora, minuto, secondo, a norma dei casi); cosicchè a differenza di quanto accade per le superficie e pei solidi, non interviene nessuna convenzione a legar l'unità dei tempi a quella delle lunghezze.

Per la natura profondamente diversa di codeste due specie di grandezze non si saprebbero oggi suggerire se non convenzioni completamente artificiose; onde si preferisce di considerare come grandezze primitive oltre le lunghezze, anche i tempi.

Per la sua stessa definizione si presenta invece, come grandezza derivata una velocità: rapporto (o limite di rapporto) tra una lunghezza e un tempo. Fissate le unità di lunghezza e di tempo, la misura delle velocità è senz'altro individuata. Unità di velocità è a dirsi in particolare ogni velocità, che abbia 1 per misura: come rappresentante tipica (che fa riscontro al quadrato e al cubo di lato 1) può assumersi la velocità di un mobile, che è animato di moto uniforme e percorre l'upur imprimendogli uno spostamento infinitesimo.

Senza entrare in particolari che rientrano nella teoria del moto impulsivo notiamo che sotto condizioni poco restrittive che qui non è il caso di precisare sussistono conclusioni analoghe anche per forza di natura più generale della (13), subordinatamente alla circostanza che esista e sia finito e diverso da zero il

$$\lim_{t_1 \to t_0} \int_{t_0}^{t_1} F\, dt .$$

In ogni caso, codeste forze, che, agendo con intensità grandissima per un tempo brevissimo, imprimono ad un punto materiale uno spostamento trascurabile e una brusca variazione finita di velocità diconsi percosse. Esse si valutano mediante il rispettivo impulso istantaneo, vale a dire mediante la variazione di quantità di moto da esse determinata; e l'equazione

$$I = m \Delta v$$

compie nella teoria delle percosse un ufficio analogo a quello che, nello studio delle forze ordinarie, spetta all'equazione fondamentale della Dinamica.

§ 5. Unità meccaniche

16. Grandezze primitive e grandezze derivate.

Nello studio della Meccanica siamo venuti mano mano introducendo varie specie di grandezze, scalari e vettoriali. Alle grandezze geometriche: Segmenti di rette ed archi di curve, superficie, solidi, abbiamo aggiunto anzitutto le grandezze cinematiche: tempi, velocità (di varie specie) accelerazioni, e poi, più di recente, le grandezze che potremo dire dinamiche: forze, masse, forze vive e lavori, potenze, impulsi e quantità di moto (percosse).

Ora importa svolgere alcune considerazioni, del tutto elementari ma pur di importanza fondamen-

nità di spazio nell'unità di tempo.

Analogamente per le accelerazioni, rapporti o limiti di rapporti tra velocità e tempo. Rappresentante tipica dell'unità di accelerazione è quella di un moto uniformemente accelerato, in cui la velocità aumenta di 1 nell'unità di tempo.

In conclusione, due sono le unità fondamentali della Cinematica, l'unità di lunghezza e quella di tempo. Fissati per es., metro e secondo, tutte le altre misure risultano individuate. Alle due unità derivate della Geometria si da un nome particolare (metro quadrato e metro cubo), e così le misure si indicano abitualmente senza indicare in forma esplicita i prodotti di lunghezze da cui provengono.

Invece in Cinematica, non si è sentito il bisogno di dare un nome alle unità di velocità e di accelerazione, sembrando più espressivi gli enunciati diretti: velocità, o accelerazione, di tanti metri per minuto secondo.

18. Non sarà male osservare esplicitamente che, come già le aree e i volumi, così anche le velocità e le accelerazioni sono grandezze derivate solo per convenzione.

Nulla vieterebbe a priori di riguardarle come grandezze primitive; basterebbe soltanto partire dai caratteri specifici e desumere la misura per confronto diretto. Ecco come si dovrebbe procedere.

Consideriamo, per fissar le idee, le velocità, e riferiamoci al caso più semplice (da cui il generale scende per via di limite) dei moti rettilinei uniformi.

Immaginiamo di avere delle velocità, come grandezze fisiche, l'intuizione fondamentale che esse rispecchiano l'attitudine a percorrere del cammino e desumiamo di qui il criterio di misura.

Dati (con evidente significato delle lettere) due moti uniformi $s = at + b$, $s_1 = ht + k$, le velocità (intese come attitudini) vanno raffrontate, badando agli spazi percorsi in uno stesso tempo.

La misura della prima rispetto alla seconda, assunta per unità, si trova così espressa dal rapporto

$$\frac{a(t_2-t_1)}{h(t_2-t_1)}=\frac{a}{h}$$

degli spazi percorsi in uno stesso intervallo di tempo da $t_1 = t_2$.

Questa misura $\frac{a}{h}$ differisce dall'ordinaria (rapporto a fra spazi e tempi) per il fattore numerico costante $\frac{1}{h}$, che dipende dalla scelta dell'unità.

Conclusione bene ovvia, quando si pensi che l'introduzione di un fattore di proporzionalità equivale appunto a lasciare indeterminata l'unità di misura.

In pratica è apparso più conveniente di prendere senz'altro $h = 1$, presentando la velocità (e così l'accelerazione) come una grandezza derivata per sua stessa definizione.

19. Unità dinamiche. Sistema tecnico.

In Dinamica abbiamo desunto direttamente dalla intuizione il concetto di forza, di cui si è ravvisato il modello fisico nella forza-peso, mentre tutte le altre grandezze dinamiche successivamente introdotte si sono definite per mezzo della forza e delle grandezze geometriche e cinematiche. Perciò, assunta l'unità di forza come primitiva, resteranno definite come derivate le unità di tutte le altre grandezze dinamiche da noi considerate; onde intanto si vede che tutto il sistema delle unità meccaniche resta definito quando siano fissate convenzionalmente le tre unità primitive di lunghezza, di tempo e di forza.

Negli usi pratici come si è già accennato (cap. VII,

n. 5) si assume come unità di forza il chilogrammo-peso, cioè la forza-peso che agisce su di 1 dm^3 di acqua distillata, a 4°C e a 760 mm. di pressione atmosferica, (o meglio il peso agente sul Chilogrammo-campione che è un particolare cilindro di platino conservato al Bureau international des poids et mesures di Sèvres).

E allora per la massa che fu definita da noi (Cap. VII, n. 4) quale rapporto di un peso ad una accelerazione

$$m = \frac{p}{g},$$

si dovrà assumere come unità (ove si voglia derivarla da quelle precedentemente introdotte) la massa di un qualsiasi corpo, per cui il rapporto testè indicato si riduca ad 1, cioè la massa di un corpo il cui peso sia approssimativamente di Kg. 9.80. Codesta unità non ha un nome.

Ha invece un nome l'unità pratica del lavoro, cioè il Chilogrammetro (Kg/m) che è il lavoro compiuto da una forza costante di 1 Kg. peso per lo spostamento di 1 m. del suo punto di applicazione, nella direzione e nel senso della forza stessa

Infine la potenza si misura in pratica in cavalli-vapore o H.P. (dall'inglese horse-power), pari a 75 Kg/m per secondo, e talvolta anche in poncelet, cioè 100 Kg/m per secondo.

20. Sistemi assoluti di unità. Nel sistema tecnico considerato al n. prec. si è assunta come unità primitiva quella di peso e si è definita come derivata quella di massa in base alla relazione

$$m = \frac{p}{g} \quad \text{ossia} \quad mg = p,$$

la quale non è se non un caso particolare della equazione fondamentale della Dinamica

$$m\underline{a} = \underline{F}.$$

 callign. Baldo P.

Ma, come ben sappiamo, il peso ha un carattere locale, cosic: chè se si vuol essere precisi e aver per i pesi un'unità ben determinata è necessario indicare il luogo cui corri: sponde quel peso, per es. Roma. Allora 1 litro di acqua distillata (a 4° C e a 760 mm. di pressione) a Padova non pe: sa esattamente 1 Kg., ma un pò di più e precisamente, variando i pesi locali come le corrispondenti accelerazio: ni della gravità $\frac{9.8065}{9.8038}$ Kg. (Cap. II n. 28).

Questa correzione è manifestamente trascurabile nel: l'industria, e, da questo punto di vista, si capisce come, data la diretta accessibilità del peso, giovi far capo ad esso per la misura delle altre quantità meccaniche e fisiche.

Ma non è più così dal punto di vista teorico. Il Gauss osservò per primo, che scientificamente è preferibile adotta: re come primitiva l'unità di massa, anzichè quella di for: za. Infatti, atteso il carattere intrinseco della massa, si ha il vantaggio che l'unità scelta non esige (come per il pe: so) una specificazione locale. Il corpo che fornisce l'uni: tà di massa a Roma resta teoricamente unitario dovun: que lo si trasporti. Per questa circostanza si dà il no: me di <u>sistema assoluto</u> ad ogni sistema di misu: ra che ha per <u>unità primitive</u> quelle di <u>lunghezza</u>, di <u>tempo</u> e di <u>massa</u>.

Come unità di massa si può, per es., adottare quella del campione, che precedentemente si as: sumeva per unità di peso; la massa cioè di un dm³. di acqua distillata, ecc. Tale unità si chiama <u>kilo: grammo-massa</u>, o semplicemente <u>kilogrammo</u>, quando non vi sia pericolo di confusione coll'ordinario kilogrammo-peso.

Restando fissi il metro ed il secondo, da

$$F = ma$$

appare che un rappresentante dell'unità di forza si

ha in quella forza che, agendo (con intensità costante) per un secondo sopra un corpo di massa 1, è capace di aumentare di 1 m/sec la sua velocità.

Volendo materializzare mediante un peso bisogna rendere uguale ad uno $p = mg$ ossia prendere un corpo di massa $m = \frac{1}{g}$. Un tale campione di peso 1 (in misura assoluta) è variabile da luogo a luogo: all'ingrosso è $\frac{1}{10}$ di litro d'acqua, e corrisponde quindi al peso (ordinario) di un ettogramma.

21. Il sistema C.G.S (centimetro, gramma, secondo) è un sistema assoluto, che differisce da quello or ora considerato, soltanto perchè, come unità di lunghezza e di massa, si sostituiscono al metro ed al kilogramma il centimetro e il gramma (massa).

La corrispondente unità di forza prende il nome di dine. Per determinare la relazione numerica tra le dine e il gramma (peso) ricordiamo anzitutto che l'accelerazione di gravità g in unità C.G.S. è a Roma 980,38; a Padova 980.65, ecc.; adotteremo il valore approssimato 980, o, in cifra tonda, 10^3.

D'altra parte un grammo (peso) è (per la solita $p = mg$) eguale a g volte un gramma (massa); ma il prodotto mg è una forza, e il numero che la rappresenta (se m e g sono espresse in unità C.G.S) risulta espresso in dine. Si ha dunque:

$$1 \text{ gramma (peso)} = g \text{ dine} = 980 \text{ dine, ossia } 1 \text{ dine} = \frac{1}{980} \text{ gramma (peso)}$$

Ne consegue:

$$(15) \qquad 1 \text{ kgr (peso)} = 10^3 \cdot 980 \text{ dine},$$

cioè, all'ingrosso, 1 kg. vale 10^6 dine, multiplo dell'unità di forza, che ha ricevuto un nome speciale e si chiama megadine.

Più esattamente, una megadine vale $\frac{10^6}{10^3 g}$ kg.

ossia approssimativamente, 1,02 kg.

L'unità di lavoro nel sistema C.G.S. dicesi erg e corrisponde al lavoro eseguito da una forza (costante) di 1 dine per uno spostamento del suo punto di applicazione di 1 cm, nella direzione e nel senso della forza. Dalla (15) si deduce subito che la relazione tra chilogrammetro (n. prec.) ed erg è data da

$$1 \text{ erg} = \frac{1}{10^5 \cdot 980} \text{ Kg/m}.$$

ossia, ponendo 10^6 erg = 1 megaerg

$$1 \text{ megaerg} = \frac{1}{98} \text{ Kg/m};$$

cioè 1 megaerg è poco più di $\frac{1}{100}$ Kg/m.

In luogo dell'erg (o del megaerg) gli elettricisti usano come unità di lavoro il joule, che è eguale a 10^7 erg (ossia al lavoro di una megadine per lo spostamento di 1 dm). Perciò

$$(16) \qquad 1 \text{ joule} = \frac{1}{9{,}8} \text{ Kg/m}.$$

Infine l'unità di potenza nel sistema C.G.S., corrispondente alla potenza di una forza che compie 1 erg di lavoro per secondo, non ha un nome speciale: in luogo di essa gli elettrotecnici usano il watt, pari alla potenza di 1 joule per secondo, e il chilowatt eguale a 10^3 watt. Poichè 1 H.P. è dato da 75 Kg/m per secondo, si deduce dalla (16)

$$1 \text{ chilowatt} = \frac{10^3}{9{,}8 \cdot 75} \text{ H.P.}$$

cioè approssimativamente 1,36 H.P.

Similmente

$$1 \text{ chilowatt} = \frac{1}{0{,}98} \text{ poncelet}.$$

§6. Dimensioni delle grandezze meccaniche e cambiamenti di unità - Omogeneità

22. La misura A di una superficie è somma o limite di somme di prodotti di due lunghezze. Se tutti i numeri, che esprimono queste lunghezze, vengono moltiplicati per uno stesso fattore λ, (come accade, per es., quando, restando inalterato l'ente geometrico, si cambi l'unità di lunghezza, assumendo come nuova unità la λ^{esima} parte dell'unità primitiva) l'area A rimane moltiplicata per λ^2: in altre parole essa è una funzione omogenea di secondo grado delle varie lunghezze, da cui dipende.

Con una notazione introdotta dal Maxwell, si designa simbolicamente tale circostanza, scrivendo:

$$[A] = l^2.$$

In generale, se rispetto ad un certo sistema assoluto di unità, $\mathfrak{Q}$ è la misura di una quantità, che dipende non solo da un numero qualsiasi di lunghezza, ma anche da quanti si vogliono tempi e da quante si vogliano masse, per mettere in evidenza che l'espressione di $\mathfrak{Q}$ è omogenea di grado n_1 rispetto alle lunghezze, omogenea di grado n_2 rispetto ai tempi e omogenea di grado n_3 rispetto alle masse, si scrive:

$$[\mathfrak{Q}] = l^{n_1} t^{n_2} m^{n_3}$$

ed n_1, n_2, n_3 si chiamano le dimensioni di $\mathfrak{Q}$; mentre l'equazione simbolica testè scritta dicesi equazione delle dimensioni della grandezza $\mathfrak{Q}$.

Se qualcuna delle dimensioni è nulla, si ha il caso, in cui il $\mathfrak{Q}$ non dipende dal corrispondente gruppo di argomenti, così, per es., il precedente simbolo $[A]$ potrebbe anche scriversi $l^2 t^0 m^0$. Ma, di solito nella indicazione delle dimensioni, si conviene di sopprimere quei fattori, cui competerebbe l'esponente zero.

Dopo ciò, è chiaro che si ha, per un generico volume V:

$$[V] = l^3;$$

per una velocità $\underline{v}$ (rapporto o limite di rapporto tra lunghezze e tempi):

$$[v] = lt^{-1};$$

per una accelerazione $\underline{a}$:

$$[a] = lt^{-2}.$$

Ne viene, in quanto si considerano le masse come grandezze primitive e le forze come derivate a norma della relazione fondamentale $\underline{F} = m\underline{a}$, che le dimensioni di una generica forza sono ordinatamente $n_1 = 1, n_2 = -2, n_3 = 1$; si ha cioè:

$$[F] = lt^{-2}m.$$

Un lavoro $\mathcal{L}$ (somma di prodotti di forze per lunghezze) sarà un'espressione omogenea del tipo:

$$[\mathcal{L}] = l^2t^{-2}m\ ;$$

e lo stesso dicasi per un potenziale, nei casi in cui esiste, in quanto non è altro che un certo lavoro (n. 6).

Per una forza viva $\mathcal{T}$ (semiprodotto di una massa per il quadrato di una velocità) si ha ancora:

$$[\mathcal{T}] = l^2t^{-2}m,$$

ciò che era a priori da espettarsi, dato che le due quantità $\mathcal{T}$ ed $\mathcal{L}$ non sono che aspetti diversi (come, ad es., i cubi e le sfere rispetto ai volumi) di una stessa entità fisica: l'energia.

Per una potenza Π (rapporto tra lavoro e tempo) si ha:

$$[\Pi]\ l^2t^{-3}m.$$

Infine quantità di moto (velocità per masse) e impulso (prodotto o somma di prodotti di forze per intervalli di tempo) rispondono entrambi alla formula:

$$[J] = lt^{-1}m.$$

Anche tale omogeneità era senz'altro prevedibile, dacchè in virtù della (12) del n. 14 ogni impulso si può considerare come la differenza di due quantità di moto.

23. Se invece si adotta il sistema tecnico di unità e perciò, colle lunghezze e coi tempi, si assumono come grandezze primitive le forze, anzichè le masse, queste ultime, divenute oramai grandezze derivate, ammettono in base alla relazione fondamentale della Dinamica, l'equazione delle dimensioni

$$[m] = l^{-1}t^{2}f, \tag{17}$$

dove f è il simbolo generico di forza. Così per le altre grandezze dinamiche, tenendo conto delle rispettive definizioni, si ottengono le seguenti equazioni simboliche

$$[\mathfrak{L}] = lf, \quad [\Pi] = lt^{-1}f, \quad [J] = tf,$$

le quali si deducono anche dalle equazioni stabilite al n. precedente sostituendovi al posto del simbolo m della massa la sua espressione (17).

24. Cambiamenti di unità. La considerazione delle dimensioni di una generica grandezza meccanica permette di valutare speditamente come varii la misura Q di codesta grandezza, quando si cambiano le unità delle grandezze primitive. Infatti, se in un dato sistema assoluto, si riduce l'unità delle lunghezze nel rapporto da 1 a $\frac{1}{\lambda}$, quella dei tempi da 1 a $\frac{1}{\tau}$, quelle delle masse da 1 ad $\frac{1}{\mu}$, e si ha

$$[Q] = l^{n_1}t^{n_2}m^{n_3},$$

risulta dalla triplice omogeneità delle grandezze della specie con[illegible]erata, rispetto a lunghezze, tempi e masse, che [illegible] [illegible]rato corrispondentesi riduce nel rapporto da 1 a

$$\frac{1}{\lambda^{n_1}\tau^{n_2}\mu^{n_3}} = \lambda^{-n_1}\tau^{-n_2}\mu^{-n_3}$$

e la misura Q vien moltiplicata per

$$\chi = \lambda^{n_1}\tau^{n_2}\mu^{n_3}.$$

Questo prodotto dicesi coefficiente di riduzione delle grandezze di dimensioni n_1, n_2, n_3.

Così designando con ϑ, α, φ, ε, ϖ, j i coefficienti di riduzione spettanti rispettivamente a velocità, accelerazione, forza, energia, potenza ed impulso, si deduce dalle rispettive equazioni delle dimensioni (n. 22),

$$\vartheta = \lambda\tau^{-1}, \quad \alpha = \lambda\tau^{-2};$$

$$\varphi = \lambda\tau^{-2}\mu, \quad \varepsilon = \lambda^2\tau^{-2}\mu, \quad \varpi = \lambda^2\tau^{-3}\mu, \quad j = \lambda\tau^{-1}\mu.$$

Se invece si adotta il sistema tecnico di unità, i coefficienti di riduzione della massa e delle altre grandezze dinamiche derivate son dati da

$$\mu = \lambda^{-1}\tau^2\varphi, \quad \varepsilon = \lambda\varphi, \quad \varpi = \lambda\tau^{-1}\varphi, \quad j = \tau\varphi.$$

25. Da quanto s'è or ora detto risulta, che se una certa entità, definita mediante lunghezze, tempi e masse, ha nulle le tre dimensioni, la sua misura non cambia, comunque si mutino le unità primitive. Una siffatta entità dicesi un numero puro o, semplicemente, un numero. Tale è la misura di un angolo (rapporto della lunghezza di un arco circolare a quello del corrispondente raggio); onde si deduce che una velocità angolare (rapporto di un angolo ad un tempo) ha le dimensioni di

$$[t^{-1}]$$

26. Omogeneità. Supponiamo che fra le grandezze meccaniche rilevabili in un dato fenomeno

sussista una certa relazione, la quale esprima una legge del fenomeno stesso. Ciò implica manifestamente che codesta relazione dovrà restar valida comunque si scelgano le unità di misura. Fissato allora un sistema di unità, per es. assoluto, si immagini di sostituire a ciascuna delle grandezze meccaniche legate dalla considerata relazione la rispettiva espressione mediante lunghezze, tempi e masse, e sia

$$(18) \qquad \psi(l_1, l_2, \ldots; t_1, t_2, \ldots; m_1, m_2, \ldots) = 0$$

l'equazione che così si ottiene fra certe lunghezze l_i, certi tempi t_i e certe masse m_i.

Se, tenute fisse le unità di tempo e di massa, riduciamo quella di lunghezza nel rapporto da 1 a $\frac{1}{\lambda}$, con che ogni lunghezza vien moltiplicata per λ, la legge (18) deve conservarsi valida. Ciò vuol dire che la

$$(18') \qquad \psi(\lambda l_1, \lambda l_2, \ldots; t_1, t_2, \ldots; m_1, m_2, \ldots) = 0$$

deve essere equivalente alla (18); o, in altre parole il primo membro della (18') deve essere identico al primo membro della (18), a meno di un moltiplicatore dipendente soltanto da λ. Avremo dunque, indicando con $\theta(\lambda)$ una funzione determinata, una identità della forma

$$(19) \quad \psi(\lambda l_1, \lambda l_2, \ldots; t_1, t_2, \ldots; m_1, m_2, \ldots) = \theta(\lambda)\,\psi(l_1, l_2, \ldots; t_1, t_2, \ldots; m_1, m_2, \ldots).$$

Per determinare la funzione $\theta(\lambda)$ osserviamo anzitutto che, se si pone nella (19) $\lambda = 1$, risulta senz'altro

$$(20) \qquad \theta(1) = 1.$$

In secondo luogo, se, ripresa la (18'), riduciamo ulteriormente l'unità di lunghezza nel rapporto da 1 a $\frac{1}{\lambda'}$, otteniamo analogamente alla (19), la identità

$$(19') \quad \psi(\lambda'\lambda l_1, \lambda'\lambda l_2, \ldots; t_1, t_2, \ldots; m_1, m_2, \ldots) = \theta(\lambda')\,\psi(\lambda l_1, \lambda l_2, \ldots; t_1, t_2, \ldots; m_1, m_2, \ldots).$$

Ma il ridurre l'unità di lunghezza dapprima nel rapporto da 1 a $\frac{1}{\lambda}$, poi nel rapporto da 1 a $\frac{1}{\lambda'}$ equivale al ridurla addirittura nel rapporto da 1 a $\frac{1}{\lambda'\lambda}$; talchè abbiamo anche l'identità

$$(19'') \quad \psi(\lambda'\lambda l_1, \lambda'\lambda l_2,\dots; t_1, t_2,\dots; m_1, m_2,\dots) = $$
$$= \theta(\lambda'\lambda)\,\psi(l_1, l_2,\dots; t_1, t_2,\dots; m_1, m_2,\dots;$$

ed uguagliando i secondi membri delle (19'), (19'') e tenendo conto della (19), concludiamo che la $\theta(\lambda)$ deve soddisfare all'equazione funzionale

$$\theta(\lambda)\,\theta(\lambda') = \theta(\lambda\lambda').$$

Di qui, derivando parzialmente rispetto a λ', si deduce

$$\theta(\lambda)\,\theta'(\lambda') = \lambda\,\theta'(\lambda\lambda');$$

e quindi in particolare, per $\lambda' = 1$,

$$\theta(\lambda)\,\theta'(1) = \lambda\,\theta'(\lambda);$$

cosicchè se si indica con n_1 la costante $\theta'(1)$, si ottiene per la θ l'equazione lineare differenziale omogenea del 1° ordine

$$n_1\,\theta(\lambda) = \lambda\cdot\theta'(\lambda),$$

che integrata dà

$$\theta(\lambda) = c\,\lambda^{n_1},$$

dove c rappresenta una costante arbitraria. Ma la (20) implica $c = 1$, talchè si ottiene

$$\theta(\lambda) = \lambda^{n_1};$$

e, sostituendo nella (19), si conclude che la ψ deve soddisfare alla identità

$$\psi(\lambda l_1, \lambda l_2,\dots; t_1, t_2,\dots; m_1, m_2,\dots) = \lambda^{n_1}\psi(l_1, l_2,\dots; t_1, t_2,\dots; m_1, m_2,\dots)$$

la quale esprime che la funzione ψ, e quindi la equazione (18), è omogenea (di grado n_1) rispetto alle lunghezze da cui essa dipende

Analogamente si dimostra che la (18) è omogenea (di certi gradi n_2, n_3 ordinatamente) rispetto ai tempi e alle masse, e si conclude che: <u>Ogni equazione esprimente una legge di un fenomeno meccanico è dotata di una triplice omogeneità rispetto alle lunghezze ai tempi e alle masse, da cui essa dipende.</u>

Ad es. sono in questo senso omogenee l'equazione

fondamentale della Dinamica e le equazioni che esprimono il teorema delle forze vive e quello degli impulsi e delle quantità di moto:

$$\underline{F} = m\,\underline{a} \quad , \quad \mathcal{L} = T - T_0 \quad , \quad \underline{\mathcal{I}} = \Delta(m\,\underline{v}) .$$

27. La legge di omogeneità dianzi stabilita fornisce anzitutto un criterio di controllo nella deduzione di equazioni meccaniche; ma di più, in taluni casi, permette di prevedere la forma delle relazioni incognite, che intercedono fra grandezze meccaniche, che a priori siansi riconosciute come fra loro dipendenti.

Si voglia per es. determinare la durata T della oscillazione di un pendolo semplice, ammettendo che essa dipenda esclusivamente dalla lunghezza l del pendolo, dalla massa m del punto oscillante e dall'accelerazione g della gravità. Avremo dunque un'equazione

$$T = \varphi(l, m, g),$$

in cui la funzione a secondo membro dovrà essere pel n. prec., omogenea di grado zero nelle lunghezze e nelle masse e di grado 1 nei tempi. Ma poiché l e g sono indipendenti da ogni massa, la m non può apparire in codesta equazione, la quale perciò si ridurrà alla forma

$$T = \psi(l, g)$$

Ora g, come accelerazione, è, rispetto alle lunghezze e ai tempi di dimensioni 1 e 2, talchè T non può essere funzione se non del rapporto $\frac{l}{g}$ che è indipendente da lunghezze e masse ed è di grado 2 nei tempi. Perciò sarà

$$T = c\sqrt{\frac{l}{g}} ,$$

dove c designa un certo <u>numero puro</u>.

Si ottiene così una formola che è ben nota fin

dalla Fisica elementare e si ritrova direttamente nella Dinamica del punto (determinando il valore π pel numero c che qui rimane incognito).

§ 7. Similitudine e modelli.

28. Alle considerazioni del § prec. sulle dimensioni delle grandezze meccaniche e sui cambiamenti di unità si riattacca la teoria della similitudine meccanica, di cui daremo qui un rapido cenno.

In modo analogo alla similitudine geometrica si può definire anzitutto una similitudine cinematica.

I moti di due sistemi di punti Σ e Σ' si dicono simili se è possibile stabilire tra i punti di Σ e Σ', istante per istante una corrispondenza biunivoca tale che: 1° Le traiettorie descritte dai varii punti di Σ costituiscano nel loro insieme una figura geometricamente simile a quella costituita dalle traiettorie dei punti omologhi di Σ'; 2° Le durate dei tragitti omologhi dei punti corrispondenti di Σ e Σ' stiano fra loro in un rapporto costante.

Risulta di qui che le velocità e le accelerazioni di due punti corrispondenti di Σ e Σ' hanno, in istanti corrispondenti, direzioni omologhe nella similitudine geometrica tra le rispettive configurazioni delle traiettorie. Inoltre se λ è il rapporto di similitudine geometrica e τ quello di similitudine temporale, codeste velocità e codeste accelerazioni, prese in valore assoluto, stanno fra loro nei rapporti $\lambda\tau^{-1}$ e $\lambda\tau^{-2}$ rispettivamente, giacchè, nei riguardi della misura di una qualsiasi grandezza derivata tanto vale cambiare proporzionalmente (cioè ingrandire o rimpicciolire) le singole grandezze primitive, da cui essa dipende, in certi determinati rapporti, quanto ridurre le corrispondenti unità nei rapporti inversi.

Una ulteriore generalizzazione conduce alla <u>similitudine meccanica</u>. Due sistemi Σ, Σ' di quanti si vogliono punti materiali sollecitati ciascuno da un certo sistema di forze, si dicono <u>meccanicamente simili</u> se: 1° Sono cinematicamente simili; 2° Le masse dei punti corrispondenti dei due sistemi stanno fra loro in un certo rapporto costante μ.

Se m è la massa di un punto di Σ, $\underline{a}$ la sua accelerazione ed $\underline{F}$ la forza totale che lo sollecita, e, d'altro canto, sono m', $\underline{a}'$, $\underline{F}'$ gli analoghi elementi relativi al punto corrispondente di Σ', avremo

$$\underline{F} = m\underline{a} \quad , \quad \underline{F}' = m'\underline{a}' :$$

Di qui, in quanto $\underline{a}$ ed $\underline{a}'$, in istanti corrispondenti, hanno direzioni omologhe nella similitudine geometrica, risulta che la stessa circostanza si verificherà per le forze $\underline{F}$ ed $\underline{F}'$; e di più, avendosi

$$m = \mu m' \quad , \quad \underline{a} = \lambda \tau^{-2} \underline{a}',$$

sussisterà tra le forze omologhe, in istanti corrispondenti, la relazione scalare

$$F = \lambda \tau^{-2} \mu F';$$

cioè le forze agenti su Σ stanno alle forze omologhe, agenti su Σ', nel rapporto costante $\lambda\tau^{-2}\mu$. In altre parole, indicando con φ il rapporto di similitudine delle forze, sussiste tra i quattro rapporti $\lambda, \tau, \mu, \varphi$ l'equazione:

$$\varphi = \lambda \tau^{-2} \mu, \qquad (20)$$

per cui, prefissati tre degli indicati rapporti, resta determinato il quarto; e risultano altresì determinati, in base alle rispettive dimensioni (n. 22) i rapporti di similitudine di tutte le altre grandezze meccaniche, corrispondentisi nei due sistemi:

La relazione (20) risale in sostanza al Newton, cui si deve il concetto di similitudine meccanica.

29. Modelli. La similitudine meccanica trova un' importante applicazione nello studio di una macchina su di un modello ridotto.

L'inventore di una macchina, il quale, prima di realizzare in vera grandezza la sua invenzione, desideri procurarsi qualche dato sul suo funzionamento, può ricorrere allo studio di un modello in piccolo, opportunamente costruito: se questo modello, in azione, è meccanicamente simile alla macchina progettata, l'inventore ricaverà, da ogni grandezza meccanica misurata direttamente sul modello, il valore della corrispondente grandezza meccanico sulla macchina, (valendosi del rispettivo rapporto di similitudine meccanica).

Ma la possibilità di costruire un modello, che possa riguardarsi, anche solo in via approssimata, meccanicamente simile alla macchina progettata, dipende da un insieme di condizioni e di circostanze, che è necessario valutare e discutere caso per caso, e che talvolta rendono addirittura insuperabili le difficoltà pratiche del problema. Si rifletta, per es. che se, come appare più naturale e, in generale, più opportuno, le singole parti del modello si costruiscono nello stesso materiale prescelto per le parti omologhe della macchina, il rapporto di similitudine delle masse (proporzionali, a parità di costituzione materiale, ai volumi) è dato da λ^3 ed è pur λ^3 il rapporto dei rispettivi pesi, talchè, se questi vanno tenuti in considerazione, fra le forze agenti sulla macchina e sul modello, risulta determinato in λ^3, il rapporto di similitudine delle forze. Ora spesso accade di dover tener conto di altre forze, come attriti e resistenze di mezzo ambiente (per es. resistenza dell'acqua per modelli di navi e di sommergibili) le quali, per la stessa loro natura non possono variare dal modello alla macchina nel rapporto λ^3. In tali casi occorrono diligenti e caute discussioni per assodare fino a qual punto e in qual senso il funzionamento del modello permetta di formulare previsioni sul funzionamento della macchina progettata.

CAPITOLO IX.

L'attrito e la statica del punto

§1. Equilibrio di un punto appoggiato su di una superficie

1. Si è visto al n. 16 del cap. VII che affinchè un punto materiale, durante un certo intervallo di tempo, si mantenga in equilibrio è necessario e sufficiente che, ad ogni istante, si annulli la risultante di tutte le forze agenti sul punto, vale a dire di tutte le forze attive se si tratta di un punto libero; delle forze attive e delle reazioni se si tratta di un punto vincolato.

In quest'ultimo caso, non si potrà desumere dalla enunciata condizione di equilibrio alcuna effettiva indicazione sul comportamento, in condizioni statiche, della risultante delle forze attive, se non quando si riesca a riconoscere direttamente in qual modo si comportino le reazioni; al che manifestamente non si potrà pervenire se non indagando sperimentalmente, caso per caso, gli effetti dei vincoli.

Ora i tipi più semplici di vincoli possibili per un punto sono i tre seguenti:

a) Punto vincolato a muoversi su di una curva (un grado di libertà).

b) Punto vincolato a muoversi su di una superficie (due gradi di libertà).

c) Punto vincolato a non attraversare una data superficie (vincolo unilaterale: tre gradi di libertà).

Ci proponiamo di renderci conto del comportamento della reazione in questi varii casi, cominciando dal terzo.

2. Punto su piano orizzontale. Esperienze del Coulomb.

Per metterci nelle condizioni più semplici possibili, consideriamo anzitutto un grave, assimilabile ad un punto materiale P, appoggiato su di un suolo piano, orizzontale, rigido ed omogeneo. Se su P non agisce, oltre il peso, nessun'altra forza direttamente applicata, constatiamo sperimentalmente che P rimane in quiete, vale a dire è in equilibrio. Poichè P è in questo caso soggetto esclusivamente all'azione del peso e della reazione di sostentamento del suolo, concludiamo, in base alla condizione di equilibrio, che la reazione è direttamente opposta al peso, cioè si esplica normalmente al piano di appoggio.

Ma non è sempre così. Se si cerca di spostare il grave P sul piano, sottoponendolo ad una trazione orizzontale in una data direzione, vediamo che per sforzi di trazione abbastanza piccoli il punto continua a mantenersi in quiete: soltanto quando la trazione orizzontale abbia superato una certa intensità, P comincia a muoversi.

Dicesi <u>trazione</u> (orizzontale) <u>limite</u> la massima intensità τ_0 di una forza orizzontale che, applicata in P, lo lascia in quiete; mentre ogni forza di intensità maggiore di τ_0, anche di pochissimo, lo mette in moto.

L'esperienza quotidiana mette in evidenza come la trazione limite dipende dal peso del grave P e dalla natura materiale del grave stesso e del suolo di appoggio. Per riconoscere le leggi di codesta dipendenza il Coulomb mediante un dispositivo sperimentale che è sufficientemente chiarito dall'annessa figura) ha determinata la trazione limite per corpi di varia natura ed è stato condotto alle conclusioni seguenti: La trazione limite per un corpo pesante, appoggiato su di un suolo piano orizzontale: 1°) è, a parità di altre condizioni, proporzionale al peso del grave; 2° dipende dalla natura fisica delle superficie a contatto del grave e del suolo, non dalla loro forma e dalla loro estensione.

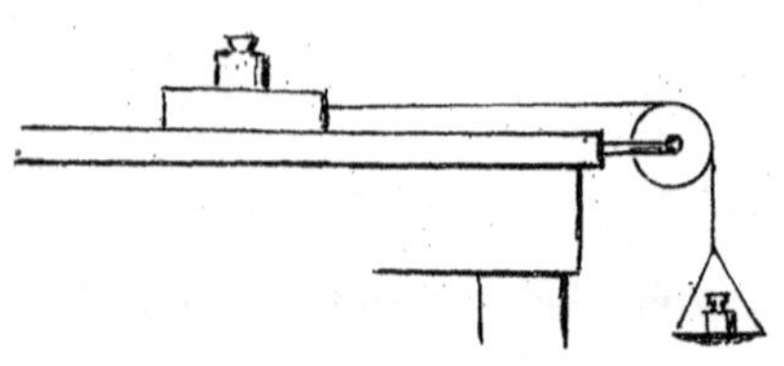

Se dunque è p il peso del grave, τ_0 la corrispondente trazione limite, il rapporto $\frac{\tau_0}{p}$ non dipende dal peso considerato o dalla forma od estensione della superficie di appoggio, ma solo dalla natura fisica del grave e del suolo e in particolare dalla loro maggiore o minore levigatezza e durezza. Codesto rapporto $\frac{\tau_0}{p}$ si chiama <u>coefficiente di attrito</u> (relativo alle sostanze materiali del grave e del suolo) e si suole indicare con f (iniziale delle parole "frottement" e "friction" con cui si denomina l'"attrito" in Francese e in Inglese); talchè fra peso, trazione limite e coefficiente di attrito sussiste la relazione

$$\tau_0 = fp.$$

Il coefficiente di attrito è sempre minore di 1; ma può elevarsi fino a circa 0.75 fra pietre rugose calcari; varia da 0,15 a 0,20 pel legno e pei metalli più comuni in quelle condizioni di levigatezza che generalmente si raggiungono nella costruzione delle macchine e degli apparecchi industriali; e può anche ridursi a 0.07, se si ha cura di evitare l'immediato contatto a secco delle superficie solide coll'impiego di lubrificanti.

Notiamo infine che, quanto alle dimensioni, il coefficiente di attrito, come rapporto di due forze, è un numero puro.

<u>3. Punto appoggiato ad un piano qualsiasi</u>. Dal n. preced. risulta che per l'equilibrio di un punto materiale P di peso p, appoggiato su di un suolo orizzontale e sollecitato da una trazione orizzontale di intensità τ, occorre e basta che τ non superi la trazione limite, ossia che, indicando con f il coefficiente di attrito fra le sostanze costitutive del punto e del suolo, si abbia

$$\tau \leq f p.$$

Questa conclusione ci mette in grado di discutere più in generale il problema dell'equilibrio di un punto appoggiato su di una superficie qualsiasi, che esso non possa attraversare.

Per procedere a gradi in questa estensione induttiva, consideriamo dapprima il caso di un punto P appoggiato, anzichè ad un suolo orizzontale, ad una parete piana π, <u>comunque orientata</u>; e, immaginando che, ad un dato istante, P sia a contatto con la parete sotto la sollecitazione di certe forze attive di cui sia $\underline{F}$ la risultante (inclusovi il peso, se P è un punto materiale pesante) indichiamo con n la <u>normale interna</u> in P alla parete, cioè la perpendicolare a π, orientata nel verso, in cui al punto è vietato il moto dal vincolo. Se la risultante $\underline{F}$ delle forze attive è diretta verso l'esterno, cioè, più precisamente, forma con la normale interna n un angolo ottuso talchè sia $F_n < 0$, il vincolo, per la sua stessa natura unilaterale, non è atto a limitare in alcun modo la libertà del punto, il quale perciò obbedisce alla sollecita:

zione di F, come se fosse libero. Segue di qui come condizione necessaria per l'equilibrio di P la relazione

(1) $$F_n \geq 0.$$

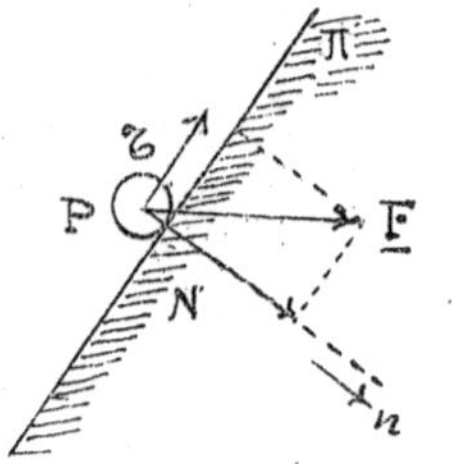

Supposta verificata questa condizione, consideriamo accanto alla componente F_n della $\underline{F}$ secondo la normale interna n, la sua componente F_π secondo il piano ortogonale π, e, uniformandosi all'uso corrente, denotiamo con N e τ rispettivamente i valori assoluti di codeste due componenti F_n ed F_π, rilevando che, sotto la condizione (1), la N coincide (anche in segno) con la F_n. Il punto P si può allora riguardare soggetto a due forze attive: una forza di intensità N secondo la normale interna, e una forza parallela a π di intensità τ; talchè, all'infuori della circostanza che qui il piano di appoggio non è più orizzontale, il punto P si trova in condizioni perfettamente analoghe a quelle, studiate pocanzi, di un punto di peso p, appoggiato su di un suolo orizzontale e soggetto ad una trazione τ parallela al piano di appoggio: l'ufficio del peso p e della trazione τ è qui assunto rispettivamente dalle due forze dianzi indicate di intensità N e τ. Ora per quella stessa veduta di indipendenza degli effetti delle forze dalle modalità secondo cui la sollecitazione è realizzata, che già abbiamo applicato nel caso del punto libero, siamo condotti a ritenere che il comportamento del punto P sia quello stesso, che si avrebbe se, essendo orizzontale il piano di appoggio, il punto fosse soggetto esclusivamente ad un peso N e ad una trazione orizzontale di intensità τ. Concludiamo di qui che, ove si indichi con f il coefficiente di attrito del punto P rispetto alla parete π, la condizione necessaria e sufficiente per l'equilibrio è data, beninteso sotto l'ipotesi (1), dalla relazione

$$(2) \qquad \mathcal{T} \leq fN .$$

4. Punto appoggiato ad una superficie qualsiasi. Oramai non v'è più che un passo per esaurire anche il caso, in cui il corpo, al quale si appoggia il punto P, sia limitato da una superficie σ qualsiasi. Qualunque sia la risultante $\underline{F}$ delle forze attive sollecitanti il punto, la superficie di appoggio σ non è atta a contrastare la libertà di movimento di P se non con la sua areola immediatamente contigua ad esso, la quale si può identificare con l'elemento di piano tangente a σ nella posizione occupata da P. Consegue di qui che le condizioni di equilibrio saranno quelle stesse che varrebbero se si realizzasse codesto piano tangente con la medesima sostanza materiale, di cui è costituito il corpo limitato da σ. In altre parole se f è il coefficiente di attrito di P su σ, ed N e $\mathcal{T}$ sono rispettivamente le intensità delle componenti di $\underline{F}$ secondo la normale interna e il piano tangente, le condizioni necessarie e sufficienti per l'equilibrio sono date dalle

$$(1)\ (2) \qquad F_n \geq 0 \ , \quad \mathcal{T} \leq fN .$$

In particolare l'equilibrio sussisterà anche per $\mathcal{T} = fN$, nel qual caso si dice che si ha uno stato di equilibrio limite, in quanto basta anche un piccolissimo aumento della componente tangenziale della risultante attiva per determinare la rottura dell'equilibrio.

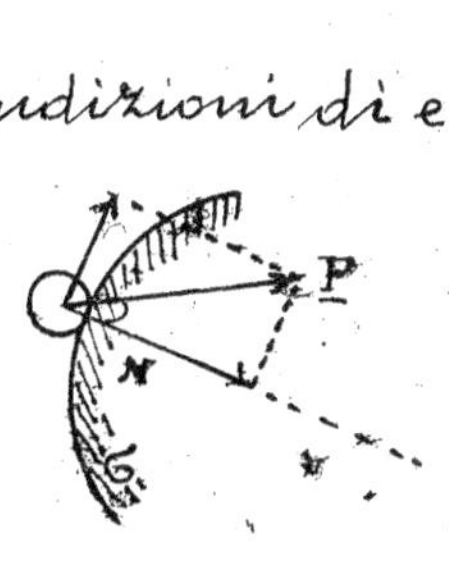

5. Angolo e cono di attrito. Alle condizioni di equilibrio (1) (2) si può dare una forma espressiva e comoda per le applicazioni. Considerato l'angolo che la risultante attiva $\underline{F}$ forma colla normale interna n, abbiamo (in valore e segno, poichè si tratta di un angolo non ottuso)

$$\operatorname{tg} \widehat{Fn} = \frac{\tau}{N},$$

cosicchè la (2) si può scrivere

$$\operatorname{tg} \widehat{Fn} \leq f$$

ossia, indicando con φ l'angolo (minore di $\frac{\pi}{4}$, perchè $f<1$) la cui tangente è f,

$$\widehat{Fn} \leq \varphi .$$

Chiamando angolo di attrito codesto angolo φ e falda interna del cono di attrito il luogo delle semirette uscenti da P che formano l'angolo φ colla normale interna, concludiamo che per l'equilibrio di un punto materiale appoggiato ad una superficie è necessario e sufficiente che la forza attiva totale non sia esterna alla falda interna del cono di attrito.

Si ha dunque che per la forza totale attiva la massima deviazione dalla normale interna, compatibile con l'equilibrio, è data dall'angolo di attrito; e questo massimo caratterizza gli stati di equilibrio limite.

Insomma le condizioni di equilibrio (1)(2) impongono delle limitazioni alla direzione e al verso della forza attiva risultante F, non alla sua intensità; ma è ovvio che ciò potrebbe incondizionatamente valere soltanto nella ipotesi puramente ideale che il vincolo possegga una solidità assoluta, così da resistere, senza infrangersi, al cimento di sollecitazioni normali di intensità arbitrariamente grandi. Praticamente le (1),(2) risultano applicabili soltanto sino a quando la intensità N della sollecitazione normale non supera il limite di rottura del vincolo.

7. La nozione di angolo d'attrito interviene in modo particolarmente semplice nel caso dell'equilibrio di un pun

to pesante sopra un piano inclinato. Detta i l'inclinazione del piano sull'orizzonte, si riconosce immediatamente che la condizione di equilibrio si riduce a questo: <u>l'inclinazione i non dev'essere superiore all'angolo d'attrito φ.</u>

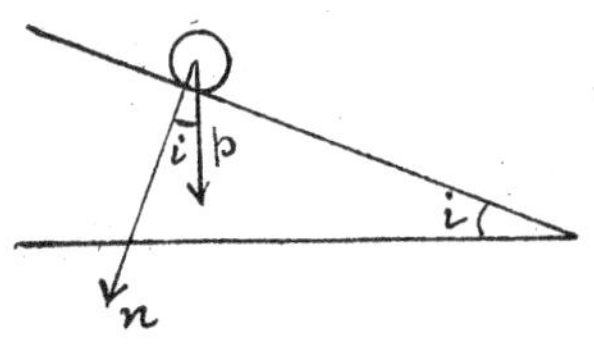

<u>8. Superficie prive di attrito.</u> Il coefficiente di attrito f, sempre minore di 1, è tanto più piccolo quanto meglio levigate son le superficie a contatto ed anzi si è notato (n. 2) che, ricorrendo all'uso di lubrificanti, si può ridurre f a pochi centesimi. L'ipotesi limite $f = 0$, pur non essendo realizzabile con alcun dispositivo sperimentale, merita tuttavia di essere considerata a parte, perchè dà luogo (nella Statica e più ancora in Dinamica, come vedremo a suo tempo) a teorie generali notevolmente semplici e comprensive che non sono troppo discoste da certi casi reali (che, a rigore, sarebbero talvolta molto complicati) e possano quindi, almeno in prima approssimazione, essere applicate a questi casi. Quando $f = 0$, si dice che l'appoggio o il contatto sono realizzati <u>senza attrito</u>, o anche che la superficie σ è <u>priva d'attrito</u>. Il cono d'attrito si rinserra, per così dire, attorno alla normale e la (2) si riduce allora a

$$(2') \qquad \tau = 0 .$$

Si esige dunque per l'equilibrio che la forza attiva $\underline{F}$ sia puramente normale; è poi necessario in virtù della (1) (ed'altra parte sufficiente) che questa sollecitazione normale sia rivolta verso l'interno del corpo che realizza l'appoggio, o il contatto con P.

Così, ad es., per un punto pesante, appoggiato su di una superficie materiale priva di attrito saranno posizioni di equilibrio

male interna è verticale e diretta verso il basso.

9. Reazione ed attrito. – In base alle condizioni (1), (2) si può oramai caratterizzare il comportamento della reazione R, che, in condizioni statiche, la superficie di appoggio σ esercita sul punto sollecitato dalla forza attiva totale F. Sappiamo che, in condizioni di equilibrio, dev'essere

$$\underline{F} + \underline{R} = 0 \qquad \text{ossia} \qquad \underline{R} = -\underline{F},$$

cosicchè debbono equilibrarsi separatamente le componenti normali e le componenti tangenziali di R ed F, e, in particolare, debbono coincidere le rispettive intensità. Perciò, tenendo conto dei n. prec. e chiamando falda esterna del cono di attrito la opposta al vertice della falda interna, possiamo senz'altro affermare che: La reazione R, che una superficie materiale σ esplica su di un punto materiale P in contatto con essa, dipende dalla sollecitazione totale attiva F di P. In condizioni statiche, la R è sempre rivolta verso l'esterno e non esterna alla falda esterna del cono di attrito. In altre parole, si esplica secondo la direzione normale a σ con una intensità N eguale a quella della componente normale di F, e secondo la giacitura tangenziale a σ con una intensità che non può superare f N, se f è il coefficiente di attrito fra il punto e la superficie.

Nel caso ideale di una superficie priva di attrito, la componente tangenziale della reazione è nulla o, in altre parole, la reazione si esplica tutta secondo la normale esterna.

La componente tangenziale della reazione R, in condizioni statiche, dicesi attrito radente (o statico o di primo distacco) od anche semplicemente attrito, fintanto chè non siavi luogo ad equivoco con l'attrito volvente, di cui parleremo più innanzi.

§2. Indipendenza delle condizioni di equilibrio dal modo di realizzazione del vincolo. Simultaneità di più vincoli unilaterali.

10. Dianzi abbiamo supposto che la mobilità di P fosse vincolata dalla presenza di una certa superficie materiale; ma può darsi benissimo che un punto sia soggetto ad un vincolo unilaterale analogo, senza che la superficie oltre la quale il punto non può passare, abbia una effettiva esistenza reale. Così, ad es. un punto P, collegato ad un punto fisso O, mediante un filo flessibile ed inestendibile di data lunghezza l (e di peso trascurabile) può muoversi soltanto all'interno o sulla superficie della sfera di centro O e raggio l, la quale non ha un'esistenza fisica.

Ora, considerando appunto, per fissarle idee, questo caso concreto, si riconosce sperimentalmente che le condizioni di equilibrio del punto P, sotto una data sollecitazione $\underline{F}$, son quelle stesse che varrebbero, quando il vincolo fosse realizzato, anzichè colla sospensione in O, mediante un opportuno involucro materiale sferico di centro O e raggio l: cioè, supposto P in una posizione in cui il filo risulti teso, le condizioni di equilibrio sono espresse ancora da

(1) (2) $$F_n \geq 0 \quad , \quad \mathcal{T} \leq f N ,$$

ove si designa con n la direzione orientata OP (normale interna alla superficie geometrica di appoggio) con N e $\mathcal{T}$ i valori assoluti delle componenti radiale e tangenziale della forza attiva risultante $\underline{F}$ e con f un certo coefficiente < 1, che dicesi ancora coefficiente di attrito e risponde a quella resistenza più o meno lieve che la sospensione in O (per la deficiente flessibilità del filo o per altre circostanze fisiche) oppone alla libera mobilità del filo teso OP intorno ad O. Continuando a chiamar cono di attrito il cono di rotazione di asse OP e di semiapertura $\varphi = \text{arctg}\, f$, possiamo ancora dire che per l'equilibrio occorre e basta che la forza attiva $\underline{F}$ non sia esterna alla falda interna del cono di attrito.

Più in generale si può ritener assodato che per un punto vincolato a muoversi su di una superficie o da una data parte di essa, le condizioni di equilibrio sulla superficie son sempre date, per un opportuno valore del coefficiente di attrito f, dalle (1) (2), comunque sia realizzato il vincolo considerato.

Nel caso limite $f = 0$ (fisicamente irraggiungibile, ma spesso assunto per semplicità come utile ipotesi di approssimazione) il vincolo si dice privo di attrito e per l'equilibrio sulla superficie occorre e basta che la risultante attiva $\underline{F}$ agisca normalmente alla superficie nel verso vietato al punto dal vincolo.

11. Applichiamo il principio di indipendenza del n. prec. ad un problema particolare.

Si consideri un anello pesante P, scorrevole lungo un filo, flessibile e inestendibile, fissato agli estremi in due punti A, B; e si supponga che la lunghezza l del filo sia > AB. Ci proponiamo di determinare le posizioni di equilibrio dell'anello.

In un piano qualsiasi per A, B il luogo delle posizioni possibili per l'anello P a filo teso è, in quanto dev'essere in ciascuna di esse AP+BP = l, l'ellisse di fuochi A e B e di asse maggiore l; mentre le posizioni possibili per P su codesto stesso piano a filo lento sono tutte e sole quelle interne dell'ellisse or ora indicata. Perciò immaginando di far ruotare intorno ad AB il piano

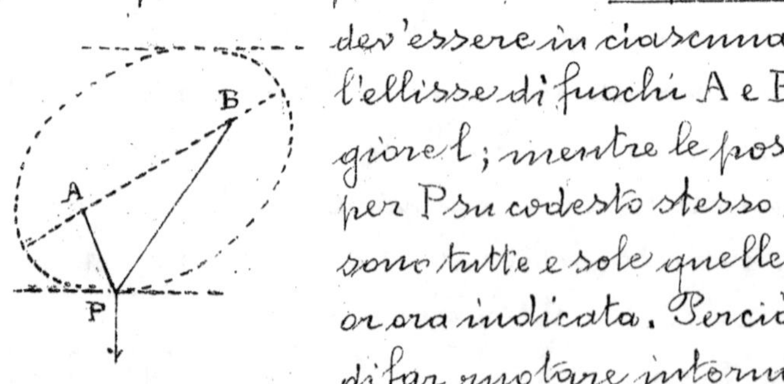

considerato, si può assimilare l'anello P ad un punto vincolato a muoversi all'interno o sulla superficie dell'ellissoide di rotazione allungato E di fuochi A, B e di asse maggiore l.

Ora manifestamente entro E non possono aversi per l'anello P posizioni di equilibrio, giacchè quando il filo è lento, l'anello si può assimilare ad un punto pesante libero. Perciò le posizioni di equilibrio vanno cercate sulla superficie di E.

Se ammettiamo che il filo sia flessibilissimo e che l'anello possa scorrere lungo di esso senza incontrare una resistenza sensibile, si è molto vicini al caso di un vincolo privo di attrito.

Mettendoci addirittura nell'ipotesi limite, siamo condotti a cercare quei punti di E in cui il peso risulta diretto normalmente ad E nel verso non consentito dal vincolo, o, in altre parole, i punti di E in cui la normale orientata verso l'esterno è diretta verticalmente verso il basso. Poichè su di una superficie di rotazione la normale in ogni suo punto giace nel piano meridiano passante per esso, le eventuali posizioni di equilibrio di P si troveranno sull'ellisse in cui E vien segato dal piano verticale passante per A B. Ora su questa ellisse esistono due punti in cui la normale risulta verticale, cioè i punti di contatto delle due tangenti orizzontali; e di questi due punti soltanto l'inferiore è posizione di equilibrio dell'anello, giacchè soltanto in esso la normale orientata verso l'esterno di E risulta diretta all'ingiù.

12. I principii stabiliti al § prec. permettono di discutere le condizioni di equilibrio di un punto, il quale sia simultaneamente soggetto a due o più vincoli unilaterali. Riferiamoci al caso in cui ciascuno di essi sia realizzato da una certa superficie materiale, notando che, in base al prin-

cipio di indipendenza del n. 10, le conclusioni, cui così perverremo, varranno comunque siano effettivamente attuali fisicamente codesti vincoli. A ciascun contatto corrisponde una reazione: in realtà si tratta di forze applicate a punti geometrici diversi, ma per ipotesi (dacchè P si considera un punto materiale) confondibili tutti in un punto unico. Per l'equilibrio sarà necessario e sufficiente che la somma di tutte queste reazioni sia eguale ed opposta alla forza attiva $\underline{F}$.

Basterà dunque indagare, caso per caso, se siano possibile che vettori, <u>appartenenti alle falde esterne dei vari coni d'attrito</u>, abbiano per somma $-\underline{F}$. Ma qui si presenta come essenziale la seguente avvertenza: bisogna preventivamente esaminare, per ogni singola superficie σ in contatto con P, se la rispettiva componente F_n (secondo la normale a σ, volta all'interno) è positiva o negativa. Nel primo caso si può effettivamente avere una reazione (appartenendo beninteso alla falda esterna del cono d'attrito): nel secondo caso la σ non è atta ad opporre alcuna resistenza, e le cose vanno come se essa non esistesse.

In conclusione <u>per l'equilibrio si richiede che sia $-\underline{F}$ la somma di tutte le reazioni offerte da quelle superficie, che sono effettivamente atte ad offrirne</u> (il che accade ogni qualvolta la forza $\underline{F}$ forma un angolo acuto con la normale interna).

13. Un esempio semplice si ha immaginando un punto materiale P vincolato a non oltrepassare due piani ortogonali, quali sarebbero il pavimento e una parete verticale di una stanza, che in figura rappresenteremo mediante le loro sezioni Ox, Oy con un piano di profilo

Il punto P potrà assumere ogni possibile posizio

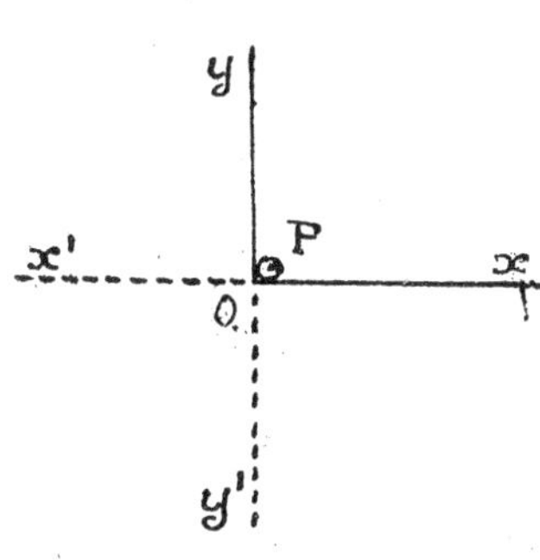

ne entro il diedro di sezione normale a $\hat{O}y$, o sulle facce di esso, ma non attraversare le facce stesse. È allora manifesto come l'azione simultanea dei due vincoli possa esplicarsi solo quando il punto P sia a contatto di entrambe le pareti; giacchè in tutti gli altri casi o non agirà nessuno dei due vincoli (se P non è a contatto nè dell'una, nè dell'altra parete) o ne agirà uno solo (se P appoggia su una sola parete). Supposto dunque P appoggiato a tutte due le pareti, per es. in O, sottoponiamolo ad una forza $\underline{F}$ (totale e perciò includente il peso, se questo è da tenere in considerazione). Se la $\underline{F}$ risulta interna all'angolo $x\hat{O}y$, nessuna delle due pareti si oppone al moto di P, il quale obbedirà, come punto libero, alle sollecitazioni, onde l'equilibrio sarà impossibile (se non è $\underline{F}=0$). Se, indicati con Ox', Oy' i prolungamenti di Ox e Oy rispettivamente, la $\underline{F}$ è diretta nell'angolo $x\hat{O}y'$ (o $y\hat{O}x'$), entra in azione <u>solo un vincolo</u>, quello del piano Ox (o, rispettivamente, Oy) e ricadiamo nel caso già esaurito nei nn. prec. Se infine la $\underline{F}$ è diretta nell'angolo $x'\hat{O}y'$, agiscono entrambi i vincoli e <u>l'equilibrio è in ogni caso assicurato</u>, come risulta decomponendo la $\underline{F}$ nelle sue componenti $F_{x'}$, $F_{y'}$, e notando che, qualunque sia il coefficiente di attrito delle due singole pareti, codeste due forze $F_{x'}$, $F_{y'}$, come normali alle due pareti stesse, sono equilibrate ciascuna dalla corrispondente reazione di appoggio.

Notiamo che se le due pareti sono <u>prive di attrito</u>, ciascuna di esse è atta ad esplicare una reazione di appoggio soltanto in direzione normale (n. prec.), talchè le reazioni esercitate sul punto nel caso testè considerato risultano <u>determinate univocamente</u> come direttamente opposte alle componenti $F_{x'}$, $F_{y'}$ della forza attiva. Ma se le due pareti hanno un coefficiente di attrito (anche diverso l'uno dall'altra) e se fissiamo per O, nel piano O x'y', due direzioni quali si vogliano r ed s, non esterne rispettivamente ai coni di attrito delle due pareti in O, possiamo considerare la F decomposta nelle sue due componenti F_r e F_s, e le due pareti sono atte ad esplicare due reazioni direttamente opposte a codeste due componenti. Insomma, data l'arbitrarietà di scelta delle direzioni r ed s nei due coni di attrito, nulla possiamo dire circa l'intensità e la direzione delle reazioni esplicate dalle due singole pareti, ma solo affermare che la loro azione simultanea assicura l'equilibrio.

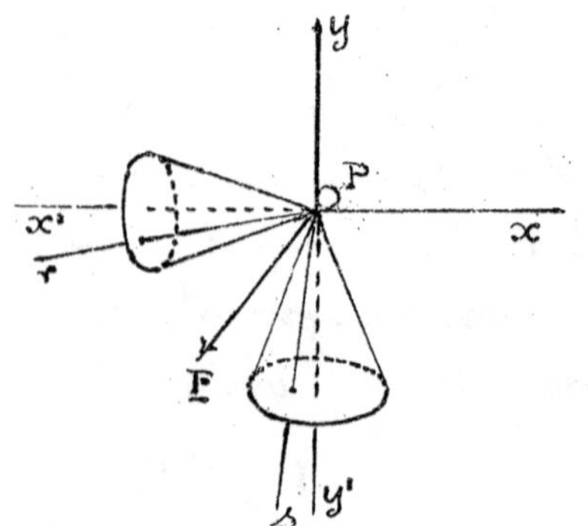

Codesta indeterminatezza delle due reazioni appar paradossale in confronto con quella veduta, insita nel nostro modo di rappresentare i fatti naturali, per cui ammettiamo che in ogni fenomeno, nel nesso tra cause ed effetti, ogni singola circostanza debba essere univocamente determinata dalle circostanze concomitanti.

Della insufficienza delle conclusioni cui or ora pervenimmo nella discussione del problema particolare considerato possiamo renderci ragione riflettendo che nel costruire la nostra rappresentazione teorica dei fenomeni meccanici, abbiamo proceduto per successive idealizzazioni dei dati sperimentali, trascurando man mano quelle circostanze di fatto, che apparivano trascurabili in una prima approssimazione.

Così nel caso concreto presente, noi abbiamo considerato le superficie di appoggio come assolutamente rigide e indeformabili; e si riuscirebbe appunto a caratterizzare univocamente il comportamento delle due reazioni, se si tenesse conto di quelle deformazioni, pur lievissime, che le due pareti, supposte fisicamente rigide, subiscono sotto la pressione del punto materiale sollecitato

§ 3. Punto vincolato a muoversi su di una superficie o su di una curva.

14. Consideriamo un punto materiale P costretto a muoversi su di una data superficie σ (vincolo bilaterale). Il modello fisico tipico di una tal specie di vincolo si ha per la massa oscillante di un pendolo ad asta rigida (di peso trascurabile) e a sospensione sferica; ma lo stesso legame si può immaginar realizzato anche in altri modi, per es. mediante due superficie materiali σ', σ" vicinissime a σ dall'una e dall'altra parte di essa, e tali da conservare fra loro, con costante contatto, il punto P in guisa che esso non possa mai abbandonare la superficie σ.

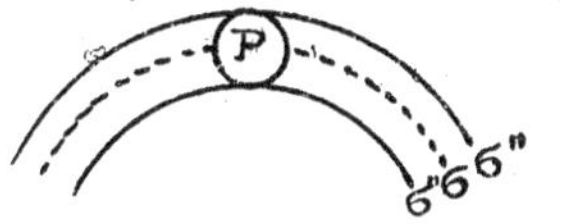

In ogni caso si perviene agevolmente a determinare le condizioni di equilibrio, prendendo come norma direttiva il principio di indipendenza del n. 10. Così il nostro vincolo bilaterale si potrà considerare come realizzato dall'azione simultanea dei due vincoli unilaterali, determinati dalle due superficie materiali di appoggio σ' e σ", vietanti ciascuna a P la libertà di abbandonare σ da una delle due bande. Di codesti due vincoli unilaterali entra in azione o l'uno o l'altro, secondo che la forza attiva (totale) **F** sollecitante P è diretta da una parte o dall'altra rispetto al piano tangente a σ nella posizione occupata da P. Considerando allora, anche in questo caso il coefficiente di attrito (che riterremo senz'altro eguale su σ' e su σ") e chiamando cono di attrito l'insieme delle due falde di cono relative ai due vincoli unilaterali costitrenti il vincolo bilaterale, avremo senz'altro che:

<u>Condizione necessaria e sufficiente, affinchè un punto materiale, vincolato a muoversi su una superficie, resti in equilibrio sotto la sollecitazione di una forza, è che questa forza non sia esterna al cono di attrito.</u>

In particolare, <u>se la superficie è priva di attrito, sarà necessario e sufficiente che la forza sia diretta secondo la normale alla superficie</u> (nell'uno o nell'altro senso indifferentemente).

In ogni caso, la reazione $\underline{R}$, in condizioni statiche, risulta <u>univocamente determinata</u>, come direttamente opposta alla forza sollecitante.

15. Proponiamoci infine di determinare le condizioni di equilibrio di un punto vincolato a muoversi su di una data curva c (pallina scorrevole entro un tubo, massa oscillante di un pendolo ad asta rigida e a sospensione cilindrica ecc.). Sempre in base al principio di indipendenza del n. 10, possiamo ritenere che tutto proceda, come se il punto fosse costretto a rimanere sopra una <u>qualsiasi</u> delle superficie passanti per la curva C. Proiettiamo la forza attiva F sulla tangente a C e sul piano normale, e diciamo T ed N i valori assoluti delle componenti, ν la linea d'azione della componente normale.

Tra le superficie passanti per C, fissiamone una, avente ν per normale, e osserviamo che, se sono soddisfatte le condizioni di equilibrio per P, in quanto sia costretto a restare sopra tale superficie σ, lo saranno a fortiori per il caso reale, in cui P è ulteriormente soggetto ad altri vincoli.

Ne consegue, essendo f un coefficiente, il quale può a priori dipendere dalla speciale σ che si considera, che

$$T \leq f N$$

è condizione *sufficiente* per l'equilibrio di P. Il significato geometrico è ovvio. Essendo al solito φ l'angolo d'attrito ($tg\,\varphi = f$), $T \leq f N$ esprime che la linea d'azione di F forma colla tangente a C un angolo non inferiore a $\frac{\pi}{2} - \varphi$; cioè la forza deve essere *esterna* al cono che ha per asse la tangente e per semiapertura il complemento dell'angolo d'attrito.

16. Limitiamoci al caso in cui f sia o possa ritenersi lo stesso per tutte le ipotetiche superficie σ, che contengono la curva C. È facile allora provare che la condizione $T \leq f N$ (forza esterna al cono anzidetto) è anche necessaria per l'equilibrio. Infatti, qualora fosse $T > f N$, cioè $\underline{F}$ interna al cono, essa formerebbe colla tangente un angolo più piccolo di $\frac{\pi}{2} - \varphi$; si scosterebbe quindi per più di φ dal piano normale. In tal caso nessuna delle superficie passanti per C sarebbe atta ad impedire il moto di P, perchè tutte le normali a tali superficie formerebbero con $\underline{F}$ un angolo superiore all'angolo d'attrito.

Riassumendo, si ha la regola:

Condizione necessaria e sufficiente per l'equilibrio di un punto materiale P costretto a restare sopra una curva C è che il valore assoluto della componente tangenziale T della forza attiva non superi una certa frazione f del valore assoluto della componente normale $\underline{N}$, o, più concisamente che la forza attiva non sia interna ad un certo cono rotondo che ha la tangente per asse

Il caso di un vincolo privo di attrito implica $T = 0$, cioè una sollecitazione puramente normale alla curva.

§ 4. Nozione statica di stabilità dell'equilibrio.

17. Torniamo per un momento sulle condizioni di equilibrio di un punto appoggiato ad una superficie scabra

$$(1),(2) \qquad F_n \geq 0 \quad , \quad \mathcal{T} \leq f F_n .$$

In base alla (2), la differenza $f F_n - \mathcal{T}$, giammai negativa in condizioni statiche e nulla soltanto negli stati di equilibrio limite, dà in ogni caso la massima intensità che, senza pregiudizio dell'equilibrio, potrebbe essere raggiunta da una sollecitazione tangenziale, aggiunta alla primitiva forza $\underline{F}$ (nella stessa direzione e nello stesso verso di $\underline{F}$). Supposto $F_n > 0$, il rapporto

$$\frac{f F_n - \mathcal{T}}{F_n} ,$$

che per la (2) non è mai negativo determina il margine di sollecitazione tangenziale (per unità di sollecitazione normale) compatibile con l'equilibrio. Esso perciò si assume come misura della <u>stabilità</u> dello stato di equilibrio considerato e, manifestamente, permette di confrontare anche casi di equilibrio corrispondenti a valori differenti di F_n e di f.

18. Per problemi statici diversi da quello or ora considerato (punto appoggiato su superficie scabra) non sussiste in generale o, almeno non è stata sinora definita, una analoga nozione <u>quantitativa</u> di stabilità; tuttavia è possibile in ogni caso un apprezzamento <u>qualitativo</u>, che permette di distinguere i diversi stati di equilibrio in <u>stabili</u> ed <u>instabili</u>.

Il criterio è suggerito dalla intuizione. Per un punto materiale (come, più in generale, per un qualsiasi sistema di punti) appar consentaneo alla nostra intuizione fisica il ritener stabile uno stato di equilibrio, se, quando lo si perturbi alcun poco (spostando il punto o il sistema dalla posizione di equilibrio verso un' altra vicinissima, pur essa compatibile coi vincoli) le forze "tendono" a riportare il punto (o il sistema) alla sua posizione di equilibrio.

Tutto si riduce a dare un senso preciso a codesta "tendenza" delle forze; e a tale scopo si ricorre alla nozione di lavoro e, come appare del tutto naturale, si ammette che un lavoro sia compiuto secondando le forze o in contrasto con esse, secondo che esso è motore (cioè positivo) o resistente (cioè negativo).

Così per distinguere se certe forze hanno una tendenza complessivamente favorevole ad un dato spostamento, basta badare al segno del lavoro totale, che sarebbe compiuto da quelle forze per quel dato spostamento.

Di qui scaturisce la seguente definizione precisa di stabilità dell'equilibrio (in senso statico):

Sia P un punto materiale (od uno dei punti materiali che costituiscono un assegnato sistema) e sia $\underline{F}$ la forza che sollecita P in una sua data posizione di equilibrio M.

Considerato un qualsiasi spostamento compatibile coi vincoli che faccia passare il punto P (o il sistema) dalla posizione (o configurazione) di equilibrio M. ad una posizione (o configurazione) M' vicinissima, sia $\mathcal{L}$ il lavoro totale delle forze agenti su P (o sui punti del sistema). Se in un intorno sufficientemente piccolo della posizione (o configurazione) di equilibrio il lavoro $\mathcal{L}$, per qualsiasi spostamento compatibile coi vincoli si mantiene positivo l'equilibrio si dice stabile.

Se esiste anche un solo spostamento per cui $\mathcal{L}<0$, l'equilibrio si dice instabile, mentre se è sempre $\mathcal{L} = 0$, l'equilibrio si dice indifferente. Se poi è $\mathcal{L} \geq 0$, l'equilibrio si suole spesso chiamare ancora stabile, ma sarebbe più proprio dirlo soltanto non instabile.

Queste definizioni presuppongono la conoscenza d'ogni forza $\underline{F}$, non solo in corrispondenza alla data posizione di equilibrio M, ma anche in ogni altra posizione M', abbastanza vicina e compatibile coi vincoli.

Come agisca la $\underline{F}$, fuori dello stato di equilibrio che si considera, è implicito nella definizione della forza, allorchè si tratta di forze posizionali: in caso diverso, bisognerà rendersene conto preventivamente a norma delle speciali circostanze di fatto.

19. Lasciamo ormai le generalità, e applichiamo la regola a qualche esempio concreto, in cui si tratterà sempre di forze posizionali, anzi addirittura conservative, e quindi tali che, per valutarne il lavoro da una generica M' fino alla posizione di equilibrio M, non è necessario specificare l'interposto cammino.

a) Punto pesante sostenuto da una superficie σ priva di attrito. Nella posizione di equilibrio M, la reazione della superficie σ dev'essere eguale ed opposta al peso, quindi diretta verticalmente. Dacchè si esclude l'attrito, la reazione è tutta diretta secondo la normale alla superficie; è dunque normale al piano tangente a σ in M.

Supposto che si tratti di una superficie convessa, la σ, nelle vicinanze di M — giacerà tutta al disopra o tutta al di sotto del detto piano tangente.

Gli spostamenti da considerarsi sono manifestamente quelli per cui è rispettato il legame di appoggio, per cui cioè P passa dalla p.e.

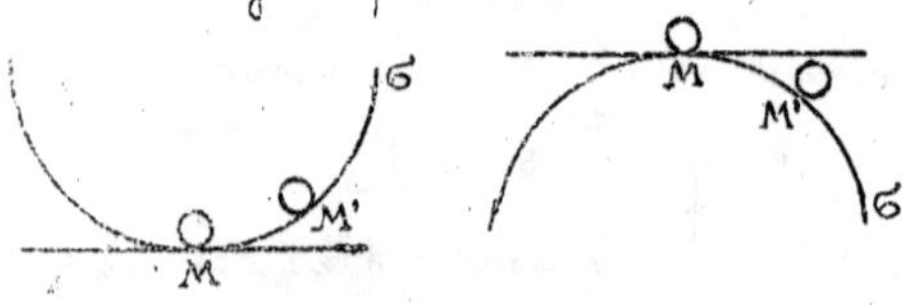

sizione di equilibrio M ad un'altra posizione M', rimanendo sempre su σ. In tali condizioni la reazione della superficie non eseguisce mai alcun lavoro, perchè si trova sempre diretta perpendicolarmente allo spostamento. Basta dunque occuparsi del peso. Ora, nel primo caso, accade che ogni M' di σ <u>abbastanza</u> vicina ad M, sta al di sopra di M. Ne viene che in ogni spostamento M'M compatibile coi legami, la forza attiva (peso di P) fa lavoro essenzialmente positivo. Si ha quindi uno stato di equilibrio stabile.

Nel secondo caso, l'analogo lavoro risulta negativo; e l'equilibrio è per conseguenza instabile.

Qualora la superficie d'appoggio σ sia precisamente un piano orizzontale, il lavoro del peso è nullo per ogni spostamento M'M; si ha allora un equilibrio indifferente.

<u>b) Punto materiale attratto verso le facce di un cubo da forze perpendicolari alle facce e crescenti colla distanza</u>. Ammesso che per ogni coppia di facce opposte la legge di attrazione sia la stessa, il centro M del cubo è evidentemente una posizione d'equilibrio.

È poi facile riconoscere che si tratta di un <u>equilibrio stabile</u>. Consideriamo infatti una generica posizione M' interna al cubo. Dacchè le attrazioni crescono colla distanza, delle forze che provengono da una generica coppia di facce opposte, prepondera sempre quella che si riferisce alla faccia più lontana. Ne consegue che quando si torna da M' verso M si seconda l'attrazione preponderante, e si effettua lavoro positivo. Tale riesce pertanto il lavoro complessivo delle sei forze, nel passaggio da una generica posizione a quella di equilibrio.

<u>c) Punto libero sollecitato da forze conservative qualunque</u>. Sia $U(x, y, z)$ il relativo potenziale; M una posizione di equilibrio; M' un'altra posizione qualunque vicina ad M, e si designino con U_M, $U_{M'}$, i valori rispetti-

vamente assunti dalla funzione $\mathcal{U}$ in M ed in M'. Affinchè l'equilibrio in M sia stabile, si richiede a norma della nostra definizione - che il lavoro effettuato dalla forza, tra ogni M' (abbastanza vicino ad M) ed M, riesca positivo; si richiede quindi che sia:

$$\mathcal{U}_M - \mathcal{U}_{M'} > 0,$$

per ogni M' appartenente ad un certo intorno di M (e non coincidente con M).

Questo val quanto dire che il potenziale $\mathcal{U}$ deve ammettere un massimo nella posizione M. Si vede subito che - reciprocamente - se $\mathcal{U}$ ha in M un effettivo massimo, a questa posizione corrisponde uno stato di equilibrio stabile.

Anzitutto si ha equilibrio, perchè l'esistenza di un massimo implica - come si sa dal calcolo - l'annullarsi delle derivate prime $\frac{\partial \mathcal{U}}{\partial x}$, $\frac{\partial \mathcal{U}}{\partial y}$, $\frac{\partial \mathcal{U}}{\partial z}$, cioè delle componenti della forza. L'equilibrio è poi stabile, in virtù della stessa disuguaglianza $\mathcal{U}_M - \mathcal{U}_{M'} > 0$, che caratterizza il massimo.

CAPITOLO X°

Geometria delle masse

1. Nei precedenti Cap. VI–IX ci siamo occupati esclusivamente del punto materiale. Per estendere i risultati così ottenuti a corpi materiali quali si vogliano è anzitutto necessario precisare anche per siffatti corpi la nozione di massa, alla quale si riconnette direttamente, come premessa necessaria alle future deduzioni meccaniche propriamente dette, una serie di considerazioni indipendenti dai concetti di tempo e di forza, che si sogliono raccogliere sotto il nome di Geometria delle masse.

§1. Massa di un corpo

2. Pel punto materiale la nozione di massa è stata stabilita come rapporto $\frac{p}{g}$ fra il peso del punto e l'accelerazione della gravità. Questo rapporto ha un senso fisicamente determinato anche per un corpo C qualsiasi, purchè le dimensioni del corpo siano tali che entro la regione spaziale da esso occupata l'accelerazione g risulti sensibilmente costante; e, come nel caso del punto materiale, codesto rapporto del peso di C alla accelerazione della gravità va assunto come un carattere intrinseco del corpo, invariante per ogni possibile movimento ed ogni possibile deformazione di C.

È questa la definizione pratica di massa di un corpo.

3. Sperimentalmente si riconosce che il peso di un corpo C, comunque diviso in parti, è sempre eguale alla somma dei pesi delle singole parti; cosicchè, in base alla definizione del n. prec., si è condotti ad attribuire anche alla massa la proprietà additiva, per cui la massa di un corpo è eguale alla somma delle masse delle sue parti, qualunque sia il modo in cui esso si immagina suddiviso.

Perciò, in particolare, se un dato corpo C si immagina suddiviso in parti assimilabili a punti materiali, la somma delle masse di tutti questi punti non dipende dalla speciale suddivisione considerata.

Viceversa, se si ammette come postulato che, comunque si immagini suddiviso un corpo in punti materiali, si ottiene sempre, come somma delle masse di codesti punti, un medesimo numero, si è condotti a definire come massa di un corpo la somma delle masse dei punti materiali, in cui esso, con una legge qualsiasi, può immaginarsi suddiviso.

Questa nuova definizione, in quanto si fonda sul concetto di massa del punto materiale, conferisce alla massa di un corpo qualsiasi quel carattere di universalità (o indipendenza da ogni considerazione relativa al campo terrestre) che già le riconoscemmo per astrazione limitatamente al caso del punto.

§ 2. Densità

4. Per precisare analiticamente la legge di distribuzione della massa entro un corpo, occorre introdurre il concetto di densità.

I corpi fisicamente omogenei (acqua, ferro oligisto, ecc.) sono caratterizzati dalla proprietà che i pesi (misurati localmente) delle loro parti sono proporzionali ai rispettivi volumi. Si ha quindi proporzionalità (e questa volta in senso universale) fra le masse delle varie parti di un corpo omogeneo e i corrispondenti volumi.

Perciò, se indichiamo con S il volume di un certo corpo omogeneo C, con m la sua massa e con ΔS e Δm il volume e la massa di una qualsiasi sua parte avremo

$$\frac{\Delta m}{\Delta S} = \frac{m}{S},$$

e questo rapporto non sarà altro che la massa dell'unità di volume della considerata sostanza materiale. Esso dicesi <u>densità</u> (o massa specifica) del corpo C, o della sua sostanza materiale. Indicandolo con μ avremo:

$$\mu = \frac{\Delta m}{\Delta S}$$

e questa uguaglianza sussisterà qualunque sia il volume della parte di C considerata, purchè sia Δm la massa rispettiva. Perciò immaginando che codesta parte di C rimpicciolisca, intorno ad un punto, in modo che il suo volume tenda allo zero, avremo, al limite,

$$(1) \qquad \mu = \frac{dm}{dS}$$

onde usando quel linguaggio espressivo che il Calcolo legittima rigorosamente, possiam dire che μ fornisce il rapporto tra la massa di una particella infinitesimale del nostro corpo al corrispondente volume. Scriveremo

$$(2) \qquad dm = \mu \, dS$$

e la massa m del corpo C si potrà rappresentare con

l'integrale

$$\int_S dm$$

esteso a tutta la regione di spazio, occupata da C. Esso in base alla (2) non differisce da

$$\int_S \mu \, dS$$

ossia da

$$\mu \int_S dS = \mu S ,$$

in accordo con la definizione da noi data di $\mu = \frac{m}{S}$.

Queste ovvie osservazioni suggeriscono una generalizzazione che risponde nello stesso tempo alla nostra intuizione fisica e allo spirito del Calcolo infinitesimale.

Noi possiamo immaginare che un corpo naturale C sia costituito, anzichè di una sostanza omogenea, di un miscuglio di sostanze diverse; e, idealizzando, possiamo addirittura supporre che la struttura materiale di C varii da punto a punto con continuità. Allora il rapporto

$$\frac{\Delta m}{\Delta S} \tag{3}$$

della massa di una particella di C al rispettivo volume (densità media del corpo C nel volume ΔS) varierà al variare della particella stessa. Supponiamo che quando il volume ΔS si fa tendere allo zero, intorno ad un dato suo punto P, il rapporto (3) tenda ad un limite determinato e finito.

$$\mu = \lim_{\Delta S \to P} \frac{\Delta m}{\Delta S} . \tag{4}$$

Questo limite dicesi densità del corpo nel punto P e varia da punto a punto con una legge che, in accordo colle proprietà genericamente rilevabili nei corpi naturali, supporremo dotata di caratteri di continuità. Cioè ammetteremo come caratteristica di un generico corpo naturale C l'esistenza della densità locale μ, funzione finita e generalmente continua[1] e quindi, in particolare, integrabile dei punti P del campo C, occupato dal corpo.

A partire da questa funzione μ, si ritrova la massa m, come l'integrale di μ esteso a C. Basta a tale scopo riflettere che se si designa con ε una quantità convergente a zero con ΔS, la (4) può essere scritta

$$\frac{\Delta m}{\Delta S} = \mu + \varepsilon ,$$

od anche:

$$(5) \qquad \Delta m = \mu \, \Delta S + \varepsilon \Delta S ;$$

e di qui, si deduce

$$m = \Sigma(\mu \, \Delta s + \varepsilon \Delta S)$$

ove la sommatoria va estesa a tutto il volume S occupato da C. Poiché questa relazione vale (n. 4) qualunque sia la divisione in parti del corpo, basta far tendere allo zero, con una legge qualsiasi, il volume ΔS di ogni singola particella, per ottenere in base a note considerazioni di calcolo

$$(6) \qquad m = \int \mu(x, y, z) \, d S ,$$

dove dS denota l'elemento di spazio.

L'elemento dell'integrale di campo a tre dimensioni (6) si può rappresentare, in base alla (5) (e a meno di infinitesimi di ordine superiore), con

$$(7) \qquad dm = \mu(x, y, z) \, d S$$

Questo elemento materiale (massa infinitesima distribuita in un campo infinitesimo) è una pura funzione matematica; ma poichè nel porre i principii del

---

(1) Si vuol dire con ciò che v'è al più un numero fino di superficie attra.

la Meccanica del punto materiale e nel ricavarne le successive deduzioni, si è sempre fatto astrazione dalla grandezza assoluta del corpuscolo che chiamammo punto, in guisa che siffatti postulati e siffatti teoremi sussistono per corpuscoli di dimensioni quanto piccole si vogliano, essi possono ritenersi validi anche per gli elementi materiali or ora considerati, pur avvertendo una volta per tutte che in ogni singolo caso sarebbe possibile di sostituire a codesta veduta intuitiva un rigoroso passaggio al limite.

Osserviamo che la (6) per μ costante (cioè indipendente da x, y, z) dà

$$m = \mu \int_S dS = \mu S,$$

cioè implica la definizione di densità dei corpi omogenei da cui siamo partiti.

5. <u>Superficie e linee materiali</u>. Consideriamo in particolare un corpo, di cui una dimensione sia trascurabile, per es. una piastra o una membrana, le pareti di un recipiente, di spessore così piccolo (rispetto alle altre dimensioni del corpo) che lo spazio occupato si possa sensibilmente individuare mediante un pezzo di superficie, (piana o curva). Un tale corpo si chiama una <u>superficie materiale</u>.

Analogamente si chiama <u>linea materiale</u> un corpo assimilabile (quanto allo spazio occupato) ad una linea geometrica, per es. un filo, un'asticciuola, un anello (di apertura tale che non sia lecito trattarlo come un unico punto materiale).

Denotiamo ancora con S il campo geometrico (che sarà a due dimensioni o ad una soltanto) che si fa corrispondere ad una superficie o ad una linea ma, teriale. Introduciamo poi una qualche convenzione, mediante la quale ogni porzione ΔS del campo individui una porzione ΔC del corpo. Il criterio più semplice, che si suole spesso sottintendere, tanto appare spontaneo, è:

1° (nel caso delle superficie) far corrispondere a ΔS la porzione di corpo interna al cilindroide, che è costituito dalle normali alla superficie S, spiccate dai singoli punti del contorno di ΔS.

Quando la superficie S è un piano, il cilindroide è un vero cilindro; può sempre considerarsi un cilindro per ΔS infinitesimo;

2° (nel caso delle linee) far corrispondere a ΔS la porzione di corpo compreso tra i due piani normali alla linea S negli estremi di ΔS.

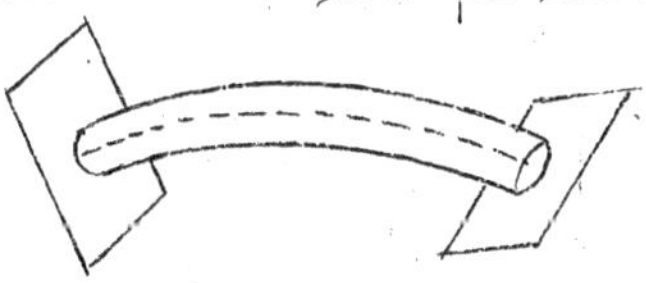

Poichè tutti i punti dello spazio occupato dal corpo si possono confondere con punti di S, si può manifestamente considerare il corpo come un aggregato di punti materiali localizzati su S. Diviso S in parti ΔS abbastanza piccole, ad ognuna fa riscontro un punto materiale secondo le regole testè convenute.

6. Conformemente a quanto abbiam fatto per i campi a tre dimensioni, giova introdurre la densità media $\frac{m}{S}$, e la locale:

$$\lim \frac{\Delta m}{\Delta S},$$

riferendo il limite al rimpicciolimento indefinito di ΔS attorno ad un determinato punto P di S.

Circa l'esistenza di questo limite e circa il suo comportamento come funzione dei punti del campo S, valgono considerazioni analoghe a quelle del n. 4.

In ultima analisi basterà ritenere le formule (6) e (7) coll'ovvia avvertenza che, se μ seguita a designare una funzione (integrabile) dei punti del campo S, è però diversa la sua natura fisica, secondo le dimensioni del campo; nel caso generale del n. 4, μ era il rapporto (o limite di rapporto) di una massa ad un volume, e quindi di dimensioni $l^{-3}m$; per le superficie materiali, si tratta del rapporto di una massa ad un'area colle dimensioni $l^{-2}m$; per le linee materiali del rapporto tra una massa e una lunghezza colle dimensioni $l^{-1}m$.

Quando vi sia pericolo di ambiguità, si distinguono queste tre specie di densità coi nomi rispettivi di densità cubica o densità di volume (concetto valido per qualsiasi corpo) densità superficiale (che ha interesse per le superficie materiali), densità lineare (che ha interesse per le linee materiali).

7. Una superficie materiale si dice omogenea quando è costante la sua densità superficiale. Si noti che una superficie materiale, omogenea come corpo a tre dimensioni, cioè dotata di densità cubica costante, può benissimo non essere omogenea come superficie, cioè non avere densità superficiale costante. Basta pensare ad una piastra di sostanza omogenea, con spessore variabile da punto a punto; giacchè in tal caso la densità superficiale varia proporzionalmente allo spessore.

Analogamente per le linee materiali.

§ 3. Baricentro di un sistema discreto di punti materiali

8. Dato un sistema S di un numero finito qualsia

si di punti materiali P_i di masse m_i $(i = 1, 2, 3, \ldots)$, si consideri per ognuno di essi il rispettivo peso $m_i g$. Questi pesi sono rappresentati da altrettanti vettori paralleli e di egual verso, il cui sistema ammette, come sappiamo (Cap. I, n. 58), un ben determinato centro P_0: che ove si denoti con O un qualsiasi punto (geometrico) di riferimento e con m la massa totale $\Sigma_i m_i$ del sistema, è individuato dall'equazione vettoriale

$$(8) \qquad P_0 - O = \frac{\Sigma_i m_i (P_i - O)}{m}.$$

Questo punto P_0 chiamasi <u>baricentro</u> o <u>centro di gravità</u> del sistema. Esso dipende esclusivamente dalla configurazione del sistema e dalle masse dei suoi singoli punti, onde si dice anche <u>centro di massa</u> del sistema.

Rispetto ad un generico sistema di coordinate coll'origine in O, si ha

$$(8') \qquad x_0 = \frac{\Sigma_i m_i x_i}{m}, \quad y_0 = \frac{\Sigma_i m_i y_i}{m}, \quad z_0 = \frac{\Sigma_i m_i z_i}{m},$$

se x_i, y_i, z_i designano le coordinate dei punti P_i del sistema, x_0, y_0, z_0 quelle del baricentro P.

9. Risulta dalla (8) che, se tutte le masse appartengono ad un medesimo piano o ad una medesima retta, lo stesso avviene del loro centro di gravità.

Infatti, nel caso del piano, ove si assuma su di esso il punto O, vi giacciono manifestamente tutti i vettori $P_i - O$ e quindi anche per la (8) il vettore $P_0 - O$ e il baricentro P_0 stesso. Nel caso della retta, basta analogamente prendere O sulla retta e aver riguardo alla (8).

<u>10. Regola dei momenti</u>. Della (8') si può dare una interpretazione geometrica che in qualche applicazione risulta vantaggiosa, in quanto permette di evitare la scel-

ta preventiva di un qualsiasi sistema coordinato. A tale scopo si definisca come momento di una massa m, localizzata in un punto, rispetto ad un piano ϖ il prodotto di m per la sua distanza dal piano col segno $+$, se la massa è situata in uno (arbitrariamente scelto) dei due semispazi determinati da ϖ, col segno $-$, se la massa è situata nell'altro semispazio.

Facendo coincidere con ϖ uno dei piani coordinati, per es. $z=0$ si deduce dalla terza delle (8') che: La somma dei momenti delle masse di un sistema, rispetto ad un generico piano ϖ, coincide col momento della massa totale, supposta localizzata nel baricentro.

È questa l'annunciata regola equivalente alle (8'): da essa si ripassa alle (8'), applicandola ai tre piani coordinati.

Per masse situate in un medesimo piano si ha un enunciato analogo, cui si perviene definendo in modo ovvio, per una massa localizzata in un punto, il momento rispetto ad una retta.

11. Dalla definizione di baricentro discendono per esso alcune notevoli proprietà: dimostriamone in primo luogo una che, più in generale, sussiste per il centro di ogni sistema di vettori applicati, paralleli e diretti nello stesso verso.

Il centro di gravità di un sistema è interno ad ogni superficie convessa σ, che racchiude tutte le masse del sistema.

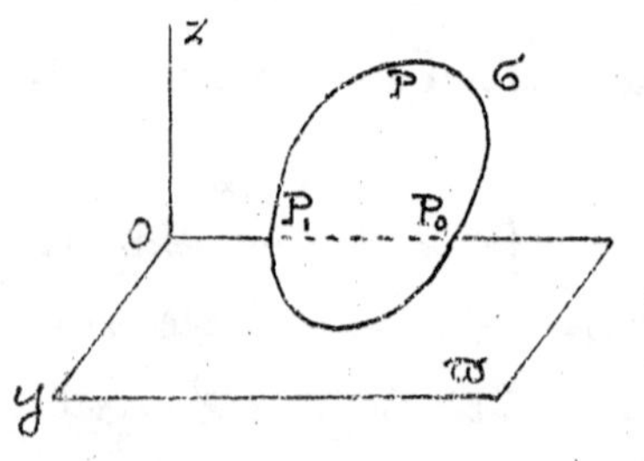

Basta far vedere che, rispetto a un qualsivoglia piano ϖ tangente alla superficie σ il centro di gravità P giace dalla stessa banda di σ, giacchè allora esso deve appartenere alla regione inviluppata dai vari piani tangenti, cioè, appunto, deve essere interno a σ.

Ora, fissato un generico piano tangente ϖ, immaginiamo di assumerlo come piano coordinato xy, prendendo l'asse z orientato verso la parte in cui giace σ. Le z dei singoli punti P_i sono allora positive, e per conseguenza anche $z_0 = \frac{\Sigma_i m_i z_i}{m}$ risulta > 0.

Con analogo ragionamento si prova che:

<u>Il baricentro di un sistema di masse, situate in un medesimo piano, è interno ad ogni linea chiusa, convessa, la quale racchiuda tutte le masse del sistema.</u>

<u>Il baricentro di masse situate sopra una medesima retta è interno, o almeno non esterno al segmento determinato dalle due masse estreme.</u>

<u>12. Proprietà distributiva del baricentro.</u> Se un sistema S di punti materiali si considera scisso in due sistemi parziali S' ed S", e sono m', m'' le masse totali di S', S" e P_0', P_0'' i rispettivi baricentri, il baricentro P_0 di S coincide con quello delle masse m', m'' supposte localizzate in P_0', P_0'' rispettivamente.

Invero, se si denotano con P_i', P_j'' i punti di S', S", con m_i', m_j'' le rispettive masse, si ha, per un qualsiasi punto O di riferimento:

$$P_0' - O = \frac{\Sigma_i m_i'(P_i' - O)}{m'}\,, \quad P_0'' - O = \frac{\Sigma_j m_j''(P_j'' - O)}{m''}$$

e quindi

$$m'(P_0' - O) + m''(P_0'' - O) = \Sigma_i m_i' (P_i' - O) + \Sigma_j m_j'' (P_j'' - O).$$

Poichè nella somma a secondo membro compaiono tutti i punti del dato sistema, si conclude, in base alla (8),

$$m'(P_0' - O) + m''(P_0'' - O) = m(P_0 - O)\,;$$

cioè, appunto, P_0 è il baricentro delle masse m', m'' localizzate in P'_0, P''_0 rispettivamente.

Il teorema si estende ovviamente al caso in cui il sistema S si decomponga in più di due sistemi parziali.

13. Piani diametrali e di simmetria. Si dice che un sistema S di punti materiali possiede un piano diametrale ϖ coniugato ad un'assegnata direzione r (non parallela al piano) quando ad ogni punto di S ne corrisponda un altro di egual massa situato sulla parallela ad r passante pel primo, alla stessa distanza dal piano ϖ e dalla banda opposta.

I punti, che così si corrispondono, si chiamano coniugati.

Un piano diametrale ϖ si chiama in particolare piano di simmetria quando è perpendicolare alla direzione coniugata r, talchè i punti coniugati risultano simmetrici rispetto a ϖ.

Poichè il centro di gravità di due punti di egual massa è il loro punto medio, ogni coppia di punti coniugati ha il baricentro sul piano diametrale ϖ.

Immaginando scisso il sistema S in tante parti, quante sono le coppie di punti coniugati e applicando la proprietà distributiva, si conclude che:

Se un sistema possiede un piano diametrale od in particolare un piano di simmetria, il centro di gravità giace in questo piano.

Ne viene che, se vi sono due piani diametrali, il centro di gravità è situato sulla loro intersezione: e ancora: Se un sistema ammette più piani diametrali questi hanno necessariamente almeno un punto comune, cioè il centro di gravità del sistema.

Nel caso particolare di sistemi, i cui punti sono

tutti situati in un medesimo piano, si possono manifestamente considerare rette diametrali (coniugate ad un assegnata direzione), in particolare assi di simmetria; e valgono conclusioni analoghe a quelle ora enunciate.

14. Teorema del Lagrangia - Definiamo come momento polare (o d'inerzia) di un sistema S, rispetto ad un punto P, la somma dei prodotti delle masse m_i dei punti P_i di S per i quadrati delle loro distanze da P, cioè il numero:

$$M_P = \Sigma_i m_i \overline{PP_i}^2$$

Ciò posto, si può caratterizzare il centro di gravità di un generico sistema come quel punto dello spazio, per cui il momento polare risulta minimo. Infatti tenuto conto delle identità

$$\overline{PP_i}^2 = (P_i - P) \times (P_i - P) \quad , \quad P_i - P = (P_i - P_0) + (P_0 - P)$$

si ha

$$(9) \qquad M_P = \Sigma_i m_i \overline{P_0 P_i}^2 + \overline{PP_0}^2 \, \Sigma_i m_i + 2(P_0 - P) \times \Sigma_i m_i (P_i - P_0).$$

Ma nell'ultimo termine a secondo membro il fattore

$$\Sigma_i m_i (P_i - P_0)$$

è identicamente nullo, come si rileva dalla (8), facendovi coincidere il punto di riferimento O col baricentro P_0; talchè la (9), in cui il primo termine del secondo membro non è altro che il momento polare M_{P_0} del sistema rispetto al punto P_0, si può scrivere

$$M_P = M_{P_0} + m \overline{PP_0}^2 \, ;$$

e di qui risulta senz'altro che il baricentro P_0 è il punto, in cui il momento polare riesce minimo; giacchè in ogni altro punto P il momento supera M_{P_0} della quantità essenzialmente positiva $m \overline{PP_0}^2$, che si annulla soltanto quando P coincide con P_0.

§ 4. Baricentro d'un corpo e d'una superficie o linea materiale

15. Per definire il baricentro di un corpo qualsiasi C, lo si immagini comunque decomposto in parti ΔC assimilabili a punti materiali, e si consideri il baricentro P' di codesti punti materiali costituenti il corpo C. Al variare della suddivisione di C varia, in generale, anche codesto baricentro P'; ma, come tosto mostreremo, il punto P', quando si facciano tendere a zero, con una legge qualsiasi, i volumi di tutte le singole particelle di C, tende sempre ad una ben determinata posizione limite P_0. Quando sarà assodata questa circostanza, risulterà giustificato il chiamare baricentro del corpo il punto P_0 così definito.

Ora per dimostrare l'esistenza e la unicità di P_0, si ricordi che se $\mu(x, y, z)$ è la densità (cubica, locale) di C, la massa Δm di una generica particella ΔC di C, in una sua qualsiasi suddivisione, è data (n. 4) da

$$\Delta m = \mu \Delta S + \varepsilon \Delta S,$$

dove μ si intende calcolata in un punto della particella ΔC, di volume ΔS, ed ε è convergente a zero insieme con ΔS; cosicchè, detta m la massa totale di C, il baricentro P' del sistema di punti materiali ΔC costituenti il corpo C, è definito, rispetto alla origine O, delle coordinate, dalla equazione vettoriale

$$(10) \qquad m(P' - O) = \Sigma (P - O) \mu \Delta S + \Sigma (P - O) \varepsilon \mu \Delta S.$$

Ora si immagini di variare la decomposizioni di C in modo che il volume ΔS di ogni singola sua particella tenda allo zero; poichè per ipotesi (n. 4) la $\mu(x, y, z)$ è integrabile e quindi son tali altresì le $x\mu$, $y\mu$, $z\mu$ e il vettore $(P-O)\mu$, la prima sommatoria del secondo membro di (10) tende ad

$$\int_S (P - O) \mu \, dS,$$

esteso al volume di C. D'altra parte, per note considerazioni di Calcolo, la seconda sommatoria, in cui ε è infinitesimo con ΔS, tende allo zero; onde si conclude che P' ammette come posizione limite il punto P_0 definito dall'equazione vettoriale

$$m(P_0 - O) = \int_S (P-O)\mu\, dS,$$

la quale, ove si tenga conto della (6) del n. 4, si può scrivere

$$(11) \qquad P_0 - O = \frac{\int_S (P-O)\mu\, dS}{\int_S \mu\, dS}$$

e proiettata sugli assi dà, per le coordinate x_0, y_0, z_0 di P_0 le espressioni

$$(11') \qquad x_0 = \frac{\int_S x\mu\, dS}{\int_S \mu\, dS}, \quad y_0 = \frac{\int_S y\mu\, dS}{\int_S \mu\, dS}, \quad z_0 = \frac{\int_S z\mu\, dS}{\int_S \mu\, dS}.$$

Resta così definito il baricentro di un corpo qualsiasi; ed è manifesto che le considerazioni precedenti e le formole finali (11), (11') valgono anche per una qualsiasi superficie o linea materiale, quando alla densità cubica si sostituisca la densità superficiale o lineare e al campo d'integrazione a tre dimensioni la superficie o, rispettivamente, la linea.

In forma rapida, ma non meno precisa per chi tenga presente il completo contenuto (espresso o sottinteso) delle abituali locuzioni del Calcolo, il risultato ottenuto si può enunciare dicendo che, <u>anche nel caso dei sistemi continui, il baricentro è sempre definito dall'equazione vettoriale (8) del n. 8. Solo basta sostituire ad ogni massa parziale una massa elementare</u> (cioè il prodotto della densità locale per il corrispondente elemento di campo) e, di <u>conseguenza, alla somma un integrale</u>.

Notiamo infine che per i sistemi omogenei (μ = cost.) le (11), (11') diventano

$$(12) \qquad P_0 - O = \frac{\int_S (P-O)\, dS}{S},$$

$$(12') \qquad x_0 = \frac{\int_S x\,dS}{S}, \quad y_0 = \frac{\int_S y\,dS}{S}, \quad z_0 = \frac{\int_S z\,dS}{S}.$$

Il baricentro dipende allora esclusivamente dalla natura geometrica del campo S.

Perciò si può parlare di centro di gravità di una figura solida, di una superficie, di una linea come di un puro elemento geometrico, ad esse coordinato mercè la (12) o le (12'); ma l'interesse precipuo di un tale punto è quello che proviene dal suo significato meccanico, quando si pensa il campo S quale sede di materia omogeneamente distribuita.

16. Determinazione del baricentro di alcune figure.

Per le figure che posseggono un centro (intersezione di tre piani diametrali non coassiali, se si tratta di figure solide, di due rette diametrali, se si tratta di figure piane), il centro di gravità coincide col centro di figura (n. 13).

Così, per un parallelepipedo, il centro di gravità coincide col punto di incontro dei piani diagonali, per un parallelogramma col punto di incontro delle due diagonali; per un ellissoide o per un ellisse col rispettivo centro, ecc.

Risulta poi manifesto, ragionando in una dimensione come al n. 13, che il centro di gravità di un segmento è il suo punto di mezzo.

a) Triangolo. Ciascuna mediana è linea diametrale coniugata alla direzione del lato, che essa dimezza.

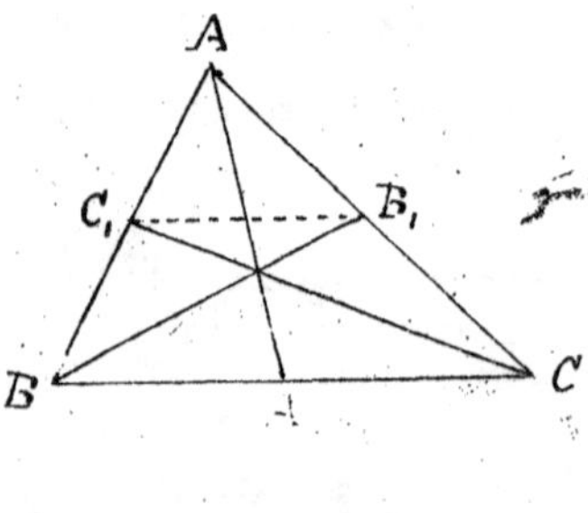

Il punto di incontro delle mediane è dunque centro di figura e centro di gravità.

Semplici considerazioni di geometria elementare (cf. la figura) mostrano che su ciascuna mediana, il centro di gravità si trova ad un terzo, a partire dal piede. Si può anche dire, fissato un lato come base, che il centro di gravità si trova sulla corrispondente mediana, ad un terzo dell'altezza a partire dalla base.

b) Quadrangoli e poligoni. Sia dato un quadrangolo semplice (cioè non intrecciato) ABCD. Le diagonali AC, BD lo decompongono ciascuna in due triangoli ABC, ADC e BAD, BCD.

Per quanto precede, siamo in grado di assegnare i baricentri - diciamoli ordinatamente: P_0', P_0''; Q_0', Q_0'' - di ciascuno di questi quattro triangoli.

Per la proprietà distributiva [§ 2, b)]: il baricentro P_0 del quadrangolo è anche baricentro dei due punti P_0', P_0'', in quanto si attribuisca a ciascuno una conveniente massa (quella del triangolo corrispondente). Ne viene che P_0 appartiene al segmento $\overline{P_0'P_0''}$. Per la stessa ragione esso deve appartenere al segmento $\overline{Q_0'Q_0''}$. Basta dunque determinare i quattro baricentri parziali P_0', P_0'', Q_0', Q_0''; il baricentro P_0 del quadrangolo si ha senz'altro come intersezione di $\overline{P_0'P_0''}$ con $\overline{Q_0'Q_0''}$.

A B C D

Per un poligono di n lati si può adottare un procedimento di successiva riduzione a poligoni di minor numero di lati e quindi, in definitiva, a triangoli. Basta, per es. decomporlo in due modi in un poligono di n-1 lati e in un triangolo. Designando con P_0', Q_0' i baricentri dei due poligoni, con P_0'' e Q_0'' quelli dei rispettivi triangoli (rispettivi nel senso che completano l'assegnato poligono), si ha come sopra, il baricentro P_0 nell'intersezione di $\overline{P_0'P_0''}$ con $\overline{Q_0'Q_0''}$.

c) Arco di circonferenza. Sia $\widehat{AB}$ l'arco, O il centro della circonferenza, M il punto medio dell'arco. La retta OM è manifestamente un asse di simmetria; talchè il baricentro P_0 va cercato sopra essa. Si può anche aggiungere, designando con N l'intersezione di OM colla corda AB, che P_0 deve appartenere al segmento $\overline{MN}$.

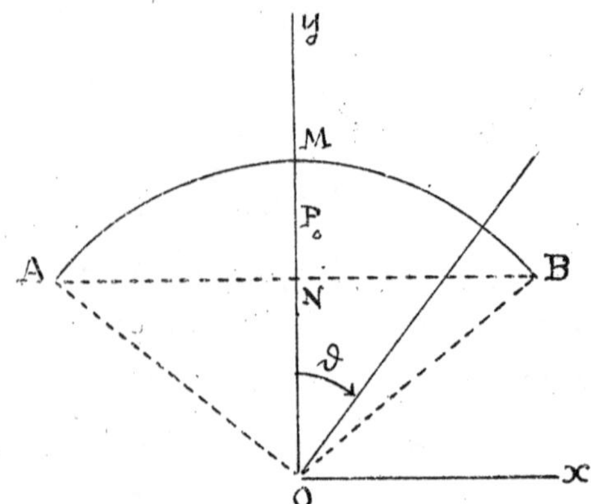

Infatti P_0 è anche centro di gravità di punti appartenenti tutti al segmento $\overline{MN}$ (i baricentri parziali delle coppie di punti simmetrici); esso è dunque interno, o almeno non esterno, al medesimo segmento [n. 11].

Per precisare la posizione di P_0 sulla MN, giova ricorrere alle formule, adottando un sistema di assi coll'origine in O, e coll'asse di simmetria per asse delle y, la direzione positiva essendo quella involta verso l'arco. La seconda delle (12') dà allora per y_0, che nel caso attuale è OP_0,

$$OP_0 = \frac{\int_C y\, dC}{C},$$

il campo di integrazione C essendo l'arco $\widehat{AB}$. L'integrale che sta a numeratore si valuta nel modo più semplice, adottando come variabile corrente d'integrazione l'angolo ϑ, che un generico raggio OP forma con l'asse y, contato positivamente nel verso $y \rightarrow x$.

Per i punti P dell'arco C, ϑ varia da $-\alpha$ a $+\alpha$, ove si designi con 2α l'apertura dell'arco, cioè l'angolo al centro $A\hat{O}B$. Si ha manifestamente designando con r il raggio,

$$y = r \cos\vartheta \qquad\qquad dC = r\, d\vartheta.$$

L'integrale da valutare diviene così:

$$\int_{-\alpha}^{\alpha} r^2 \cos\vartheta\, d\vartheta;$$

r essendo costante, si trova immediatamente $2r^2 \operatorname{sen} \alpha$.
Se si osserva che $2r \operatorname{sen} \alpha$ è la lunghezza della corda AB, si ha in definitiva:

$$OP_0 = r\,\frac{\overline{AB}}{C},$$

la quale esprime che la distanza OP_0 del baricentro dell'arco dal centro del cerchio sta al raggio, come la corda sta all'arco.

Per il caso particolare $\alpha = \pi$ (semicirconferenza) $AB = 2r$, $C = \pi r$, e risulta $OP_0 = \frac{2}{\pi} r$.

d) Prisma e cilindro. Consideriamo quante si vogliano sezioni parallele alla base; esse sono tutte eguali. I rispettivi centri di gravità sono punti omologhi e appartengono tutti ad una medesima retta g, parallela agli spigoli (o rispettivamente alle generatrici).

Il centro di gravità P_0 è il punto medio del segmento, tagliato dal solido sopra questa retta g. Si può anche dire: il centro di gravità del solido coincide con quello della sezione, praticata a metà dell'altezza.

Per constatarlo, basta immaginare diviso il prisma (o cilindro) in striscie infinitesime mediante piani equidistanti, paralleli alla base. Ciascuna striscia è assimilabile ad una superficie materiale omogenea ed ho il suo centro di gravità P_0' in g. Per la proprietà distributiva, P_0 è baricentro di tutti questi P_0', cui siano attribuite le masse delle rispettive striscie. Ma queste sono tutte eguali tra loro. I punti P_0' costituiscono dunque un segmento omogeneo, e il centro di gravità è di conseguenza il loro punto medio

e) Tetraedro. Diremo mediani i piani determinati da uno spigolo e dal punto di mezzo dello spigolo opposto. Ogni tetraedro possiede manifestamente sei piani mediani.

Essi sono, come tosto si riconosce, altrettanti piani diametrali (coniugati alla direzione dello spigolo da essi dimezzato): non passano tutti sei per una medesima retta (poichè ne seguirebbe che i quattro vertici del tetraedro si trovano su questa retta); essi determinano pertanto [n. 13] il centro di gravità P_0 come loro comune intersezione.

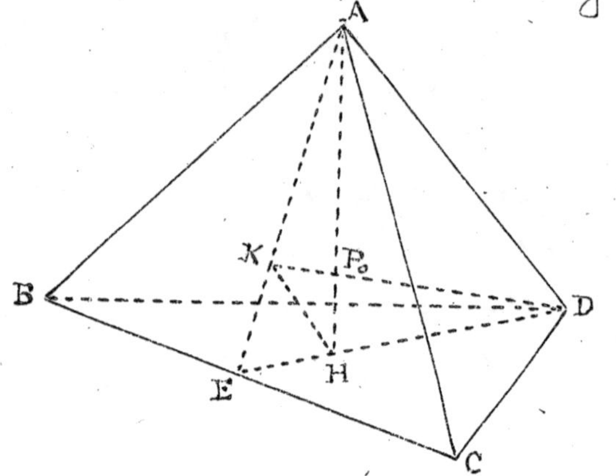

Per ciascun vertice fissiamo per es. A - passano tre piani mediani. Essi intersecano la faccia opposta BCD nelle tre mediane, quindi contengono tutti il baricentro H del triangolo BCD, e per conseguenza la retta AH.

Possiamo così individuare il baricentro P_0 del tetraedro anche come il punto di incontro delle rette che congiungono ciascun vertice col centro di gravità della faccia opposta.

Importa osservare che il baricentro divide queste congiungenti nel rapporto di 1 a 3, si trova cioè ad un quarto, a partire dalla faccia. Per dimostrarlo, diciamo E il punto medio del lato BC, e guidiamo DE e AE. I baricentri H e K dei due triangoli BCD e ABC si trovano su queste due mediane ad un terzo dal piede E, ossia EH ed EK sono la terza parte di ED e di EA rispettivamente. Ne consegue che i due triangoli EHK ed EDA sono simili, avendo uno stesso angolo compreso tra lati proporzionali; per ciò anche HK è la terza parte di AD. Ciò posto, congiungiamo H e K coi vertici opposti A e D, e badiamo che la loro intersezione P_0 è precisamente il baricentro del te:

traedro. Dalla simiglianza dei triangoli P_0HK, P_0AD scende che P_0H e P_0K sono rispettivamente la terza parte di P_0A e di P_0D.

Fissata una generica faccia del tetraedro come base, si può anche enunciare la regola seguente: Il baricentro di un tetraedro coincide col centro di gravità della sezione parallela alla base, praticata ad un quarto dell'altezza, a partire dalla base.

Infatti P_0 appartiene ad una tale sezione, per quanto si è visto or ora, e ne è il centro di gravità perchè giace sui tre piani mediani passanti per A, i quali segnano le mediane in ciascuna sezione parallela alla base.

f) Piramide. Il centro di gravità di una piramide (e come caso limite di un cono) coincide col centro di gravità della sezione parallela alla base praticata a un quarto dall'altezza a partire dalla base. La constatazione è assai semplice. Si immagini la base della piramide divisa in triangoli τ', τ'', ..., e siano S', S'', ..., i tetraedri corrispondenti, che hanno cioè quei triangoli per basi, e per vertice il vertice della piramide.

Si consideri ancora la sezione σ, praticata a un quarto dell'altezza. Essa taglia i tetraedri S' S'', ..., secondo triangoli τ'_1, τ''_1, ..., che sono simili a τ', τ'', ... (i lati omologhi stanno tra loro nel rapporto di 3 a 4 e quindi le aree nel rapporto di 9 a 16). Dicendo P'_0, P''_0, ... i baricentri dei tetraedri S', S'', ..., possiamo intanto affermare per quanto precede, che essi coincidono coi centri di gravità di τ'_1, τ''_1, ... D'altra parte, per la proprietà distributiva [n. 12], il baricentro P_0 della piramide si può riguardare come il baricentro dei punti P'_0, P''_0, ..., cui sieno attribuite le masse di S', S'', ... Queste sono proporzionali ai volumi, quindi, trattandosi di tetraedri della stessa altezza, alle aree delle basi τ', τ'', ..., ossia infine alle aree di τ'_1, τ''_1, ... Ora il centro di gravità della sezione σ, praticata ad un quarto dell'altezza, coincide anch'esso, per la proprietà distributiva, col baricentro dei punti P'_0, P''_0, ..., (centri di gravità dei triangoli τ'_1, τ''_1, ..., che insieme costituiscono σ), in quanto a tali punti sieno attribuite per masse quelle dei triangoli. Sicome un comune fattore di proporzionalità applicato alle masse dei punti di un sistema, non ne altera il baricentro, così rimane provato che il baricentro P_0 dalla piramide non differisce da quello della sezione σ.

<u>17. Teorema di Guldino. Il volume generato da un'area piana che ruota attorno ad un asse, situato nel piano e che non la attraversa, si ottiene moltiplicando l'area data per il cammino descritto dal suo baricentro.</u>

Sia σ l'area considerata (come misura e anche come campo), e assumiamo l'asse di rotazione per asse Ox; supponiamo che il piano di σ ruoti di un certo angolo α e cerchiamo quale sia il volume V, generato da σ per effetto di questa rotazione. Potremo evidentemente partire dal volume generato da un'areola elementare $dx\,dy$ di σ e integrare poi a tutto σ. Il volume generato da $dx\,dy$, si può considerare come la differenza tra il volume generato da $A'B'CD$ e quello generato da $ABCD$: ciascuno sarà poi la frazione $\frac{\alpha}{2\pi}$ del corrispondente cilindro. Designando con x, y le coordinate di A

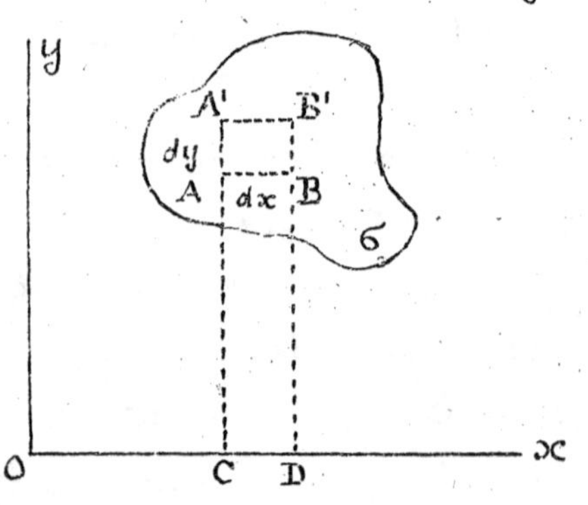

si ha, per il primo di questi volumi:

$$\frac{\alpha}{2\pi}\cdot\pi\,\overline{AC}^2\,\overline{CD} = \frac{\alpha}{2}(y+dy)^2 dx ,$$

e per il secondo: $\frac{\alpha}{2} y^2 dx$, donde (trascurando gli infinitesimi di terzo ordine che non influiscono sul valore di un integrale doppio) segue che il volume generato da $dx\,dy$, è: $\alpha y\,dx\,dy$ e quindi: $V = \alpha\int_\sigma y\,dx\,dy$.

Introduciamo ora il baricentro P_0 dell'area σ. Per la coordinata y_0, la (12') dà:

$$y_0 = \frac{\int_\sigma y\,dx\,dy}{\sigma}.$$

Ne consegue

$$V = \sigma\alpha y_0$$

che dimostra il teorema di Guldino, poichè αy_0 è precisamente l'arco descritto per una rotazione di ampiezza α, dal baricentro P_0 di σ.

§ 5. Momenti di inerzia

18. Definizioni. Siano P un punto materiale di massa m, r una retta generica, δ la distanza di P da r.

Per momento di inerzia di P (o, come si suol dire, della sua massa m) rispetto all'asse r, si intende il prodotto $m\delta^2$ della massa di P per il quadrato della sua distanza dall'asse.

Più generalmente, se è dato un sistema S, costituito da un numero (finito) qualsiasi di punti materiali P_i $(i = 1, 2, \dots)$ si chiamerà momento di inerzia del sistema rispetto all'asse r, la somma dei momenti di inerzia dei singoli suoi punti.

Indicando con $\mathfrak{J}$ tale momento d'inerzia, con m_i la massa del punto generico P_i del sistema, con δ_i la sua distanza da r. Avremo per definizione

$$(13) \qquad \mathfrak{J} = \Sigma_i\, m_i\, \delta_i^2 .$$

dove la somma va manifestamente estesa a tutti i

punti del sistema.

Designata al solito con m la massa totale $\Sigma_i m_i$ del sistema, posto

$$(14) \qquad \mathfrak{I} = m\,\delta^2,$$

il numero (positivo) δ così definito cioè:

$$\delta = \sqrt{\frac{\mathfrak{I}}{m}}$$

vien detto <u>giratore o raggio di girazione di S</u> rispetto alla retta r.

Il significato apparisce senz'altro dalla (14): δ è la distanza dall'asse r, per cui una unica massa, eguale alla massa totale del sistema, possiede lo stesso momento d'inerzia $\mathfrak{I}$ dell'intero sistema.

Le dimensioni di un momento d'inerzia sono (come risulta dalla definizione) $m\,l^2$; quelle di un giratore l, ciò che è messo direttamente in evidenza dall'interpretazione indicata.

19. Analogamente al momento di inerzia di un sistema materiale S, rispetto ad un asse, si può definire:

1°. Il momento di inerzia rispetto ad un punto P, cioè la somma dei prodotti delle masse dei punti del sistema S per i quadrati delle loro distanze da P (i cosidetti momenti polari, già accennati al n. 14).

2°. Il momento di inerzia rispetto ad un piano ϖ, cioè la somma dei prodotti delle masse dei punti di S per i quadrati delle loro distanze dal piano ϖ.

Nelle applicazioni hanno quasi esclusivo interesse i momenti di inerzia rispetto a rette; onde a questi limiteremo il nostro studio.

20. <u>Modo di variare al variare dell'asse</u>. Per un dato sistema materiale S si hanno infiniti momenti d'inerzia $\mathfrak{I}$, corrispondendone uno ad ogni ret-

ta r, arbitrariamente prescelta. Ci proponiamo di riconoscere come varia $\mathfrak{I}$ al variare di r.

L'indagine si semplifica coll'osservazione preliminare, che si può limitarsi a discutere due casi particolari, e precisamente:

a) come variano i momenti di inerzia rispetto ad assi paralleli,

b) come variano i momenti di inerzia rispetto ad assi concorrenti.

Suppongasi infatti di aver riconosciuto la legge di variazione dei momenti di inerzia nei due casi a) e b). Saremo subito in grado di mettere in relazione i momenti di inerzia relativa a due assi r, s, posti comunque nello spazio. Basterà guidare per un punto, scelto a piacere su s, una retta r' parallela ad r. Mediante a) si passa dal momento di inerzia rispetto ad r a quello relativo ad r' e da questo, mediante b), al momento di inerzia relativo s.

21. Momenti di inerzia rispetto ad assi paralleli

Dimostriamo in primo luogo il teorema (che risale ad Huygens, e fu enunciato da Eulero, cui è dovuta la nozione e la teoria sistematica dei momenti di inerzia):

Il momento di inerzia di un sistema rispetto ad un asse è eguale al momento di inerzia $\mathfrak{I}_0$ rispetto all'asse parallelo r_0, passante per il centro di gravità, aumentato del prodotto della massa totale m per il quadrato della distanza d di questi due assi.

Prendiamo per asse delle z l'asse r_0 parallelo ad r, passante per il baricentro P_0. La retta r avrà per equazioni:

$$x = a \quad , \quad y = b$$

Designando quindi con x_i, y_i, z_i le coordinate di un punto generico P_i del sistema S, quelle della sua proiezione Q_i sulla retta r (intersezione di questa retta col piano parallelo ad Oxy condotto per P_i) saranno a, b, z_i. La distanza δ_i di P_i dall'asse r non è altro che la lunghezza del segmento $P_i Q_i$; avremo quindi:

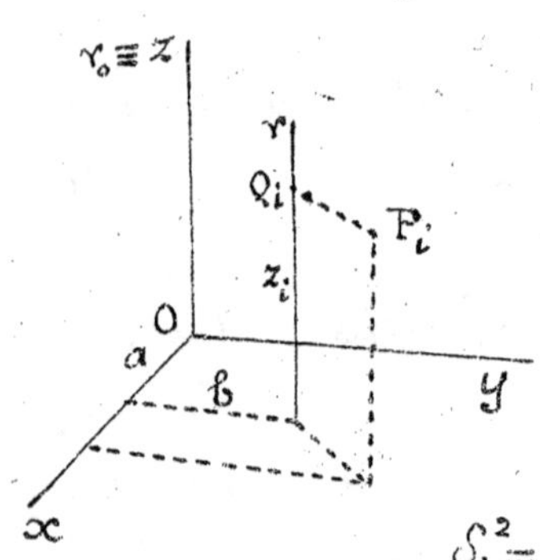

$$\delta_i^2 = (x_i - a)^2 + (y_i - b)^2,$$

e per conseguenza dalla definizione del momento d'inerzia J:

$$J = \Sigma_i m_i \left[(x_i - a)^2 + (y_i - b)^2\right] = \Sigma_i m_i (x_i^2 + y_i^2) - $$
$$- 2a\, \Sigma_i m_i x_i - 2b\, \Sigma_i m_i y_i + (a^2 + b^2)\, \Sigma_i m_i .$$

Se si nota che l'asse delle z si è fatto passare per il centro di gravità P_0 e che per conseguenza le coordinate x_0, y_0 di questo punto debbono essere nulle si vede (n. 8) che le somme $\Sigma_i m_i x_i$, $\Sigma_i m_i y_i$ sono zero: d'altra parte $\Sigma_i m_i (x_i^2 + y_i^2)$ è ciò che diviene J per $a = b = 0$, ossia il momento di inerzia rispetto all'asse z, che è il nostro J_0; $\Sigma_i m_i$ è la massa totale m del sistema: $a^2 + b^2$ è il quadrato della distanza d tra r ed r_0. Si ha quindi:

$$(15) \qquad J = J_0 + m d^2$$

secondo l'enunciato.

Questa formula mostra che tra tutti gli assi paralleli a una direzione data, quello, per cui il momento di inerzia è minimo, passa per il centro di gravità.

Inoltre se di un dato sistema si conosce il momento di inerzia J, rispetto all'asse r e la posizione del centro di gravità, la (15) permette di calcolare il valore J' del momento di inerzia, relativo ad un'altra retta qualsiasi r', parallela ad r. Si hanno infatti le due relazioni:

$$\mathcal{I} = \mathcal{I}_0 + m d^2 \quad , \quad \mathcal{I}' = \mathcal{I}_0 + m d'^2,$$

rappresentandosi con d' la distanza del baricentro dalla retta r', ossia la distanza dei due assi r' ed r_0. L'eliminazione di $\mathcal{I}_0$ porge:

$$\mathcal{I}' = \mathcal{I} + m(d'^2 - d^2).$$

Date le ipotesi, le quantità del secondo membro sono tutte conosciute.

22. Momenti di inerzia rispetto ad assi concorrenti.

Determinato così come variano i momenti di inerzia, quando gli assi, a cui si riferiscono, cambiano di posizione, ma non di direzione, esaminiamo il modo di comportarsi dei momenti stessi, rispetto ad assi passanti per un medesimo punto.

Poniamo in O l'origine delle coordinate e siano α, β, γ, i coseni direttori di r (comunque orientata). Dal triangolo rettangolo OP_iQ_i si desume che la distanza δ_i di un generico punto P_i di S dall'asse r è data da

$$\delta_i^2 = \overline{OP_i}^2 - \overline{OQ_i}^2;$$

e poichè $OP_i^2 = x_i^2 + y_i^2 + z_i^2$, e OQ_i (componente di $P_i - O$ secondo r) vale $x_i\alpha + y_i\beta + z_i\gamma$, avremo:

$$\delta_i^2 = x_i^2 + y_i^2 + z_i^2 - (x_i\alpha + y_i\beta + z_i\gamma)^2 = (1-\alpha^2)x_i^2 + (1-\beta^2)y_i^2 + (1-\gamma^2)z_i^2 - $$
$$- 2\beta\gamma y_i z_i - 2\gamma\alpha z_i x_i - 2\alpha\beta x_i y_i.$$

Scrivendo $\alpha^2 + \beta^2 + \gamma^2$ al posto dell'unità, verrà, ove si ordini rispetto ad $\alpha^2, \beta^2, \gamma^2$:

$$\delta_i^2 = \alpha^2(y_i^2 + z_i^2) + \beta^2(z_i^2 + x_i^2) + \gamma^2(x_i^2 + y_i^2) - 2\beta\gamma y_i z_i - 2\gamma\alpha z_i x_i - 2\alpha\beta x_i y_i,$$

onde risulta:

$$\mathcal{I} = \Sigma_i m_i \delta_i^2 = \alpha^2 \Sigma_i m_i (y_i^2 + z_i^2) + \beta^2 \Sigma_i m_i (z_i^2 + x_i^2) +$$
$$+ \gamma^2 \Sigma_i m_i (x_i^2 + y_i^2) - 2\beta\gamma \Sigma_i m_i y_i z_i - 2\gamma\alpha \Sigma_i m_i z_i x_i - 2\alpha\beta \Sigma_i m_i x_i y_i,$$

ossia

(16) $$\mathcal{I} = A\alpha^2 + B\beta^2 + C\gamma^2 - 2A'\beta\gamma - 2B'\gamma\alpha - 2C'\alpha\beta,$$

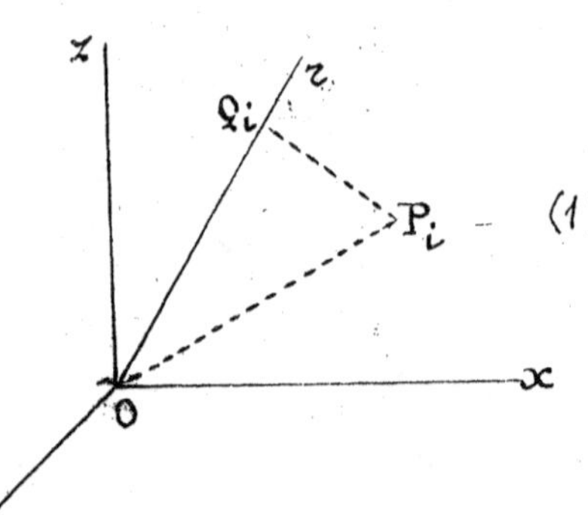

ove si è posto:

$$(17)\begin{cases} A=\Sigma_i m_i(y_i^2+z_i^2),\ B=\Sigma_i m_i(z_i^2+x_i^2) \\ C=\Sigma_i m_i(x_i^2+y_i^2); \\ A'=\Sigma_i m_i y_i z_i,\ B'=\Sigma_i m_i z_i x_i, \\ C'=\Sigma_i m_i x_i y_i. \end{cases}$$

La (16) determina il momento di inerzia, rispetto ad ogni direzione α, β, γ, passante per O, in funzione delle sei costanti A, B, C; A', B', C', che dipendono, come è evidente, dalla natura del sistema, ma non dal particolare asse r. Il secondo membro della (16) è una funzione quadratica omogenea di α, β, γ; e perciò rimane inalterato, se si cambiano simultaneamente α, β, γ in $-\alpha, -\beta, -\gamma$. Ciò era ben prevedibile, perchè collo scambio di α, β, γ in $-\alpha, -\beta, -\gamma$ si muta soltanto il verso da attribuirsi ad r, non la retta stessa; e il momento di inerzia I, per sua definizione, non ha alcun rapporto con il verso.

I coefficienti A, B, C hanno un significato ovvio. Essi (come apparisce direttamente dalla (16) ponendovi ordinatamente α, β, γ eguali ad 1,0,0; 0,1,0; 0;0,1) sono i momenti di inerzia rispetto agli assi coordinati. Gli altri tre coefficienti $A'=\Sigma_i m_i y_i z_i$, $B'=\Sigma_i m_i z_i x_i$, $C'=\Sigma_i m_i x_i y_i$ si sogliono chiamare <u>prodotti d'inerzia</u>, ovvero anche (per ragione che si renderà manifesta nella dinamica dei solidi) <u>momenti di deviazione</u>

A norma delle (17), la valutazione dei tre momenti d'inerzia A, B, C, si riconduce subito a quella delle tre somme

$$(18)\qquad s_1=\Sigma_i m_i x_i^2\ ,\quad s_2=\Sigma_i m_i y_i^2\ ,\quad s_3=\Sigma_i m_i z_i$$

che possono interpretarsi (n. 19) come i momenti d'inerzia del sistema rispetto ai piani coordinati. Si ha infatti identicamente:

$$(19) \qquad A = s_2 + s_3 \quad , \quad B = s_3 + s_1 \quad , \quad C = s_1 + s_2 .$$

23. Ellissoide d'inerzia - Assi principali - Casi particolari notevoli. La legge di variazione dei momenti d'inerzia attorno ad un medesimo punto, espressa analiticamente dalla (16), è suscettibile di una comoda interpretazione geometrica.

Immaginiamo di portare su ciascuno raggio α, β, γ, uscente da O, il segmento

$$(20) \qquad O\mathcal{L} = \frac{1}{\sqrt{\mathcal{I}}}$$

essendo $\mathcal{I}$ la funzione quadratica di α, β, γ definita dalla (16).

Se si esclude il caso particolare che tutti i punti P_i di S appartengano ad una medesima retta, passante per O, il momento d'inerzia $\mathcal{I} = \Sigma_i m_i \delta_i^2$ non può essere nullo per nessuna direzione α, β, γ, spiccata da O: $\frac{1}{\sqrt{\mathcal{I}}}$ è perciò in ogni caso un numero finito, e il luogo E dei punti $\mathcal{L}$ costituisce una superficie chiusa, attorno ad O, anzi simmetrica rispetto al punto O, perchè su due raggi opposti i punti $\mathcal{L}$ cadono alla stessa distanza da O come risulta dalla (20), ricordando (n. prec.) che $\mathcal{I}$ non cambia quando si cambia segno α, β, γ. Ora si può assegnare facilmente la equazione della superficie E. Avremo infatti, designando con x, y, z le coordinate di un generico punto $\mathcal{L}$,

$$x = O\mathcal{L} \cdot \alpha = \frac{\alpha}{\sqrt{\mathcal{I}}} \quad , \quad y = O\mathcal{L} \cdot \beta \frac{\beta}{\sqrt{\mathcal{I}}} \quad , \quad z = O\mathcal{L} \cdot \gamma = \frac{\gamma}{\sqrt{\mathcal{I}}} ;$$

ossia

$$\alpha = x\sqrt{\mathcal{I}} \quad , \quad \beta = y\sqrt{\mathcal{I}} \quad , \quad \gamma = z\sqrt{\mathcal{I}} ,$$

e quando si portano alla (16) questi valori di α, β, γ scompare anche $\mathcal{I}$, e si ottiene:

(21) $$Ax^2 + By^2 + Cz^2 - 2A'yz - 2B'zx - 2C'xy = 1.$$

È questa l'equazione della superficie E; onde si conclude che si tratta di una superficie del secondo ordine e, più precisamente (poiché sappiamo che E dev'essere chiusa) di un'ellissoide il cui centro è O, come risulta dalla simmetria di E rispetto ad O (e come del resto materialmente si rileva dalla circostanza che nella (20) mancano i termini di primo grado).

24. L'ellissoide E si chiama <u>ellissoide</u> o <u>nocciolo d'inerzia relativo al punto O</u>. Quando esso sia dato, si ha subito il momento d'inerzia rispetto ad ogni retta r passante per O. Infatti, detto L uno dei due punti, in cui r incontra l'ellissoide, sarà, per la (20)

(20') $$\mathcal{I} = \frac{1}{\overline{OL}^2}.$$

Di qui risulta che tra tutti gli assi condotti per O, quello che dà il più piccolo momento d'inerzia è l'asse maggiore, quello che dà il più grande momento d'inerzia, è l'asse minore dell'ellissoide.

Gli assi dell'ellissoide d'inerzia si chiamano <u>assi principali d'inerzia relativi al punto considerato</u>.

Assumendoli come assi coordinati, la (21) si riduce, come è noto, alla forma particolare

(21') $$Ax^2 + By^2 + Cz^2 = 1;$$

cioè vanno a zero i prodotti di inerzia A', B', C' ossia, a tenore delle (17) le somme:

$$\Sigma_i m_i y_i z_i \quad , \quad \Sigma_i m_i z_i x_i \quad , \quad \Sigma_i m_i x_i y_i .$$

A, B, C conservano manifestamente il loro significato e sono per conseguenza i <u>momenti d'inerzia, relativi agli assi principali</u>, o, come si suol dire brevemente, i <u>momenti principali d'inerzia</u>. I giratori corrispondenti $\sqrt{\frac{A}{m}}$, $\sqrt{\frac{B}{m}}$, $\sqrt{\frac{C}{m}}$ si dicono giratori principali.

25. L'ellissoide d'inerzia relativo al centro di gravità di un sistema si chiama si chiama <u>ellissoide</u> o <u>nocciolo centrale d'inerzia</u>.

In generale, quando si vuol caratterizzare in modo completo la distribuzione dei momenti d'inerzia di un dato sistema si assegnano (oltre alla massa totale) gli elementi determinativi dell'ellissoide centrale, cioè gli assi e i momenti (o i giratori) principali relativi al centro di gravità. Sono allora individuati in modo espressivo i momenti d'inerzia relativi ad un generico asse baricentrale; quelli relativi ad un asse non baricentrale, si hanno poi subito dalla (15).

In parecchi casi, la speciale configurazione del sistema (n. 13) mostra ovviamente dove sta il baricentro e come sono diretti i relativi assi principali. Assumendoli allora come assi coordinati si può dire (n. 22) che tutto si riduce ad assegnare le tre somme:

$$s_1 = \Sigma m_i x_i^2 \quad , \quad s_2 = \Sigma_i m_i y_i^2 \quad , \quad s_3 = \Sigma_i m_i z_i^2 .$$

ossia i momenti di inerzia del sistema rispetto ai piani principali dell'ellissoide centrale,

Giova rilevare in modo esplicito, per usarne senz'altro a suo tempo, che quando si riferisce un sistema S agli assi principali d'inerzia, passanti per il centro di gravità, le sei somme

$\Sigma_i m_i x_i ; \Sigma_i m_i y_i ; \Sigma_i m_i z_i ; \Sigma_i m_i y_i z_i ; \Sigma_i m_i z_i y_i ; \Sigma_i m_i x_i y_i$

sono tutte zero: le prime tre, (n. 8) perchè l'origine cade nel centro di gravità, le seconde tre (n. prec.) perchè gli assi coordinati sono gli assi principali d'inerzia.

26. Osserviamo ancora che, se il sistema considerato S possiede un piano di simmetria (n. 13) quan-

do esso si assuma come piano coordinato, due dei prodotti di inerzia si annullano.

Infatti, ove il piano di simmetria si prenda per piano $z = 0$, si ha

$$\Sigma_i m_i x_i z = 0 \qquad , \qquad \Sigma_i m_i y_i z_i = 0$$

poichè, per due masse simmetriche rispetto al piano $z=0$, le m_i, x_i, y_i sono le stesse, mentre le z_i hanno valore eguale e segno opposto. Perciò i termini delle sommatorie si elidono due a due.

Ne consegue questo notevole corollario:

<u>Se un sistema possiede dei piani ortogonali di simmetria questi sono necessariamente piani principali dell'ellissoide d'inerzia relativo ad un punto qualunque della loro intersezione.</u>

Infatti, assunti questi piani come coordinati si annullano evidentemente tutti i prodotti d'inerzia.

Ciò trova notevole applicazione nel caso di <u>corpi rotondi</u>. Ogni piano meridiano è manifestamente piano di simmetria, sicchè l'asse di rotazione è asse principale di inerzia per ogni suo punto, e i relativi ellissoidi di inerzia sono essi pure rotondi (attorno a quest'asse).

<u>27. Sistemi piani.</u> Se tutte le masse del sistema appartengono ad un medesimo piano, il momento d'inerzia, rispetto ad un asse qualunque perpendicolare al piano, è la somma dei momenti relativi ad una qualunque coppia di assi perpendicolari, situati nel piano, condotti per l'intersezione del piano stesso col primo asse.

La dimostrazione è immediata. Basta assumere il piano del sistema come piano $z=0$, l'asse perpendicolare come asse delle z, e gli altri due assi, tra loro ortogonali, per assi delle x e delle y. Si ha allora per ogni massa m_i del sistema, $z_i = 0$, e quindi dalle (17)

$$A = \Sigma_i m_i y_i^2 \quad , \quad B = \Sigma_i m_i x_i^2 \quad , \quad C = \Sigma_i m_i (x_i^2 + y_i^2) = A + B,$$

il che (n. 22) dimostra l'asserto.

§7. Momenti d'inerzia di corpi, superficie e linee materiali. — Esempi.

28. È appena necessario avvertire che la nozione di momento di inerzia e le proprietà relative si possono senz'altro estendere dal caso di masse discrete a quello di masse distribuite con continuità in volumi, superficie o linee.

Basta riportarsi alle considerazioni, con cui è stata giustificata l'analoga estensione per i centri di gravità (n. 15).

Dal punto di vista del calcolo, tutto si riduce a scambiare, nella formula di definizione:

$$\mathcal{I} = \Sigma_i m_i \delta_i^2$$

e, più generalmente, dovunque compariscono somme estese ai punti di S, le somme stesse con integrali estesi al campo S (volume, superficie o linea) occupato dal sistema.

Così, se dS è un elemento generico di campo intorno ad un punto P e si denotano con dm la massa dell'elemento, con δ la distanza di P dall'asse r, con μ la densità (cubica, superficiale o lineare) in P, avremo:

$$\mathcal{I} = \int_S \delta^2 dm = \int_S \mu \delta^2 dS \,. \tag{22}$$

che per un sistema omogeneo, può scriversi:

$$\mathcal{I} = \mu \int_S \delta^2 dS \text{, ecc.} \tag{22'}$$

29. Parallelepipedo retto omogeneo.

Il baricentro O è il punto d'incontro delle diagonali (n. 16). I tre piani meridiani (cioè paralleli alle facce) condotti per O sono piani di simmetria e quindi (n. 26) piani principali dell'ellissoide centrale; cosicchè conformemente all'osservazione generale del n° 25 tutto si riduce ad assegnare i momenti s_1, s_2, s_3, rispetto a questi tre piani.

Indichiamo al solito con μ la densità (per ipotesi, costante); e siano a, b, c le lunghezze dei tre spigoli. Sarà: $m = \mu a b c$.

Poniamo in O l'origine delle coordinate, e dirigiamo gli assi secondo gli spigoli, con che le equazioni delle sei facce sono $x = \pm\frac{a}{2}, y = \pm\frac{b}{2}, z = \pm\frac{c}{2}$.

Avremo

$$s_1 = \mu \iiint x^2 dx\, dy\, dz,$$

dove le integrazioni rispetto ad x, y, z vanno ordinatamente estese tra:

$$-\frac{a}{2} \text{ e } +\frac{a}{2}, \quad -\frac{b}{2} \text{ e } +\frac{b}{2}, \quad -\frac{c}{2} \text{ e } +\frac{c}{2}.$$

Dacchè la funzione integranda x^2 non dipende nè da y, nè da z, si può integrare rispetto a questi due argomenti per un x generico, il che dà:

$$s_1 = \mu b c \int_{-\frac{a}{2}}^{\frac{a}{2}} x^2 dx.$$

e quindi, ricordando che la massa totale vale μabc,

$$s_1 = \mu b c \frac{2}{3} \frac{a^3}{8} = m \frac{a^2}{12}.$$

Per sostituzione circolare sulle lettere a, b, c, si ha manifestamente:

$$s_2 = m \frac{b^2}{12}, \quad s_3 = m \frac{c^2}{12},$$

donde i momenti principali:

$$A = m \frac{b^2 + c^2}{12}, \quad B = m \frac{c^2 + a^2}{12}, \quad C = m \frac{a^2 + b^2}{12}$$

e i corrispondenti giratori

$$\sqrt{\frac{b^2+c^2}{12}}\ ,\quad \sqrt{\frac{c^2+a^2}{12}}\ ,\quad \sqrt{\frac{a^2+b^2}{12}}\ .$$

30. Rettangolo omogeneo. Il centro O del rettangolo ne è il baricentro. Il piano del rettangolo e i due piani perpendicolari ai lati condotti per O sono manifestamente piani principali, sicchè gli assi principali sono le parallele ai lati e la perpendicolare al piano del rettangolo.

La valutazione dei momenti e dei giratori può farsi anche senza calcolo diretto (che sarebbe del resto assai semplice), riportandosi al caso precedente. Consideriamo infatti un parallelepipedo omogeneo di lati a, b, c e di densità cubica μ, e supponiamo c trascurabile di fronte ad a, b, sicchè il parallelepipedo riesca assimilabile ad un rettangolo materiale di lati a, b. Si tratterà di un rettangolo omogeneo, corrispondendo ad ogni suo elemento dS la massa $\mu c\, dS$, e quindi la densità superficiale (costante) $\nu = \mu c$.

Si può evidentemente fare in modo che ν assuma un valore prefissato, anche riservandosi di far convergere c a zero: basta immaginare che la densità cubica del parallelepipedo vada crescendo in conformità, adottandosi per μ il valore $\frac{\nu}{c}$.

Per lo scopo nostro, basta del resto notare che, data la genesi del rettangolo materiale come limite del parallelepipedo, la massa totale m del rettangolo è, in ogni caso, (anche al decrescere indefinito di c) la stessa m del parallelepipedo.

Ciò posto, se nelle formule relative al parallelepipedo, nelle quali intervengono soltanto a, b, c ed m, si pone $c = 0$, si hanno senz'altro le formule corrispondenti relative al rettangolo omogeneo.

Saranno dunque:

$$A = m\frac{b^2}{12}, \quad B = m\frac{a^2}{12}, \quad C = m\frac{a^2+b^2}{12}$$

i tre momenti (principali) relativi alle mediane del rettangolo, e alla perpendicolare commune nel loro punto d'incontro;

$$\frac{b}{\sqrt{12}}, \quad \frac{a}{\sqrt{12}}, \quad \sqrt{\frac{a^2+b^2}{12}}$$

i corrispondenti giratori

31. Ellissoide omogeneo.

Il centro e i tre piani principali dell'ellissoide costituiscono manifestamente il baricentro del corpo ed i piani principali del suo ellissoide centrale d'inerzia.

Detti a, b, c i semiassi del dato ellissoide, μ la densità, sarà $\frac{4}{3}\pi abc$ il volume dell'ellissoide, e quindi:

$$m = \frac{4}{3}\pi\mu abc$$

la massa totale. Sarà poi

$$\frac{x^2}{a^2} + \frac{y^2}{b^2} + \frac{z^2}{c^2} = 1$$

l'equazione della superficie terminale riferita agli assi, e ci troveremo qui ancora ricondotti (n. 25) al calcolo di s_1, s_2, s_3. Basterà anzi valutare uno solo, perchè gli altri due se ne potranno senz'altro desumere permutando circolarmente le lettere a, b, c.

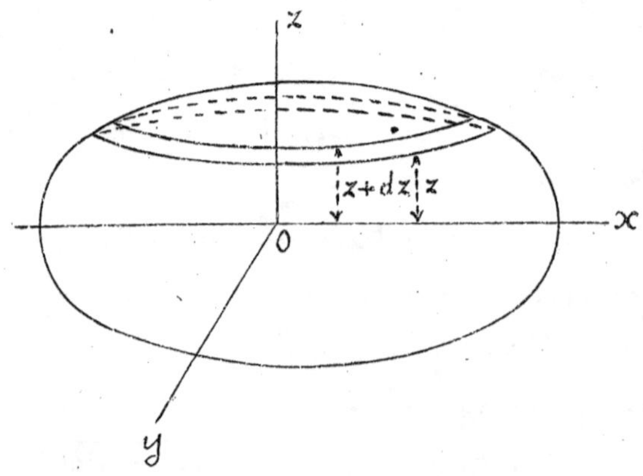

Consideriamo per es.

$$s_3 = \mu\iiint z^2\,dx\,dy\,dz,$$

dove l'integrazione va estesa all'interno del nostro ellissoide.

Per eseguire la integrazione nel modo più spiccio, immaginiamo di decomporre il campo di integrazione in dischi elementari di spessore dz, compresi tra i piani paralleli al piano $z=0$. La funzione sotto il segno z^2 rimane costante sopra ciascun disco e il contributo recato all'integrale triplo dal disco sarà evidentemente il prodotto di z^2 per il volume del disco, la cui base corrispondentemente ad un generico valore di z, è la sezione del nostro ellissoide col piano cui compete quel valore di z. Il contorno di tale sezione è un'ellisse, che si proietta in vera grandezza sul piano x, y nel: l'ellisse di equazione

$$\frac{x^2}{a^2}+\frac{y^2}{b^2}=1-\frac{z^2}{c^2}$$

ossia

$$\frac{x^2}{\left(a\sqrt{1-\frac{z^2}{c^2}}\right)^2}+\frac{y^2}{\left(b\sqrt{1-\frac{z^2}{c^2}}\right)^2}=1.$$

I semiassi di tale sezione ellittica sono pertanto:

$$a\sqrt{1-\frac{z^2}{c^2}}\ ,\quad b\sqrt{1-\frac{z^2}{c^2}}$$

sicché l'area vale:

$$\pi a b\left(1-\frac{z^2}{c^2}\right)$$

e il volume del disco elementare:

$$\pi a b\left(1-\frac{z^2}{c^2}\right)dz\,.$$

Per esaurire il campo, bisogna evidentemente far variare z da $-c$ a $+c$. L'espressione di s_3 può dunque essere scritta:

$$s_3=\mu\pi a b\int_{-c}^{c}z^2\left(1-\frac{z^2}{c^2}\right)dz\,.$$

L'effettiva integrazione porge:

$$s_3=\frac{4}{15}\mu a b c^3\,,$$

o più semplicemente, introducendo la massa totale m:

$$s_3=m\frac{c^2}{5}\,.$$

Ne seguono i valori analoghi

$$s_1 = m\,\frac{a^2}{5}\,, \quad s_2 = m\,\frac{b^2}{5}$$

e per conseguenza, i momenti principali:

$$A = m\,\frac{(b^2+c^2)}{5}\,, \quad B = m\,\frac{(c^2+a^2)}{5}\,, \quad C = m\,\frac{(a^2+b^2)}{5}$$

nonchè i corrispondenti giratori

$$\sqrt{\frac{b^2+c^2}{5}}\,, \quad \sqrt{\frac{c^2+a^2}{5}}\,, \quad \sqrt{\frac{a^2+b^2}{5}}.$$

32. Sfera. Il momento d'inerzia J_0 di una sfera omogenea di raggio R, rispetto ad un suo diametro, si otterrà da una qualunque delle trovate espressioni di A, B, C, facendovi $a = b = c = R$.

Avremo quindi

$$J_0 = \frac{2}{5}\,m R\,,$$

e il raggio di girazione sarà:

$$\sqrt{\frac{2}{5}}\,R\,.$$

33. Momento di inerzia, rispetto all'asse, di un cilindro omogeneo di rivoluzione, limitato da due piani paralleli. Diciamo R il raggio del cilindro, h la sua altezza, μ la densità, J il cercato momento d'inerzia. Possiamo risparmiarci il calcolo diretto, usando del seguente artificio. Il momento J è una funzione del raggio R, ed è chiaro che, quando (h e μ rimanendo inalterati) R si accresce di dR, J subisce un aumento dJ che è il momento d'inerzia di uno strato cilindrico di raggio interno R e spessore dR. Siccome la distanza dei punti dello strato dall'asse è costantemente R, e la massa totale dello strato è

$$\mu\, 2\, \pi\, R\, h\, dR$$

avremo:

$$\frac{d\mathcal{I}}{dR} = 2\pi\mu h R^3$$

Ne segue:

$$\mathcal{I} = \frac{1}{2}\pi\mu h R^4 + \text{cost}.$$

e siccome $\mathcal{I} = 0$, per $R = 0$, risulterà: $\mathcal{I} = \frac{1}{2}\pi\mu h R^4$.

La massa totale m del cilindro è $\mu\pi R^2 h$, onde si può scrivere:

$$\mathcal{I} = \frac{1}{2} m R^2,$$

e il raggio di girazione vale $\frac{R}{\sqrt{2}}$.

34. Disco circolare omogeneo. Dal caso del cilindro si può evidentemente passare a quello del disco, immaginando che l'altezza h divenga infinitesima. Come al n.° 30, avremo, per il disco, una densità superficiale ν legata a μ dalla relazione:

$$\nu = h\mu.$$

Ma m ed R conservano i loro significati sicchè per il momento assiale e per il corrispondente raggio di girazione seguitano a valere le espressioni $\frac{1}{2} m R^2$ e $\frac{R}{\sqrt{2}}$, rispettivamente.

35. Momento di inerzia, rispetto all'asse, di un solido omogeneo di rivoluzione, limitato da due piani paralleli.

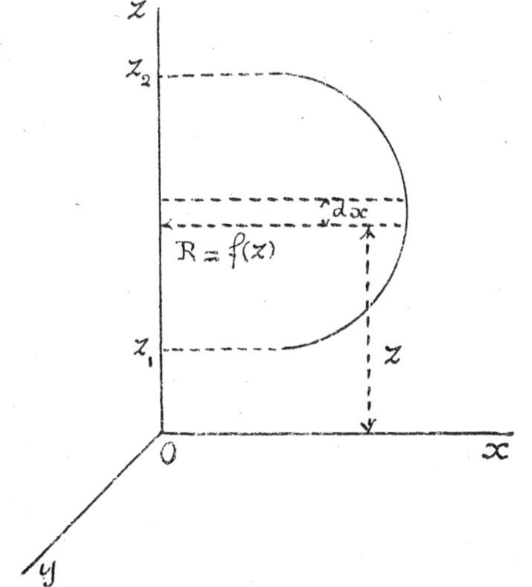

Sia $x = \varphi(z)$ l'equazione della curva meridiana della superficie di rotazione, che ha per asse Oz. Decomponiamo il solido in dischi elementari con piani perpendicolari all'asse. Il momento d'inerzia di uno di questi dischi di raggio R e di altezza dz, sarà [n. 23]: $\frac{1}{2}\pi\mu R^4 dz$, dove μ rappresenta la densità; se z_1 e z_2 sono le altezze dei piani che limitano il solido, il momento d'inerzia $\mathfrak{I}$ avrà per espressione

$$\mathfrak{I} = \frac{\pi\mu}{2}\int_{z_1}^{z_2} R^4 dz.$$

La R non è altro che l'ascissa $x = \varphi(z)$ della curva meridiana, sicchè risulta

$$\mathfrak{I} = \frac{\pi\mu}{2}\int_{z_1}^{z_2} \varphi(z)^4 dz. \qquad (23)$$

36. Tronco di cono. Se la curva meridiana è una retta $x = z\,\mathrm{tg}\,\alpha$, il solido in questione è un tronco di cono circolare, la cui semi apertura è α. La formula (23) dà tosto:

$$\mathfrak{I} = \frac{\pi\mu\,\mathrm{tg}^4\alpha}{10}\left\{z_2^5 - z_1^5\right\},$$

ed esprimento $\mathfrak{I}$ mediante i raggi $R_1 = z_1\,\mathrm{tg}\,\alpha$, $R_2 = z_2\,\mathrm{tg}\,\alpha$ e l'altezza $h = z_2 - z_1$ del tronco si ottiene:

$$\mathfrak{I} = \frac{\pi\mu}{10}\,\frac{h}{R_2 - R_1}\left(R_2^5 - R_1^5\right).$$

Se si nota che la massa m del tronco è:

$$\frac{\pi\mu}{3}h\left(R_2^2 + R_2R_1 + R_1^2\right) = \frac{\pi\mu}{3}\,\frac{h}{R_2 - R_1}\left(R_2^3 - R_1^3\right)$$

si può attribuire al giratore δ l'espressione elegante:

$$\delta^2 = \frac{3}{10}\,\frac{R_2^5 - R_1^5}{R_2^3 - R_1^3}$$

Per un cono ($R_1 = 0$, $R_2 = R$, raggio della base) risulta in particolare:

$$\mathfrak{I} = \frac{\pi\mu}{10}Rh \quad , \quad \delta = \sqrt{\frac{3}{10}}\,R.$$

37. Segmento sferico. Per calcolare il momento

d'inerzia di un segmento sferico attorno all'asse di simmetria del segmento, basterà supporre nella (23) che la curva meridiana sia un cerchio col centro sul l'asse di rotazione, per es. nell'origine delle coordinate. Essendo R il raggio di questo cerchio cioè della sfera, cui il segmento appartiene, avremo:

$$\varphi(z) = \sqrt{R^2 - z^2}$$

e quindi

$$\mathcal{I} = \frac{\pi\mu}{2}\int_{z_1}^{z_2}\left\{R^4 - 2R^2z^2 + z^4\right\}dz = \frac{\pi\mu}{2}\left\{R^4(z_2 - z_1) - \frac{2}{3}R^2(z_2^3 - z_1^3) + \frac{1}{5}\left(z_2^5 - z_1^5\right)\right\}.$$

Se il segmento sferico è ad una sola base si dovrà porre nelle formule precedenti

$$z_2 = 0 .$$

Capitolo XI°.

Principio di reazione. Condizioni necessarie per l'equilibrio di un corpo.

§1. Principio di reazione.

1. I postulati meccanici ammessi nei Cap.i prec.i, e rias=sunti nella equazione fondamentale della Dinamica, non riguardano che forze applicate ad un medesimo pun=to materiale. Poichè qui ci proponiamo di iniziare lo studio della Meccanica dei corpi, ciascuno dei quali va riguardato come un insieme di punti materiali, siamo condotti necessariamente a tener conto di si=stemi di forze applicate a punti materiali diversi, sul cui mutuo comportamento nulla ci dicono i postu=lati or ora ricordati. È perciò necessario ricorrere an=cora una volta alla osservazione diretta dei fatti, per trarne, con una conveniente idealizzazione, qual=che nuovo principio.

Considerati due punti materiali P e Q, supponia=mo che in certe determinate circostanze si possa rico=noscere che sopra uno dei punti, ad es. su P, agisca una forza <u>F</u>, <u>dovuta all'altro punto</u> Q, intendendosi con ciò che la forza <u>F</u> venga a mancare non appena si rimuo=va il punto Q, lasciando tutto il resto, per quanto è pos=sibile, inalterato. Così accade generalmente, per citare il caso più ovvio, quando si tratta di azioni esercitate dagli elementi materiali P e Q di due corpi a contatto: queste azioni cessano infatti, quasi sempre, al cessare del contatto. Si immagini, ad es., un tallone Q che pog=

gi e prema sopra un punto P del pavimento, oppure l'estremità Q di una fune assicurata ad un gancio P. La pressione sull'appoggio, la sollecitazione del gancio sono manifestamente dovute all'altro corpo Q (piede e fune).

In tutti questi casi l'esperienza ci dice che all'azione esercitata da Q su P si contrappone una forza direttamente opposta o reazione, esplicata da P su Q: così negli esempi dianzi indicati siamo condotti a ritenere che il tallone risenta una resistenza pari allo sforzo di pressione che esso esercita sull'appoggio, l'estremità della fune attaccata al gancio, subisca una tensione esattamente contraria alla trazione, con cui essa sollecita il gancio. Più generalmente, nel caso di un punto materiale vincolato, alla reazione che esso subisce da parte dei vincoli, fa riscontro una forza direttamente opposta che cimenta i vincoli stessi (e deve quindi in ogni applicazione concreta mantenersi al di sotto di un certo limite per evitare guasti o rotture).

Queste ovvie osservazioni sperimentali chiariscono nei casi più semplici il contenuto del seguente postulato universale che fu enunciato per la prima volta dal Newton e che si suol chiamare il principio della reazione direttamente opposta all'azione (o semplicemente principio di reazione): Tutte le volte che un punto materiale P è soggetto, per la presenza di un altro punto materiale Q, all'azione di una certa forza F, a questa fa riscontro tanto in condizioni di quiete come in condizioni di moto, una forza direttamente opposta $-F$ (reazione) esercitata da P su Q.

Giova notare che, quando si tratta di azioni fra punti materiali P e Q che non si trovino ad immediato contatto, il principio di reazione testè formulato impli:

ca che le due forze esercitantisi fra i due punti, in quanto debbono essere direttamente opposte ed applicate rispettivamente in P e Q, abbiano come linea di azione comune la congiungente dei due punti.

§2. Condizioni necessarie di equilibrio comuni a tutti i sistemi materiali.

2. Forze interne ed esterne. Dato un corpo S qualsiasi (cioè costituito da parti solide o pastose od anche liquide o gassose) consideriamolo, secondo la veduta fissata una volta per tutte, come un certo insieme di punti materiali e immaginiamolo soggetto alla sollecitazione di un sistema di forze, fra le quali annovereremo anche le reazioni vincolari, che rappresentano le azioni di quegli eventuali vincoli, che limitano la libera mobilità dei singoli punti materiali di S.

Per lo studio meccanico del dato sistema è di importanza fondamentale il premettere una osservazione. Fissato in S un punto materiale P, potremo sempre, almeno in via ipotetica, riconoscere fra le forze (sia attive che vincolari) agenti sul sistema quelle che risultano applicate a P, e classificarle in due categorie: 1°) forze esercitate su P dagli altri punti dello stesso sistema S, e in particolare da quelli contigui a P. Queste diconsi forze (attive o vincolari) interne.
2°) forze di altra origine, cioè dovute ad influenze estranee al sistema, come ad es. il peso, se S si suppone immerso nell'ordinario campo della gravità o le reazioni di appoggio di P su corpi non appartenenti ad S ecc. Le forze di questa categoria (siano esse attive o vincolari) diconsi esterne.

Non è inutile avvertire che di solito quando si parla, senza ulteriore specificazione, di forze agenti su di un sistema, si intende alludere alle sole forze esterne.

3. Dalla definizione stessa di forze interne e dal principio di reazione discende per esse una notevole proprietà. Poichè ogni forza interna f agente su di un generico punto P del sistema proviene da un altro punto Q del sistema stesso, ad essa fa riscontro, pel principio di reazione, una forza $-f$ esercitata da Q su P e perciò pur essa interna. Di qui risulta che le forze interne, considerate nel loro insieme, sono a due a due direttamente opposte, cosicchè si conclude che <u>in ogni sistema materiale sollecitato le forze interne sono per la loro stessa natura, tali che i vettori applicati che le rappresentano, costituiscono un sistema equivalente a zero od equilibrato</u>, (cioè avente nulli il risultante e il momento risultante (rispetto ad ogni centro di riduzione).

Giova notare che questo teorema è pur applicabile, ad ogni sistema S', ottenuto isolando idealmente una parte del sistema dato S: occorre soltanto badare alla circostanza evidente che delle forze agenti su S' risultano esterne ad esso non soltanto quelle che già erano esterne ad S, ma, in generale, anche talune di quelle che rispetto ad S erano interne, cioè precisamente le forze esercitate su S' da punti di S non appartenenti ad S'.

4. <u>Equazioni cardinali dell'equilibrio</u>. Ciò premesso, supponiamo che un sistema materiale S, sotto l'azione di certe forze, sia in equilibrio, con che si intende dire che, ove S sia inizialmente in quiete, le forze considerate non determinano su di esso alcun fenomeno di moto.

Ora, se come già pocanzi si è supposto, agli eventuali vincoli sussistenti fra i punti di S si immaginano sostituite le rispettive forze vincolari, il sistema si può riguardare come costituito da un insieme di punti materiali liberi, ciascuno dei quali è in equilibrio sotto l'azione delle forze (attive e vincolari) agenti su di esso. Perciò se le forze agenti su di un generico punto P del sistema si distinguono in esterne ed interne e si denota con $\underline{F}$ la risultante delle prime, con $\underline{f}$ quella delle seconde, si avrà (Cap. VII, n. 16) $\underline{F}+\underline{f}=0$ ossia $\underline{F}=-\underline{f}$.

Ma sappiamo (n. prec.) che le forze $\underline{f}$, prese nel loro complesso, sono tali che il sistema dei vettori che le rappresentano è equivalente a zero. Perciò tali saranno altresì le forze esterne $\underline{F}$; cioè: Se un qualsiasi sistema materiale sollecitato è in equilibrio, il sistema di vettori applicati che rappresentano le forze (attive e vincolari) esterne, agenti sul sistema è equivalente a zero. Se, rispetto ad un qualsiasi centro di riduzione O, sono $\underline{R}$ ed $\mathfrak{M}$ il risultante e il momento risultante delle forze esterne, la precedente condizione di equilibrio si traduce nelle due equazioni vettoriali:

$$(1) \qquad \underline{R}=0 \;, \qquad \mathfrak{M}=0$$

che proiettate sugli assi di una terna fissa di riferimento, danno luogo alle sei equazioni scalari

$$(1') \quad \begin{cases} \Sigma X=0 \;, & \Sigma Y=0 \;, & \Sigma Z=0 \\ \Sigma(yZ-zY)=0 \,, & \Sigma(zX-xZ)=0 \,, & \Sigma(xY-yX)=0 \,, \end{cases}$$

dove le somme vanno estese a tutti e soli i punti x, y, z di S, cui sono effettivamente applicate forze esterne (attive o vincolari). Se poi codesti punti sono distribuiti in sistemi continui (a tre, o due, o una dimensione), codeste somme vanno sostituite con integrali di campo (a tre o due o una dimensione) estesi a tutti gli elementi materiali di S, su cui agiscono forze esterne.

Le equazioni (1) od (1'), che, come si è visto,

esprimono condizioni necessarie per l'equilibrio di ogni possibile sistema materiale, diconsi <u>equazioni cardinali</u> od <u>universali dell'equilibrio</u>.

5. A valutare la grande generalità delle equazioni cardinali, giova osservare che se un sistema materiale S, sotto una data sollecitazione esterna, è in equilibrio, è pure in equilibrio ogni sua parte S', quando la si riguardi sollecitata da tutte quelle forze (esterne o, eventualmente, interne ad S) che agiscono su S' e sono, rispetto ad esso, esterne (n. 3); cosicchè le equazioni (1) o (1') risultano applicabili non soltanto all'intero sistema S, ma anche ad ogni sua parte S', per la quale sia possibile riconoscere le forze sollecitanti esterne, anche solo nel loro comportamento complessivo, rappresentato dalla loro risultante e dal loro momento risultante rispetto ad un centro di riduzione.

Ma al pregio della generalità si contrappone, per le equazioni cardinali, lo svantaggio che esse sono, in generale, necessarie ma <u>non sufficienti</u> per l'equilibrio del sistema. Per convincersene, basta considerare il caso più semplice possibile, cioè quello di due punti materiali liberi P_1 e P_2, sollecitati, lungo la loro congiungente, da due forze direttamente opposte (repulsive o attrattive) $\underline{F}$ e $-\underline{F}$. Il sistema di codeste due forze soddisfa manifestamente alle condizioni cardinali e, ciò non di meno, i due punti non sono certamente in equilibrio, perchè su ciascuno agisce una forza (totale) non nulla.

$F \leftarrow P_1 \qquad P_2 \rightarrow -F$

$P_1 \rightarrow F \qquad -F \leftarrow P_2$

Perciò, in generale, le equazioni cardinali, per

sè sole, permettono di assodare, per un dato sistema materiale S, sollecitato da date forze esterne $\underline{F}$ la possibilità dell'equilibrio, non di stabilirne la effettiva sussistenza. Più precisamente per discutere in base alle condizioni cardinali il problema dell'equilibrio del dato sistema S, si comincerà col ridurre, coi noti procedimenti della teoria dei vettori (Cap. I § 7), il sistema di vettori applicati $\underline{F}$ a qualche sistema più semplice, su cui sia facile riconoscere se il risultante e il momento risultante (rispetto ad un qualche centro) siano nulli. Se ciò non si verifica, si è senz'altro certi che il sistema S non è in equilibrio; mentre invece, se il risultante e il momento risultante sono nulli, l'equilibrio è possibile; ma per decidere se esso effettivamente sussista, occorre in generale un'ulteriore indagine diretta del problema.

Notiamo che, nel caso di un sistema S pesante l'insieme dei pesi dei singoli punti di S è <u>vettorialmente</u> equivalente al loro risultante (peso totale di S) applicato nel baricentro del sistema.

Ma, ad evitare equivoci, non è inutile rilevare espressamente che in ogni caso la considerazione di sistemi di forze <u>vettorialmente</u> equivalenti al dato sistema di forze esterne $\underline{F}$ ha qui un valore puramente deduttivo, in ordine alla applicazione delle equazioni cardinali; e sarebbe in generale erroneo l'interpretare codesti sistemi di forze vettorialmente equivalenti come sostituibili l'uno all'altro, quanto ai loro effetti meccanici.

Ci occuperemo nel prossimo Cap. di una importante classe di sistemi materiali, pei quali codetta equivalenza vettoriale dei sistemi di forze esterne si traduce in una effettiva equivalenza meccanica.

6. Esempio. Come applicazione semplicissima delle equazioni cardinali dell'equilibrio, consideriamo una catena pesante, appesa agli estremi a due ganci A e B, e in equilibrio. Qui le forze estreme sono: 1°) le reazioni $\underline{F}_A$, $\underline{F}_B$ dei due ganci; 2°) i pesi dei singoli anelli, ai quali, finchè si tratta di applicare le equazioni cardinali, possiamo sostituire il peso totale $\underline{p}$ della catena, applicato sulla verticale del baricentro P_0 di essa. Per le (1) abbiamo che condizione necessaria per l'equilibrio si è che i tre vettori $\underline{F}_A$, $\underline{F}_B$, $\underline{p}$ costituiscano un sistema equilibrato; per il che si richiede (Cap. I, n. 54) che i tre vettori siano complanari; che le linee di azione di $\underline{F}_A$, $\underline{F}_B$ si incontrino in un punto della linea di azione di $\underline{p}$, cioè della verticale del baricentro di P_0; e che infine il risultante di $\underline{F}_A$ ed $\underline{F}_B$ sia direttamente opposto a $\underline{p}$.

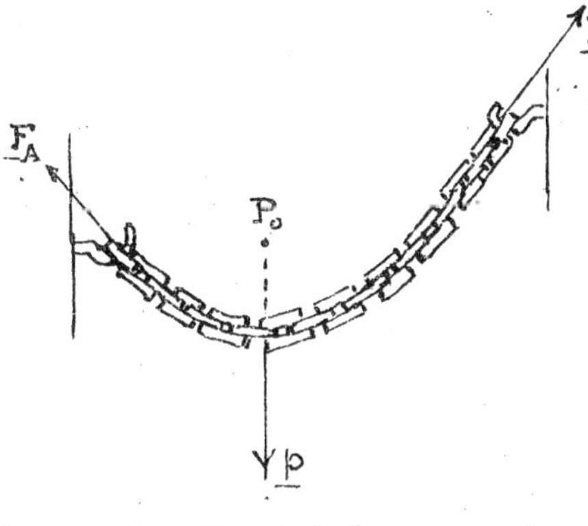

Di qui risulta, in particolare, che quando un pezzo di catena AB, sostenuto agli estremi, si trova in equilibrio sotto l'azione della gravità, il baricentro deve giacere nel piano verticale, passante per i due punti di sospensione.

Capitolo XII.

Statica dei solidi

§1. Postulato caratteristico dei solidi e sue conseguenze

1. Le condizioni cardinali che per un sistema materiale qualsiasi riconoscemmo, soltanto <u>necessarie</u> per l'equilibrio (n. 4 del cap. prec.) diventano anche sufficienti nel caso dei <u>solidi</u>. Per stabilire questo importante risultato, dobbiamo anzitutto caratterizzare quei sistemi materiali, ai quali in meccanica si dà codesto nome di <u>solidi</u>.

In realtà, tutti i corpi naturali, quando siano sottoposti a pressioni o trazioni abbastanza energiche, <u>si deformano</u>; ma quei corpi, che anche volgarmente si chiamano solidi, son dotati di una particolare refrattarietà alle deformazioni, talchè, anche sotto l'azione di pressioni o trazioni, relativamente notevoli, non presentano variazioni sensibili di forma. Idealizzando codesta proprietà, in Meccanica si chiama <u>solido</u> ogni sistema materiale che, di fronte a qualsiasi sollecitazione ed in qualsiasi condizione di moto (o di quiete), si comporti come <u>assolutamente rigido</u>, nel senso dato a questa parola in Cinematica, vale a dire ogni sistema di punti materiali vincolati in guisa che, presi a due a due in tutti i modi possibili, conservino inalterate le mutue distanze, qualunque sia la sollecitazione e qualunque sia lo stato di moto (o di quiete del sistema).

Ma qui, per precisare ulteriormente il comportamento dei solidi rispetto alle sollecitazioni esterne conviene ricorrere ancora alla esperienza fisica. Se consideriamo un solido naturale, che già sia in equilibrio sotto l'azione di date forze esterne, e a codesta sollecitazione aggiungiamo in due punti quali si vogliono P e Q del solido, due forze <u>direttamente opposte</u> $\underline{F}$ e $-\underline{F}$, non soltanto verifichiamo, come s'è notato pocanzi, che i due punti P e Q conservano inalterata la mutua distanza, ma constatiamo che l'intero sistema si mantiene in equilibrio. Siamo così condotti ad ammettere il seguente principio (<u>postulato caratteristi dei solidi</u>, da ritenersi praticamente valido entro quei limiti di approssimazione in cui è lecito riguardare i solidi naturali come assolutamente <u>rigidi</u>): <u>L'equilibrio di un solido non si altera, quando a due suoi punti quali si vogliano si applicano due forze direttamente opposte.</u>

2. Sappiamo (Cap. prec., n. 4) che se un sistema materiale S <u>qualsiasi</u> (cioè anche non solido) è in equilibrio sotto una data sollecitazione, e gli eventuali vincoli sussistenti fra i punti di S si immaginano sostituite le rispettive forze vincolari, il sistema si può riguardare come costituito da un insieme di punti materiali liberi, ciascuno dei quali è in equilibrio sotto l'azione delle forze (attive e vincolari) agenti su di esso. Perciò, in base alle condizioni (necessarie e sufficienti) per l'equilibrio di un punto (Cap. VII, n. 16), l'equilibrio di S non risulta turbato se a due o più forze <u>applicate ad un medesimo punto del sistema</u>, si sostituisce la rispettiva risultante o viceversa, se una forza agente su di un punto di S si decompone comunque in più forze, applicate a quel medesimo punto. Nel caso particolare di un solido S, tenendo conto insieme di co-

desta osservazione generale e del postulato caratteristico del n. prec., vediamo che, <u>senza pregiudizio dell'equilibrio</u>, si possono eseguire sulle forze agenti su di S entrambe le operazioni vettoriali, che al n. 43 del Cap. I abbiamo chiamato <u>elementari</u> e che permettono di passare da un dato sistema di vettori applicati ad ogni altro sistema equivalente, cioè avente lo stesso risultante e lo stesso momento risultante (rispetto ad un centro di riduzione qualsiasi). Di qui si conclude che: <u>L'equilibrio di un solido non si altera quando al sistema delle forze effettivamente agenti su di esso si sostituisca un qualsiasi altro sistema di forze, equivalente (vettorialmente) al primitivo.</u>

---

§2. Condizioni necessarie e sufficienti per l'equilibrio di un solido.

---

3. Il prec. teor. permette senz'altro di dimostrare che, come si è preannunziato da principio, <u>nel caso dei solidi le condizioni cardinali dell'equilibrio sono non soltanto necessarie, come avviene per ogni possibile sistema materiale, ma anche sufficienti</u>.

Supponiamo, infatti, che un solido S sia sollecitato da certe forze esterne $\underline{F}$ soddisfacenti alle condizioni cardinali

$$(1) \qquad \underline{R} = 0 \quad , \quad \underline{\mathcal{M}} = 0 \, ,$$

cioè costituenti un sistema equivalente a zero.

Se indichiamo genericamente con $\underline{f}$ le forze interne, il solido S si può riguardare come un sistema di punti materiali liberi, soggetti all'azione delle $\underline{F}$ e delle $\underline{f}$. Poichè equivale (vettorialmente) a zero tanto il sistema delle $\underline{F}$ (per ipotesi) quanto quello delle $\underline{f}$ (per la loro natura di forze interne, n. 3 del Cap. prec.) anche il sistema complessivo delle $\underline{F}$ e delle $\underline{f}$ è equivalente ad un sistema di vettori, tutti nulli. Ma ove ogni punto di S fosse soggetto ad una forza nulla (cioè sottratto ad ogni sollecitazione) il sistema sarebbe evidentemente in equilibrio. Perciò, in base al teor. del n. prec., esso sarà pur in equilibrio sotto la sollecitazione effettiva delle $\underline{F}$ e delle $\underline{f}$, equivalente a quello di sole forze nulle.

Concludiamo, dunque, che pei solidi l'equilibrio è caratterizzato dalle due equazioni vettoriali (1) o dalle sei equazioni scalari equivalenti

$$(1') \quad \begin{cases} \Sigma X = 0 \quad , \quad \Sigma Y = 0 \quad , \quad \Sigma Z = 0 \; ; \\ \Sigma(yZ - zY) = 0 \; , \; \Sigma(zX - xZ) = 0 \; , \; \Sigma(xY - yX) = 0 , \end{cases}$$

dove le sommatorie vanno estese a tutti e soli i punti del solido soggetti a forze attive e si debbano sostituire con integrali di campo, quando codesti punti costituiscano distribuzioni continue (ad una o due o tre dimensioni).

In casi speciali le equazioni (1') possono ridursi a meno di sei, in quanto alcune di esse possono risultare identicamente soddisfatte. P. es. se le forze esterne agiscono tutte in un medesimo piano ϖ, giace in ϖ anche la loro risultante $\underline{R}$, mentre il momento risultante $\underline{\mathfrak{M}^{\circ}}$ (rispetto ad un qualsiasi centro preso su ϖ) è perpendicolare a codesto piano; talchè, quando si scelga ϖ come piano di riferimento $z = 0$, le (1') si riducono alle tre equazioni $\Sigma X = 0$, $\Sigma Y = 0$, $\Sigma (xY - yX) = 0$.

---

§ 3. Equilibrio di solidi vincolati

---

4. Un solido S può essere soggetto, oltre che ai vincoli interni di rigidità, a vincoli esterni, realizzati per esempio da contatti con altri solidi o da cerniere o articolazioni, sferiche o cilindriche, che ne fissino un punto o una retta ecc. In ognuno di questi casi, ove si vogliano applicare al solido S, supposto sollecitato da un dato sistema di

forze le condizioni cardinali necessarie e sufficienti per l'equilibrio, bisogna annoverare fra le forze esterne anche le reazioni vincolari provenienti dai vincoli suaccennati; cosicchè le forze esterne, come del resto si è già accennato al n° 2 del Cap. prec., vanno distinte in due categorie:

1) forze attive o, come anche diremo, direttamente applicate, che indicheremo genericamente con $\underline{F}$;

2) forze vincolari o reattive che indicheremo con $\underline{\Phi}$.

Le condizioni di equilibrio (1) o (1') implicano tanto le $\underline{F}$, quanto le $\underline{\Phi}$. Ma in generale i dati direttamente conosciuti sono le forze attive $\underline{F}$ e le modalità di realizzazione dei vincoli esterni, non le corrispondenti reazioni $\underline{\Phi}$, le quali compaiono nel problema come incognite ausiliari.

Perciò in ogni caso concreto interessa in primo luogo di saper riconoscere sui dati se l'equilibrio è possibile, cioè di assegnare delle condizioni di equilibrio espresse per mezzo dei soli elementi cogniti; in secondo luogo, di determinare anche le incognite reazioni $\underline{\Phi}$, o almeno di stabilire delle relazioni tra esse e le forze applicate $\underline{F}$. Naturalmente questa indagine concernente le reazioni potrà essere omessa, quando, per il problema che si studia, basta aver riguardo al comportamento delle forze attive.

5. Solido con un punto fisso. - Sia O il punto del solido S che si suppone fisso. Un esempio concreto è fornito da una leva o, più genericamente, da un corpo pesante S, sospeso ad un gancio, mediante un occhiello O rigidamente connesso al corpo. Occhiello e gancio essendo assimilabili a punti, si può dire assicurata l'immobilità di O qualunque sia la sollecitazione agente sul corpo, purchè essa non

sia tale da strappare il gancio o l'occhiello: o da provocare deformazioni sensibili.

Se al solido S sono applicate certe date forze $\underline{F}$, per avere tutte le forze esterne agenti su S dobbiamo aggiungere alle $\underline{F}$ la reazione $\underline{\Phi}$, che si suscita in O per effetto del dispositivo che ne assicura la immobilità; e allora, se si denotano con $\underline{R}$ ed $\mathcal{M}$ la risultante e il momento risultante rispetto ad O delle sole forze attive $\underline{F}$, abbiamo come condizioni necessarie e sufficienti per l'equilibrio del solido (in quanto è nullo il momento di $\underline{\Phi}$ rispetto ad O) le due equazioni

(2) $$\underline{R} + \underline{\Phi} = 0$$

(3) $$\mathcal{M} = 0 .$$

Quest'ultima ci dice che, quando l'equilibrio sussiste, si annulla il momento risultante delle forze attive, rispetto al punto tenuto fisso, o in altre parole l'insieme delle forze attive, equivale (vettorialmente) ad un'unica forza $\underline{R}$ applicata in O (Cap. I; n. 42).

Reciprocamente è facile riconoscere che la (3) assicura l'equilibrio; e ciò si dimostra in base al teorema del n. 2, secondo cui basta che l'equilibrio sussista per una sollecitazione vettorialmente equivalente a quella effettiva (che, nel caso attuale, consta delle $\underline{F}$, della $\underline{\Phi}$ e delle varie forze interne $\underline{f}$).

Conserviamo la $\underline{\Phi}$ e, come sistema equivalente alle $\underline{F}$ e alle $\underline{f}$ (le quali ultime nel loro insieme son già equivalenti a zero) assumiamo l'unica forza $\underline{R}$ applicata al punto fisso O. Con ciò il punto O si trova sollecitato dalla forza <u>totale</u> $\underline{R} + \underline{\Phi}$, e poichè il punto è, per ipotesi, immobile, risulta verificata la (2) e l'equilibrio del solido è assicurato.

Di solito si dice più brevemente: <u>Quando è soddisfatta la (3), il sistema delle forze attive equivale ad un'unica forza applicata in O, e questa rimane necessariamente equilibrata dalla reazione del punto fisso.</u>

Questo enunciato conciso, la cui completa giustificazione in base ai postulati risiede nei varii passaggi logici, che abbiamo avuto cura di precisare, risponde ad una diretta intuizione fisica e va tenuto presente, perchè si può invocare con vantaggio in altri casi analoghi.

In ultima analisi la (2) non costituisce alcuna restrizione per le forze attive F, ma serve semplicemente a individuare la reazione Φ del punto fisso O. Condizione necessaria e sufficiente per l'equilibrio è la (3), ossia (giova ripeterlo) l'annullarsi del momento risultante di tutte le forze direttamente applicate rispetto al punto tenuto fisso.

6. Solido con asse fisso. – Qui si intenderà che la immobilità dell'asse sia assicurata da speciali dispositivi, che fissino almeno due punti di esso, ed eventualmente più di due o anche infiniti (costituenti uno o più segmenti). Modelli fisici di un solido con asse fisso sono offerti per il primo caso dal coperchio di una cassa avente due cerniere, per il secondo da una ruota di mulino, da un volano, ecc. Una porta o un'imposta di finestra non si possono in generale riguardare come solidi con asse fisso, bensì come solidi ad asse scorrevole su se stesso, inquanto per lo più esse sono costruite in modo che si possano togliere dai cardini, sollevandole nella direzione dell'asse.

Sia dunque S un solido girevole intorno ad un asse fisso a, con cui esso sia rigidamente connesso; e, al solito, indichiamo genericamente con F le forze esterne attive, che lo sollecitano. Oltre alle F agiranno su S certe reazioni vincolari Φ, che saranno tutte applicate in punti dell'asse, onde avranno ciascuna momento nullo rispetto a codesta retta a. Ma per l'equilibrio è necessario che si annulli il momento risultante di tutte le forze esterne rispetto ad un qualsivoglia punto e quindi anche rispetto ad una retta qualsiasi, e in particolare all'asse; cosicchè indicando con $\mathfrak{M}_a$ il momento risultante delle $\underline{F}$ rispetto ad a, concludiamo intanto che condizione necessaria per l'equilibrio è

$$\mathfrak{M}_a = 0. \tag{4}$$

7. Il risultato testè ottenuto si può invertire; cioè si può dimostrare che la condizione (4) è anche sufficiente per l'equilibrio. Ma a tale scopo occorre premettere alcune osservazioni di carattere vettoriale.

Se i vettori di un sistema Σ sono tutti applicati in punti di una retta a, ciascuno di essi ha, rispetto alla a, momento nullo, cosicchè riesce nullo altresì il momento risultante $\mathfrak{M}_a$, rispetto alla a, dell'intero sistema Σ. In altre parole, ove si prenda come centro di riduzione un punto qualsiasi O della a, il momento risultante $\underline{\mathfrak{M}}$ di Σ rispetto ad O è ortogonale alla a.

Ora qui importa rilevare che è questa la sola particolarità dei sistemi di vettori applicati in punti di una retta; cioè, se data una retta a, si prefissano ad arbitrio due vettori $\underline{R}$ ed $\underline{\mathfrak{M}}$, sotto la sola condizione che il secondo sia applicato in un punto O della a ed ortogonale ad essa, esistono infiniti sistemi (fra loro equivalenti) di vettori applicati in punti della data retta, aventi $\underline{R}$ ed $\underline{\mathfrak{M}}$ rispettivamente come risultante e come momento risultante rispetto al punto O.

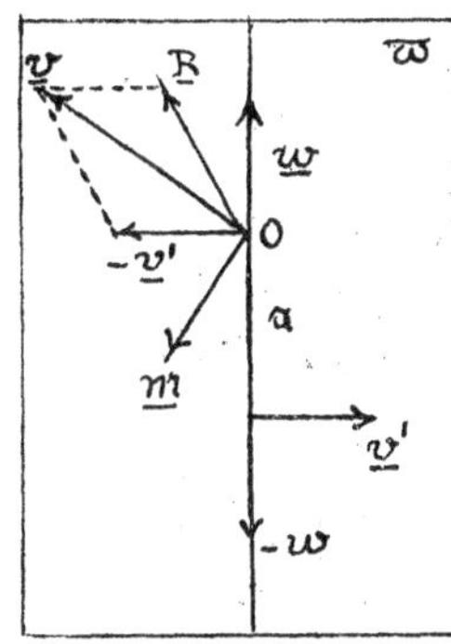

Cominciamo col dimostrare che esistono sistemi siffatti, costituiti da due soli vettori, rispettivamente applicati in O ed in un altro punto O', scelto ad arbitrio sulla retta data a. Condotto per O il piano ϖ, perpendicolare ad $\underline{\mathfrak{M}}$, e perciò contenente la a, che si è supposta perpendicolare a codesto vettore, si considerino in ϖ, i due vettori

$-\underline{v}'$ e $\underline{v}'$, che risultano univocamente determinati dalle condizioni di essere applicati rispettivamente in O ed O' ortogonalmente alla a e di costituire una coppia di momento $\underline{\mathfrak{M}}$ (Cap. I; n. 50). Il sistema costituito dai due vettori $\underline{R}$ e $-\underline{v}'$ applicati in O e dal vettore $\underline{v}'$ applicato in O' ha, manifestamente, rispetto ad O il risultante $\underline{R}$ e il momento risultante $\underline{\mathfrak{M}}$; talchè, se si pone $\underline{v} = \underline{R} - \underline{v}'$, il sistema dei due vettori $\underline{v}$ e $\underline{v}'$, applicati rispettivamente in O ed O', soddisfa alle condizioni volute.

Il più generale sistema di due soli vettori, applicati in O, O', che rispetto ad O abbia il risultante $\underline{R}$ e il momento risultante $\underline{\mathfrak{M}}$, si otterrà aggiungendo a $\underline{v}$ e $\underline{v}'$ altri due vettori applicati in O ed O' e costituenti un sistema equilibrato, vale a dire (Cap. I; n. 54) due vettori direttamente opposti $\underline{w}$ e $-\underline{w}$, e aventi, perciò, come linea di azione la a. Al variare della intensità w di codesti due vettori aggiuntivi, si otterranno appunto infiniti sistemi di due vettori soddisfacenti al nostro enunciato; ed è manifesto che l'arbitrarietà della scelta di w corrisponde, in sostanza, alla possibilità di guidare, nella costruzione indicata dapprincipio sul piano ϖ, i due vettori costituenti una coppia di momento $\underline{\mathfrak{M}}$, <u>in una direzione qualsiasi</u>, anzichè ortogonalmente ad a.

È infine chiaro che si avrà una arbitrarietà molto maggiore, quando si lasci cadere la condizione che il sistema sia costituito di due soli vettori; giacchè, in tal caso, si potranno aggiungere al sistema dei due vettori $\underline{v}$ e $\underline{v}'$ quanti si vogliono vettori applicati in punti della retta, costituenti un sistema equilibrato.

8. Ciò premesso, torniamo al solido S con asse fisso a, per dimostrare che l'annullarsi del momento risultante $\mathfrak{M}_a$ delle forze direttamente applicate $\underline{F}$ rispetto ad a è condizio-

ne sufficiente per l'equilibrio; e a tale scopo ragioniamo in modo perfettamente analogo a quello del n. 5.

Ammessa la (4), esistono, come risulta dal n. prec. infiniti sistemi Σ di vettori equivalenti al sistema delle forze attive $\underline{F}$, e applicati a quei punti di a, che per ipotesi sono materialmente fissati. Lo stesso può dirsi per il complesso delle reazioni; e sotto una tale sollecitazione (di forze attive e di reazioni equivalenti, se non identiche, a quelle che in realtà si esplicano) il corpo rimane manifestamente in equilibrio (si ricordi quanto è stato osservato al n. 5 circa la reazione, che si esercita in un punto fisso). Esso rimane dunque in equilibrio, anche sotto l'azione delle forze $\underline{F}$ effettivamente applicate.

Abbiamo pertanto il teorema:

<u>Affinchè le forze $\underline{F}$ direttamente applicate ad un solido fissato per un asse, si facciano equilibrio è necessario e basta che esse abbiano momento risultante nullo rispetto a quest'asse.</u>

9. Nel caso di un solido con un punto fisso O, la reazione $\underline{\Phi}$ suscitato in O da una data sollecitazione, che mantenga in equilibrio il solido, risulta determinata univocamente dalle equazioni cardinali, come direttamente opposta alla risultante delle forze attive.

Quando invece si tratta di un solido con asse fisso, le equazioni cardinali dell'equilibrio, per ciò che riguarda le varie reazioni certamente applicate in punti dell'asse, dicono soltanto che la loro risultante e il loro momento risultante (rispetto ad un dato punto) devono essere direttamente opposti alla risultante e all'analogo momento risultante delle forze attive e lasciano indeterminata (subordinatamente a codeste condizioni d'insieme) la distribuzione locale delle reazioni nei singoli punti dell'asse, che son tenuti fissi. Più precisamente, le equazioni cardinali portano a concludere che in condizioni statiche l'azione dei vincoli si può sostituire, <u>indifferentemente</u>, con uno <u>qualsiasi</u> dei sistemi (fra loro vettorialmente equivalenti) di reazioni, applicate nei punti tenuti fissi, e aventi risultante e momento risultante direttamente opposti a quelli delle forze attive. Ora questa conclusione appar senz'altro insoddisfacente, giacchè, dal punto di vista fisico, è indiscutibile che, in ogni caso di equilibrio, le reazioni sono univocamente determinate. Si ha insomma un nuovo caso di indeterminazione statica, che va ravvicinato a quello già incontrato al n. 13 del Cap. IX e proviene dal fatto che nei principii della Statica dei solidi si prescinde dalle deformazioni provocate dalle forze.

Ciò è ben lecito in una prima approssimazione, perchè le deformazioni sono generalmente lievi, talchè le conseguenze che si traggono da codesta ipotesi schematica, rispondono sufficientemente ai risultati dell'esperienza. Ma non si può pretendere di rispecchiare in tutto e per tutto le circostanze di fatto, quando si trascura di proposito qualcuno degli elementi essenziali del fenomeno. Non dobbiamo dunque meravigliarci, per quanto in particolare concerne le reazioni $\underline{\Phi}$, se riesciamo soltanto a fissarne delle proprietà d'insieme (vale a dire che hanno risultante e momento risultante direttamente opposti a quelli delle forze attive $\underline{F}$) ma non possiamo coglierne la distribuzione punto per punto. A ciò si perviene nella Teoria dell'elasticità, dove appunto si tiene conto in modo essenziale delle accennate deformazioni.

10. Convien considerare a parte il caso in cui i punti del-

l'asse a, effettivamente fissati sono soltanto due, O ed O' (p. es. i due cardini di una porta). Le reazioni, cui realmente sottosta l'asse a, sono allora, per necessità di cose, due soli, una $\underline{\Phi}$ applicata in O, l'altra $\underline{\Phi}'$ in O'. Dacchè, il solido essendo in equilibrio, si conosce la risultante di queste forze e il loro momento risultante (eguali ed opposti agli analoghi elementi delle $\underline{F}$), concludiamo in base al n. 7 che la indeterminazione di $\underline{\Phi}$, $\underline{\Phi}'$ si riduce in questo caso a due componenti assiali direttamente opposte. Se si sapesse, per es., che $\underline{\Phi}$ è normale all'asse fisso, entrambe le reazioni rimarrebbero completamente determinate.

In pratica si presenta sensibilmente questo caso, quando si tratta di un asse fissato alla sola estremità O, mentre l'altro perno di estremità O è semplicemente inserito nel relativo (cuscinetto)

In teoria, data l'invariabilità della distanza OO', anche il punto O' risulta con ciò fissato. Effettivamente, data la non perfetta rigidità dell'asse e la conseguente possibilità di (piccole) deformazioni elastiche e soprattutto termiche, l'accennato dispositivo lascia libero il punto O' di secondare le eventuali dilatazioni o contrazioni longitudinali, e permette di evitare sforzi pericolosi, quali potrebbero talora prodursi, quando si volesse mantenere rigorosamente invariata la distanza OO'.

Per rendersi conto poichè, in queste condizioni, la reazione $\underline{\Phi}$ in O' va ritenuta normale all'asse, basta assimilare O' ad un punto materiale costretto a restare sopra un segmento di retta (l'asse del foro del cuscinetto), e osservare che, perno e cuscinetto essendo in generale ben lubrificati, si può sensibilmente prescindere dall'attrito. (Cap. IX°, n. 8).

11. Solido con asse scorrevole su se stesso. È il caso che si presenta in pratica, quando entrambi i perni O, O' dell'asse a del corpo sono semplicemente inseriti nei rispettivi cuscinetti. Ove, per le ragioni viste or ora (n. prec.) si possa prescindere dall'attrito, le reazioni $\underline{\Phi}$ e $\underline{\Phi}'$ nei due punti O, O' del solido debbono supporsi entrambe perpendicolari all'asse (pur potendo a priori esplicarsi secondo ogni direzione normale e con ogni intensità); talchè hanno necessariamente nulli, rispetto all'asse a, tanto il componente del risultante, quanto il momento risultante. Perciò se sussiste l'equilibrio, anche le forze attive $\underline{F}$, che per le equazioni cardinali debbono costituire insieme colle reazioni, un sistema equivalente a zero, avranno nulli rispetto ad a il componente del risultante e il momento risultante. Dovranno, cioè sussistere, con le consuete notazioni, le due equazioni

$$(5) \qquad R_a = 0 \quad , \quad \mathcal{M}_a = 0 .$$

Reciprocamente, se sono soddisfatte queste due condizioni risulta senz'altro dal n. 7 (tenuto conto dell'assenza di attrito e della conseguente ortogonalità delle reazioni) la esistenza univoca di due reazioni normali $\underline{\Phi}$, $\underline{\Phi}'$, atte ad equilibrare il sistema delle forze attive.

Se sono analogamente vincolati non i soli perni, O ed O', ma anche altri punti o interi tratti dell'asse (come interni a cuscinetti, lungo cui possono scorrere), valgono analoghe considerazioni, coll'unica avvertenza che rimane indeterminata (come già nel caso dell'asse fisso) la distribuzione delle varie reazioni normali.

Si può così enunciare il risultato:

Condizione necessaria e sufficiente per l'equilibrio di un solido con asse scorrevole su se stesso è che si annullino rispetto all'asse la componente della risultante e il momento risultante delle forze attive.

§4. Equilibrio di solidi appoggiati

12. Se un solido si appoggia ad altri corpi per uno o più punti P, avremo in questi punti delle reazioni $\underline{\Phi}$; e applicando sempre il criterio generale del n. 4, le condizioni di equilibrio si ricaveranno, esprimendo che è equivalente a zero il sistema costituito dalle forze attive $\underline{F}$ e delle $\underline{\Phi}$.

Ad ognuna di queste si trasportano; per postulato ovviamente suggerito dalla natura delle cose, e del resto, confermato dall'esperienza quotidiana, i caratteri che abbiamo riconosciuti nel caso di un semplice punto materiale (cfr. Cap. IX, n. 9). E precisamente fissato un generico punto P, lo si dovrà ritenere atto a favorire l'equilibrio, offrendo una reazione $\underline{\Phi}$, a priori indeterminata (ed eventualmente nulla), la cui intensità dipende dalla sollecitazione, ma può essere qualunque, mentre la direzione rimane in ogni caso circoscritta alla falda esterna del cono d'attrito, e coincide con la normale esterna (al corpo su cui ha luogo l'appoggio), quando l'appoggio è, o si riguarda privo d'attrito. In base a questo comportamento delle $\underline{\Phi}$, vanno ricavate caso per caso, le condizioni quantitative dell'equilibrio, vale a dire quelle cui rimangono subordinatamente sottoposte le $\underline{F}$, per poter costituire, assieme alle $\underline{\Phi}$, un sistema equivalente a zero.

Finchè si resta nelle generalità, nulla si può aggiungere di più preciso; giova quindi porsi senz'altro nelle circostanze concrete, che hanno maggior interesse per la pratica.

13. Soltanto converrà tener presente la massima altrettanto semplice quanto importante, che, nelle questioni statiche, prescindendo dall'attrito, si agisce in favore della sicurezza.

Si vuol dire con ciò che le conclusioni ricavate, considerando uno o più appoggi come privi d'attrito, sono a fortiori atte ad assicurare l'equilibrio, anche quando siavi attrito, e riescono quindi perfettamente applicabili alla realtà (dove, in maggiore o minore misura, l'attrito si presenta sempre).

La giustificazione dell'asserto è immediata. Basta pensare che, se le $\underline{F}$ rimangono equilibrate da reazioni normali, lo sono perciò stesso da reazioni appartenenti alle dovute falde dei coni d'attrito (qualunque siano questi coni).

Come si vede, quando si prescinde dall'attrito si vengono ad imporre alle forze attive condizioni esuberanti e si garantisce - per dir così - la stabilità, essendo lecito presumere che, se anche quelle condizioni non saranno rigorosamente soddisfatte, ma si tratterà di sollecitazioni Σ' - le quali non siano troppo discoste da una Σ, che le verifica - l'equilibrio seguiterà a sussistere. Questo perchè si potrà, in generale, equilibrare Σ' con reazioni applicate negli appoggi e abbastanza prossime a quelle (normali), che equilibrano Σ, cioè appunto contenute, come è necessario e sufficiente, nelle falde esterne dei coni d'attrito.

Tuttavia importa rilevare che possono darsi casi di equilibrio, non soltanto favoriti, ma traenti addirittura dall'attrito la possibilità di sussistere. Tale ad es. il caso di una scala a pinoli poggiata al suolo e ad un muro verticale (caso che discuteremo con ogni dettaglio al n. 17). Se mancasse affatto l'attrito, l'equilibrio non potrebbe mai sussistere, per quanto poco fosse inclinata la scala sulla verticale: gli appoggi non le impedirebbero di seguire la sollecitazione della gravità, scivolando lungo il suolo e lungo il muro.

<u>14. Corpo pesante su sostegno orizzontale</u>. – Sia S un solido appoggiato per più punti P ad un suolo orizzontale.

Se i punti d'appoggio P sono in numero finito, diremo <u>perimetro d'appoggio</u> quello d'un poligono convesso, avente tutti i suoi vertici nei punti P, e tale che nessun appoggio resti al di fuori di esso (mentre ve ne possono essere di interni). Naturalmente anche prefissato il numero dei punti di appoggio possono darsi vari casi quanto al numero dei lati del perimetro, a seconda della configurazione del sistema dei punti P. È ciò che apparisce già nel caso semplice di quattro appoggi, anche escludendo che tre siano allineati.

La nozione di perimetro d'appoggio si estende facilmente al caso generale in cui si abbiano infiniti appoggi, alcuni dei quali eventualmente costituenti linee, o addirittura pezzi di piano. Solo bisogna intendere che, in tal caso il perimetro d'appoggio possa anche essere <u>mistilineo</u> (cioè formato in parte da segmenti rettilinei, in parte da archi di curva); ma si dovrà pur sempre soddisfare la condizione che ogni eventuale vertice sia un appoggio.

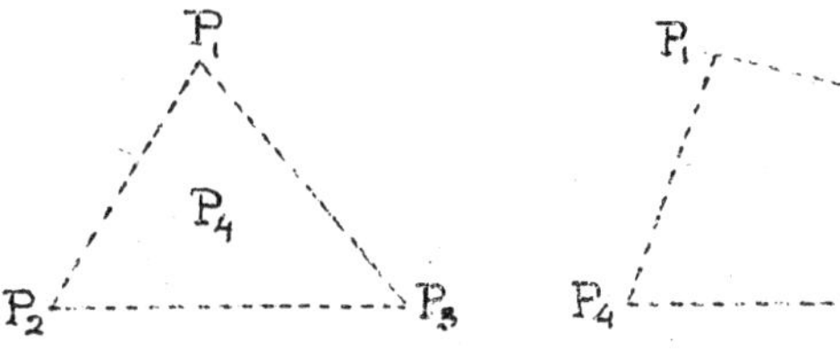

Comunque siasi determinato un perimetro d'appoggio, in ogni punto P si avrà una certa reazione $\underline{\Phi}$; e se adottiamo l'ipotesi ideale dell'assenza di attrito, tutte codeste reazioni risultano perpendicolari al piano di appoggio, vale a dire verticali verso l'alto, talchè costituiscono nel loro insieme un sistema di forze parallele e concordi. Qualunque sia l'intensità delle singole reazioni il loro sistema è (vettorialmente) equivalente alla loro risultante (Cap. I, n. 58) applicata in un certo punto Q (centro delle reazioni), il quale è interno, o almeno non esterno, ad ogni linea chiusa e convessa che racchiude tutti i punti P e quindi, in particolare, al poligono di appoggio.

Ora, se il solido è in equilibrio, codesta risultante delle reazioni deve essere equilibrata dal sistema delle forze attive, che qui si riducono ai pesi dei singoli punti materiali di S, il cui sistema è equivalente al peso totale $\underline{p}$ applicato nel baricentro P_0. Precisamente la risultante delle reazioni, in condizioni statiche, deve riuscir direttamente opposta al peso $\underline{p}$ applicato in P_0, onde si conclude che la verticale del baricentro (linea d'azione di $\underline{p}$) deve passare pel centro Q delle reazioni, cioè: Per l'equilibrio di un solido pesante su sostegno piano orizzontale è necessario che la proiezione del baricentro su codesto piano sia interna, o almeno non esterna, al perimetro di appoggio o, come si suol dire in forma concisamente espressiva, che il baricentro sia sostenuto.

15. La condizione or ora dimostrata necessaria per l'equilibrio è pur sufficiente.

Per dimostrarlo, consideriamo dapprima il caso di tre soli punti di appoggio P_1, P_2, P_3 e, per fissare le idee, supponiamoli non allineati, per quanto il ragionamento valga, senza modificazioni essenziali, anche nel caso così escluso.

Supponiamo, dunque, che la proiezione Q del baricentro P_0 del solido sul piano di appoggio sia interna, o almeno non esterna, al triangolo P_1, P_2, P_3. Per dimostrare che, in tal caso, il solido è in equilibrio, faremo vedere che si possono determinare (ed anzi in modo <u>unico</u>) tre reazioni verticali verso l'alto, Φ_1, Φ_2, Φ_3, che applicate, rispettivamente, in P_1, P_2, P_3, sono atte ad equilibrare il peso $\underline{p}$ del solido, applicato in P_0, o, ciò che è lo stesso, in Q.

Per giungere a tale determinazione, esprimiamo anzitutto che è nullo il momento risultante del peso $\underline{p}$ e delle tre reazioni $\underline{\Phi}_i$ rispetto ad ogni singolo lato del triangolo, p. es. rispetto a $P_2 P_3$. Poichè le $\underline{\Phi}_2$, $\underline{\Phi}_3$ non recano a codesto momento risultante nessun contributo, e la $\underline{\Phi}_1$ è parallela e di senso contrario a $\underline{p}$, basterà esprimere che sono eguali in valore assoluto i momenti rispetto a $P_2 P_3$ di queste due ultime forze, cioè

$$\Phi_1 h_1 = p\, k_1 ,$$

ove si designino con h_1, k_1, le distanze, rispettivamente, di P_1 e Q da $P_2 P_3$. Se si rappresenta con Δ l'area del triangolo $P_1 P_2 P_3$, con Δ_1, Δ_2, Δ_3 quelle dei triangoli parziali $Q P_2 P_3$, $Q P_3 P_1$, $Q P_1 P_2$ determinati dal punto Q, si ha

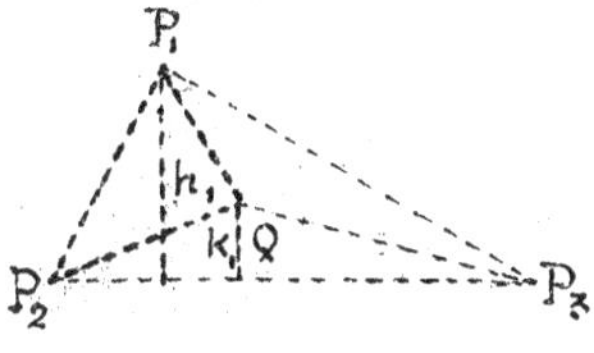

$$\frac{\Delta_1}{\Delta} = \frac{k_1}{h_1} ,$$

ciò che dà, per la reazione $\underline{\Phi}_1$, l'intensità

$$\Phi_1 = \frac{\Delta_1}{\Delta}\, p ,$$

la quale si annulla se $\Delta_1 = 0$, cioè se Q appartiene al lato $P_2 P_3$.

Analogamente risulta

$$\Phi_2 = \frac{\Delta_1}{\Delta}\, p \quad , \quad \Phi_3 = \frac{\Delta_3}{\Delta}\, p .$$

E queste tre reazioni equilibrano effettivamente il peso $\underline{p}$ del corpo, giacchè anzitutto la loro risultante è direttamente opposta a $\underline{p}$ (essendo $\Delta_1 + \Delta_2 + \Delta_3 = \Delta$); e d'altra parte, basta assumere come centro di riduzione uno dei vertici del triangolo, p. es. P_1, per constatare che anche il momento risultante di $\underline{p}$ e delle $\underline{\Phi}_i$ è nullo (in quanto sono nulle tre sue componenti non complanari secondo i due lati $P_1 P_2$,

$P_1 P_2$ e secondo la verticale).

16. Se poi gli appoggi sono più di tre, l'ipotesi che il baricentro sia sostenuto assicura pur sempre l'equilibrio, come si vede p. es. supponendo nulle tutte le reazioni, ad eccezione di tre, e riportandosi al caso precedente per il che basta scegliere, come è sempre possibile i tre appoggi corrispondenti, in modo che la proiezione del baricentro non sia esterna al triangolo da essi costituito.

Ma è chiaro che, in questo caso di più che tre punti di appoggio la distribuzione delle reazioni non risulta individuata, bensì rimane (in base alle pure condizioni statiche dei corpi indeformabili) una indeterminazione tanto maggiore, quanto più grande è il numero degli appoggi. Anche qui, come già nel caso di più punti fissi (n. 9) per togliere l'indeterminazione, bisogna fare appello a nuovi dati sperimentali, che completino quelli desunti dall'ipotesi limite di una perfetta rigidità.

<u>17. Stato di equilibrio dovuto esclusivamente all'attrito degli appoggi.</u> — Come già si preannunciò al n. 13, mostriamo su di un facile problema concreto come talvolta l'equilibrio di un solido appoggiato sia assicurato esclusivamente dall'attrito degli appoggi, talchè sono fisicamente possibili condizioni statiche, che l'ipotesi ideale dell'essenza di attrito condurrebbe ad escludere.

Consideriamo una scala a pinoli, appoggiata obliquamente al pavimento e ad una parete verticale.

Gli appoggi, corrispondenti alle estremità dei due montanti della scala, sono quattro; ma data la simmetria geometrica e materiale della figura rispetto al piano verticale equidistante dai due montanti, possiamo schema-

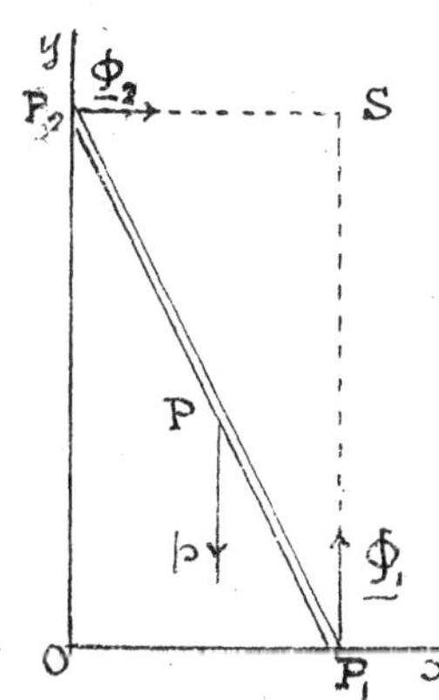

mutizzare il problema, rappresentandoci la scala come un'asta rigida pesante, in un piano verticale e appoggiata in due punti P_1 e P_2 rispettivamente ad una retta orizzontale Ox e ad una retta verticale Oy. Anche ammesso che un uomo sia salito su di un certo piuolo della scala, il peso della scala e dell'uomo sono equivalenti alla loro risultante $\underline{p}$, che potremo immaginare applicata nel baricentro del sistema scala-uomo o, trasportandola lungo la sua linea di azione, nel punto P in cui la verticale del baricentro interseca la $P_1 P_2$ (n. 7). Sarà questo evidentemente un punto interno al segmento $P_1 P_2$.

Per l'equilibrio è necessario e sufficiente che codesta forza $\underline{p}$ e le due reazioni $\underline{\Phi}_1$ e $\underline{\Phi}$ in P_1 e P_2 costituiscano un sistema equilibrato, ossia (Cap. I, n. 54) che le linee di azione delle tre forze siano concorrenti (essendo esclusa dalla figura stessa la possibilità del parallelismo) e che di più la risultante di $\underline{\Phi}_1$ e $\underline{\Phi}_2$ sia direttamente opposta al peso totale $\underline{p}$.

Ora, se ammettiamo che gli appoggi in P_1 e P_2 siano senza attrito, le due reazioni $\underline{\Phi}_1$ e $\underline{\Phi}_2$ son dirette secondole perpendicolari, nel piano di figura, alle Ox, Oy rispettivamente, e si incontrano nel punto S, pel quale è impossibile che passi la linea d'azione del peso totale, parallela alla SP_1 e intersecante il segmento $P_1 P_2$ nel punto P interno: cosicchè l'ipotesi dell'assenza di attrito ci conduce alla conclusione paradossale che è impossibile che una scala a piuoli appoggiata al pavimento e al muro stia mai in equilibrio. Il paradosso dipende dal fatto che è appunto l'attrito degli appoggi che assicura la possibilità di quegli stati di equilibrio, che ciascuno di noi ha tante volte constatato direttamente.

Per formulare le corrispondenti condizioni di equilibrio, prendiamo in considerazione gli attriti in P_1, P_2 e le falde esterne dei coni di attrito, ciascuna delle quali sarà segata dal piano di figura secondo due generatrici, simmetricamente poste rispetto alla relativa normale. Si ottengono così nel piano due angoli di attrito, i quali hanno comune un certo quadrangolo ABCD (o un triangolo, se la scala forma con la verticale un angolo minore dell'angolo di attrito del suolo; oppure, con la orizzontale un angolo minore dell'angolo di attrito della parete).

Condizione necessaria e sufficiente per l'equilibrio si è che il peso totale possa essere equilibrato da due reazioni concorrenti in un punto della sua linea di azione (verticale del baricentro) e interne ciascuna al rispettivo angolo di attrito; in altre parole: Condizione necessaria e sufficiente per l'equilibrio della scala si è che la verticale del baricentro abbia almeno un punto comune col quadrangolo (o triangolo) comune ai due angoli di attrito.

Se nel caso del quadrangolo codesta verticale passa per il vertice C più vicino alla y, le due reazioni risultano determinate univocamente, in quanto debbono avere le linee di azione P_1C e P_2C, e la loro risultante deve essere direttamente opposta al peso totale.

In tutti gli altri casi di equilibrio, la verticale del baricentro ha comune col quadrangolo (o col triangolo) tutto un segmento, e su questo si può scegliere ad arbitrio il punto di concorso delle linee di azione delle due reazioni, le quali perciò non risultano univoca.

mente determinate (cfr. n. prec.)

18. In pratica interessa vedere sotto quali condizioni la scala rimanga in equilibrio, qualunque sia la posizione dell'uomo su di essa.

Supposto, per semplicità, che il suolo e la parete abbiano il medesimo coefficiente di attrito, è facile riconoscere che la circostanza richiesta si verifica certamente quando la scala forma colla verticale un angolo α minore dell'angolo φ di attrito ($f = \operatorname{tg} \varphi$). Invero in tal caso la regione piana comune ai due angoli di attrito è un triangolo P_2AB tale che la verticale di ogni punto di P_1P_2 ha comune con essa un intero segmento (o, almeno, un punto, se si tratta della verticale di P_2).

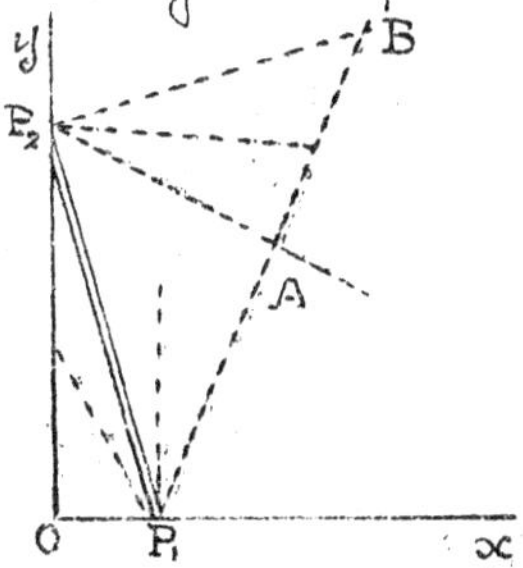

Se poi l'angolo α della scala colla verticale è maggiore di φ, il punto più vicino alla parete della regione comune ai due angoli di attrito è manifestamente l'intersezione C del lato superiore dell'angolo d'attrito della parete col lato sinistro dell'angolo d'attrito del suolo, talchè per l'equilibrio si richiede e basta che la verticale del baricentro non cada più a sinistra di C. Ora se adottiamo come semi-assi (positivi) le Ox, Oy e, posto $OP_1 = a$, $OP_2 = b$, indichiamo con m la massa della scala, con m_1 quella dell'uomo e con x_1 l'ascissa di quest'ultimo, l'ascissa del baricentro è data da

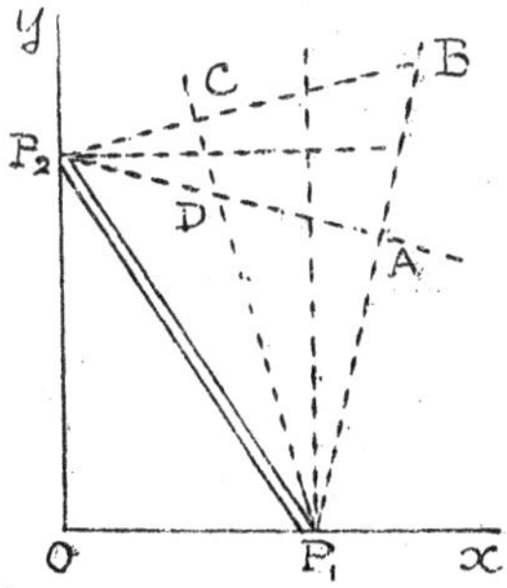

$$\frac{\frac{1}{2} ma + m_1 x_1}{m + m_1},$$

mentre l'ascissa di C, come intersezione delle rette P_2B e P_1D di equazioni rispettivamente

$$y - b = fx \quad , \quad y = -\frac{x-a}{f},$$

è uguale ad

$$\frac{a - fb}{1 + f^2}.$$

Perciò la condizione di equilibrio è espressa da

$$\frac{\frac{1}{2} m a + m_1 x_1}{m + m_1} \geq \frac{a - fb}{1 + f^2} .$$

Se si vuole che l'equilibrio sussista qualunque sia la posizione dell'uomo sulla scala, bisognerà far in modo che la relazione precedente sia soddisfatta per $x_1 = 0$ con che varrà a maggior ragione per ogni altro valore (positivo) di x_1; cioè dovrà essere

$$\frac{m a}{2(m + m_1)} \geq \frac{a - fb}{1 + f^2}$$

ossia

$$m_1 \leq \left(\frac{a(1 + f^2)}{2(a - fb)} - 1 \right) m .$$

Di qui si conclude che, nell'ipotesi di una inclinazione (rispetto alla verticale) maggiore dell'angolo di attrito, non si può senza pericolo aumentare il peso dell'uomo al di là di un certo limite.

§ 5. Nozioni sull'attrito volvente

19. Sinora nella impostazione dei problemi di equilibrio di un solido appoggiato abbiamo ammesso che l'azione di ogni singolo punto di appoggio fosse schematicamente rappresentabile come un'unica forza applicata nel punto e soggetto alle leggi caratteristiche della reazione offerta da un sostegno rigido ad un punto materiale isolato. E questa ipotesi ci ha permesso di dare, per varie categorie, per così dire tipiche, di problemi statici, una trattazione teorica rispondente alle circostanze di fatto.

Ma basta allargare un poco il campo delle nostre osservazioni sperimentali per riconoscere come la suindicata ipotesi sia insufficiente, in casi ancora abbastanza ovvii, a render ragione del reale andamento del fenomeno.

Consideriamo un cilindro circolare solido omogeneo di raggio R, appoggiato su di un suolo rigido, piano ed orizzontale. Sotto l'azione esclusiva del peso il solido è in equilibrio; e se lo assoggettiamo p. es. nel baricentro, ad una trazione $\underline{\tau}$, orizzontale e perpendicolare all'asse, constatiamo che l'equilibrio non si altera, cioè il cilindro non si mette in moto se non quando l'intensità τ di codesta trazione ha superato una certa intensità limite τ_0

Ora è facile assodare che le ipotesi sin qui ammesse sulle reazioni di appoggio non danno in alcun modo ragione di codesto comportamento del cilindro ed anzi conducono a negare la possibilità dell'equilibrio comunque piccola sia la intensità della trazione $\underline{\tau}$.

Infatti, cominciamo col richiamare in termini precisi le due ipotesi, ammesse sinora nella impostazione dei problemi di equilibrio dei solidi:

a) <u>I solidi sono assolutamente indeformabili.</u>

b) <u>In ogni punto di appoggio si desta come reazione un'unica forza che segue le leggi dell'attrito radente.</u>

Nel caso del nostro cilindro la a) porta ad ammettere che esso appoggi sul piano esclusivamente nei punti della sua generatrice g, appartenente al piano verticale per l'asse. E per la b) il complesso delle reazioni offerte dal suolo, constando di sole forze applicate in punti della g ha rispetto a questa retta momento nullo. D'altra parte, delle forze attive soddisfa a questa stessa condizione il peso che, agendo nel piano verticale per l'asse, è incidente alla g, mentre la trazione $\underline{\tau}$ ha in ogni caso, rispetto a g, un momento (di valore assoluto $R\tau$) diverso da zero. Così, non annullandosi il momento risultante di tutte le forze esterne rispetto alla retta g, si sarebbe condotti ad escludere la possibilità dell'equilibrio, per quanto piccola sia l'intensità della trazione $\underline{\tau}$.

20. Per eliminare codesta contraddizione fra i dati sperimentali e le deduzioni teoriche fondate sulle ipotesi a) e b) bisogna rinunciare almeno ad una di esse.

Ora abbiamo già ripetutamente notato che la assoluta indeformabilità dei solidi è, dal punto di vista fisico inammissibile. E qui si riconosce agevolmente che rinunziando, all'ipotesi a) della perfetta rigidità, si può conservare l'ipotesi b) senza incappare in contraddizioni. Posto infatti che nel cilindro (o nel suolo o in entrambi) intervenga una qualche deformazione, sì che il contatto abbia luogo, non secondo una sola retta g, ma in tutta un'area (una sottile strisciolina comprendente g) non è più vero che si annulli necessariamente il momento delle reazioni rispetto a g: anzi esse possono benissimo esplicarsi (colle solite leggi dell'attrito radente) in modo da equilibrare il peso e una trazione abbastanza piccola.

Ma l'abbandono della ipotesi ideale della assoluta rigidità, che ci fu suggerita nel modo più spontaneo da un apprezzamento in prima approssimazione dei dati di fatto, implicherebbe una completa e radicale revisione di quei principi generali della Statica dei solidi (si pensi p. es. alla dimostrazione di sufficienza delle condizioni cardinali) che ci ha permesso una rappresentazione semplice e rispondente alla realtà dei più ovvii fenomeni di equilibrio dei solidi.

D'altra parte, nella interpretazione teorica dei fatti fisici a scopo applicativo, importa sopratutto di coglierne i caratteri di insieme, conservando fintantochè è possibile gli schemi rappresentativi più semplici e più naturali ed evitando l'analisi di quei caratteri particolari che non interessano direttamente la pratica.

Perciò appare opportuno tener ferma l'ipotesi a) e modificar piuttosto la b), che ha un'origine del tutto empirico, ammettendo che negli appoggi, accanto alle solite forze reattive contemplate dalle leggi del Coulomb, si desti una ulteriore azione vincolare, con carattere di termine correttivo e, per così dire, secondario.

Per caratterizzare questa resistenza addizionale prenderemo norma dall'esempio suaccennato del cilindro e cercheremo di trarne un criterio più generalmente applicabile a tutti i casi di rotolamento incipiente.

21. Nel caso del cilindro soggetto alla trazione orizzontale τ si vede subito che si ristabilisce l'accordo fra teoria e realtà fisica, ammettendo che, oltre alle reazioni dei punti di g (comprese nel relativo cono d'attrito, ecc.) si desti una coppia resistente di asse g, suscettibile di raggiungere, ma non di oltrepassare un certo momento Γ_0. Finchè $R\tau \leq \Gamma_0$, l'equilibrio seguita a sussistere; ma quando il momento della trazione rispetto alla generatrice g di appoggio supera il valore Γ_0, il cilindro comincia a muoversi, rotolando dal suolo.

Alla coppia reattiva, atta ad equilibrare una sollecitazione esterna di momento, rispetto a g, non superiore a Γ_0, si dà il nome di attrito volvente, e Γ_0 dicesi momento limite.

Come si vede, il rapporto $\frac{\Gamma_0}{R}$ misura la trazione limite, cioè la massima trazione orizzontale e perpendicolare all'asse, che, applicata al baricentro del cilindro, non ne turba l'equilibrio.

Ora secondo il Coulomb, che per primo ha istituito esperienze anche su questo ordine di fenomeni, la trazione limite, quando sia fissato il materiale delle due su perficie a contatto, è a ritenersi direttamente proporzionale al peso del cilindro e inversamente proporzionale al raggio R.

Nei casi ordinari in cui il raggio R è di qualche decimetro (e a fortiori se si tratta di raggi superiori) la trazione limite suddetta è sempre assai piccola in confronto all'analoga (Cap. IX § 1), relativa all'attrito radente. Così, ad esempio per provocare il rotolamento di un cilindro di metallo levigato di 50 cm. di raggio, sopra una tavola di legno o di metallo, parimenti levigata, basta (all'altezza dell'asse) una trazione che sia press'a press'a poco un millesimo del peso del cilindro. Il coefficiente d'attrito radente tra sostanze analoghe essendo all'ingrosso 1/5 la trazione limite di fronte allo strisciamento sarebbe circa 1/5 del peso, e cioè duecento volte maggiore.

22. Poichè la trazione limite $\frac{\Gamma_0}{R}$ è, almeno per approssimazione, direttamente proporzionale al peso p del cilindro e inversamente proporzionale al rispettivo raggio R si può con la stessa approssimazione ritener acquisito il risultato sperimentale che il momento limite Γ_0 della coppia di attrito volvente è proporzionale al peso del cilindro, cioè

$$\Gamma_0 = h p ,$$

dove il fattore di proporzionalità h dipende dalla natura materiale della superficie a contatto, non dal raggio R.

Codesto fattore h si suol chiamare coefficiente o meglio, parametro di attrito volvente, e a differenza del coefficiente f d'attrito radente, non è un puro numero, ma una lunghezza (in quanto è un rapporto tra un momento e una forza). È quindi necessario, quando se ne dà il valore numerico, di indicare l'unità in cui lo si intende misurato; e naturalmente conviene adottare la stessa unità, cui è riferito il raggio R.

Nel caso accennato nel n. prec., in cui

$$\Gamma_0 = \frac{1}{1000} R p, \text{ ed } R = 50 \text{ cm. si ha } h = \frac{R}{1000} = 0.05 \text{ cm}$$

Per ruote di vettura su strada ordinaria si hanno valori di h compresi tra 10 e 75 mm., secondo il tipo e lo stato di manutenzione della strada. Nelle strade con massicciata si va da 10 fino a 40, ove siano molto fangose e deperite; in quelle senza massicciata da 20 a 50, e anche più (fino a 75 quando sono ricoperte di ghiaia).

23. Nel campo di validità dei fatti sperimentali, da cui abbiamo preso norma, il parametro h dipende dalla natura materiale delle superficie a contatto ed è invece indipendente dalla lunghezza R, che interviene, nell'esempio in questione, a caratterizzare la forma geometrica del corpo.

D'altra parte la h è una lunghezza cosicchè si tratterebbe di una lunghezza (sul tipo ad es. della media distanza molecolare) dipendente esclusivamente dalla struttura di un corpo (o meglio dei due corpi a contatto) e non dalla configurazione geometrica. La conclusione è abbastanza poco soddisfacente per erigere su questi principii una teoria definitiva dell'attrito volvente. Tuttavia essi rispondono abbastanza bene ai fatti osservati e conducono a formulare leggi generali sull'attrito volvente, che bastano per i bisogni della tecnica.

24. Nel caso del cilindro si è constatata l'attitudine del piano d'appoggio a reagire alla sollecitazione esterna, non solo con forze applicate nei punti di contatto (le solite reazioni d'attrito radente), ma anche, (entro certi limiti) con un opportuno momento. Ciò induce a ritenere che fenomeni analoghi si presentino anche nel caso di una sfera omogenea pesante, pur

essa appoggiata su di un suolo orizzontale. Per es. se in un punto generico della superficie della sfera, si fa agire una forza orizzontale $\underline{F}$, comunque orientata, purchè abbastanza piccola, l'equilibrio seguiterà a sussistere, e lo stesso più generalmente avverrà sotto una sollecitazione qualsiasi fino ad un certo grado di intensità. Ciò vuol dire che dall'appoggio P si desta (non solo una forza, ma anche) un momento reattivo $\underline{\Gamma}$, atto ad equilibrare il momento rispetto a P (in generale non nullo) della sollecitazione esterna. Al momento $\underline{\Gamma}$ si dà il nome di <u>attrito volvente</u>; e a caratterizzarlo giova considerare i suoi due componenti tangenziale e normale $\underline{\Gamma}_\tau$ e $\underline{\Gamma}_n$, detti rispettivamente <u>attrito di rotolamento</u> (o di seconda specie) <u>e attrito di giro o d'imperniamento</u> (o di terza specie).

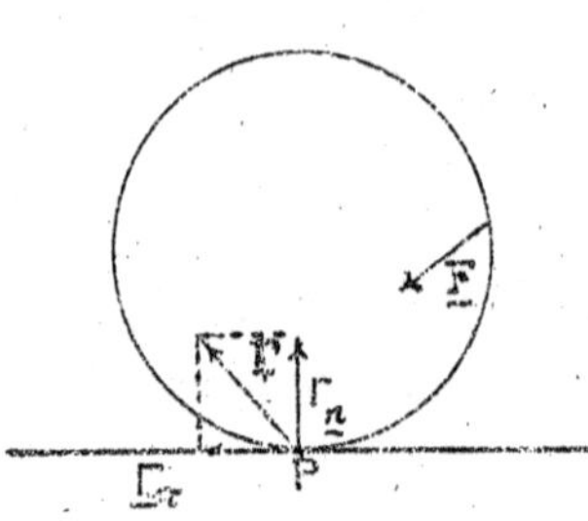

Per giustificare tali denominazioni, basta osservare quel che avviene nei casi particolari, in cui $\underline{\Gamma}$ è puramente tangenziale, o puramente normale.

Supponiamo in primo luogo che sulla sfera agisca un'unica forza $\underline{F}$, contenuta in un piano verticale π passante pel punto d'appoggio P. Il suo momento rispetto a P è perpendicolare a π e quindi puramente tangenziale alla sfera; onde, in condizioni di equilibrio, lo stesso accadrà pel momento reattivo che deve essere direttamente opposto. Appena l'intensità della forza supera un certo limite, si constata che la sfera comincia a mettersi in moto con un atto di moto rotatorio il cui asse di moto è precisamente quello tangente in P alla sfera su cui giace il momento reattivo. Così in condizioni statiche si è condotti ad attribuire al momento reattivo tangenziale l'ufficio di impedire il rotolamento attorno all'asse che lo contiene; donde il nome di <u>attrito di rotolamento</u>.

Supponiamo invece che la sfera sia soggetta all'azione di due forze eguali ed opposte, situate in un medesimo piano orizzontale. Il momento di questa coppia, rispetto all'appoggio P_1 sarà verticale; sarà quindi puramente normale il momento reattivo, finchè l'equilibrio sussiste. Aumentando l'intensità della sollecitazione, si verifica che la sfera comincia a ruotare intorno alla verticale di Π, che è anche in questo caso la retta cui appartiene il momento reattivo. Ciò lascia ragionevolmente presumere che in condizioni statiche codesto momento vinca la tendenza del corpo a girare, come fosse imperniato (pivoter dei Francesi) attorno alla normale al piano d'appoggio nel punto di contatto. È perciò che un momento reattivo normale al piano d'appoggio si chiama <u>attrito di giro</u>.

25. Come già nel caso tipico del cilindro, si può ritenere che l'attrito di rotolamento Γ_τ sia proporzionale al peso e che il fattore di proporzionalità (che è una lunghezza) sia sensibilmente indipendente dal raggio della sfera. Del pari, per l'attrito di giro Γ_n; ma i due fattori di proporzionalità, che denoteremo con h_1 e h_2, sono in generale diversi, e precisamente si ha $h_2 < h_1$.

Ad es. per una sfera di metallo di 1 metro di diametro, appoggiata ad un suolo duro, si ha all'ingrosso $h_2 = 0.07$ mm., mentre h_1 conserva lo stesso ordine di grandezza indicato al n. 23, a proposito del rotolamento di un cilindro ($h_1 = 0.5$ mm., cioè circa 7 volte superiore ad h_2)

26. I risultati sperimentali finora riferiti suggeriscono induzioni e generalizzazioni analoghe a quelle che si sono riconosciute attendibili nel caso dell'attrito radente. E precisamente si è tratti a presumere che:

1° se sulla sfera, oltre il peso (o invece del peso), <u>agisce</u>

no altre forze quali si vogliano, varranno le stesse leggi, salvo a sostituire al peso la intensità della pressione normale, esercitata dalla sfera sul piano d'appoggio, o (ciò ch'è lo stesso) la intensità $\mathcal{N}$ della reazione normale offerta dal piano.

S'intende che la pressione deve supporsi rivolta verso l'interno del suolo d'appoggio (e quindi la reazione verso l'esterno), altrimenti non si destano nè forze, nè momenti d'attrito.

2°. Se più generalmente, anzichè d'una sfera a contatto con un piano si tratta d'un solido qualsiasi S, che tocca in un punto P una superficie materiale $\mathcal{G}$, il momento d'attrito è legato alla reazione normale $\mathcal{N}$ da relazioni della stessa forma di quelle che convengono al caso sfera-piano.

Così, in conclusione, quale sintesi di dirette constatazioni sperimentali e di induzioni successive, possiamo enunciare la seguente legge generale dell'attrito volvente.

Se un solido S si appoggia per uno o più punti sopra altri corpi, ogni appoggio P è atto a reagire (favorendo l'equilibrio) non solo con una forza $\underline{\Phi}$, contenuta nella falda esterna del cono d'attrito, ma ancora con un momento Γ, che può a priori esplicarsi in qualsiasi direzione, ma non superare certi limiti di intensità dipendenti dalla sollecitazione esterna e dalla natura materiale della superficie a contatto.

Più precisamente, ove si designi con $\mathcal{N}$ il valore assoluto della componente della forza reattiva $\underline{\Phi}$ secondo la normale n alla superficie d'appoggio in P, con Γ_τ e Γ_n i valori assoluti delle componenti tangenziali (attrito di rotolamento) e normale (attrito di giro) del momento $\underline{\Gamma}$, si ha in ogni caso:

$$\Gamma_\tau \leq h_1 \mathcal{N}, \quad \Gamma_n \leq h_2 \mathcal{N}.$$

dove i coefficienti h_1 ed h_2 designano due lunghezze sensibilmente indipendenti dalla sollecitazione esterna (e quindi da 96), nonchè dalla configurazione geometrica delle superficie a contatto.

27. È appena necessario ripetere, a proposito dell'attrito volvente, la circostanza rilevata al n. 13, a proposito dell'attrito radente, cioè che il prescinderne, nelle questioni statiche, dà maggior garanzia per l'equilibrio. Con ciò infatti si vengono a trascurare delle azioni, che possono destarsi soltanto in senso favorevole all'equilibrio e sarebbero capaci di assicurarlo anche se la sollecitazione effettiva senza soddisface esattamente alle condizioni di equilibrio in assenza d'attrito, se ne discostasse abbastanza poco.

Per molti casi di equilibrio interessanti in pratica (cfr. il § 4), non è essenziale tener conto dell'attrito, nè radente, nè volvente: ivi è comodo (e prudente) il prescinderne. In altri casi (cfr. il n. 17) è essenziale l'attrito radente, ma non il volvente, e per la stessa ragione conviene prescindere da quest'ultimo, tanto più che quando ci si pone in condizione di compatibilità, si riscontra (n. 21) che gli effetti dell'attrito volvente sono di un ordine di grandezza assai piccolo, rispetto a quelli dovuti all'attrito radente.

Finalmente vi sono anche casi (quali gli esempi analizzati nel presente §), che pure hanno importanza per le applicazioni, in cui è indispensabile tener conto dell'attrito volvente per rispecchiare i tratti salienti del fenomeno reale. La regola generale poc'anzi enunciata permette appunto d'impostare e di discutere siffatte questioni.

CAPITOLO VIII°

Statica dei sistemi articolati e dei fili

§1. Sistemi articolati. Sforzi. Sollecitazioni nodali

1. Chiamasi <u>sistema articolato</u> ogni sistema di aste rigide, assimilabili a segmenti materiali rettilinei, collegate fra loro agli estremi mediante cerniere, assimilabili alla loro volta a punti materiali. Questi punti-cerniera diconsi <u>nodi</u> del sistema. Un tipo importante di sistemi articolati si ha nelle cosidette <u>travature reticolari</u>, la cui struttura può essere svariatissima: un esempio dei più semplici è rappresentato schematicamente nell'annessa figura.

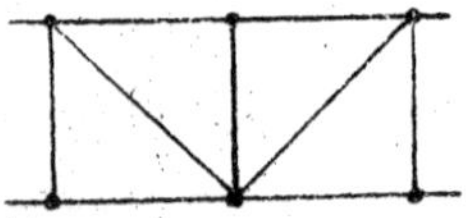

Senza pregiudizio della generalità possiamo limitarci a considerare sistemi articolati connessi, cioè possiamo escludere i sistemi costituiti da due o più sistemi parziali non aventi fra loro alcun collegamento. Quando la configurazione geometrica del sistema è data da una poligonale semplice aperta, per modo che non si può sopprimere alcun'asta, senza togliere al sistema la connessione, il sistema dicesi <u>semplicemente connesso</u>.

Dicesi, invece, <u>molteplicemente connesso</u> quando è possibile, almeno in un modo, sopprimere un'asta senza che il sistema perda la connessione: tale è quindi, in particolare, ogni sistema la cui configurazione sia data da un poligono semplice (<u>chiuso, piano o sghembo</u>.

2. Ci proponiamo di studiare le condizioni di equilibrio di un sistema articolato.

Per quel che riguarda la ricerca di condizioni sufficienti, non sono senz'altro utilizzabili le equazioni cardinali, giacchè qui non si tratta di sistemi rigidi, bensì di sistemi deformabili, costituiti da parti rigide (aste e cerniere) fra loro collegate. Ma a quella stessa guisa che l'equilibrio di un sistema materiale qualsiasi è assicurato, quando ogni suo singolo punto (od elemento materiale) sia in equilibrio sotto la sollecitazione di tutte le forze (esterne ed interne) che agiscono su di esso (<u>principio di disgregazione</u>) così nel caso di un sistema articolato si avrà certamente equilibrio, quando ogni sua parte rigida, cioè ogni asta ed ogni cerniera, sia di per sè in equilibrio sotto la sollecitazione delle eventuali forze esterne agenti su di essa e delle reazioni che essa subisce per effetto del suo collegamento colle altre parti del sistema.

Di più, per la definizione stessa di sistema articolato, si ha qui una semplificazione notevole: le singole cerniere sono assimilabili a punti materiali, talchè, in conclusione, ogni sistema articolato va semplicemente considerato come un sistema di aste rigide e di punti materiali o <u>nodi</u>. Questi nodi conservano nel sistema la loro individualità; e, a caratterizzarne l'ufficio di cerniere, noi ammetteremo che ogni asta sia collegata, a ciascun suo estremo, col nodo corrispondente, ma non direttamente colle altre aste che vi concorrono. Insomma, come norma di rappresentazione schematica, giova immaginare in ogni nodo, in cui concorrono n aste, $n+1$ punti materiali, cioè il nodo stesso e gli n estremi delle aste concorrenti, i quali ultimi sono collegati ciascuno col nodo, ma non direttamente fra loro.

 colligr. Baldo P. V.

Da tutto ciò risulta che per l'equilibrio di un sistema articolato saranno necessarie e sufficienti due classi di condizioni.

a) le condizioni che esprimono che ogni asta AB si trova in equilibrio sotto la sollecitazione esterna delle forze direttamente applicate ad essa e delle due reazioni $\underline{\Phi}_A$ e $\underline{\Phi}_B$, provenienti dal collegamento coi nodi A, B. Queste due reazioni diconsi gli sforzi esercitati dai due nodi sull'asta;

b) le condizioni che esprimono che per ogni nodo A è nulla la risultante delle forze direttamente applicate ad esso delle azioni $\underline{\Psi}_{BA}$, $\underline{\Psi}_{CA}$, ... che il nodo A risente dalle varie aste BA, CA, ..., che vi concorrono.

Naturalmente, per lo sforzo $\underline{\Phi}_A$ che una generica asta AB subisce dal nodo A e l'azione $\underline{\Psi}_{BA}$ che l'asta stessa esercita sul nodo (forze interne al sistema) vale il principio di reazione, talchè avremo

$$\underline{\Psi}_{BA} = -\underline{\Phi}_A$$

3. Tra le possibili sollecitazioni esterne di un sistema articolato hanno un particolare interesse quelle in cui le forze attive sono esclusivamente applicate ai nodi.

In tal caso ogni singola asta AB del sistema è esclusivamente soggetta all'azione dei due sforzi $\underline{\Phi}_A$, $\underline{\Phi}_B$ che essa subisce agli estremi dai due nodi A e B; e le condizioni di equilibrio a) esprimono semplicemente che, per ogni asta, i due sforzi, dovendo si equilibrare (Cap. prec. n. 3), sono direttamente opposti.

Se sono diretti entrambi verso l'interno dell'asta, i due sforzi diconsi pressioni e l'asta, che deve resistere ad una compressione, chiamasi puntone; mentre, invece, se i due sforzi sono diretti verso l'esterno, si chiamano <u>tensioni</u> e l'asta, che deve resistere ad una trazione, si dice <u>tirante</u>.

4. L'importanza delle <u>sollecitazioni</u> puramente <u>nodali</u> dipende da una duplice ragione.

Anzitutto in molte applicazioni concrete la sollecitazione di un sistema articolato si può ritenere puramente nodale non proprio in via assoluta, giacchè nell'ordinario campo terrestre, ogni asta è certamente soggetta all'azione della gravità, ma almeno in via di approssimazione, in quanto il peso proprio di ciascuna asta risulta spesso trascurabile rispetto alle forze direttamente applicate ai nodi.

D'altra parte, come qui dimostreremo, sussiste l'importante teorema: <u>Per ogni qualsiasi sollecitazione Σ di un sistema articolato, si può definire una sollecitazione puramente nodale Σ^*, staticamente equivalente alla data</u>, cioè tale che le condizioni di equilibrio del sistema sotto la sollecitazione Σ^* non differiscono da quelle che, per lo stesso sistema, si avrebbero di fronte alla data sollecitazione Σ.

Per dimostrare la verità dell'asserto cominciamo col far vedere come alla data sollecitazione Σ si possa sempre sostituire una sollecitazione staticamente equivalente, in cui, oltre le eventuali forze applicate ai nodi, non si hanno, su ciascuna asta, se non forze applicate agli estremi. A tale scopo consideriamo un'asta generica AB del sistema articolato e sia $\underline{f}$ una qualsiasi delle forze che in Σ sono applicate ad essa. Poichè l'asta è rigida, possiamo, senza pregiudizio dell'eventuale equilibrio, (Cap. prec. n. 2), sostituire alla $\underline{f}$ un qualsiasi sistema di forze vettorialmente equivalente (purchè si tratti di forze applicate a punti dell'asta); in particolare possiamo sostituire ad $\underline{f}$ due forze $\underline{f}_A$, $\underline{f}_B$ parallele alla $\underline{f}$ e dirette nello stesso verso, applicate rispettivamente negli estremi A, B dell'asta (non nei nodi corrispondenti). Operando analogamente su tutte le forze di Σ, direttamente applicate all'asta AB, componiamo tutte le f_A e, rispettivamente tutte le $\underline{f}_B$ così ottenute, in due forze $\underline{R}_A$, $\underline{R}_B$ applicate in A e B; e indichiamo con $\underline{R}'_A$, R''_A, ... le risultanti analoghe alla $\underline{R}_A$ che, per le varie altre aste, eventualmente concorrenti in A, si ottengono come applicate nei rispettivi estremi, collegati al nodo A. Infine denotiamo, come al n. prec., con $\underline{\Phi}_A$, $\underline{\Phi}_B$ gli sforzi che l'asta AB subisce dal suo collegamento ai nodi, con $\underline{F}_A$ la forza direttamente applicata al nodo A e con $\underline{\Psi}$, $\underline{\Psi}'$, Ψ'', ... le azioni che codesto nodo risente dalle varie aste ad esse collegate, ricordando (n. 2) che se $\underline{\Psi}$ è dovuta all'asta A.B si ha

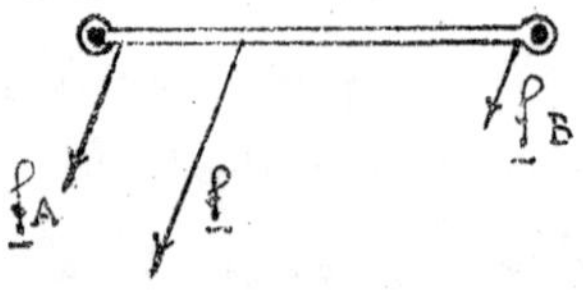

$$\underline{\Psi} = - \underline{\Phi}_A .$$

Riassumendo, dopo l'indicata riduzione, un nodo generico A risulta sollecitato dalle forze

$$(1) \qquad F_A ;$$

$$(2) \qquad \underline{\Psi}, \Psi, \Psi, ...$$

una generica asta AB dalle forze (applicate agli estremi)

$$(3) \qquad \underline{R}_A, \underline{R}_B ; \underline{\Phi}_A, \underline{\Phi}_B .$$

Questa sollecitazione, per il modo stesso in cui è stata ottenuta, è staticamente equivalente alla Σ, ma non è ancora puramente nodale, giacchè ciascuna delle aste, che siano direttamente sollecitate da Σ, è tuttora soggetta a forze esterne (per quanto applicate esclusivamente agli estremi).

Per eliminare codeste sollecitazioni esterne delle

aste, si osservi che, senza pregiudizio dell'eventuale equilibrio, possiamo sostituire alle forze agenti su ogni singolo nodo un sistema di forze vettorialmente equivalente: precisamente alle forze (1) (2) sollecitanti il generico nodo A si sostituisca il sistema equivalente

$$(1^*) \qquad \underline{F}_A^* = \underline{F}_A + \underline{R}_A + \underline{R}'_A + \underline{R}''_A + \dots$$

$$(2^*) \qquad \underline{\Psi}^* = \underline{\Psi} - \underline{R}_A \ , \quad \underline{\Psi}'^* = \underline{\Psi}' - \underline{R}'_A \ ; \quad \underline{\Psi}''^* = \underline{\Psi}'' - \underline{R}''_A , \dots$$

Posto allora

$$(3^*) \qquad \underline{\Phi}_A^* = \underline{R}_A + \underline{\Phi}_A \quad , \quad \underline{\Phi}_B = \underline{R}_B + \underline{\Phi}_B \ ,$$

riconosciamo, in base alla $\underline{\Psi} = -\underline{\Phi}_A$ e alla prima delle (2*),

$$\Psi^* = -\Phi_A^* \ ;$$

cioè la risultante $\underline{\Phi}_A^*$ della forza esterna $\underline{R}_A$, e dello sforzo $\underline{\Phi}_A$, agenti sull'estremo A dell'asta AB, gode, rispetto alla Ψ^*, della proprietà caratteristica delle forze interne, e si può quindi interpretare essa stessa come uno sforzo.

Procedendo in modo analogo per tutti gli altri nodi e per tutte le altre aste, si conclude che la sollecitazione data Σ è staticamente equivalente alla sollecitazione puramente nodale, in cui la forza direttamente applicata ad ogni singolo nodo è definita da un'equazione del tipo (1*), mentre le azioni interne sopportate dai singoli nodi e gli sforzi subiti dalle singole aste sono dati dalle (2*), (3*) e da equazioni analoghe.

Per discutere le condizioni di equilibrio del dato sistema articolato sotto la sollecitazione Σ, basterà riferirsi alla sollecitazione Σ^*; e le condizioni così ottenute si riporteranno senz'altro alla Σ. Naturalmente, quando l'equilibrio è possibile, intervengono ad assicurarlo nei due casi forze interne diverse; ma trovate le $\underline{\Phi}^*$, $\underline{\Psi}^*$ relative alla Σ^* si risale immediatamente alle $\underline{\Phi}$, $\underline{\Psi}$ del caso reale in base alle (2*), (3*).

Come risultato riassuntivo delle considerazioni precedenti possiamo enunciare, in base alle (1*), la <u>regola pratica</u> seguente:

Quando le aste di un sistema articolato sono sottoposte a forze esterne, si decompone ciascuna di queste in due forze (parallele e dirette nello stesso verso) applicate ai nodi dell'asta relativa; e le condizioni di equilibrio si discutono come se le aste fossero esenti da forze esterne e ciascun nodo fosse sollecitato, oltre che dalle forze direttamente applicate, anche da quelle provenienti dalla accennata decomposizione.

Risulta di qui che in ogni caso si sarà condotti a tener conto esclusivamente di condizioni della specie b) del n. 2.

---

§ 2. Sistemi articolati semplicemente connessi.

<u>5. Equazioni dell'equilibrio</u>. - Lasciando le generalità, occupiamoci dei sistemi semplicemente connessi. La configurazione di equilibrio, necessariamente poligonale, assunta da ogni siffatto sistema articolato, sotto una data sollecitazione, dicesi <u>poligono funicolare</u> (in vista di una interessante interpretazione che indicheremo più tardi.)

Per lo studio dei poligoni funicolari possibili per un dato sistema articolato, possiamo limitarci, in base al n. precedente, a considerare esclusivamente sollecitazioni nodali.

Detti $P_1, P_2, \ldots, P_n$ i nodi del sistema (dei quali, per l'ipotesi della connessione semplice, P_1 è distinto da P_2) e indicate con $\underline{F}_1, \underline{F}_2, \ldots, \underline{F}_n$ le forze esterne ad essi rispettivamente applicate, consideriamo un'asta generica $P_i P_{i+1}$ e conveniamo di designare con $\underline{\Phi}_{i+1,i}$ e $\underline{\Phi}_{i,i+1}$ gli sforzi che essa risente negli estremi P_i e P_{i+1} rispettivamente. Giova notare subito che, trattandosi di una sollecitazione puramente nodale, sarà identicamente (n. 3).

$$(4) \qquad \underline{\Phi}_{i,i+1} = -\underline{\Phi}_{i+1,i} \quad (i = 1, 2, \dots, n-1).$$

Ma prima di proceder oltre, convien fissare l'attenzione sulla notazione così adottata per gli sforzi: i due indici di $\underline{\Phi}_{i,i+1}$ designano l'asta cui lo sforzo si riferisce e il secondo di essi indica l'estremo in cui lo sforzo risulta applicato, cosicchè, se si tratta di una tensione, l'ordine i, $i+1$ dei due indici corrisponde al verso in cui agisce lo sforzo. Se poi si considera un nodo, p. es. P_i, la forza che esso risente dal collegamento con l'asta $P_i P_{i+1}$ è data, per il principio di reazione e per la (4), da $\underline{\Phi}_{i,i+1}$, dove gli indici denotano ancora l'asta agente, ma il punto di applicazione è dato dal primo indice.

Ciò premesso, esprimiamo le condizioni di equilibrio, che, come si è visto al n. prec., saranno esclusivamente della classe b) del n. 2. Poichè su ciascun nodo intermedio P_i $(i = 2, 3, \dots, n-1)$ agiscono tre forze, cioè la $\underline{F}_i$ e le due forze provenienti dalle due aste $P_{i-1} P_i$ e $P_i P_{i+1}$, che come si è visto or ora sono date da $\underline{\Phi}_{i,i-1}$ e $\underline{\Phi}_{i,i+1} = -\underline{\Phi}_{i+1,i}$, dovremo porre

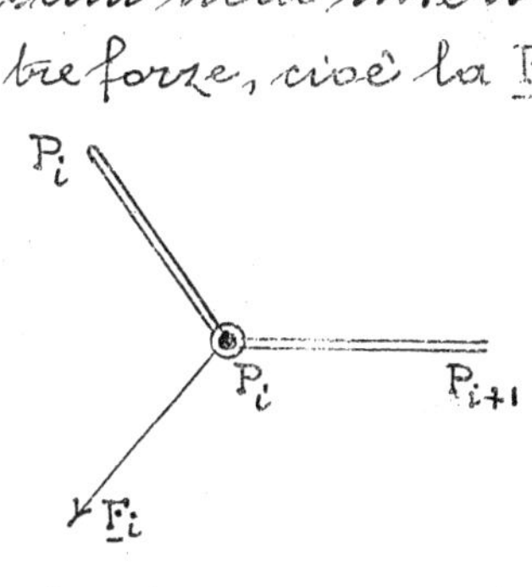

$$(5) \qquad \underline{F}_i + \underline{\Phi}_{i,i-1} = \underline{\Phi}_{i+1,i} \quad (i = 2, 3, \dots, n-1).$$

Invece in ciascuno dei nodi estremi P_1 e P_2 la forza direttamente applicata deve risultare equilibrata da un'unica reazione e si dovrà avere

$$(6) \qquad \underline{F}_1 = \underline{\Phi}_{2,1}, \quad \underline{F}_n + \underline{\Phi}_{n,n-1} = 0.$$

Nel loro complesso la (5), (6), come quelle che

assicurano l'equilibrio delle singole parti rigide del siste-ma, danno le condizioni necessarie e sufficienti per l'e-quilibrio del sistema articolato (semplicemente connesso).

Le (5) diconsi equazioni indefinite dell'equilibrio, le (6), relative ai nodi estremi, equazioni ai limiti.

Se si nota che gli sforzi $\underline{\Phi}$ hanno per linee d'azione i lati del poligono funicolare, si vede come l'equilibrio importi delle relazioni fra le forze esterne, la configurazione geometrica e le intensità degli sforzi.

Nella maggior parte dei casi pratici, gli sforzi non figurano fra i dati della questione; ed è richiesto di valutarli, supponendosi assegnato il poligono funicolare; oppure l'incognita principale è la configurazione di equilibrio, e si cerca di desumerlo dai dati della questione, eliminando, o almeno trattando come incognite ausiliarie, le intensità degli sforzi.

6. Naturalmente perchè l'equilibrio del sistema articolato sia possibile devono essere soddisfatte, anche in questo caso come in ogni altro possibile, le equazioni cardinali; cioè il sistema di vettori applicati che rappresentano le forze esterne $\underline{F}_i$ deve essere equivalente allo zero. Di qui si arguisce a priori che quest'ultima condizione deve essere implicita nelle equazioni vettoriali (5), (6); ma è pur facile verificarlo a posteriori.

Si rifletta, invero, che ciascuna delle equazioni (5) e (6), in quanto riguarda due o tre forze applicate ad un medesimo punto si può interpretare pel teorema del Varignon (Cap. I, n. 33), non soltanto come una equipollenza, ma come una relazione di equivalenza tra sistemi di vettori applicati. Tale, quindi, risulta (Cap. I, n. 41) l'equazione che si ottiene sommando membro a membro le (5), (6) e che, ove si tenga conto delle (4), si riduce alla

$$\underline{F}_1 + \underline{F}_2 + \dots + \underline{F}_n = 0 ;$$

e dice appunto che il sistema dei vettori applicati $\underline{F}_i$ è equivalente alla zero.

Questa equivalenza è dunque una conseguenza delle equazioni vettoriali (5) e (6), le quali, per altro, in quanto sono, non soltanto necessarie, ma anche <u>sufficienti</u> per l'equilibrio del sistema articolato, implicano in generale condizioni ulteriori.

Queste ulteriori condizioni risultano precisate dal teorema che dimostreremo al n. seguente e che fornisce per le condizioni di equilibrio di un sistema articolato semplicemente connesso una forma meccanicamente espressiva e comoda per talune applicazioni.

7. <u>Perchè un sistema articolato semplicemente connesso, soggetto ad una data sollecitazione esterna, sia in equilibrio, è necessario e sufficiente che il sistema delle forze esterne sia vettorialmente equivalente a zero e che inoltre sia nullo, per ogni singolo nodo, il momento risultante delle forze esterne applicate ai nodi precedenti</u> (o seguenti)

Per dimostrare in primo luogo che le enunciate condizioni sono necessarie per l'equilibrio, ricordiamo anzitutto che in condizioni statiche, cioè quando son verificate le equazioni (5), (6), il sistema delle forze esterne $\underline{F}_i$ è vettorialmente equivalente a zero. Inoltre, se si sommano membro a membro la prima delle (6) e le prime $i-1$ delle (5), considerate tutte come relazioni di equivalenza tra sistemi di vettori applicati, otteniamo tenendo conto delle (4), la

$$(7) \qquad \underline{F}_1 + \underline{F}_2 + \dots + \underline{F}_i = \underline{\Phi}_{i+1,i} ,$$

la quale ci dice che il sistema di forze esterne $\underline{F}_1$ $\underline{F}_2$ ..., $\underline{F}_i$ è vettorialmente equivalente all'unico sforzo $\underline{\Phi}_{i+1,i}$, applicato in P_i, ed ha perciò momento risultante nullo ri=

spetto a codesto nodo.

Viceversa, se si suppongono soddisfatte le condizioni dell'enunciato, abbiamo anzitutto la relazione di equivalenza

(8) $$\underline{F}_1 + \underline{F}_2 + \dots + \underline{F}_n = 0 \; ;$$

ed inoltre il sistema di forze esterne $\underline{F}_1, \underline{F}_2, \dots, \underline{F}_i$ (per $i = 1, 2, \dots, n-1$), avendo momento risultante nullo rispetto al nodo P_i, è vettorialmente equivalente (Cap. I; n. 42) ad un unico vettore applicato in P_i, che potremo denotare con $\underline{\Phi}_{i+1,i}$, talchè varranno le (7) per $i = 1, 2, \dots, n-1$.

Sottraendo membro a membro dalla (8) la (7) per $i = n-1$ e da ciascuna delle (7) quella di indice immediatamente inferiore, otteniamo successivamente

$$\underline{F}_n + \underline{\Phi}_{n,n-1} = 0 \;, \quad \underline{F}_i + \underline{\Phi}_{i,i-1} = \underline{\Phi}_{i+1,i} \; (i = 1, 2, \dots, n-1), \; \underline{F}_1 + \underline{\Phi}_{2,1} = 0,$$

le quali hanno precisamente la forma delle equazioni di equilibrio (indefinite e ai limiti) del sistema articolato (n 5). Risulterà provato che l'equilibrio sussiste, non appena avremo riconosciuto che i vettori applicati $\underline{\Phi}_{i+1,i}$, che noi abbiamo definito formalmente mediante le (7), hanno il carattere di sforzi, cioè, precisamente, hanno ciascuno per linea d'azione la retta dell'asta corrispondente $P_i P_{i+1}$.

A tale scopo si consideri la relazione di equivalenza

$$\underline{F}_{i+1} + \underline{\Phi}_{i+1,i} = \underline{\Phi}_{i+2,i+1} \quad \text{ossia} \quad \underline{\Phi}_{i+1,i} = \underline{\Phi}_{i+2,i+1} - \underline{F}_{i+1} \,,$$

e si ricordi che i due vettori applicati $\underline{\Phi}_{i+2,i+1}$ ed $\underline{F}_{i+1}$ hanno entrambi per origine il punto P_{i+1} (il primo per definizione, il secondo per ipotesi), cosicchè rispetto a codesto nodo è nullo il momento risultante di $\underline{\Phi}_{i+2,i+1}$ e di $-\underline{F}_{i+1}$. Sarà perciò nullo anche il momento rispetto a P_{i+1} del vettore equivalente $\underline{\Phi}_{i+1,i}$, il quale, essendo per definizione applicato in P_i, ha appunto come linea di azione la $P_i P_{i+1}$.

8. Poligono delle forze o del Varignon.

— La condizione (necessaria per l'equilibrio di un sistema articolato to semplicemente connesso $P_1 P_2 \dots P_n$) che la risultante delle forze esterne $\underline{F}_i$ sia nulla, si traduce nel fatto che se a partire da un qualsiasi punto Q_1 si prendono n vettori applicati consecutivi ed ordinatamente equipollenti ad $\underline{F}_1, \underline{F}_2, \dots, \underline{F}_n$, si ottiene un poligono chiuso; in altre parole se prefissato Q_1, si prendono gli $n-1$ punti $Q_2, Q_3, \dots, Q_n$ definiti successivamente dalle equipollenze

(9) $\qquad Q_2 - Q_1 = \underline{F}_1 \quad , \quad Q_3 - Q_2 = \underline{F}_2 \;, \dots, \; Q_n - Q_{n-1} = \underline{F}_{n-1} ,$

risulta di conseguenza

(9') $$Q_1 - Q_n = \underline{F}_n .$$

Il poligono (chiuso) $Q_1 Q_2 \dots Q_n$ che si vien così ad associare ad ogni poligono funicolare $P_1 P_2 \dots P_n$ dicesi <u>poligono delle forze</u> o del <u>Varignon</u>. Esso gode di una proprietà caratteristica, che qui ci proponiamo di stabilire e che permette di ridurre a semplici costruzioni geometriche i problemi di equilibrio dei sistemi articolati semplicemente connessi.

<u>9. Nel poligono delle forze $Q_1 Q_2 \dots Q_n$, associato ad un poligono funicolare $P_1 P_2 \dots P_n$, i vettori $Q_2 - Q_1, Q_3 - Q_1, \dots, Q_n - Q_1$ sono ordinatamente equipollenti agli sforzi $\underline{\Phi}_{2,1}, \underline{\Phi}_{3,2}, \dots, \underline{\Phi}_{n,n-1}$.</u>

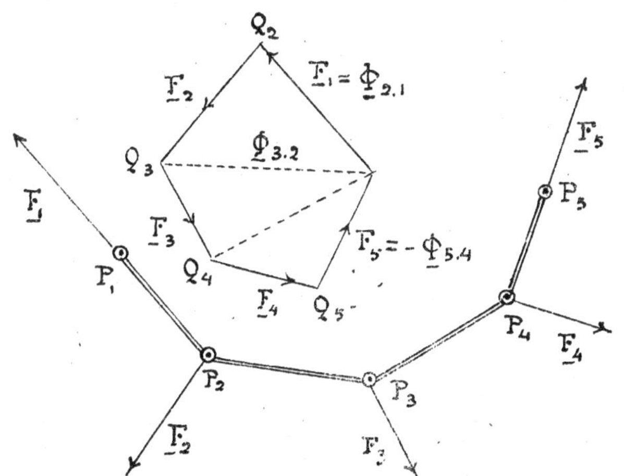

Infatti $Q_2 - Q_1$ è per costruzione equipollente ad $\underline{F}_1$ e questo vettore, per la prima delle (6), è equipollente a $\underline{\Phi}_{2.1}$.

Quanto a $Q_3 - Q_1$, si osservi che

$Q_3 - Q_1 = (Q_3 - Q_2) + (Q_2 - Q_1)$,

talchè, essendo

$Q_3 - Q_2 , \; Q_2 - Q_1$

rispettivamente equipollenti ad $\underline{F}_2$ e $\underline{\Phi}_{21}$ ed essendo per la prima delle (5)

$$\underline{\Phi}_{3.2} = \underline{F}_2 + \underline{\Phi}_{2.1}$$

si conclude che $Q_3 - Q_1$ è equipollente a $\underline{\Phi}_{3.2}$; e così si continua fino al vettore $Q_n - Q_1$ che essendo equipollente a $-\underline{F}_n$, risulta altresì equipollente, per la seconda delle (6), a $\underline{\Phi}_{n.n-1}$.

Viceversa, se ad una poligonale qualsiasi $P_1 P_2 \dots P_n$ si può associare un poligono chiuso $Q_1 Q_2 \dots Q_n$ tale che le rette $Q_1 Q_2$, $Q_1 Q_3, \dots, Q_1 Q_n$ risultino ordinatamente parallele alle $P_1 P_2$, $P_2 P_3, \dots, P_{n-1} P_n$, la $P_1 P_2 \dots P_n$ è un poligono funicolare, di cui $Q_1 Q_2 \dots Q_n$ è il poligono delle forze.

Infatti se il sistema articolato $P_1 P_2 \dots P_n$ si immagina sottoposto ai nodi $P_1, P_2, \dots, P_n$ a forze ordinatamente equipollenti a $Q_2 - Q_1, Q_3 - Q_2, \dots, Q_1 - Q_n$ e si assumono per gli sforzi $\underline{\Phi}_{2,1}, \underline{\Phi}_{3.2}, \dots, \underline{\Phi}_{n,n-1}$ le intensità, le direzioni e i versi di $Q_2 - Q_1, Q_3 - Q_1, \dots, Q_n - Q_1$ rispettivamente, risultano senz'altro verificate, per le ipotesi ammesse sui due poligoni, le condizioni (5) e (6) necessarie e sufficienti per l'equilibrio del sistema articolato.

10. La proprietà caratteristica così dimostrata pel poligono delle forze permette, come già accennammo, di risolvere con costruzioni geometriche dirette i problemi concernenti l'equilibrio dei sistemi articolati semplicemente connessi.

Per dare un esempio tipico della applicazione di codesto metodo, consideriamo un sistema articolato $P_1 P_2 \dots P_n$, attaccato a cerniera all'estremo P_1 in un punto fisso e avente liberi l'altro estremo e i nodi intermedi (salvi, beninteso, i vincoli provenienti dalla rigidità delle aste). Immaginando applicate agli $n-1$ nodi $P_2, P_3, \dots, P_n$ certe date forze $\underline{F}_2, \underline{F}_3, \dots, \underline{F}_n$ proponiamoci di determinare il poligono funicolare (o configurazione di equilibrio del sistema) e la reazione di attacco nell'estremo P_1.

Anzitutto il poligono delle forze si può costruire immediatamente conducendo, a partire da un qualsiasi punto Q_2, i vettori applicati $Q_3 - Q_2$, $Q_4 - Q_3$, ..., $Q_n - Q_1$ ordinatamente equipollenti ad $\underline{F}_2$, $\underline{F}_3$, ..., $\underline{F}_n$: dopo di che il vettore di chiusura $Q_2 - Q_1$ rappresenta, in intensità, direzione e verso, la reazione di attacco $\underline{F}_1$.

Quanto poi al poligono funicolare, si ricordi che i suoi lati debbono risultare paralleli rispettivamente a Q_1Q_2, Q_1Q_3, ..., Q_1Q_n. Perciò, a partire dal punto fisso P_1, si dovrà dirigere la prima asta P_1P_2 parallelamente a Q_1Q_2, nell'uno o nell'altro dei due versi possibili; e resta questa ambiguità di verso finchè non si sappia a priori se lo sforzo $\Phi_{2,1}$ debba essere una tensione o una pressione. Fissato P_2, si ottiene la posizione di P_3, orientando l'asta P_2P_3 parallelamente a Q_1Q_3, nell'uno o nell'altro verso, secondo quanto s'è detto or ora; e così via, finchè, dirigendo la $P_{n-1}P_n$ parallelamente a Q_1Q_n (nello stesso verso o nell'opposto) si ottiene la posizione di equilibrio dell'estremo libero P_n.

11. Forze parallele

Meno semplice che nel caso precedente riesce la costruzione geometrica del poligono funicolare, quando il sistema articolato è attaccato a punti fissi ad entrambi gli estremi P_1, P_n e son date le forze applicate agli $n-2$ nodi intermedi.

Noi qui ci limiteremo a discutere questo problema di equilibrio nel caso in cui codeste $n-2$ forze $\underline{F}_2$, $\underline{F}_3$, ..., $\underline{F}_{n-1}$ sono parallele e di verso concorde; e notiamo subito che questa speciale ipotesi merita di essere presa in considerazione, come quella che si troverà realizzata quando le forze esterne agenti sul sistema sono altrettanti pesi.

Anzitutto è facile persuadersi che, anche indipendentemente dalla circostanza che gli estremi siano fissati, <u>quando in una sollecitazione nodale, le forze direttamente applicate ai nodi intermedi sono parallele</u> (e di verso qualsiasi) <u>il poligono funicolare è piano.</u>

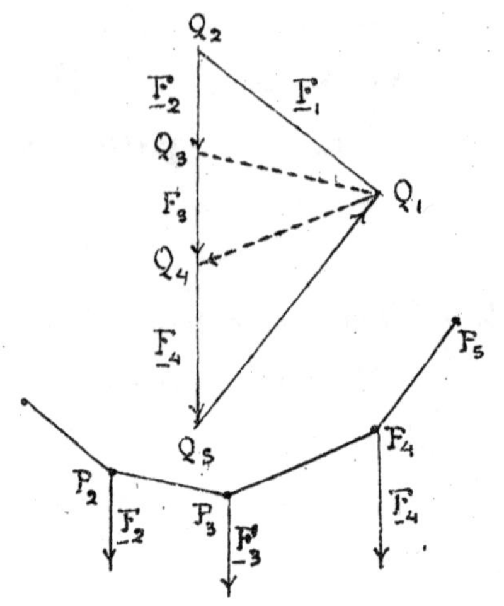

Infatti in tal caso i lati $Q_2 Q_3$, $Q_3 Q_4, \ldots, Q_{n-1} Q_n$ del poligono delle forze risultano per diritto, cosicchè, qualunque sia per essere la posizione del vertice Q_1, i vettori applicati $Q_2 - Q_1$, $Q_3 - Q_1, \ldots, Q_n - Q_1$ che rappresentano gli sforzi, risultano complanari, e tali saranno altresì i lati $P_1 P_2$, $P_2 P_3, \ldots, P_{n-1} P_n$ del poligono delle forze, in quanto debbono essere rispettivamente paralleli a quelli.

12. Ciò premesso riprendiamo l'ipotesi, che siano fissate le posizioni dei due estremi P_1, P_n e, interpretando, come è lecito, le forze $\underline{F}_2$, $\underline{F}_3, \ldots, \underline{F}_n$ come pesi, indichiamone le intesità rispettivamente con p_2, $p_3, \ldots, p_n$.

Per determinare il poligono funicolare, procediamo per via analitica. Nel piano verticale per P_1 e P_n, in cui necessariamente si dispone il poligono funicolare (n. prec.) assumiamo un sistema cartesiano ortogonale Oxy col l'asse y orientato verso l'alto e denotiamo con x_1, y_1 e x_n, x_n le coordinate note di P_1, P_n e con l_1, $l_2, \ldots, l_{n-1}$ le lunghezze, pur esse conosciute per dato, delle aste $P_1 P_2$, $P_2 P_3, \ldots, P_{n-1} P_n$.

Come incognite principali del problema, assumiamo gli angoli α_1, $\alpha_2, \ldots, \alpha_n$ che codeste aste (orientate ciascuna nel verso di percorrenza del poligono da P_1 a P_n) formano all'asse orientato x e notiamo subito che per determinarle dovremo ricorrere alle equazioni (5), (6) dell'equilibrio. Anzi basterà tener conto delle equazioni indefinite.

$$(5) \qquad \underline{F}_i + \underline{\Phi}_{i,i-1} = \underline{\Phi}_{i+1,i} \qquad (i = 2, 3, \ldots, n-1),$$

poichè le (6) contengono, si può dire, soltanto la definizione di due ulteriori incognite (le azioni $\underline{F}_1$ ed $\underline{F}_n$, subite dai nodi d'attacco P_1 e P_n) e non interessano la configurazione del poligono.

Ora le (5) (che sono $n-2$ equazioni vettoriali nel piano) si traducono in $2(n-2)$ equazioni scalari tra le componenti orizzontali e verticali. Siccome le componenti orizzontali delle $\underline{F}$ sono nulle, così, proiettando sull'asse x, riconosciamo anzitutto che: I vari sforzi $\underline{\Phi}_{2,1}, \underline{\Phi}_{3,2}, \ldots, \underline{\Phi}_{n,n-1}$ hanno tutti la stessa componente orizzontale.

E qui possiamo limitarci a considerare il caso in cui codesta componente orizzontale costante, che designeremo con φ, è diversa da zero.

Infatti, in primo luogo, se qualcuno degli sforzi si annulla, si può immaginare tolta la connessione nel nodo corrispondente senza turbare l'equilibrio e il problema è, per così dire, riducibile a due o più problemi distinti, concernenti poligoni con un numero minor di aste. Escluso, come è naturale, questo caso, nessuno sforzo dovrà ritenersi nullo; e allora l'ipotesi $\varphi = 0$ implicherebbe che gli sforzi, e con essi i lati del poligono funicolare, fossero tutti verticali. Se si prescinde dal caso privo di interesse che P_1 e P_n si trovino sulla medesima verticale, rimane senz'altro esclusa la detta eventualità, onde si deve ritenere $\varphi \gtrless 0$.

Ora assumendo la φ come incognita ausiliaria, siamo anzitutto in grado di esprimere per φ e per le incognite principali $\alpha_1, \alpha_2, \ldots, \alpha_{n-1}$ le componenti verticali degli sforzi. Basta osservare che, avendo essi ordinatamente per linee d'azione $P_1P_2, P_2P_3, \ldots, P_{n-1}P_n$, i rapporti (certamente finiti per essere $\varphi \gtrless 0$) fra le componenti verticali e le orizzontali sono espressi dalle tangenti degli angoli d'inclinazione $\alpha_1, \alpha_2, \ldots, \alpha_{n-1}$ cosicchè le componenti verticali valgono ordinatamente

$$\varphi \operatorname{tg} \alpha_1 \;,\quad \varphi \operatorname{tg} \alpha_2 ,\ldots, \varphi \operatorname{tg} \alpha_{n-1} .$$

La proiezione delle (5) sull'asse y (verticale e diretto verso l'alto) dà perciò luogo alle equazioni

$$(10) \qquad -p_i + \varphi \operatorname{tg} \alpha_{i-1} = \varphi \operatorname{tg} \alpha_i \quad (i = 2, 3, \ldots, n-1),$$

cui bisogna associare quelle che legano le x_n, y_n alle x_1, y_1, alle l e alle α. Queste due equazioni si ottengono nel modo più semplice proiettando il poligono funicolare $P_1 P_2 \ldots P_{n-1} P$ sui due assi coordinati ed esprimendo che queste proiezioni altro non sono che $x_n - x_1, y_n - y_1$:

$$(11) \qquad \begin{cases} x_n = x_1 + \sum_1^{n-1}{}_i \, l_i \cos \alpha_i \;, \\ y_n = y_1 + \sum_1^{n-1}{}_i \, l_i \operatorname{sen} \alpha_i \;. \end{cases}$$

Le (10), (11) costituiscono complessivamente n equazioni fra altrettante incognite $\alpha_1, \alpha_2, \ldots, \alpha_{n-1}, \varphi$. Per risolverle giova porre

$$(12) \qquad \operatorname{tg} \alpha_1 = \frac{\psi}{\varphi} ,$$

il che è certamente lecito, perchè per l'osservazione fatta, φ non è nulla. Con ciò si ha dalle (7) (sommando dall'indice 2 fino ad un indice generico i, e sopprimendo i termini $\varphi \operatorname{tg} \alpha_2, \varphi \operatorname{tg} \alpha_3, \ldots, \varphi \operatorname{tg} \alpha_{i-1}$, comuni ai due membri)

$$(10') \qquad \operatorname{tg} \alpha_i = \frac{\psi + \sum_2^i{}_j \, p_j}{\varphi} \qquad (i = 2, 3, \ldots, n-1) .$$

La tangente di ogni α_i, per mezzo della (9) e delle (7'), si trova espressa per ψ e φ. Se ne ricavano ovviamente $\cos \alpha_i$ e $\operatorname{sen} \alpha_i$ e, portando i loro valori nella (8), si hanno infine due equazioni algebriche fra φ e ψ, atte a determinarle. Tuttavia si deve avvertire che la effettiva determinazione risulta in generale piuttosto complicata: per $n = 3$, la posizione di P_2 rimane senz'altro individuata, essendo date le lunghezze $\overline{P_1 P_2}$, $\overline{P_3 P_2}$; ma già per $n = 4$, le equazioni in φ e ψ, liberate dai radicali, presentano un grado discretamente elevato.

§ 3. Fili flessibili ed inestendibili

13. Definizione e postulato caratteristico. Considerazioni analoghe a quelle applicate nel § prec. ai sistemi articolati semplicemente connessi permettono di trattare i problemi di equilibrio dei fili flessibili ed inestendibili, ove con siffatte qualifiche si intendono caratterizzate ogni sistema materiale ad una dimensione (Cap. X, n. 5) tale che:

a) sia possibile, esercitando convenienti forze, atteggiare il filo secondo una linea geometrica qualsiasi;

b) presi comunque sul filo due punti, l'arco fra essi compreso, conserva, in ogni possibile configurazione, la medesima lunghezza.

Come postulato caratteristico dei fili, ammetteremo il seguente principio statico, che ha un immediato carattere di evidenza fisica: Condizione necessaria e sufficiente per l'equilibrio di un tratto AB di filo flessibile e inestendibile, sollecitato esclusivamente da due forze F_1, F_2 applicate agli estremi, si è che le due forze siano direttamente opposte e dirette verso l'esterno di AB.

Per brevità, nel seguito di questo Cap., parlando di fili sottintenderemo sempre che essi siano flessibili e inestendibili, cioè dotati delle proprietà a) e b) or ora indicate.

14. Tensione. Dal postulato del n. prec. segue subito un'importante conseguenza. Fissato un punto qualsiasi P del filo fra A e B applichiamo ad uno dei due tratti di filo, p. es. ad AP, le condizioni cardinali di equilibrio

Poichè le forze esterne (rispetto ad AP) si riducono a due, la $\underline{F}_1$ applicata in A, e l'incognita azione $\underline{\Phi}$, che P subisce da parte dei contigui elementi del tratto PB, riconosciamo che $\underline{\Phi}$ deve essere direttamente opposta ad $\underline{F}_1$, cioè eguale ad $\underline{F}_2$. Come si vede, essa è sempre diretta verso l'esterno del tratto di filo AP, che viene ipoteticamente isolato, ed è quindi opportunamente designata col nome di tensione. È poi sempre la stessa per tutti i punti P del filo.

$\underline{F}_1$ A P $\underline{\Phi}$ B $\underline{F}_2$

Facendo in particolare coincidere P con A, riconosciamo che A subisce da parte del filo una tensione eguale alla forza $\underline{F}_2$, direttamente applicata all'altro estremo. L'azione si trasmette dunque inalterata lungo un filo, finchè questo è rettilineo, in equilibrio, e non sollecitato da forze.

Di queste trasmissioni di forze mediante fili abbiamo già usufruito in più esempi concreti (e in circostanze meno semplici), anticipando alcune leggi, almeno in via di approssimazioni (Cap. VII, n. 4).

Come precisamente stiano le cose indagheremo al n.   Frattanto è bene aver fissato le restrizioni, sotto cui è lecito asserire che si ha trasmissione perfetta in grandezza e direzione.

15. Condizioni di equilibrio. — Consideriamo ora un tratto di filo che sia sollecitato, non solo agli estremi, ma anche in un numero (finito) qualsiasi di punti intermedi.

Diciamo P_1 e P_n i due estremi, $P_2, P_3, \dots, P_{n-1}$ i punti intermedi, cui sono applicate forze e designamo al solito con $\underline{F}_i$ la forza applicata in P_i $(i = 1, 2, \dots, n)$.

Per riconoscere se e sotto quali condizioni il filo può trovarsi in equilibrio, notiamo anzitutto, che per l'ammesso postulato, i singoli tratti $P_i P_{i+1}$ $(i = 1, 2, \dots, n-1)$

dovranno essere rettilinei.

Inoltre, fissati a piacimento due punti A_i e B_{i+1} fra P_i e P_{i+1} (nell'ordine scritto), il tratto di filo A_iB_{i+1} dovrà trovarsi in equilibrio sotto l'azione delle tensioni agli estremi.

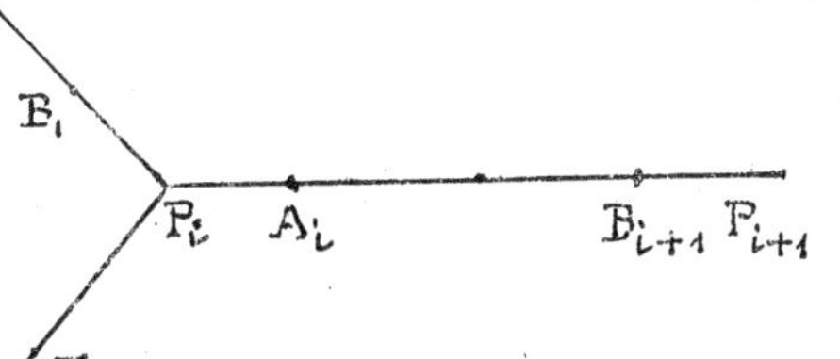

Diremo $\underline{\Phi_{i,i+1}}$ quella che si esercita in B_{i+1}, e che in condizioni di equilibrio, deve essere, come abbiamo visto, diretta nel senso P_iP_{i+1} e avere intensità indipendente dalla posizione di B_{i+1}. In modo analogo diremo $\underline{\Phi_{i+1,i}}$ la tensione che si esercita in A_i, la quale deve essere diretta nel verso $P_{i+1}P_i$, avere intensità indipendente da A_i, e fare equilibrio all'altra, ciò che si compendia in

$$\underline{\Phi_{i,i+1}} = -\underline{\Phi_{i+1,i}},$$

dove l'indice i può naturalmente assumere i valori $1, 2, \ldots, n-1$. Queste relazioni vettoriali fra le tensioni sono identiche nella forma alle (4) del n. 5, che intercedono fra gli sforzi nel caso dell'equilibrio di un sistema di aste rigide, articolate a cerniera. Ed anche le altre condizioni di equilibrio conservano identica forma.

Esprimiamo infatti che è in equilibrio un elemento di filo $B_iP_iA_i$ comprendente il punto P_i ($i=2,3,\ldots,n-1$). Immaginando B_i ed A_i infinitamente vicini a P_i, potremo trattare l'elemento come un semplice punto materiale, sollecitato da tre forze: la $\underline{F}_i$ direttamente applicata e le tensioni del filo in B_i ed A_i, ordinatamente eguali a $\Phi_{i,i-1}$, $\Phi_{i,i+1}$. Eguagliandone a zero la risultante, otteniamo precisamente le (5) del n. 5. Analogamente, considerando due elementi estremi di filo, P_1A_1, B_nP_n, e trattandoli come punti ma-

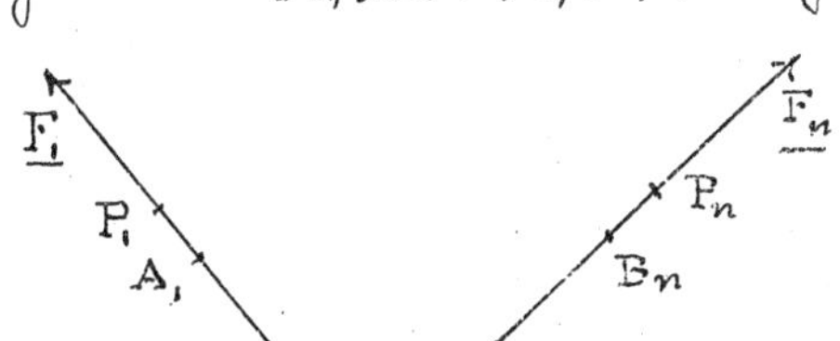

teriali, abbiamo le equazioni ai limiti (6).

Così è assodata la necessità delle (4), (5), (6), ma queste sono anche sufficienti per l'equilibrio, inquantochè (col significato di tensione, attribuito alle ϕ) lo assicurano per tutte le possibili parti di filo siano esse tratti rettilinei [contemplati dalle (4)] o elementi prossimi ai punti P [contemplati dalle (5) e (6)].

Abbiamo in conclusione il risultato: Un filo flessibile e inestendibile (sollecitato da forze in punti discreti) si comporta, quanto all'equilibrio, come un sistema articolato di aste rigide, coll'unica restrizione in più che gli sforzi non possono essere indifferentemente pressioni o tensioni, ma esclusivamente tensioni.

Così le questioni statiche concernenti i fili si trattano nella maniera precedentemente esposta per i sistemi articolati: v'è soltanto da avere riguardo ad una ulteriore condizione qualitativa, circa il senso degli sforzi.

Se, per una certa configurazione, si constatasse che tutte le condizioni quantitative sono soddisfatte, ma che qualche sforzo ha carattere di pressione, si dovrebbe concludere che non è possibile l'equilibrio del filo in quella configurazione. Per assicurare l'equilibrio, bisognerebbe per es. sostituire qualche tratto di filo (i tratti premuti) con aste rigide.

La configurazione di equilibrio di un filo come già quella di un sistema articolato, si chiama poligono funicolare; ed anzi è questo caso dei fili (praticamente funi o catene) che ha dato origine al nome.

16. Ponti sospesi (caso reale di una sollecitazione discreta).

Come esempio semplice, consideriamo le gomene sostentatrici dei ponti sospesi, e cerchiamone la configurazione normale, che deve naturalmente corrispondere ad uno stato di equilibrio.

Queste gomene sostentatrici sono fissate agli estremi e, di solito, l'impiantito del ponte sottostante è ad esse assicurato mediante robusti pendagli, verticali ed equidistanti.

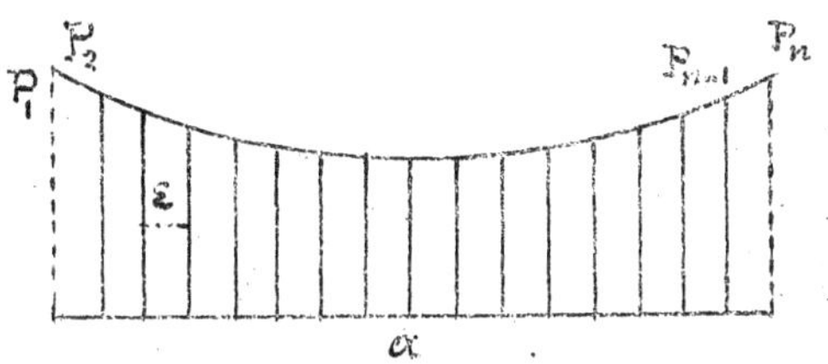

Diciamo P_1 e P_n gli estremi di una delle due gomene, $P_2, P_3, \ldots, P_{n-1}$ i punti di attacco dei pendagli.

Supposto il ponte orizzontale (colle due gomene sostentatrici simmetricamente disposte) si potrà ammettere che il peso P del ponte si scarichi uniformemente sui vari pendagli, gravando su ognuno per

$$\mathcal{P}' = \frac{\mathcal{P}}{2(n-2)} .$$

Trascurando di fronte a $\mathcal{P}'$ il peso proprio delle gomene e dei pendagli, ogni gomena è assimilabile ad un filo, fissato agli estremi P_1, P_n e sollecitato da pesi (eguali) nei punti intermedi $P_2, P_3, \ldots, P_{n-1}$.

L'ipotesi che i pendagli sono equidistanti si traduce nella circostanza che le proiezioni orizzontali dei vari tratti P_1P_2, $P_2P_3, \ldots, P_{n-1}P_n$, devono essere tutte eguali tra loro, cosicchè, se a è la lunghezza del ponte, o portata di ciascuna delle gomene sostentatrici, la comune lunghezza di codesta proiezione è data da

$$\varepsilon = \frac{a}{n-1} .$$

Per la determinazione del poligono funicolare siamo evidentemente ricondotti al problema dei nn. 11-12, onde intanto possiamo asserire che la gomena sarà tutta contenuta nel piano verticale degli estremi.

Riprendendo le notazioni del n. 12 abbiamo nel caso presente due circostanze semplificatrici: ogni p_i è eguali a p, e sono pure eguali tra loro e ad ε le proiezioni orizzontali,

$$l_i \cos \alpha_i ,$$

dei singoli tratti $P_i\,P_{i+1}$ $(i = 1, 2, \dots, n-1)$.

Le proiezioni verticali l_i sen α_i si possono così esprimere sotto la forma

$$l_i \cos \alpha_i \operatorname{tg} \alpha = \varepsilon \operatorname{tg} \alpha_i \; ;$$

mentre le (10), (10') si raccolgono in

$$(12) \qquad \operatorname{tg} \alpha_i = \frac{\Psi + (i-1)\,\mathfrak{P}'}{\varphi} \; (i = 1, 2, \dots, n-1).$$

Di qui scende facilmente la proprietà caratteristica del poligono funicolare di trovarsi iscritto in una parabola ad asse verticale. Si ha infatti, per un generico vertice P_i $(i = 2, 3, \dots, n)$,

$$(13) \qquad \begin{cases} x_i - x_1 = (i-1)\,\varepsilon , \\ y_i - y_1 = \varepsilon \left(\operatorname{tg}\alpha_1 + \operatorname{tg}\alpha_2 + \dots + \operatorname{tg}\alpha_{i-1} \right), \end{cases}$$

come risulta subito proiettando sui due assi la spezzata $P_1 P_2 \dots P_i$ ed esprimendo che le due proiezioni non sono altro che $x_i - x_1$, $y_i - y_1$. Portando nella seconda delle (13) i valori delle tangenti forniti dalle (12) otterremo

$$y_i - y_n = \frac{\varepsilon}{\varphi}\,(i-1) \left\{ \psi + \mathfrak{P}' \frac{i-2}{2} \right\} ,$$

ossia sostituendovi $i-1$ e $i-2$ i valori ricavati dalla prima delle (13) risulta

$$(14) \qquad y_i - y_1 = \frac{x_i - x_1}{\varphi} \left\{ \psi + \frac{\mathfrak{P}'}{2\varepsilon} (x_i - x_1 - \varepsilon) \right\} \; (i = 1, 2, \dots, n)$$

Di qui si conclude che le coordinate x_i, y_i di ogni singolo punto P_i $(i = 1, 2, \dots, n)$ soddisfano all'equazione

$$(15) \qquad y - y_1 = \frac{x - x_1}{\varphi} \left\{ \psi + \frac{\mathfrak{P}'}{2\varepsilon} (x - x_1 - \varepsilon) \right\}$$

la quale rappresenta appunto una parabola di asse verticale e volgente la concavità verso l'alto (in quanto il coefficiente $\dfrac{\mathfrak{P}'}{2\varepsilon\varphi}$ è essenzialmente positivo).

Ove la (15) si riferisca ai due assi ξ, η, paralleli e di verso concorde ad x, y e aventi l'origine nel punto più basso della parabola cioè nel suo vertice V, il quale ha le coordinate

$$x_1 + \frac{\varepsilon(\mathcal{P}' - 2\psi)}{2\mathcal{P}'} \quad , \quad y_1 - \frac{\varepsilon(\mathcal{P}' - 2\psi)^2}{8\mathcal{P}'\psi}$$

ossia assume la forma

(151) $$\eta = \frac{\mathcal{P}'}{2\varepsilon\varphi}\xi^2 .$$

17. Filo soggetto ad una sollecitazione continua.

Consideriamo un filo pesante A B in equilibrio sotto l'azione di due forze $\underline{\mathfrak{F}}_A$ ed $\underline{\mathfrak{F}}_B$ applicate agli estremi e della gravità. La gravità sollecita ogni tratto del filo, anche piccolissimo; talchè, se per fissare le idee supponiamo il filo omogeneo e di densità (lineare) 1 (Cap. X, n.) siamo condotti a rappresentarci ciascun elemento materiale ds del filo come sollecitato da una forza $g\,ds$ (infinitesima dello stesso ordine del ds) dove g denota al solito l'accelerazione (vettoriale) della gravità.

Ma anche all'infuori (o in più) della gravità possiamo immaginare che il filo, per effetto di dispositivi sperimentali opportuni o di speciali condizioni fisiche dello spazio ambiente, sia soggetto, oltre che alle forze (finite) $\underline{\mathfrak{F}}_A$, $\underline{\mathfrak{F}}_B$, applicate agli estremi, ad una <u>sollecitazione continua</u>, cioè ad una sollecitazione, di natura qualsiasi, che si manifesti su <u>ogni</u> tratto, per quanto piccolo, del filo considerato. In accordo coll'osservazione fatta nel caso della gravità, considereremo una siffatta sollecitazione come dovuta all'azione simultanea di infinite forze infinitesime applicate ai singoli elementi materiali ds del filo e rappresentabili ciascuna sotto la forma $\underline{F}\,ds$, dove $\underline{F}$ designa un certo vettore determinato e finito (in generale variabile con continuità da elemento ad elemento). Al vettore $\underline{F}$ si dà il nome di <u>forza unitaria</u>, per quanto il suo modulo (come rapporto di una forza propriamente detta ad una lunghezza) non abbia le dimensioni fisiche di una forza. Quanto poi alla qualifica di "unitaria" la ragione ne risulta ovvia quando si rifletta che, se $\underline{F}$ si mantiene costante lungo un tratto di filo, essa si può definire come il rapporto della risultante delle forze agenti su quel tratto alla lunghezza del tratto stesso o, in altre parole, come la forza totale agente sull'unità di lunghezza. E nel caso generale il vettore $\underline{F}$ è il limite del rapporto or ora definito al tendere allo zero del tratto sollecitato.

Osserviamo ancora che ogni sollecitazione continua si può riguardare come limite di una sollecitazione dovuta ad un numero finito di forze applicate in un insieme discreto di punti, quando codesto numero tende all'infinito e, corrispondentemente, tende in modo opportuno allo zero ciascuna forza applicata. Di qui si arguisce che la configurazione di equilibrio del filo, nel caso di una sollecitazione continua, sarà una curva (limite di un poligono funicolare variabile), la quale si dirà <u>curva funicolare</u>. Noi qui ci proponiamo di sostituire a questa veduta intuitiva di limite una serie di passaggi logici rigorosi, in guisa da pervenire alle equazioni differenziali delle curve funicolari.

<u>18. Tensione</u>. – Date le forze $\underline{\mathcal{F}}_A$ ed $\underline{\mathcal{F}}_B$ applicate agli estremi di un filo A B e la forza unitaria $\underline{F}$, che caratterizza una certa sollecitazione continua, osserviamo anzitutto che, in condizioni statiche, ogni tratto di filo A P, compreso fra A e un generico punto P della funicolare, risente in P, per effetto del suo collegamento col residuo tratto P B, una certa azione $\underline{\mathcal{T}}$, analoga agli sforzi $\underline{\Phi}$ delle singole aste del poligono funicolare;

onde, per estensione a questo caso limite delle norme di comportamento degli sforzi nelle sollecitazioni discrete, si è condotti ad ammettere che la $\underline{T}$ sia diretta verso il punto infinitamente vicino a P sulla funicolare, cioè lungo la tangente in P, ed abbia carattere di tensione. Essa dicesi appunto <u>tensione</u> della funicolare nel punto P. Perciò se si conviene di designare con s l'arco AP di funicolare misurato positivamente da A verso B, la tensione, per ogni determinata funicolare, è un vettore $\underline{T}(s)$ funzione dell'arco, tangente alla funicolare e <u>sempre diretto nel verso delle s crescenti</u>.

Naturalmente, se si considera l'azione che nel punto P è risentita dal tratto di filo PB, per effetto del suo collegamento con AP, essa è data, per il principio di reazione, da $-\underline{T}(s)$.

<u>19. Equazioni di equilibrio</u>. Ciò premesso, per ottenere le equazioni di equilibrio, basterà esprimere che ogni singolo elemento del filo è sottoposto ad un insieme di sollecitazioni (esterne ed interne al filo) atto ad assicurarne l'equilibrio. Ora su di un elemento generico di filo, compreso fra i punto di ascisse curvilinee s ed $s+ds$ agiscono tre forze: la forza attiva $\underline{F}\,ds$, la tensione nell'estremo $s+ds$, la quale è data da $\underline{T}(s+ds)$, ossia, a meno di infinitesimi di ordine superiore, da $\underline{T}(s)+d\underline{T}$ e, infine, la tensione nell'estremo inferiore s, la quale è data, per quanto si è detto alla fine del n. prec. da $-\underline{T}(s)$. Poichè l'elemento considerato è assimilabile ad un punto materiale (Cap. X; n. 4), la condizione necessaria e sufficiente per l'equilibrio è espressa dall'annullarsi della risultante di codeste tre forze, cioè dall'equazione vettoriale

$$\frac{d\underline{T}}{ds} + \underline{F} = 0, \tag{16}$$

che deve essere soddisfatta in <u>ogni</u> punto P <u>interno</u> all'arco AB di funicolare e, che assicurando l'equilibrio di ogni elemento materiale (e quindi di ogni tratto finito) del filo, riassume in sè tutte le <u>condizioni indefinite</u>.

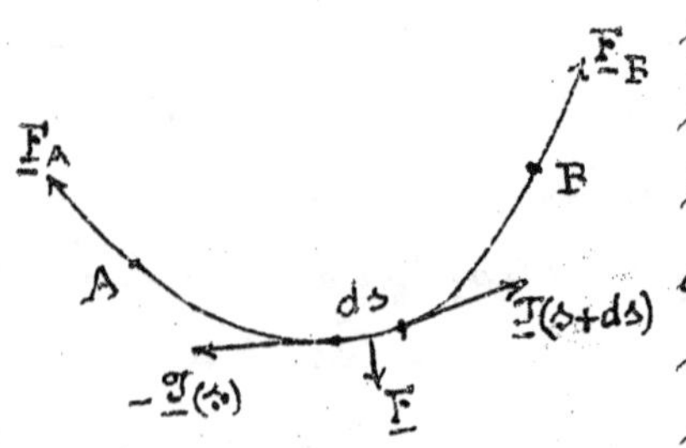

Le condizioni ai limiti (sostanzialmente identiche alle (6) del n. 5) si ottengono esprimendo che gli estremi A, B sono ciascuno in equilibrio sotto l'azione delle rispettive forze $\mathcal{F}_A$ ed $\mathcal{F}_B$ e della tensione esercitata su di esso dal filo onde assumono la forma

$$\mathcal{F}_A = -\underline{T}(0), \quad \mathcal{F}_B = \underline{T}(l), \tag{17}$$

dove l designa la lunghezza del filo.

Le (16), (17) dànno nel loro complesso le volute condizioni necessarie e sufficienti per l'equilibrio.

20. Anche qui, come nel caso dei poligoni funicolari (n. 6), si può arguire che le (16), (17) in quanto caratterizzano gli stati di equilibrio, debbono implicare le equazioni cardinali, per l'intero filo od anche per ogni sua parte finita.

Per verificarlo direttamente basta notare che anche in questo caso ciascuna delle (16), (17), in quanto esprime l'annullarsi di tre o due forze agenti su di uno stesso elemento materiale, assimilabile ad un punto, si può interpretare come una relazione di equivalenza tra sistemi di vettori applicati; cosicchè la medesima interpretazione vale <u>per</u> l'equazione che si ottiene integrando la (16) lungo il filo fra due punti P', P'' di ascisse curviline s', s'' cioè l'equazione

$$\underline{T}(s'') - \underline{T}(s') + \int_{s'}^{s''} \underline{F}\, ds = 0,$$

la quale esprime appunto che il sistema di tutte le forze esterne agenti sul tratto generico P' P'' di filo è vettorialmente equivalente a zero.

Naturalmente, le (16), (17), come non soltanto necessarie, ma anche sufficienti per l'equilibrio, comprendono, in più delle equazioni cardinali, quelle ulteriori condizioni che bastano ad assicurare l'equilibrio del considerato sistema materiale deformabile).

21. Per scindere l'equazione vettoriale (16) nelle sue componenti secondo gli assi, ricordiamo che la tensione $\underline{T}$ è un vettore tangenziale alla funicolare, diretto nel verso delle s crescenti, cosicchè può essere rappresentato con $T(s)\,\underline{t}$, dove $\underline{t}$ è il solito vettore unitario tangenziale e $T(s)$ è essenzialmente positiva. Ciò posto, se X, Y, Z sono le componenti della forza unitaria secondo gli assi, otteniamo dalla (16)

$$(16') \quad \frac{d}{ds}\left(T\frac{dx}{ds}\right)+X=0, \quad \frac{d}{ds}\left(T\frac{dy}{ds}\right)+Y=0, \quad \frac{d}{ds}\left(T\frac{dz}{ds}\right)+Z=0.$$

Quanto ad s, non è un parametro arbitrario, bensì l'arco di funicolare, cosicchè deve essere legato alle x, y, z dall'equazione differenziale caratteristica

$$(18) \qquad \left(\frac{dx}{ds}\right)^2+\left(\frac{dy}{ds}\right)^2+\left(\frac{dz}{ds}\right)^2=1$$

In quanto precede risulta che il problema di determinare la curva funicolare di un filo, sotto una data sollecitazione continua richiede la integrazione di un sistema di equazioni differenziali. Precisamente, se la forza unitaria è, o si può dire riguardare, come posizionale, cosicchè le X, Y, Z siano funzioni conosciute di x, y, z, le incognite del problema, se pel momento si prescinde dalle condizioni ai limiti, sono le quattro funzioni $x(s)$, $y(s)$, $z(s)$ e $T(s)$, delle quali le prime tre definiranno la curva funicolare, la quarta darà la tensione e, come sappiamo, dovrà risultare essenzialmente positiva.

Per determinare codeste quattro incognite, abbiamo le quattro equazioni (16'), (18), di cui le prime tre sono del 2° ordine (nelle x, y, z) e la quarta è del 1°; ed è facile fare il computo delle costanti arbitrarie, da cui dipende l'integrale generale.

La (18) e la sua derivata rispetto ad s si possono risolvere rispetto a $\frac{dz}{ds}$ e $\frac{d^2z}{ds^2}$, le quali risultano così espresso in funzione di

$$\frac{dx}{ds}, \quad \frac{dy}{ds}, \quad \frac{d^2x}{ds^2}, \quad \frac{d^2y}{ds^2}.$$

Sostituendo codeste espressioni di $\frac{dz}{ds}$ e $\frac{d^2z}{ds^2}$ nelle (16') (e più precisamente nella terza di esse) otteniamo un sistema di tre equazioni, che, risolte rispetto a $\frac{d^2x}{ds^2}$, $\frac{d^2y}{ds^2}$ e $\frac{dT}{ds}$, permettono di esprimere queste tre derivate in funzione di

$$(19) \qquad x, \ y, \ z, \ \frac{dx}{ds}, \ \frac{dy}{ds}, \ T.$$

Poiché tutte le derivate di x, y e T di ordine superiore a quelle or ora considerate sono esprimibili, in virtù delle (16'), (18) e delle loro derivate, per mezzo delle derivate di ordine inferiore, si conchiude (astrazion fatta dalla questione di convergenza, per la quale ci riferiamo senz'altro ai teoremi di esistenza dati dal Calcolo) che per individuare una soluzione $x(s)$, $y(s)$, $z(s)$, $T(s)$ del sistema (16'), (18) basta prefissare (ad arbitrio) i valori che le (19) debbono assumere per un dato valore s_o della variabile indipendente s. In altre parole, l'<u>integrale generale del sistema</u> (16'), (18) <u>dipende da sei costanti arbitrarie</u>, di cui si può disporre per soddisfare ad altrettante condizioni indipendenti, p. es., se sono prefissate le forze $\underline{F}_A$, $\underline{F}_B$ applicate agli estremi, alle condizioni ai limiti (17), che, proiettate sugli assi danno appunto, sei equazioni scalari.

Ma di solito, nei problemi concreti, non compaionio fra i dati le sollecitazioni agli estremi; bensì è prestabilito che codesti estremi del filo di data lunghezza l) siano attaccati a due dati punti fissi A e B. In tal caso le sei costanti arbitrarie vanno determinate in in modo che le funzioni $x(s)$, $y(s)$, $z(s)$ per $s=0$ ed $s=l$ risultino eguali alle date coordinate di A e rispettivamente, di B; e le (17) servono allora a determinare $\underline{F}_A$ ed $\underline{F}_B$, cioè le reazioni agli attacchi.

22. Se un filo oltre che da forze continue, è sollecitato da forze finite applicate in uno o più punti interni converrà scinderlo nei varii tratti, in cui risulta diviso da codesti punti. Per ogni tratto seguitano naturalmente a valere le considerazioni precedenti; soltanto si avrà una maggior complicazione nella determinazione delle costanti (sei per ciascun tratto). — Le condizioni, che devono essere soddisfatte nei punti di divisione, sono pure sei per ciascuno: tre esprimono semplicemente che due tratti hanno un punto comune; le altre tre caratterizzano l'equilibrio di questo punto, il quale si comporta nel riguardo come un nodo di un generico poligono funicolare.

23. Forze parallele. — Abbiamo visto al n. 11 che un poligono funicolare, sollecitato nei nodi intermedi da forze parallele, giace in un piano, contenente la comune direzione delle forze. Se ne arguisce, passando al caso limite di una sollecitazione continua secondo una direzione costante, che la funicolare è necessariamente una curva piana. Questa conclusione è naturalmente contenuta nelle equazioni infinite (16), e si può ritrovare in modo semplicissimo, supponendo uno degli assi, quello delle y per es., parallelo alle forze. Si ha allora $X=Z=0$, e dalla prima e terza delle (16), integrando rispetto ad

si deduce

$$\mathcal{T}\frac{dx}{ds}=\varphi,$$

$$\mathcal{T}\frac{dz}{ds}=\mathcal{C},$$

dove φ e $\mathcal{C}$ designano due costanti arbitrarie; dopo di che moltiplicando la prima di queste equazioni per $\mathcal{C}$, la seconda per φ, e sottraendo membro a membro, si ottiene

$$\mathcal{T}\left(\mathcal{C}\frac{dx}{ds}-\varphi\frac{dz}{ds}\right)=0.$$

Ora si può senz'altro supporre che $\mathcal{T}$ non sia identicamente nulla; perchè, l'ipotesi $\mathcal{T}=0$ vincoli , per la (16) $F=0$, vale a dire un caso del tutto privo di interesse

Dovrà essere pertanto

$$\mathcal{C}\frac{dx}{ds}-\varphi\frac{dz}{ds}=0,$$

onde integrando ancora una volta, si deduce

$$\mathcal{C}x-\varphi z=\text{cost.};$$

e questa equazione lineare fra le coordinate x, z di un punto qualsiasi della funicolare, esprime appunto che essa giace in un piano, parallelo all'asse delle y, cioè colla comune direzione delle forze attive.

Perciò conviene senz'altro ricondursi ad un problema piano scegliendo come piano coordinato xy quello che contiene la funicolare. La equazione

$$\mathcal{T}\frac{dz}{ds}=\mathcal{C}$$

si riduce con ciò ad una identità (la costante $\mathcal{C}$ assumendo il particolare valore zero) e rimangono, per definire la curva e la tensione, le due equazioni (la prima di primo e la seconda di secondo ordine)

$$(20)\qquad\begin{cases}\mathcal{T}\dfrac{dx}{ds}=\varphi,\\[2mm]\dfrac{d}{ds}\left(\mathcal{T}\dfrac{dy}{ds}\right)=-Y,\end{cases}$$

cui va naturalmente associata la definizione del parametro s come arco di funicolare

$$(21) \qquad \left(\frac{dx}{ds}\right)^2+\left(\frac{dy}{ds}\right)^2=1 .$$

La φ, che compare nella prima delle (20), è una costante a priori arbitraria, di cui si può soltanto asserire che è diversa da zero, ove si esclude il caso banale di una funicolare rettilinea, avente la stessa direzione della forza attiva. Infatti, escluso questo caso, non può essere identicamente $\frac{dx}{ds}=0$ (perchè ciò implicherebbe $x=$ cost, cioè la funicolare sarebbe parallela all'asse delle y): se dunque si annullasse φ, dovrebbe annullarsi identicamente T, il che, come abbiamo visto, è impossibile, ammessa una sollecitazione non nulla.

L'interpretazione meccanica di questa costante $\varphi \gtrless 0$ risulta immediatamente dalla prima delle (20): essa è la componente secondo l'asse delle x della tensione $\underline{T}$, onde si conclude che <u>lungo la funicolare è costante per la tensione la componente normale alla direzione fissa della sollecitazione</u> (e quindi la componente orizzontale quando la sollecitazione è dovuta alla gravità).

In questo enunciato si riconosce il caso limite della proprietà trovata al n. 12 per i poligoni funicolari; e precisamente la lettera φ ha nei due casi il medesimo significato.

Notiamo infine che l'integrazione del sistema (20), (21) introduce, oltre la φ, altre tre costanti arbitrarie, come risulta dal fatto che da codeste tre equazioni si possono trarre le espressioni di tutte le derivate di $x(s)$, $y(s)$, $T(s)$, a partire dal primo ordine, in funzione delle stesse x, y, T (e della φ).

Per la determinazione delle quattro costanti arbitrarie valgono gli stessi criteri indicati ai nn. 21. 22, adattati, beninteso, al caso di un problema piano.

24. Ponti sospesi (ipotesi semplificatrice della continuità della sollecitazione).

Al n. 16 abbiamo studiato la configurazione di equilibrio delle gomene sostentatrici dei ponti sospesi, adottando l'ipotesi più direttamente suggerita dalle circostanze di fatto, cioè supponendo che il peso del ponte si ripartisse in un numero discreto di punti (punti di attacco dei pendagli), gravando egualmente su ciascuno di essi. In base a tale ipotesi, abbiamo trovato come configurazione di equilibrio di ciascuna gomena sostentatrice, una poligonale, iscritta in una parabola ad asse verticale, passante per gli estremi.

Se il numero dei pendagli è grande, si potrà praticamente considerare la sollecitazione come continua, ed ammettere che ciascun elemento di gomena sopporti metà del peso della porzione di ponte immediatamente sottostante e l'altra metà gravi sulla gomena gemella.

Il problema posto in questo modo, si discute anche più comodamente di quanto abbiamo potuto fare al n. 16 nella ipotesi di una sollecitazione discreta; e si arriva ad una formula, particolarmente semplice, di uso corrente nella tecnica.

Ancor prima di procedere alla trattazione analitica possiamo prevedere che la configurazione di equilibrio sarà una parabola ad asse verticale volgente la concavità verso l'alto e passante per gli estremi (caso limite del poligono iscritto).

25. Le forze essendo tutte verticali, la funicolare sarà piana e potremo prendere le mosse dalle equazioni (20) e (21) del n. 23, purchè si assuma come piano xy quello verticale, passante per gli estremi A, B della gomena che si consi-

dera, e l'asse y si supponga diretto verticalmente (per es. verso l'alto), lasciando, pel momento, arbitraria la posizione dell'origine.

Con ciò, ove si supponga uniforme la struttura del ponte per tutta la sua lunghezza, e si designi con $2p$ il peso per unità di lunghezza, ogni elemento ds di gomena si troverà sottoposto ad una forza verticale, di intensità eguale al prodotto di p per la proiezione orizzontale di ds (peso di metà della porzione di ponte immediatamente sottostante).

Ora osserviamo che, in virtù della prima delle (20) in cui, come sappiamo φ è una costante (diversa da zero), $\frac{dx}{ds}$ non può mai annullarsi. Se dunque si suppone di scegliere la direzione positiva dell'asse (orizzontale) delle x nel senso da A verso B, $\frac{dx}{ds}$ sarà sempre positivo, perchè, non annullandosi, non può neppure cambiare segno; e, se fosse sempre negativo, la x dovrebbe decrescere, quando s passa dal valore zero (punto A) al valore l (punto B), mentre, per il modo con cui abbiamo scelto la direzione positiva dell'asse delle x è tale che l'ascissa di B è necessariamente maggiore di quella di A.

Con tale convenzione il dx (incremento che subisce x per l'incremento positivo ds dell'arco) è essenzialmente positivo e dà quindi (in valore e segno) la misura della proiezione orizzontale dell'elemento. La forza che lo sollecita è dunque $p\,dx$ verticale verso il basso; la forza unitaria $p\frac{dx}{ds}$ e la componente Y (secondo l'asse delle y, verticale verso l'alto)

$$Y = -p\frac{dx}{ds}.$$

Pertanto questo valore nelle (20), si ottiene

$$\mathcal{T}\frac{dx}{ds} = \varphi,$$

$$\frac{d}{ds}\left(\mathcal{T}\frac{dy}{ds}\right) = p\frac{dx}{ds},$$

dove la costante φ è a ritenersi positiva, tale dovendo essere T per sua natura, e, nel caso presente, anche $\frac{dx}{ds}$.

26. Trovate così le equazioni indefinite dell'equilibrio, procediamo all'integrazione

Dalla seconda delle (20') deduciamo, con una quadratura

$$T\frac{dy}{ds}=px+\text{cost};$$

e poichè sinora si son fissate le direzioni degli assi, non la posizione dell'origine, possiamo con una opportuna traslazione degli assi parallelamente all'asse x (cioè assumendo come nuova x la $x+\frac{\text{cost}}{p}$) ridurre a zero la costante d'integrazione così da avere

$$(22)\qquad T\frac{dy}{ds}=px.$$

Dividendo membro a membro per la prima delle (20'), eliminiamo T ed s e otteniamo l'equazione differenziale

$$\frac{dy}{dx}=\frac{p}{\varphi}x$$

che si integra a vista e dà

$$y=\frac{p}{2\varphi}x^2+\text{cost}.,$$

dove la costante di integrazione si può ridurre a zero con una conveniente traslazione degli assi parallela all'asse y (cioè prendendo come nuova y la $y-\text{cost}.$); con che l'ottenuta equazione della funicolare assume la forma

$$(23)\qquad y=\frac{p}{2\varphi}x^2,$$

e rappresenta appunto una parabola di vertice nell'origine, avente per asse di simmetria l'asse delle y e volgente la concavità verso l'alto.

Quanto poi alla tensione T, basta quadrare e sommare la prima delle (20') e la (22) e tener conto della (21) per concludere

$$(24)\qquad T^2=p^2x^2+\varphi^2.$$

Naturalmente, essa risulta minima, ed uguale alla sua orizzontale costante φ, nel punto più basso della funicolare ($x=0$).

27. Non è privo di interesse il raffrontare la parabola funicolare (23) con la parabola che al n. 16, considerando una sollecitazione discreta, abbiamo ottenuto come circoscritta al poligono funicolare, e che, riferita al suo asse principale (verticale) e alla tangente nel vertice, ammette l'equazione

$$(15') \qquad \eta = \frac{\mathfrak{P}'}{2\varepsilon\varphi}\,\xi^2$$

Ove si tenga conto delle relazioni che legano $\mathfrak{P}'$ al peso $\mathfrak{P}$ del ponte e la distanza ε da pendaglio alla lunghezza a del ponte, cioè (n. 16) della

$$\mathfrak{P}' = \frac{\mathfrak{P}}{2n-2} \qquad \varepsilon = \frac{a}{n-1},$$

otteniamo

$$\frac{\mathfrak{P}'}{2\varepsilon\varphi} = \frac{(n-1)\mathfrak{P}}{4(n-2)a\varphi} = \left(1+\frac{1}{n-2}\right)\frac{\mathfrak{P}}{4a\varphi}:$$

e di qui, ove si faccia tendere all'infinito il numero $n-1$ dei pendagli (supposti sempre equidistanti a due a due) risulta

$$\lim_{n\to\infty} \frac{\mathfrak{P}'}{2\varepsilon\varphi} = \frac{\mathfrak{P}}{4a\varphi},$$

ossia, inquanto $\frac{\mathfrak{P}}{a}$ è il peso per unità di lunghezza di ponte, che abbiamo indicato con $2p$

$$\lim_{n\to\infty} \frac{\mathfrak{P}'}{2\varepsilon\varphi} = \frac{p}{2\varphi}.$$

Vediamo dunque che la parabola (15'), circoscritta al poligono funicolare, tende, per $n \to \infty$, alla parabola funicolare (23).

28. Comunque siano prefissate le condizioni ai limiti, atte ad individuare la configurazione di equilibrio, questa è data, per un opportuno valore della costante meccanica φ, da un'arco di parabola di equazione (23)

Nei casi concreti sono per lo più prestabiliti, per ciascuna gomena, gli estremi A e B, allo stesso livello e alla distanza a (lunghezza del ponte). I due punti A, B risultano manifestamente simmetrici rispetto all'asse y della parabola funicolare, talchè le loro ascisse sono $\mp a$ rispettivamente. Perciò, in base alle equazioni ai limiti (17) e alla (24), si conchiude che entrambe le reazioni di attacco $\mathfrak{F}_A$, $\mathfrak{F}_B$ sono uguali, in valore assoluto, a

$$\sqrt{\frac{1}{4}a^2p^2+\varphi^2}.$$

Il dislivello fra gli estremi della gomena e il suo punto più basso dicesi freccia di inflessione: denotandola con f e osservando che essa non è altro che l'ordinata comune di A e B si trova, ponendo $x = \pm\frac{1}{2}a$ nella (23),

$$f = \frac{pa^2}{8\varphi}; \tag{23'}$$

ed è questa la formola notevole per il suo interesse tecnico, che già preannunziammo al n. 24.

Per completar questi cenni, resta da determinare la relazione che lega la costante meccanica φ coi dati diretti della questione, cioè con p ed a e colla lunghezza l della gomena.

Evidentemente la l è data dalla lunghezza dell'arco di parabola (23), compreso tra A e B, cioè, ove si introduca, in base alla (21), l'elemento ds di funicolare, da

$$l = 2\int_0^{\frac{a}{2}}\sqrt{1+\left(\frac{dy}{dx}\right)^2}\,dx$$

dove il radicale va preso in senso aritmetico e, beninteso, $\frac{dy}{dx}$ va calcolato, mediante la (23). Si ottiene così

$$l = 2\int_0^{\frac{a}{2}}\sqrt{1+\frac{p^2}{\varphi^2}x^2}\,dx,$$

ossia, ponendo $\lambda = \frac{p}{\varphi}x$,

$$l = \frac{2\varphi}{p}\int_0^{\frac{pa}{2\varphi}}\sqrt{1+\lambda^2}\,d\lambda, \tag{25}$$

e di qui, ricordando la formola elementare di integrazione

$$2\int\sqrt{1+\lambda^2}\,d\lambda = \log\left(\lambda+\sqrt{1+\lambda^2}\right)+\lambda\sqrt{1+\lambda^2},$$

dove il simbolo log denota il logaritmo naturale (o di base e) si conclude

$$l = \frac{\varphi}{p} \log \left\{ \frac{pa}{2\varphi} + \sqrt{1 + \frac{p^2 a^2}{4\varphi^2}} \right\} + \frac{a}{2} \sqrt{1 + \frac{p^2 a^2}{4\varphi^2}}$$

Da questa formola o, più semplicemente, dalla (25) si può trarre una espressione approssimata di l, valida ogniqualvolta $\frac{pa}{\varphi}$ (rapporto fra il carico totale sopportato dal filo e la componente orizzontale φ della tensione, che non è se non la componente orizzontale della forza che lo tende agli estremi) sia abbastanza piccolo: tale per es. che se ne possa sensibilmente trascurare la quarta potenza, come avviene, in generale, nei problemi tecnici.

In tale ipotesi, poichè la variabile corrente di integrazione λ si mantiene sempre inferiore a $\frac{pa}{2\varphi}$, saranno a maggior ragione trascurabili le potenze di λ, dalla quarta in avanti. Perciò, ove si applichi lo sviluppo del Taylor a $\sqrt{1+\lambda^2} = (1+\lambda^2)^{\frac{1}{2}}$, si potrà arrestarsi dopo il secondo termine, omettendo il resto, che contiene λ^4 a fattore.

Sostituendo $1 + \frac{1}{2}\lambda^2$ in luogo di $\sqrt{1+\lambda^2}$ si ottiene

$$l = \frac{\varphi}{p}\, 2 \int_0^{\frac{pa}{2\varphi}} \left(1 + \frac{1}{2}\lambda^2\right) d\lambda ,$$

donde l'espressione approssimata

$$l = a\left(1 + \frac{p^2 a^2}{24\varphi^2}\right). \tag{26}$$

29. Catenaria omogenea. — Al problema studiato ai nn. prec. va ravvicinato quello di determinare la configurazione di equilibrio di un filo materiale omogeneo, sospeso agli estremi in due dati punti A e B (non situati sulla stessa verticale) e soggetto alla sola sollecitazione della gravità.

Anche qui le forze esterne sono tutte verticali, talchè (n. 23) la funicolare giacerà nel piano verticale di A e B, nel quale, come al n. 25, sceglieremo l'asse y verticale e orientato verso l'alto, l'asse x (orizzontale) orientato in modo che l'ascissa di B risulti (algebricamente) maggiore di quella di A, e lasceremo dapprima arbitraria la posizione dell'origine.

La forza unitaria della sollecitazione continua è il peso (costante, trattandosi di un filo omogeneo) di un tratto di filo di lunghezza 1. Indicatone con p l'intensità, avremo $X = 0$, $Y = -p$; onde le equazioni indefinite dell'equilibrio saranno, per le (20) del n. 23,

$$(27) \qquad \begin{cases} T\dfrac{dx}{ds} = \varphi, \\ \dfrac{d}{ds}\left(T\dfrac{dy}{ds}\right) = p. \end{cases}$$

in cui come si è visto in generale al n. 23, la costante φ è a ritenersi essenzialmente positiva, dato il modo in cui sono orientati gli assi.

Eliminando T dalla seconda equazione a mezzo della prima, si ottiene

$$\frac{d}{ds}\left(\frac{dy}{dx}\right) = \frac{p}{\varphi},$$

dove, naturalmente, $\frac{dy}{dx}$ significa il rapporto fra gli incrementi delle coordinate, lungo la funicolare, corrispondenti ad un incremento ds dell'arco trattando l'ascissa x come variabile indipendente, e l'ordinata y come funzione, si può dare alla relazione testè ricavata la forma di un'equazione differenziale fra le sole coordinate x, y dei punti della funicolare.

Più precisamente, se si scrive per brevità y' al posto di $\frac{dy}{dx}$, e si nota che il ds può essere sostituito con $\sqrt{1+y'^2}\,dx$, si ottiene, moltiplicando da ultimo per dx,

$$(28) \qquad \frac{1}{\sqrt{1+y'^2}}\,dy' = \frac{p}{\varphi}\,dx.$$

Ove la y' si riguardi come una incognita ausiliaria, la (28) è un'equazione differenziale del 1° ordine a variabili separate, che si integra immediatamente e dà

$$\log\left(\sqrt{1+y'^2}+y'\right)=\frac{p}{\varphi}x+\text{cost.},$$

dove, profittando della libertà di scelta dell'origine degli assi (di cui si sono fissate soltanto le direzioni) possiamo ridurre a zero la costante di integrazione, eseguendo una conveniente traslazione degli assi parallela all'asse x (cioè assumendo come nuovo x la $x+\frac{\varphi}{p}\text{cost.}$) Otteniamo così

$$\log.\left(\sqrt{1+y'^2}+y'\right)=\frac{p}{\varphi}x,$$

ossia, passando dai logaritmi ai numeri,

(29) $$\sqrt{1+y'^2}+y'=e^{\frac{p}{\varphi}x}.$$

Di qui, tenendo conto della identità

$$\left(\sqrt{1+y'^2}+y'\right)\left(\sqrt{1+y'^2}-y'\right)=1,$$

si deduce

$$\sqrt{1+y'^2}-y'=e^{-\frac{p}{\varphi}x}$$

e questa equazione combinata per sottrazione e per somma con la (29), dà

30 $$\begin{cases} y'=\frac{1}{2}\left(e^{\frac{p}{\varphi}}-e^{-\frac{p}{\varphi}x}\right), \\ \sqrt{1+y'^2}=\frac{1}{2}\left(e^{\frac{p}{\varphi}}+e^{-\frac{p}{\varphi}x}\right). \end{cases}$$

Dalla prima, con una quadratura, si perviene alla

$$y=\frac{\varphi}{2p}\left(e^{\frac{p}{\varphi}x}+e^{-\frac{p}{\varphi}x}\right)+\text{cost.},$$

e basta eseguire una traslazione degli assi parallela all'asse y (cioè assumere come nuova y la $y-\text{cost.}$) per ridurre a zero la costante di integrazione con che si ottiene per la funicolare rispetto ad assi che da quanto precede risultano oramai determinati univocamente l'equazione

(31) $$y=\frac{\varphi}{2p}\left(e^{\frac{p}{\varphi}x}+e^{-\frac{p}{\varphi}x}\right).$$

D'altra parte, ricordando che $\sqrt{1+y'^2}\,dx=ds$ e convenendo di misurare gli archi s di funicolare a partire dal punto della curva di ascissa $x=0$ nel verso delle x crescenti, si deduce dalla seconda delle (30), con una quadratura

$$s = \frac{\varphi}{2p}\left(e^{\frac{p}{\varphi}x} - e^{-\frac{p}{\varphi}x}\right) \qquad (32)$$

30. La curva (31) dallo Huyhens che la scoperse fu chiamata *catenaria*, e solitamente si caratterizza colla qualifica di *omogenea*, estendendo il nome generico di *catenarie* a tutte le curve di equilibrio di fili o catene pesanti (anche non omogenei).

Per renderci conto della forma della catenaria omogenea, osserviamo anzitutto che la $\frac{dy'}{dx} = \frac{d^2y}{dx^2}$, in base alla (28) è sempre positiva, cosicchè la y' è costantemente crescente; e poichè la y', come risulta dalla prima delle (30), si annulla per $x=0$, si riconosce che essa è sempre negativa per $x<0$, sempre positiva per $x>0$. Di qui e dalla (31) risulta che l'ordinata y della catenaria, costantemente positiva, e tendente all'infinito per $x \to \pm\infty$, va sempre decrescendo mentre x varia da $x=-\infty$ ad $x=0$; raggiunge per $x=0$ il minimo positivo $\frac{\varphi}{p}$ (punto più basso o *vertice* V della catenaria) e cresce poi costantemente al crescere della x da 0 a $+\infty$. Inoltre, poichè la y, data dalla (31), è funzione pari dell'ascissa (cioè riprende lo stesso valore per valori opposti di x) la catenaria è simmetrica rispetto all'asse y, cioè rispetto alla verticale passante per il punto più basso V. Segue di qui e dall'unicita del minimo che, se un arco di catenaria ha per estremi due punti A, B, posti al medesimo livello, esso giace tutto al disotto della orizzontale AB ed è simmetrico rispetto alla verticale mediana, il che era ben prevedibile data l'interpretazione statica.

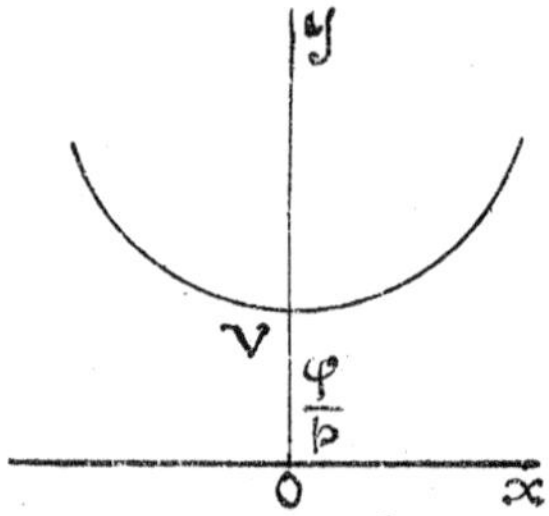

L'asse (orizzontale) delle x, cui è riferita la (31) dice, si base della catenaria e l'ordinata, essenzialmente positiva, $\frac{\varphi}{p}$ del punto più basso chiamasi parametro.

31. Resta da calcolare la tensione. A tale scopo, riprendiamo la prima delle equazioni indefinite (27) scrivendola sotto la forma

$$\mathcal{T} = \varphi \frac{ds}{dx} = \varphi \sqrt{1+y'^2} ;$$

e dal confronto della seconda delle (30) e della (31) traggiamo

$$\sqrt{1+y'^2} = \frac{p}{\varphi} y ;$$

cosicchè si conclude

(33) $$\mathcal{T} = p y ;$$

cioè la tensione in un punto generico di una catenaria è uguale al peso di un tratto di filo di lunghezza eguale al la distanza del punto dalla base.

In particolare, dalla (33) risulta confermata la circostanza, prevedibile a priori, che la tensione è minima nel punto più basso V della funicolare ed assume ivi il valore φ (componente tangenziale costante della tensione); e se si considera un arco di catenaria i cui estremi A e B siano ad uguale altezza sulla base (e quindi, pel n. prec., simmetrici rispetto alla verticale di V) la tensione raggiunge in essi il suo valore massimo, dato da $p y_0$, se y_0 è la loro ordinata comune. Ove si indichi con τ codesta tensione massima, con f la freccia d'inflessione $y_0 - \frac{\varphi}{p}$ dell'arco di catenaria (n. 28), si ottiene la formola, notevole dal punto di vista applicativo,

(34) $$\tau = \varphi + p f .$$

32. Caso di forti tensioni. Un caso particolare che merita di essere rilevato, è quello di un filo fortemente teso agli estremi, con che si intende che φ (tensione orizzontale costante, e quindi riferibile, se si vuole, agli estremi) sia

rilevante rispetto al peso totale pl del filo.

Più precisamente supporremo che il rapporto $\frac{pa}{\varphi}$ (dove a designa la portata, cioè la proiezione orizzontale della funicolare che si considera) sia abbastanza piccolo perchè la sua quarta potenza riesca trascurabile di fronte all'unità. È appena necessario osservare che, essendo in ogni caso $a \leq l$, l'accennata condizione è senz'altro verificata, ove si ritenga trascurabile $\left(\frac{pl}{\varphi}\right)^4$. Comunque ci proponiamo di mostrare come basti poter trascurare $\left(\frac{pa}{\varphi}\right)^4$, perchè la funicolare divenga assimilabile ad un arco di parabola.

Ammesso infatti che gli estremi A, B siano da banda opposta rispetto al punto più basso del filo (ciò che accade certamente quando essi si trovano al medesimo livello), l'ascisso x di un punto generico della funicolare resta, in valore assoluto, necessariamente, al disotto della portata a, anzi non può superare $\frac{a}{2}$, allorquando A e B si trovano sulla stessa orizzontale.

Ad ogni modo $\frac{px}{\varphi}$ rimane, in valore assoluto, inferiore a $\frac{pa}{\varphi}$; cosicchè a $e^{\frac{px}{\varphi}}$ si possono sostituire i primi quattro termini dello sviluppo in serie, trascurando il resto, che contiene $\left(\frac{px}{\varphi}\right)^4$ a fattore. Analogamente per $e^{-\frac{px}{\varphi}}$.

Avendosi così

$$e^{\frac{px}{\varphi}} = 1 + \frac{px}{\varphi} + \frac{1}{2}\left(\frac{px}{\varphi}\right)^2 + \frac{1}{3!}\left(\frac{px}{\varphi}\right)^3 ,$$

$$e^{-\frac{px}{\varphi}} = 1 - \frac{px}{\varphi} + \frac{1}{2}\left(\frac{px}{\varphi}\right)^2 - \frac{1}{3!}\left(\frac{px}{\varphi}\right)^3 ,$$

l'equazione (31) della catenaria si riduce a

$$(31') \qquad y = \frac{\varphi}{p} + \frac{p}{2\varphi}x^2 ,$$

che rappresenta manifestamente una parabola ad asse verticale di parametro $\frac{2\varphi}{p}$; talchè basta trasportare l'origine nel vertice, con una opportuna traslazione degli assi, per ridurre l'equazione (31') alla forma $y = \frac{p}{2\varphi}x^2$.

Salvo il diverso significato di p, ritroviamo la stessa parabola (23) che al n. 26 abbiamo ottenuto come configurazione di equilibrio delle gomene dei ponti sospesi, nell'ipotesi della sollecitazione continua. Se quindi si considera in particolare il caso di due estremi A, B allo stesso livello, la lunghezza l del filo rimane approssimativamente espressa dalla formola (26), alla quale naturalmente, si perverrebbe anche qui in modo diretto sostituendo nella (32), agli esponenziali gli sviluppi, testè indicati.

Quanto alla tensione si deduce dalla (33), tenendo conto della (31'), l'espressione approssimata

$$T = \varphi + \frac{p^2}{2\varphi} x^2 ,$$

che applicata ad un estremo $(x = \pm \frac{a}{2})$, porge la tensione massima

$$T = \varphi + \frac{p^2 a^2}{8\varphi} . \tag{35}$$

Riassumendo, nel caso di forti tensioni (p piccolo di fronte a φ) la catenaria è assimilabile alla parabola

$$y = \frac{p}{2\varphi} x^2 ,$$

ove si supponga l'origine degli assi nel punto più basso, e se gli attacchi sono ad egual livello la freccia f, la lunghezza l del filo e la massima tensione T sono definite (in termini del peso unitario p, della portata a e della tensione orizzontale agli estremi φ) dalle formole (23') e (26) del n. 28 e dalla (35):

$$f = \frac{p a^2}{8\varphi} , \quad l = a \left(1 + \frac{p^2 a^2}{24\varphi^2}\right) , \quad T = \varphi + \frac{p^2 a^2}{8\varphi} .$$

Combinando la prima e la terza si ritrova manifestamente la (34).

33. Fra il caso di un carico proporzionale a ciascun elemento (catenaria omogenea) e quello di un carico proporzionale alla proiezione orizzontale dell'elemento (ponti sospe-

si) non sussiste, per ciò che riguarda le rispettive equazioni differenziali (27) e (20') se non un'unica differenza: la p del primo caso è sostituita nel secondo da $p\frac{dx}{ds}$. Se si indica con ϑ l'inclinazione (sull'orizzonte) della tangente alla funicolare in un punto generico, $\frac{dx}{ds}$ non è altro che $\cos\vartheta$, sicchè il divario fra le due sollecitazioni è misurato da $p(1-\cos\vartheta)$, cosicchè se il filo è così teso che sieno trascurabili i termini di secondo ordine in ϑ, riesce appunto trascurabile la differenza $1-\cos\vartheta$, e quindi i due casi si confondono.

Perciò il fatto qualitativo della sostituibilità, in date circostanze, di un arco di parabola ad un arco di catenaria può essere previsto senza calcoli, per semplice confronto delle equazioni differenziali. Ma è necessaria la loro preventiva integrazione, se si vuol dare alle condizioni di sostituibilità (come si è fatto al n. prec.) una forma immediatamente desumibile dai dati pratici della questione.

CAPITOLO XIV:

Equilibrio relativo

§1. Nozione di equilibrio relativo Regola di applicazione generale.

1. Nei capitoli precedenti abbiamo studiato le condizioni di equilibrio di varie specie di sistemi materiali, riferendoci ad una terna di assi fissi, o risguardati fissi (nel senso che si attribuisce in meccanica a tale qualifica). Consideriamo più generalmente un sistema di assi $Oxyz$, animati da un moto comunque assegnato, e proponiamoci di trovare le condizioni cui debbono sottostare le forze direttamente applicate ad un sistema materiale, affinchè esso, malgrado la sollecitazione, serbi posizione invariata, rispetto alla terna $Oxyz$. È questo che si chiama equilibrio relativo, attribuendosi, quando si possa temere ambiguità, la qualifica di equilibrio assoluto a quello di cui ci siamo occupati finora (in cui la terna $Oxyz$ si suppone fissa).

2. Cominciamo, come nello studio dell'equilibrio assoluto, dal caso semplice in cui si tratta di un punto materiale P. Inquanto esso serba posizione invariata rispetto agli assi di riferimento, la sua velocità relativa, $\underline{v}_r$ e di conseguenza l'accelerazione relativa $\underline{a}_r$, debbono annullarsi.

Ciò posto, sia $\underline{F}$ la risultante di tutte le forze che sollecitano P (comprese eventualmente le reazioni, se vi sono dei vincoli). Si tratta di stabilire a quale condizione deve soddisfare $\underline{F}$ affinchè il punto P stia in equilibrio relativo.

Ci basterà all'uopo combinare l'equazione fondamentale della dinamica

$$m\,\underline{a_a} = \underline{F}\,,$$

(dove, per maggior chiarezza, si designa con $\underline{a_a}$ l'accelerazione assoluta) col teorema del Coriolis, espresso [Cfr. il Cap. III° della Cinematica, "Moti relativi", § 7] dalla equazione

$$\underline{a_a} = \underline{a_r} + \underline{a_\tau} + \underline{2a_a}\,.$$

Se l'equilibrio relativo sussiste, sarà [n. 2] $\underline{a_r} = 0$, nonchè $\underline{a_c} = \underline{\omega} \wedge \underline{v_r} = 0$, quindi $\underline{a_a} = \underline{a_\tau}$ e la legge fondamentale del moto (assoluto) potrà scriversi $m\,\underline{a_\tau} = \underline{F}$, ossia

$$(1) \qquad \underline{F} - m\,\underline{a_\tau} = 0\,.$$

È questa la condizione cui deve necessariamente soddisfare la forza $\underline{F}$, quando il punto P si trova in equilibrio relativo.

Ma essa è pur sufficiente; cioè, se la (1) è verificata, l'equilibrio sussiste; ossia ancora, se si supponga che, in un particolare istante qualsiasi $t = t_0$, il punto P si trovi in quiete relativa ($\underline{v_r} = 0$, per $t = t_0$), consegue dalla (1) $\underline{v_r} = 0$ per qualsiasi istante t.

Infatti l'ipotesi (1) equivale ad $\underline{a_a} = \underline{a_\tau}$, od anche, sostituendo ad $\underline{a_a}$ la sua espressione fornita dal teorema del Coriolis, a

$$\underline{a_r} + 2\underline{a_c} = 0\,.$$

Poichè il vettore $\underline{a_c} = \underline{\omega} \wedge \underline{v_r}$, ove non sia nullo, risulta perpendicolare a $\underline{v_r}$, la relazione precedente moltiplicata scalarmente per $\underline{v_r}$, porge

$$\underline{v_r} \times \underline{a_r} = 0\,.$$

ossia

$$\underline{v_r} \times \frac{d\underline{v_r}}{dt} = \frac{1}{2}\,\frac{d}{dt}\left(\underline{v_r} \times \underline{v_r}\right) = \frac{1}{2}\,\frac{d\,v_r^2}{dt} = 0\,;$$

onde si conclude $v_r^2 = \text{cost.}$; e poichè per ipotesi $\underline{v_r}$ si annulla nell'istante t_0 si manterrà costantemente eguale a zero.

<u>La (1) è dunque condizione necessaria e sufficiente, perchè il punto P sia in equilibrio relativo rispetto alla</u>

terna $Oxyz$.

3. Tale risultato si può interpretare in modo espressivo, ravvicinandolo all'analoga condizione di equilibrio assoluto, che, come ben sappiamo, è data dall'annullarsi della risultante di tutte le forze applicate al punto. Si può cioè rappresentarsi la (1) come condizione di equilibrio assoluto per un punto materiale sollecitato, oltre che dalla forza $\underline{F}$ (effettivamente applicata) anche da una forza addizionale $\chi = -m\,\underline{a}_\tau$. Questa forza fittizia che, in ordine all'equilibrio relativo del punto rappresenta l'influenza del moto degli assi e si riduce a zero non soltanto quando questi son fissi, ma anche ogni qualvolta sia $\underline{a}_\tau = 0$, si suol chiamare forza di trascinamento.

Introducendo sistematicamente siffatta forza, possiamo enunciare la regola seguente:

Tutte le questioni di equilibrio relativo del punto si discutono come se si trattasse di equilibrio assoluto, avendo però cura di annoverare ciascuna volta fra le forze esterne direttamente applicate anche la forza di trascinamento.

Questa per la sua stessa definizione dipende dal moto degli assi; e al prossimo § indagheremo il suo comportamento nei casi più semplici e più interessanti per le applicazioni.

4. La regola di statica relativa, or ora stabilita nel caso del punto, si estende a sistemi materiali di natura qualsiasi e risulta senz'altro applicabile a tutti quei casi (solidi liberi o vincolati, sistemi articolati, fili, ecc.) pei quali già si conoscano le condizioni di equilibrio assoluto.

Per giustificare questa asserzione basta por mente al criterio direttivo del metodo uniforme, seguito nello stabilire codeste condizioni di equilibrio assoluto per ognuna delle categorie di sistemi considerati finora:

a) si è espresso che ciascun punto P del sistema si trova in equilibrio sotto l'azione delle forze esterne direttamente applicate, e di forze interne o reazioni vincolari, soddisfacenti a determinate caratteristiche sperimentali;

b) si sono combinate opportunemente le conseguenze di codeste condizioni elementari di equilibrio, in modo da mettervi in evidenza le forze direttamente applicate e da eliminare, per quanto è possibile, gli elementi ausiliari.

Ora questo stesso procedimento è manifestamente applicabile anche alla deduzione delle condizioni dell'equilibrio relativo; ed anzi se, come accade in molti casi, è lecito ritenere che anche durante il moto le forze interne e le reazioni vincolari conservino quegli stessi caratteri sperimentali che furono loro riconosciuti in istato di quiete, le condizioni elementari a) per l'equilibrio relativo non differiranno dalle analoghe condizioni per l'equilibrio assoluto se non per l'aggiunta in ciascun punto della corrispondente forza di trascinamento, con carattere di forza esterna. Conseguentemente nulla vi sarà da modificare nella eliminazione b) degli elementi ausiliari e quindi nelle rispettive conclusioni finali, salva beninteso, la norma generale di aggiungere alle forze esterne effettive le forze di trascinamento dei singoli punti del sistema.

Così la regola del n. prec. risulta estesa a sistemi materiali quali si vogliano, a condizione che le forze interne e le reazioni vincolari conservino durante il moto lo stesso comportamento, che le caratterizza in istato di quiete.

Giova tuttavia notare che non sempre ciò si verifica: daremo in proposito un esempio tipico al § 3. In siffatti casi si potrà pur sempre applicare il procedimento suaccennato, ma nel far ciò bisognerà tener conto della influenza che lo stato di moto ha sul comportamento delle forze interne e reattive.

Vale allora per ogni punto P la regola del n.° precedente, e, anche nelle conclusione finali, il divario dall'equilibrio assoluto al relativo sarà questo soltanto che, accanto alle forze esterne effettivamente applicate, bisognerà far intervenire (per ciascuna particella elementare del sistema di cui si tratta) la forza di trascinamento $\underline{X}$.

§ 2. Casi particolari notevoli ed esempi illustrativi

5. Traslazioni. Gli assi di riferimento $Oxyz$ siano animati da un moto traslatorio (qualsiasi). L'accelerazione di trascinamento $\underline{a}_\tau$ è ad un dato istante, la stessa per qualsivoglia punto P (Cap. IV,) e può quindi identificarsi coll'accelerazione $\underline{a}_o$ dell'origine O. Lo stesso carattere di indipendenza locale presenta così la forza di trascinamento $\underline{X} = -m\underline{a}_o$.

Un esempio illustrativo assai semplice è fornito dall'equilibrio relativo rispetto ad un corpo liberamente cadente, supposto che sia lanciato o abbandonato in modo da assumere con moto puramente traslatorio[1]

Detta $\underline{g}$ l'accelerazione di gravità (in grandezza e direzione) sarà naturalmente $\underline{a}_o = \underline{g}$, cosicchè la forza di trascina-

(1) L'intuizione ci dice che ciò è effettivamente possibile, e i principii della dinamica ne porgono come si vedrà, la conferma rigorosa.

mento $\underline{X} = -\underline{mg}$ equilibra il peso.

Così, in particolare per un solido qualsiasi, su cui, oltre al peso, non siano direttamente applicate altre forze, le condizioni di equilibrio relativo si trovano senz'altro soddisfatte.

Supponendo per es. che una persona porti sulle spalle un carico, e spicchi un salto all'ingiù, nel periodo di caduta, lo sforzo muscolare di sostentamento del carico è ridotto a zero. E lo stesso può dirsi anche pel periodo d'ascesa, se il salto fosse spiccato all'insù. L'apparenza contraria va attribuita allo sforzo preliminare necessario per spiccare un tale salto all'insù.

Se poi il moto degli assi $Oxyz$, oltre ad essere <u>traslatorio</u>, è anche uniforme, l'accelerazione di trascinamento è nulla; e con essa la forza $\underline{X}$.

<u>Una traslazione uniforme non ha pertanto alcuna influenza sulle condizioni statiche: esse sono identiche a quelle valide per l'equilibrio assoluto.</u>

<u>6. Rotazioni e rototraslazioni uniformi – Forza centrifuga</u>.

Gli assi di riferimento siano invece animati da un moto <u>rotatorio uniforme</u>.

<u>Detta</u> $\underline{\omega}$ la velocità angolare, e Q la proiezione del generico punto P che si considera sull'asse di rotazione sappiamo (Cap. III, n. 12) che

$$\underline{a}_\tau = \omega^2(Q-P)\,; \qquad \text{si ha quindi}$$

$$\underline{X} = m\omega^2(P-Q)\,. \tag{2}$$

A questa forza di trascinamento, derivante da una rotazione uniforme, si dà il nome particolare di <u>forza centrifuga</u>. Essa dipende, come si vede, dalla posizione del punto P rispetto all'asse di rotazione: è diretta radialmente verso l'esterno (cioè secondo il prolungamento della QP) ed ha intensità proporzionale alla mas-

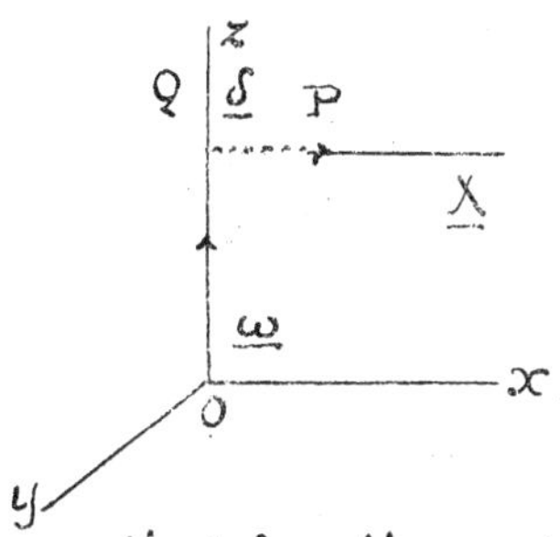

sa del punto, alla sua distanza dall'asse e al quadrato della velocità angolare.

Ove si assuma l'asse di rotazione per asse delle z e si designino con x, y, z le coordinate di P, le componenti del vettore $\underline{X}$ sono, a norma della (2),

$$\underline{X} = m\omega^2 x \quad , \quad X_y = m\omega^2 y \quad , \quad X_z = 0 ,$$

cioè coincidono colle derivate (rapporto alle coordinate x, y, z di P) della funzione

$$m\frac{\omega^2}{2}(x^2+y^2) = m\frac{1}{2}\omega^2 \overline{PQ}^2 .$$

<u>La forza centrifuga ha pertanto carattere di forza conservativa e il suo potenziale unitario</u> (cioè riferito all'unità di massa) vale

$$\frac{1}{2}\omega^2 \overline{PQ}^2$$

ed è quindi proporzionale al quadrato della distanza dall'asse di rotazione e al quadrato della velocità angolare.

7. Consideriamo, p. es. un punto pesante P costretto a restare sopra una superficie σ, ruotante uniformemente attorno ad un asse verticale e cerchiamo sotto quali condizioni il punto possa stare in equilibrio sulla superficie supposta priva di attrito.

Secondo la regola generale del n.° 3 dovremo risguardare come forza direttamente applicata a P, accanto al suo peso anche la forza centrifuga $\underline{X}$; e saremo ricondotti (Cap. IX, n. 8) ad esprimere che la <u>risultante</u> $\underline{p}+\underline{X}$ è <u>diretta secondo la normale alla superficie</u> $\underline{\sigma}$. Se si tratta di un punto, non obbligato a stare sopra σ ma soggetto soltanto ad un vincolo unilaterale (per es. appoggiato a σ), bisogna aggiungere la restrizione qualitativa che la forza $\underline{p}+\underline{X}$ risulti rivolta verso la regione <u>non</u> consentita dal vincolo (cioè verso l'interno del corpo, la cui superficie offre l'appoggio).

Sono dunque posizioni di equilibrio tutte e sole quelle in cui la normale a σ è parallela a $\underline{p}+\underline{X}$, con in più la suddetta condizione pel senso se il vincolo non è bilaterale.

Ciò posto, osserviamo anzitutto che, nei punti dell'asse di rotazione, è $\underline{X}=0$; talchè le cose vanno come per l'equilibrio assoluto: se dunque la nostra σ taglia l'asse (per ipotesi verticale) in qualche punto, l'equilibrio potrà ivi sussistere solo a patto che il rispettivo piano tangente sia orizzontale.

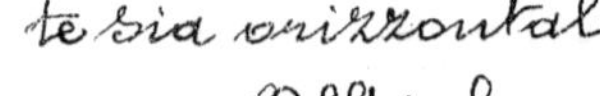

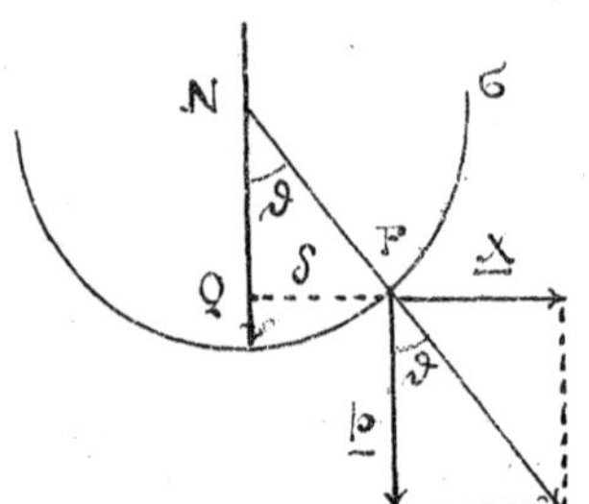

All'infuori di questo caso ovvio, la forza centrifuga $\underline{X}=m\omega^2(PQ)$ sarà rappresentata da un vettore orizzontale non nullo.

D'altra parte le due forze $\underline{p}$ e $\underline{X}$ e quindi anche la $\underline{p}+\underline{X}$, sono contenute in un medesimo piano verticale, determinato dall'asse di rotazione e dalla posizione d'equilibrio P che si tratta di caratterizzare: cosicchè la linea d'azione di $\underline{p}+\underline{X}$, <u>cioè la normale alla superficie σ in P deve incontrare l'asse di rotazione in un certo punto N</u>, necessariamente situato <u>al disopra</u> di P (per essere $\underline{X}$ diretta radialmente verso l'esterno).

La condizione che la normale incontri l'asse è di per sè verificata, quando si tratta di superficie rotonde (aventi per asse l'asse di rotazione). In ogni caso poi, detta ϑ l'inclinazione della normale sulla verticale, dovrà aversi ulteriormente

$$\text{(3)} \qquad \operatorname{tg}\vartheta = \frac{X}{p} = \frac{\omega^2 PQ}{g}$$

ossia, badando al triangolo rettangolo PQN,

$$\text{(3')} \qquad QN = \frac{g}{\omega^2}.$$

Risulta di qui che le posizioni di equilibrio relativo dipendono dalla forma geometrica della superficie e dalla velocità angolare, non dalla massa del punto.

Nel caso delle superficie di rotazione, il segmento QN rappresenta manifestamente la <u>sunnormale</u> della curva meridiana (relativa al punto P); cosicchè la discussione delle posizioni di equilibrio (non situate sull'asse) porta allora a ricercare quei punti del meridiano, per cui la sunnormale assume lo speciale valore $\frac{g}{\omega^2}$.

8. Nel caso della sfera la sunnormale QN, ove R designi il raggio, è data da $R\cos\vartheta$, talchè la (3') diventa

$$\cos\vartheta = \frac{g}{\omega^2 R} \tag{4}$$

Questa equazione in ϑ ammette soluzioni effettive (cioè reali) e definisce univocamente un angolo (acuto) ϑ, sotto la condizione $\frac{g}{\omega^2 R} < 1$, o, ciò che è lo stesso

$$\omega^2 > \frac{g}{R} .$$

Bisogna dunque che la velocità angolare, con cui la sfera ruota, superi un certo limite, perchè un punto pesante possa trovarsi su di essa in equilibrio relativo in posizioni diverse dai due poli. Superato questo limite, il luogo delle possibili posizioni di equilibrio è un parallelo orizzontale dell'emisfero inferiore, la cui colatitudine è determinata dalla (4).

Quanto più rapidamente gira la sfera, cioè quanto più grande è ω, tanto più piccolo risulta $\cos\vartheta$: perciò il parallelo orizzontale d'equilibrio va spostandosi dal polo inferiore verso l'equatore, e vi tende asintoticamente al crescere indefinito di ω.

9. Esaminiamo da ultimo anche il caso di un <u>moto rotatorio uniforme</u> del triedro $Oxyz$. Osservando che in

un moto composto da due o più altri, l'accelerazione è la somma di quelle spettanti ai moti componenti, risulta in generale che una traslazione uniforme (sovrapposta ad un altro moto rigido) non ne altera l'accelerazione di trascinamento. Così per un moto rototraslatorio uniforme, le cose vanno come nel caso di una semplice rotazione uniforme e si è quindi ancora ricondotti alla forza centrifuga.

§3. Rotazione di regime d'un albero orizzontale. Eccentricità dell'appoggio sui cuscinetti.

10. Consideriamo un albero (cilindrico) orizzontale, poggiato alle estremità su due cuscinetti, ciascuno dei quali costituisce come un alveo cilindrico di diametro leggermente superiore a quello dell'albero, e supponiamo che l'albero ruoti uniformemente attorno al proprio asse.

Ci proponiamo di far vedere che nelle condizioni di sollecitazione, che intervengono più frequentemente in pratica (e che saranno qui appresso specificate) l'appoggio dell'albero sui cuscinetti, ove si tenga conto del rispettivo attrito, non ha luogo nei punti più bassi dei cuscinetti stessi, come a prima vista potrebbe ritenersi, e come manifestamente avviene nel caso statico.

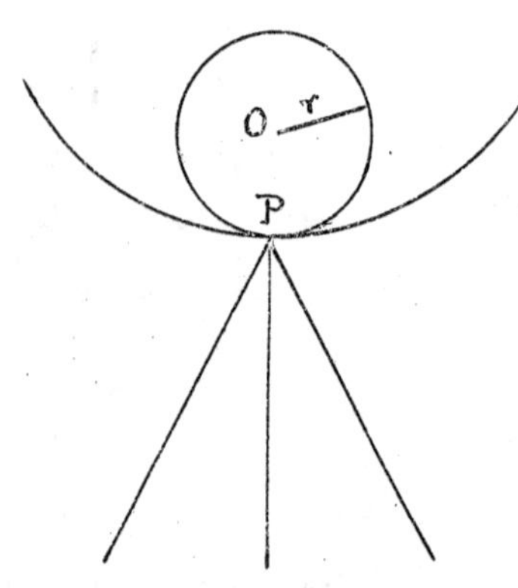

Discutiamo dapprima un caso fittizio, considerando il fenomeno in sezione piana verticale. Avremo in questo piano un cerchio solido (disco circolare) di raggio r, che ruota uniformemente attorno al proprio centro O, poggiando per un punto P sopra un orlo fisso (traccia del cuscinetto). Supponiamo che le forze effettivamente applicate (tutte situate nel detto piano) si possano raggruppare come segue:

1°. una coppia <u>motrice</u>, cioè una coppia di momento $\underline{\Gamma}_1$ parallelo all'asse di rotazione (ossia perpendicolare al piano del cerchio) il cui verso di rotazione coincide con quello dell'albero.

2°. una coppia <u>resistente</u> cioè una coppia di momento $\underline{\Gamma}_2$ sempre parallelo all'asse di rotazione, e diretto per verso opposto;

3°. il peso $\underline{p}$ (verticale verso il basso);

4°. la reazione $\underline{R}$ del punto di appoggio P dell'albero sul cuscinetto.

Supponiamo ancora che l'albero, e per conseguenza il disco schematico che ora consideriamo, siano omogenei. Il baricentro coincide allora col centro O del disco.

Cerchiamo, in queste condizioni, come possa l'albero trovarsi in rotazione di regime (uniforme) attorno al proprio asse. Basterà manifestamente esprimere che rispetto ad un sistema di assi solidali coll'albero e quindi uniformemente rotanti, ha luogo l'equilibrio relativo dell'albero stesso, sotto l'azione delle forze testè specificate.

Trattandosi di un solido, è necessario e sufficiente, come ben sappiamo, aver riguardo alle equazioni cardinali; si intende che secondo la regola precedentemente esposta, bisogna tener conto anche delle forze centrifughe dei singoli punti del corpo. Nel caso presente tuttavia, data l'omogeneità dell'albero, alla forza centrifuga che si desta in un generico elemento A fa riscontro una forza centrifuga

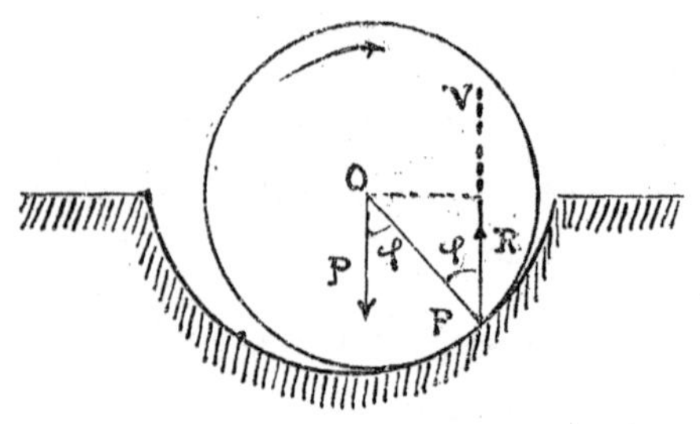

eguale e direttamente opposta, spettante all'elemento A', simmetrico di A rispetto ad O.

Ne viene che il complesso delle forze centrifughe non reca contributo alle equazioni cardinali, e si può quindi prescinderne.

Ciò posto, cominciamo coll'esprimere che si annulla la risultante delle forze esterne. Dacchè le due coppie (motrice e resistente) hanno risultante nulla, dovrà pure esser zero la somma geometrica del peso e della reazione R, il che vale a dire che il peso e la reazione debbono costituire una terza coppia (od in particolare essere direttamente opposte).

Per procedere oltre qui occorre tener conto della circostanza che la reazione R è precisamente una di quelle forze sul cui comportamento influisce lo stato di moto, talchè non valgono più per la R, in condizioni di moto, le norme desunte dall'esperienza per l'attrito statico (Cap. IX). Anticipando un risultato sperimentale che verrà meglio chiarito e precisato nel prossimo Cap., qui ci limitiamo ad affermare che durante il moto si può ritenere che la reazione R agisca secondo una generatrice della falda esterna di un certo cono di attrito (dinamico) di vertice nel punto di appoggio e avente per asse la normale, e precisamente secondo quella generatrice che si proietta ortogonalmente sulla tangente alla traiettoria in senso opposto a quello del moto.

Risulta appunto di qui che, escluso il caso ideale di un attrito nullo, l'appoggio deve essere eccentrico, non può cioè seguire nel punto più basso. Infatti, in tal caso, essendo verticale la normale, non potrebbe esserlo una generatrice del cono d'attrito e sarebbe quindi impossibile che peso e reazione avessero risultante nullo.

Dobbiamo quindi supporre il punto di contatto P alquanto spostato dalla posizione più bassa. Si vede subito che l'entità dello spostamento è misurata dall'angolo di apertura del cono d'attrito o angolo d'attrito dinamico φ. Infatti la verticale PV condotta per P deve essere generatrice del cono d'attrito, il che implica che l'angolo $O\widehat{P}V$ sia eguale a φ. Siccome poi la forza d'attrito si esplica ostacolando il moto di P, così il punto di contatto dovrà in definitiva ritenersi spostato di φ in senso contrario alla rotazione.

Esprimiamo ora che è nullo il momento risultante rispetto ad O. Questa relazione vettoriale si riduce ad una relazione algebrica, avendo tutti i momenti come linea d'azione l'asse dell'albero, sicchè basta che si annulli il momento risultante rispetto a tale asse.

Abbiamo chiamato Γ_1, Γ_2 i momenti rispetto ad O delle due prime coppie; quello delle coppie peso-reazione è in valore assoluto (poichè la linea d'azione del peso passa per O, e quella della reazione è la verticale di P)

$$\gamma = r\,p\,\mathrm{sen}\,\varphi = r\,p\,\frac{\mathrm{tg}\,\varphi}{\sqrt{1+\mathrm{tg}^2\varphi}} = r\,p\,\frac{f}{\sqrt{1+f^2}},$$

e può assimilarsi ad $r\,p\,f$ (f coefficiente d'attrito dinamico), se φ è abbastanza piccolo.

D'altra parte esso ha lo stesso senso di Γ_2, perchè la componente tangenziale della reazione tende (per la enunciata legge dell'attrito dinamico) ad opporsi al moto, e la normale ha momento nullo essendo diretta verso O. Dovrà dunque, in valore assoluto, il momento Γ_1 della coppia motrice eguagliare la somma dei momenti delle altre due coppie: e ciò dà

$$\Gamma_1 = \Gamma_2 + \gamma, \tag{5}$$

dove si può ritenere $\gamma = r\,p\,f$.

La (5), unita al fatto geometrico che l'eccentricità dell'appoggio è misurata dall'angolo d'attrito φ, costituisce la cercata condizione di equilibrio relativo.

11. Nel caso reale in cui l'appoggio ha luogo su due cuscinetti, possiamo immaginare il peso p dell'albero decomposto in due forze, egualmente verticali, p_1, p_2 applicate agli estremi O_1, O_2 dell'albero.

Supposto poi che le altre forze esterne si riducano qui ancora a due coppie (motrice e resistente) di momenti Γ_1 e Γ_2 aventi entrambi l'asse dell'albero per linea d'azione, basterà evidentemente per l'equilibrio relativo.

1°. che p_1 e la reazione R_1 dell'appoggio P_1 costituiscano una coppia;

2°. che analogamente, costituiscano una coppia p_2 e la reazione R_2 di P_2;

3°. che si annulli il momento risultante delle quattro coppie (motrice; resistente; p_1, R_1; p_2, R_2) rispetto all'asse di rotazione.

Alle prime due condizioni, ammesso che l'angolo d'attrito φ sia lo stesso per entrambi i cuscinetti, si soddisfa con una eguale eccentricità dei due appoggi P_1 e P_2.

La terza condizione, detti γ_1 e γ_2 i momenti (rispetto all'asse di rotazione) delle due coppie (resistenti entrambe) p_1, R_1 e p_2, R_2, si traduce nell'eguaglianza aritmetica

$$\Gamma_1 = \Gamma_2 + \gamma_1 + \gamma_2 .$$

Come al n. prec., si ha sensibilmente

$$\gamma_1 = r f p_1 \qquad , \qquad \gamma_2 = r f p_2 ,$$

essendo r il raggio del nostro albero cilindrico. Ne viene

$$\Gamma_1 = \Gamma_2 + r f p ,$$

dove p è il peso totale dell'albero. Si ritrova così, anche per il caso pratico, la stessa condizione del n. prec.

CAPITOLO XV.

Dinamica del punto.

Esposti nei Cap. prec. i principi elementari della Statica, volgiamoci oramai alla Dinamica propriamente detta, cominciando anche qui dal caso schematico del punto materiale.

§1. Problema dinamico in una dimensione. Caso del punto vincolato a muoversi su di una curva priva di attrito.

1. Sia P un punto materiale di massa m il quale si muova (o, come caso limite, si trovi in quiete) sopra una curva assegnata C e designato al solito con s l'arco di C (contato a partire da un'origine arbitraria), sia s(t) quella funzione di t, che definisce il moto di P sulla curva.

Detta $\underline{a}$ l'accelerazione di P in un istante generico, e $\underline{F}$ la forza totale, che sollecita il punto in quell'istante, varrà la relazione fondamentale (Cap. VII, n. 14)

$$m\,\underline{a} = \underline{F}, \tag{1}$$

da cui, proiettando in una qualsiasi direzione r si trae

$$m\,a_r = F_r. \tag{2}$$

Se prendiamo in particolare come direzione r quella della tangente alla curva C (dalla banda delle s crescenti) nella posizione occupata dal mobile nell'istante che si considera, sappiamo che a_t coincide con $\ddot{s}$ (Cap. II, n. 27).

Supponiamo inoltre di conoscere (esattamente o con quell'approssimazione che i singoli casi possono richiedere) la componente F_t della forza totale $\underline{F}$, il che, dal punto di vista analitico equivale a dire che F_t va riguardata come una funzione nota dei tre argomenti $s, \dot{s}, t$. Per rendersene conto, conviene ricordare (cfr. Cap. VII, n. 20) che, in generale la legge di una forza è a dirsi conosciuta, quando si sa definire il vettore, che la rappresenta, per ogni determinato stato di moto del punto di applicazione, in funzione cioè della posizione e della velocità del punto P, nonchè dell'istante di tempo t, cui si riferiscono questa posizione e questa velocità. Quando la traiettoria è prestabilita, la posizione di P è individuata dal valore dell'arco s, la velocità dal valore di $\dot{s}$ (e dalla conoscenza della posizione di P sulla curva, cioè ancora di s)(1) Ne viene appunto che, in questo caso, conoscere F_T vuol dire essere in grado di assegnarne il valore numerico in termine di s, $\dot{s}$ ed (eventualmente) di t.

La (2) ove si sostituisca $\ddot{s}$ in luogo di a_t e $f(s, \dot{s}, t)$ in luogo di F_t, assume l'aspetto

$$m\ddot{s} = f(s, \dot{s}, t) \tag{2'}$$

e costituisce manifestamente una equazione differenziale di secondo ordine nella funzione $s(t)$.

Non sarà male rilevare che un caso particolare dell'attuale cioè quello in cui la curva C sia una retta, già fu accennato fin dal Cap. VII (n. 26). Assumendo la retta come asse delle x, l'equazione di allora $m\ddot{x} = X$ (nel secondo membro della quale doveva porsi $y = z = \dot{y} = \dot{z} = 0$) rientra naturalmente nel tipo (2'). Quanto all'integrazione, le cose vanno allo stesso modo, sulla retta come in generale. Più precis-

---

(1) Data s, ossia la posizione di P su C, è individuata la tangente alla curva, e quindi la linea d'azione della velocità $\underline{v}$: lunghezza e senso rimangono poi fissate mediante $\dot{s}$; perchè il valore assoluto di questa derivata coincide con v ("Cinematica del punto", n.) e il suo segno indica se il moto, o con esso il vettore $\underline{v}$ sulla tangente, è diretto nel senso delle s crescenti o in senso opposto.

samente, siccome l'integrazione della (2') introduce due costanti arbitrarie (cfr. «Cinematica del punto», n. 26 ......) si vede che la supposta conoscenza della legge d'azione della forza tangenziale F_t permette di determinare la legge del moto (sulla curva prefissata C), tostochè si abbiano dati per determinare le due costanti: sieno per es. cogniti i valori iniziali di s e di $\dot{s}$ (il che è quanto dire la posizione e la velocità del mobile nell'istante iniziale); oppure si sappia che il mobile deve transitare in due dati istanti per posizioni pur date ecc.

Dal punto di vista del rigore matematico, sarà opportuno aggiungere che, almeno nella prima ipotesi, quando cioè sono assegnati i valori iniziali di s e di $\dot{s}$, si può dar forma precisa alla precedente osservazione.

Mostra infatti il così detto teorema di esistenza che una equazione della forma (2') [in cui il secondo membro si ritenga funzione finita, continua e derivabile dei suoi argomenti] ammette uno ed un solo integrale $s(t)$, tale che esso e la sua derivata prima $\dot{s}(t)$ assumano valori numerici arbitrariamente assegnati in corrispondenza ad un prefissato valore t_0 di t.

2. Fra gli ∞^2 moti, definiti dalla (2'), potrà in particolare essere compreso lo stato di equilibrio in una qualche posizione s_0. All'uopo è necessario e sufficiente che la (2') sia soddisfatta identicamente (cioè per qualsiasi valore della variabile indipendente t), quando vi si sostituisce in luogo della funzione $s(t)$, la costante s_0; questo implica $f(s_0, o, t) = o$ (qualunque sia t).

Dovevamo bene aspettarcelo, ricordando che condizione generale d'equilibrio è l'annullarsi della forza totale e che $f(s_0, o, t)$ non è altro che la componente tangenziale F_t di tale forza quale compete ad un supposto stato di equilibrio del mobile nella posizione $s = s_0$.

3. L'integrazione dell'equazione (2') non è in generale effettuabile mediante quadrature. Lo diviene per speciali ipotesi sulla natura della forza e ne tratteremo più innanzi. Ma prima di abbandonare le generalità, conviene fare una importante osservazione circa la conoscenza di F_t.

Accade in molti casi che un punto si muova sopra una data linea, perché vi è costretto da speciali dispositivi (appoggi, guide, funicelle, collegamenti con altri corpi, ecc.): l'influenza, che questi esercitano sul moto del punto si riassume, come sappiamo, (Cap. VII, n. 15) in una forza (a priori incognita), la cosidetta <u>reazione vincolare</u> R.

Ritenendo cognita la forza attiva (cioè la forza che, sola solleciterebbe il mobile in assenza dei vincoli) non si è in generale in grado di determinare il moto, poiché a formare $\underline{F}_t$ concorre anche la componente tangenziale R_t della reazione.

Tuttavia, se si tratta di vincoli realizzati in modo che sia sensibilmente trascurabile l'azione dell'attrito (idealmente, privi d'attrito), allora, per ovvia estensione di quanto avviene nella statica (cfr. Cap. IX, n. 8) si potrà ritenere la reazione normale alla curva, cioè $R_t = 0$, donde la notevole conclusione: <u>Per un punto costretto a restare sopra una curva C priva (o sensibilmente priva) di attrito, si può identificare $\underline{F}_t$ colla componente tangenziale della forza attiva</u>.

---

§ 2. Reazione centripeta - Forza centrifuga - Applicazioni.

---

4. Supponiamo il vincolo (per cui il punto P si trova costretto a descrivere la curva C) realizzato in modo qualsiasi (senza escludere che intervengano attriti) e mettiamo in evidenza nella forza totale, che sollecita P, i due addendi: <u>forza attiva</u>, (che designeremo colla stessa lettera $\underline{F}$ adoperato finora per la forza totale); <u>e reazione vincolare</u> R.

La (1) assume di conseguenza l'aspetto

(1') $$m\underline{a} = \underline{F} + \underline{R}.$$

Se consideriamo, in una generica posizione del mobile, la direzione n della normale principale alla traiettoria C, <u>nel senso della concavità</u>, la componente a_n dell'accelerazione vale (Cap II, n. 14) $\frac{v^2}{r}$ (v valore assoluto della velocità, r raggio di curvatura); onde proiettando la relazione vettoriale (1') secondo n, ed isolando R_n, si trova:

(3) $$R_n = m\frac{v^2}{r} - F_n.$$

Se indichiamo più generalmente con ν una direzione qualsiasi normale alla curva C, essa si trova naturalmente in un medesimo piano colla normale principale n e colla binormale b. Detto θ l'angolo che ν forma con n, la componente dell'accelerazione secondo ν sarà manifestamente espressa da

$$a_\nu = a_n \cos\theta + a_b \operatorname{sen}\theta,$$

ossia, sostituendo per a_n il ricordato suo valore $\frac{v^2}{r}$ e tenendo presente che $a_b = 0$, da

$$a_\nu = \frac{v^2}{r}\cos\theta.$$

La (1') porge in conformità

(3') $$R_\nu = \frac{mv^2}{r}\cos\theta - F_\nu.$$

La componente R_n dell'azione complessiva $\underline{R}$ esercitata dai vincoli, cioè da quei corpi (tubi, guide ecc.) che materializzano la curva C, si chiama <u>reazione centripeta</u> della traiettoria.

Nel caso statico ($v = 0$) essa deve essere esattamente eguale ed opposta all'analoga componente della forza attiva; mentre, quando la velocità è diversa da zero, interviene, a norma della (3), il contributo cinetico $m\frac{v^2}{r}$, che come si vede, è sempre positivo (rivolto verso la concavità, o, come si suol dire, verso l'interno[1]) direttamente proporzionale al quadrato della velocità,

---

(1) A dir vero la locuzione è impropria, perchè può dar luogo ad ambiguità, nel caso di una curva C. Ciò apparisce per es. dall'unita figura, in cui n è diretta verso la concavità, e non verso l'interno, rispetto all'intera curva C. Non c'è pericolo di ambiguità quan

e inversamente proporzionale al raggio di curvatura, cioè tanto più sensibile, quanto maggiore è la curvatura di C, nella posizione di cui si tratta.

5. In virtù del principio di reazione, alla forza $\underline{R}$ esercitata dalla traiettoria (cioè, come sopra, dal corpo o dai corpi, che la materializzano) sul mobile, ne fa riscontro una eguale ed opposta $-\underline{R}$, che la traiettoria subisce da parte del mobile (nella posizione che esso occupa in un generico istante.

La componente secondo la normale esterna di questa azione $-\underline{R}$ risentita dai vincoli, che è poi ancora misurata da R_n, si chiama forza centrifuga. (Va notato che la forza centrifuga si intende qui in un senso affatto diverso da quello con cui ricorre nella teoria dell'equilibrio relativo: Cap. XIV, n. 6).

È la forza centrifuga, testè accennata, che si rende manifesta sulla fionda, quando la si fa rotare per scagliare un sasso; è dessa ancora che quando una pallina scorre rapidamente in una scanalatura incurvata (per es. circolare) tende a corroderne l'orlo esterno; ecc.

In relazione ai dispositivi che realizzano i vincoli, ha talora importanza pratica, anche maggiore della R_n, una qualche altra componente normale della forza $-\underline{R}$. Per una generica direzione v, la relativa componente sarebbe data dal secondo membro della (3') cambiato di segno.

Converremo, come già per la forza centrifuga, di invertire il senso positivo, e potremo così riferirci senz'altro alla (3').

La (3) ne è un caso particolare, corrispondente a $\theta = 0$.

---

do ci si limita, come avviene nel testo, a considerare l'andamento locale, nell'intorno d'una posizione generica P. Allora è comodo ed espressivo dire interno ed esterno, anzichè rivolto verso la concavità, o rivolto dalla banda opposta.

6. Interessanti applicazioni della formula (3') si hanno, considerando il caso in cui la forza attiva si riduce al peso. Ove si indichi con α l'angolo formato da ν (che, giova ripeterlo, per $\theta = 0$ si riduce alla normale principale nel senso della concavità) colla verticale discendente, si ha manifestamente $F_\nu = mg\cos\alpha$, e la (3') assume l'aspetto

$$R_\nu = m\left(\frac{v^2}{r}\cos\theta - g\cos\alpha\right). \tag{4}$$

Importa rilevare che questa espressione di R_ν seguita a sussistere anche quando si abbiano, oltre al peso, altre forze attive <u>puramente tangenziali</u>, in quanto esse non portano alcun contributo alla F_ν.

Se la traiettoria è orizzontale, lo è anche la direzione n, e quindi $\alpha = \frac{\pi}{2}$. La (4), fattovi $\theta = 0$, mostra che R_n è allora essenzialmente positivo (purchè si tratti di effettivo moto curvilineo, purchè cioè sieno diverse da zero la velocità v e la curvatura $\frac{1}{r}$). Ne viene che i vincoli sono sottoposti ad una sollecitazione centrifuga (secondo la normale <u>esterna</u>) che diviene rilevante, quando lo sono massa e velocità. Tale sarebbe ad es. il caso di un carro ferroviario.

<u>7. Sopraelevamento della rotaia esterna</u>. Fissiamo più precisamente la nostra attenzione sulle ruote di un carro ferroviario, tenendo conto della circostanza ben nota (cfr. la figura) che esse sono munite, verso l'interno del binario, di un orlo sporgente, destinato ad impedire che il veicolo esca dalle rotaie.

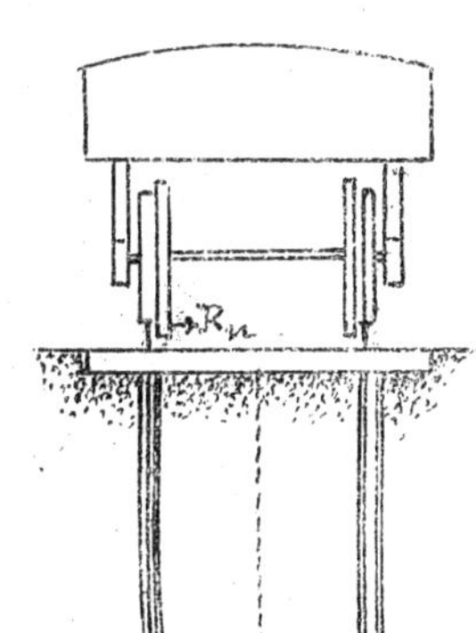

Quando la linea è una curva il vincolo che sottostà alla forza centrifuga è <u>la rotaia esterna</u>, la quale si trova premuta verso l'esterno (secondo la normale al binario contenuta nel piano stradale) dall'orlo anzidetto (mentre la rotaia interna non può subire dall'orlo delle corrispondenti ruote alcuna analoga sollecitazione).

Di qua risulta il grave inconveniente che in una curva orizzontale, la rotaia esterna sottostà a sforzi rilevanti tendenti a deteriorarla. A questo inconveniente si è da tempo ovviato col sopraelevamento della rotaia esterna nei tratti in curva, combinato in modo da rendere nulla, o quanto meno da attenuare la sollecitazione centrifuga.

Per rendersene conto basta pensare che, in generale, l'intensità di tale sollecitazione è data dal valore assoluto del secondo membro della formula (4). Apparisce da essa che, se la traiettoria non è contenuta in un piano orizzontale, interviene il termine $-g \cos \alpha$, del quale si può profittare per scemare, o addirittura per eliminare l'influenza del primo addendo $\frac{v^2}{r} \cos \theta$.

Nel caso presente la direzione ν che occorre prendere in considerazione è la normale al binario situata nel piano stradale, il quale piano è da ritenersi non più orizzontale, ma inclinato, atteso il sopraelevamento della rotaia esterna.

D'altra parte ciascuna delle due rotaie séguita ad essere collocata in piano orizzontale. Orizzontale è pertanto la normale principale n da prendere in considerazione; e l'angolo θ fra n e ν si identifica coll'inclinazione del piano stradale sull'orizzonte. L'angolo α fra ν e la verticale discendente è perciò $90 - \theta$, e la (4) assume l'aspetto

$$R_\nu = m\left(\frac{v^2}{r}\cos\theta - g \operatorname{sen}\theta\right).$$

Apparisce di quà che, dato r, cioè il raggio della curva ferroviaria in questione, e la velocità media v (rispetto ai vari tipi di convogli che percorrono la linea), ove si assegni l'inclinazione θ a norma della formula

$$(5) \qquad \operatorname{tg}\theta = \frac{v^2}{rg},$$

sarà $R_\nu = 0$ per la velocità media: per velocità superiori, la sollecitazione R_ν risulterà positiva, cioè diretta verso l'esterno; per velocità inferiori alla media, avremo invece una sollecitazione diretta verso l'interno. Nel primo caso sarà ancora la rotaia esterna, su cui si scarica la sollecitazione, nel secondo la rotaia esterna. Comunque, finchè si tratterà di velocità non molto diverse dalla media, entrambe queste sollecitazioni rimarranno contenute entro limiti tollerabili.

La misura del sopra-elevamento si ricava dalla (5), in base alle osservazioni seguenti:

Sia P un punto della rotaia esterna sul piano stradale. Conduciamo per P la normale v alla rotaia nel piano stradale, e sia P' il punto, in cui questa normale interseca la rotaia interna. Il segmento $\overline{PP'} = s$ misura la larghezza (interna) del binario e si chiama lo scartamento della linea. (Nelle linee principali di quasi tutti i paesi, in Europa fanno eccezione soltanto la Russia e la Spagna, lo scartamento ha il valore costante di m. 1.445).

Dicasi Q la proiezione di P sul piano orizzontale passante per P', e si consideri il triangolo PQP'. Il segmento $\overline{PQ}$ misura il cercato sopra-elevamento h, mentre l'angolo in P' (fra v e la orizzontale) è precisamente l'inclinazione θ.

Ne consegue $\operatorname{sen}\theta = \frac{h}{s}$, donde

$$\cos\theta = \sqrt{1-\frac{h^2}{s^2}}, \qquad \operatorname{tg}\theta = \frac{h}{\sqrt{s^2-h^2}},$$

e quindi, portando nella (5),

$$\frac{h}{\sqrt{s^2-h^2}} = \frac{v^2}{g}\cdot\frac{1}{r},$$

donde si ricava h, risolvendo una equazione di secondo grado. In pratica si è già sicuri a priori che l'inclinazione θ deve essere piccola. Ritenendola tale da poter confondere il seno con la tangente, si può porre addirittura nella (5),

(5) $$\operatorname{tg}\theta = \frac{h}{s},$$

con che risulta più semplicemente

(5') $$h = \frac{v^2}{g}\,\frac{s}{r}.$$

Se si tratta per es. di una curva di 1000 m. di raggio, e si calcola sopra una velocità media di 15 metri al secondo (cioè 54 kilom. all'ora) risulta un sopra-elevamento

$$h = \frac{225}{9.8} \frac{1445}{1000} \text{ metri} = \text{mm } 33.$$

8.° Looping the loop. Mediante la (4) possiamo ancora darci ragione della riescita di quell'esercizio acrobatico, conosciuto sotto il nome di «looping the loop».

Il ciclista P (o automobilista che sia) percorre allora una traiettoria verticale ABCDE (o meglio, sensibilmente verticale, perchè la seconda metà DE è un pò spostato all'indietro), del tipo indicato in figura. Egli rimane sempre dalla parte della concavità, sicchè, in particolare, nel punto più alto C del cappio, si trova col capo all'ingiù.

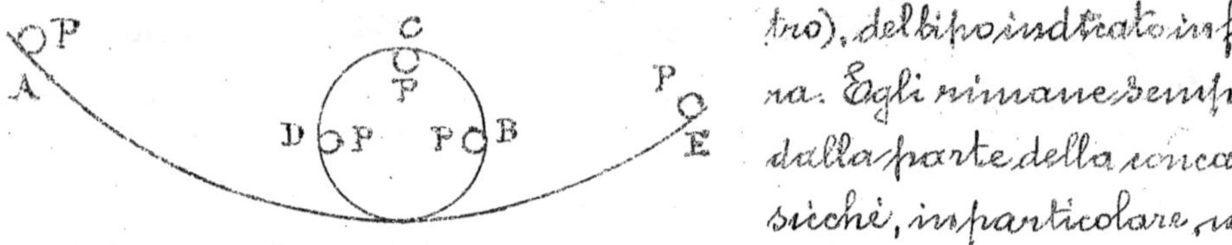

Fra le forze attive figura (qui, come del resto nell'esempio dei carri ferroviari e la forza di propulsione (esercitato, nel caso che ci occupa, sui pedali, o col motore); ma essa è essenzialmente tangenziale; seguita quindi [n.° 11] a sussistere la (4).

Trattandosi di semplice appoggio sull'impiantito che realizza la traiettoria, la trazione deve essere diretta dall'appoggio verso P, cioè verso la concavità; il movimento è quindi realizzabile, nelle supposte condizioni pratiche, soltanto a patto che sia $R_n > 0$. D'altra parte questa condizione è anche sufficiente perchè l'impiantito è atto a reagire normalmente, verso il corpo appoggiato, con qualsiasi intensità (che non arrivi, beninteso, a compromettere la stabilità dell'impiantito stesso).

Tutto si riduce dunque a regolare la curvatura e la velocità del mobile in modo che sia dovunque

$$\frac{v^2}{r} > g \cos \alpha.$$

condizione verificata a fortiori, ove si renda

$$v > \sqrt{gr}.$$

Supposto che, nel cappio pericoloso, il raggio di curvatura sia all'incirca 3 metri, basta, per il successo dell'esercizio, una velocità assai moderata, di poco superiore a $\sqrt{3g}$, ossia per es. di 6 metri al secondo. Essa corrisponde ad una velocità oraria di Km. 21.6, che, per breve tratto, può essere agevolmente mantenuta da qualunque ciclista. L'esercizio richiede piuttosto fermezza di polso e sangue freddo.

§ 3. Forze posizionali. Carattere qualitativo che contraddistingue le forze elastiche o forze di richiamo. Espressione tipica.

9. Quando si tratta di forze posizionali $F_t = f$ risulta funzione della sola s, ed è facile riconoscere che in questo caso la (2') è integrabile mediante quadrature.

Ricordiamo anzitutto che la forza viva T del mobile (semiprodotto della massa per il quadrato della velocità) è qui definita da $\frac{1}{2} m \dot{s}^2$, talchè la sua derivata rapporto a t ha per espressione

$$\frac{dT}{dt} = m \ddot{s} \dot{s} .$$

Osserviamo d'altra parte che, essendo f funzione della sola s, esiste un'altra funzione U della sola s (anzi ne esistono infinite, potendosi aggiungere una costante arbitraria) tale che sia

$$\frac{dU}{ds} = f. \tag{6}$$

U rappresenta così una generica determinazione dell'integrale indefinito $\int f\, ds$.

Ciò posto è chiaro che la (2'), moltiplicandone ambo i membri per $\dot{s}$ può essere scritta

$$\frac{dT}{dt} = \frac{dU}{ds} \dot{s} .$$

Il secondo membro, in quanto si considera U come funzione di t pel tramite dell'arco s, non è altro che la derivata di U rapporto a t. Integrando (rapporto a questa variabile) e designando con E la costante di integrazione, si ricava

$$T - U = E. \tag{7}$$

Questa relazione in termini finiti fra la forza viva T del mobile e la sua posizione sulla curva (caratterizzata dalla funzione $U(s)$), si chiama integrale delle forze vive.

10. Va notato che, già nel Cap. VIII, n. 11 esaminando le prime conseguenze dei postulati della meccanica, si è riconosciuta valida la (7) per ogni movimento, in cui la forza totale sia conservativa, rappresentando allora U il relativo potenziale.

Nel caso attuale, in cui si suppone prestabilita la traiettoria, siamo arrivati alla (7) senza bisogno di introdurre preventivamente l'ipotesi che la forza totale sia conservativa: basta infatti che essa sia posizionale, perchè la (6) definisca una funzione della sola s, che tien luogo dell'ordinario potenziale, e ne ha anzi il carattere specifico (nel senso che la derivata definisce la forza), limitatamente alla mobilità del punto sopra la curva C e alla componente tangenziale f della forza.

In ogni caso la differenza fra i valori di U, corrispondenti a due punti s_0 ed s_1, vale, a norma della (6),

$$\int_{s_0}^{s_1} f\, ds = \int_{s_1}^{s_1} F_t\, ds ,$$

e misura quindi il lavoro, che viene effettuato dalla forza $\underline{F}$ nel passaggio del mobile dalla posizione s_1 alla posizione s_2. È dunque giustificato (cfr. Cap. VIII n. 8) di interpretare $-U$ come una forma di energia, conferita al mobile dalla posizione che esso occupa (sulla curva C, è qui il caso di aggiungere), la (7) sta così ad esprimere il principio di conservazione dell'energia (sotto le due sole forme cinetica e potenziale) di fronte al movimento del punto P.

È appena necessario avvertire che, quando la forza $\underline{F}$ deriva da un potenziale, questo (considerato in particolare come funzione dei punti della curva C, o, se si vuole, dell'arco s) soddisfa alla (6) e quindi coincide colla U, a meno di una (inessenziale) costante additiva.

Per rendercene conto, basta indicare per un momento con U' il potenziale suddetto, e pensare che il suo differenziale totale dU', relativo al passaggio da un punto P ad altro punto qualsivoglia infinitamente vicino, rappresenta il lavoro elementare, compiuto dalla forza in tale spostamento. Ne viene appunto che, se in particolare ci si sposta di ds lungo C, dev'essere

$$dU' = F_t \, ds = f ds,$$

ossia dU' coincide con dU.

11. È interessante osservare che, se un punto materiale soggetto ad una forza attiva derivante dal potenziale U, si trova costretto da legami privi di attrito a descrivere una traiettoria prestabilita, la (7) è verificata, perchè (n.° 3) la componente tangenziale della forza totale si riduce a $\frac{dU}{ds}$. D'altra parte la (7) stessa vale anche per il moto in assenza di legami sotto l'azione della forza conservativa.

Si ha dunque, nei due casi:

$$T_1 - T_0 = U_1 - U_0,$$

essendo T_0 ed U_0, T_1 ed U_1 i valori di T e di U in due istanti generici t_0 e t_1.

Un'interessante conseguenza di questa relazione si ha considerando due punti materiali di eguale massa, che siano fatti partire colla stessa velocità da una medesima posizione oppure da due posizioni appartenenti alla stessa superficie $U = \text{cost}$ (con che, in partenza, T_0 ed U_0 hanno, nei due casi, lo stesso valore). Se questi due punti si muovono sotto l'azione di una forza derivante dal potenziale U, libero l'uno e l'altro costretto a restare sopra una curva priva di attrito essi attraversano ciascuna superficie equipotenziale con eguale velocità.

Così ad esempio, se due punti pesanti di egual massa cadono, a partire dalla quiete, uno liberamente, l'altro sopra un sostegno prestabilito (privo di attrito) dopo aver superato un eguale dislivello, posseggono la stessa velocità.

Come corollario scende subito la nota proposizione di Galileo, concernente la discesa di gravi da uno stesso punto fino ad uno stesso piano orizzontale lungo cammini diversamente inclinati.

12. La (7), ove si ponga per brevità

(8) $$S(s) = \frac{1}{\frac{2}{m}\{U(s)+E\}},$$

può esser scritta

(7') $$\left(\frac{ds}{dt}\right)^2 = \frac{1}{S(s)}.$$

$\frac{ds}{dt}$ dovrà quindi risultare eguale alla radice quadrata di $\frac{1}{S(s)}$, presa con debito segno, presa cioè col segno +, quando $\frac{ds}{dt}$ è positivo, cioè quando s cresce con t; col segno –, nell'ipotesi opposta.

Comunque scrivendo

$$\frac{ds}{dt} = \pm \frac{1}{\sqrt{S(s)}}$$

riconosciamo la immediata separabilità delle variabili.

Così in sostanza siamo passati, dall'originaria equazione differenziale del moto [la (2')], alla equivalente

(4") $$dt = \pm \sqrt{S(s)}\,ds,$$

che può essere senz'altro integrata, fornendo la cercata relazione in termini finiti fra s e t. Devono comparirvi (n.° 4) due costanti arbitrarie: quest'ultima integrazione ne introduce una; l'altra è manifestamente la E dell'integrale delle forze vive.

13. Fra le forze posizionale $f(s)$ meritano speciale menzione le così dette forze di richiamo, verso un'assegnata posizione M della curva C, che si considera.

La proprietà caratteristica di tali forze è di annullarsi in M e di esplicarsi, in ogni altro punto di C, come attrazioni (tangenziali, trattandosi qui esclusivamente della componente tangenziale) verso M, crescenti quanto più ci si allontana da M lungo la curva. È questo il comportamento tipico delle forze elastiche, come si riconosce ovviamente pensando all'azione di una molla; essa è tanto più intensa, quanto più la molla è tesa o compressa, quanto più cioè si è discosti dallo stato naturale, in cui scompare ogni sollecitazione.

Immaginando di contare gli archi a partire dalla posizione di richiamo (o, se si vuole, di equilibrio) M, l'anzidetta proprietà caratteristica si esprime analiticamente come segue: $f(s)$ si annulla per $s=0$, ha segno sempre opposto a quello di s (ciò che traduce il carattere attrattivo della forza); cresce, in valore assoluto, assieme al valore assoluto dell'argomento.

14. Il caso più semplice si ha naturalmente quando l'intensità della forza non solo cresce colla distanza s, ma le è addirittura proporzionale. Designando con c la costante di proporzionalità si ha allora ovviamente

$$f(s) = -cs, \tag{9}$$

che può assumersi come espressione tipica di una forza elastica di richiamo.

È ragionevole di attribuirle una speciale importanza per le considerazioni che seguono.

Anzitutto (supponendo $f(s)$ dotata di derivate prima e seconda continue) si può rappresentare $f(s)$ nell'intorno di $s=0$ colla sviluppo abbreviato di Maclaurin sotto la forma

$$f(s) = f(0) + sf'(0) + \frac{s^2}{2}f''(s_1),$$

dove s_1 designa un qualche valore compreso fra 0 ed s. Se ci si limita a considerare l'azione della forza in un intorno abbastanza piccolo della posizione di equilibrio M, riescirà trascurabile s^2 di fronte ad s, e per conseguenza (supposto che $f'(0)$ non si annulli) il prodotto $sf'(0)$ sarà di un ordine di grandezza assai più rilevante del termine complementare $\frac{s^2}{2}f''(s_1)$ che è affetto dal fattore s^2 (essendo f'' una quantità, per ipotesi finita. Ciò posto siccome $f(0)=0$, si potrà in un intorno abbastanza piccolo dell'origine, confondere approssimativamente $f(s)$ col termine lineare $sf'(0)$. Il coefficiente $f'(0)$ non può essere positivo, perchè non si avrebbe in tal caso una forza di richiamo. Siamo dunque ricondotti alla espressione tipica (9).

15. La legge del moto, provocato da una forza $-cs$, rientra in una classe ben nota. Possiamo infatti chiamare ω^2 il numero essenzialmente positivo $\frac{c}{m}$, ciò che conferisce all'equazione del moto (2') la forma

$$\ddot{s} + \omega^2 s = 0,$$

caratteristica delle oscillazioni armoniche (cfr. "Cinematica del punto", n.° 36, coll'avvertenza che va materialmente sostituita alla lettera x la s, e quindi all'immagine del moto rettilineo, quella del moto sopra la curva C).

Il periodo $\frac{2\pi}{\omega} = 2\pi\sqrt{\frac{m}{c}}$ è, come si vede, univocamente determinato dalla natura della forza elastica e della massa del mobile; l'ampiezza delle escursioni e la fase dipendono invece dalle circostanze iniziali.

16. Sarà bene rilevare che anche nel caso generale di una forza di richiamo qualsiasi, l'andamento qualitativo del moto rimane analogo. Si tratta cioè sempre di escursioni periodiche (per quanto non semplicemente sinusoidali) del mobile, da una parte e dall'altra della posizione di equilibrio M: le massime elongazioni da M (massimi valori di s e di $-s$) non sono però necessariamente eguali, come accade nei moti armonici.(1)

§4. Forze dipendenti soltanto dalla velocità. Resistenze passive – espressioni tipica – (cosidetta resistenza viscosa) – Resistenza idraulica – Caso dei proiettili.

17. Se f è funzione della sola $\dot{s}$, la (2') può essere scritta

$$m\frac{d\dot{s}}{dt} = f(\dot{s}),$$

(1) Tuttociò discende facilmente da un teorema di Weierstrass. (Cfr. "Werke", B. II°, pag. 1-18).

ed è senz'altro integrabile per quadrature. Si ha in primo luogo separando le variabili

$$m \frac{d\dot{s}}{f(\dot{s})} = dt,$$

donde, integrando, una relazione in termini finiti fra $\dot{s}$ e t, diciamo anzi fra $\dot{s}$ e $t - t_0$, indicando con t_0 la costante di integrazione. Ove si immagini di risolvere questa relazione rapporto ad $\dot{s}$, rimane definita $\dot{s}$, ossia $\frac{ds}{dt}$, in termini di $t - t_0$. Basta allora una nuova quadratura per ricavare $s(t)$.

18. Già nel Cap. VII° (n. 21) abbiamo definito come resistenze passive quelle forze che tendono, in ogni caso, ad opporsi al moto cioè formano un angolo essenzialmente ottuso colla direzione della velocità.

Nel caso presente, una $F_t = f(\dot{s})$ sarà da qualificarsi <u>resistenza passiva, quando abbia segno costantemente opposto a quello di $\dot{s}$; in queste condizioni</u> (ammesso che la forza dipenda dalla velocità in modo continuo) bisogna che sia $f(0) = 0$: in caso contrario infatti, $f(\dot{s})$ avrebbe, per $\dot{s}$ abbastanza piccolo, il segno di $f(0)$, e non potrebbe quindi mutarlo, come si richiede per una resistenza passiva, assieme all'argomento $\dot{s}$.

19. L'espressione analitica più semplice di una resistenza passiva è manifestamente

$$f(\dot{s}) = -b\dot{s}, \tag{11}$$

ove si designi con b una qualsiasi costante <u>positiva</u>. Per ragione analoga a quella esposta al n° 13, si può risguardare la (11) come forma tipica delle resistenze passive per tutti i casi in cui si tratta di piccole velocità. In tale categoria rientrano, almeno in prima approssimazione, le così dette <u>resistenze viscose</u>, destate nei mezzi fluidi, sia liquidi che gassosi, dal moto <u>lento</u> dei corpi immersi. Il valore del coefficiente b dipende essenzialmente dalla natura del mezzo, dalle dimensioni e dalla forma del corpo che si muove (corpo che pur è assimilabile ad un punto materiale per quanto concerne la sua localizzazione sulla curva C). Per dare un'idea dell'ordine di grandezza, dirò che la teoria dei fluidi viscosi porge per una sfera di raggio r,

$$b = 6\pi\mu r \qquad , \qquad [\mu] = m\, l^{-1} t^{-1},$$

dove, in unità C.G.S e alla temperatura di 15°, si ha $\mu = 0.0115$ per l'acqua, e $\mu = 0,000189$ per l'aria. Con questi valori di μ, dato r in centimetri e $\dot{s}$ in centimetri per secondo, la forza $b\dot{s}$ risulta espressa in dine. Per averla in grammi bisogna manifestamente dividere per $g = 980$.

19.[I] Giova qui considerare il caso di un punto materiale P di massa m, vincolato a muoversi su di una data curva e soggetto alla sollecitazione tangenziale simultanea di una forza di richiamo verso una certa posizione di equilibrio O e di una resistenza del tipo viscoso.

L'equazione differenziale del moto del punto (sulla traiettoria prestabilita) sarà del tipo

$$m\ddot{s} = -b\dot{s} - cs$$

dove b e c denotano certe due costanti positive. Supponiamo che la forza di richiamo sia molto energica rispetto alla resistenza viscosa; cioè, precisamente, posto

$$\frac{b}{m} = 2h,$$

supponiamo

$$\frac{c}{m} > h^2.$$

Indicato allora con ω^2 la costante positiva $\frac{c}{m} - h^2$, l'equazione differenziale precedente assume la forma

$$\ddot{s} + 2h\dot{s} + (h^2 + \omega^2)s = 0,$$

nella quale riconosciamo l'equazione caratteristica dei moti oscillatori smorzati di periodo $\frac{2\pi}{\omega}$ e di costante di smorzamento h,

$$s = r e^{-ht} \cos(\omega t + \theta_0),$$

dove r e θ_0 sono costante arbitrarie (Cap. II°, n. 40). Tale è dunque il moto del nostro punto, il quale fornisce una rappresentazione schematica delle vibrazioni spontanee della estremità di uno dei rebbi di un diapason, cioè delle vibrazioni che si determinano quando, dopo aver eccitato il diapason, per es. battendolo su di un tavolo, lo si abbandona a se stesso in aria tranquilla. L'estremità considerata di uno dei due rebbi si muove su di un archetto di circonferenza, sollecitato da un insieme di lievi resistenze passive (attrito interno del diapason, resistenza dell'aria, ecc.) e dalla intensa forza di richiamo verso la posizione di equilibrio, esercitata dal collegamento col diapason.

20. Conviene avvertire che, quando non si tratta di moti lenti, la legge delle resistenze di mezzo non è più lineare. In un intervallo, praticamente considerevole, di velocità comprese, all'ingrosso, fra 9 e 200 metri al secondo, la resistenza è a ritenersi sensibilmente proporzionale al quadrato delle velocità; è questo il cosidetto <u>regime idraulico</u>, che vale con sufficiente approssimazione tanto per l'acqua, quanto per l'aria. Il coefficiente di v^2 può essere posto sotto la forma $KA\alpha$, dove K dipende soltanto dalla natura del mezzo; A rappresenta l'area investita, cioè l'area della proiezione del mobile sopra un piano perpendicolare alla direzione del moto; e α è un fattore di forma, cioè un numero puro, che dipende dalla forma (non dalle dimensioni) del corpo che si muove. Prendendo $\alpha = 1$ per la forma quadrata (lastra sottile conformata a quadrato, che si sposta normalmente al proprio piano) risulta, come medio di numerose esperienze, per l'acqua:

$$K = 94{,}6 \ (\text{Kg per } m^2) \ ;$$

per l'aria

$$K = 0.085 (\text{Kg per } m^2)$$

Non sarà male aggiungere che le più recenti esperienze di Eiffel (1908) danno per il coefficiente di resistenza relativo all'aria un valore alquanto più piccolo: $K = 0.074$.

Nell'espressione generale di una tale resistenza quadratica

$$f(\dot{s}) = \pm K A \alpha v^2 = \pm K A \alpha \dot{s}^2$$

è necessario introdurre il doppio segno, tenendo ben presente che la direzione della forza è sempre opposta a quella della velocità, e che va quindi premesso il segno −, quando il moto è diretto ($\dot{s}$ positivo), il segno +, quando il moto è retrogrado ($\dot{s}$ negativo).

21. Per velocità più rilevanti, come sono quelle che interessano la balistica, la resistenza non si mantiene affatto proporzionale ai quadrati delle velocità, ma segue tutt'altra legge.

Rappresentiamo in generale la resistenza corrispondente alla velocità v sotto la forma

$$n\,\varphi(v),$$

dove n è un coefficiente indipendente dalla velocità (analogo al $KA\alpha$ di prima) e $\varphi(v)$ una funzione del solo argomento v.

Il Siacci (n. a Roma nel 1839, m. a Napoli nel 1907) ha per primo istituito esperienze e studi sistematici nell'intento di determinare la funzione $\varphi(v)$. Le sue ricerche, corroborate da altre, successivamente istituite presso artiglierie estere, hanno condotto a rappresentare il quoziente $\frac{\varphi(v)}{v^2}$ (che dovrebbe essere costante, qualora valesse la legge quadratica) mediante una

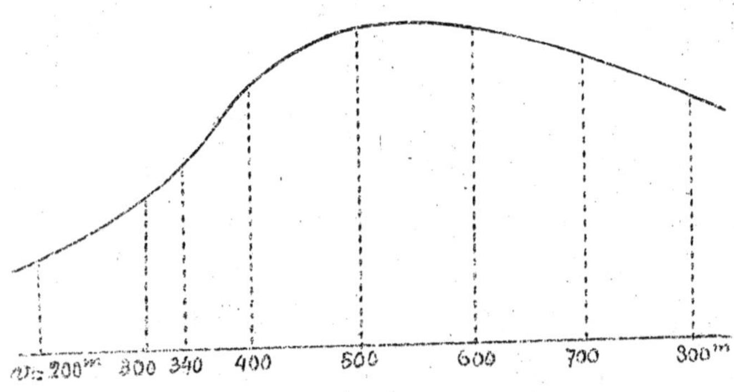

curva, che ha un massimo verso i 500 metri, come apparisce dalla figura in cui le ascisse rappresentano i valori di v, e le ordinate quelle di $\frac{\varphi(v)}{v^2}$.

§ 5. Applicazioni

A) Moto verticale dei gravi con riguardo alla resistenza dell'aria

22. Trattiamo, come applicazione dei criteri esposti nel § prec., il problema della caduta di un grave, quando si tien conto della resistenza dell'aria. Supponiamo che la caduta segua lungo la verticale, e che per la resistenza dell'aria, valga il regime idraulico.

Convenendo di contare le distanze s a partire dalla posizione iniziale verso il basso avremo $\dot{s} = v$, $\ddot{s} = \frac{dv}{dt}$, $F_t = mg - KA\alpha v^2$ e, per conseguenza, introducendo per brevità una costante positiva V, tale che

$$V^2 = \frac{mg}{KA\alpha}, \tag{12}$$

l'equazione del moto sotto la forma

$$\frac{dv}{dt} = g\left(1 - \frac{v^2}{V^2}\right) \tag{13}$$

Apparisce da essa che se la velocità v è inferiore a V, $\frac{dv}{dt}$ è positivo e quindi il moto è accelerato; se invece la velocità è superiore a V il moto è ritardato. Notevole è il fatto che una soluzione particolare è data da $v = V$, cioè da un moto uniforme dotato di questa velocità critica V. Per avere un'idea dell'ordine di grandezza di V, poniamo nella (12) $\alpha = 1$, e $K = 0.085$ (n. 19), con che $\frac{1}{\sqrt{K}}$ è poco più di 3

Risulta allora V approssimativamente eguale a tre volte:

$$\sqrt{\frac{\text{Peso espresso in Kg}}{\text{Area della sezione investita (espresso in } m^2)}}$$

Per un peso di un quintale collegato ad un paracadute di 5 o 6 m. di raggio (ciò che rende l'area investita di circa 100 m²) si può presumere un valore di V intorno ai tre metri per secondo: se non si cada male, una tale velocità non è pericolosa.

e precisamente V, che, come vedremo tra un momento va presa in considerazione, quale limite superiore della velocità di caduta.

23. L'integrazione formale della (13) si effettua immediatamente, separando le variabili. Prima di rendere esplicite le formule, conviene rilevare la circostanza che se, in un istante qualunque, la velocità del mobile è inferiore alla velocità critica V, non oltrepassa mai tale velocità pur crescendo sempre e convergendo asintoticamente verso V per $t = \infty$.

Del pari se, in un istante qualunque, la velocità supera V, rimane poi sempre superiore, decrescendo asintoticamente verso V al crescere indefinito di t.

La dimostrazione si fa nei due casi, in modo perfettamente analogo. Riferiamoci al primo per fissar le idee, e facciamo vedere che negando la tesi si cade in un assurdo.

Supponiamo dunque che la velocità del mobile possa oltrepassare V.

Trattandosi di funzione continua essa dovrà aver assunto, almeno una volta, proprio il valore V. Sia t_1 l'istante in cui ciò ha luogo per la prima volta; siano poi t' e $t'' > t'$ due generici istanti anteriori a t_1; v' e v'' ($> v'$, per la già rilevata circostanza che, al disotto della velocità V, v cresce con t) i corrispondenti valori di v.

Dalla (13), separando le variabili ed integrando da t' fino a t'', ove si osservi che, mentre t cresce da t' a t'', v varia, sempre crescendo, da v' a v'', si ottiene

$$\int_{v'}^{v''} \frac{}{1 - \frac{v^2}{V}} = g(t'' - t').$$

L'assurdo annunciato si trae da questa formula, immaginando che t'' converga verso t_1. Il secondo membro tende allora verso il limite finito $g(t_1 - t')$.

Il primo membro (in quanto sussista il supposto comportamento della velocità v'' converge di conseguenza verso V al convergere di t' verso t_1) ho invece per limite l'infinito.[1]

24. Veniamo ormai all'effettiva integrazione della (13) nell'ipotesi che il mobile sia abbandonato a se stesso senza velocità iniziale, od anche, più generalmente, che sia lanciato verso il basso con velocità $v_0 < V$. Per quanto abbiamo visto, sarà certamente $v < V$ in qualsiasi istante, e quindi, ricavando dalla (13)

$$\frac{2g\,dt}{V} = \frac{2}{V}\frac{dv}{1-\frac{v^2}{V^2}} = \frac{dv}{V}\left\{\frac{1}{1+\frac{v}{V}} + \frac{1}{1-\frac{v}{V}}\right\},$$

i denominatori dell'ultimo membro si manterranno costantemente positivi, e, integrando, risulterà

$$\frac{2g}{V}t = \log\frac{1+\frac{v}{V}}{1-\frac{v}{V}} + \text{cost.}$$

La costante di integrazione potrà indicarsi con $\frac{2g}{V}\tau$ e andrà determinata in base alla condizione che sia $v = v_0$ per $t = 0$; ciò che dà in particolare $\tau = 0$, quando è nulla la velocità iniziale v_0.[2]

Passando dai logaritmi ai numeri e risolvendo rispetto a v, si ricava

$$(13') \qquad v = V\frac{e^{\frac{2g}{V}(t-\tau)}-1}{e^{\frac{2g}{V}(t-\tau)}+1} = V - \frac{2V}{e^{\frac{2g}{V}(t-\tau)}+1}$$

(1) Questo perchè la funzione sotto il segno $\frac{1}{1-\frac{v^2}{V^2}}$ diviene infinita di primo ordine per $v = V$. Cfr. in proposito D'Arcais, loco cit. Vol. II° pag. 36.

(2) Dacchè si suppone valida durante tutto il movimento il regime idraulico, bisogna preventivamente assicurarsi che la velocità estrema v_0 e V cadono nell'ambito di validità di tale regime. A rigore, rimarrebbe così escluso (cfr. n. 19) il caso di una velocità iniziale eguale a zero, perchè, per velocità molto piccole, non vale il regime suddetto. Si può però giustificare l'applicazione delle formule a questo caso, pensando che la velocità cresce assai rapidamente: deve essere perciò trascurabile l'in-

Questa espressione esplicita di v in termini di t porge ovvia conferma del duplice fatto che la velocità è sempre minore di V, e vi converge asintoticamente al crescere indefinito di t.

25. Per essere $v = \frac{ds}{dt}$, lo spazio s si può avere immediatamente in termini di t, integrando la (13') da zero a un t generico: l'integrale del secondo membro è di quelli che si sanno esprimere per trascendenti elementari.[1]

Ma si arriva più rapidamente al risultato, riprendendo la (13) e riguardando la $v = \frac{ds}{dt}$ come funzione di t pel tramite della s, con che si ha

$$\frac{dv}{dt} = \frac{dv}{ds}\,\frac{ds}{dt} = \frac{dv}{ds}v = \frac{1}{2}\,\frac{dv^2}{ds},$$

e la (13) può essere scritta

$$\frac{1}{V^2}\,\frac{dv^2}{v - \frac{v^2}{V}} = \frac{2g}{V^2}\,ds.$$

Integrando, e notando che $v = v_0$, assieme ad $s = 0$, si ricava

$$s = \frac{V^2}{2g^2} \log \frac{V^2 - v^2}{V^2 - v^2}, \tag{13''}$$

la quale combinata colla (15) fornisce, quando si voglia, la esplicita espressione di s in termini di t.

26. Della (13") si può valersi per stabilire una relazione fra l'altezza di caduta e la perdita di energia, dovuta alla resistenza dell'aria. In un istante generico, la energia totale (somma dell'energia cinetica colla potenziale) vale

$$m\left(\frac{v^2}{2} - gs\right).$$

Sottraendola dal suo valore iniziale $m\,\frac{v_0^2}{2}$, avremo come misura dell'energia perduta la quale si trasforma prin-

---

fluenza perturbatrice del primo periodo, in cui non vige ancora il regime idraulico.

(1) Essa si ridurrebbe subito razionale sostituendo, alla variabile di integrazione t, $x = e^{\frac{2g}{V}(t-\tau)}$.

cipalmente in calore

$$q = \frac{m}{2}\left\{v_0^2 - v^2 + 2gs\right\}.$$

Ora la (15'') può essere scritta

$$-\frac{2gs}{V^2} = \log\left\{1 + \frac{v_0^2 - v^2}{V^2 \quad v_0^2}\right\}.$$

Passando dai logaritmi ai numeri, risolvendo rispetto a $v_0^2 - v^2$, e sostituendo nella precedente risulta

$$q = \frac{m}{2}\left\{(V^2 - v_0^2)(e^{-\lambda} - 1) + 2gs\right\},$$

dove si è posto, per brevità di scrittura

$$\lambda = \frac{2gs}{V^2}$$

Supponiamo in particolare $v_0 = 0$, e l'altezza di caduta piccola; in modo più preciso consideriamo tali valori di s che risulti piccola $\sqrt{2gs}$ (velocità che il grave acquisterebbe nel vuoto per un'altezza di caduta eguale ad s) di fronte alla velocità limite V. Potremo allora trascurare le potenze del rapporto $\lambda = \frac{2gs}{V^2}$ superiori alla seconda, e sostituire di conseguenza l'esponenziale $e^{-\lambda}$ con $1 - \lambda + \frac{1}{2}\lambda^2$. (Ciò si vede al solito, immaginando di prendere lo sviluppo abbreviato di Maclaurin, arrestato al terzo termine, e notando che il resto riesce di terzo ordine rispetto a λ, ed è quindi trascurabile). Rimane in tal caso

$$q = \frac{m}{4}V^2\lambda^2 = \frac{1}{2}\lambda \cdot mgs,$$

donde apparisce che l'energia, perduta nel tratto s, è la frazione $\frac{1}{2}\lambda = \frac{gs}{V^2}$ (piccola nelle supposte condizioni) del lavoro fatto dalla gravità, o, se si vuole della forza viva che il grave avrebbe acquistato cadendo, per uno stesso tratto, nel vuoto.

27. Non sarà inutile aggiungere che, nelle supposte condizioni di resistenza dell'aria, si ha, nel moto verticale ascendente, F_t (forza verticale, verso il basso) $mg + KA\alpha v^2$; inoltre $s' = -v$. Avuto riguardo alla (12), l'equazione del moto può essere posta sotto la forma

$$(14) \qquad \frac{dv}{dt} = -g\left(1 + \frac{v^2}{V^2}\right).$$

Se inizialmente il mobile è animato da velocità verso l'alto si dovrà ricorrere alla (14) e ritenerla valida finchè (gravità e resistenza dell'aria contrastando concomitantemente al moto) non sia ridotta la velocità del mobile eguale a zero. Ciò accade anche più rapidamente [come è intuitivo e come del resto risulta dalla (14)] che non per un grave nel vuoto. Fino a questo istante si ha fra t e v la relazione

$$\text{arc tg}\,\frac{v}{V} = -\frac{g}{V}t + \text{cost},$$

che risulta immediatamente dalla (14), separando le variabili ed integrando. La costante va determinata in base al valore della velocità iniziale. Comunque indicandola con $\frac{g}{V}T$, e attribuendo alla precedente relazione la forma equivalente

$$(14') \qquad v = V\,\text{tg}\,\frac{g}{V}(T - t),$$

si vede che v va decrescendo, a partire dall'istante iniziale $t = 0$, e assume, in capo al tempo T, il valore zero.

Per ulteriore integrazione della (14') si può avere l'espressione del cammino ascendente nell'intervallo $(0\,T)$. A partire da questo istante, incomincierà la discesa libera, a norma dell'equazione (13); ricadiamo quindi nelle precedenti considerazioni.

B) Pendolo semplice

28. Si suol chiamare pendolo semplice un punto materiale pesante P, il quale sia costretto a rimanere sopra una circonferenza, situata in piano verticale, e privo di attrito. La forza tangenziale (totale) F_t si riduce in tal caso alla componente del peso. Si tratta quindi di forza posizionale, e si può senz'altro affermare (§ 3) che la determinazione del moto è effettuabile mediante quadrature.

Prima di discutere l'andamento del moto facciamoci un'idea delle condizioni pratiche, sotto cui riescono sensibilmente verificate le precedenti ipotesi. Se si ha una pallina pesante scorrevole entro un tubo a direttrice circolare, l'azione dell'attrito è già troppo rilevante, perchè si possa addirittura prescinderne anche in prima approssimazione. Le cose vanno meglio, quando il legame, per cui P si trova costretto a descrivere una data circonferenza verticale, è un vero dispositivo pendolare; quando cioè si tratta di un filo, attaccato per una estremità ad un punto fisso O e recante all'altra estremità la massa pendolare P; od anche di una (sottile) asta rigida, girevole (in un dato piano verticale) attorno ad O.

Ammettiamo, se si tratta di un filo, che valga (anzi che seguiti a valere anche in stato di moto) il comportamento della tensione, di cui nel Cap. XIII. Allora, quando P oscilla in

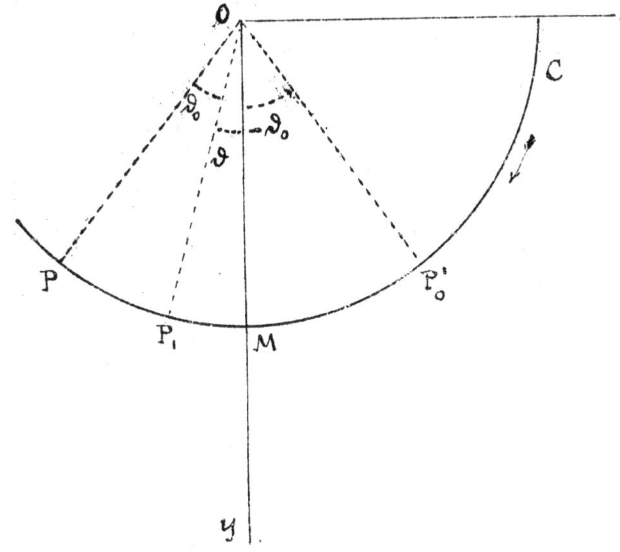

modo che il filo rimanga teso, l'azione $\underline{R}$ che esso subisce da parte del filo, è tutta diretta verso il punto fisso O, è quindi normale alla traiettoria, ciò che appunto caratterizza l'assenza d'attrito.

Se il filo è sostituito da un'asticciuola rigida, si può a priori ritenere che questo non soltanto agisca su P, nel senso radiale (verso O, o, eventualmente, verso l'esterno), ma trasmetta anche (integralmente o parzialmente) al punto totalità delle sollecitazioni cui essa stessa sottostà: peso proprio, resistenza dell'aria, e sopratutto attriti, che si destano in O.

Tuttavia gli attriti all'attacco possono essere attenuati con artifici opportuni (sospensione su coltelli); la resistenza dell'aria è piccola e può essere, come l'influenza del peso proprio dell'asta, ridotta a piacere, supponendo l'asta abbastanza sottile.

Ecco sotto quali limitazioni, è ancora lecito risguardare il vincolo come privo di attrito.

29. Sia C la circonferenza in piano verticale, su cui ha luogo il movimento di P. Riferiamo i punti del piano ad un sistema di assi x, y coll'origine nel punto di sospensione O (centro della circonferenza C), e l'asse y verticale e diretto verso il basso. Diciamo l la lunghezza del pendolo (raggio di C), e ϑ la sua anomalia o deviazione dalla verticale, cioè l'angolo (contato positivamente nel verso $x \to y$, negativamente nel verso opposto) che il raggio vettore OP forma colla verticale discendente y. Con ciò ad un medesimo punto P corrispondono infiniti valori di ϑ, che dipendono dal giro (semplice o ripetuto, nell'uno o nell'altro verso), con cui, descrivendo la circonferenza C, si arriva in P dalla posizione più bassa M (intersezione coll'asse delle y). Tutti questi valori differiscono soltanto per multipli interi di 2π, e hanno naturalmente identico il seno, il coseno ecc.

Fissatone uno qualsiasi, $\frac{\pi}{2} + \vartheta$ potrà sempre interpretarsi come l'angolo che lo stesso $\overline{OP}$ forma colla direzione positiva dell'asse x (contato come sopra, positivamente nel verso $x \to y$, negativamente nel verso opposto). Si avrà quindi, per ogni punto P di C

$$x = l \cos\left(\frac{\pi}{2} + \vartheta\right) = -l \operatorname{sen} \vartheta \quad , \quad y = l \operatorname{sen}\left(\frac{\pi}{2} + \vartheta\right) = l \cos \vartheta .$$

Contiamo gli archi s di C a partire dal punto più basso M, collo stesso senso positivo delle anomalie. Avremo evidentemente

$$(15) \qquad s = l \vartheta ,$$

di cui ci varremo per sostituire ϑ ad s come parametro determinativo delle posizioni del mobile.

30. Derivando rispetto a t e quadrando, si ha dalla (15) (o dalle espressioni parametriche di x, y, derivando, quadrando e sommando)

$$(16) \qquad v^2 = l^2 \dot{\vartheta}^2 .$$

La tangente al cerchio (nel senso delle s, o, ciò che è lo stesso, delle ϑ crescenti) è inclinat sull'asse y di $\vartheta + \frac{\pi}{2}$. La componente F_t del peso vale pertanto

$$mg \cos\left(\vartheta + \frac{\pi}{2}\right) = -mg \operatorname{sen} \vartheta,$$

essendo m la massa del punto P.

L'equazione del moto

$$m \ddot{s} = F_t,$$

ove si abbia riguardo alla (15) e si divida per ml può così essere scritta

$$\ddot{\vartheta} = -\frac{g}{l} \operatorname{sen} \vartheta. \tag{17}$$

Questa equazione del secondo ordine è per più rispetti interessante, come avremo occasione di constatare.

31. Quanto all'integrazione, le considerazioni generali del § 3 già ci assicurano che bastano due quadrature. La prima potrebbe ovviamente effettuarsi, moltiplicando entrambi i membri per $\dot{\vartheta}$, ed integrando. Ma non vale la pena di fare dei calcoli, per quanto semplici, giacchè come risulta dal § 3, l'integrale primo della equazione del moto è in ogni caso

$$\mathcal{T} - \mathcal{U} = \mathcal{E},$$

coincidendo $\mathcal{U}$ col potenziale quando si tratta di forza conservativa. Il peso lo è, e il relativo potenziale ha nel caso presente l'espressione $mgy = mgl \cos\vartheta$, d'altra parte in virtù della (16) $\mathcal{T} = \frac{1}{2} m v^2 = \frac{1}{2} m l^2 \dot{\vartheta}^2$. L'integrale primo in questione ha dunque la forma

$$\frac{1}{2} m l^2 \dot{\vartheta}^2 - mgl \cos\vartheta = \mathcal{E};$$

alla quale naturalmente si perviene anche per diretta integrazione della (17): basta designare, come è sempre lecito, la costante di integrazione con $\frac{\mathcal{E}}{ml^2}$.

Isolando $\dot{\vartheta}^2$, e ponendo, per brevità di scrittura, $\frac{\mathcal{E}}{mgl} = \nu$ (con che la costante ν si presenta quale rapporto di due energie ed è quindi un numero puro), il soprascritto integrale diviene

$$\dot{\vartheta}^2 = 2\frac{g}{l}(\cos\vartheta + \nu). \tag{18}$$

La costante ν va determinata in base alle circostanze iniziali, sostituendo cioè nella (18) per ϑ e $\dot{\vartheta}$ i valori che loro competono all'istante iniziale. Ciò mostra anzitutto che in nessun caso reale può essere $\nu < -1$: un tale valore renderebbe infatti negativo il secondo membro della (18) che pur deve rappresentare il quadrato di una quantità reale. Si noti ancora che il caso limite $\nu = -1$ implica $\cos\vartheta$ costantemente eguale ad 1 (perchè, per ogni altro valore di $\cos\vartheta$, si tornerebbe all'assurdo di un $\dot\vartheta$ immaginario). Si ha, in tale ipotesi $\vartheta = \dot\vartheta = 0$, ossia si tratta dell'equilibrio nella posizione M.

Ritenuto $\nu > -1$, giova distinguere il caso in cui ν supera anche l'unità positiva, da quello in cui si trova compreso fra -1 e 1.

32. <u>Moto rotatorio progressivo</u>. Per $\nu > 1$, l'andamento generale del moto è presto discusso. Il secondo membro della (18) rimane infatti costantemente positivo, più precisamente anzi non scende mai al disotto della costante positiva $2\frac{g}{l}(\nu - 1)$. Ne consegue che $\dot\vartheta^2$ non si annulla mai, e quindi (siccome $\dot\vartheta$ dev'essere una funzione continua di t) che $\dot\vartheta$ conserva sempre il medesimo segno; il suo valore assoluto non scende poi mai al disotto di un certo limite > 0 (che è $\sqrt{2\frac{g}{l}(\nu-1)}$).

Dal fatto che $\dot\vartheta$ ha sempre lo stesso segno, si desume che ϑ varia sempre nel medesimo senso, ma si può dire qualche cosa di più. Anzitutto, se si pensa che $\dot\vartheta$ rappresenta la velocità angolare del mobile attorno ad O, e si bada alla circostanza, testè rilevata, che il valore assoluto di questa velocità angolare supera sempre un limite fisso, è ben chiaro che P corre anche più velocemente di quel che corrisponderebbe ad una certa rotazione uniforme. Questo intanto ci mostra che P descrive la circonferenza C di moto rotatorio progressivo, ripassando infinite volte per una posizione generica.

Il moto è poi periodico, cioè ogni giro ha la stessa

durata e si compie in identico modo. Per provarlo, fissiamo la funzione $\vartheta(t)$, che rappresenta un tale movimento, e le sue circostanze iniziali, cioè i valori ϑ_0 e $\dot{\vartheta}_0$ di ϑ e di $\dot{\vartheta}$ corrispondenti a $t=0$.

Sia T l'intervallo di tempo (ben determinato e finito, per quanto si è detto testè) in capo al quale il mobile riprende per la prima volta la posizione iniziale. L'anomalia ϑ vale allora $\vartheta_0 \pm 2\pi$ (secondo il senso del moto); ad ogni modo, il secondo membro della (18) riprende il valore $2\frac{g}{l}(\cos\vartheta_0 + v)$ che gli competeva nell'istante iniziale; e lo stesso avviene per conseguenza di $\dot{\vartheta}^2$, anzi proprio di $\dot{\vartheta}$, attesa la rilevata circostanza che esso conserva sempre il medesimo segno. Abbiamo così

$$(19) \qquad \vartheta(T) = \vartheta(0) + 2\pi \ , \quad \dot{\vartheta}(T) = \dot{\vartheta}(0) \ ,$$

supponendo, per fissare le idee, che $\dot{\vartheta}_0$ sia positivo e che quindi il moto avvenga nel senso delle ϑ crescenti. Ciò posto, teniamo conto che, per essere $\vartheta(t)$ integrale della equazione (17), si ha identicamente (cioè per qualsiasi valore della variabile indipendente t)

$$\frac{d^2\vartheta(t)}{dt^2} = -\frac{g}{l}\operatorname{sen}\vartheta(t)$$

Immaginiamo di scrivere, in luogo di t, $t+T$ (con che non si altera il dt), e osserviamo che tanto il primo quanto il il secondo membro rimangono immutati, ove si aggiunga o si tolga 2π a $\vartheta(t+T)$. L'identità che ne risulta, quando si toglie 2π, sta ad esprimere che la funzione

$$\Theta(t) = \vartheta(t+T) - 2\pi$$

è anch'essa, al pari di $\vartheta(t)$, integrale della (17)

D'altra parte, si ha

$$\Theta(0) = \vartheta(T) - 2\pi,$$

nonchè derivando e ponendo $t=0$,

$$\dot{\Theta}(0) = \dot{\vartheta}(T).$$

Il confronto colle (19) ci mostra che i valori iniziali di Θ e di $\dot{\Theta}$ coincidono con quelli di ϑ e di $\dot{\vartheta}$. Possiamo inferir ne, in base al teorema fondamentale di univoca esistenza (cfr. n. 1), che le due funzioni Θ e ϑ sono identiche. Si ha quindi, per qualsiasi valore di t,

$$\vartheta(t+T) = \vartheta(t) + 2\pi, \tag{20}$$

colla conseguente

$$\dot\vartheta(t+T) = \dot\vartheta(t). \tag{20'}$$

Ecco l'espressione analitica dell'annunciata periodicità del moto. Le (20) e (20') mostrano infatti che lo stato di moto, relativo ad un generico istante t, si riproduce identicamente nell'istante $t+T$: la coincidenza di posizione è espressa dalla (20) (in quanto due anomalie, le quali differiscono tra loro per multipli di 2π individuano uno stesso punto della circonferenza); la coincidenza delle velocità si legge nella (20').

La stessa dimostrazione si applica naturalmente al caso di $\dot\vartheta_0$ negativo: basta soltanto nelle (19) e (20) (e nella definizione della funzione ausiliaria Θ) cambiare 2π in -2π.

In ogni caso, dacchè dopo un tempo T, il moto si ripete cogli identici caratteri, lo stesso ha luogo in capo ad un intervallo di tempo doppio, triplo, ecc.; così lo studio del moto rimane completamente esaurito, tosto che se ne sia determinato l'andamento nel primo giro (da $t=0$ a $t=T$).

33. **Moto oscillatorio.** Il tipo testè incontrato di rotazione progressiva non presenta evidentemente i caratteri delle ordinarie oscillazioni pendolari. Esse rimangono definite come ora constateremo, da quegli integrali della equazione del moto, per cui la costante V è compresa fra -1 e $+1$.

Poniamoci a tal fine nelle condizioni tipiche dell'inizio di un moto pendolare, supponendo che la massa pendolare P venga rimossa dalla sua posizione di equilibrio e abbandonata a se stessa senza velocità iniziale in P_0.

Si ha in tal caso, in virtù della (16)

$$\vartheta = \vartheta_0 \quad , \quad \dot\vartheta = 0 \qquad \text{per } t=0.$$

Se si suppone ulteriormente che P_0 sia situato al di sotto del punto di sospensione O, e si immagina orientato in modo opportuno l'asse delle x (da banda opposta di P_0 rispetto alla verticale di O), si potrà ancora ritenere

$$0 < \vartheta_0 < \frac{\pi}{2}.$$

Sostituendo nella (18) $\vartheta = \vartheta_0$, $\dot\vartheta = 0$, si ha

$$v = -\cos\vartheta_0,$$

quantità manifestamente compresa fra -1 e 1, anzi fra -1 e zero, giacchè ci limitiamo all'ipotesi di una deviazione iniziale $< \frac{\pi}{2}$. Sarà di conseguenza per tutta la durata del movimento

$$(18') \qquad \dot\vartheta^2 = 2\,\frac{g}{l}\,(\cos\vartheta - \cos\vartheta_0),$$

da cui apparisce che $\dot\vartheta$ può annullarsi allora e allora soltanto che $\cos\vartheta = \cos\vartheta_0$, cioè nella posizione iniziale P_0 e nella posizione simmetrica P'_0 (rispetto alla verticale di O).

Ciò premesso, veniamo alla determinazione del moto prendendo le mosse, come è naturale, dall'istante iniziale.

Il pendolo comincia evidentemente a discendere, seguendo la sollecitazione della forza. Sotto l'aspetto analitico, ciò risulta dall'osservare che, nella posizione iniziale, la funzione $\vartheta(t)$ ha un massimo: si annulla infatti la derivata prima, e la derivata seconda è negativa, in virtù della (17). Dacchè, per $t=0$, $\ddot\vartheta$ è negativa, $\dot\vartheta$ andrà decrescendo; quindi, siccome inizialmente è zero, assumerà, almeno nei primi istanti, valori negativi. Avremo in conformità dalla (18')

$$(18'') \qquad \dot\vartheta = -\sqrt{\frac{2g}{l}}\,\sqrt{\cos\vartheta - \cos\vartheta_0}$$

intendendosi attribuiti ai radicali i loro valori aritmetici.

Fino a quando continuerà a valere questa determinazione? o, in forma più espressiva: fino a quale posizione andrà decrescendo l'anomalia?

Già poc'anzi abbiamo notato che $\dot\vartheta$ si annulla soltanto in P_0 ed in P'_0. Il moto non può per conseguenza cambiare di senso se non in queste due posizioni. Ciò induce a ritenere che ϑ, partendo dal valore iniziale ϑ_0, seguiti a decrescere, finchè non si arriva alla posizione simmetrica cioè al valore $-\vartheta_0$.

Le cose stanno precisamente così. Tuttavia, dal punto di vista del rigore matematico, è necessario procedere con cautela, perchè a priori, pur essendo escluso che il moto cambi di senso fra P_0 e P'_0, rimane aperto l'adito all'eventualità che ϑ vada bensì decrescendo, ma resti sempre al di quà di $-\vartheta_0$: il mobile convergerebbe in tal caso asintoticamente (cioè col crescere indefinito di t) verso una qualche posizione compresa fra P_0 e P'_0.

Per togliere di mezzo ogni difficoltà, si può ragionare come segue:

Separiamo le variabili nella (18'') isolando dt, e integriamo da ϑ_0 a un ϑ generico ($<\vartheta_0$). Ove si determini la costante di integrazione in modo che risulti $t=0$ per $\vartheta=\vartheta_0$, si ha

$$(21)\qquad t=-\sqrt{\frac{l}{2g}}\int_{\vartheta_0}^{\vartheta}\frac{d\vartheta}{\sqrt{\cos\vartheta-\cos\vartheta_0}}=\sqrt{\frac{l}{2g}}\int_{\vartheta}^{\vartheta_0}\frac{d\vartheta}{\sqrt{\cos\vartheta-\cos\vartheta_0}}$$

Il secondo membro è una funzione di ϑ, la quale, se si fa variare ϑ, sempre decrescendo, da ϑ_0 fino a $-\vartheta_0$ si mantiene reale e costantemente crescente: essa si presenta infatti come integrale di una funzione sempre positiva (tale è $\frac{1}{\sqrt{\cos\vartheta-\cos\vartheta_0}}$ entro i limiti indicati), relativo ad un intervallo che va crescendo al decrescere di ϑ. Si noti che per $\vartheta=\pm\vartheta_0$, la funzione $\cos\vartheta-\cos\vartheta_0$ ha uno zero di primo ordine, poichè essa si annulla, mentre, la sua derivata prima $-\operatorname{sen}\vartheta$ ha un valore diverso da zero. Perciò $\sqrt{\cos\vartheta-\cos\vartheta_0}$ si annulla di ordine $1/2$, e la sua inversa $\frac{1}{\sqrt{\cos\vartheta-\cos\vartheta_0}}$, pur diventando infinita nei due punti predetti, si conserva integrabile (l'ordine di infinito essendo minore dell'unità)(1).

Ne viene che la funzione $t(\vartheta)$, definita dalla (21), mentre

(1) Cfr. D'Arcais "Corso di Calcolo infinitesimale" Vol. II° pag. 154 e segg.

ϑ varia decrescendo da ϑ_0 a $-\vartheta_0$, si mantiene finita e continua, e va costantemente crescendo, da zero fino ad un valore ben determinato.

$$(22) \qquad T = \sqrt{\frac{l}{2g}} \int_{-\vartheta_0}^{\vartheta_0} \frac{d\vartheta}{\sqrt{\cos\vartheta - \cos\vartheta_0}}$$

Con questo legame funzionale fra t e ϑ rimane, per costruzione, verificata la relazione (18"), e quindi anche la (18').

Ora per il fatto che t varia sempre in un medesimo senso al variare di ϑ, la corrispondenza stabilita dalla (21) è biunivoca: esiste cioè uno ed un solo valore di ϑ, per cui t assume un prefissato valore compreso fra zero e T. Questo è quanto dire che la (21) stessa può essere univocamente risoluta rispetto a ϑ, definendo ϑ come una funzione uniforme $\chi(t)$, che varia, sempre decrescendo, da ϑ_0 a $-\vartheta_0$ mentre t cresce da zero a T.

La (18') seguita ad essere una identità anche se il legame funzionale (21) si considera nella nuova accezione. Si può pertanto affermare che la funzione $\vartheta = \chi(t)$ [definita nell'intervallo $(0, T)$] che proviene dalla risoluzione della (21), è integrale della (18') e quindi anche della originaria equazione di secondo ordine (17), che ne è una conseguenza differenziale.

Questa $\chi(t)$ soddisfa inoltre alle volute condizioni per $t=0$: essa assume infatti il valore ϑ_0, e come integrale della (18'), ha derivata nulla.

Ne consegue che

$$(23) \qquad \vartheta = \chi(t) \quad (0 \leq t \leq T)$$

costituisce il cercato integrale della originaria equazione del moto, ed è quindi atto a rappresentarlo in tutto l'intervallo $(0, T)$, entro il quale è stato finora definita la funzione χ.

In particolare, rimane provato con tutto rigore che l'anomalia ϑ seguita a decrescere, finchè non si raggiunge la posizione simmetrica, ossia il valore $-\vartheta_0$, ciò che avviene nel tempo [ben determinato e finito, a norma delle (24)] $t = T$.

34. La prosecuzione del moto oltre l'istante T è intuitivamente evidente.

Il pendolo si trova, per $t = T$, in condizioni perfettamente simmetriche alle iniziali, rispetto alla verticale OM: il conseguente fenomeno dovrà quindi svolgersi in modo simmetrico, ossia il pendolo discenderà, per rimontare alla posizione originaria P_0, in capo allo stesso tempo T, impiegato nel primo tragitto (prima oscillazione semplice).

Ciò porta a ritenere che in un generico istante t, compreso fra T e 2T, la ϑ abbia valore eguale ed opposto a quello che le competeva nell'istante $t - T$, sia cioè

(24) $$\vartheta = -\chi(t-T) \quad (T \leq t \leq 2T).$$

È facile confermarlo per via puramente analitica, osservando che il secondo membro dalla (24) costituisce una funzione definita nell'intervallo $(T, 2T)$, la quale:

a) soddisfa all'equazione (17). Questo perchè, essendo la (17) identicamente verificata da $\vartheta = \chi(t)$ per qualsiasi valore di t dell'intervallo $(0, T)$, si può senza alterare l'eguaglianza, cambiare il segno ad entrambi i membri e sostituire materialmente $t - T$, a t (con che il dt rimane inalterato);

b) assume per $t = T$ il valore $-\chi(0) = -\vartheta_0$, mentre la sua derivata $-\dot{\chi}(0)$ si annulla.

Complessivamente $-\chi(t-T)$ è quell'integrale della (17), che rispecchia lo stato di moto, relativo all'istante $t - T$. Esso è dunque atto a rappresentare il movimento, in tutto l'intervallo $(T \leq t \leq 2T)$, in cui si trova definito.

35. Per $t = 2T$, abbiamo di nuovo, come apparisce dalla (24), le stesse condizioni iniziali. Ne consegue una seconda oscillazione completa, identica alla prima, tranne, si intende, un ritardo costante (nei corrispondenti stati di moto) di

(25) $$T = 2T.$$

Verrà poi una terza oscillazione, e così di seguito indefinitamente.

Si tratta insomma di un moto oscillatorio periodico, il cui periodo $T = 2\tau$ è espresso in termini dell'anomalia iniziale ϑ_0 per mezzo della (22).

La funzione $\vartheta(t)$, che rappresenta il moto, definito dalle (23) e (24) nell'intervallo $(0, T)$, rimane ovviamente estesa a qualsiasi altro valore di t, in base alla condizione di periodicità. Ne consegue la relazione funzionale

$$\vartheta(t+T) = \vartheta(t),$$

valida per qualsiasi valore di t.

36. Calcolo di τ (durata di una oscillazione semplice).

L'integrale che compare nel secondo membro della (22), è ellittico, e non si può esprimere per mezzo di trascendenti elementari dell'argomento ϑ_0. Si può invece esprimere sotto forma di somma di una serie rapidamente convergente, e quindi utile per il calcolo numerico, operando come segue.

Osserviamo anzitutto che è identicamente

$$\int_{-\vartheta_0}^{\vartheta_0} \frac{d\vartheta}{\sqrt{\cos\vartheta - \cos\vartheta_0}} = \int_{-\vartheta_0}^{0} \frac{d\vartheta}{\sqrt{\cos\vartheta - \cos\vartheta_0}} + \int_0^{\vartheta_0} \frac{d\vartheta}{\sqrt{\cos\vartheta - \cos\vartheta_0}} = 2\int_0^{\vartheta_0} \frac{d\vartheta}{\sqrt{\cos\vartheta - \cos\vartheta_0}}$$

come tosto apparisce eseguendo, nel primo integrale del secondo membro, lo scambio della variabile corrente di integrazione ϑ, in $-\vartheta$.

La (22) assume così l'aspetto

$$\tau = 2\sqrt{\frac{l}{2g}} \int_0^{\vartheta_0} \frac{d\vartheta}{\sqrt{\cos\vartheta - \cos\vartheta_0}} \quad ;$$

e notiamo incidentalmente che, confrontando questa equazione colla (21), si rileva che la durata di ciascuna oscillazione semplice è doppia del tempo necessario al pendolo per raggiungere la verticale OM, a partire da una delle due posizioni estreme.

Nell'espressione, testè scritta, di τ, sostituiamo alla variabile indipendente ϑ una variabile ausiliaria u, a norma della posizione

$$\operatorname{sen}\frac{\vartheta}{2} = u \operatorname{sen}\frac{\vartheta_0}{2},$$

e della conseguente relazione differenziale

$$\cos\frac{\vartheta}{2} \cdot \frac{d\vartheta}{2} = du \cdot \operatorname{sen}\frac{\vartheta_0}{2}$$

Badando alle identità

$$\cos\vartheta - \cos\vartheta_0 = 2\left(\operatorname{sen}^2\frac{\vartheta_0}{2} - \operatorname{sen}^2\frac{\vartheta}{2}\right),$$

$$\cos\frac{\vartheta}{2} = \sqrt{1 - u^2 \operatorname{sen}^2\frac{\vartheta_0}{2}}$$

(dove il radicale ha il suo valore aritmetico) e alla circostanza che al variare di ϑ da 0 a ϑ_0, u varia (sempre crescendo) da 0 a 1, risulta tosto

$$T = 2\sqrt{\frac{l}{g}} \int_0^1 \frac{(1 - k^2 u^2)^{-\frac{1}{2}}}{\sqrt{1 - u^2}} du.$$

dove, per brevità, sta scritto k^2 in luogo di $\operatorname{sen}^2\frac{\vartheta_0}{2}$

Siccome $k^2 u^2$ è in tutto l'intervallo d'integrazione (0,1) minore dell'unità, la funzione $(1 - k^2 u^2)^{-\frac{1}{2}}$ si può sviluppare in serie convergente colla formula del binomio, ciò che dà

$$(1 - k^2 u^2)^{-\frac{1}{2}} = 1 + \frac{1}{2} k^2 u^2 + \frac{1 \cdot 3}{2 \cdot 4} k^4 u^4 + \dots + \frac{1 \cdot 3 \cdot 5 \dots (2n - 1)}{2 \cdot 4 \cdot 6 \dots 2n} k^{2n} u^{2n} + \dots$$

o in forma più concisa

$$(1 - k^2 u^2)^{-\frac{1}{2}} = \sum_0^\infty {}_n c_n k^{2n} u^{2n},$$

designandosi con c_n il coefficiente numerico della potenza $k^{2n} u^{2n}$, ponendo cioè

$$C_0 = 1,$$

$$C_n = \frac{1 \cdot 3 \cdot 5 \dots (2n - 1)}{2 \cdot 4 \cdot 6 \dots 2n},$$

per $n > 0$.

Sostituiamo nell'espressione di T ed integriamo termine a termine (il che è lecito perchè la serie $\sum_0^\infty {}_n C_n k^{2n} u^{2n}$, come si desume dal confronto colla serie a termini costanti $\sum_0^\infty {}_n c_n k^{2n}$, è uniformemente convergente in tutto l'intervallo di integrazione). Ciò dà

$$T = 2\sqrt{\frac{l}{g}} \sum_0^\infty {}_n c_n k^{2n} \int_0^1 \frac{u^{2n} du}{\sqrt{1 - u^2}},$$

che per essere[1]

$$\int_0^1 \frac{u^{2n}\,du}{\sqrt{1-u^2}} = c_n \frac{\pi}{2},$$

si semplifica in

$$T = \pi \sqrt{\frac{l}{g}} \sum_0^\infty {}_n c_n^2 k^{2n}.$$

Scrivendo per disteso e riponendo per k il suo valore $\operatorname{sen}\frac{\vartheta_0}{2}$ risulta infine

$$T = \pi\sqrt{\frac{l}{g}}\left\{1+\left(\frac{1}{2}\right)^2 \operatorname{sen}^2\frac{\vartheta_0}{2} + \left(\frac{1.3}{2.4}\right)^2 \operatorname{sen}^4\frac{\vartheta_0}{2} + \dots + \left(\frac{1.3\dots 2n-1}{2.4\dots 2n}\right)^2 \operatorname{sen}^{2n}\frac{\vartheta_0}{2} + \dots\dots\right\}, \tag{22'}$$

che è lo sviluppo richiesto.

Se l'amplitudine iniziale ϑ_0 è piuttosto piccola, si può con notevole approssimazione arrestare lo sviluppo ai due primi termini, il che porge

$$T = \pi\sqrt{\frac{l}{g}}\left(1+\frac{1}{4}\operatorname{sen}^2\frac{\vartheta}{2}\right).$$

Supponendo di poter trascurare anche i termini di secondo ordine, si ha la formola elementare ben nota

$$T = \pi\sqrt{\frac{l}{g}}. \tag{22''}$$

37. Reazione vincolare - Dacchè la forza attiva si riduce al peso, la reazione è espressa dalla formula (n. 6)

$$R_n = m\left(\frac{v^2}{r} - g\cos\alpha\right),$$

in cui R_n può essere interpretata come la componente secondo la normale esterna (radiale nel caso nostro) della forza centrifuga, cui sottostà il dispositivo realizzante il vincolo (filo o asticciuola rigida, nel caso del pendolo); r e α sono rispettivamente il raggio di curvatura e l'inclinazione sulla verticale discendente della normale (nel senso della concavità). È chiaro che per il pendolo $r=l$, $\cos\alpha = -\cos\vartheta$, sic:

(1) D'Arcais. loco cit. Vol. II° § 74.

che la forza cui è sottoposto il filo rimane espressa da

$$m\left(\frac{v^2}{l}+g\cos\vartheta\right)$$

Si può farla dipendere esclusivamente dall'anomalia ϑ, ricorrendo all'integrale delle forze vive. Dacchè risulti, per la (16), $\frac{v^2}{l}=l\dot{\vartheta}^2$, otteniamo in virtù della (18),

$$(26)\qquad R_n = mg(3\cos\vartheta + 2r).$$

Nel caso di effettiva oscillazione in cui il pendolo rimane al disotto del punto di sospensione, si ha (n. 32) $r=-\cos\vartheta_0$, e $\cos\vartheta$ sempre $>\cos\vartheta_0$. Il secondo membro della (26) è allora essenzialmente positivo; si tratta quindi, come è intuitivo di una forza diretta verso l'esterno del cerchio, ossia di una tensione. Dato questo carattere dello sforzo, il vincolo può indifferentemente supporsi realizzato mediante un'asticciuola rigida, ovvero mediante un filo. Lo stesso è a dirsi, nel caso di un moto rotatorio progressivo, quando sia

$$r > \frac{3}{2}.$$

Ma può accadere, nell'uno e nell'altro caso, che il secondo membro della (26) assuma, durante il moto, valori negativi. Allora lo sforzo non ha sempre carattere di tensione; ma assume talora quello di pressione. Perchè il corrispondente moto sia effettivamente possibile è necessario che il vincolo sia realizzato mediante un'asta rigida.

Facciamo un'ultima osservazione relativa ad un pendolo filare, per cui le condizioni iniziali verifichino la disuguaglianza $R_n>0$, ma dieno luogo ad una soluzione del moto vincolato, non possibile al di là di un certo istante t_1, tale cioè che, per $t=t_1$, R_n si annulla (per la prima volta) e poi cambia segno.

Non è difficile riconoscere che, così stando le cose, la massa pendolare abbandona nella posizione P_1 corrispondente all'istante t_1, la circonferenza C e il moto (almeno per un pò, finchè cioè non si torna a tendere il filo) avviene liberamente sotto l'azione della gravità come se il filo non ci fosse.

Naturalmente le due fasi del moto si raccordano in P_1, in modo completo: non solo quanto a velocità, ma anche quanto ad accelerazione. Ciò perchè, essendo nell'istante t_1 $R_n = 0$, il mobile non sottostà ad alcuna reazione vincolare e la forza totale si trova in quell'istante già ridotta al solo peso, come nel successivo moto libero.

Il raccordo delle velocità implica quello delle tangenti ai due archi di traiettoria in P_1, (rispettivamente cerchio e parabola). Dal raccordo delle accelerazioni scende poi che il raggio di curvatura della parabola in P_1 non è altro che il raggio l del cerchio C: basta pensare che, coincidendo le direzioni delle normali, $\frac{v^2}{r}$ (componente normale dell'accelerazione) è in entrambi i casi la stessa; e poichè la v ha lo stesso valore ciò deve altresì verificarsi per r.

38. <u>Caso di piccole oscillazioni</u>. Se si suppone a priori che la deviazione verticale ϑ del pendolo rimanga piccola tale per es. che ϑ^2 sia trascurabile di fronte all'unità, il seno si può confondere coll'arco (come è ben noto e come del resto si verifica ovviamente, prendendo per $\operatorname{sen}\vartheta$ lo sviluppo del Maclaurin arrestato al terzo termine)

In quest'ordine di approssimazione, la equazione differenziale (17) che regge il moto pendolare, può essere sostituita dall'equazione lineare

$$\ddot{\vartheta} = -\frac{g}{l}\,\vartheta.$$

Riconosciamo nel secondo membro l'espressione tipica (n. 13) delle forze di richiamo verso la posizione di equilibrio $\vartheta = 0$ (punto M); e siamo senz'altro ricondotti ad un moto armonico di centro M, rispetto alla variabile ϑ, cioè sulla circonferenza C.

La costante ω^2, che caratterizza la equazione armonica, è qui costituita dal rapporto $\frac{g}{l}$. Il periodo del moto $T = \frac{2\pi}{\omega}$ è così espresso da $2\pi\sqrt{\frac{l}{g}}$, e il semiperiodo T (durata di una oscillazione semplice) da

$$T = \pi\sqrt{\frac{l}{g}},$$

come già avevamo trovato (n. prec.) in base all'espressione rigorosa di T, nell'ipotesi (sostanzialmente equivalente alla attuale) che già $\operatorname{sen}^2\frac{\vartheta_0}{2}$ potesse trascurarsi di fronte all'unità.

39. Effetti di una resistenza viscosa. Per tener conto di una resistenza passiva proporzionale alla velocità del tipo $-b\dot{s}$ (n. 18) basta evidentemente aggiungere al secondo membro della (17) un termine proporzionale a $\dot{\vartheta}$ con fattore di proporzionalità negativo. Designando questo fattore con $-2h$ avremo

$$\ddot{\vartheta} = -\frac{g}{l}\operatorname{sen}\vartheta - 2h\dot{\vartheta},$$

la quale, se ci si limita, come sopra, all'ipotesi di piccole amplitudini, si semplifica in

$$\ddot{\vartheta} = -\frac{g}{l}\vartheta - 2h\dot{\vartheta}.$$

Essa rientra nel tipo $\ddot{x} + 2h\dot{x} + kx = 0$ (h e k costanti positive e per) $k > h^2$ è l'equazione caratteristica delle oscillazioni smorzate (Cap. II, n. 40).

Nel caso del pendolo, se si tratta di resistenza viscosa dovuta all'aria, l'ordine di grandezza di $k = \frac{g}{l}$ e di h è certo tale da rendere soddisfatta la disuguaglianza $k > h^2$. Basta pensare che, mettendo in evidenza la velocità $l\dot{\vartheta}$, il coefficiente di resistenza viscosa b è rappresentato da $\frac{2h}{l}$, e va identificato (n.° 18) con $6\pi\mu r$, dove r è il raggio della massa pendolare (supposta sferica) e $\mu = 0{,}000189$. A titolo di apprezzamento si può prendere $l = 1$ metro $= 100$ cm, $r = 1$ cm e si constata immediatamente come $k = 9.8$ sia parecchio superiore a $b^2 = (6\pi r\frac{l}{2}0{,}000189)^2 = (0{,}178)^2$.

La resistenza (viscosa) dell'aria ha sempre per effetto di smorzare le piccole oscillazioni pendolari secondo la legge esponenziale, già illustrata in Cinematica (nn. 37-40 del Cap. II)

§ 6. Comportamento dell'attrito durante il moto.

40. Abbiamo visto nella Statica (Cap. IX che quando un punto materiale appoggiato ad una superficie o ad una curva, si trova in equilibrio, l'attrito (reazione tangenziale offerta dal sostegno) non supera mai, quanto a valore assoluto, una certa frazione f della reazione normale: la direzione secondo cui si esplica questa forza tangenziale dipende dalla forza attiva: più precisamente (dacchè l'attrito equilibra la componente tangenziale della forza attiva), possiamo dire che la direzione dell'attrito statico o di primo distacco è opposta a quella della proiezione tangenziale della forza.

Quando in analoghe condizioni di appoggio abbia luogo un generico movimento, e sia <u>F</u> la forza attiva, applicata al mobile, il sostegno esplicherà ancora (almeno in generale) una certa reazione <u>R</u>.

Per riconoscere con quali leggi essa si manifesti, bisognerà naturalmente appellarsi all'esperienza. L'intuizione ci avverte in primo luogo che come nel caso statico, il sostegno è atto a reagire soltanto verso l'esterno del corpo che lo materializza.

Ciò ritenuto, dicasi N il valore assoluto della componente normale di <u>R</u>, ed <u>A</u> il componente tangenziale di <u>R</u>. Quest'ultimo si denomina <u>attrito</u>, aggiungendosi la qualifica <u>dinamica</u> o <u>durante il moto</u>, quando si voglia mettere in evidenza la circostanza che la velocità del mobile è diversa da zero.

Esperienze istituite quasi contemporaneamente dal Coulomb e dal Morin, hanno condotto il secondo a formulare (verso il 1830) le leggi seguenti:

1° L'attrito dinamico è direttamente opposto alla direzione del moto, o, che è lo stesso, della velocità. Se questa eventualmente si annulla durante il corso del moto, tornano a valere le leggi dell'attrito di primo distacco: e quindi il movimento ha termine, o si riprende, secondo che la forza attiva $\underline{F}$ soddisfa o no alla condizione di equilibrio. Se il sostegno è una superficie, si può dire: secondo che $\underline{F}$ è interna o no al cono d'attrito relativo alla posizione d'arresto. E la stessa dicitura salvo lo scambio di "interna" in "esterna" si può usare se il sostegno è una curva (cfr. Cap. IX, nn. 15, 16).

2° L'intensità A dell'attrito dinamico è direttamente proporzionale alla reazione normale N. Il coefficiente di proporzionalità è una frazione propria, che non dipende dalla velocità del mobile, nè dall'estensione delle superficie che si trovano in contatto, ma soltanto dalla loro natura materiale.

Questo coefficiente di proporzionalità si chiama <u>coefficiente d'attrito (dinamico o durante il moto)</u> e si suol designare colla stessa lettera f, già adottata per l'attrito statico.

L'uso non è ingiustificato, poichè, molto all'ingrosso, i due coefficienti d'attrito, statico e dinamico, coincidono. In un tale ordine di approssimazione si può riassumere sotto forma espressiva il comportamento della reazione $\underline{R}$ nel modo seguente: <u>La reazione $\underline{R}$, offerta da un sostegno scabro</u> (la quale, nel caso statico, è soltanto circoscritto a non uscire dal cono d'attrito o meglio a stare in una delle due ragioni, in cui esso divide lo spazio) <u>in condizioni dinamiche, viene proprio a trovarsi sulla superficie conica</u>, e precisamente sopra tale generatrice da proiettarsi (ortogonalmente) in senso opposto al moto sulla tangente alla traiettoria.

Di tutto ciò si può rendersi ragione per via intuitiva, rappresentandosi in ogni caso (tanto in stato di equilibrio, quanto in stato di moto) l'attrito come una resistenza passiva, capace di raggiungere un certo massimo (frazione determinata di N) ed esplicantesi in quel modo che più ostacola il moto impedendone l'inizio con quel valore (non superiore al massimo) che equilibra la sollecitazione attiva; e raggiungendo il massimo (in direzione diametralmente opposta al moto), quando la velocità è diversa da zero.

In realtà le cose non corrispondono esattamente a questo schema teleologico.

<u>Il coefficiente di attrito dinamico è sempre alquanto</u> (talora anche considerevolmente) <u>inferiore al coefficiente di attrito statico</u>. Inoltre, mentre si conserva sensibilmente costante finchè si tratta di piccole velocità (non superiori ai 4 o 5 metri al secondo), va poi lentamente diminuendo al crescere della velocità.

Un'ultima avvertenza. Quando fra la superficie del mobile e quella del sostegno è interposto un lubrificante, il coefficiente d'attrito dipende in modo essenziale dalla velocità, può anzi ritenersi sensibilmente proporzionale alla velocità stessa (mentre, a secco, tende a diminuire col crescere della velocità).

41. Il principio di indipendenza dal modo con cui sono realizzati i vincoli, già usufruito nella Statica (Cap. IX, n. 10), interviene utilmente anche in dinamica. Così, per l'attrito durante il moto, si presume che ogni qualvolta un punto materiale si trova vincolato da dispositivi opportuni a restare sopra una determinata curva o superficie, il comportamento sia analogo a quello che si ha nel caso di un appoggio sopra un sostegno materiale.

E le conseguenze di questa presunzione si trovano in sufficiente accordo coi fatti osservati.

42. In base alle precedenti generalità, si forma subito l'equazione, che regge il moto di un punto su traiettoria prestabilita, quando sia nota la forza attiva $\underline{F}$ e il coefficiente di attrito f.

Basta evidentemente proiettare nella direzione tangenziale t l'equazione

(1') $$m\underline{a} = \underline{F} + \underline{R},$$

tenendo conto (n. 32) che $R_t = \pm A = \pm f N$; il segno va fissato in modo che la forza sia sempre resistente: bisogna quindi prendere il segno −, quando (rispetto alla direzione t) il moto è diretto cioè quando $\dot{s}$ è positivo, il segno +, quando $\dot{s} < 0$.

Con tale avvertenza riguardo al doppio segno risulta

(27) $$\begin{cases} a)\; m\ddot{s} = F_t - fN, & \text{per } \dot{s} > 0, \\ b)\; m\ddot{s} = F_t + fN, & \text{per } \dot{s} < 0. \end{cases}$$

Resta da esprimere N (valore assoluto della reazione normale), per il che bisogna ancora ricorrere all'equazione fondamentale (1'), proiettandola sulle altre due direzioni principali (normale principale n, binormale b).

Per quanto concerne la normale principale, si ha dalla (3)

$$R_n = m\frac{v^2}{r} - F_n.$$

Per la binormale, essendo nulla la relativa componente di $\underline{a}$,

$$R_b = -F_b.$$

Se ora si nota che la reazione normale è, per sua definizione la proiezione di $\underline{R}$ sul piano normale, ossia il vettore (di questo piano) che ha per componenti R_n, R_b, risulta manifestamente

$$N = \sqrt{R_n^2 + R_b^2} = \sqrt{\left\{m\frac{v^2}{r} - F_n\right\}^2 + F_b^2},$$

sottintendendo pel radicale il suo valore assoluto.

È questa la cercata espressione di N, valida nel caso più generale: come si vede, essa dipende dalle componenti normali della forza <u>attiva</u> F_n, F_b, dalla velocità v del mobile (ossia da $\dot{s}$), e dal raggio di curvatura r della traiettoria, nella posizione generica, di cui si tratta (ossia da $\dot{s}$)

In ultima analisi, quando, come noi vogliamo supporre, si riguarda, noto la legge della forza, e quindi si ritengono F_n, F_b, funzioni assegnate di $s, \dot{s}, t$, tale sipre.

senta pure N.

Ci limiteremo al caso in cui la forza attiva F è tutta contenuta nel piano osculatore. Allora $F_b = 0$, e l'espressione di N si semplifica in

$$N = \left| m\frac{v^2}{r} - F_n \right|.$$

Si ha così per la reazione d'attrito,

$$R_t = \mp f N = \mp f \left| m\frac{v^2}{r} - F_n \right|.$$

essendo sempre da adottare il segno superiore o l'inferiore secondochè $\dot{s}$ è positivo o negativo.

Per forma diversa, ma sostanzialmente equivalente si può scrivere:

$$R_t = \begin{cases} f(F_n - m\frac{v^2}{r}) \text{ ogniqualvolta } (m\frac{v^2}{r} - F_n)\,\dot{s} > 0, \\ -f(F_n - m\frac{v^2}{r}) \text{ ogniqualvolta } (m\frac{v^2}{r} - F)\,\dot{s} < 0. \end{cases}$$

Infatti, quando il prodotto $(m\frac{v^2}{v} - F_n)\,\dot{s}$ è positivo, i due fattori $\dot{s}$ e $m\frac{v^2}{r} - F_n$ sono: o entrambi positivi o entrambi negativi. Nella prima eventualità, $N = m\frac{v^2}{v} - F_n$, $R_t = -fN$: nella seconda, $N = -(m\frac{v^2}{v} - F_n)$, $R_t = fN$, donde nell'una e nell'altra, l'espressione superiore di R_t. Analogamente si verifica che se il prodotto $(m\frac{v^2}{r} - F_n)\,\dot{s}$ è negativo, vale per R_t l'espressione inferiore. Se mai il detto prodotto fosse nullo, si avrebbe, dalle due espressioni indifferentemente, $R_t = 0$: questo perchè, trattandosi qui di attrito dinamico, si suppone essenzialmente la velocità $\dot{s}$ diversa da zero, il caso in questione può dunque presentarsi solo quando si annulla il primo fattore $m\frac{v^2}{r} - F_n$.

Ciò posto, la (27) equivale a

$$(27') \qquad m\ddot{s} = F_t \pm f(F_n - m\frac{v^2}{r}),$$

dovendo adottarsi – ripetiamolo ancora una volta – quello dei due segni che attribuisce al secondo addendo carattere di forza resistente: quindi il segno superiore per $(m\frac{v^2}{r} - F_n)\,\dot{s} > 0$, il segno inferiore nel caso opposto.

Se si nota [n° 37] che F_t e F_n sono a risguardarsi, pur mettendoci nelle condizioni più generali, funzioni cognite di s, $\dot{s}$ e t, mentre f (coefficiente d'attrito) ed r (raggio di curvatura) sono funzioni, anch'esse note, della posizione del mobile, cioè di s, e d'altra parte $v^2 = \dot{s}^2$, si riconosce che la (27) costituisce effettivamente una equazione differenziale del secondo ordine nella sola incognita $s(t)$.

43. Se la forza $\underline{F}$ è posizionale, F_t ed F_n dipendono esclusivamente da s, e il secondo membro della (13) si presenta sotto la forma

$$\mathcal{A}(s)\, v^2 + \mathcal{B}(s) \,,$$

dove $\mathcal{A}(s)$ e $\mathcal{B}(s)$ designano rispettivamente $-f\frac{m}{r}$, $F_t + f F_n$, ovvero $f\frac{m}{r}$, $F_t - f F_n$, secondochè vale il segno superiore o l'inferiore. Dall'espressione $\pm f\frac{m}{r}$ di $\mathcal{A}(s)$ appare che trattandosi di sostegno scabro (e ritenuto quindi f essenzialmente > 0), questa funzione può annullarsi identicamente soltanto nel caso di una traiettoria rettilinea (raggio di curvatura infinito). In questo caso (di cui ci occuperemo nel seguente paragrafo) il secondo membro nella (27') si riduce ad una funzione della sola s; ricadiamo quindi, per ciò che concerne l'integrazione, in un tipo già ampiamente discusso [§ 3].

Ma più generalmente qualunque sia la funzione $\mathcal{A}(s)$, l'equazione (27') si può abbassare al prim'ordine, riconducendosi ad un tipo senz'altro integrabile per quadrature.

Basta assumere come funzione incognita v^2, al posto di s, e quest'ultima come variabile indipendente al posto di t (cfr. n. 24). Avendosi identicamente

$$\frac{dv^2}{ds} = \frac{dv^2}{dt}\,\frac{dt}{ds} = \frac{1}{\dot{s}}\,\frac{dv^2}{ds}$$

nonchè, da $v^2 = \dot{s}^2$,

$$\frac{dv^2}{dt} = 2\dot{s}\ddot{s}$$

si ricava

$$\ddot{s} = \frac{1}{2}\,\frac{dv^2}{ds} \,.$$

Con queste espressioni del primo e del secondo membro, la (27) diviene

$$\frac{1}{2} m \frac{dv^2}{ds} = \mathcal{A}(s) v^2 + \mathcal{B}(s) ,$$

che è manifestamente una equazione differenziale lineare nella v^2, considerata come funzione di s. La sua integrazione (che come ben si sa[1] richiede in generale due quadrature) porta alla conoscenza di v^2 in termini di s. Si assegna così la velocità del mobile in funzione del posto che esso occupa. Per completare la determinazione del moto, bisogna ancora coordinare il posto al tempo mediante una relazione fra s e t. Questa risulta da un'ulteriore quadratura, notando che la conoscenza della velocità in termini di s si traduce in una formula del tipo

$$\frac{ds}{dt} = \text{funzione nota di } s.$$

Separando le variabili ed integrando, si ha t in termini di s, donde inversamente con operazioni in termini finiti, anche s in termini di t.

Il problema si può dunque completamente risolvere mediante quadrature.

44. Bisogna però badar bene all'influenza del doppio segno, il quale compare nel secondo membro della (27'). Esso indica in sostanza, ciò che appare del resto anche più materialmente dalla primitiva scrittura (27), che, in certi intervalli di tempo, il moto è retto da una equazione, e, in certi altri, da una equazione diversa.

Inoltre gli eventuali istanti di arresto, in cui cioè si annulla la velocità, vanno considerati con speciale precauzione, perchè (n° 39) possono segnare la fine del moto. Qualora si sia constatato, in uno di questi istanti t_1, che ciò non ha luogo in quanto nella posizione corrispondente s_1 non è soddisfatta la

(1) D'Arcais "Corso di calcolo infinitesimale" Vol. II° pag. 558 (della terza ediz.).

condizione di equilibrio che è la $|F_t| \leq f\,N$ (dove f designa il coefficiente di attrito statico) si sarà in grado di seguire il movimento fino al prossimo arresto. Anzitutto infatti si dovrà ritenere che il moto ricomincia nella direzione della sollecitazione attiva; quindi, nel senso delle s crescenti, se $F_t > 0$, in senso opposto se $F_t < 0$. (Il caso $F_t = 0$ non può presentarsi, dacchè $|F_t| > f\,N$). Sarà così, subito dopo l'istante t_1, $\dot{s} > 0$ nel primo caso, $\dot{s} < 0$ nel secondo.

Rimarrà in conformità specificato il segno da adottare nella equazione (27) [cui, a preferenza della (27') giova riferirsi per questa discussione]. E si potrà desumere la continuazione del moto per $t > t_1$. Più precisamente, dovremo attenerci a quell'integrale $s(t)$ della (27) a) nel primo caso, della (27) b) nel secondo, che è caratterizzato dalle condizioni

$$s = s_1 \quad , \quad \dot{s} = 0 \quad \text{per} \quad t = t_1 .$$

Un tale integrale $s = s(t)$ rappresenterà effettivamente il moto finchè non si incontri eventualmente un istante t_2, in cui $\dot{s}$ si annulla di nuovo. Questo perchè, nell'intervallo, $\dot{s}$ (che varia con continuità) non può cambiare di segno, e rimane quindi valida la stessa equazione differenziale.

A partire da $t = t$, si procede in analogo modo; ecc.

Riassumendo si ha la regola:

Discriminato, in base alle condizioni iniziali, se (prescindendo dal caso particolare dell'equilibrio) valga in sulle prime la (27) a) o la (27) b), se ne determini quell'integrale $s(t)$, che corrisponde alle condizioni stesse. Esso rappresenta il moto, finchè $\dot{s}(t)$ non si annulla, in particolare sempre, se la velocità si mantiene costantemente diversa da zero. Se ciò non accade, sia t_1 il primo istante di arresto.

Bisogna allora discriminare in base al comportamento della forza attiva nella corrispondente posizione s_1, se, da t_1 in avanti, si stabilisce l'equilibrio, o se, pro:

seguendo il moto, esso verifica la (27) a) ovvero la (27) b).

Nel caso dell'equilibrio, la questione è esaurita. Se il moto ricomincia, la sua prosecuzione rimane univocamente definita da un certo integrale $s(t)$: per ogni $t > t_1$, se la velocità non si annulla ulteriormente per lo meno fino al prossimo arresto t_2; ecc.

45. Piano inclinato scabro. Una immediata applicazione della teoria può farsi al moto di un grave sopra un piano inclinato scabro, nella ipotesi che la velocità iniziale sia nulla, o tutta contenuta nella linea di massima pendenza.

È evidente che il moto segue in tal caso codesta linea di massima pendenza.

Chiamando θ la inclinazione del piano, e φ l'angolo d'attrito (statico) possiamo anzitutto asserire (cfr. Cap. IX. n. 7) che se, in un qualche istante, la velocità è nulla, il grave resterà fermo da quell'istante in poi, ovvero comincerà a scendere, secondo che φ supera θ. Avremo poi, contando le s verso il basso (a partire per es. dalla posizione iniziale)

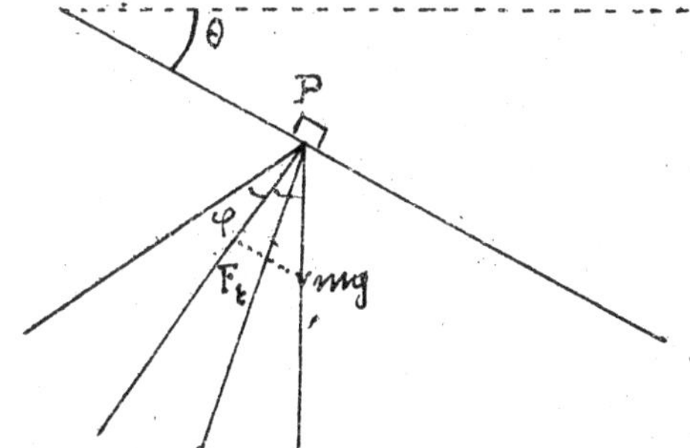

$F_t = mg \operatorname{sen} \theta$, $N = mg \cos \theta$. Se si suppone, per fissare le idee, che il coefficiente di attrito dinamico sia costante e coincida con quello statico, sarà $f = \operatorname{tg} \varphi$, e la forza totale $F_t \mp f N$ riescirà in entrambi i casi costante.

Posto per brevità

$$g_1 = \frac{g}{\cos \varphi} \operatorname{sen}(\theta - \varphi) \quad ,$$

$$g_2 = \frac{g}{\cos \varphi} \operatorname{sen}(\theta + \varphi) \quad ,$$

avremo [dalle (27) a) e (27) b) rispettivamente]

$$\ddot{s} = g \operatorname{sen} \theta - f g \cos \theta = g_1 \quad ,$$

$$\ddot{s} = g \operatorname{sen} \theta - f g \cos \theta = g_2 \quad .$$

valendo la prima quando il mobile discende ($\dot{s} > 0$), la seconda quando il mobile ascende. La costante g_2 è sempre positiva; segue quindi dalla identità

$$\frac{dv^2}{dt} = 2\ddot{s}\dot{s}$$

che nel periodo del moto ascendente ($\ddot{s} = g_2$, $\dot{s} < 0$), il valore assoluto della velocità va costantemente diminuendo, come è del resto intuitivo: il moto è anzi uniformemente ritardato data la costanza di g_2.

Analogamente si riconosce che il moto discendente, retto dalla equazione $\ddot{s} = g_1$ è uniformemente ritardato, ovvero uniformemente accelerato (incluso il caso limite di una accelerazione nulla) secondochè g_1 è o no negativo, secondo chè cioè φ supera o non supera θ.

Questa alternativa dipende esclusivamente dalla natura del sostegno.

Fissiamo, per esempio, il caso di una inclinazione più forte dell'angolo di attrito ($\theta > \varphi$), immaginando il mobile lanciato inizialmente verso l'alto con velocità v_0 (in valore assoluto). Avremo per $t = 0$, $s = 0$, $\dot{s} = -v_0$; il moto comincierà ad essere ascendente, e quindi rappresentato da quell'integrale della equazione $\ddot{s} = g_2$, che corrisponde ai valori iniziali 0 e $-v_0$ di s e di $\dot{s}$.

Esso è manifestamente $s = \frac{1}{2} g_2 t^2 - v_0 t$.

L'equazione $\dot{s}(t) = 0$, cioè

$$g_2 t - v_0 = 0$$

ammette una (ed una sola) radice positiva

$$t_1 = \frac{v_0}{g_2}.$$

Da $t = 0$ fino a $t = t_1$, il moto è sempre ascendente, e il cammino percorso misurato da $-s = t(v_0 - \frac{1}{2} g_2 t)$.

Per $t = t_1$, si ha in particolare $-s_1 = \frac{1}{2} \frac{v_0^2}{g_2}$. Benchè la velocità sia nulla, il moto non si arresta (avendo qui supposto $\theta > \varphi$). Comincerà dunque un periodo discendente, in base alla equazione $\ddot{s} = g_1$ (dove g_1 è > 0) e alle condizioni iniziali $s = s_1$, $\dot{s} = 0$ per $t = t_1$. L'integrale corrispondente è

$$s = \frac{1}{2} g_1 (t - t_1)^2 + s_1 .$$

L'equazione $\dot{s}(t) = 0$, non ha alcuna radice maggiore di t_1 [e, sotto altra forma, la velocità non si annulla per $t > t_1$, perchè il moto è uniformemente accelerato, a partire dalla quiete nell'istante t_1]. Rimane dunque valida la precedente espressione di s per ogni valore di $t > t_1$.

In modo perfettamente analogo, si discutono le eventualità: $\theta > \varphi$ e velocità iniziale discendente; oppure $\theta \leq \varphi$ coi possibili sottocasi.

§7. Problema dinamico del punto libero. Integrali primi.

46. Dopo esserci occupati, nei §§ prec., della Dinamica di un punto vincolato a muoversi su di una curva assegnata, passiamo al caso di un punto libero e, beninteso, supponiamo anche qui che sia conosciuta la legge della forza totale $\underline{F}$, che lo sollecita (cfr. n. 1 e Cap. VII°, n. 26).

Notiamo che i problemi più importanti, in cui si ha a fare con punti (o sistemi di punti) liberi sono:

1° I problemi balistici (dove, per traiettorie considerevoli, bisogna anche aver riguardo al fatto che gli assi riferiti alla terra non sono fissi).

2° I problemi della meccanica celeste.

In ogni caso l'equazione fondamentale $m\underline{a} = \underline{F}$, si proietta sugli assi in

$$(98) \quad \begin{cases} m\ddot{x} = X(x, y, z; \dot{x}, \dot{y}, \dot{z}, t) , \\ m\ddot{y} = Y(x, y, z; \dot{x}, \dot{y}, \dot{z}, t) , \\ m\ddot{z} = Z(x, y, z; \dot{x}, \dot{y}, \dot{z}, t) , \end{cases}$$

dove il significato delle lettere è manifesto.

La determinazione del moto si riduce, come già abbiamo avuto occasione di rilevare (Cap. VII n. 26) alla integrazione delle (28) ossia alla determinazione delle coordinate del mobile in un generico istante.

Delle sei costanti introdotte dall'integrazione del sistema si può disporre in guisa da attribuire al mobile posizione e velocità iniziali comunque prefissate. Tale integrazione non si sa sempre conseguire in termini finiti. La via ordinaria per tentarla consiste nel ricercarne intanto degli <u>integrali primi</u>. Così si denomina ogni relazione del tipo

(29) $$f(x, y, z, \dot{x}, \dot{y}, \dot{z}, t) = \text{cost.}$$

che sia una conseguenza <u>necessaria</u> delle (28) vale a dire che sia verificata da ogni terna di funzioni x, y, z, di t, soddisfacente alle (28) e non contenga le derivate seconde delle funzioni incognite $x(t), y(t), z(t)$).

La conoscenza di integrali primi agevola manifestamente la integrazione delle (28) permettendo di sostituirle tutte o in parte (secondo che si saranno trovati tre integrali primi indipendenti o meno di tre) con equazioni del tipo (29) che sono del primo ordine; ulteriori semplificazioni intervengono, quando si possono assegnare più di tre integrali indipendenti.

47. Vi sono delle categorie abbastanza generali di forze, per le quali si possono facilmente assegnare degli integrali primi.

a) Supponiamo per esempio, che la <u>forza</u> (totale) F, la quale sollecita un punto materiale P, <u>sia costantemente perpendicolare ad una retta fissa</u>. Assumendo questa retta come asse z la ipotesi equivale a $Z = 0$. La terza delle (28) dà allora per integrazione successiva

$$m\dot{z} = c_1, \quad mz = c_1 t + c_2.$$

Ecco due integrali semplicissimi. Il primo esprime evidentemente che è costante la componente della quantità di moto secondo z, cioè nella direzione fissa perpendicolare, per ipotesi, alla forza. Esso si determina perciò integrale della quantità di moto.

Il secondo dice che la coordinata corrispondente è funzione lineare del tempo.

b) Per una forza costantemente incidente ad una retta fissa assumeremo quest'ultima come asse delle z; e l'ipotesi fatta si traduce nell'annullarsi del momento rispetto all'asse z (Cap. I, n. 32). Tale momento è per definizione la componente secondo l'asse z del prodotto $(P-O)\wedge \underline{F}$, ossia è $xY-yX$ (Cap. I, n. 26).

Avremo dunque $xY-yX=0$ da cui, per le (28)

$$m(x\ddot{y}-y\ddot{x})=0, \tag{30}$$

che può esser sostituita ad una delle tre originarie equazioni (28) e che ci fornisce l'integrale primo:

$$m(x\dot{y}-\dot{x}y)=\text{costante} \quad (\text{integrale delle aree}) \tag{31}$$

Dalla (30) si vede che il momento dell'accelerazione rispetto all'origine è zero come era da prevedersi in base alla relazione fondamentale.

La (31) poi ci dice che rispetto alla retta z è costante il momento della quantità di moto. Infatti le componenti di questo momento rispetto al centro di riduzione sono i minori della matrice

$$\begin{vmatrix} x & y & z \\ m\dot{x} & m\dot{y} & m\dot{z} \end{vmatrix}$$

Dividendo la (31) per $\frac{m}{2}$ otteniamo un'equazione il cui primo membro è la velocità areolare rispetto all'origine (Cap. II, n. 21) della proiezione di P sul piano $z=0$.

Si suol esprimere brevemente questa circostanza dicendo che vale per il moto considerato il teorema delle aree sul piano $z=0$; la costante c si chiama costante delle aree e talora si dice anche $\frac{c}{2}$ è la velocità areolare sul piano z. Ciò posto, possiamo enunciare la proposizione:

Se un punto materiale P è sollecitato da una forza F la quale incontra costantemente un asse per i vettori che concorrono in un punto qualsiasi dell'asse e per i piani normali ad esso vale il teorema delle aree.

In modo analogo, se $yZ - zY = 0$ ovvero $zX - xZ = 0$, si deducono gli integrali primi

$$y\dot{z} - z\dot{y} = \text{cost} \qquad z\dot{x} - x\dot{z} = \text{cost}.$$

c) Per le forze conservative un integrale primo delle (28) è dato come è noto [Cap. VIII n. 11] dall'integrale delle forze vive.

$$\mathcal{T} - \mathcal{U} = \mathcal{E},$$

designandosi al solito con $\mathcal{T}$ la forza viva, con $\mathcal{U}$ il potenziale della forza, con $\mathcal{E}$ la costanza di integrazione.

§8. Moto di un punto soggetto ad una forza centrale.

48. Un caso molto importante, in cui esistono ad un tempo gli integrali delle aree e quello delle forze vive, si ha nel moto di un punto materiale P attratto (o respinto) da un centro fisso O, con forza F, che dipende soltanto dalla distanza $r = OP$. Le componenti di F saranno (Cap. VIII, n. 25)

$$X = \varphi(r)\frac{x}{r},\ Y = \varphi(r)\frac{y}{r}\ Z = \varphi(r)\frac{z}{r} \tag{32}$$

e si avrà il potenziale $\mathcal{U} = \int_{r_0}^{r} \varphi(r)\,dr$.

In base al n. prec. possiamo senz'altro asserire che le equazioni (28), quando i secondi membri sono del tipo (32) ammettono i tre integrali delle aree

$$y\dot{z} - z\dot{y} = a \quad,\quad z\dot{x} - x\dot{z} = b \quad,\quad x\dot{y} - y\dot{x} = c, \tag{33}$$

e l'integrale delle forze vive.

$$\frac{mv^2}{2} - \mathcal{U} = \mathcal{E} \tag{34}$$

Ora è facile riconoscere che, mercè le (33), (34), la integrazione completa delle (28) si trova ricondotta a due quadrature.

Notiamo in primo luogo che le (33) moltiplicata per x, y, z e sommate danno

$$ax + by + cz = 0 .$$

il che mostra che il punto, nel suo moto si mantiene costantemente in uno stesso piano. Ciò del resto poteva prevedersi in quanto la forza è centrale e tale è quindi anche il moto (Cap. II, n. 43).

Immaginando per semplicità di assumere il piano del moto per piano coordinato $z = 0$, saremo ricondotti a determinare il moto piano, definito dalle due equazioni

$$m\ddot{x} = X \qquad ; \qquad m\ddot{y} = Y .$$

Ma queste ammettono gli integrali primi

$$x\dot{y} - y\dot{x} = c ,$$

$$\frac{mv^2}{2} - \mathcal{U} = \mathcal{E} ,$$

talchè tutto si riduce ad integrare questo sistema di equazioni differenziali di primo ordine.

Introduciamo a tale scopo delle coordinate polari r, ϑ col polo nell'origine. Avremo:

$$\begin{cases} x = r\cos\vartheta \; ; \\ y = r\cos\vartheta \; ; \end{cases} \quad \begin{cases} \dot{x} = \dot{r}\,\mathrm{sen}\,\vartheta - r\,\mathrm{sen}\,\vartheta\,\dot{\vartheta} , \\ \dot{y} = \dot{r}\,\mathrm{sen}\,\vartheta + r\,\mathrm{sen}\,\vartheta\,\dot{\vartheta} , \end{cases}$$

da cui risulta (Cap. II, n. 21)

$$x\dot{y} - y\dot{x} = r^2\dot{\vartheta} ,$$

$$v^2 = \dot{x}^2 + \dot{y}^2 = \dot{r}^2 + r^2\dot{\vartheta}^2 ;$$

dopo di che le equazioni da integrare divengono

$$r^2\dot{\vartheta} = c ,$$

$$\frac{m}{2}(\dot{r}^2 + r^2\dot{\vartheta}^2) = \mathcal{U} + \mathcal{E} ;$$

la seconda, ridotta a mezzo della prima, è

$$\frac{m}{2}\left(\frac{dr}{dt}\right)^2 = \mathcal{U} + \mathcal{E} - \frac{mc^2}{2r^2} ,$$

e siccome $\mathcal{U}$ dipende soltanto da r, si possono separar le variabili r e t il che dà

$$dt = \frac{dr}{\sqrt{\frac{2}{m}(\mathcal{U} + \mathcal{E}) - \frac{c^2}{r^2}}}$$

donde integrando, qualora si designi con r_0 il raggio vettore che corrisponde alla posizione iniziale del mobile

(35) $$t=\int_{r_0}^{r}\frac{dr}{\sqrt{\frac{2}{m}(\mathcal{U}+\mathcal{E})-\frac{c^2}{r^2}}}$$

Infine la $r^2\dot{\vartheta}=c$, portandovi per dt il suo valore, diviene
$$d\vartheta=\frac{c\,dr}{r^2\sqrt{\frac{2}{m}(\mathcal{U}+\mathcal{E})-\frac{c^2}{r^2}}},$$
ossia

(36) $$\vartheta=\int_{r_0}^{r}\frac{c\,dr}{r^2\sqrt{\frac{2}{m}(\mathcal{U}+\mathcal{E})-\frac{c^2}{r^2}}},$$

dove r_0 designa il valore di r per $\vartheta=0$ e coincide coll'r_0 della (35) quando come noi vogliamo supporre, l'asse polare passi per la posizione iniziale del mobile. La (35) è la equazione della traiettoria (nel suo piano) e la (36) permette di esprimere r per t, cioè determina il modo, con cui la traiettoria stessa viene percorsa.

49. Si potrebbe applicare questo metodo al caso di una forza attrattiva, inversamente proporzionale al quadrato della distanza da un centro fisso ($\varphi(r)=-\frac{\mathcal{C}}{r^2}$).

Si troverebbe che il comportamento del mobile rispetto al centro, risponde perfettamente, con opportuna scelta delle costanti di integrazione, a quello osservato per i pianeti, rispetto al sole.

---

§ 9. Moto di un punto costretto a rimanere sopra una superficie priva di attrito – Geodetiche – Caso delle superficie di rivoluzione – Formula di Clairaut.

---

50. Un punto materiale P, sollecitato da forze attive di risultante $\underline{F}$ si muova, rimanendo costantemente sopra una superficie σ priva d'attrito. La equazione di σ sia

(37) $$f(x,y,z,t)=0$$

(l'argomento t comparendo quando la superficie varia al variare del tempo).

Le funzioni $x=x(t)$, $y=y(t)$, $z=z(t)$

del moto di P devono soddisfare identicamente alla (37) ove siano sostituite ivi al posto delle x, y, z.

Ne segue evidentemente ch'esse verificano anche la:

$$\frac{\partial f}{\partial x}\dot{x}+\frac{\partial f}{\partial y}\dot{y}+\frac{\partial f}{\partial z}\dot{z}+\frac{\partial f}{\partial t}=0. \tag{37'}$$

Può accadere che il punto P, anche considerato come libero, si muova sopra σ per la stessa natura della risultante $\underline{F}$. Ma in generale non sarà così, in quanto la circostanza geometrica che P permane su σ, sarà determinata da opportuni dispositivi (presenza materiale di una parete, con cui P si trova a contatto, legami comunque realizzati). Si ha allora, accanto alla forza attiva $\underline{F}$ (la cui legge è, per ipotesi, un dato della questione) una incognita reazione $\underline{R}$ proveniente dai legami; e la forza totale, che sollecita il punto, è costituita non dalla sola $\underline{F}$ ma dalla somma $\underline{F}+\underline{R}$.

Avendo supposta priva d'attrito la superficie, la reazione $\underline{R}$ dovrà ritenersi normale alla superficie stessa. I coseni direttori di $\underline{R}$ saranno per conseguenza proporzionali a

$$\frac{\partial f}{\partial x},\ \frac{\partial f}{\partial y},\ \frac{\partial f}{\partial z}.$$

Lo stesso potrà dirsi delle componenti, che saranno quindi del tipo

$$\lambda\frac{\partial f}{\partial x},\ \lambda\frac{\partial f}{\partial y},\ \lambda\frac{\partial f}{\partial z},$$

designando λ un fattore di proporzionalità (a priori incognito) che dipende dalla intensità della reazione $\underline{R}$. Fra tale intensità e λ passa manifestamente la relazione

$$R^2=\left(\lambda\frac{\partial f}{\partial x}\right)^2+\left(\lambda\frac{\partial f}{\partial y}\right)^2+\left(\lambda\frac{\partial f}{\partial z}\right)^2=\lambda^2\left\{\left(\frac{\partial f^2}{\partial x}\right)+\left(\frac{\partial f}{\partial y}\right)^2+\left(\frac{\partial f}{\partial z}\right)^2\right\},$$

il trinomio in parentesi dipendendo, a norma della (37), dalla posizione che il mobile occupa sopra la superficie σ nel generico istante che si considera.

Ciò premesso le equazioni del moto potranno scriversi

$$(38)\qquad \begin{cases} m\ddot{x} = X + \lambda \dfrac{\partial f}{\partial x}, \\ m\ddot{y} = Y + \lambda \dfrac{\partial f}{\partial y}, \\ m\ddot{z} = Z + \lambda \dfrac{\partial f}{\partial z}. \end{cases}$$

che insieme alla (37) formano un sistema di 4 equazioni nelle 4 incognite x, y, z (fondamentali) λ (ausiliaria). Eliminando λ fra le (38), otterremo due equazioni fra le incognite fondamentali che, colla (37) determinano queste incognite in base alle condizioni iniziali. Il movimento sarà allora completamente conosciuto e basterà ricorrere ad una qualsiasi delle (38) per ricavare il valore di λ, qualora interessi conoscere l'intensità della reazione.

51. Una osservazione importante sia per la integrazione effettiva delle equazioni differenziali, che per il significato fisico, è la seguente:

Se un punto è costretto a muoversi sopra una superficie σ, fissa e priva di attrito, e le forze attive che sollecitano il punto, derivano da un potenziale U, le equazioni del moto ammettono l'integrale delle forze vive, cioè l'energia del mobile non si altera per effetto del movimento.

Infatti se f non contiene t la (37') che è costantemente verificata dalle coordinate di P, diventa

$$(37'')\qquad \frac{\partial f}{\partial x}\dot{x} + \frac{\partial f}{\partial y}\dot{y} + \frac{\partial f}{\partial z}\dot{z} = 0,$$

e le (38) moltiplicate ordinatamente per $\dot{x}$, $\dot{y}$, $\dot{z}$ e sommate porgono, in causa della (37''),

$$m(\ddot{x}\dot{x} + \ddot{y}\dot{y} + \ddot{z}\dot{z}) = X\dot{x} + Y\dot{y} + Z\dot{z} = \frac{\partial U}{\partial x}\dot{x} + \frac{\partial U}{\partial y}\dot{y} + \frac{\partial U}{\partial z}\dot{z}.$$

Poichè il primo membro non è altro che la derivata della forza viva $T = \dfrac{mv^2}{2}$, integrando si ottiene, come nel caso del punto libero,

$$\frac{mv^2}{2} = \mathcal{U} + \mathcal{E}$$

ed anche, detta v_0 la velocità ed $\mathcal{U}_0$ il valore del potenziale in una generica posizione P_0,

$$\frac{m}{2}(v^2 - v_0^2) = \mathcal{U} - \mathcal{U}_0 .$$

Questa equazione è suscettibile di una interpretazione analoga a quella rilevata per il caso del moto sopra una curva prestabilita (n. 11). Ne risulta ciò che, se si fanno partire due punti materiali dotati di egual massa da una stessa posizione P_0 colla medesima velocità e sotto l'azione di una stessa forza conservativa, anche se uno si suppone libero e l'altro costretto a restare sopra una superficie priva d'attrito, essi giungono in punti, pei quali il potenziale ha lo stesso valore, colla stessa velocità. Così ad esempio, se due punti materiali di egual massa, partendo dalla medesima posizione e dalla quiete, si muovono nel vuoto sotto l'azione della gravità, l'uno cadendo liberamente, l'altro rimanendo sopra una superficie fissa e <u>priva di attrito</u>, essi posseggono alle stesse altezze verticali le stesse velocità.

52. Se si suppone che <u>le forze attive sieno nulle</u> cioè che il moto di P avvenga su σ per effetto di una velocità preconcetta (e della reazione della superficie) <u>la traiettoria del mobile è una geodetica descritta con velocità costante</u>.

Infatti l'accelerazione è, come è noto, contenuta nel piano osculatore e così pure di conseguenza, la forza totale. Tale forza totale si riduce d'altra parte alla reazione ed è (sempre per la supposta mancanza d'attrito) normale alla superficie, cosicchè la traiettoria è una geodetica.[1]

Inoltre essendo nulla la forza attiva essa può riguardarsi come proveniente da un potenziale $\mathcal{U} = \text{cost}$. Il moto del punto comporta dunque l'integrale delle forze vive

$$m\frac{v^2}{2} - \mathcal{U} = \text{cost}$$

che si traduce nella costanza della velocità.

(1) Le geodetiche di una superficie sono caratterizzate dalla proprietà di avere in ogni punto il piano osculatore normale alla superficie.

53. Si tratta in particolare di una superficie di rotazione. Ogni normale ne incontra l'asse e, in assenza di forze attive, la forza totale applicata al nostro punto (riducendosi alla sola reazione normale per l'ipotesi fatte) rientra nel tipo b) del n. 3. Vale perciò il teorema delle aree rispetto ai piani normali all'asse di rotazione.

Assumendo quest'ultimo come asse z, risulta

$$x\dot{y} - \dot{x}y = \text{cost}.$$

lungo ciascuna geodetica.

Ma giacchè, come abbiamo visto poco fa, in generale la velocità v, rimane costante, sarà altresì

$$x\frac{\dot{y}}{v} - y\frac{\dot{x}}{v} = \text{cost}.$$

D'altra parte se con r si designa il raggio del parallelo passante per un generico punto $P(x, y, z)$ di σ, i coseni direttori di r sono evidentemente

$$\frac{x}{r}, \frac{y}{r}, 0 ;$$

quelli della tangente in P ad esso parallelo (normale al raggio ed all'asse z) saranno allora

$$\mp\frac{y}{r}, \pm\frac{x}{r}, 0,$$

il doppio segno dipendendo dal verso che si assume come positivo sulla tangente.

Comunque, scrivendo la precedente equazione così

$$r\left(-\frac{\dot{x}}{v}\frac{y}{r} + \frac{\dot{y}}{v}\frac{x}{r}\right) = \text{cost}.$$

riconosciamo che il prodotto di r per il coseno dell'angolo che la geodetica fa col parallelo ha egual valore per tutti i punti di una medesima geodetica. E chiamando <u>azimut</u> di una geodetica l'angolo che essa fa col meridiano (complementare di quello ch'essa fa col parallelo) si ha che:

<u>Il prodotto del raggio del parallelo per il coseno dell'azimut è costante</u> (formula di Clairaut).

CAPITOLO XVI:

Teoremi generali sul moto dei sistemi

§1. Generalità

1. Consideriamo un sistema materiale S di natura qualsiasi (solido o comunque deformabile), il quale, sotto una data sollecitazione, sia in moto. Coerentemente a quanto si è convenuto nel caso di un solo punto materiale (Cap. VII, n. 20, Cap. XV, n. 1) riguarderemo conosciuta codesta sollecitazione, quando istante per istante sia nota la forza totale agente su ciascun punto (od elemento) materiale del sistema in funzione dello stato cinetico del sistema stesso.

Per precisare la cosa qui ci riferiremo ad un sistema S, costituito, da un certo numero finito di punti materiali; ma ciò che noi diremo si potrà estendere anche al caso di distribuzioni continue di materia, in base alla assimilabilità a punti degli elementi materiali (a 3, 2 o 1 dimensioni) e ai consueti procedimenti del Calcolo infinitesimale.

Sia dunque un sistema S di n punti materiali P_i, di masse, rispettivamente, m_i $(i=1 \dots n)$. Si riguarderà nota la sollecitazione, cui è soggetto codesto sistema, quando la forza totale $\underline{F}_i$, agente sul generico punto P_i sia nota in funzione della posizione degli n punti del sistema, delle loro velocità e del tempo. In altre parole, se il sistema si intende riferito ad una terna $\Omega\xi\eta\zeta$ fissa (nel senso dato a questa parola in Dinamica; Cap. VII, n. 18) e se ξ_i, η_i, ζ_i sono le coordinate di P_i, le componenti X_i, Y_i, Z_i della forza totale $\underline{F}_i$ agente su P_i dovranno esser note in funzione dei $6m+1$ argomenti[1] $t, \xi_j, \eta_j, \zeta_j; \dot{\xi}_j, \dot{\eta}_j, \dot{\zeta}_j$ $(j=1 \dots m)$.

Ciò posto, se si denota con $\underline{a}_i$ l'accelerazione di P_i, il moto del sistema è governato, in base all'equazione fondamentale della Dinamica (Cap. VII, n. 14) dalle m equazioni vettoriali.

$$(1) \qquad m_i \underline{a}_i = \underline{F}_i \quad (i=1,\dots,m),$$

ossia, per proiezione sugli assi fissi, dalle equazioni scalari

$$(1') \qquad m_i \ddot{\xi}_i = X_i, \quad m_i \ddot{\eta}_i = Y_i, \quad m_i \ddot{\zeta}_i = Z_i \quad (i=1,\dots,m),$$

le quali costituiscono un sistema di $3m$ equazioni differenziali ordinarie del 2° ordine nelle $3m$ funzioni incognite ξ_i, η_i, ζ_i della variabile indipendenti t.

Perciò il problema di determinare il moto del dato sistema sotto la data sollecitazione si riduce alla integrazione del sistema differenziale (1'), che, come si sa dal Calcolo, ammette, sotto condizioni assai late per le funzioni X_i, Y_i, Z_i, un integrale generale dipendente da $6m$ costanti arbitrarie. Possiamo perciò dire che pel sistema S, sotto la sollecitazione data, sono possibili ∞^{6m} moti diversi. Se ne individueranno, assegnando delle opportune condizioni ulteriori, p. es. imponendo che in un dato istante gli m punti P_i occupino certe posizioni prefissate arbitrariamente ed abbiano certe velocità, pur esse scelte a piacere.

Dopo quanto si è detto nel caso di un sol punto (Cap. XV, n. 3) è pressochè inutile aggiungere che in generale la effettiva integrazione delle (1') offre difficoltà insormontabili coi mezzi oggidì posseduti dall'Analisi.

In questo Capitolo ci proponiamo di mostrare come, combinando opportunamente le (1'), si pervenga a stabilire

---

(1) Nel caso, in cui $\underline{F}_i$ dipendesse esclusivamente dal tempo e dalla posizione e velocità del punto P_i cui è applicato, il moto di P_i non risulterebbe in alcun modo influenzato dagli altri punti del sistema: e basterebbe studiare praticamente il moto di ciascun punto P_i, come isolato.

certe notevoli relazioni, intercedenti durante il moto fra grandezze meccaniche relative al dato sistema. Siffatte relazioni permettono, per vaste categorie di sollecitazioni, di risalire, con operazioni immediatamente effettuabili a qualche integrale primo delle (1') (Cap. XV, n. 46).

§ 2. Risultante e momento risultante delle quantità di moto per un sistema materiale generico.

2. Premettiamo alcune considerazioni generali, avvertendo, incidentalmente, che esse sono indipendenti dall'ipotesi che la terna di riferimento $\Omega\xi\eta\zeta$ sia fissa (in senso dinamico).

Riferiamoci ancora al sistema S degli n punti P_i considerato al n. prec. Designate con $\underline{v}_i$ la velocità di P_i abbiamo

$$\underline{a}_i = \frac{d\underline{v}_i}{dt},$$

con l'ovvia avvertenza che la derivata vettoriale dev'essere anch'essa effettuata rispetto alla terna $\Omega\xi\eta\zeta$. Le quantità di moto $m\underline{v}_i$ dei vari punti P_i ad un dato istante costituiscono un certo sistema di vettori, di cui designeremo ordinatamente con $\underline{Q}$ e $\underline{K}$ la risultante e il momento risultante rispetto ad un punto qualsiasi O.

Per definizione

$$\underline{Q} = \Sigma_i m_i \underline{v}_i \tag{2}$$

dove la somma è a ritenersi estesa a tutti i punti P_i del sistema. Ora è facile riconoscere che $\underline{Q}$ si può anche interpretare come la quantità di moto del baricentro P_0 del sistema S, in quanto questo baricentro si consideri come un punto materiale, dotato della massa totale di S

$$M = \Sigma_i m_i .$$

Ricordiamo infatti (Cap. X, n. 8) che ξ_i, η_i, ζ_i, essendo (in un istante generico t) le coordinate di P_i, ξ_0, η_0, ζ_0 quelle di P_0 si ha identicamente

$$M\xi_0 = \Sigma_i m_i \xi_i ,$$
$$M\eta_0 = \Sigma_i m_i \eta_i ,$$
$$M\zeta_0 = \Sigma_i m_i \zeta_i ,$$

che possano compendiarsi nell'unica relazione vettoriale

$$\mathcal{M}(P_0 - \Omega) = \Sigma_i m_i (P_i - \Omega)$$

Se si deriva rispetto a t e si designa con $\underline{w}$ la velocità del baricentro, si ha

$$\mathcal{M}\,\underline{w} = \Sigma_i m_i \underline{v}_i \;;$$

il secondo membro, attesa la (2), non è altro che $\underline{Q}$, donde l'annunciata relazione

(3) $$\underline{Q} = \mathcal{M}\,\underline{w}\,.$$

Ne consegue, chiamando $\underline{b}$ l'accelerazione di P_0,

(4) $$\frac{d\underline{Q}}{dt} = \mathcal{M}\,\underline{b}\,,$$

mentre la derivazione della (2), dà

(2') $$\frac{d\underline{Q}}{dt} = \Sigma_i m_i \underline{a}_i$$

3. Calcoliamo anche $\underline{K}$ e $\frac{d\underline{K}}{dt}$.

La quantità di moto $m\,\underline{v}_i$ di un generico punto P_i del sistema ha per momento, rispetto ad un qualsiasi punto O, il prodotto vettoriale

$$(P_i - \underline{O}) \wedge m_i \underline{v}_i\,,$$

onde sommando si ottiene

(5) $$\underline{K} = \Sigma_i (P_i - O) \wedge m_i \underline{v}_i\,.$$

Osserviamo che

$$\frac{d(P_i - O)}{dt} = \frac{dP_i}{dt} - \frac{dO}{dt}\,,$$

dove le due derivate del secondo membro rappresentano rispettivamente la velocità $\underline{v}_i$ di P_i, e la eventuale velocità, che diremo $\underline{v}_0$, del centro di riduzione O, talchè quando in particolare, si scelga per O un punto fisso, risulterà

$$\underline{v}_0 = 0\,.$$

Perciò, derivando la (5) otteniamo

$$\frac{d\underline{K}}{dt} = \Sigma_i (P_i - O) \wedge m_i a_i + \Sigma_i (\underline{v}_i - \underline{v}_0) \wedge m_i \underline{v}_i$$

ossia, notando che $\underline{v}_i \wedge \underline{v}_i = 0$ e ricordando la (2),

(5') $$\frac{d\underline{K}}{dt} = \Sigma_i (P_i - O) \wedge m_i \underline{a}_i - v_0 \wedge \underline{Q}\,.$$

Nel caso che è forse il più frequente, in cui il centro di

duzione O si suppone fisso si ha $\underline{v}_0 = 0$ e rimane semplicemente

$$(5'') \qquad \frac{dK}{dt} = \Sigma_i (P_i - O) \wedge m_i \, \underline{a}_i \, .$$

Questa stessa equazione sussiste, anche quando O (pur non essendo in generale fisso) coincide col baricentro P_0 del sistema S. Infatti, ricordando la

$$(3) \qquad \mathcal{M} \underline{w} = \underline{\mathcal{Q}} \, ,$$

si vede che $\underline{v}_0$ coincide in questo caso con w, cioè con $\frac{1}{\mathcal{M}} \underline{\mathcal{Q}}$ onde si annulla il prodotto vettoriale

$$\underline{v}_0 \wedge \underline{\mathcal{Q}}_0 \, .$$

§ 3. Teorema delle quantità di moto. Esempi illustrativi.

4. Come già nel caso dell'equilibrio, immaginiamo di distinguere in due categorie le forze, che sollecitano i singoli punti P_i di un sistema materiale S, comunque costituito: forze esterne e forze interne.

Se per un generico P_i si denota con $\underline{F}_i$ la risultante di tutte le forze esterne, con $\underline{f}_i$ la risultante di tutte le forze interne, $\underline{F}_i + \underline{f}_i$ rappresenterà la forza totale e, per il postulato fondamentale della dinamica, sarà

$$(6) \qquad m_i \underline{a}_i = \underline{F}_i + \underline{f}_i \, ,$$

dove $\underline{a}_i$ designa l'accelerazione assoluta (riferita cioè alle stelle fisse, o, se si vuole, ad un sistema di assi $\Omega \xi \eta \zeta$ che sia in quiete, o, dotato di moto traslatorio uniforme rispetto alle stelle fisse).

Sommiamo estendendo la somma a tutti i punti P_i del sistema. Poichè in virtù del principio di reazione (Cap. XI, n. 3) la risultante delle forze interne è nulla, si ottiene, denotando con $\underline{R}$ la risultante di tutte le forze esterne agenti sul sistema

$$\Sigma_i m_i \underline{a}_i = \underline{R} \, ,$$

che, per le (2') e (4) del § 2, può scriversi sotto l'una o l'altra delle due forme

$$\frac{d\underline{Q}}{dt} = \underline{R}; \tag{7}$$

$$M\underline{b} = \underline{R}. \tag{7'}$$

La prima esprime il così detto teorema delle quantità di moto, e dà luogo all'enunciato seguente:

In un qualsiasi sistema in movimento, la derivata rapporto al tempo della somma geometrica delle quantità di moto è eguale all'analoga somma delle forze esterne.

La (7') è pure suscettibile di una interpretazione notevolissima. Essa ci mostra infatti (principio del moto del baricentro) che l'accelerazione $\underline{b}$ di P_0 è quella stessa che gli competerebbe qualora si trattasse (non di un punto ipotetico, ma) di un effettivo punto materiale dotato della massa totale M del sistema considerato, e soggetto ad una forza totale, eguale alla risultante $\underline{R}$ di tutte le forze esterne.

5. Questo risultato giustifica a posteriori la nozione schematica di punto materiale, da cui prendemmo le mosse nell'introduzione dei postulati della meccanica (Cap. VII, §1): per ogni sistema, esiste un punto (interno) ben determinato, cioè il baricentro, il cui moto segue rigorosamente la legge limite del punto materiale.

Così la sostituzione di un semplice punto materiale ad un corpo di dimensioni finite, risulta legittima non solo in quei casi, in cui si può completamente prescindere le dimensioni del corpo, ma anche quando (pur essendo queste dimensioni ragguardevoli) sia sufficiente aver riguardo alla posizione di un solo punto del corpo.

6. Come applicazione semplicissima del principio del moto del baricentro, consideriamo un corpo dotato di congegni interni, comunque complicati, e soggetto (per ciò che concerne le forze esterne), all'azione esclusiva della gravità,

per es. un animale, cadente nel vuoto. Possiamo asserire che nessun congegno, in particolare nessuno sforzo muscolare nel caso dell'animale, sarà capace di modificare la traiettoria del baricentro: infatti le forze, che si mettono in giuoco in tal guisa, per quanto svariate ed intense, rimangono sempre forze interne. Il baricentro seguiterà a descrivere la parabola che corrisponde alla sola azione della gravità.

A scanso di equivoci, non sarà male rilevare esplicitamente, che ciò non esclude punto la possibilità di volare: in tal caso infatti interviene essenzialmente l'aria, e si provocano (colle ali o in altra maniera) anche azioni <u>esterne</u> al sistema considerato.

7. Quando in particolare $\underline{R} = 0$, ciò che accade per es. se S è soggetto unicamente ad azioni interne, la (7') porge $b = 0$. Il centro di gravità si muove allora di moto rettilineo uniforme cioè come si suol dire, <u>il principio della conservazione del moto del baricentro</u>.

Più generalmente, <u>se è nulla la componente di $\underline{R}$, secondo una qualche direzione</u> (fissa) r, da $Mb_r = R_r$ segue $b_r = 0$. Siccome $\underline{b} = \frac{d\underline{w}}{dt}$, e quindi $b_r = \frac{dw_r}{dt}$, se ne conclude che <u>rimane costante la componente $\underline{w_r}$ della velocità del baricentro secondo la direzione</u> r.

Di questi risultati così semplici e generali, si fa uso frequente nelle applicazioni concrete.

8. Possiamo indicare, a titolo di esempio, una immediata, quanto curiosa conseguenza: Se non intervenisse l'attrito, non sarebbe possibile camminare; più precisamente una persona, che si trovasse in quiete, ritta sopra un suolo orizzontale non potrebbe mettersi in moto.

Infatti (mancando l'attrito) le forze esterne sarebbero esclusivamente verticali (peso e reazione del suolo), ta chè considerando il sistema materiale «persona» dovrebbe valere, per ogni direzione orizzontale r, la conclusione w_r = costante. Ma w_r è zero inizialmente, perchè allora la persona si suppone in quiete; seguita dunque ad essere $w_r = 0$, cioè la proiezione orizzontale del baricentro rimane immobile. Non si riescirebbe pertanto a provocare alcuno spostamento d'insieme, ma, quando si cercasse di spingere un arto in un senso, qualche altra parte del corpo si porterebbe necessariamente in senso opposto. In realtà si sfugge a questa reazione e si riesce a mettersi in moto, utilizzando l'attrito.

§4. Teorema del momento delle quantità di moto

9. Moltiplichiamo vettorialmente la (6) per $P_i - O$, e sommiamo rispetto ai vari punti P_i. Ove si designi con

$$\underline{\Gamma} = \Sigma_i (P_i - O) \wedge \underline{F}_i$$

il momento risultante delle forze esterne, e si noti che l'analogo momento delle forze interne $\underline{f}_i$ è nullo, si ottiene

$$\Sigma_i (P_i - O) \wedge m_i \underline{a}_i = \underline{\Gamma},$$

che per la (5'), assume l'aspetto

$$\frac{d\underline{K}}{dt} + \underline{v}_0 \wedge \underline{Q} = \underline{\Gamma}, \tag{8}$$

essendo v_0 la velocità di O, rispetto agli assi di riferimento (i quali sono stati supposti fissi, o in moto traslatorio uniforme, rispetto alle stelle).

Per $v_0 = 0$, e così pure quando si assume per centro di riduzione il baricentro del sistema mobile, la (8) si riduce a

$$\frac{d\underline{K}}{dt} = \underline{\Gamma}, \tag{9}$$

onde si ha il seguente enunciato (<u>teorema del momento delle quantità di moto</u>).

<u>Comunque si muova un sistema materiale, la derivata rapporto al tempo del momento risultante delle quantità di moto, rispetto ad un punto O, fisso o coin-</u>

cidente col baricentro, è eguale all'analogo momento risultante delle forze esterne.

È appena necessario osservare che, se r è una generica retta fissa e si prende per centro di riduzione un punto O di r, si ha dalla (9) proiettando su r i due vettori $\frac{d\underline{K}}{dt}$ e $\underline{\Gamma}$,

$$(10) \qquad \frac{dK_r}{dt} = \Gamma_r .$$

È ancora il teorema del momento delle quantità di moto: soltanto si tratta di momenti risultanti (scalari) delle quantità di moto delle forze rispetto ad una retta fissa r (anzichè di momenti vettoriali rispetto ad un punto). Lo stesso può evidentemente dirsi per rette r, di direzione fissa, passanti per il baricentro.

10. Se $\underline{\Gamma} = 0$, la (9) ci dice che il vettore $\underline{K}$ si conserva costante, in grandezza e direzione, durante tutto il movimento. Costante è in tal caso anche l'orientazione del piano χ, normale a K, condotto per il centro di riduzione O. Un tal piano si chiama invariabile.

I sistemi, soggetti a sole forze interne (quale p. es. si può considerare, data l'enorme distanza delle stelle, il sistema planetario) ne sono sempre dotati, perchè, per essi, si annullano tanto $\underline{R}$, quanto $\underline{\Gamma}$ e rimangono quindi costanti così la risultante $\underline{Q}$ come il momento risultante $\underline{K}$ delle quantità di moto.

Notiamo ancora, come ovvia conseguenza della (10), che, se è nullo il momento risultante delle forze esterne rispetto ad una retta r (fissa, oppure passante per il baricentro e di direzione fissa), si conserva costante durante il moto il momento K_r delle quantità di moto.

Abbiamo rilevato nel § precedente la generalità ed estesa applicabilità del teorema delle quantità di moto; altrettanto si può ripetere per il teorema del momento e poi suoi corollari.

Ci riserviamo di indicare qualche notevole applicazione ai sistemi rigidi, quando avremo stabilito un terzo teorema sul moto dei sistemi in generale.

11. Qui intanto notiamo che le equazioni

(7) $$\frac{d\mathfrak{Q}}{dt} = \underline{R},$$

(9) $$\frac{d\underline{K}}{dt} = \underline{\Gamma},$$

costituiscono complessivamente le cosidette equazioni cardinali del moto.

Esse sono infatti applicabili a sistemi di natura qualsiasi purchè soltanto.

a) Gli assi di riferimento $\Omega\xi\eta\zeta$ siano fissi o in moto traslatorio uniforme rispetto alle stelle;

b) il centro di riduzione O sia fisso (rispetto ad $\Omega\xi\eta\zeta$) oppure coincida col baricentro del sistema mobile;

c) le derivate vettoriali siano anch'esse valutate con riferenza ai medesimi assi $\Omega\xi\eta\zeta$.

In particolare le (7), (9) valgono per un qualsiasi sistema rigido, nel qual caso si presenta una circostanza analoga a quella già avvertita nel caso dell'equilibrio (Cap. XII, n.3) si ha cioè, nelle equazioni cardinali, non soltanto un gruppo di proprietà necessariamente verificate durante il moto, ma addirittura un sistema di condizioni sufficienti per determinarlo.

Senza entrare in dettagli, ci limiteremo a far notare che il numero complessivo delle equazioni cardinali (sei, quando si immaginino proiettate le due equazioni vettoriali sugli assi) è precisamente eguale al numero dei gradi di libertà del sistema.

§5. Equazione ed integrale delle forze vive
Teorema del König.

12. Per un sol punto materiale abbiamo visto, come immediata conseguenza dei postulati della Meccanica (Cap. VIII°, n. 9), che l'incremento di forza viva in un generico intervallo elementare di tempo dt è eguale al lavoro compiuto dalla forza totale agente sul punto durante quel tempuscolo elementare.

Ciò, nel caso di un sistema S di n punti P_i, si può ripetere per ciascuno di questi, cosicchè, denotando con T_i la forza viva $\frac{1}{2} m_i v_i^2$ di P_i e con $d\mathcal{L}_i$ il lavoro elementare compiuto dalla forza totale agente su di esso in un generico tempuscolo elementare, si ha

$$dT_i = d\mathcal{L}_i \quad (i = 1 \dots n) \, ;$$

e di qui designando con T la forza viva totale $\Sigma_i T_i$ del sistema e ponendo

$$\Sigma \, d\mathcal{L} = d\mathcal{L}$$

si ottiene

$$(11) \qquad dT = d\mathcal{L} \, .$$

Importa rilevare che in quest'equazione il $d\mathcal{L}$ rappresenta il lavoro compiuto, in un generico tempuscolo, da tutte le forze agenti sul sistema, siano esse esterne od interne, siano esse attive o reattive. Ma codesta equazione (11) assume il suo più significativo valore concettuale e la sua più utile portata deduttiva grazie alla più precisa valutazione del lavoro elementare $d\mathcal{L}$, che è consentita sotto determinate ipotesi sulla natura dei legami che vincolano il sistema. Vedremo nel prossimo Capitolo che in ogni sistema a vincoli indipendenti dal tempo e privi di attrito le reazioni compiono, ad ogni tempuscolo, un lavoro complessivo nullo. Di conseguenza in tali casi varrà la (11) con la specificazione che il $d\mathfrak{L}$ vi rappresenti il lavoro elementare compiuto dalle <u>sole forze attive</u>. Abbiamo, così il cosidetto <u>teorema delle forze vive</u>

<u>Per ogni sistema a legami indipendenti dal tempo e privi di attrito, il differenziale dT della forza viva è eguale alla somma $d\mathfrak{L}$ dei lavori elementari, compiuti dalle forze attive.</u>

13. Come già per un unico punto, così per i sistemi ha speciale importanza il caso in cui $d\mathfrak{L}$ è il differenziale esatto di una funzione $\mathcal{U}$, che dipende in modo univoco dalla posizione del sistema (cioè dalle coordinate ξ_i, η_i, ζ_i dei vari punti P_i del sistema rispetto ad una terna fissa). Si dice allora che le forze sono <u>conservative</u>: le loro componenti non sono altro che le derivate del <u>potenziale</u> $\mathcal{U}$; più precisamente le tre componenti X_i, Y_i, Z_i della forza $\underline{F_i}$ applicata in P_i valgono ordinatamente $\frac{\partial \mathcal{U}}{\partial \xi_i}, \frac{\partial \mathcal{U}}{\partial \eta_i}, \frac{\partial \mathcal{U}}{\partial \zeta_i}$. In tale ipotesi si ha infatti

$$\Sigma_i (X_i d\xi + Y_i d\eta_i + Z_i d\zeta_i) = \Sigma_i \left(\frac{\partial \mathcal{U}}{\partial \xi_i} d\xi_i + \frac{\partial \mathcal{U}}{\partial \eta_i} d\eta_i + \frac{\partial \mathcal{U}}{\partial \zeta_i} d\zeta_i \right)$$

e il primo membro è precisamente $d\mathfrak{L}$ e il secondo $d\mathcal{U}$. Reciprocamente, se si vuole che $d\mathfrak{L}$ sia il differenziale esatto di una funzione $\mathcal{U}$, cioè che la relazione $d\mathfrak{L} = d\mathcal{U}$ sussista per <u>arbitrari</u> incrementi $d\xi_i, d\eta_i, d\zeta_i$ delle coordinate, bisogna che sieno eguali i singoli coefficienti;[1] il che implica appunto $X_i = \frac{\partial \mathcal{U}}{\partial \xi}$, ecc.

---

(1) Si immagini infatti di attribuire ai differenziali $d\xi_i, d\eta_i, d\zeta_i$ valori tutti nulli, uno solo eccettuato, $d\xi_i$ per es., ciò che è certamente lecito, per la supposta indipendenza. La $d\mathfrak{L} = d\mathcal{U}$ diviene allora

$$X_i d\xi_i = \frac{\partial \mathcal{U}}{\partial \xi_i} d\xi_i$$

14. È facile riconoscere che, se le forze attive, che sollecitano i vari punti P_i, si riducono ai rispettivi pesi, esiste un potenziale.

Supposto infatti che uno degli assi p. es. quello delle z, sia diretto verticalmente (verso il basso), le singole componenti sono $0\ 0\ m_i g$, ed è chiaro che esse sono le derivate della funzione

$$U = \Sigma_i m_i g z_i .$$

Ricordando l'espressione delle coordinate del baricentro, si vede poi che il valore di U altro non è che $g M z_0$ cioè il prodotto del peso totale del sistema per la quota del baricentro.

15. Quando esiste un potenziale U, la (11) può essere sostituita colla relazione in termini finiti

$$(11') \qquad T - U = E,$$

dove E designa una costante d'integrazione.

La (11') prende il nome di <u>integrale delle forze vive</u> poichè, come già nel caso semplice di un punto materiale, permette di esprimere la forza viva di un sistema, in funzione della sua posizione (in U entrano infatti soltanto coordinate dei punti del sistema).

Chiamando <u>energia potenziale</u> del sistema S (in una sua configurazione generica) il valore che compete, in quella configurazione, al potenziale cangiato di segno, ed <u>energia cinetica</u> la forza viva T, si può anche dire che la (11') esprime il <u>principio di conservazione dell'energia</u>, durante il moto del sistema S, in quanto si assimili S ad un sistema isolato, ed il suo movimento ad un fenomeno suscettibile di trasformare l'energia cinetica in potenziale, o viceversa.

Essendo dz_i diverso da zero, ne consegue l'eguaglianza dei coefficienti. Analogamente per gli altri.

16. Teorema del Koenig. È questo un teorema che agevola la valutazione della forza viva di un sistema generico S.

Si prenda in considerazione, accanto al moto assoluto di S, quello relativo rispetto al suo baricentro P_0 (più precisamente, il moto dei vari punti di S riferito ad un triedro di orientazione fissa passante per P_0). Designata con $\underline{v}_i^{(r)}$ la velocità, che in questo moto relativo compete ad un generico punto P_i, e con $\underline{w}$ la velocità assoluta del baricentro, avremo per la velocità assoluta del generico punto P_i l'espressione (Cap. IV, n. 2).

$$(12) \qquad \underline{v}_i = \underline{v}_i^{(r)} + \underline{w}.$$

Se si osserva che la forza viva T del sistema, può porsi sotto la forma

$$T = \frac{1}{2} \Sigma_i m_i (\underline{v}_i \times \underline{v}_i),$$

si ha subito, dalla precedente relazione vettoriale (in base alla proprietà distributiva del prodotto scalare)

$$(13) \qquad T = \frac{1}{2} \Sigma_i m_i \{ \underline{v}_i^{(r)} \times \underline{v}_i^{(r)} + 2\, \underline{v}_i^{(r)} \times \underline{w} + \underline{w} \times \underline{w} \}.$$

Il primo termine

$$\frac{1}{2} \Sigma_i m_i (\underline{v}_i^{(r)} \times \underline{v}_i^{(r)}) = \frac{1}{2} \Sigma_i m_i (v_i^{(r)})^2 = T^{(r)}$$

rappresenta manifestamente la forza viva del sistema S nel suo movimento relativo attorno al baricentro P_0.

Il secondo termine, raccogliendo $\underline{w}$ a fattore comune, può essere scritto

$$\underline{w} \times \Sigma_i m_i \underline{v}_i^{(r)},$$

e si annulla, perchè è zero il fattore $\Sigma_i m_i \underline{v}_i^{(r)}$: questo rappresenta infatti [n° 2] il prodotto della massa totale M del sistema per la velocità relativa del baricentro (per ipotesi nulla).

Il terzo termine

$$\frac{1}{2} \Sigma_i m_i \underline{w} \times \underline{w} = \frac{1}{2} M w^2 = \mathcal{T}$$

può poi interpretarsi come la forza viva $\mathcal{T}$ che spetterebbe al baricentro, ove fosse in esso raccolta tutta la massa del sistema. Con ciò la (13) diviene

$$(13') \qquad T = \mathcal{T} + T^{(r)},$$

e dà luogo all'enunciato seguente (teorema di Koenig). La forza viva di ogni sistema materiale è eguale a quella che possederebbe la sua massa totale M concentrata nel baricentro, più la forza viva spettante al moto relativo attorno al baricentro.

§6. Applicazioni ai solidi

17. Forza viva di un solido. Premettiamo alcune ovvie osservazioni sulle espressioni, per un solido, della forza viva, della quantità di moto e della quantità di moto, cominciando dalla prima. Innanzitutto ricordiamo che l'atto di moto di un sistema rigido S è, istante per istante, determinato dai suoi vettori caratteristici $\underline{v}_0$ ed $\underline{\omega}$, cioè dalla velocità $\underline{v}_0$ di un punto generico O del sistema e dalla velocità angolare $\underline{\omega}$ (Cap. III, n. 22). La velocità $\underline{v}_i$ di un generico punto P_i di S ammette l'espressione vettoriale

$$(14) \qquad \underline{v}_i = \underline{v}_0 + \underline{\omega} \wedge (P_i - O).$$

che proiettata sugli assi solidali con S, ove si denotino con u, v, w e p, q, r le componenti di $\underline{v}_0$ ed $\underline{\omega}$ (caratteristiche del moto rigido) dà le equazioni scalari

$$(14') \qquad \begin{cases} v_{i|x} = u + q z_i - r y_i \\ v_{i|y} = v + r x_i - p z_i \\ v_{i|z} = w + p y_i - q x_i \end{cases}$$

Di qui risulta per la forza viva T del sistema l'espressione

$$(15) \quad T = \frac{1}{2}\sum_i m_i v_i^2 = \frac{1}{2}\sum_i m_i \left\{ (u + q z_i - r y_i)^2 + (v + r x_i - p z_i)^2 + (w + p y_i - q x_i)^2 \right\}.$$

Il termine generale del sommatorio è manifestamente una funzione omogenea di secondo grado delle sei caratteristiche u, v, w, p, q, r; i vari coefficienti dipendendo da m_i, x_i, y_i, z_i, tutte quantità, che (essendo i tre assi x, y, z solidali con S) rimangono costanti durante il movimento. Si può dunque concludere che, a somma eseguita, la forza viva T di un solido si presenta, in ogni caso, come una forma quadratica, a coefficienti costanti, nelle caratteristiche $u, v,$

w, p, q, r del moto rigido.

Per avere l'espressione esplicita, basta manifestamente eseguire i quadrati dei trinomi $u + qz_i - ry_i$ ecc. raggruppare i termini simili rispetto ai quadrati e doppi prodotti delle caratteristiche, infine eseguire la somma rispetto all'indice i, termine per termine, raccogliendo a fattore comune ciò che non dipende dall'indice i.

Facciamo le consuete posizioni

$$\Sigma_i m_i = M;$$

$$\Sigma_i m_i x_i = M x_0, \quad \Sigma_i m_i y_i = M y_0, \quad \Sigma_i m_i z_i = M z_0.$$

$$\Sigma_i m_i (y_i^2 + z_i^2) = A, \quad \Sigma_i m_i (z_i^2 + x_i^2) = B, \quad \Sigma_i m_i (x_i^2 + y_i^2) = C.$$

$$\Sigma_i m_i y_i z_i = A', \quad \Sigma_i m_i z_i x_i = B', \quad \Sigma_i m_i x_i y_i = C'.$$

cioè denotiamo con M la massa totale del corpo; con $x_0 . y_0 . z_0$ le coordinate del suo baricentro P_0, rispetto agli assi $Oxyz$; con A, B, C i suoi momenti di inerzia rispetto a tali assi: e infine con A', B', C' i tre prodotti di inerzia (detti anche talora momenti di deviazione). Si trova allora senza difficoltà

$$(15') \quad 2T = M(u^2 + v^2 + w^2) + Ap^2 + Bq^2 + Cr^2$$
$$+ 2u(z_0 q - y_0 r) + 2v(x_0 r - z_0 p) + 2w(y_0 p - x_0 q)$$
$$- 2A'qr - 2B'rp - 2C'pq.$$

Se in particolare, come assi solidali con S si scelgono gli assi del nocciolo centrale di inerzia (e quindi come polo O il baricentro P_0) si annullano x_0, y_0, z_0, e i prodotti di inerzia A', B', C' (Cap. X, n 25), talchè la (15') si riduce alla forma

$$(15'') \qquad 2T = M(u^2 + v^2 + w^2) + Ap^2 + Bq^2 + Cr^2.$$

E' facile riconoscere nel primo termine di questa espressione e nel trinomio residuo le due parti, in cui la forza viva risulta decomposta nel teorema del Koenig (n. prec.).

Notiamo, infine, come risultato importante per molte applicazioni, che se si ha un solido animato di moto rotatorio intorno ad un asse fisso, basta prendere questo come asse delle z per avere

$$u = v = w = p = q = 0 \quad , \quad r = \pm \omega ,$$

e quindi, per la (15')

$$\mathcal{T} = \frac{1}{2} C \omega^2 ;$$

cioè, la forza viva di un solido ruotante intorno ad un asse fisso è eguale al semiprodotto del quadrato della velocità angolare per il momento d'inerzia rispetto all'asse di rotazione.

18. Risultante e momento risultante delle quantità di moto di un solido. – Per un sistema rigido, posto al solito

$$\underline{\mathcal{Q}} = \Sigma_i m_i \underline{v}_i \, , \quad \underline{K} = \Sigma_i (P_i - O) \wedge \underline{v}_i \, ,$$

i due vettori $\underline{\mathcal{Q}}$ e $\underline{K}$ risultano esprimibili, in modo notevolmente semplice, per mezzo delle caratteristiche $u, v, w; p, q, r$.

Se, invero, partiamo dall'espressione della forza viva

$$(16) \qquad \mathcal{T} = \frac{1}{2} \Sigma_i m_i v_i^2 = \frac{1}{2} \Sigma_i m_i \left(v_{i|x}^2 + v_{i|y}^2 + v_{i|z}^2 \right)$$

e osserviamo, in base alle (14') che $v_{i|y}$ e $v_{i|z}$ sono indipendenti da u e che

$$\frac{\partial v_{i|x}}{\partial u} = 1 ,$$

troviamo derivando parzialmente la (16) rispetto ad u

$$\frac{\partial \mathcal{T}}{\partial u} = \Sigma_i m_i v_{i|x} \, ,$$

e nel secondo membro riconosciamo la componente $\mathcal{Q}_x$ di $\mathcal{Q}$ secondo l'asse Ox. Analogamente per le derivate di $\mathcal{T}$ rispetto a v e w, onde abbiamo

$$(17) \qquad \mathcal{Q}_x = \frac{\partial \mathcal{T}}{\partial u} \quad , \quad \mathcal{Q}_y = \frac{\partial \mathcal{T}}{\partial v} \quad , \quad \mathcal{Q}_z = \frac{\partial \mathcal{T}}{\partial w} \, .$$

Se invece deriviamo la (16) rispetto a p e notiamo che in base alle (14') si ha

$$\frac{\partial v_{i|x}}{\partial p} = 0 \quad , \quad \frac{\partial v_{i|y}}{\partial p} = -z_i \quad , \quad \frac{\partial v_{i|z}}{\partial p} = y_i \, ,$$

troviamo

$$\frac{\partial \mathcal{T}}{\partial p} = \Sigma_i m_i \left(-z_i v_{i|y} + y_i v_{i|z} \right) = \Sigma_i \left(y_i m_i v_{i|z} - z_i m_i v_{i|y} \right) ;$$

e in quest'ultima espressione riconosciamo la componente K_x secondo l'asse x del vettore K. Così, derivando la (16) anche rispetto a q ed r, concludiamo che

$$(18) \qquad K_x = \frac{\partial T}{\partial p}, \quad K_y = \frac{\partial T}{\partial q}, \quad K_z = \frac{\partial T}{\partial r}.$$

19. Tenendo conto della espressione (15') della forza viva, possiamo dare alle (17), (18) la forma esplicita

$$(17') \quad \begin{cases} Q_x = Mu + z_0 q - x_0 r \\ Q_y = Mv + x_0 r - z_0 p \\ Q_z = Mw + y_0 p - x_0 q \end{cases}$$

$$(18') \quad \begin{cases} K_x = Ap - C'q - B'r + y_0 w - z_0 v \\ K_y = -C'p + Bq - A'r + z_0 u - x_0 w \\ K_z = -B'p - A'q + Cr + x_0 v - y_0 u \end{cases}$$

Se, in particolare, si assumono come assi $Oxyz$ gli assi del nocciolo d'inerzia, si annullano $x_0, y_0, z_0, A', B', C'$, e le (17), (18) si riducono alla forma

$$(17'') \quad Q_x = Mu, \quad Q_y = Mv, \quad Q_z = Mw;$$

$$(18'') \quad K_x = Ap, \quad K_y = Bq, \quad K_z = Cr;$$

e notiamo incidentalmente che le (17') esprimono semplicemente, nel caso del solido, il teorema sulla quantità di moto del baricentro, dimostrato per ogni possibile sistema materiale, al n. 1.

Tenendo conto insieme delle (17'), (18') abbiamo che: <u>Se la terna $Oxyz$ è costituita dagli assi del nocciolo centrale di inerzia, le componenti della risultante della quantità di moto di un solido differiscono soltanto per il fattore M (massa totale del corpo) dalle caratteristiche u, v, w; le componenti del momento risultante K differiscono da p, q, r per i tre fattori A, B, C (momenti principali di inerzia).</u>

Ciò vale in generale. Fra i casi particolari, merita di essere considerato quello di un solido rotante intorno ad un asse fisso con una data velocità ω (di intensità anche variabile). Prendendo come asse z l'asse di rotazione, si riducono a zero nelle (17'), (18') le u, v, w, p, q, mentre $r = \pm\omega$, e precisamente, istante per istante, vale il segno + o – secondo che, il verso assunto arbitrariamente su z come positivo coincide o no con quello che nell'istante considerato, ha la velocità angolare $\underline{\omega}$.

Con siffatte posizioni le (17'), (18') diventano

$$(17'') \qquad \mathcal{Q}_x = \mp\omega x_0 \quad , \quad \mathcal{Q}_y = \pm\omega x_0 \quad , \quad \mathcal{Q}_z = 0$$

$$(18'') \qquad K_x = \mp\mathcal{B}'\omega \quad , \quad K_y = \mp\mathcal{A}'\omega \quad , \quad K_z = \pm\mathcal{C}\omega \; ;$$

e dall'ultima si rileva che <u>il momento, risultante della quantità di moto del solido rispetto all'asse di rotazione è dato dal prodotto di $\pm\omega$ pel momento d'inerzia del solido rispetto a codesto asse</u>.

Se con θ si designa l'anomalia che un semipiano uscente dall'asse e solidale col corpo rotante forma con un analogo semipiano fisso nello spazio e si assume come verso positivo per la misura di codesta anomalia quello destrorso rispetto all'asse orientato z, si ha $\pm\omega = \dot\theta$ e il momento risultante delle quantità di moto rispetto all'asse z si può scrivere

$$(19) \qquad K_z = \mathcal{C}\dot\theta \, .$$

20. Ciò premesso, passiamo a qualche facile applicazione ai solidi dei teoremi generali dimostrati nei §§ precedenti.

Consideriamo in primo luogo un solido soggetto a forze esterne, di cui sia nullo il momento risultante rispetto al baricentro: tale è sempre il caso di un sistema pesante, equivalendo il peso dei singoli elementi ad una forza unica applicata nel baricentro.

Supponiamo che il solido sotto l'azione di forze esterne, (soddisfacenti alla condizione accennata) si muova, a partire dalla quiete. In questo caso il movimento del solido è necessariamente traslatorio. Per provarlo, farò vedere che la velocità angolare è nulla in ogni istante, essendolo nell'istante iniziale.

Partiamo a tale scopo dal teorema del momento, riferito al baricentro del solido. Dacchè si annulla, per ipotesi, il momento baricentrale delle forze attive, l'analogo momento K della quantità di moto dovrà essere costante in grandezza e direzione.

D'altra parte, dalle (18') del n. preced. segue che le componenti del momento baricentrale K (secondo un triedro qualsivoglia) sono funzioni lineari ed omogenee delle componenti p, q, r della velocità angolare $\underline{\omega}$ del solido (secondo il medesimo triedro); queste sono nulle nell'istante iniziale (perchè si parte dalla quiete), K è dunque zero inizialmente, e, siccome è costante, è zero in qualsiasi istante. Dacchè poi, immaginando la terna costituita da assi principali di inerzia, le componenti di K valgono Ap, Bq, Cr, dovranno di necessità[1], rimanere costantemente nulle anche p, q, r.

Di qui risulta in particolare, che un solido pesante lasciato cadere nel vuoto, non può capovolgersi se parte dalla quiete, o, anche se viene lanciato in modo che la velocità angolare iniziale sia nulla.

21. Lasciamo l'ipotesi che sia nullo il momento baricentra-

---

(1) Con ciò ammettiamo implicitamente che A, B, C sieno diversi da zero. È una condizione sempre verificata quando si tratta di un vero solido (a tre dimensioni); giacchè, come abbiamo rilevato nella teoria dei momenti di inerzia, il momento d'inerzia di un sistema rispetto ad un asse può annullarsi soltanto quando tutte le masse del sistema siano distribuite lungo codesto asse.

le Γ e supponiamo soltanto che si abbia $\Gamma_r = 0$ essendo r un asse fisso, o di direzione fissa e passante pel baricentro del solido considerato. Si vede subito che non è possibile provocare una rotazione attorno ad r, a partire dalla quiete. Infatti la (10) ci dice che K_r resta costante. Poichè, per la 19 del n. 19 si può attribuire a K_r la forma $C\dot{\theta}$ essendo θ l'anomalia che fissa l'orientazione del corpo attorno ad r, e $\dot{\theta}$ è zero inizialmente, in quanto si parte dalla quiete, sarà sempre $\dot{\theta} = 0$, dato che $C\dot{\theta}$ deve restare costante (e che non è nullo il momento di inerzia C).

22. Consideriamo ora un sistema S, un pò più generale, e precisamente un sistema costituito da due parti S_1 ed S_2, ciascuna rigida, ma non rigidamente collegate tra loro. Supponiamo, come dianzi che sia $\Gamma_r = 0$: beninteso Γ_r significa adesso il momento complessivo di tutte le forze esterne, che sollecitano tanto S_1, quanto S_2.

Sarà qui ancora K_r costante, anzi zero a partire dalla quiete.

Se si sa ulteriormente che il moto di ciascuno dei due solidi si riduce ad una rotazione attorno ad r, i rispettivi momenti delle quantità di moto saranno (con manifesto significato delle notazioni) $C\dot{\theta}_1$, $C_2\dot{\theta}_2$. Sarà per conseguenza $C\dot{\theta}_1 + C_2\dot{\theta}_2$ il momento risultante del sistema e si avrà in ogni istante

$$C_1\dot{\theta}_1 + C_2\dot{\theta}_2 = 0$$

ossia, integrando e supponendo di contare, per ciascuna delle due porzioni S_1 ed S_2, l'angolo a partire dalla posizione iniziale

$$C_1\theta_1 + C_2\theta_2 = 0 .$$

Si vede di qui che θ_1 e θ_2 debbono avere segno oppost cioè se uno dei due solidi ruota in un senso, l'altro ruota necessariamente in senso opposto; inoltre le ampiezze delle rotazioni (descritte in tempi eguali) sono inversame te proporzionali ai rispettivi momenti di inerzia.

Non è dunque in alcun modo escluso, come avveniva quando si trattava di un unico solido, che, pur partendo il sistema dalla quiete, una delle due parti, S_1 per es. cambi di orientazione, anzi raggiunga un azimut θ_1, comunque prefissato; soltanto, non si potrà evitare, nelle condizioni supposte, che l'altro corpo ruoti in senso inverso, quanto occorre per rispettare la $C_1 \theta_1 + C_2 \theta_2 = 0$.

23. Applichiamo le cose dette all'esempio, che già ci ha servito ad illustrare la conservazione del moto baricentrale: persona in quiete ritta su suolo orizzontale privo di attrito. Sia r la verticale passante per il baricentro della persona, e si richieda per es. alla persona di far "dietro front", cioè di ruotare di 180° attorno ad r. Le forze esterne sono in tal caso il peso e le reazioni offerte dal suolo negli appoggi, tutte forze verticali, che hanno momento nullo rispetto ad r. Ci troviamo dunque in tali condizioni che non è possibile una rotazione d'insieme, comportandosi cioè la persona come un unico sistema rigido.

Ma l'osservazione fatta per il caso di due solidi, mostra che anche prescindendo dall'attrito, sarebbe perfettamente realizzabile una rotazione attorno ad r, purchè si collegasse alla persona un qualche oggetto atto a ruotare in senso opposto. Così in particolare, portando tutto intorno alla vita una cintura con incavo, in cui possa scorrere una palla pesante, basterebbe imprimere a questa un movimento colla mano, per provocare una (sia pur piccola) rotazione di tutta la persona in senso opposto: dopo un tempo sufficiente, si riescirebbe in ogni caso a raggiungere l'effetto voluto.

24. Considerazioni analoghe (in cui però è duopo far in-

tervenire anche certi movimenti non rigidi delle due parti S_1 ed S_2) permettono di rendersi ragione del così detto "salto del gatto". Si tratta del fatto ben noto che, comunque cada o si lasci cadere un gatto anche colle zampe all'insù e a partire dalla quiete, il gatto riesce a voltarsi durante il tragitto, senza alcun intervento di forze esterne.

CAPITOLO XVII°

Principio dei lavori virtuali e statica generale Principio del D'Alembert. Equazioni del Lagrange.

§1. Considerazioni preliminari. Enunciato del principio dei lavori virtuali e sua giustificazione induttiva

1. Nel Capitolo prec. parlando di un generico sistema materiale in moto, che per semplicità deduttiva immaginammo ridotto ad un certo numero m di punti materiali P_i, ammettemmo di conoscere la forza totale agente su ciascun punto P_i. Ma se si tratta di un sistema vincolato codesta forza totale è la risultante della forza $\underline{F}_i$ direttamente applicata e di una ulteriore forza $\underline{R}_i$ che riassume l'azione dei vincoli e che si chiama, come nel caso statico, reazione o forza vincolare. Ora i dati diretti del problema sono in generale le forze applicate od attive e le modalità dei vincoli, non le corrispondenti reazioni $\underline{R}_i$, che appaiono per lo più come variabili ausiliari; ed è facile constatare che la conoscenza dei dati così indicati non è, in generale sufficiente per la determinazione del moto del sistema.

Consideriamo, per fissar le idee, un sistema olonomo di m punti P_i con n gradi di libertà, i cui vincoli siano rappresentati dalle $l = 3m - n$ equazioni (Cap. VI, n. 4)

$$(1) \qquad f_k(x_1, y_1, z_1, \dots, x_m, y_m, z_m \mid t) = 0 \quad (k = 1, 2 \dots l)$$

Le equazioni differenziali del moto saranno come sempre le proiezioni sugli assi delle

$$m_i \underline{a}_i = \underline{F}_i + \underline{R}_i \quad (i = 1, 2, \dots, m)$$

ossia le

$$(2)\qquad \begin{cases} m_i\,\ddot{x}_i = X_i + \Xi_i\,, \\ m_i\,\ddot{y}_i = Y_i + H_i\,, \\ m_i\,\ddot{z}_i = Z_i + Z_i\,, \end{cases}$$

dove con X_i, Y_i, Z_i; Ξ_i, H_i, Z_i si designano rispettivamente le componenti di $\underline{F}_i$ e di $\underline{R}_i$.

Finchè non si introduce alcuna ipotesi circa il comportamento delle reazioni, le loro 3m componenti Ξ_i, H_i, Z_i sono incognite. Il sistema (1), (2) si presenta così come un sistema simultaneo di 3 m + l equazioni differenziali (alcune delle quali in particolare sono in termini finiti) contenente 6 m incognite: le 3m coordinate x_i, y_i, z_i e le 3m componenti Ξ_i, H_i, Z_i delle reazioni vincolari. Il numero delle incognite supera pertanto il numero delle equazioni di $6m - (3m+l) = 3m - l = n$.

Risulta di qui che per rendere determinato il problema, bisogna aggiungere alle (1), (2) altre n equazioni, le quali non si potranno desumere se non da un ulteriore ricorso alla esperienza.

2. Quando ci si limita a vincoli <u>privi d'attrito</u>, codeste equazioni si possono trarre da una proprietà generale delle reazioni, messa in luce dal Lagrange.

Essa costituisce il <u>principio dei lavori virtuali</u> e può enunciarsi come segue:

<u>Le reazioni $\underline{R}_i$ provenienti da legami privi di attrito sono tali che il lavoro complessivo da esse effettuato è nullo per ogni spostamento virtuale reversibile, positivo o nullo per ogni spostamento virtuale irreversibile</u> (Cap. VI, n.n. 11, 16).

Se si designa con δP_i lo spostamento subito dal punto generico P_i del sistema che si considera, il lavoro effettirato dalla corrispondente reazione è $R_i \times \delta P_i$; onde il lavoro complessivo $\delta\Lambda$ delle reazioni vale

$$\delta\Lambda = \sum_1^m{}_i R_i \times \delta P_i .$$

Ciò posto, si può attribuire al precedente enunciato una forma più concisa e del resto equivalente, dicendo che $\delta\Lambda$ (lavoro virtuale delle reazioni) non può mai essere negativo.

Infatti, per gli spostamenti irreversibili, è questo precisamente che viene asserito nel principio enunciato: per i reversibili consideriamone insieme uno generico ed il suo opposto: la disuguaglianza caratteristica implica allora

$$\delta\Lambda \geq 0 \quad , \quad \delta\Lambda \leq 0 ,$$

compatibile solo a patto che sia $\delta\Lambda = 0$.

Lasciando da parte i sistemi a legami unilaterali (il che si fa abbastanza spesso anche senza esplicita menzione) non si hanno a considerare che spostamenti reversibili e il principio dei lavori virtuali è espresso dal l'annullarsi del lavoro delle reazioni per ogni spostamento conciliabile coi legami, cioè dall'equazione

$$\delta\Lambda = 0 .$$

3. Dal punto di vista fisico, il principio dei lavori virtuali si legittima facendo vedere che esso si trova verificato (appare cioè conforme all'esperienza) in tanti casi particolari che, per naturale e quasi necessaria induzione si è tratti a ritenerlo valido in generale.

a) Nel caso di un punto costretto a restare sopra una superficie o sopra una curva (priva d'attrito) si ha una reazione normale rispettivamente alla superficie ovvero alla curva, mentre ogni spostamento virtuale è (a meno di infinitesimi di ordine superiore al primo) situato sul piano, o rispettivamente sulla retta tangente. Il lavoro (loro prodotto scalare) è dunque nullo.

b) Poniamoci nel caso di un vincolo unilaterale. Per es. supponiamo che il punto non possa oltrepassare una certa superficie, pur non essendo impedito di staccarsene da banda opposta. Una configurazione ordinaria non dà luogo a reazione, e perciò il lavoro $\underline{R} \times \underline{\delta P}$ è nullo.

Nel caso delle configurazioni di confine, la reazione è per sua natura diretta verso l'esterno, e normale alla superficie. E questi caratteri suggeriti dall'osservazione sperimentale equivalgono al principio dei lavori virtuali.

Infatti, per ogni spostamento irreversibile il quale sia diretto cioè verso l'esterno, la reazione e lo spostamento formano un angolo acuto e il lavoro è positivo; per ogni spostamento reversibile detto angolo è retto e il lavoro è nullo.

c) Nel caso dei sistemi rigidi, basta aver riguardo alla circostanza che le reazioni vincolari (quelle di rigidità, beninteso; non quelle provenienti da eventuali legami con altri corpi estranei al sistema) sono forze interne e quindi a due a due eguali e direttamente opposte.

Il lavoro complessivo si può perciò considerare come somma dei lavori effettuati da ciascuna di queste coppie, e risulterà dimostrato l'assunto se si proverà nullo il lavoro corrispondente ad una coppia generica.

A tale scopo siano P, P' due punti quali si vogliano del sistema, $\underline{\delta P}$ e $\underline{\delta P'}$ gli spostamenti rispettivamente subiti dai due punti in un generico spostamento virtuale del sistema, $\underline{R}$ la forza esercitata da P' su P ed $\underline{R'} = -\underline{R}$ quella che P esercita su P'. Ora in ogni moto rigido (Cap. III, n. 2) le velocità di due punti generici hanno eguali componenti secondo la retta che li congiunge. La stessa proprietà compete quindi agli spostamenti infinitesimi subiti dai punti (in un effettivo movimento del sistema) durante un intervallo elementare di tempo dt.

Siccome, quando si tratta di sistemi a legami indipendenti dal tempo, ogni spostamento virtuale è anche possibile, così noi possiamo ritenerere che $\underline{\delta P}$ e $\underline{\delta F}'$ hanno eguali componenti secondo la PP'.

Designeremo con Δ il valore comune di queste componenti, immaginando, per fissare le idee di prendere come direzione positiva su PP' quella della forza $\underline{R}$

Ciò posto, il lavoro virtuale $\underline{R} \times \underline{\delta P}$ della forza $\underline{R}$ si riduce ad $R\Delta$ (per la definizione di prodotto scalare) e quello di $\underline{R}' = -\underline{R}$ a $-R\Delta$.

Ne consegue

$$\underline{R} \times \underline{\delta P} + \underline{R}' \times \underline{\delta P}' = 0$$

d) Il principio dei lavori virtuali si può confermare direttamente in moltissimi casi, sia analizzando diverse specie di legami, e combinandoli fra loro, sia (anche per i sistemi non olonomi) in base a postulati più semplici e considerazioni proprie del caso singolo.

Si può anzi asserire che, per tutti i sistemi offerti dalla natura, vien fatto di stabilirlo direttamente; la quale indagine molto conferisce alla piena intelligenza della Meccanica e dei molteplici suoi adattamenti a forme disparate d'intuizione sperimentale.

Non possiamo percorrere sì lungo cammino, ma ammetteremo ormai il principio dei lavori virtuali quale postulato universale risguardandolo come sintesi del substrato sperimentale di tutta la Meccanica dei sistemi privi d'attrito. Dal punto di vista astratto esso costituisce quanto si può desiderare di più perfetto, perchè si traduce in una formula generale, applicabile a sistemi comunque complessi.

---

§ 2. Prima forma delle equazioni del Lagrange.

4. Per far vedere come il principio dei lavori virtuali consenta la determinazione del moto di un sistema, riferiamoci al caso dei sistemi olonomi.

Ci proponiamo di dimostrare che in tal caso codesto principio conduce ad $\underline{n}$ relazioni fra le Ξ_i; H_i; Z_i (componenti delle reazioni vincolari); cioè precisamente a tante quante occorrono perchè (1), (2), avendo riguardo alle condizioni iniziali, possano individuare completamente il moto del sistema. Trattandosi di spostamenti reversibili, perchè un generico δP_i sia conciliabili coi legami, le sue componenti δx_i; δy_i; δz_i; devono verificare le equazioni lineari ed omogenee

$$(4) \qquad \delta f_k = 0 \quad (k = 1, 2, \ldots l).$$

Il principio dei lavori virtuali sta così ad esprimere che, per tutte le δx_i, δy_i, δz_i, soddisfacenti alle (4) vale la

$$\delta \Lambda = 0$$

ossia la

$$(5) \qquad \sum_1^n{}_i (\Xi_i \delta x_i + H_i \delta y + Z_i \delta z_i) = 0.$$

5. Cominciamo coll'osservare che nel caso particolare dei sistemi liberi, vengono a mancare le equazioni dei legami e quindi le (4), talchè la (5) deve essere soddisfatta identicamente, cioè per spostamenti virtuali affatto arbitrari. Questo esige che si annullino i singoli coefficienti (delle quantità arbitrarie δx_i, δy_i, δz_i).

Per persuadersene basta per es. lasciar fissi $n-1$ punti e spostare l'ennesimo, che chiameremo P_h parallelamente ad un asse (per es. all'asse z); la (5) diventa allora

$$Z_h \delta z_h = 0$$

da (cui essendo per ipotesi $\delta z_h \gtrless 0$) $Z_h = 0$.

In modo affatto analogo si proverebbe l'annullarsi delle altre componenti Ξ_i, H_i, Z_i. Ritroviamo così l'ovvia conclusione che trattandosi di punti liberi, le reazioni sono tutte nulle. Rimangono in tal caso le equazioni

$$m_i \underline{a}_i = \underline{F}_i \quad (i = 1, 2, \ldots m),$$

che involgono soltanto le incognite fondamentali [n. 1].

6. Nell'ipotesi che vi sieno effettivamente dei vincoli, per trovare le espressioni più generali delle $\delta x_i, \delta y_i, \delta z_i$ soddisfacenti alle equazioni (4), dobbiamo immaginare di risolvere questo sistema di l equazioni lineari ed omogenee rispetto alle $3m$ quantità $\delta x_i, \delta y_i, \delta z_i$. Sarebbe facile riconoscere che (essendo tra di loro indipendenti le l equazioni dei vincoli $f_k = 0$) anche le (4) sono tra di loro indipendenti e quindi la caratteristica della matrice dei coefficienti vale $3m - l = n$. Ma si sa dall'algebra che la soluzione più generale del sistema si ottiene in tal caso combinando per via di somma con moltiplicatori arbitrari n soluzioni particolari indipendenti, costituenti cioè un sistema fondamentale. In ultima analisi le $\delta x_i, \delta y_i, \delta z_i$ cercate si presentano come funzioni lineari ed omogenee di n moltiplicatori a priori arbitrari $\varepsilon_1, \varepsilon_2, \ldots, \varepsilon_n$, cioè sono del tipo

$$(6) \quad \delta x_i = \sum_1^n{}_h \varepsilon_h a_i^{(h)}, \quad \delta y_i = \sum_1^n{}_h \varepsilon_h b_i^{(h)}, \quad \delta z_i = \sum_1^n{}_h \varepsilon_h c_i^{(h)} \quad (i = 1, 2, \ldots, m)$$

dove le $a_i^{(h)}, b_i^{(h)}, c_i^{(h)}$ $(h = 1, 2, \ldots, n)$ denotano n soluzioni indipendenti. Ciò posto, quando nella (5) si sostituiscono, in luogo di δx_i, δy_i, δz_i i valori (6) si avrà una equazione del tipo

$$(7) \qquad \varepsilon_1 E_1 + \varepsilon_2 E_2 + \cdots + \varepsilon_n E_n = 0.$$

dove (si noti bene) mentre le $\varepsilon_1, \varepsilon_2, \ldots, \varepsilon_n$ sono affatto arbitrarie, le $E_1, E_2, \ldots, E_n$ sono funzioni delle

$$\Xi_i, H_i, Z_i, x_i, y_i, z_i,$$

indipendenti dagli spostamenti virtuali.

La (7) deve essere verificata qualunque sia lo spostamento; in particolare, ponendo

$$\varepsilon_2 = \ldots\ldots = \varepsilon_n = 0$$

si dovrà avere (per qualsiasi valore di ε_1)

$$\varepsilon_1 \, E_1 = 0$$

il che esige $E_1 = 0$.

In modo analogo si constata che anche $E_2, E_3, \ldots, E_n$ devono annullarsi, e si è così condotti al sistema

$$(8) \qquad E_1 = 0 \quad , \quad E_2 = 0 \quad , \ldots E_n = 0 \, ,$$

che equivale manifestamente all'equazione simbolica (7).

Associandovi le $3m + l = 6m - n$, equazioni (1), (2), si ha complessivamente un sistema di $6m$ equazioni nelle $6m$ incognite

$$x_i, y_i, z_i \; ; \; \Xi_i, H_i, Z_i$$

atto ad individuare univocamente il moto.

7. Al sistema (1), (2), (8) si può sostituirne un altro equivalente e alquanto semplificato comprendente un numero minore così di equazioni come di incognite.

All'uopo, si prende le mosse dall'osservazione seguente. Fatte le posizioni

$$(9) \qquad \begin{cases} \Xi_i = \lambda_1 \dfrac{\partial f_1}{\partial x_i} + \lambda_2 \dfrac{\partial f_2}{\partial x_i} + \cdots + \lambda_l \dfrac{\partial f_l}{\partial x_i} \, , \\ H_i = \lambda_1 \dfrac{\partial f_1}{\partial y_i} + \lambda_2 \dfrac{\partial f_2}{\partial y_i} + \cdots + \lambda_l \dfrac{\partial f_l}{\partial y_i} \, , \\ Z_i = \lambda_1 \dfrac{\partial f_1}{\partial z_1} + \lambda_2 \dfrac{\partial f_2}{\partial z_i} + \cdots + \lambda_l \dfrac{\partial f_l}{\partial z_i} \, , \end{cases}$$

$$(i = 1, 2, \ldots, m).$$

dove le λ sono moltiplicatori arbitrari, le Ξ_i, H_i, Z_i, così definite, soddisfanno, in causa delle (4), alla condizione $\delta\Lambda = 0$, anzi sono le espressioni più generali, che si possono attribuire alle componenti delle reazioni, avuto riguardo al principio dei lavori virtuali. Infatti esse contengono $\underline{l}$ arbitrarie, come conviene a $3m$ quantità, che debbono soddisfare ad $n = 3m - l$ equazioni indipendenti.

Usufruendo delle (9), abbiamo le equazioni del moto di un sistema olonomo sotto la prima forma loro attribuita da Lagrange:

$$(2') \quad \begin{cases} m_i \ddot{x}_i = X_i + \lambda_1 \dfrac{\partial f_1}{\partial x_i} + \lambda_2 \dfrac{\partial f_2}{\partial x_i} + \dots\dots + \lambda_\ell \dfrac{\partial f_\ell}{\partial x_i} , \\ m_i \ddot{y}_i = Y_i + \lambda_1 \dfrac{\partial f_1}{\partial y_i} + \lambda_2 \dfrac{\partial f_2}{\partial y_i} + \dots\dots + \lambda_\ell \dfrac{\partial f_\ell}{\partial y_i} , \\ m_i \ddot{z}_i = Z_i + \lambda_1 \dfrac{\partial f_1}{\partial z_i} + \lambda_2 \dfrac{\partial f_2}{\partial z_i} + \dots\dots + \lambda_\ell \dfrac{\partial f_\ell}{\partial z_i} . \end{cases}$$

Unitamente alle (1) e alle condizioni iniziali esse permettono di determinare le $3m + \ell$ incognite $x_i, y_i, z_i, \lambda_1, \lambda_2, \dots, \lambda_\ell$.

Nelle (2'), si scorge un'ovvia generalizzazione delle equazioni che reggono il movimento di un punto costretto a rimanere sopra una superficie priva di attrito (Cap. XV, n.50).

---

§.3. Ritorno alla statica. – Teoremi generali applicabili a sistemi comunque vincolati.

---

8. Supponiamo che un generico sistema materiale S si trovi in equilibrio. In tal caso dovrà naturalmente annullarsi la forza totali $\underline{F_i} + \underline{R_i}$ che sollecita ciascun punto P_i. Sarà quindi $\underline{F_i} = -\underline{R_i}$, e indicando al solito con $\delta \mathcal{L}$, $\delta \Lambda$ i lavori complessivamente compiuti in uno spostamento virtuale δP_i dalle $\underline{F_i}$, $\underline{R_i}$, rispettivamente, avremo

$$\sum_1^m{}_i \underline{F_i} \times \underline{\delta P_i} = -\sum_1^m{}_i \underline{R_i} \times \underline{\delta P_i}$$

ossia

$$\delta \mathcal{L} = -\delta \Lambda .$$

Avuto riguardo al principio dei lavori virtuali, ne consegue

$$(10) \qquad \delta \mathcal{L} \leq 0,$$

che si presenta così come condizione necessaria per l'equilibrio. Detta condizione potrebbe dimostrarsi anche sufficiente; per brevità, ci limitiamo ad affermarlo, omettendo la dimostrazione.

Va notato che, se non vi sono legami unilaterali e

quindi tutti gli spostamenti virtuali sono reversibili, la condizione (10) necessaria e sufficiente per l'equilibrio assume l'aspetto

(10') $$\delta \mathcal{L} = 0.$$

Le (10) e (10') sogliono essere designate come relazione, o rispettivamente equazione simbolica della statica.

9. Dalla (10) possiamo dedurre due corollari:

1°. Se ad un sistema Σ di forze attive, atte a mantenere in equilibrio un dato sistema materiale S, si aggiunge una seconda sollecitazione Σ', pure atta a mantenere S in equilibrio, la sollecitazione risultante $\Sigma + \Sigma'$ (costituita cioè dalle forze di Σ e da quelle di Σ') verifica anch'essa le condizioni di equilibrio.

2°. Se un sistema materiale S_1 differisce da un sistema S per l'aggiunta di alcuni legami, e se una certa sollecitazione Σ mantiene S in equilibrio, a più forte ragione manterrà in equilibrio S_1. Infatti gli spostamenti virtuali di S_1 sono tutti compresi fra quelli di S: dunque se la (10) è soddisfatta per tutti gli spostamenti virtuali di S, lo sarà a più forte ragione per tutti quelli di S_1 (non viceversa).

Si ha poi, quando tutti i vincoli sono bilaterali (o più generalmente, quando non si tratta di una configurazione di confine) dalla equazione (10'): Se un sistema di forze attive applicate ad un sistema materiale è in equilibrio, lo è pure il sistema costituito dalle stesse forze prese per verso opposto.

§4. Osservazioni sui postulati particolari già ammessi nella statica dei solidi e dei fili.

10. Già ci occupammo diffusamente della statica dei solidi. La nostra trattazione poggiava (oltre che sui primi=

pi fondamentali della meccanica), sopra un unico postulato specifico (Cap. XII, n. 1): « L'equilibrio di un solido non si altera, quando a due generici suoi punti si applicano due forze eguali e direttamente opposte ».

Vogliamo far notare come questo postulato, anteriormente introdotto di per sè solo, per manifesta ragione di opportunità (cioè per poter discutere con mezzi semplici e diretti tutta la statica dei corpi solidi) si presenta concettualmente quale conseguenza particolarissima del principio dei lavori virtuali.

11. La verificazione è immediata. Basta da un lato osservare che i solidi naturali, cui si riferisce il postulato caratteristico anzidetto, devono considerarsi (sensibilmente) indeformabili, cioè dal punto di vista dei legami cinematici, come sistemi rigidi. D'altro lato poi si ricordi [n° 3, c] che coppie di forze, eguali e direttamente opposte, fanno lavoro nullo per ogni spostamento (infinitesimo), che non alteri la distanza dei rispettivi punti di applicazione: il che è quanto dire per ogni spostamento virtuale del solido.

Ciò posto, è chiaro che, se un solido (comunque vincolato) si trova in equilibrio, ed è quindi ≤ 0 il lavoro virtuale $\delta\mathcal{L}$ delle varie forze attive, lo stesso avviene dopo aggiunte due forze eguali e direttamente opposte, in quanto esse recano al $\delta\mathcal{L}$ un contributo nullo.

12. Dacchè il postulato caratteristico della statica dei solidi rientra nel principio dei lavori virtuali, devono necessariamente rientrarvi anche le sue conseguenze, in particolare le definitive condizioni di equilibrio, pei vari casi considerati nel Cap. XII.

Sarebbe un utile esercizio il ritrovarle, dando forma esplicita dell'equazione simbolica.

$$\delta \mathfrak{L} = \Sigma_i \underline{F_i} \times \delta \underline{P_i} \leq 0$$

a norma dei diversi tipi di vincoli: per es., soli vincoli di rigidità (cioè solido libero); rigidità e punto fisso; rigidità e asse fisso, ecc.

Non ci soffermeremo su queste verificazioni, limitandoci a suggerirle al lettore volonteroso.

Egli dovrà in ogni caso aver presente che scelto comunque un punto O del solido come centro di riduzione di uno spostamento consentito al solido stesso dai suoi vincoli, e detti: $\underline{\delta O}$ lo spostamento che viene corrispondentemente a subire O; $\underline{\delta\omega}$ il vettore (infinitesimo) che rappresenta in grandezza, direzione e senso la rotazione elementare attorno ad O, lo spostamento virtuale $\underline{\delta P_i}$ del punto generico P_i è dato (Cap. VI, n. 12) da

$$\underline{\delta P_i} = \underline{\delta O} + \underline{\delta\omega} \wedge (P_i - O).$$

Dovrà poi sostituire nella espressione del lavoro virtuale $\delta\mathfrak{L}$, e raccogliervi a fattor comune $\underline{\delta O}$ e $\underline{\delta\omega}$.

Le condizioni esplicite saranno infine a desumersi, esprimendo che la relazione

$$\delta \mathfrak{L} \leq 0$$

sussiste per ogni determinazione di $\underline{\delta O}$, $\underline{\delta\omega}$ conciliabile coi vincoli; per es., ove si tratti di un solido libero, per determinazioni affatto arbitrarie dei vettori suddetti: il che esige, come è facile riconoscere, l'identico annullarsi dei rispettivi coefficienti, e riporta in definitiva al primo risultato della statica elementare (Cap. XIII°, n. 3) che devono annullarsi risultante e momento risultante delle forze.

13. Osservazione. Le forze cui si riferisce il lavoro virtuale $\delta\mathfrak{L}$ sono tutte e soltanto le forze attive.

Nella statica elementare (Cap. IX, § 3) si applicano dapprima le equazioni cardinali alle forze esterne e poi si cerca di eliminarne tutto ciò che proviene dalle reazioni vincolari; sicchè le condizioni finali si riferiscono a forze, che sono ad un tempo attive (cioè non provenienti da legami) e di origine esterna.

Di qua sembra risultare che le forze, contemplate dai due metodi, non sono le stesse: il metodo elementare fa intervenire una parte soltanto di quelli che concorrono a formare il $\delta\mathcal{L}$.

A rigore effettivamente è così; ma si tratta di diversità inessenziale, perchè le eventuali forze attive di origine interna, essendo a due a due eguali ed opposte, portano contributo nullo al $\delta\mathcal{L}$ [cfr. n°. 3c]: e si può quindi prescinderne.

Se dunque, come abbiamo accennato, si verifica l'identità formale delle definitive condizioni di equilibrio (fornite pei varii casi, dai due metodi), si può senz'altro inferirne la loro coincidenza completa, riguardandovi ciascuna volta implicite le sole forze attive di origine esterna.

14. Vogliamo infine accennare, pur senza giustificazione a semplice titolo di notizia, che anche la statica dei fili flessibili ed inestendibili, da noi ricavata (Cap. XIII) come caso limite dei sistemi articolati, in base ad un ovvio postulato specifico [§ 3 del cit. Cap.], si può dedurre direttamente dal principio dei lavori virtuali, tostochè ci si procuri un'adeguada rappresentazione analitica di tutti gli spostamenti di un filo, che sono compatibili coll'inestendibilità dei suoi elementi. Ciò conduce come ha mostrato il Lagrange, a introdurre provvisoriamente (quale elemento ausiliario di calcolo) una funzione T dei punti del filo, che si interpreta poi co=

me tensione, e porta in definitiva alle stesse relazioni vettoriali già trovate e discusse nel ricordato Cap°. [l'equazione indefinita (16) e le condizioni ai limiti (17)].

§ 5. Applicazione ai sistemi pesanti Principio del Torricelli.

15. Consideriamo un sistema materiale S, comunque costituito, per cui le forze attive si riducono al peso dei singoli elementi.

Ove si supponga l'asse delle z verticale e diretto verso il basso, e sia m_i la massa di un generico elemento P_i, la forza $\underline{F_i}$ applicata in P_i avrà per componenti

$$0, 0, m_i g.$$

In un generico spostamento virtuale del sistema siano $\delta x_i, \delta y_i, \delta z_i$ le componenti dello spostamento $\underline{\delta P_i}$ subito da P_i.

Il lavoro virtuale delle forze attive si riduce manifestamente a

$$\delta \mathcal{L} = \Sigma_i \underline{F_i} \times \underline{\delta P_i} = g \Sigma_i m_i \delta z_i ,$$

la somma essendo estesa a tutti i punti P_i, che costituiscono il sistema

Ciò posto, facciamo intervenire il baricentro P_0 del sistema, la cui coordinata verticale z_0 è

$$z_0 = \frac{\Sigma_i m_i z_i}{m},$$

essendo m la massa totale del sistema.

Quando le z_i si incrementano di δz_i, la z_0 subisce un incremento (spostamento verticale del baricentro) definito da

$$\delta z_0 = \frac{\Sigma_i m_i \delta z_i}{m}.$$

L'espressione del lavoro virtuale può così esser scritto

$$\delta \mathcal{L} = m g \delta z_0$$

e la condizione d'equilibrio $\delta \mathcal{L} \leq 0$ assume di conseguenza l'aspetto

$$\delta z_0 \leq 0.$$

valendo l'uguaglianza per gli spostamenti reversibili.

Si richiede dunque per l'equilibrio che i legami consentano al baricentro solo spostamenti per cui risulti $\delta z_0 \leq 0$, o, ciò che è lo stesso, per cui non risulti mai $\delta z_0 > 0$. Questo è quanto dire (principio del Torricelli):

Condizione necessaria per l'equilibrio di un sistema pesante è che il suo baricentro non sia suscettibile di abbassamento (non si presentino cioè incrementi positivi della coordinata z_0) per effetto di alcun spostamento virtuale del sistema.

16. Conviene fissare l'attenzione sulla circostanza che l'enunciato contempla soltanto gli spostamenti virtuali infinitesimi. Non è perciò lecito inferirne che nella posizione d'equilibrio, l'altezza del baricentro debba proprio essere minima (cioè massima la coordinata z_0) compatibilmente coi vincoli. Rendiamocene conto in modo preciso, considerando per fissar le idee, il caso di legami tutti reversibili. La nostra condizione è allora $\delta z_0 = 0$.

D'altra parte, come è ben noto dal calcolo, perchè una funzione abbia un massimo od un minimo, si richiede non soltanto che si annulli il suo differenziale primo (per il sistema di valori, cui il massimo o minimo si riferisce), ma inoltre una condizione supplementare concernente il differenziale secondo. Nel caso dell'equilibrio di un sistema pesante, si trova bensì soddisfatta per la funzione z_0 la condizione di annullamento del differenziale primo ($\delta z_0 = 0$), ma nulla si sa del differenziale secondo.

Può dunque sussistere l'equilibrio anche senza che l'altezza del baricentro sia effettivamente minima; in particolare quando essa è massima.

Ciò si rende per es. manifesta nell'appoggio di u-

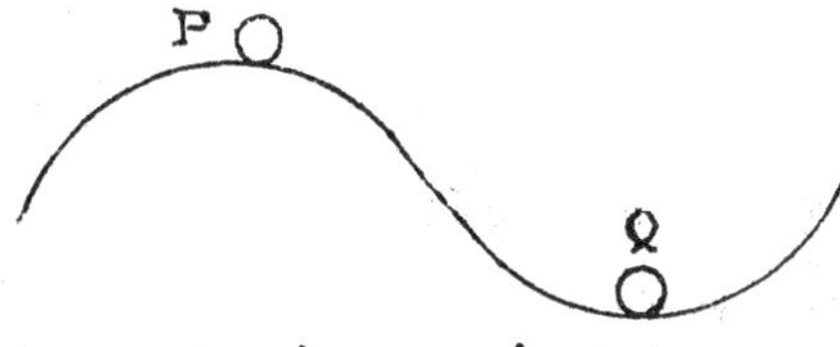

punto pesante sopra una superficie priva di attrito delle due segnate posizioni di equilibrio P e Q, la prima corrisponde evidentemente ad un massimo, la seconda ad un minimo dell'altezza del baricentro

17. Osservazione. La condizione più restrittiva che la z_0 abbia un effettivo minimo, che cioè il baricentro si trovi nella posizione più bassa consentitagli dai legami, assicura insieme il sussistere dell'equilibrio e la stabilità del medesimo. In tal caso si può infatti asserire che, per ogni spostamento abbastanza piccolo del sistema, compatibile coi suoi vincoli, il baricentro si innalza. Ne consegue che, nel tornare alla posizione di equilibrio, le forze attive (che qui si riducono al peso dei singoli elementi) fanno complessivamente lavoro positivo.

È dunque verificata la condizione di stabilità nel senso statico definito a § 4 del Cap. IX.

§ 6. Esempi

18. Sistemi a legami completi. Un sistema olonomo con un solo grado di libertà (le cui configurazioni si possono cioè far dipendere da un unico parametro) suol dirsi a legami completi. Tale è per esempio un punto costretto a restare sopra dato sostegno, un solido girevole attorno ad un asse, una vite nella rispettiva madrevite, ecc.

Gli spostamenti δP_i dei singoli punti del sistema, e in particolare le loro proiezioni δf_i sulle linee d'azione delle forze $\underline{F}_i$, sono individuati (a partire da una configurazione generica) dall'incremento δq dell'unico parametro lagrangiano. D'altra parte la condizione d'equilibrio (non essendovi spostamenti irreversibili) sarà l'equazione simbolica (10'), che nel caso attuale, può essere scritta

$$(11) \qquad \delta \mathcal{L} = \Sigma_i F_i \delta f_i = 0 .$$

Essa equivale manifestamente ad un'unica condizione effettiva che si ottiene eguagliando a zero il coefficiente dell'arbitraria δq.

19. Macchine semplici. Fra i sistemi a legami completi meritano speciale menzione le così dette macchine semplici (leve, piano inclinato, cuneo, vite ecc.) e le bilancie. Le loro condizioni di equilibrio si possono discutere per via diretta, analizzando, se occorre, il comportamento delle varie parti (per lo più corpi rigidi) ed introducendo come ausiliarie le mutue reazioni di queste parti. E' ciò che è stato fatto in esercizi illustrativi della statica dei solidi. Si può tuttavia (sempreché si prescinda dagli attriti) raggiungere più rapidamente l'intento, ricorrendo al principio dei lavori virtuali. Esso fornisce la condizione di equilibrio nella sua forma definitiva, evitando quell'introduzione e successiva eliminazione di ausiliarie, che è richiesta dal procedimento elementare e che può divenir laboriosa, quando il sistema consta di molti pezzi.

Di solito, sia nelle macchine semplici che nelle bilancie, le forze attive si riducono a due $\underline{F_1}$ ed $\underline{F_2}$, chiamate rispettivamente potenza e resistenza. Conformemente alla regola espressa dall'equazione (11) basta immaginare impresso al sistema l'unico spostamento infinitesimo, che gli è consentito dai legami. La condizione d'equilibrio è

$$(12) \qquad F_1 \delta f_1 + F_2 \delta f_2 = 0 ,$$

che assume senz'altro aspetto finito ove si pensi che, al limite, il rapporto $\frac{\delta f_2}{\delta f_1}$ dipende soltanto (dalla natura del sistema e) dalla considerata configurazione d'equilibrio.

Se si osserva che δf_1 e δf_2, presi in valore assoluto, misurano i cammini dei punti di applicazione delle due forze $\underline{F_1}$ ed $\underline{F_2}$ nel senso delle rispettive linee d'azione, si ricava dalla (12) [o meglio dalla proporzione

$$F_1 : F_2 = |\delta f_2| : |\delta f_1| ,$$

che ne è necessaria conseguenza] la così detta regola d'oro. "Quel che si guadagna in forza si perde in cammino".

20. Applicazione al torchio. Come esempio di applicazione del principio dei lavori virtuali alle macchine semplici prendiamo il caso della vite. In quanto la si supponga inserita nella rispettiva madrevite, essa costituisce effettivamente un sistema a legame completi. Consideriamo un generico spostamento infinitesimo, che è senz'altro uno spostamento virtuale, dacchè si tratta di vincoli indipendenti dal tempo.

Lo spostamento che viene a subire un qualsiasi punto P_i della vite, potrà evidentemente riguardarsi risultante di due altri: una traslazione elementare, nel senso dell'asse (della vite) e una rotazione, pure elementare, attorno all'asse. Detta δs_0 l'ampiezza della prima, $\delta\omega$ quella della seconda e p il passo della vite (distanza fra due specie consecutive) è facile riconoscere che

$$\delta\omega : \delta s_0 = 2\pi : p .$$

Infatti, quando la vite fa un giro completo, essa procede di p nel senso dell'asse. D'altra parte il legame implica appunto che il corpo ruoti e proceda nel senso dell'asse con rapporto costante (sia che si tratti di uno spostamento infinitesimo, sia che si tratti di un giro completo).

Ne consegue la proporzione già scritta, ossia

$$(13) \qquad \delta\omega = \frac{2\pi}{p}\,\delta s_0 .$$

21. Ciò premesso supponiamo che, come avviene schematicamente nel torchio, una vite si trovi in equilibrio, premendone, mediante una piastra terminale ϖ un pezzo di superficie piana σ, normale all'asse, ed essendo sollecitata a trasmettere questa pressione da una forza $\underline{F}$, applicata all'estremità B di un braccio normale all'asse e rigidamente connesso colla vite.

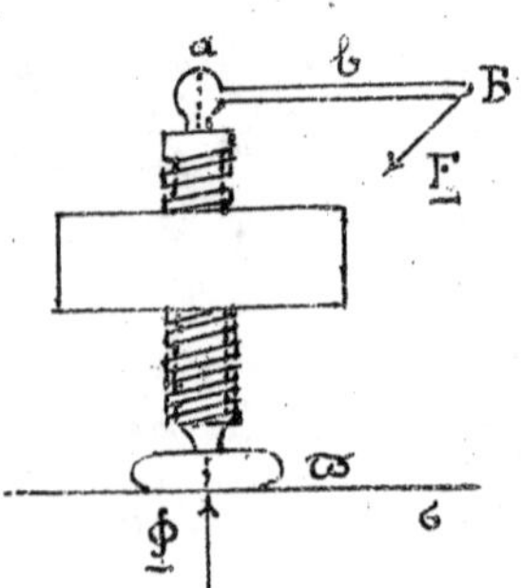

Supponiamo ancora, per pigliare in considerazione il caso più comune, che la forza $\underline{F}$ agisca normalmente al piano determinato dal braccio e dall'asse, e che sia trascurabile (di fronte ad $\underline{F}$) il peso proprio del sistema. Avremo così quali forze attive: 1° la potenza $\underline{F}$, 2° la resistenza, costituita dall'insieme delle pressioni, che la piastra terminale ϖ della vite subisce, per reazione, da parte della superficie premuta σ. La risultante di queste varie pressioni reattive sarà naturalmente eguale ed opposta alla pressione complessiva esercitata su σ: ne designeremo il valore assoluto con Φ. Immaginiamo impresso al sistema uno spostamento virtuale in uno dei due sensi: in quello per esempio secondo cui la forza $\underline{F}$ tende a far ruotare la vite.

Lo spostamento d'ogni punto si può scindere in due: traslatorio e rotatorio.

Valutiamo i corrispondenti contributi al lavoro virtuale delle varie forze. Per effetto della traslazione, la $\underline{F}$ che è per ipotesi perpendicolare all'asse, fa lavoro nullo: le pressioni sulla piastra terminale (che tenderebbero a far ruotare la vite in senso opposto) fanno tutte lavoro negativo, complessivamente espresso $-\Phi\,\delta z_0$.

Per effetto dello spostamento rotatorio (attorno all'asse della vite) le pressioni fanno manifestamente lavoro nullo: quanto ad $\underline{F}$ siccome lo spostamento rotatorio di B, segue proprio nella direzione della forza, il lavoro sarà positivo e misurato dal prodotto di F per l'ampiezza dello spostamento rotatorio suddetto. Avremo così $F b \delta\omega$, chiamando b la lunghezza del braccio. Sostituendo a $\delta\omega$ il suo valore (13), il lavoro virtuale complessivo assume l'aspetto

$$F b \frac{2\pi}{p} \delta s_a - \Phi \delta s_0 .$$

La condizione d'equilibrio è dunque

$$\Phi = \frac{2\pi}{p} F b . \tag{14}$$

Come si vede, essa non dipende dalla grossezza della vite (raggio del cilindro su cui è riportato il filetto elicoidale) ma soltanto dal passo p. Per esercitare grandi pressioni con sforzi moderati converrà manifestamente diminuire quanto possibile p ed aumentare il braccio di leva.

22. Se oltre ad $\underline{F}$ agisce sulla testa della vite un'altra forza analoga $\underline{F}'$ (normale anch'essa all'asse e cospirante con $\underline{F}$, quanto al senso, in cui tende a far ruotare la vite), e sia b' il corrispondente braccio si trova immediatamente in luogo della (14) l'equazione

$$\Phi = \frac{2\pi}{p} \left\{ F b + F' b' \right\} .$$

La quantità in parentesi può interpretarsi come il momento risultante delle due forze $\underline{F}$ ed $\underline{F}'$ rispetto all'asse, od anche, siccome il momento delle pressioni è nullo, come il momento risultante di tutte le forze attive. D'altra parte il primo membro può riguardarsi come risultante nel senso dell'asse, di tutte le forze attive (poichè $\underline{F}$ ed $\underline{F}'$ non recano alcun contributo).

Chiamando al solito $\underline{R}$ e $\underline{\Gamma}$ la risultante ed il momento risultante (rispetto ad un punto dell'asse) di tutte le forze attive, ed r la direzione dell'asse (in uno dei due versi, scelto a piacere) la trovata condizione d'equilibrio può esser scritta:

(15) $$R_r = \frac{2\pi}{p} T_r.$$

Sarebbe assai facile riconoscere che sotto questa forma, essa rimane valida in generale, qualunque sia cioè, per numero, intensità e direzione, il sistema di forze attive applicate alle viti.

§ 7. Principio del d'Alembert
Equazione simbolica del moto.

23. Dato un sistema S comunque vincolato, la equazione vettoriale del moto di un generico suo punto P_i è [§1]

(16) $$m_i \underline{a_i} = \underline{F_i} + \underline{R_i},$$

col significato del simbolo già ripetutamente dichiarato.

Per il principio dei lavori virtuali le reazioni sono tali che il lavoro

(17) $$\delta\Lambda = \Sigma_i R_i \times \delta P_i$$

è ≥ 0 per tutti gli spostamenti conciliabili coi legami. Sostituendovi alle $\underline{R_i}$ i loro valori ricavati dalle (16) otteniamo, tra le accelerazioni e le forze di un qualsiasi sistema mobile la relazione

(18) $$\Sigma_i (\underline{F_i} - m_i \underline{a_i}) \times \underline{\delta P_i} \leq 0,$$

valida per tutti gli spostamenti δP_i conciliabili coi legami.

Essa non è che una forma diversa del principio dei lavori virtuali e potrebbe quindi sostituirlo, come postulato fondamentale della meccanica dei sistemi.

Chiamando forza d'inerzia di un punto mobile un vettore eguale ed opposto al prodotto della massa per la accelerazione e confrontando colla relazione fondamentale (10) della Statica [n. 8] possiamo enunciare la (18) dicendo: Durante il movimento di un qualsiasi sistema materiale, le forze attive e le forze d'inerzia si fanno equilibrio, od anche le forze perdute si fanno equilibrio, purchè si intenda per forza perduta la forza attiva aumentata della forza d'inerzia.

Questo criterio affatto generale, che al mezzo di porre in equazione i problemi della dinamica riconducendoli a problemi di statica (criterio che, come vedremo ora è suscettibile di una giustificazione a priori assai soddisfacente) si deve al d'Alembert e da lui si denomina principio del d'Alembert.

È manifesto che la combinazione di esso (cioè dell'affermazione che le forze perdute si fanno equilibrio) colla relazione fondamentale della statica, ove si sostituiscano alle differenze $F_i - m_i a_i$ i loro valori $-R_i$ forniti dalle (16), riproduce identicamente la (17), talchè il postulato dei lavori virtuali, almeno nella forma da noi adottata, equivale perfettamente all'insieme della relazione fondamentale della statica (principio delle velocità virtuali secondo la designazione di Lagrange) e del principio del d'Alembert.

24. Lo scindere il postulato fondamentale della meccanica dei sistemi in due altri dei quali il primo contempla la statica, il secondo attribuisce alle questioni di dinamica una forma statica (rendendo così applicabile il primo) non presenta alcun vantaggio dal punto di vista strettamente matematico; l'interesse è tutto filosofico, ma sotto tale rapporto merita di essere rilevato.

In primo luogo si evita di studiare la statica, ammettendo più di quanto essa richiede per il suo svolgimento; sopratutto poi il passaggio dalla statica alla dinamica, effettuato per mezzo del principio del d'Alembert presenta un vero carattere di evidenza intuitiva, come è desiderabile per ogni postulato. Ecco in qual modo lo si riconosce.

La forza totale, che sollecita un punto mobile, è espressa in ogni caso dal prodotto della massa per la accelerazione. Immaginando che, in un generico istante t, si potessero sottrarre dalle forze applicate ai singoli punti P_i di un sistema mobile, le rispettive forze totali $m_i \underline{a}_i$ ogni accceleramento o ritardamento dei loro movimenti sarebbero distrutti, ed è ben naturale di ammettere che il sistema rimarrebbe in equilibrio qualora le velocità dei singoli suoi punti fossero nulle. Ne viene che, in questo caso, le forze attive $\underline{F}_i$ unitamente alle forze di inerzia $-m_i \underline{a}_i$, mantengono il sistema in equilibrio e soddisfanno per conseguenza alla disuguaglianza fondamentale (18).

Ora basta ammettere che le variazioni di velocità (accelerazioni) sieno legate alle forze in modo indipendente dalle velocità preesistenti (estensione del postulato galileiano di indipendenza relativo al caso elementare del punto libero), perchè rimanga giustificata la validità della (18) anche quando le velocità sono diverse da zero. Così le equazioni della dinamica si possono in ogni caso far discendere da quelle della statica.

25. Va tenuto presente che quando si prescinde dai legami unilaterali, la (18) equivale all'equazione

$$(18') \qquad \Sigma_i (\underline{F}_i - m_i \underline{a}_i) \times \delta \underline{P}_i = 0 ,$$

la quale si suol chiamare <u>equazione simbolica del moto</u>.

Riserbandoci di trarre da essa nel prossimo § risultati del più alto e più largo interesse, occupiamoci qui di alcuni notevoli conseguenze, cui dà luogo codesta equazione simbolica del moto, quando si facciano sulla natura dei vincoli opportune ipotesi, e si tenga conto di taluni risultati del Cap. prec.

Supponiamo in primo luogo che i vincoli siano tali da consentire al sistema uno spostamento traslatorio parallelamente ad una direzione fissa r. Diciamo che varrà rispetto ad essa il teorema delle quantità di moto. In fatti, se i vettori $\underline{\delta P_i}$ sono tutti equipollenti ad uno stesso vettore $\underline{\varepsilon}$ parallelo ad r, si può, nella (18') raccogliere $\underline{\delta P_i} = \underline{\varepsilon}$ a fattore comune; dopo di chè, designando con $\underline{R}$ la risultante delle forze attive $\underline{F_i}$, e ricordando la (2') del Cap. XVI si ha

(19) $$\left(R - \frac{d\mathfrak{Q}}{dt}\right) \times \underline{\varepsilon} = 0 .$$

Il prodotto scalare $\underline{R} \times \underline{\varepsilon}$ equivale al prodotto numerico della lunghezza ε per la componente R_r di $\underline{R}$ secondo la linea d'azione di $\underline{\varepsilon}$; analogamente per l'altro prodotto $\frac{d\mathfrak{Q}}{dt} \times \underline{\varepsilon}$. Attesa la definizione di derivata, si ha senz'altro, dividendo per ε,

$$\frac{d\,\mathfrak{Q}_r}{dt} = R_r ,$$

la quale esprime appunto il teorema delle quantità di moto rispetto alla direzione r (secondo cui i legami consentono una traslazione virtuale).

Più generalmente, quando i legami comportano un'arbitraria traslazione d'insieme, la (19) sussiste per qualunque retta r e di conseguenza, per qualsiasi $\underline{\varepsilon}$. Un'osservazione della teoria dei vettori (Cap. I, n. 21) ci abilita a concludere senz'altro che dev'essere identicamente nullo l'altro fattore, ossia che

$$\frac{d\mathfrak{Q}}{dt} = \underline{R} .$$

Ciò val quanto dire che si verifica in questo caso il teorema delle quantità di moto e con esso [si ricordi la formola (3) del Cap. XVI] quello del moto del baricentro

$$\mathcal{M} \frac{d\omega}{dt} = \underline{R} ,$$

riferendovisi R alle sole forze attive.

26. Giova confrontare questo risultato colla equazione (7) del Cap. XVI, la quale ne differisce soltanto perchè R vi rappresenta la risultante di tutte le forze esterne, mentre il primo membro è il medesimo nei due casi. Si ha dunque: risultante delle forze esterne = risultante delle forze attive; e si può anche aggiungere forze attive esterne, perchè le interne, a due a due si elidono. Siccome le forze

esterne si possono dividere in due gruppi: forze attive (esterne, si intende) e reazioni vincolari (di origine esterna), così si ha in fine la proposizione: L'ammissibilità di traslazioni d'insieme, secondo qualsiasi direzione, trae come necessaria conseguenza l'annullarsi della risultante delle reazioni vincolari (anche di origine esterna).

27. Supponiamo in secondo luogo che i legami consentano ad S una rotazione d'insieme attorno ad una retta fissa. Chiamandola ancora r e denotando con O un suo punto qualsiasi, sia $\underline{\omega}'$ il vettore (infinitesimo), avente naturalmente r per linea d'azione, il quale rappresenta la rotazione virtuale. Lo spostamento $\delta \underline{P_i}$ di un generico punto P_i del sistema sarà dato da

$$\delta \underline{P_i} = \underline{\omega}' \wedge (P_i - O).$$

Portiamo questa espressione nella (18'), e ricordiamo l'identità vettoriale (26) del Cap. I. Raccogliendo ω' a fattore comune risulta

$$\underline{\omega}' \times \sum_i \{ (P_i - O) \wedge (\underline{F_i} - m \underline{a_i}) \} = 0$$

Al prodotto vettoriale si può applicare la proprietà distributiva, con che, chiamando $\underline{\Gamma}$ il momento risultante delle forze attive rispetto al punto O, e usando la (5") del Capitolo XVI, si trova

$$\underline{\omega}' \times \left(\underline{\Gamma} - \frac{d \underline{K}}{dt} \right) = 0 . \qquad (20)$$

Da questa, come già dalla (19), segue l'equazione

$$\frac{d K_r}{dt} = \Gamma_r ,$$

la quale esprime il teorema del momento della quantità di moto rispetto all'asse virtuale di rotazione r.

Se poi si fa l'ipotesi che O sia un polo virtuale di rotazione, cioè che sia consentito dai legami una qualsiasi rotazione d'insieme attorno ad esso (o, se si vuole, attorno a qualsiasi retta r passante per esso), si è condotti alla conclusione che la (20) deve sussistere, comunque si prenda il vettore $\underline{\omega}$, il che implica

$$\frac{d \underline{K}}{dt} = \underline{\Gamma} ,$$

Vale dunque il teorema delle quantità di moto rispetto ad ogni punto fisso, che sia un polo virtuale di rotazione, quando il momento risultante Γ si riferisca alle sole forze attive.

28. Anche qui giova fare il confronto coll'analogo risultato, espresso dalla equazione (9) del Cap. XVI:

Si è condotti alla conclusione che:

Se un punto fisso O è polo virtuale di rotazione, si annulla il momento risultante, rispetto ad O, delle reazioni vincolari (anche di origine esterna).

Se un sistema S comporta ad un tempo traslazione e rotazione d'insieme in qualsivoglia senso, varranno naturalmente così il teorema delle quantità di moto come il teorema del momento delle qualità di moto, figurando nei secondi membri il risultante e il momento risultante delle sole forze attive.

§8. Seconda forma delle equazioni del Lagrange.

29. Qui da ultimo, come risultato, in qualche modo, conclusivo del nostro Corso, trarremo dall'equazione simbolica (18') le equazioni differenziali del moto di un sistema olonomo sotto la celebre seconda forma del Lagrange.

A tale scopo è necessario anzitutto calcolare in forma esplicita la forza viva di un sistema olonomo.

Se m sono i punti P_i del sistema ed n è il rispettivo grado di libertà, avremo introducendo n parametri lagrangiani $q_1, \dots, q_n$ (Cap. VI, n. 1)

$$(21) \qquad P_i = P_i\,(q_1, \dots, q_n \,|\, t) \qquad (i = 1 \dots m)$$

ossia, denotando con x_i, y_i, z_i le coordinate di P_i (rispetto ad una data terna)

$$(21') \qquad \begin{cases} x_i = x_i(q_1, \ldots, q_n \mid t) \\ y_i = y_i(q_1, \ldots, q_n \mid t) \\ z_i = z_i(q_1, \ldots, q_n \mid t) . \end{cases}$$

Dalle (21), derivando, rispetto a t e notando che le $\frac{dP_i}{dt}$ altro non sono che le velocità $\underline{v_i}$, si ha

$$(22) \qquad \underline{v_i} = \frac{\partial P_i}{\partial t} + \sum_1^n {}_r \frac{\partial P_i}{\partial q_r} \dot{q}_r .$$

Ora per definizione, la forza viva T del sistema vale

$$T = \frac{1}{2} \sum_i m_i v_i^2 = \frac{1}{2} \sum_i m_i \underline{v_i} \times \underline{v_i}$$

dove la $\sum_i$ va estesa a tutti i punti del sistema.

Sostituendo per $\underline{v_i}$ le loro espressioni potremo scrivere

$$(23) \qquad T = T_2 + T_1 + T_0 ,$$

designando con T_2 l'insieme dei termini di secondo grado nelle $\dot{q}$, con T_1 l'insieme dei termini di primo grado e con T_0 quelli indipendenti dalle $\dot{q}$ stesse.

I coefficienti delle $\dot{q}$ in queste espressioni riescono come è chiaro, funzioni perfettamente determinate delle q e di t.

30. Importa notare che, quando i legami non dipendono dal tempo, T si riduce al suo primo addendo T_2 e non contiene t esplicitamente. Infatti, per essere le (21) indipendenti da t, le (22) divengono

$$(22') \qquad \underline{v_i} = \sum_1^n {}_r \frac{\partial P_i}{\partial q_r} \dot{q}_r ;$$

ed è manifesto che, portando nella espressione di T queste funzioni lineari ed omogenee nelle $\dot{q}$ si ottiene una forma quadratica nelle $\dot{q}$ a coefficienti indipendenti da t.

Eseguiamo effettivamente il calcolo, avendo cura di scrivere, per evitare ambiguità,

$$\underline{v_i} \times \underline{v_i} = \sum_1^n {}_r \frac{\partial P_i}{\partial q_r} \dot{q}_r \times \sum_1^n {}_s \frac{\partial P_i}{\partial q_s} \dot{q}_s .$$

Invertendo le sommatorie, risulta

$$\mathcal{T} = \frac{1}{2} \sum_{1}^{n}{}_{rs}\, \dot{q}_r \dot{q}_s \sum_i m_i \frac{\partial P_i}{\partial q_r} \times \frac{\partial P_i}{\partial q_s}.$$

I coefficienti delle $\dot{q}_r\, \dot{q}_s$ sono manifestamente funzioni delle sole q, le cui espressioni rimangono determinate dalle (21); esse dipendono quindi dalla natura del sistema (e dalla scelta delle coordinate lagrangiane).

Ponendo

$$a_{rs} = \sum_i m_i \frac{\partial P_i}{\partial q_r} \times \frac{\partial P_i}{\partial q_s} =$$

$$\sum_i m_i \left(\frac{\partial x_i}{\partial q_r} \frac{\partial x_i}{\partial q_s} + \frac{\partial y_i}{\partial a_r} \frac{\partial y_i}{\partial q_s} + \frac{\partial z_i}{\partial q_r} \frac{\partial z_i}{\partial q_s} \right)$$

si attribuisce a $\mathcal{T}$ l'espressione consueta

$$\mathcal{T} = \frac{1}{2} \sum_{1}^{n}{}_{rs}\, a_{rs} \dot{q}_r \dot{q}_s$$

della forza viva di un sistema olonomo a legami indipendenti dal tempo e dotato di n gradi di libertà.

Giova aggiungere che, per la definizione stessa di $\mathcal{T}$, la forma quadratica $\sum_{1}^{n}{}_{rs}\, a_{rs} \dot{q}_r \dot{q}_s$ deve essere essenzialmente positiva

31. Ciò premesso, riprendiamo la equazione simbolica del moto (18') e trasformiamola, introducendo le coordinate lagrangiane

Avremo, anzitutto, per un generico spostamento virtuale, δP_i, le espressioni (Cap. VI, n. 11)

$$\delta P_i = \sum_{1}^{n}{}_h \frac{\partial P_i}{\partial p_h} \delta q_h \qquad (24)$$

Se si portano queste espressioni delle δP_i nella equazione simbolica del moto e si sviluppa il prodotto scalare, si ottiene

$$\sum_i (\underline{F_i} - m_i \underline{a_i}) \times \sum_{1}^{n}{}_h \frac{\partial P_i}{\partial q_h} \delta q_h .$$

ovvero, invertendo le sommatorie e ordinando per le δq,

$$(25)\qquad \sum_{1\,h}^{n} \delta q_h \, \Sigma_i (\underline{F_i} - m\,\underline{a_i}) \times \frac{\partial P_i}{\partial q_h},$$

la quale relazione (al pari di quella, da cui deriva) deve essere soddisfatta per tutti gli spostamenti conciliabili coi legami.

Le δq_h, che compaiono nelle espressioni generali (24) degli spostamenti virtuali sono affatto arbitrarie. Dunque la (25) deve essere verificata qualunque siene le δq_h, e ciò esige come abbiamo a suo tempo chiarito (n. 6) che si abbia separatamente

$$(26)\qquad \Sigma_i (\underline{F_i} - m_i\,\underline{a_i}) \times \frac{\partial P_i}{\partial q_h} = 0 \qquad (h = 1, 2, \dots, n).$$

È poi chiaro che, reciprocamente, queste equazioni, moltiplicate per δq_h, e trasformate, riproducono la equazione simbolica, talchè, per i sistemi olonomi, completamente la sostituiscono.

32. Mostriamo in qual modo esse vanno utilizzate per la determinazione del movimento.

Si osservi che, in virtù delle (21), la determinazione del moto del sistema si riduce ad assegnare la espressione delle sue coordinate lagrangiane $q_1, q_2, \dots, q_n$ in termini di t, e che le equazioni (26) ci si presentano, eseguita ogni riduzione, quali n equazioni differenziali del secondo ordine nelle n funzioni incognite $q_1, q_2, \dots, q_n$. Ciò si vede, immaginando di derivare due volte, rispetto al tempo le (21) e di esprimere le $\frac{\partial P_i}{\partial q_h}$ per le q e t, a mezzo delle (21) stesse; si intende che le forze, le quali dipendono nell'ipotesi più generale dai punti P_i, dalle velocità $\underline{v_i}$ e da t, vanno pur risguardate funzioni delle q, $\dot{q}$ e t, a mezzo delle (21), (22).

Le (26) vengono quindi a determinare completamente $q_1, q_2, \dots, q_n$ in funzione del tempo, quando sieno dati i valori iniziali di essi e delle loro derivate prime, il che equivale a dire, quando sia data la posizione iniziale del sistema ed i valori iniziali delle velocità dei singoli suoi punti.(1)

33. Alle equazioni (26) si può attribuire una forma miràbilmente comprensiva, introducendovi la forza viva T del sistema mobile.

A tale scopo cominciamo coll'osservare che, derivando parzialmente le (22) rispetto ad una generica $\dot{q}_h$, si ottiene

$$\frac{\partial \underline{v}_i}{\partial \dot{q}_h} = \frac{\partial P_i}{\partial q_h} .$$

D'altra parte, da

$$T = \frac{1}{2} \Sigma_i m_i \underline{v}_i \times \underline{v}_i ,$$

in quanto, pel tramite delle (22) si consideri T funzione delle q, delle $\dot{q}$ (ed eventualmente di t), segue

$$\frac{\partial T}{\partial \dot{q}_h} = \Sigma_i m_i \underline{v}_i \times \frac{\partial \underline{v}_i}{\partial \dot{q}_h} ,$$

e quindi

$$\frac{\partial T}{\partial \dot{q}_h} = \Sigma_i m_i \underline{v}_i \times \frac{\partial P_i}{\partial q_h} ,$$

mentre la derivazione parziale rispetto a una generica q_h porge

$$\frac{\partial T}{\partial q_h} = \Sigma_i m_i \underline{v}_i \times \frac{\partial \underline{v}_i}{\partial q_h} .$$

---

(1) Infatti, derivando le (21) rispetto a t e facendovi $t = t_0$, vediamo come ad ogni sistema di valori iniziali $\dot{q}_1^0, \dot{q}_2^0, \dots, \dot{q}_n^0$ corrisponda un sistema di valori iniziali per le velocità.

Reciprocamente, ogni qualvolta i valori iniziali delle velocità corrispondono a possibili movimenti del sistema [Cfr. n. 18] le derivate delle (2) debbono sussistere anche per $t = t_0$, e quindi devono potersi determinare i valori $\dot{q}_1^0, \dot{q}_2^0, \dots, \dot{q}_n^0$ atti a soddisfarle, (quantunque il numero delle equazioni, 3 per ciascuno P_i e quindi complessivamente $3m$, sia maggiore del numero delle incognite, $n = 3m - l$).

Ciò posto, è facile esprimere per T il termine

$$\Sigma_i m_i \underline{a}_i \times \frac{\partial P_i}{\partial q_h},$$

che compare nelle (26). Si ha infatti, come si verifica senza difficoltà

$$\Sigma_i m_i \underline{a}_i \times \frac{\partial P_i}{\partial q_h} = \frac{d}{dt}\left\{\Sigma_i m_i \underline{v}_i \times \frac{\partial P_i}{\partial q_h}\right\} - \Sigma_i m_i \underline{v}_i \times \frac{\partial \underline{v}_i}{\partial q_h},$$

onde usufruendo delle espressioni trovate per

$$\frac{\partial T}{\partial \dot{q}_h}, \quad \frac{\partial T}{\partial q_h},$$

risulta

$$\Sigma_i m_i \underline{a}_i \times \frac{\partial P_i}{\partial q_h} = \frac{d}{dt}\frac{\partial T}{\partial \dot{q}_h} - \frac{\partial T}{\partial q_h}.$$

Se si pone

(27) $$Q_h = \Sigma_i \underline{F}_i \times \frac{\partial P_i}{\partial q_h},$$

cioè se si designa con Q_h il coefficiente di δq_h nella espressione del lavoro virtuale

$$\Sigma_i \underline{F}_i \times \delta P_i,$$

abbiamo per le equazioni del moto la forma definitiva (seconda forma del Lagrange, o più spesso, equazioni del Lagrange senz'altra qualifica)

(28) $$\frac{d}{dt}\frac{\partial T}{\partial \dot{q}_h} - \frac{\partial T}{\partial q_h} = Q_h \quad (h = 1, 2, \ldots, n).$$

Esse presentano, rispetto alle (2') del n. 8 (prima forma del Lagrange) il vantaggio rilevantissimo di essere in minor numero e di contenere altrettante incognite di meno, pur conducendo alla completa determinazione del moto.

34. Le Q_h che compaiono nei secondi membri, si chiamano le forze o le componenti delle forze secondo le coordinate lagrangiane q_h, appellativo codesto che trova la sua giustificazione nella circostanza che ogni qualvolta si tratti di punti liberi, le Q_h si riducono precisamente alle componenti X_i, Y_i, Z_i secondo le coordinate cartesiane.

Di più ogni qualvolta manchino le forze attive ($X_i = 0, Y_i = 0, Z_i = 0$), anche le singole Q_h si annullano.

Infine una proprietà essenziale delle X_i, Y_i, Z_i si rispecchia nelle Q_h: cioè, se le $\underline{F_i}$ derivano da un potenziale $\mathcal{U}$, lo stesso vale per le Q_h, nel senso che si ha $Q_h = \frac{\partial \mathcal{U}(q_1, \dots, q_n)}{\partial q_h}$. La dimostrazione è ovvia.

Infatti se esiste un potenziale per le $\underline{F_i}$, ciò significa che il lavoro $\sum_i \underline{F_i} \times \delta P_i$ coincide col differenziale totale, rispetto alle coordinate dei punti $P_1, P_2, \dots, P_n$, di una funzione $\mathcal{U}$ di tali punti.

Si ha dunque identicamente (per tutti i punti P_i e per tutti i loro spostamenti infinitesimi δP_i)

$$(29) \qquad \sum_i \underline{F_i} \times \delta P_i = \delta \mathcal{U}$$

Se in particolare si tratta dei punti del nostro sistema essi si possono tutti risguardare funzioni delle q [pel tramite delle (21). Pure funzione delle q (ed eventualmente di t) si presenta allora la $\mathcal{U}$ e il $\delta\mathcal{U}$ vale

$$\sum_1^n{}_h \frac{\partial \mathcal{U}}{\partial q_h} \delta q_h .$$

La (29) dovendo sussistere per arbitrari δq_h porge appunto (eguagliandone i coefficienti nei due membri)

$$Q_h = \frac{\partial \mathcal{U}}{\partial p_h} .$$

35. Abbiamo visto (n. 13) che, per ogni sistema a legami indipendenti dal tempo, si ha, quando le forze derivano da un potenziale $\mathcal{U}$, la relazione

$$(30) \qquad T - \mathcal{U} = \mathcal{E} .$$

Possiamo confermarlo, nel caso di un sistema olonomo, mostrando che le equazioni (28) ammettono effettivamente la (30) come integrale primo, ogniqualvolta i legami e le forze si trovano nelle condizioni accennate. Si osservi in primo luogo che, riuscendo T una funzione omogenea di 2° grado nelle $\dot{q}_h$ si avrà per il teorema di Eulero[1]:

$$2T = \sum_1^n{}_h \frac{\partial T}{\partial \dot{q}_h} \dot{q}_h$$

(1) Cfr. D'Arcais, Vol. I° (terza ediz.) pag. 420.

donde

$$2\frac{dT}{dt} = \sum_1^n{}_h \frac{d}{dt}\left(\frac{\partial T}{\partial \dot q_h}\right)\dot q_h + \sum_1^n{}_h \frac{\partial T}{\partial \dot q_h}\ddot q_h .$$

D'altra parte, per essere T una funzione delle q_h e $\dot q_h$ (il tempo non apparisce esplicitamente, per l'ipotesi che i legami siano indipendenti) si avrà pure

$$\frac{dT}{dt} = \sum_1^n{}_h \frac{\partial T}{\partial q_h}\dot q_h + \sum_1^n{}_h \frac{\partial T}{\partial \dot q_h}\ddot q_h ,$$

che sottratta dalla precedente, dà

$$\frac{dT}{dt} = \sum_1^n{}_h \left\{\frac{d}{dt}\left(\frac{\partial T}{\partial \dot q_h}\right) - \frac{\partial T}{\partial q_h}\right\}\dot q_h .$$

Ciò posto, moltiplichiamo la (28) per $\dot q_h$ e sommiamo rispetto ad h. Confrontiamo poi il risultato colla formula testè conseguita, notando che nel secondo membro

$$\sum_1^n{}_h Q_h \dot q_h = \sum_1^n{}_h \frac{\partial U}{\partial q_h}\frac{dq_h}{dt}$$

è la derivata totale di U rapporto a t (perchè le (21) non contengono per ipotesi il tempo, e quindi U è esprimibile colle sole q). Risulterà

$$\frac{dT}{dt} = \frac{dU}{dt} ,$$

da cui segue appunto la (30) per integrazione.

§ 9. Condizioni di equilibrio in coordinate lagrangiane.

35. La equazione fondamentale della statica

$$\Sigma_i \underline{F_i} \times \delta P_i = 0 ,$$

ove si introducano le coordinate lagrangiane $q_1, q_2, \dots, q_n$ e si tenga conto delle (27) può essere scritta

$$Q_1 = 0 \qquad Q_2 = 0, \dots, Q_n = 0 .$$

Ne viene: <u>Per l'equilibrio di un sistema olonomo, è necessario e basta che si annullino le componenti delle forze secondo le singole coordinate lagrangiane</u>. Sotto questa forma le condizioni di equilibrio si presentano come ovvia generalizzazione di quelle relative al caso di un punto libero e la analogia si mantiene nella ipotesi che le forze derivino da un potenziale U. In particolare si vede che <u>posizioni di equilibrio possono dirsi in ogni caso quelle, cui corrisponde un valore massimo o minimo pel potenziale U</u>.

Se poi si applica ai sistemi olonomi nell'ipotesi di forze conservative, la definizione di stabilità dell'equilibrio indicata nel Cap. IX, § 4 si è ovviamente condotti alla conclusione che l'<u>equilibrio è stabile in quelle posizioni, cui corrisponde un valore massimo del potenziale U</u>.

pagina	linea	Errata	Corrige
95	4 dal b.	x, y, z e $\dot{x}, \dot{y}, \dot{z}$;	$x, y, 0$ e $\dot{x}, \dot{y}, 0$;
119	11-12	$\begin{cases} \ddot{x} = -h\dot{y} - \omega\dot{y} = \dots \\ \ddot{y} = -h\dot{y} + \omega\dot{y} = \dots \end{cases}$	$\begin{cases} \ddot{x} = -h\dot{x} - \omega\dot{y} = \dots \\ \ddot{y} = -h\dot{y} + \omega\dot{y} = \dots \end{cases}$
129	8	$x\dot{y} - y\dot{x} = \dot{\rho}^2\dot{\theta}$	$x\dot{y} - y\dot{x} = \rho^2\dot{\theta}$
"	12	$a_\theta = \frac{1}{\rho}\frac{d}{dt}(\rho^2\theta)$	$a_\theta = \frac{1}{\rho}\frac{d}{dt}(\rho^2\dot{\theta})$.
146	12	$\dot{\theta}PQ$	$\lvert\dot{\theta}\rvert PQ$
157	1 dal b	alle (6")	alle (6"), ove si ponga $\theta = \omega t$.
175	6	$\frac{d^2O}{dt^2} x\frac{d^2i}{dt^2} + y\frac{d^2j}{dt^2} + z\frac{d^2k}{dt^2}$	$\frac{d^2O}{dt^2} + x\frac{d^2i}{dt^2} + y\frac{d^2j}{dt^2} + z\frac{d^2k}{dt^2}$.
219	16	$\varphi_j(q_1, q_2, \dots, q_n)\,\delta\varphi \leq 0$	$\varphi_j(q_1, q_2, \dots, q_n \mid t) + \delta\varphi_j \leq 0$.
241	17	$m = 1{,}02\,p$	$m = 0{,}102\,p$.
258	11	delle (14), che il moto è piano	delle (14), che, ove si ponga $\dot{z}_0 = 0$, il moto è piano-
"	5 dal b	che si tratta in ogni caso di moti rettilinei	che, ove si ponga $\dot{y}_0 = \dot{z}_0 = 0$, si tratta di moti rettilinei
269	6	espressamente	espressivamente
385	8 dal b.	$\Phi_2 = \frac{\Delta_0}{\Delta} p$	$\Phi_2 = \frac{\Delta_2}{\Delta} p$
416	6	$-p_i + \varphi \operatorname{tg} \alpha_{i-1} = \dots$	$p_i + \varphi \operatorname{tg} \alpha_{i-1} = \dots$
"	9	nel moto	nel modo
"	9 dal b	(9)	(12)
"	8 dal b	(7')	(10')
"	7 dal b	(8)	(11)

INDICE

Cap. I. Teoria dei vettori

Cap. II°. Cinematica del punto

Cap. III°. Cinematica dei sistemi rigidi

Cap. XVI°: Teoremi generali sul moto dei sistemi

Cap. XVII°: Principio dei lavori virtuali e statica generale. Principio del D'Alembert. Equazioni del Lagrange

www.ingramcontent.com/pod-product-compliance
Lightning Source LLC
LaVergne TN
LVHW011249110826
845149LV00001B/83